AF410715

GÉODÉSIE

OU

TRAITÉ DE LA FIGURE DE LA TERRE

ET DE SES PARTIES;

COMPRENANT

LA TOPOGRAPHIE, L'ARPENTAGE, LE NIVELLEMENT,
LA GÉOMORPHIE TERRESTRE ET ASTRONOMIQUE, LA CONSTRUCTION DES CARTES,
LA NAVIGATION;

PAR L.-B. FRANCŒUR,

Membre de l'Institut, Professeur de la Faculté des Sciences.

SIXIÈME ÉDITION,

AUGMENTÉE DE

NOTES SUR LA MESURE DES BASES,

Par M. le Lt-Colonel HOSSARD,

Professeur de Géodésie et d'Astronomie à l'École Polytechnique,

ET D'UNE

NOTE SUR LA MÉTHODE ET LES INSTRUMENTS D'OBSERVATION EMPLOYÉS
DANS LES GRANDES OPÉRATIONS GÉODÉSIQUES;

Par M. le Commandant PERRIER,

Membre du Bureau des Longitudes.

PARIS,

GAUTHIER-VILLARS, IMPRIMEUR-LIBRAIRE

DU BUREAU DES LONGITUDES, DE L'ÉCOLE POLYTECHNIQUE,

SUCCESSEUR DE MALLET-BACHELIER,

Quai des Augustins, 55.

1879

GÉODÉSIE.

GÉODÉSIE

OU

TRAITÉ DE LA FIGURE DE LA TERRE

ET DE SES PARTIES;

COMPRENANT

LA TOPOGRAPHIE, L'ARPENTAGE, LE NIVELLEMENT,
LA GÉOMORPHIE TERRESTRE ET ASTRONOMIQUE, LA CONSTRUCTION DES CARTES,
LA NAVIGATION;

PAR L.-B. FRANCŒUR,

Membre de l'Institut, Professeur de la Faculté des Sciences.

SIXIÈME ÉDITION,

AUGMENTÉE DE

NOTES SUR LA MESURE DES BASES,

Par M. le L¹-Colonel HOSSARD,

Professeur de Géodésie et d'Astronomie à l'École Polytechnique,

ET D'UNE

NOTE SUR LA MÉTHODE ET LES INSTRUMENTS D'OBSERVATION EMPLOYÉS
DANS LES GRANDES OPÉRATIONS GÉODÉSIQUES;

Par M. le Commandant PERRIER,

Membre du Bureau des Longitudes.

PARIS,

GAUTHIER-VILLARS, IMPRIMEUR-LIBRAIRE

DU BUREAU DES LONGITUDES, DE L'ÉCOLE POLYTECHNIQUE,

SUCCESSEUR DE MALLET-BACHELIER,

Quai des Augustins, 55.

1879

AVIS DE L'ÉDITEUR.

Dans cette nouvelle édition de la *Géodésie* de Francœur, on a eu soin, en ce qui concerne les Chapitres relatifs à l'Astronomie et à la Navigation, de mettre en harmonie les explications, les données numériques et les types des calculs avec les perfectionnements notables que le Bureau des Longitudes a introduits dans les Éphémérides de la *Connaissance des Temps*, depuis l'année 1876. Le texte original avait été revu, pour les éditions précédentes, sur les manuscrits de l'Auteur, par M. Francœur fils, ancien Professeur de Mathématiques à l'École des Beaux-Arts et au Collége Chaptal; on l'a scrupuleusement conservé dans toutes les parties qui n'étaient pas en désaccord avec la forme actuelle de la *Connaissance des Temps*.

Les Tables, à la fin du volume, ont été revues, corrigées et améliorées.

Cette édition contient, outre les Notes de M. le Lieutenant-Colonel Hossard sur *La mesure des bases,* une Note importante de M. le Commandant Perrier, Membre du Bureau des Longitudes, sur *La méthode et les instruments d'observation employés dans les grandes opérations géodésiques ayant pour but la mesure des arcs de méridien et de parallèle terrestre.*

G.-V.

PRÉFACE DE LA PREMIÈRE ÉDITION.

·Les Grecs donnaient le nom de *Géodésie,* Γεωδαισία, à la science qui enseigne à mesurer et diviser les terres (γῆ, *Terre,* ὁαίω, *diviser, partager*). Sous cette acception, on entendait donc la même chose par *Géodésie* et *Géométrie* (γῆ, *Terre,* μέτρον, *mesure*). Mais, depuis un temps immémorial, ces dénominations ont été appliquées à des sciences tout à fait différentes. La Géométrie considère les dimensions et les figures de tous les corps, et la mesure de la Terre n'est qu'une de ses plus faciles applications; la Géodésie embrasse toutes les théories qui concernent la figure de la Terre, tant dans son ensemble que dans ses parties solides ou fluides. Cette science se sert de méthodes simples ou compliquées, selon la nature des objets qu'elle considère : ce qui conduit à la diviser en trois Parties tellement distinctes, qu'elles composent autant de Traités différents, la *Topographie,* la *Géomorphie* et la *Navigation.*

Lorsqu'on veut déterminer la forme, les accidents et les divisions territoriales d'une localité peu étendue, on n'a besoin d'employer que des instruments peu compliqués, et de n'appliquer que des théories élémentaires fort simples, parce qu'on fait abstraction de la rondeur de la Terre, et qu'on n'attend des opérations qu'une exactitude limitée. L'ensemble de ces procédés forme une section de la Géodésie qu'on appelle la Topographie, comprenant le levé des plans, l'arpentage, le nivellement et la division des héritages. Les opérations du cadastre, les cartes et plans des parcs, bois, jardins, communes, sont du ressort de la Topographie.

Mais, lorsqu'on recherche la forme du globe terrestre, ou qu'on veut embrasser dans les opérations la surface d'un État, ou même d'une province, les considérations exigent plus de précision dans les résultats du calcul et de l'observation ; les théories deviennent plus compliquées et d'une nature tout à fait différente. Ces doctrines composent la section que nous appelons Géomorphie ($\gamma\tilde{\eta}$, *Terre*, $\mu\rho\phi\acute{\eta}$, *forme*), et à laquelle les auteurs donnent le nom de *Géodésie,* mais qui pour nous n'est qu'une des divisions de cette science. La Géomorphie comprend, outre les méthodes d'observation et de calcul relatives aux objets célestes, celles qui se rapportent aux observations terrestres et qui se rattachent à l'Astronomie : elle comprend aussi le nivellement des hautes montagnes, les mesures du pendule à secondes et le dessin géométrique des cartes de Géographie. Les procédés qu'on emploie dans cette science doivent être d'une extrême précision, et les instruments construits avec un soin particulier.

Enfin, lorsqu'on a pour objet de traiter de la surface fluide du globe terrestre, des procédés propres à faire connaître le lieu où se trouve un navire, la direction à suivre pour arriver au port qu'on veut atteindre, comme l'observateur est placé sur un sol mobile, les méthodes éprouvent des modifications, et les instruments sont construits d'une manière spéciale. Comme les expériences ne sont susceptibles que d'une exactitude limitée, on donne aux équations des formes plus simples. La science qui comprend les théories applicables à ces circonstances prend le nom de Navigation : une de ses divisions est fondée sur l'Astronomie.

En exposant successivement les principes de ces trois sections, nous compléterons tout ce qui est relatif à la forme du globe terrestre et de ses parties solides ou fluides.

La *Topographie* n'est qu'une suite d'applications des théorèmes de Géométrie et de Trigonométrie rectiligne. L'usage qu'on y fait de ces théorèmes est aussi varié que la figure même du sol. Ce serait donc se perdre dans une foule de détails que de prétendre analyser tous les cas, résoudre tous les problèmes de levé des plans que la campagne peut présenter. Mais il nous suffira d'indiquer la construction et l'usage des divers instruments qu'on y emploie et de poser les principes généraux de la Science. L'intelligence de l'ingénieur suppléera facilement à des développements que nous ne pourrions donner sans prolixité.

La *Géomorphie* est une science beaucoup plus étendue et fait le sujet d'un examen bien plus attentif; c'est elle qui est la partie principale de ce Traité. Un grand nombre d'auteurs l'ont enrichie de leurs découvertes. Mais, loin d'avoir l'intention de présenter ici tous ces travaux, nous nous bornerons à exposer les seuls procédés qui sont en usage, parce qu'ils sont d'une application facile et qu'on n'y sacrifie jamais l'exactitude des calculs au désir de les abréger. Nous ne donnons donc pas un Traité complet de Géomorphie, mais seulement l'ensemble des méthodes reconnues utiles, exactes, et propres à satisfaire à tous les besoins. Les personnes qui désireront connaître les grandes théories analytiques qui s'y rattachent consulteront la *Mécanique céleste*, le *Traité du Système métrique*, et surtout le bel Ouvrage de *Géodésie* de M. Puissant.

La *Navigation* est bien plus limitée dans ses ressources que la Géomorphie, quoiqu'elle emprunte l'usage des mêmes doctrines, parce que le marin, placé sur un observatoire en mouvement, ne peut se servir de niveau ni de fil à plomb; ses instruments sont donc appropriés à la condition où il se trouve.

Nous exposerons les méthodes qui suffisent aux besoins des gens de mer, et qui ont le degré de precision que comportent les observations, lesquelles sont soumises elles-mêmes à tant de chances de petites erreurs.

Comme la division du cercle en 360 degrés est en usage parmi tous les peuples de la Terre, que les Tables de logarithmes de Callet sont les plus répandues, enfin que les instruments d'observation sont ordinairement divisés sur ce principe, j'ai cru devoir préférer ce mode de division à celui en 400 grades. Ce n'est donc pas par un esprit de résistance à cette innovation que j'ai adopté, dans les exemples que je présente, la division ancienne du cercle, mais seulement pour me servir d'idées plus connues et même devenues populaires dans tout le monde savant. Je conviens volontiers que la division en 400 grades est plus commode pour les calculs et plus rationnelle; elle doit un jour remplacer l'autre. J'ai partout employé le système métrique français, qui a, sur tout autre, l'avantage de la simplicité et de l'uniformité, et l'on comprend que la division du cercle en 360 degrés ne peut pas être repoussée par les mêmes motifs que les anciennes unités de longueur, de surface, de poids et de capacité.

Pour mieux faire comprendre l'usage des formules, j'ai pris le soin d'en faire de nombreuses applications.

L'Ouvrage que je présente au public est composé de sujets que depuis longtemps je professe à la Faculté des Sciences de Paris. Ce livre sera particulièrement utile aux élèves qui suivent mes Cours, et aux ingénieurs que leurs fonctions appellent à faire des opérations géodésiques. Au reste, il s'en faut de beaucoup que tous les sujets que j'ai renfermés dans ce Traité aient été enseignés dans mes Cours. La Topographie ne présente pas de doctrines assez élevées pour mériter d'être traitée à la Faculté des Sciences; le dessin des cartes de Géographie est d'une nature spéciale qui se rattache à la Géométrie descriptive; une grande partie de la Géomorphie et de la Navigation rentre dans les attributions du professeur d'Astronomie, etc.

Je terminerai en exprimant ma reconnaissance envers M. le colonel Corabœuf, qui a bien voulu m'aider de ses excellents conseils, et redresser quelques erreurs qui m'étaient échappées.

L.-B. Francœur.

NOTIONS HISTORIQUES.

Il faut remonter jusqu'aux Égyptiens, plus de 1600 ans avant notre ère, pour trouver les premières mesures de la Terre, et c'est à tort que l'on a attribué à Ératosthène cette belle opération. M. Jomard a démontré (*Description de l'Égypte, antiquités,* t. X), par les dimensions des monuments, que non-seulement ces peuples avaient mesuré l'arc de méridien de leur pays, mais même qu'ils avaient adopté un système métrique sexagésimal, fondé, comme le nôtre, sur la grandeur de la Terre. Particulièrement, la grande pyramide dite *de Chéops* a son périmètre égal à la 120° partie du degré du méridien d'Égypte, et les autres mesures étaient aussi des subdivisions de cet arc. En Grèce, on croyait la Terre plane, et la Mythologie rendait populaire une erreur que les savants ne partageaient pas. Thalès, Hérodote, Platon, Pythagore, etc., s'étaient instruits dans la patrie de toutes les sciences, mais cachaient des vérités repoussées par la religion.

On n'a que de vagues notions sur les mesures de la Terre par les Chaldéens. Quant aux Romains, peuple le plus ignorant de l'antiquité, il n'y a rien à en dire sur ce sujet.

En l'an 83o de notre ère, les Arabes ont mesuré le degré terrestre à Sangiar et à Médine.

C'est en 155o, sous Henri II, que Fernel mesura le degré de Paris vers Amiens, par le nombre de tours des roues de sa voiture. En 1615, Snellius, astronome des Pays-Bas, forma le premier une chaîne de triangles, pour mesurer la distance de Malines à Alkmaër. Norwood, en 1635, imita ces deux procédés sur la route de Londres à York. Picard, partant d'une base de Villejuif à Juvisy, mesura, à l'aide de 35 triangles, l'arc de Sourdon, près Amiens, jusqu'à Malvoisine ; travail fait en 167o, qui le premier donna une mesure passable des dimensions de la Terre. Cassini fils, vers 17oo, dirigea la mesure du méridien de Dunkerque à Barcelone.

Des idées théoriques avaient suggéré à Newton que la Terre est aplatie aux pôles de $\frac{1}{230}$: par suite, des voyages furent entrepris, de 1733 à 1736, pour vérifier ce résultat, par Bouguer, Godin et La Condamine, au Pérou ; par Clairaut, Camus, Lemonnier et Maupertuis, en Laponie. La Caille et Cassini III firent, en 174o, une nouvelle mesure de la méridienne de France ; et La Caille alla ensuite mesurer le degré au Cap de Bonne-Espérance, tandis que Boscowitch prenait la distance de Rome à Rimini, Beccaria (en 1762) le degré du Piémont, Liesganig trois degrés en Autriche et un en Hongrie. En 1768, Mason et Dixon ont mesuré deux degrés en Pennsylvanie. Enfin, en 1799, l'établissement de notre système a été préparé par une troisième mesure de la méridienne de France, par Delambre et Méchain. MM. Biot et Arago ont ensuite prolongé la méridienne de Paris jusqu'à Formentera, et M. Puissant a refait et corrigé les calculs de cet arc, qui a près de 13 degrés.

Depuis cette admirable opération, d'autres semblables ont été entreprises par des savants étrangers. Mudge a mesuré trois degrés en Angleterre; Swanberg, un degré et demi en Laponie; Lambton, treize degrés, et Everest trois degrés dans l'Inde; Gauss et Olbers, deux degrés en Hanovre; Struve, trois degrés et demi en Courlande; Tenner, quatre degrés un tiers au sud (¹).

Cet Ouvrage a pour but d'exposer les méthodes géométriques qui sont employées dans ces sortes d'opérations.

(¹) Depuis la mort de M. Francœur, des opérations considérables ont été accomplies dans diverses parties du globe, notamment en Europe, dans le sens des méridiens et des parallèles.

La méridienne de France a été reliée avec la triangulation anglaise, de sorte que l'arc de méridien anglo-français s'étend sans interruption depuis Saxaford, dans les îles Shetland, jusqu'à Formentera, par 22 degrés d'amplitude; l'arc russo-scandinave s'étend du cap Nord jusqu'aux bouches du Danube par 25 degrés d'amplitude.

D'autres arcs de méridien ont été mesurés en Hanovre (Gauss), en Prusse (Bessel et Baeyer), en Danemark.

L'arc du parallèle moyen s'étend entre la Tour de Cordouan (Gironde) et Fiume, en Illyrie; l'arc du parallèle de Paris va de Brest à Munich, par Strasbourg. Enfin un grand arc de parallèle de 60 degrés d'amplitude a été mesuré sur le parallèle de 52 degrés, entre Valentia (Irlande) et Orsk, dans l'Oural.

D'autres mesures ont été effectuées, dans l'Inde, en Espagne, en Algérie, aux États-Unis, au Brésil, en Italie et dans presque tous les pays du globe.

Une Association géodésique internationale s'est formée en Europe, sous l'impulsion du général Baeyer, qui se propose de fondre en une seule toutes les triangulations de l'Europe, pour en déduire la mesure du continent européen.

Des Instituts géodésiques ont été créés en Espagne, en Italie, en Prusse; les instruments ont été modifiés, en même temps que les méthodes d'observation et de calcul se sont perfectionnées.

La France ne pouvait pas rester à l'écart de ce grand mouvement géodésique, et le Dépôt de la Guerre vient de décider que les grandes lignes du réseau français seraient remesurées avec toute la précision que comporte l'état actuel de la Science, sous la direction du commandant Perrier. Déjà la plus grande partie de la méridienne de Paris a été mesurée de nouveau, et, grâce aux travaux des officiers espagnols et à la possibilité de relier l'Algérie avec l'Espagne, cette méridienne ne tardera pas à être prolongée sur le continent africain jusqu'aux confins du Sahara.   F. P.

GÉODÉSIE.

LIVRE I.

TOPOGRAPHIE.

1. Concevons que, dans une localité peu étendue, on ait abaissé, sur un plan horizontal, des perpendiculaires de tous les objets qu'on y voit : les traces des pieds des verticales sur ce plan, ou les *projections* horizontales des objets, forment, par leur ensemble, ce qu'on appelle leur *plan*. Ce système général, reproduit sur le papier par le dessin, et dans de moindres dimensions, est le *levé du plan*. On y voit tracés les sinuosités des ruisseaux et des chemins, les contours des bois, les configurations des champs et des clôtures, etc. Toutes les parties y conservent les relations naturelles d'étendue, de forme et de distances, à l'échelle du plan; et les figures dessinées y sont semblables à celles que forment les projections sur le plan, comme si l'ensemble des objets était vu, à vol d'oiseau, à l'aide d'un verre qui en diminuerait toutes les dimensions. La *Topographie* enseigne le *levé des plans,* le *nivellement,* l'*arpentage* ou l'évaluation des surfaces, enfin l'art de dessiner les plans. Cette dernière partie, n'étant pas fondée sur des considérations géométriques, ne sera pas traitée ici.

CHAPITRE I.

LEVÉ DES PLANS.

Montrons la construction et l'usage des divers instruments employés en Topographie, en omettant toutefois ceux dont on se sert en Géométrie, tels que la règle, l'équerre, les compas, les tire-lignes, etc., qui sont trop connus pour que nous nous y arrêtions.

L'art de lever les plans exige principalement la connaissance des instruments qu'on a imaginés dans ce but : l'habitude de s'en servir fait en grande partie le mérite de l'arpenteur.

2. Échelle. — Tout plan doit être accompagné d'une échelle qui indique la proportion du dessin avec l'original. Le plus souvent, on trace sur le plan une ligne droite (*fig.* 2) divisée en parties égales qu'on numérote ; chaque partie désigne une unité métrique, telle qu'une toise, une lieue, un décamètre, etc. On voit dans la *fig.* 2 qu'une partie, en deçà du zéro, est divisée en dix parties : si l'on veut prendre, avec le compas, 4 unités et 6 dixièmes, on pose l'une des pointes du compas sur la division n° 4, et l'autre sur la subdivision n° 6, prise en deçà du zéro. On obtient ainsi 4^m,6, si l'unité est le mètre, ou 46 décimètres. Quand on prend la toise pour unité, on partage la première partie en 6, qui représentent des pieds, etc.

On exprime souvent en chiffres le rapport entre les distances prises sur le plan et celles des objets mêmes. Si un millimètre représente un décamètre, on dit que le *plan est au dix-millième,* parce que le décamètre contient 10000 millimètres. Si 10 toises sont représentées par une ligne, le plan est au 8640ᵉ, parce que 10 toises valent 8640 lignes. Les plans de la grande carte de France, par Cassini, sont au 86400ᵉ : une ligne y vaut 100 toises ; l'échelle du Dépôt de la Guerre est au 80000ᵉ : un millimètre vaut 80 mètres. Les échelles du cadastre sont au 5000ᵉ, au 2500ᵉ et au 1250ᵉ, selon que le terrain est plus ou moins morcelé. Le millimètre représente donc 5 mètres, ou 2½ mètres, ou 1¼ mètre. Les tableaux d'assemblage sont au dix-millième ou au vingt-millième.

3. Quand on veut pouvoir prendre au compas, avec précision, de très-petites fractions de l'unité, on se sert d'une *échelle de transversales;* nous envoyons, pour cette théorie, aux Traités de Géométrie. La *fig.* 3 est une *échelle de dixmes;* l'unité principale est extrêmement petite, car elle est contenue 100 fois dans chacune des divisions verticales portées sur la longueur, et 10 fois sur chaque division en largeur : les obliques permettent d'apprécier ces unités, et voici comment. Si, par exemple, l'une des pointes du compas est sur la ligne horizontale notée 300, et l'autre sur l'oblique n° 80, la distance étant d'ailleurs prise sur la verticale n° 4 (car il faut toujours que les deux pointes du compas portent sur une même ligne verticale), la longueur mesurée contiendra 384 unités : elle sera de 384 mètres, toises ou lieues, selon l'unité métrique principale qu'on aura adoptée.

L'échelle de dixmes est commode pour le système décimal des nouvelles mesures; mais on établirait de même les subdivisions d'après d'autres bases que 10.

4. Rapporteur. — Cet instrument, représenté *fig.* 5, 6 et 8, est destiné à mesurer les angles tracés sur le papier, ou à construire ceux dont on a la graduation. C'est un demi-cercle en cuivre ou en corne, dont le limbe est divisé en degrés de 0 à 180, et même en demi-degrés : le numérotage procède, tant dans un sens qu'en sens contraire; et même on marque aussi, sur une demi-circonférence concentrique, les arcs de 180 à 360 degrés, afin d'évaluer ceux qui dépassent 180 degrés (*fig.* 5).

Pour mesurer un angle tracé sur le papier, on applique le diamètre du rapporteur sur l'un des côtés AC (*fig.* 7) et le sommet C de l'angle au centre; l'autre côté CK coupe la demi-circonférence en un point K, où on lit la graduation : elle est ici de 54 degrés.

Si l'on veut faire un angle LOK (*fig.* 6) d'un nombre de degrés donné, par exemple de 36 degrés, placez le rapporteur de manière à faire tomber le rayon du 36ᵉ degré sur la droite IK qui doit être l'un des côtés de l'angle, et à faire passer le bord O*b* par le point E, où l'on veut que l'autre côté se dirige : la droite LO fera l'angle LOK de 36 degrés, puisqu'elle est, par la construction du rapporteur, parallèle au diamètre AC.

Comme la vue ne permet guère d'estimer sur le limbe que des quarts de degré, cette construction est peu exacte. On a imaginé de faire des rapporteurs qui ont une *alidade* mobile CD (*fig.* 8), traînant avec elle un *vernier* D propre à donner les minutes (*voir* n° 9 l'usage du vernier et sa construction). Le centre C du demi-cercle est au milieu d'un trou à jour, où il est marqué par deux soies qui se croisent. En construisant l'instrument, on a soin que le bord ID de l'alidade soit exactement aligné sur ce centre dans toutes les positions.

Au reste, il est encore plus exact de se servir des cordes des arcs. La *fig.* 4 est une *échelle de corde :* on trace d'abord un arc de cercle AK (*fig.* 7) avec un rayon égal à la corde de 6o degrés, qui, comme on sait, est le côté de l'hexagone inscrit; puis, prenant sur l'échelle (*fig.* 4) une ouverture de compas égale à la corde AK de l'arc dont on donne la graduation, par exemple celle de 54 degrés, on porte sur cet arc l'ouverture AK dont il s'agit. Ces cordes sont prises, avec le compas, sur l'échelle, depuis l'origine zéro jusqu'aux n°ˢ 6o et 54. Les rayons CA, CK, menés aux extrémités de l'arc ainsi déterminé, font l'angle demandé C. Pour ne pas donner à la *fig.* 7 de trop grandes dimensions, les cordes ont été prises sur une plus petite échelle que celle de la *fig.* 4; ce sont les longueurs prises sur cette même échelle réduites au cinquième.

Pour que cette construction ait une grande précision, au lieu de prendre la longueur de la corde sur la *fig.* 4, il faudra d'abord obtenir cette longueur en parties du rayon; ainsi on la calculera par l'équation du n° 35, ou plutôt on en prendra la valeur numérique dans une Table de cordes; on prendra ensuite, avec un compas, sur une échelle de dixmes (*fig.* 3), une ouverture qui sera la longueur de la corde à porter sur l'arc en AK (*fig.* 7). Ainsi la corde de 54 degrés est 9o8o, le rayon étant 1oooo; avec un rayon CA (*fig.* 7), de 1oooo parties d'une échelle quelconque, on décrira l'arc AK, sur lequel on portera la corde AK de 9o8o parties de l'échelle, etc.

5. **Jalons.** — Ce sont des bâtons bien droits, dont un bout a une pointe de fer et qu'on fiche verticalement en terre. Ce signal est plus facile à apercevoir de loin, lorsqu'on y a fixé une petite planchette blanche appelée *voyant,* ou une feuille de papier. On plante les jalons aux divers points de la campagne qu'on veut prendre pour signaux, ou pour stations successives. On s'en sert aussi pour marquer une direction rectiligne, en

se plaçant à l'une des extrémités, dirigeant un rayon visuel sur l'autre, et faisant planter par un aide les intermédiaires.

6. Chaîne. — On mesure les petites distances avec une règle métrique divisée; pour les grandes distances, on se sert de la chaîne d'arpenteur. Cette chaîne est formée de *chaînons* ou tiges en gros fil de fer, dont chaque bout est courbé en boucle, et qui sont réunis deux à deux par un anneau. Ces chaînons ont tous 2 décimètres de long, entre les centres de deux anneaux consécutifs; il y a 5o chaînons, en sorte que la chaîne a 1 décamètre de longueur (¹). Les anneaux sont en fer, excepté ceux qui sont de mètre en mètre, qu'on fait en cuivre. Chaque bout de la chaîne a une poignée qui fait partie de sa longueur totale (*fig.* 1). L'anneau du milieu est un peu plus fort que les autres.

Comme l'effort qu'on exerce perpétuellement sur la chaîne pour la tendre doit enfin l'allonger, il faut souvent la soumettre à une vérification attentive. Aussi, dans les grandes opérations cadastrales, l'ingénieur a-t-il soin, avant de commencer son travail, de s'assurer que sa chaîne a exactement 10 mètres (et 5 millimètres) de long; ensuite il marque cette longueur sur une muraille, et présente chaque jour sa chaîne à cet étalon, pour reconnaître si elle a varié.

Pour mesurer une distance, on commence par la jalonner, afin d'en suivre la direction rectiligne dans l'opération. Partant du premier jalon, l'arpenteur tient sa poignée fixée sur le sol, au point *a* de départ de la distance qu'il veut mesurer, et son aide, ou *porte-chaîne,* marche en avant dans l'alignement; il tend la chaîne contre terre, en évitant les tortillements, les pierres, les touffes d'herbe, et tout ce qui dérangerait la direction rectiligne. L'aide plante alors en terre, à l'extrémité *d*, une *fiche,* ou petit piquet de fer, qu'il entre dans sa poignée, et qu'il laisse en place. L'arpenteur et l'aide procèdent en avant, en traînant la chaîne, et l'arpenteur vient appliquer sa poignée sur cette première fiche, qu'il prend pour point d'arrêt, pendant que l'aide tend la chaîne et plante une seconde fiche, et ainsi de suite. L'arpenteur enlève chaque fois le piquet

---

(¹) On donne à la chaîne 5 millimètres de plus que la longueur de 10 mètres, pour compenser l'épaisseur de la fiche et la perte qu'on fait par le défaut de tension de la chaîne.

et le conserve ; autant il a de ces fiches en main à la fin de l'opération, autant de décamètres sont contenus dans la distance totale. En comptant les chainons *ab*, *bc*, etc., qui sont tendus depuis la dernière fiche jusqu'au jalon terminal, on a les fractions de décamètre. Si la distance a plus de 100 mètres, quand l'arpenteur a ramassé les dix fiches, il les rend à son aide, et marque sur le papier ce qu'il appelle une *portée,* dont la valeur est de 100 mètres, et ainsi de suite.

Quand le terrain est en pente, ou qu'il présente des accidents, on tient la chaîne horizontale en l'élevant au-dessus du sol ; car les mesures qu'on porte sur le plan doivent toujours être prises parallèlement à l'horizon. Mais comme la chaîne se courbe sous son poids, ce procédé n'est pas exact ; il est donc mieux de calculer la projection après avoir mesuré la longueur de la pente et son inclinaison (n° 45).

7. Alidades, pinnules. — Les instruments de Topographie sont pourvus d'un appareil spécial pour viser les signaux d'observation : la forme varie selon la nature de l'instrument ; mais, en décrivant celui qui sert aux levés à la planchette, on comprendra aisément tous les autres.

L'alidade est une règle mobile qu'on dirige vers les objets dont on veut déterminer la position relative, en les prenant pour point de mire. Cette règle (*fig.* 10) porte à ses deux extrémités des lames de cuivre AB, CD perpendiculaires à la règle sur laquelle ces lames sont articulées à charnière, afin de pouvoir se rabattre et se coucher sur la règle quand on n'en fait pas usage, et d'être commodément transportables dans une boîte. On nomme ces lames *pinnules.* A l'une est un petit trou, ou une fente verticale très-étroite AD, contre lequel on applique l'œil ; à l'autre, et vis-à-vis, est une fenêtre à jour BC, dans le milieu de laquelle est tendue une soie, ou un fil, ou un crin, perpendiculaire à la règle ; le plan passant par ce fil et par le trou opposé, rase le bord ID de la règle. Comme il est utile de pouvoir prendre indifféremment l'une ou l'autre pinnule pour place de visée, chacune porte un trou et une fenêtre avec sa soie, l'une au-dessus de l'autre, et en regard réciproque avec ceux de l'autre pinnule.

Pour viser un signal, on tourne l'alidade dans la direction de cet objet, de manière que le rayon visuel qui part du trou de la pinnule antérieure rase le fil de l'autre, et que ce fil paraisse coïncider avec l'objet. Cet alignement détermine un plan de *collimation* perpendiculaire au plan de la règle, et qui doit exactement en raser le bord. On vérifie si cette condition est remplie en pointant un objet, et marquant sur un papier une ligne le long du bord de la règle ; puis, retournant l'alidade bout pour bout, et visant le même objet, on voit si le nouveau plan de collimation donné par cet alignement coïncide avec le premier. Sans cela, il y aurait une erreur, et il faudrait déplacer le fil pour la faire disparaître.

Les instruments qui ont des arcs de cercle destinés à mesurer les angles ont de semblables alidades ; mais elles sont assujetties à un mouvement de rotation autour du centre (*voir* ci-après et *fig.* 22).

8. Quand les signaux sont hors de la portée de la vue, au lieu de simples pinnules, on se sert d'une *lunette* (*fig.* 18) formée de deux verres lenticulaires : l'un, tourné vers les objets, est l'*objectif;* l'autre, où l'œil doit être appliqué, est l'*oculaire*. Ces deux verres sont écartés l'un de l'autre jusqu'à ce que leurs foyers respectifs aboutissent presque au même point, dans l'intérieur du tube. En ce foyer commun est placé un *réticule ;* c'est un diaphragme à jour où deux fils sont tendus en croix. Cet appareil doit être mobile le long du tube de la lunette, afin de pouvoir être exactement placé au foyer de l'objectif (n° 103).

Pour pointer un objet, on y dirige la lunette, et le signal doit apparaître juste à la croisée des fils, ou en coïncidence avec l'un d'eux. Cette lunette renverse les images, ce qui ne présente aucun inconvénient pour l'usage qu'on en fait. Il est bon aussi que la lunette soit montée sur un axe I qui lui permette un mouvement de bascule au-dessus de l'alidade.

9. **Vernier, nonius.** — Pour lire les fractions de division d'un instrument coupé en parties égales, on se sert d'une petite lame de métal, dont le bout arase les divisions, et qui est elle-même coupée en parties égales. Si $n-1$ parties principales sont divisées sur cette lame en n parties égales, cet appareil servira à fractionner les premières en n parties de leur longueur. Cette lame, ainsi divisée et mobile le long des divisions de cet instrument, est ce qu'on appelle *vernier* ou un *nonius,* des noms de deux géomètres, dont le premier est l'inventeur de l'appareil, et dont l'autre en a répandu l'usage. Voici la théorie du vernier.

Soit HAI (*fig.* 11) une règle fixe divisée en parties égales, ... 8, 9,

10...; la réglette CD, mobile parallèlement et le long de la première, est juste de la longueur, par exemple, de 5 de ces parties, et on l'a coupée en 6 divisions égales et numérotées. Imaginons que l'extrémité C coïncide avec la 10e division. En prenant pour unité l'une des divisions de AB, et comparant les traits de AB et de CD, on voit que le n° 1 de la réglette est au-dessus du n° 11, de $\frac{1}{6}$ d'unité; le n° 2 est plus haut que 12 de $\frac{2}{6}$ d'unité; le n° 3 est plus haut que 13 de $\frac{3}{6}$; le n° 4 est plus élevé que 14 de $\frac{4}{6}$; le n° 5 l'est plus que 15 de $\frac{5}{6}$; enfin le n° 6 l'est plus que 16 de $\frac{6}{6}$ ou 1, c'est-à-dire que le n° 6 correspond à la 15e division exacte de la règle.

Cela posé, que la réglette CD, qui est le vernier, soit déplacée et portée en C'D', il sera facile d'évaluer la fraction de division qui répond à C', c'est-à-dire la longueur 13i. En effet, cherchez sur le vernier et la règle quels sont les deux traits qui se trouvent en exacte coïncidence, et vous trouvez ici que c'est le n° 5 qui répond à H; d'où vous concluez que la longueur 13i est les $\frac{5}{6}$ d'une division de la règle HA, en sorte que le point C' répond à 13 unités et $\frac{5}{6}$ d'unité. En effet, le n° 4 est au-dessous de 17 de $\frac{1}{6}$; le n° 3 au-dessous de 16 de $\frac{2}{6}$, etc.; enfin C' est au-dessous de 13 de $\frac{5}{6}$. Sans prendre la peine de compter une à une ces parties, le chiffre 5 de la division en coïncidence donne tout de suite la fraction $\frac{5}{6}$. Les unités sont ici fractionnées en sixièmes, parce que 5 de ces unités ont été partagées en 6 sur le vernier. La *fig.* 12 est établie sur le système décimal; la longueur de 9 parties de l'échelle est coupée en 10 sur le vernier AB; d'après la disposition qui y est représentée, le trait i, appelé *ligne de foi*, répond à 57 unités et une fraction qu'on évalue en remarquant que le trait n° 6 est le seul qui coïncide avec les traits de l'échelle, ce qui donne $\frac{6}{10}$: ainsi le trait i répond à 56,6.

Le même raisonnement s'applique au cas où les divisions égales sont tracées sur une circonférence (*fig.* 9). Supposons que l'alidade AC, mobile autour du centre C de l'arc gradué AD, porte le vernier IF fixé à l'alidade. Ce vernier IF est terminé par un arc concentrique, qui arase les divisions de l'arc AD dans toutes les positions de l'alidade. Un arc de 9 degrés du limbe est porté de I en F, et divisé en 10 parties égales, et le vernier donne des dixièmes de degré; en sorte que, si l'alidade a d'abord été fixée de manière que le trait F, appelé *ligne de foi*, soit sur le zéro du limbe, les divisions du vernier, comparées à celles de l'arc gradué, seront au-dessus de leurs correspondantes, successivement de $\frac{1}{10}$, $\frac{2}{10}$, $\frac{3}{10}$.

L'alidade étant tournée dans une autre position, telle que CB, on voit que la ligne de foi F répond à 56 degrés et une fraction; et l'on évalue cette fraction en dixièmes, en considérant que le 6e trait du vernier est juste sur l'un de ceux du limbe; ce qui donne 56°,6 pour la grandeur de l'angle ACB.

Dans la plupart des instruments qui servent à mesurer les angles, le limbe est divisé en 360 degrés, et le vernier donne la minute : on fait l'arc du vernier de 59 degrés, qu'on divise en 60 parties égales, ce qui donne alors des soixantièmes de degré, c'est-à-dire des minutes. Si le limbe est divisé en demi-degrés, on prend l'arc du vernier de 29 demi-degrés qu'on divise en 30, ce qui donne des trentièmes de demi-degré, c'est-à-dire encore des minutes.

Mais, lorsque la construction soignée de l'instrument et ses dimensions permettent d'en obtenir une plus grande précision, on peut diviser le limbe et le vernier en parties plus serrées et y lire les fractions de minute. Par exemple, pour que les divisions puissent être estimées de 5 secondes en 5 secondes, on coupera chaque degré du limbe en 12 parties égales, dont chacune occupera un arc de 5 minutes; puis, prenant sur le vernier un arc de 59 de ces parties, on divisera cet arc en 60; alors les fractions seront de $\frac{1}{60}$ de 5 minutes, ou de 5 secondes. Les cercles répétiteurs et théodolites sont souvent divisés de cette manière (n°s 92 et 105); mais les instruments d'arpentage ne donnent pas une aussi grande précision, parce qu'on n'y trouverait aucune utilité, les observations n'étant pas assez soignées pour cela.

Les divisions très-serrées du limbe et du vernier ne peuvent être bien distinctes que par le secours d'une *loupe*, et l'art de la construction des instruments est poussé à un tel degré de perfection, qu'on peut compter sur l'égalité parfaite des divisions, parce qu'on les trace par le secours de machines ingénieuses. Comme il serait difficile de compter le nombre des traits du vernier depuis la ligne de foi à son extrémité jusqu'au trait de coïncidence, pour évaluer la fraction, on numérote les divisions du vernier, et il suffit de lire le chiffre qui affecte ce dernier trait; ce chiffre exprime le nombre de minutes ou de secondes, etc., qu'il faut ajouter au chiffre des parties entières indiquées par la ligne de foi sur le limbe. Un instrument bien centré et bien divisé donne des valeurs angulaires dont l'exactitude étonne.

Comme les divisions sont en général très-serrées, la différence de largeur de celle du vernier et du limbe se perd souvent dans la fine épaisseur des traits de séparation; et l'on trouve que la coïncidence paraît exacte sur deux traits consécutifs. On s'arrête alors sur la moyenne entre ces deux indications.

10. Vis de rappel. — On donne ce nom à un appareil destiné à imprimer des mouvements très-lents à une pièce mobile le long d'une pièce fixe. Par exemple, lorsqu'on veut pointer un signal avec la lunette d'un graphomètre, on la dirige d'abord à peu près vers l'objet; puis il reste à mettre ensuite cet objet en exacte coïncidence avec le fil du réticule, en donnant un petit mouvement à la lunette. C'est ce qu'on produit par une vis de rappel.

La difficulté que présente ce problème consiste à laisser la lunette indépendante de l'appareil dans les grands mouvements, et à ne la mettre en usage que pour les petits, en sorte que la lunette soit libre dans un cas et arrêtée dans l'autre. Voici comment cet ajustement est combiné.

AB (*fig.* 16) est le limbe d'un graphomètre; CD le bras ou rayon mobile qui porte la lunette, D un curseur entraîné par le bras CD avec la vis de rappel V tournant dans un canon b. Dans une fenêtre ab du curseur est logée une pièce susceptible d'y glisser d'un certain espace, et qui, solidaire avec le bras CD et la lunette, porte un écrou i dans lequel la vis V mord; en sorte qu'en tournant la vis, la pièce ab s'approche ou s'éloigne de b, et imprime un petit mouvement au bras et à la lunette qu'il porte. Sous l'appareil est une *agrafe* formée de deux mâchoires et armée d'une vis de pression K; ces mâchoires lâchent ou saisissent le limbe selon qu'on tourne la vis K dans un sens ou dans l'autre.

Voici l'effet que produit ce mécanisme : quand la vis de pression K est lâchée, le bras CD emporte le système CD et la lunette qu'on peut pointer à peu près sur le signal. On serre alors la vis K qui attache le curseur D et la vis V au limbe, et les rend solidaires. Qu'on fasse alors tourner la vis de rappel V dans son canon b. Cette vis, mordant dans l'écrou i, fera avancer ou reculer la pièce ab dans la petite fenêtre où elle est logée ; et comme cette pièce est fixée au bras qui porte la lunette, celle-ci prendra une marche très-lente et permettra d'amener le fil du réticule à coïncider avec le signal. En effet, on sait qu'un tour entier de la vis ne fait marcher l'écrou dans le sens de l'axe que d'une longueur égale au pas de la vis. Si ce pas est d'un demi-millimètre, en faisant tourner la tête de la vis de 30 degrés (12e de la circonférence), l'écrou i et la pièce ab ne marcheront donc que d'un vingt-quatrième de millimètre.

La disposition des vis de rappel varie avec la forme de l'instrument ; mais c'est toujours le principe précédent qui en détermine la construction. Le plus souvent le vernier, au lieu d'être placé dans une fenêtre au bout du bras mobile, comme dans la *fig.* 16, est fixé latéralement comme dans la *fig.* 9 ; ce qui est tout à fait arbitraire, puisqu'on ne consulte le vernier que pour estimer les fractions de degré.

Pour lire sur le limbe et le vernier la graduation indiquée par les deux traits en coïncidence, on s'aide d'une *loupe* M qu'on tient à la main, ou qui est attachée au bras, de manière qu'en tournant sur l'axe I on puisse l'amener au-dessus du vernier. Une articulation en I permet de porter la loupe à la distance du limbe exigée par la force de vision du lecteur.

Le canon b et l'écrou i sont montés sur pivots pour que l'axe de la vis puisse rester perpendiculaire au bras CD, et qu'un léger mouvement de torsion permette à cette vis de marcher librement.

11. Supports. — Le pied qui porte les instruments d'arpentage est de trois branches (*fig.* 15), qu'on peut écarter à volonté pour obéir aux plis du terrain. Ces pieds sont réunis en haut, chacun par une vis de pression, avec une tige verticale en tronc de pyramide, terminée par un cylindre ou axe qui reçoit la *douille* de l'instrument. Cette douille est un cylindre creux où entre cet axe, et qui peut y pirouetter, à moins qu'on n'arrête la rotation avec une autre vis de pression. Chaque pied a une face plate suivant laquelle il s'applique contre une face de la tige triangulaire commune, et peut y tourner sur la vis de pression qui l'y fixe. En serrant fortement ces trois vis, après que les pieds ont été convenablement écartés, l'ensemble est assez stable et solide. Le bout inférieur des pieds est muni d'une pointe en fer qui entre en terre, et rend le système immobile ; on observe aisément les signaux avec l'instrument ainsi établi sur son pied. Lorsqu'on veut transporter l'instrument, les trois branches du pied peuvent être rapprochées et réunies en un faisceau que maintient une frette mobile.

Comme ce pied est léger, les branches en sont faibles et cèdent au mouvement de torsion qu'on est obligé de donner à l'instrument. M. Huvé a évité cet inconvénient en faisant chaque branche de deux barres de bois, réunies en V très-allongé; les deux bouts sont entrés dans un sabot de cuivre qui porte la pointe de fer, et l'ouverture d'en haut serre, à l'aide d'une vis de pression, une oreille quadrangulaire qu'on a ménagée à la partie supérieure du pied (*fig.* 14).

12. Genou. — Il est nécessaire de pouvoir tourner le limbe de l'instrument, pour lui donner les positions horizontale, verticale ou oblique, selon la nature de l'observation qu'on veut faire. Le genou est un mode d'articulation de l'instrument avec le pied, qui permet ou défend ces mouvements à volonté et selon le cas. Il en est de plusieurs espèces.

Le *genou à coquilles* du graphomètre et de la boussole est composé d'une courte tige *i* fixée à l'instrument, et terminée par une boule de cuivre O (*fig.* 13). Le cylindre de cuivre LN, qui porte en bas la douille où entre le haut du pied P, est terminé à la partie supérieure par deux *coquilles* EE; ce sont deux pièces distinctes, concaves en cuillère, dont l'une fait corps avec le cylindre LN, et l'autre, opposée par sa concavité, est libre et peut être rapprochée et serrée contre la première, à l'aide d'une vis de pression M. C'est entre ces coquilles, évidées latéralement, que la boule O est entrée et saisie comme entre deux mâchoires. En desserrant la vis de pression M, on rend à la boule sa mobilité en tous sens, ce qui permet de faire prendre au limbe toutes les positions. Quand on a dirigé le limbe à peu près comme on veut, on serre légèrement la vis M; le frottement suffit pour retenir la boule, et cependant lui permet encore de rouler un peu dans les coquilles, pour achever de mettre l'instrument en situation : après quoi on serre fortement la vis M, pour que le tout soit solidaire.

13. Le genou de Cugnot (*fig.* 19) est composé d'une *noix* N, formée de deux cylindres qui sont un peu plus élevés l'un que l'autre et dont les axes sont à angle droit. Des boulons B'B' et B traversent dans la direction de ces axes, et ont l'une des extrémités taraudée, pour donner prise à un écrou à oreilles. Lorsque cette noix est engagée entre les *languettes* L, L qui portent la table PP de l'instrument, on peut, en desserrant les écrous, faire mouvoir cette table dans deux sens perpendiculaires, et par conséquent la disposer horizontalement ou dans une situation oblique quelconque. En serrant les écrous, on arrête le mouvement, et la table PP reste fixe dans la position qu'on lui a donnée. Les mouvements qu'on fait prendre à la table sont précisément de même espèce que ceux de la *suspension de Cardan,* qui permet de conserver la position horizontale aux boussoles et chronomètres marins, malgré les oscillations du navire. Le genou de Cugnot est surtout en usage pour l'instrument appelé *planchette,* dont nous parlerons plus tard.

14. Le genou des niveaux est une simple charnière qui permet au tube d'un niveau à bulle d'air (n° 51) de prendre un mouvement de bascule, pour amener la bulle au milieu du tube : ce n'est, à proprement parler, qu'une noix ayant un seul des deux cylindres du genou qu'on vient de décrire. Comme les mouvements sont très-brusques, il ne serait pas facile de faire rester la bulle au milieu du tube, sans le secours d'une vis de rappel *m* (*fig.* 38), qui ne fait marcher que par degrés insensibles.

15. Équerre d'arpenteur. — C'est une espèce de pomme de canne (*fig.* 17) coupée par deux fentes rectangulaires verticales ACDG, EIFO qui servent de pinnules; une partie inférieure A est évidée en forme de fenêtre, et l'on applique l'œil à la fente opposée, en dirigeant vers un signal. A la base est une douille B qui reçoit à frottement le haut d'un bâton, dont l'autre bout porte une pointe de fer. On plante cette canne verticalement en terre (*fig.* 17 *bis*), et l'on fait pirouetter l'équerre sur sa douille jusqu'à ce qu'on puisse aligner quelque signal à distance. En plaçant l'œil à l'autre fente, sans déranger l'instrument, on a une direction perpendiculaire à la première, et l'on y peut faire planter un jalon. Dans les sols pierreux, on remplace le bâton de l'équerre par un pied à trois branches (n° 11).

L'équerre d'arpenteur sert à *mener sur le terrain des lignes à angle droit;* on peut même s'en servir pour lever le plan de pièces de terre et en mesurer l'étendue superficielle. Voici comment on opère.

Supposons qu'on veuille lever le plan d'un champ semblable à la *fig.* 20 ; on se portera successivement aux divers points de la droite AB, et l'on cherchera en quels lieux D, F, H il faut planter l'équerre, pour que, l'une des pinnules s'alignant selon AB, la direction de l'autre aille aboutir aux divers sommets ou coudes C, E, G, qui limitent le contour du champ. Bien entendu que, si ce contour est terminé par une ligne courbe (*fig.* 21), on concevra cette ligne coupée en parties qu'on puisse regarder comme de petites droites. On fait planter un *jalon* à chaque station D, F, H (*fig.* 20) et aussi à chaque sommet C, E, G, et l'on mesure les longueurs AD, DF, FH, HB, ainsi que celles des perpendiculaires CD, EF, GH. On a alors tout ce qu'il faut pour figurer le contour et évaluer l'aire.

En effet, après avoir tracé sur le papier une droite indéfinie *ab*, on portera, avec le compas, des parties *ad*, *df*,... de l'échelle, qui représentent celles qu'on a mesurées sur AB ; puis, en chaque point de division, on élèvera des perpendiculaires *dc*, *fe*, *hg*, qu'on prendra d'autant de parties de l'échelle que les longueurs CD, EF, GH contiennent d'unités métriques. Il ne restera qu'à joindre les extrémités de ces perpendiculaires par des droites pour former le plan demandé *cacbg*. Il est clair que ce plan est réduit à l'horizon quand les lignes mesurées sont horizontales. On en conclut ensuite, si l'on veut, les longueurs des côtés et l'ouverture des angles du polygone à l'aide de l'échelle et du rapporteur.

Cette opération très-simple est à la portée des plus faibles intelligences ; aussi l'équerre est-elle d'un usage continuel, et cela d'autant plus qu'on obtient sur-le-champ l'étendue superficielle, en calculant à part chacun des trapèzes et triangles dont elle est composée, et dont on connaît les bases et les hauteurs.

Lorsque la figure du champ n'est pas limitée par un côté rectiligne, on prend pour *base* de départ une ligne droite qui le traverse et qu'on jalonne (*fig.* 21) ; on lève à l'équerre les plans de chaque côté. On peut ainsi lever les sinuosités d'un sentier, d'un ruisseau, les contours d'une enceinte fermée, etc. Mais les accidents du terrain, la difficulté de mesurer les distances horizontalement, les obstacles que rencontre la vue ou que les localités présentent, enfin la lenteur des opérations obligent souvent à recourir à un autre instrument.

On donne le plus souvent à cette pomme de canne la forme d'un octo-

gone régulier, fendu selon quatre diamètres respectivement inclinés à
45 degrés, parce que ces angles peuvent être employés comme ceux de
90 degrés, et de la même manière.

Pour vérifier si les pinnules de l'équerre sont exactement fendues sous
les angles de 90 degrés, ou de 45 degrés, on vise par ces pinnules, et
l'on fait planter, à distance, deux jalons dans leurs directions ; puis, faisant pirouetter l'instrument sur sa douille, on amène à droite la fente qui
était du côté gauche : il faut alors que la pinnule qui suit coïncide rigoureusement avec le jalon de droite, quand la première tend juste au
jalon de gauche.

Équerre de réflexion. — Soient S un signal et AC un miroir (*fig.* 158,
Pl. XI) ; les rayons émanés de S sont réfléchis par ce miroir selon BF,
en faisant l'angle d'incidence égal à celui de réflexion ; iB étant perpendiculaire sur AC, on aura l'angle

$$HB i = i BF = \alpha :$$

l'image de S sera donc dirigée selon BF. Placez en F un second miroir
ED, et, KF lui étant perpendiculaire, le rayon BF se réfléchira selon FO
en faisant l'angle

$$KFB = KFH = \beta ;$$

ainsi l'œil placé en O verra le signal S dans la direction HF.

Or on a visiblement

$$\alpha + FBC = \text{1 droit} \quad \text{et} \quad \beta + BFD = \text{1 droit,}$$

et dans le triangle BFL

$$FBC + BFD + L = \text{2 droits} ;$$

si donc on retranche la somme des deux premières équations ajoutées
membre à membre, on aura

$$L - \alpha - \beta = 0, \quad \text{d'où} \quad L = \alpha + \beta.$$

Supposons que l'angle L soit de 45 degrés, par exemple ; en doublant
l'équation trouvée, on aura

$$90° = 2\alpha + 2\beta = HBF + BEH,$$

c'est-à-dire que le triangle HBF est rectangle en H. Donc l'observateur placé en O, faisant planter un jalon en I en coïncidence avec l'image S doublement réfléchie sur la direction HF, les signes SB, OI sont perpendiculaires, quand les miroirs sont inclinés l'un sur l'autre de 45 degrés.

L'équerre de réflexion a la forme d'une tabatière ronde qui contient deux miroirs faisant ensemble un demi-angle droit; le contour est à jour pour livrer passage au rayon incident SB et au rayon réfléchi OI; et l'on se sert de l'instrument comme de l'équerre d'arpenteur, pour marquer, avec des jalons sur le terrain, des lignes perpendiculaires. L'inclinaison des miroirs se règle par la propriété ci-dessus, en sorte que, si l'on a marqué les points HSI par des jalons dans deux directions à angle droit, il faudra tourner un peu l'un des miroirs pour que l'image S coïncide avec I, quand l'observateur se tient en O; on est sûr alors que l'angle L est de 45 degrés. Cet instrument est très-commode, parce qu'il n'exige aucun support : on le tient à la main par un petit manche fixé au centre de l'un des fonds.

16. **Le pantomètre** de M. Fouquier est une équerre perfectionnée (*fig.* 23); il est cylindrique, coupé en deux horizontalement : la partie inférieure ABCD est fixée en haut du pied par sa douille K et sa vis de pression P; la supérieure EFGH peut tourner sur un axe concentrique, de manière à présenter successivement sur les différents points du bord inférieur CD une *ligne de foi* tracée sur le bord EF. La circonférence fixe CD est divisée en degrés, de sorte qu'on peut lire en n l'arc dont on a fait tourner le cylindre supérieur : il y a même un vernier m pour trouver les fractions de degré. On a ménagé sur le cylindre fixe AD une fente a, et, à sa partie diamétralement opposée, une fenêtre b où une soie verticale est tendue. Le cylindre supérieur porte de même une fente d et une fenêtre c avec sa soie. On a soin que ces pinnules répondent juste l'une au trait fixe, l'autre au zéro de la graduation, condition dont il est facile de s'assurer en mettant ces deux points en coïncidence et visant à un signal.

L'usage du pantomètre est facile à comprendre. En faisant tourner la totalité de l'instrument sur sa douille et le cylindre supérieur sur son axe, on ajuste par les pinnules deux signaux situés au loin, de manière

qu'on les voie coïncider avec les fils, l'un par les pinnules fixes, l'autre
par celles qui sont mobiles. On lit ensuite sur le cercle CD et le vernier
m la valeur angulaire des deux rayons visuels dirigés aux signaux. C'est
donc un moyen de mesurer des angles, et nous verrons bientôt, en traitant du graphomètre, l'usage qu'on en fait pour lever le plan.

Le diamètre de l'instrument n'a guère plus de 4 centimètres, et l'on
n'y marque les degrés que de 2 en 2. Le vernier donne ensuite les quarts
de degré, précision suffisante pour l'arpentage vulgaire. En faisant le
diamètre double, on pourrait mesurer les angles à 3 minutes près.

Le haut GH porte ordinairement en dessus une petite boussole, dont on
se sert, comme il sera expliqué, pour lever les objets que des obstacles
interposés empêchent d'apercevoir, les routes sinueuses des bois, etc.
Enfin on y fixe un petit niveau à bulle d'air, pour que l'axe soit planté à
peu près verticalement.

En ajoutant une aiguille aimantée sur le couvercle du pantomètre,
M. Lejey en a fait une boussole qui permet de mesurer les angles à une
minute. On amène l'aiguille sur une ligne de foi, quand l'instrument est
à zéro ; puis, tournant le couvercle pour viser dans la direction voulue,
on lit l'arc parcouru par l'aiguille, non plus sur l'arc du couvercle, mais
sur la surface du cylindre.

17. Graphomètre. — Cet instrument (*fig.* 22) est destiné à mesurer
les angles que forment des droites dirigées dans l'espace d'une station à
deux signaux éloignés. C'est un *rapporteur* (n° 4) pourvu d'alidades pour
pointer les objets. Il est formé d'un limbe demi-circulaire et gradué,
ayant depuis 1 décimètre jusqu'à 3 décimètres et plus de diamètre, monté
sur un genou, qui a été décrit n° 12, afin de pouvoir en diriger le plan à
volonté et en tous sens.

Perpendiculairement au limbe et vers son bord sont fixées deux pinnules *p*, *p*, dont le crin qui partage en deux la fenêtre, et le trou ou la
fente qui perce son plan, sont diamétralement opposés à un appareil semblable sur l'autre pinnule ; le plan perpendiculaire au limbe, ainsi déterminé, passe par le diamètre noté 0 et 180 degrés. Une autre alidade L*l*
est sur une règle mobile autour du centre O, et ses pinnules sont un peu
moins écartées du centre que les premières. Cette règle est fixée à un
axe de rotation central C et dans toutes les positions rase le limbe en se

dirigeant selon tous les rayons du cercle. Lorsqu'elle est amenée selon le diamètre principal, les quatre fils des pinnules doivent paraître coïncider quand on applique l'œil à une extrémité. Cette alidade traîne avec elle un vernier V, dont les divisions, en rasant celles du limbe, permettent de lire les fractions ou minutes.

Il importe : 1° que le centre de l'axe de rotation soit le centre de l'arc divisé ; 2° que la *ligne de foi* des pinnules fixes soit dirigée sur le diamètre o et 180 degrés ; 3° que la ligne de foi des pinnules mobiles passe aussi par le centre. Lorsque ces conditions seront remplies, voici comment on mesurera un angle sur le terrain. On fera tourner tout l'instrument sur sa douille et sur son genou, jusqu'à ce que le rayon noté zéro se dirige à un signal ; puis, fixant tout dans cette position, on fera tourner l'alidade mobile jusqu'à ce que sa ligne de foi se porte vers un autre signal : ces directions s'obtiennent en mirant les objets par la fente d'une des pinnules et faisant coïncider, en apparence, les fils de l'autre pinnule avec les signaux ; et, comme il est difficile de tourner l'alidade pour amener cette coïncidence, on ne la produit d'abord qu'à peu près, puis on l'achève avec une *vis de rappel* (n° 10).

Le genou est construit de sorte qu'on peut amener le limbe à être vertical, ce dont on s'assure avec un fil à plomb, ou horizontal, ce qu'indiquent deux niveaux rectangles à bulle d'air n, n', logés dans le limbe même. Dans ce dernier cas, les objets visés étant élevés ou abaissés relativement au limbe, l'angle mesuré est celui que forment les deux rayons visuels qui vont aux objets, mais réduit à l'horizon (*fig.* 22): dans le premier cas, l'angle mesuré est vertical : c'est la hauteur angulaire d'une sommité au-dessus d'une autre ; et si le diamètre principal est horizontal, ce qu'indique un niveau, l'angle est la hauteur d'un sommet au-dessus de l'horizon, et l'on n'a besoin de faire qu'un seul pointé.

On arme encore le graphomètre d'une petite boussole dont le diamètre *nord* et *sud*, ou la division zéro de son cercle gradué, est parallèle au diamètre du limbe. Cette pièce sert à orienter les plans et à diriger les pinnules fixes vers des points invisibles, comme on le dira en traitant de la boussole.

Ces niveaux et cette boussole sont fixés de manière à ne pas gêner les mouvements de l'alidade et du genou.

Il faut avoir soin, lorsqu'on a manœuvré l'alidade mobile, de viser de nouveau avec les pinnules qui sont fixes, pour s'assurer si l'on n'a pas dérangé l'instrument, parce qu'il arrive souvent qu'une légère torsion force à recommencer les pointés, pour rétablir la coïncidence des fils avec les deux signaux.

Comme les objets éloignés sont souvent difficiles à voir, on remplace les pinnules, surtout celles des grands graphomètres, par des lunettes armées d'un réticule à deux fils situé au foyer commun des verres objectifs et oculaires. L'un de ces fils est parallèle, et l'autre perpendiculaire au limbe (n° 8).

La lunette fixe est placée sous le limbe; l'autre est en dessus : le fil de chacune doit répondre à la ligne de foi et au zéro de la division. Pour faciliter les observations, chaque lunette est montée à charnière sur un pied perpendiculaire au plan du graphomètre, et peut basculer pour permettre de viser les objets qui sont un peu écartés de ce plan. Lorsqu'on veut vérifier si les axes des pinnules ou des lunettes sont bien établis, on vise un même objet éloigné, et l'on voit si les lignes de foi des alidades sont en coïncidence avec le zéro. Quand il n'en est pas ainsi, il y a une *erreur de collimation* dont on trouve ainsi la valeur : cette quantité est une correction constante qu'il faut faire à tous les angles observés, soit additive, soit soustractive, selon les cas; mais on préfère alors déplacer les fils pour détruire cette erreur. Il est utile que les réticules puissent recevoir un petit mouvement à l'aide de vis latérales qui font glisser les fils ensemble, tant le long du tube pour les amener au foyer de l'objectif, que transversalement pour détruire l'erreur de collimation.

Ces lunettes renversent les objets, mais ce n'est pas un inconvénient pour l'usage auquel on les destine (n° 103).

Pour reconnaître si l'instrument est bien centré et bien divisé, d'une station on mesure l'angle formé par les lignes menées à deux signaux, en les comparant à un troisième signal : car cet angle est la somme ou la différence de deux angles qu'on peut mesurer. On change ensuite le troisième signal, et l'on doit obtenir la même valeur angulaire.

En mesurant les trois angles d'un triangle, la somme de ces angles doit former 180 degrés.

18. Le graphomètre sert à beaucoup d'opérations topographiques; mais, pour nous borner au levé des plans, soient A, B, C, D, E, ...

(*fig.* 24) différents objets situés 'dans une campagne dont on veut faire le plan ; on mesurera la longueur d'une *base* horizontale AE, dont on choi- ,sira la position de sorte qu'elle soit la plus propre à l'opération : il sera bon, par exemple, que des extrémités AE on puisse voir le plus grand nombre possible des points qu'on veut lever, qu'il n'y ait pas d'angle trop aigu, trop obtus, etc.

On stationnera en A, et l'on prendra les valeurs de tous les angles formés par la base AE, avec les lignes menées aux autres points ; ces an- gles se trouvent réduits à l'horizon, quand le plan du graphomètre a été fixé horizontalement : on connaîtra donc les angles BAE, CAE, DAE, HAE, ... Puis, transportant l'instrument en E, on en fera autant, c'est- à-dire qu'on mesurera les angles DEA, CEA, BEA, HEA, ... On inscrira ces valeurs sur un *croquis* où seront dessinés les objets dans l'ordre où on les voit, afin d'éviter les erreurs nées de la confusion.

De retour au cabinet, on tirera sur le papier une droite *ae* d'autant de parties de l'échelle que AE contient d'unités métriques. Du point *a* on tirera, à l'aide du rapporteur ou autrement (n° 4), des droites indé- finies *ab*, *ac*, *ad*, *af*, ..., faisant avec *ae* des angles respectivement égaux à ceux qu'on a observés en A ; puis du point *e* on mènera les droites *ed*, *ec*, *eb*, *ef*, ..., faisant avec *ea* les angles observés en E. Ces lignes se couperont deux à deux aux points *b*, *c*, *d*, *f*, ..., qui seront la représentation des signaux observés.

Il faut remarquer que l'on peut, avec un compas et à l'aide de l'échelle du plan, trouver les longueurs métriques AB, BC, CD, DE, ..., qu'on n'a pas effectivement mesurées. De plus, si quelque objet était invisible de l'une des stations, ou de toutes deux, on pourrait en trouver la place sur le plan, en prenant pour base la distance maintenant connue entre deux stations d'où cet objet peut être aperçu ; par exemple le point I, qu'on voit de G et de F, sera placé en *i* lorsqu'on aura mesuré les an- gles IGF, IFG, et qu'on aura rapporté ces angles en *igf*, *ifg*.

Le graphomètre sert, comme on le voit, à trouver la distance entre des points inaccessibles. Nous verrons bientôt qu'il peut aussi donner les hauteurs des signaux au-dessus de l'horizon. Au reste, ces longueurs se déterminent numériquement par des résolutions de triangles, problèmes qui dépendent de la Trigonométrie rectiligne, et que nous traiterons plus tard (n° 45).

La méthode d'intersection dont on vient de parler ménage beaucoup le temps et la peine, mais elle a l'inconvénient d'employer souvent des angles trop aigus ou trop obtus, qui conduisent à un tracé défectueux ; on préfère ordinairement faire autant de stations qu'il y a de signaux, en contournant l'ensemble, en mesurant chaque angle et chaque distance. La *fig.* 29 donne un exemple de la *méthode de cheminement :* comme elle sera exposée en traitant de la planchette (n° 26), nous croyons inutile d'entrer ici dans des développements plus étendus.

Le cercle répétiteur, le théodolite, dont nous parlerons bientôt, peuvent pareillement servir à mesurer les angles, comme le graphomètre ; mais la complication de ces instruments, le temps qu'on passe à les dresser en place et à faire les observations, etc., empêchent de les employer : on les réserve pour des circonstances qui demandent une précision extrême, dont la Topographie n'a pas besoin. Mais on peut très-bien user du sextant et du cercle de réflexion, dont nous parlerons en traitant de la navigation : ces instruments sont très-commodes pour mesurer les angles, plus même encore que le graphomètre ; mais ils ne les réduisent pas à l'horizon.

19. Boussole. — La boussole a été découverte vers l'an 1302 par Flavio Gioia, bourgeois d'Amalfi, dans le royaume de Naples. Cette invention a changé la face du monde, en permettant de se hasarder au milieu des mers et d'acquérir la connaissance des contrées nouvelles en Afrique, en Asie, puis enfin en Amérique.

C'est une boîte (*fig.* 28) au centre de laquelle un pivot supporte une aiguille aimantée *ns* en acier. On sait que la propriété de cette aiguille est de prendre une direction constante dans chaque localité, direction qui n'est pas très-éloignée du méridien nord et sud, et qu'on appelle *méridien magnétique.* Entrons à ce sujet dans quelques détails.

L'aiguille aimantée est une lame d'acier AB (*fig.* 27), longue, mince, pointue aux deux bouts, qui a reçu la faculté magnétique en la frottant avec un aimant, d'un bout à l'autre, en allant toujours dans le même sens. On adapte au milieu C de sa longueur, et vers son centre de gravité, une *chape* en laiton, ou mieux en agate : cette pièce est creusée en cône, et le sommet de ce cône reçoit la pointe d'un pivot très-fin, sur laquelle elle peut se mouvoir, presque sans aucun frottement, et présenter ses deux bouts aux divers points de l'espace.

Si avant l'aimantation l'aiguille était horizontalement équilibrée sur son pivot, après, elle prend une position très-inclinée à l'horizon ; mais, en lestant d'un peu de cire la partie qui va vers le haut, on ramène l'aiguille à l'horizontalité. Ainsi l'acte de l'aimantation force l'aiguille librement suspendue à prendre une direction déterminée qui est oblique à l'horizon et dans un plan voisin du méridien ; le lest lui ôte l'inclinaison et lui laisse la faculté de se diriger horizontalement suivant une ligne qui, à Paris, va vers le nord-ouest, à 22 degrés du point nord. Il est vrai que cette direction change avec les temps et les lieux ; mais il nous suffit ici qu'elle reste constante pendant plusieurs jours dans chaque localité, ce qui arrive en effet. Le bout de l'aiguille qui va vers le nord prend le nom de *pôle boréal*, l'autre extrémité est le *pôle austral*. On les marque des lettres N et S, ou seulement on bleuit au feu le pôle boréal B, pour le faire reconnaître.

Les actions qui déterminent la double direction de l'aiguille aimantée paraissent être la force d'attraction qu'exercent de grandes masses de fer contenues dans l'intérieur du globe terrestre, qui, par la propriété connue qu'a l'aimant d'attirer le fer, forcent l'aiguille à se placer dans la direction où cette puissance s'exerce.

20. Qu'on se représente donc une boîte plate et carrée (*fig.* 28) contenant un cercle de cuivre argenté en forme d'anneau, et divisé en 360 degrés et en demi-degrés. Au centre *i* est un pivot d'acier trempé, perpendiculaire, et sur la pointe duquel une aiguille aimantée *ns* tourne librement sur sa chape, de manière que les deux bouts arasent le limbe sans le toucher, et qu'on puisse lire aisément à quelles graduations les pointes répondent. La boîte est en bois ou en cuivre rouge ; le fer en est soigneusement écarté, et même l'observateur ne doit porter sur soi ni clef, ni autres objets de ce métal, qui feraient dévier l'aiguille de sa direction naturelle. Les assemblages de la boîte sont à tenons et mortaises en queue d'aronde, ou avec des vis en cuivre. Un verre circulaire, retenu dans une gorge par un cercle de cuivre en fil élastique, recouvre l'aiguille et le cercle gradué pour les abriter du vent, et en est assez rapproché, sans les toucher, lorsque la boussole est horizontale, pour qu'en la renversant l'aiguille n'échappe pas de son pivot.

Les aiguilles ont ordinairement un peu plus de 16 à 17 centimètres ;

les deux pointes en sont un peu relevées, pour que les oscillations aient plus de stabilité, sans cesser d'être extrêmement libres. Le pivot est perpendiculaire au limbe et au fond de la boîte ; il est exactement au centre du cercle gradué, ce qu'on reconnaît en ce que, en changeant la position de la boîte, l'aiguille, qui se replace toujours dans la même direction absolue, répond à diverses graduations du limbe, dont la différence est de 180 degrés.

Sur un des bords plats de la boîte (*fig.* 15) est une alidade AB mobile sur un axe en son milieu ; cette alidade peut basculer verticalement quand la boussole est horizontale : elle est formée d'un petit tube creux et quadrangulaire, serré contre le bord de la boîte et fermé d'une plaque à chaque bout. Ces plaques sont percées d'un petit trou et d'une languette verticale qui est au-dessus et qui remplace le fil des alidades ordinaires. En visant un objet par ce trou, la languette opposée doit paraître coïncider avec cet objet. Il faut que l'axe de l'alidade soit exactement parallèle au diamètre du cercle qui répond aux degrés 0 et 180 et qui est la ligne nord et sud magnétique. Un axe de rotation adapté au milieu de l'alidade lui permet de basculer, en sorte que son axe optique décrit un plan perpendiculaire à celui du cercle de la boussole.

Sous la boîte, on attache un genou et sa douille (*fig.* 13) ; l'axe O*i* est terminé par un plateau à trois bras (*fig.* 13 *bis*) ; deux ergots *a* et *b* et le petit verrou *c* entrent dans des trous sous la boîte, et celle-ci y est fixée en tournant ce verrou *c*. Ainsi la boussole est attachée en haut du genou, de manière à pouvoir prendre la position horizontale *ab*C et tourner librement sur l'axe *i*. La vis de pression D arrête cette rotation, et l'on peut même, à l'aide d'une vis de rappel, produire de petits mouvements. On obtient l'horizontalité de la boussole avec un petit niveau à bulle d'air qu'on pose sur le verre qui la recouvre, ou seulement en faisant tourner la boîte et voyant si, dans toutes les positions, les bouts de l'aiguille affleurent le limbe et restent dans son plan. Au reste, le degré de précision des observations qu'on peut faire avec cet instrument ne rend pas nécessaire que l'horizontalité soit exacte.

Lorsque la boussole n'est pas en observation, on soulage le pivot du poids de l'aiguille en la soulevant contre le verre à l'aide d'un petit levier *il* (*fig.* 28), dont un bout *l* apparaît au dehors de la boîte et l'autre bout *i* porte un anneau sous l'aiguille.

Comme l'aiguille aimantée ne suit pas la direction nord et sud, lorsqu'on veut que la boussole indique sur le limbe cette direction, on ajoute un pignon latéral qui engrène dans une portion dentée du cercle divisé et permet de le faire pirouetter sur son axe central d'environ 80 degrés. On tourne la boîte de manière que l'alidade soit dans le méridien du lieu et l'on meut le pignon pour amener le limbe à avoir son diamètre o et 180 degrés dans la direction que prend alors l'aiguille.

21. Pour concevoir comment la boussole sert à mesurer les angles, il suffit de remarquer que, dans toutes les positions que l'on fait prendre à la boîte en la tournant autour de son axe vertical, l'aiguille conserve une direction constante, après que ses oscillations sont détruites, comme si elle fût demeurée immobile dans l'espace. Si cette aiguille se trouve répondre aux graduations 20 et 60 degrés dans deux de ses positions, la boîte et son alidade ont donc tourné horizontalement en passant de l'une à l'autre de 40 degrés, différence entre 60 et 20 degrés.

Ainsi, en visant à deux signaux éloignés et lisant chaque fois sur le limbe, après que les oscillations sont calmées, les graduations indiquées par le même bout de l'aiguille, la différence de ces arcs mesure l'angle réduit à l'horizon que forment les rayons visuels divisés vers ces objets. On peut donc se servir de la boussole comme du graphomètre pour mesurer les angles et lever les plans, sauf le degré d'exactitude qui est ici beaucoup moindre. On vise de la station A (*fig.* 24) les jalons B, C, D, ..., et on lit chaque fois l'indication du bout de l'aiguille qui est bleui au feu. Des soustractions font connaître les angles *horizontaux* dont le sommet est en A. On se transporte en un autre lieu E et l'on en fait autant; opérant ensuite comme il a été expliqué (n° 18), on a enfin le plan *abc*... (*fig.* 24).

Observez que quand, dans ses excursions sur le limbe, l'aiguille passe de l'autre côté de zéro, il faut lire 370 degrés au lieu de 10 degrés, 380 degrés au lieu de 20 degrés, etc., ce qui revient à ajouter au contraire les arcs situés des deux côtés du zéro.

Les déterminations angulaires de la boussole sont d'ailleurs peu précises; car on ne peut guère lire sur le limbe que jusqu'aux quarts de degré; le peu d'étendue du limbe, la distance de la pointe indicative et sa mobilité ne permettent pas de compter sur une grande précision. La boussole est donc un instrument très-imparfait et dont on ne se sert jamais dans les levés exacts ; mais l'usage en est si facile et si prompt qu'on y recourt toutes les fois qu'une grande précision n'est pas jugée utile. Après avoir jalonné le contour, on opère par la *méthode de cheminement,* qui consiste à faire le tour entier du polygone qu'on veut lever. On stationne donc aux points A, E, D, C,.B (*fig.* 29), de A on pointe vers E, on lit l'indication de la boussole, on mesure AE et l'on se transporte en E ; de E on pointe vers D, on lit la graduation, on mesure ED et l'on va en D, ainsi de suite (*voir* p. 26).

Il est clair qu'on connaît tous les côtés du polygone ainsi que tous les angles, et que non-seulement il est aisé de le construire sur le papier, à une échelle donnée, mais même que si le polygone ne se trouve pas fermé au terme final de la construction, ainsi qu'il arrive toujours, on juge de l'importance des erreurs qui affectent principalement les angles, et qu'on peut leur faire subir de petites corrections, et si, dans le cheminement, on remarque quelque objet intérieur ou extérieur qu'il soit utile de lever, il est facile de le faire sans s'y porter, en suivant la méthode d'intersection (n° 18).

La boussole n'exige pas qu'on puisse apercevoir tous les signaux qu'on veut lever, si ce n'est l'un après l'autre, puisqu'on ne fait le plus souvent qu'un seul pointé à chaque station ; aussi offre-t-elle le meilleur moyen de lever le cours d'un ruisseau, les sentiers des forêts, etc. Après avoir jalonné les principales courbures A, B, C, D, ... (*fig.* 30), on se placera en A et l'on alignera le jalon B ; puis en B, le jalon C ; en C, le jalon D, etc. On mesurera les espaces AB, BC, CD, ..., et on lira chaque fois les indications de la boussole. On pourra donc construire la portion du polygone ABCD... comme ci-devant.

Et même il n'est pas nécessaire, dans la méthode de cheminement, de faire des soustractions propres à déterminer les angles ABC, BCD, ... (*fig.* 30) ; car l'aiguille aimantée prenant, à chaque station, une direction constante, des parallèles AN, BN, CN, ..., tracés sur le plan en représenteront les positions successives, et il suffira de construire avec le rapporteur les angles NAB, NBC, NCD, ... précisément égaux à ceux qu'on a lus sur la boussole.

Enfin on peut éviter l'emploi du rapporteur ; car, après avoir fixement arrêté sur une table la feuille de papier qui doit recevoir le plan, on pose la boussole sur la table et on la tourne jusqu'à ce que l'aiguille revienne aux graduations successivement observées sur le terrain. Dans ces états, la boîte reprend des positions parallèles à celles qu'elle avait alors, et les lignes tracées au crayon le long du bord, dont on se sert comme d'une règle, sont des droites parallèles aux directions visées par l'alidade. Pour la commodité de cette construction, on enlève l'alidade, qui ne tient à la boîte que par une vis et un écrou servant d'axe de rotation.

22. On a apporté d'utiles perfectionnements à la boussole. Au lieu d'une alidade, on y adapte une petite lunette ayant un réticule à deux fils croisés au foyer de l'objectif, comme celle dont on a déjà parlé page 8; l'un de ces fils doit être parallèle au diamètre principal (o et 180 degrés) et décrire un plan vertical quand on fait basculer la lunette. En dehors du tube, on peut adapter aussi des pinnules ordinaires pour préparer le pointé. La lunette étend au loin la portée de la vue (*fig.* 28).

On fixe en avant un petit arc de cercle vertical en cuivre; la direction de la lunette par rapport à l'horizon est donnée par la graduation de cet arc; cet instrument, qu'on appelle *éclimètre,* donne donc, outre la direction horizontale des signaux, leur angle de hauteur, c'est-à-dire l'angle que fait avec l'horizon le rayon visuel dirigé au sommet observé, ce qui permet d'en calculer l'élévation (n° 46).

On adapte au genou des *vis à caler* qui servent à mettre promptement le limbe horizontal, et à la boîte les vis de rappel qui produisent les petits mouvements (*fig.* 13).

23. **Planchette.** — Cet instrument est l'un des plus usités pour le levé des plans; il n'exige presque aucune connaissance de la Géométrie et est très-facile à manœuvrer. Il consiste principalement en une petite tablette rectangulaire de 6 à 8 décimètres de côté qu'on établit horizontalement sur un pied. Une feuille de papier étendue à la surface est destinée à recevoir le dessin du plan, qui s'y forme successivement et sur les lieux à mesure qu'on fait les observations : on transporte la planchette et son pied partout où il est nécessaire (*fig.* 19).

L'instrument est composé d'un pied à trois branches, surmonté d'un genou de Cugnot (n° 13) qui sert à établir la planchette horizontalement, ce qu'on reconnaît avec un niveau à bulle d'air placé en divers sens ou simplement en posant sur la tablette une bille et donnant le mouvement convenable aux articulations pour que cette bille demeure librement en repos sur le plan.

Comme une feuille de papier de 6 à 8 décimètres de côté n'aurait pas, le plus souvent, assez d'étendue pour recevoir le plan qu'on veut faire, et qu'il serait difficile de changer de papier, on colle bord à bord plusieurs feuilles qu'on enroule sur deux petits cylindres parallèles, mobiles sur leurs axes et disposés sur les bords latéraux de la planchette. Chacun de ces cylindres ou rouleaux porte une petite roue dentée en *rochet* et un *cliquet* qui ne permet à leur engrenage de tourner que dans un sens. Quand il en est besoin, on dégage le cliquet de la roue, on déroule le papier de dessus l'un des cylindres et on l'enroule sur l'autre pour étendre l'opération plus loin. Le papier est toujours tendu sous la tablette et on le fortifie en le collant sur une mousseline. Pour éviter la confusion, nous n'avons pas représenté dans la *fig.* 19 ces rouleaux, que d'ailleurs on n'emploie que quand cela est nécessaire.

La tablette PP n'est que posée sur une autre moins grande *pp*, à laquelle elle est attachée par quatre vis de pression *vv*, et qui est elle-même solidement jointe au genou et peut pirouetter sur un disque horizontal *cc* à l'aide d'un axe central E.

PP (*fig.* 19) est la tablette qui porte le dessin tendu à sa surface; *pp* est la seconde tablette sur laquelle la première est fixée par quatre vis *vv* aux angles; *cc* est le disque ou le plateau circulaire fixé au genou N. Le pivot est un gros boulon central dont le bout inférieur V est terminé en vis : après avoir traversé le disque, cette vis passe entre les deux armatures latérales LL du genou : on serre cette vis lorsqu'on veut empêcher la tablette de tourner.

Au lieu du genou de Cugnot, on peut se servir du genou à coquilles (*fig.* 13 et 22), qui est moins lourd et moins coûteux : seulement on a plus de difficulté pour attraper la position horizontale, et la moindre pression suffit pour déverser la planchette.

Il est souvent nécessaire de donner un petit mouvement de translation à la tablette supérieure ; c'est ce qu'on fait par une vis de rappel R qui tient à la tablette de dessous *cc*. Il faut qu'un point déterminé du dessin soit verticalement au-dessus du point du sol qu'il y représente et qui a été pris pour le point de mire. A l'aide de cette vis et d'un fil à plomb ou d'un petit caillou qu'on laisse choir de dessous la planchette sur terre, entre les jambes du pied, on arrive bientôt à cette position. Sans cette vis, il faudrait déplacer le pied et tenter divers essais très-longs.

24. Il y a trois manières de se servir de la planchette, qui se combinent entre elles selon les cas qui se présentent. Les visées se font avec l'alidade représentée *fig.* 10 ou 18. On fiche une aiguille au point de la tablette qui représente sur le plan le lieu qu'on occupe sur le sol et l'on applique le bord de l'alidade contre cette aiguille, en dirigeant les pinnules vers les signaux qu'on veut rapporter sur le plan ; l'aiguille sert de point d'arrêt et de pivot. On trace le long de la règle une ligne au crayon ; cette ligne est la projection du rayon visuel.

Avant d'expliquer ces trois procédés, montrons comment on peut lever le plan d'un triangle RSP (*fig.* 25). On établira la planchette en R horizontalement et, visant l'alidade aux sommets S et P, on marquera au crayon, sur le papier, des traits indéfinis *rp*, *rs*, dans leurs directions. On transportera ensuite la planchette en S et l'on mesurera la distance RS, puis, prenant sur le trait *rs* une longueur *rs* d'autant de parties de l'échelle du plan que cette distance RS contient d'unités métriques, *s* sera, sur le plan, le point analogue de S. Arrivé à la station S, on fera en sorte de disposer la planchette de telle sorte que ce point *s* soit verticalement au-dessus de S et que la droite *sr*, déjà tracée, soit dans l'alignement SR ; l'alidade placée le long de *sr* doit avoir ses pinnules dirigées sur le signal R. On fixera la planchette dans cette situation et l'on tournera l'alidade vers le troisième sommet P, la règle pirouettant autour du point *s*. On tracera la droite indéfinie *sp*P, qui ira couper *rp* au point *p*, analogue de P. Ainsi le triangle *spr* sera le plan de SPR, puisque ces figures sont évidemment semblables, ou du moins, tout étant ici réduit à l'horizon, *spr* est semblable à la projection horizontale de SPR.

On voit que l'on peut, de cette figure *spr*, déduire la graduation des angles S, P, R et les longueurs des côtés SP, RP, en s'aidant d'un rapporteur et d'un compas, en sorte que la planchette offre un moyen de mesurer des angles et des distances inaccessibles.

Cette explication bien comprise, exposons les trois procédés pour faire les levés à la planchette.

25. Le premier procédé est la *méthode d'intersection* exposée page 23. On mesure à la chaîne une base AE (*fig.* 24) et l'on établit successive-

ment la planchette aux deux extrémités A, E. On a tracé sur la feuille une droite *ae*, sur laquelle on a porté de *a* en *e*, en parties de l'échelle du plan, une distance *ae* égale au nombre d'unités métriques de AE. Lorsqu'on stationne au point A, la planchette étant disposée horizontalement, on la fixera, le point *a* étant verticalement au-dessus de A, et la ligne *ae* dans la direction de AE, ainsi qu'il a été expliqué ci-devant.

On dirige ensuite l'alidade vers les signaux B, C, D, ..., successivement, en faisant pirouetter le bord de la règle autour de l'aiguille qu'on a fichée au point *a*; et l'on trace, à chaque alignement, les droites correspondantes, savoir : *ab*, *ac*, *ad*,..., qui coïncident avec AB, AC, AD,.... On a ainsi une suite de lignes divergentes indéfinies partant de *a*, et ayant les directions sur lesquelles doivent se trouver les plans des signaux B, C, D,....

Transportant la planchette en E, on fera les manœuvres nécessaires pour que le point *a*, déjà reconnu analogue de E, soit juste au-dessus de E, la planchette étant horizontale, et la ligne *ea* dirigée selon EA. Après avoir fixé la planchette dans cette position, on répétera en E ce qu'on a fait en A, c'est-à-dire qu'on tirera du point E des droites divergentes *ed*, *ec*, *eb*,..., qui, passant toutes en *e*, coïncident avec les directions respectives ED, EC, EB, ... Ces droites iront couper les premières aux points *d*, *c*, *b*, qui seront les représentations, sur le plan, des signaux D, C, B, ... Observez que, pour éviter la confusion et les erreurs d'intersection, on aura eu soin, lorsqu'on stationnait en A, d'écrire le long de chaque ligne un signe ou une désignation de l'objet pris pour point de mire, afin qu'arrivé en E on reconnaisse celle de ces lignes dont on a besoin, pour déterminer le point d'intersection. On voit qu'après ce tracé on peut trouver sur le plan les distances et les angles qu'on n'a pas effectivement mesurés; le plan sera facile à terminer.

26. La **méthode de cheminement** exposée page 3o est plus longue, mais plus exacte. Pour lever le polygone AEBGC (*fig.* 20), on stationne successivement à chaque angle. Lorsqu'on est en A, on y établit la planchette, en se conformant aux règles ci-devant prescrites. On vise la station E avec l'alidade, et l'on trace sur la feuille la droite indéfinie qui se dirige en E. On mesure la distance AE, et l'on prend sur la droite tracée une longueur *ae* d'autant de parties de l'échelle que AE contient d'unités métriques, et l'on aura le point *e* qui représente E sur le plan. On se transportera en E, et l'on y orientera la planchette en plaçant *e* au-dessus de E, et la droite *ea* alignée sur EA : fixant la planchette dans cette position, et déplaçant l'alidade seule, on la tournera vers B, autour du point *e*, et l'on tracera la droite indéfinie qui coïncide avec EB. On mesurera la distance EB, et l'on prendra *eb* d'autant de parties et ainsi de sommet en sommet, en faisant le tour du polygone. Le tracé se vérifie en voyant si, revenu au signal A, le polygone se ferme exactement.

Cette opération est surtout pratiquée dans les bois fourrés, le long des sentiers, sur le bord des ruisseaux, et lorsque, d'une station, on ne peut apercevoir plusieurs des signaux environnants.

27. Enfin le troisième procédé consiste à établir la planchette à une seule station C (*fig.* 26), ordinairement dans l'intérieur de la figure qu'on veut lever, en choisissant ce point C tel, que de là on puisse voir tous les autres signaux. On y dirige successivement l'alidade selon CA, CB, CD,..., et l'on trace au crayon, sur le papier, les lignes C*a*, C*b*, C*d*,..., qui sont dans ces alignements. Après quoi on mesure avec la chaîne toutes les distances CA, CB, CD,..., et l'on porte avec le compas, et en parties de l'échelle, toutes ces longueurs sur leurs lignes respectives, ce qui détermine les points *a*, *b*, *d*,..., analogues de A, B, D,..., et le polygone *abd*..., semblable à ABD.... C'est la *méthode de rayonnement*.

28. Le secours du *déclinatoire* abrége beaucoup l'orientation de la planchette : c'est une petite boussole, dans une boîte en carré long, dont le bord extérieur sert de règle, et dont l'aiguille ne peut parcourir qu'environ 4o degrés. Lorsqu'à la première station on a orienté la planchette, ainsi que nous l'avons dit, on pose le déclinatoire sur la planchette, en faisant tourner la boîte jusqu'à ce que l'aiguille se place suivant une droite longitudinale parallèle au bord, ou *ligne de foi*. On trace une droite, sur le plan, dans cette direction, le long du bord de la boîte, lequel sert de règle. Quand la planchette aura été transportée ailleurs, on lui donnera l'orientation convenable, en posant le bord du déclinatoire le long de cette même droite, et l'on tournera la planchette jusqu'à ce que l'aiguille aimantée se place sur la ligne de foi. Dans cette position, on fixera la planchette, qui aura précisément la direction nécessaire pour procéder aux pointés suivants; en sorte qu'elle se trouvera tout de suite dans la position qu'elle aurait reçue, si on l'eût disposée par un pointé sur la station précédente.

29. Ce que nous venons de dire pour expliquer la construction et l'usage de quelques instruments de Topographie suffit pour faire comprendre comment on peut tracer le plan d'une ville, d'une campagne, d'un parc, d'une forêt, et de toute localité peu étendue. Il existe beaucoup d'autres instruments destinés au même objet; mais, outre que ce qui vient d'être dit peut suffire pour en concevoir l'usage, la plupart de ces instruments sont peu employés, ou le sont seulement dans des circonstances spéciales.

Si l'on rencontre dans la nature quelques particularités qui ne se prêtent pas aux méthodes précédentes, on mesure certains angles avec le graphomètre, quelques distances avec la chaîne, et l'on se trouve conduit à résoudre des triangles pour obtenir la position des signaux sur le plan. C'est de cette théorie que nous allons nous occuper.

CHAPITRE II.

TRIGONOMÉTRIE RECTILIGNE.

30. Les formules trigonométriques sont d'un usage perpétuel en Topographie : il convient donc de les rappeler avant tout; mais, comme ces équations sont établies sur des considérations purement géométriques, nous jugeons inutile de donner les démonstrations de ces formules, renvoyant, à cet égard, aux Traités spéciaux.

On a des Tables de *sinus naturels* des arcs, ou de valeurs de sinus pour un rayon divisé en parties égales, mais on préfère se servir des logarithmes de ces nombres, tels qu'on les trouve dans les Tables de Callet, parce que les calculs sont plus faciles à faire.

Le rayon étant 1, on a

$$(1) \qquad \sin(A \pm B) = \sin A \cos B \pm \sin B \cos A,$$

$$(2) \qquad \cos(A \pm B) = \cos A \cos B \mp \sin A \sin B,$$

$$(3) \qquad \sin 2A = 2 \sin A \cos A,$$

$$\cos 2A = \cos^2 A - \sin^2 A,$$

$$(4) \qquad = 2\cos^2 A - 1 = 1 - 2\sin^2 A,$$

$$(5) \qquad 1 + \cos A = 2 \cos^2 \tfrac{1}{2} A,$$

$$(6) \qquad 1 - \cos A = 2 \sin^2 \tfrac{1}{2} A,$$

$$(7) \qquad \mathrm{tang}(A \pm B) = \frac{\mathrm{tang}\, A \pm \mathrm{tang}\, B}{1 \mp \mathrm{tang}\, A \, \mathrm{tang}\, B},$$

$$(8) \qquad \mathrm{tang}\, \tfrac{1}{2} A = \sqrt{\left(\frac{1 - \cos A}{1 + \cos A} \right)} = \frac{1 - \cos A}{\sin A},$$

$$(9) \qquad \mathrm{tang}\left(45° + \tfrac{1}{2} A \right) = \frac{1 + \sin A}{\cos A}.$$

31. Les équations suivantes servent à rendre propres aux logarithmes les formules qui contiennent des sommes et des différences de sinus et de cosinus, en y introduisant des produits et des quotients :

$$(10) \qquad \sin A \pm \sin B = 2 \sin \tfrac{1}{2}(A \pm B) \cos \tfrac{1}{2}(A \mp B),$$

$$(11) \qquad \cos A + \cos B = 2 \cos \tfrac{1}{2}(A + B) \cos \tfrac{1}{2}(A - B),$$

$$(12) \qquad \cos B - \cos A = 2 \sin \tfrac{1}{2}(A + B) \sin \tfrac{1}{2}(A - B),$$

$$(13) \qquad \sin^2 A - \sin^2 B = \sin(A + B) \sin(A - B),$$

$$(14) \qquad \frac{\mathrm{tang}\, A - \mathrm{tang}\, B}{\mathrm{tang}\, A + \mathrm{tang}\, B} = \frac{\sin(A - B)}{\sin(A + B)},$$

$$(15) \qquad \frac{\sin A + \sin B}{\sin A - \sin B} = \frac{\mathrm{tang}\, \tfrac{1}{2}(A + B)}{\mathrm{tang}\, \tfrac{1}{2}(A - B)}.$$

32. Le rayon étant 1, on a les séries suivantes :

$$(16) \qquad \sin A = A - \frac{A^3}{2.3} + \frac{A^5}{2.3.4.5} - \frac{A^7}{2.3\ldots 7} + \ldots,$$

$$(17) \qquad \cos A = 1 - \frac{A^2}{2} + \frac{A^4}{2.3.4} - \frac{A^6}{2.3\ldots 6} + \ldots,$$

$$(18) \qquad \operatorname{arc} A = \sin A + \frac{\sin^3 A}{2.3} + \frac{3\sin^5 A}{2.4.5} + \frac{3.5\sin^7 A}{2.4.6.7} + \ldots,$$

$$(19) \qquad \operatorname{tang} A = A + \frac{A^3}{3} + \frac{2A^5}{3.5} + \frac{17A^7}{5.7.9} + \ldots,$$

$$(20) \qquad \operatorname{arc} A = \operatorname{tang} A - \frac{1}{3}\operatorname{tang}^3 A + \frac{1}{5}\operatorname{tang}^5 A - \frac{1}{7}\operatorname{tang}^7 A + \ldots,$$

$$(21) \qquad a^x = 1 + x\, l.a + \frac{x^2}{2} l^2 a + \frac{x^3}{2.3} l^3 a,$$

$$(22) \qquad \log(1+z) = M\left(z - \frac{1}{2}z^2 + \frac{1}{2}z^3 - \frac{1}{4}z^4 + \ldots\right).$$

Dans ces séries, A désigne la longueur d'un arc pris dans le cercle dont le rayon est 1; M est le *module* ou le logarithme tabulaire de la base e du *système népérien;* c'est-à-dire que M est le facteur constant qui, multipliant tous les logarithmes népériens, les change en logarithmes tabulaires : $l.a$ est le logarithme de la base a pris dans le système dont la base est e; on a

$$l.a = \frac{1}{M}.$$

Pour les logarithmes de Briggs et de Callet, dont la base est 10, on a les valeurs

$$M = 0,43429\ 44819\ 03251\ 82765,$$

$$\log M = \overline{1},63778\ 43113\ 00536\ 77817,$$

$$e = 2,71828\ 18284\ 59045\ 23536,$$

$$M = \log e = \frac{1}{l.a}.$$

33. Enfin π désignant la demi-circonférence du cercle dont le rayon est 1, ou le rapport de toute circonférence à son diamètre, on a

$$\pi = 3,14159\ 26535\ 898, \quad \log \pi = 0,49714\ 98726\ 941.$$

F. — *Géodésie.*
3

34. Soit α la longueur d'un arc de cercle dont le rayon est R, (α^o) son nombre de degrés; (α'), (α'') le nombre de minutes et de secondes de cet arc; μ^o le nombre de degrés de *l'arc égal au rayon*; μ', μ'' les nombres de minutes et de secondes de cet arc; on a la proportion

$$R : \mu^o :: \alpha : (\alpha^o),$$

d'où l'on tire

$$R(\alpha^o) = \mu^o \alpha :$$

on aurait de même

$$R(\alpha') = \mu'\alpha, \quad R(\alpha'') = \mu''\alpha;$$

ainsi, dans tout cercle de rayon R,

$$R(\alpha^o) = \mu^o\alpha, \quad R(\alpha') = \mu'\alpha, \quad R(\alpha'') = \mu''\alpha,$$

et le rayon du cercle étant pris égal à l'unité linéaire, ou $R = 1$, on a

$$\mu^o = \frac{1}{\text{arc } 1^o}, \quad \mu' = \frac{1}{\text{arc } 1'}, \quad \mu'' = \frac{1}{\text{arc } 1''}.$$

On tire de là, en considérant que les arcs de $1'$ et $1''$ sont sensiblement égaux à leurs sinus, et en faisant $R = 1$ et $(\alpha^o) = 180^o$, $\alpha = \pi$,

$$\mu^o = \frac{180^o}{\pi} = \frac{1}{\text{arc } 1^o} = 57^o,29578,$$

$$\mu' = \frac{10800'}{\pi} = \frac{1}{\sin 1'} = 3437',74677,$$

$$\mu'' = \frac{648000''}{\pi} = \frac{1}{\sin 1''} = 206264'',80625,$$

$$\log \mu'' = 1,75812\ 26324\ 09172,$$

$$\text{compl. } \log \mu^o = \overline{2},24187\ 73675\ 90828,$$

$$\log \mu' = 3,53627\ 38827\ 92816,$$

$$\text{compl. } \log \mu' = \overline{4},46372\ 61172\ 07184 = \log \sin 1',$$

$$\log \mu'' = 5,31442\ 51331\ 76459,$$

$$\text{compl. } \log \mu'' = \overline{6},68557\ 48668\ 23541 = \log \sin 1''.$$

Donc, *quand une équation contient un arc déterminé par sa longueur α,* *le rayon étant* 1, *on changera* α *en* $\alpha'' \sin''$, *et cet arc sera exprimé par son nombre de secondes* (α'').

35. Soit K la corde d'un arc dont (α^o) est le nombre de degrés ; on a

$$K = 2\,R \sin \frac{1}{2} (\alpha^o).$$

36. La surface S d'un triangle rectiligne dont a, b, c sont les trois côtés, R le rayon du cercle circonscrit, r celui du cercle inscrit, est telle, qu'on a

$$S^2 = p(p-a)(p-b)(p-c), \quad 4\,RS = abc, \quad S = rp,$$

en posant

$$2p = a + b + c.$$

37. **Résolution des triangles rectangles.** — Dans les équations suivantes, A désigne l'angle droit, a l'hypoténuse, b et c les deux autres côtés, B, C les angles aigus qui sont respectivement opposés à b et c (*fig.* 33), R = 1 :

$$(23) \quad \begin{cases} b = a \cos C = a \sin B, \\ c = b \tang C = b \cot B, \\ a^2 = b^2 + c^2. \end{cases}$$

38. **Résolution des triangles obliquangles.** — On a les équations

$$(24) \qquad \frac{\sin A}{a} = \frac{\sin B}{b} = \frac{\sin C}{c},$$

$$(25) \qquad a^2 = b^2 + c^2 - 2\,bc \cos A.$$

A, B, C représentent les trois angles du triangle ; a, b, c les côtés qui sont respectivement opposés à ces angles (*fig.* 32).

Premier cas. — Étant donnés deux côtés et un angle opposé à l'un d'eux, l'équation (24) donne le deuxième angle opposé ; et, comme le sinus de cet angle répond à deux arcs supplémentaires, on a, en général, deux solutions, à moins que les conditions ne rendent l'une inadmissible.

Deuxième cas. — Étant donnés deux angles et un côté, on connaît le troisième angle, et l'équation (24) fait connaître les deux côtés.

Troisième cas. — Connaissant deux côtés b et c et l'angle compris A, on a

$$\tang \frac{1}{2} (C - B) = \frac{c - b}{c + b} \cot \frac{1}{2} A,$$

d'où

$$\tfrac{1}{2}(C + B) = m = 90° - \tfrac{1}{2}A, \quad \tfrac{1}{2}(C - B) = n,$$

et enfin

$$C = m + n, \quad B = m - n.$$

Autrement : On pose

$$\tang\varphi = \frac{2\sin\tfrac{1}{2}A}{c - b}\sqrt{(bc)}.$$

Cette équation donne l'arc auxiliaire φ, et ensuite on a

$$a = \frac{c - b}{\cos\varphi}.$$

Quatrième cas. — Connaissant les trois côtés a, b, c, on trouve un angle A par les équations suivantes, dans lesquelles $2p = a + b + c$,

$$\sin\frac{1}{2}A = \sqrt{\frac{(p - b)(p - c)}{bc}};$$

$$\cos\frac{1}{2}A = \sqrt{\frac{p(p - a)}{bc}};$$

$$\tang\frac{1}{2}A = \sqrt{\frac{(p - b)(p - c)}{p(p - a)}}.$$

Autrement : On trouve les deux segments x et y, formés sur la base a par la perpendiculaire abaissée du sommet A (*fig.* 32), par les équations

$$y - x = \frac{(b + c)(b - c)}{a}, \quad y + x = a;$$

les angles B et C résultent ensuite des équations

$$c\cos B = x, \quad b\cos C = y.$$

Cinquième cas. — **Triangles isoscèles.** — En faisant $b = c$ et $B = C$, la base est a, l'angle du sommet A ; on a

$$b\sin\frac{1}{2}A = \frac{1}{2}a = p - b,$$

$$p = \frac{1}{2}a + b.$$

Comme on donne deux des quantités B, b et a, la troisième résulte évidemment de l'une de ces deux équations.

39. Comme il faut être exercé aux applications des formules de la résolution des triangles, nous donnerons ici les valeurs des côtés et des angles de triangles auxquels on pourra appliquer ces équations. On prendra pour données les parties élémentaires qu'on voudra ; les autres seront les inconnues que le calcul doit faire trouver. En variant les éléments donnés, on se proposera divers problèmes qui seront résolus par les formules qu'on a exposées, et ce seront autant d'exercices utiles de ces sortes de calculs.

Triangle rectangle d'épreuve.

$a = 56^m,925$	$b = 45^m,540$	$c = 3^m,154$
$\log = 1,7553030$	$1,6583930$	$1,5334543$
$A = 90°$	$B = 53°7'48'',4$	$C = 36°52'11'',6$
$\log \sin B = 9,9030900$	$\cos B = 9,7781512$	$\mathrm{tang}\, B = 0,1249389$

Triangle obliquangle d'épreuve.

CÔTÉS.	LOGARITHMES.	$\log p = 2,0357459$
$a = 57^m,770$	$\log = 1,7617024$	$\log(p - a) = 1,7059406$
$b = 71\ ,577$	$\log = 1,8647735$	$\log(p - b) = 1,5682252$
$c = 87\ ,811$	$\log = 1,9435489$	$\log(p - c) = 1,3173947$

ANGLES.	LOG SIN.	LOG COS.	LOG TANG.
$A = 40°56'00'',00$	$9,8163609$	$9,8782186$	$9,9381423$
$B = 54.16.\ 8\ ,48$	$9,9094319$	$9,7663981$	$0,1430338$
$C = 84.47.51\ ,52$	$9,9982073$	$9,9574805$	$11,0407268$

40. *Trouver la largeur d'une rivière, d'un étang, etc., et en général la distance à un point inaccessible.* — Supposons qu'on ne puisse atteindre le point C (*fig.* 34) et qu'on veuille trouver la longueur AC : on mesurera une base AB et les angles A et B du triangle ABC ; puis, en résolvant ce triangle, on obtiendra le côté AC.

Observez que, si l'angle A est droit, et l'on peut souvent le construire tel à l'aide de l'équerre ou du graphomètre, etc., le triangle ABC est rectangle, et le calcul devient très-facile, car on a

$$AC = AB \, \text{tang} B;$$

et même si l'angle B est de 45 degrés, comme AB = AC, l'opération se réduit à mesurer la base AB. Ainsi, en s'éloignant de A dans la direction AB perpendiculaire à AC, jusqu'à ce que l'on trouve, avec l'équerre, que l'angle B = 45°, on a tout de suite la distance demandée AC.

41. *Trouver la distance* AC (*fig.* 34) *entre deux points A et C, quand un obstacle interposé empêche de voir l'un lorsqu'on se trouve à l'autre.* — On stationne en deux points B et D sur une direction rectiligne BAD passant en A, et l'on choisit ces points tels, que l'on puisse voir C lorsqu'on est en B et en D : on mesure les distances AB, AD et les angles B et D. Ensuite on résout le triangle BDC, dans lequel on connaît le côté BD et les angles, et l'on calcule le côté BC ; enfin on résout le triangle ABC, où l'on connaît les côtés AB, BC et l'angle B compris, et l'on obtient la distance demandée AC.

42. *Trouver la distance entre deux points A et C, l'un et l'autre inaccessibles* (*fig.* 35). — On suppose, par exemple, qu'une rivière passe entre le champ BD où l'on se trouve et les signaux A et C ; il s'agit de connaître AC sans traverser la rivière. On mesurera une base quelconque BD et les angles que font en B et en D les rayons visuels dirigés aux points A et C ; on résoudra les triangles ABD, CBD, où l'on connaît un côté BD et les angles adjacents, ce qui donnera les distances BA, BC du point B aux deux signaux inaccessibles ; enfin, résolvant le triangle ABC, où l'on connaît les deux côtés BA, BC et l'angle B compris, on trouvera la distance demandée AC.

43. *Un triangle* ABC (*fig.* 35) *étant donné, trouver le lieu d'un point* D, *en connaissant les angles* ADC = β, ADB = γ. — Ce problème trouve son application dans un cas qui se rencontre quelquefois en faisant un levé topographique. Trois points A, B, C sont marqués sur un plan où l'on voudrait fixer la place d'un quatrième point D qu'on a oublié dans l'opération. On connaît les deux angles β et γ ; les valeurs de ces angles suffisent pour déterminer le lieu du point D.

Donnons d'abord une construction graphique qui a presque toujours l'exactitude suffisante. On décrit sur le côté AC un segment de cercle *capable* de l'angle β; puis sur AB un segment capable de l'angle γ (*Cours de Mathématiques pures*, n° 208, IV). Le point D demandé est à l'intersection de ces deux arcs de cercle. Il pourrait arriver que l'un de ces cercles passât à la fois par les trois points A, B, C; alors le problème serait indéterminé ou absurde, selon que l'autre cercle serait ou non dans le même cas.

Le procédé analytique que nous allons donner a plus de précision. Soient a, b, c les côtés; A, B, C les angles donnés du triangle ABC; désignons par x et y les angles inconnus ABD, ACD; il s'agit de trouver ces deux angles, et le problème sera résolu. Des triangles ABD, ACD donnent [équation (24)]

$$DA = \frac{b \sin \gamma}{\sin \beta} = \frac{c \sin x}{\sin \gamma},$$

d'où

$$\frac{c \sin \beta}{b \sin \gamma} = \frac{\sin y}{\sin x}.$$

Soit calculé un angle φ, tel qu'on ait

(1) $$\tang \varphi = \frac{c \sin \beta}{b \sin \gamma}$$

et, par suite,

$$\tang \varphi = \frac{\sin y}{\sin x},$$

d'où l'on tire [équations (7) et (15)]

$$\frac{1 + \tang \varphi}{1 - \tang \varphi} = \frac{\sin x + \sin y}{\sin x - \sin y}$$

ou

(2) $$\tang(45° + \varphi) = \frac{\tang \frac{1}{2}(x + y)}{\tang \frac{1}{2}(x - y)}.$$

Faisons, pour abréger,

$$m = \frac{1}{2}(x + y), \quad n = \frac{1}{2}(x - y);$$

on connaît m, puisque, la somme des quatre angles du quadrilatère valant 360 degrés, on a

$$2m = x + y = 360° - (A + CDB),$$

savoir

$$(3) \qquad m = 180° - \frac{1}{2}(A + 6 + \gamma).$$

Ainsi l'équation (1) donne l'arc auxiliaire φ, (3) l'arc m, et enfin on tire de (2)

$$(4) \qquad \tang n = \tang m . \cot(45° + \varphi).$$

Une fois m et n connus, on a

$$x = m + n, \quad y = m + n,$$

ce qui complète la solution du problème. On peut même calculer les longueurs AD, CD et BD.

44. *Trouver la longueur* BD $= x$ (*fig.* 36) *d'un des segments de la droite indéterminée* AH, *connaissant les deux autres segments* AB $= a$, DH $= b$, *ainsi que les angles* α, 6, γ, *sous lesquels, d'une station quelconque* C, *on voit les longueurs* AB, AD, AH, *distances des points* B, D, H *à l'extrémité* A.

L'angle extérieur d'un triangle étant égal à la somme des deux intérieurs opposés, on tire des triangles ABC, ACD, ACH

$$\text{angle CBD} = A + \alpha, \quad \text{angle CDH} = A + 6, \quad \text{angle CHH} = A + \gamma.$$

Mais les triangles ABC, ADC donnent [équation (24)]

$$\frac{BC}{a} = \frac{\sin A}{\sin \alpha}, \quad \frac{CD}{a + x} = \frac{\sin A}{\sin 6},$$

d'où, en divisant membre à membre,

$$\frac{BC}{CD} = \frac{a \sin 6}{(a + x) \sin \alpha}.$$

De même les triangles BCH, DCH donnent

$$\frac{BC}{b + x} = \frac{\sin(A + \gamma)}{\sin(\gamma - \alpha)}, \quad \frac{CD}{b} = \frac{\sin(A + \gamma)}{\sin(\gamma - 6)},$$

$$\frac{DC}{CD} = \frac{(b + x) \sin(\gamma - 6)}{b \sin(\gamma - \alpha)};$$

d'où, égalant ces deux valeurs, il vient

$$\frac{a \sin \delta}{(a + x) \sin \alpha} = \frac{(b + x) \sin(\gamma - \delta)}{b \sin(\gamma - \alpha)},$$

$$\frac{ab \sin \delta \sin(\gamma - \alpha)}{\sin \alpha \sin(\gamma - \delta)} = (a + x)(b + x) = ab + (a + b)x + x^2.$$

Pour résoudre par rapport à x cette équation du deuxième degré, on pose

$$(1) \qquad \tan^2 \varphi = \frac{4ab}{(a - b)^2} \frac{\sin \delta \sin(\gamma - \alpha)}{\sin \alpha \sin(\gamma - \delta)},$$

et l'on a

$$x^2 + (a + b)x = \frac{1}{4}(a - b)^2 \tan^2 \varphi - ab,$$

$$x = -\frac{1}{2}(a + b) \pm \frac{1}{2}(a - b)\sqrt{1 + \tan^2 \varphi}.$$

L'équation (1) fait connaître l'arc auxiliaire φ, et l'on a enfin

$$(2) \qquad x = -\frac{a + b}{2} \pm \frac{a - b}{2 \cos \varphi}.$$

On ne prend que celle des deux racines qui est positive. Notre solution suppose que le segment inconnu x est intermédiaire entre a et b; s'il en était autrement, on prendrait soit a, soit b, pour inconnue dans l'équation ci-dessus, qui ne serait plus que du premier degré.

45. *Réduire un angle, un point ou une distance à l'horizon.* — Il est rare que les signaux soient dans un plan horizontal; alors ce ne sont pas les angles observés, les distances mesurées qu'il faut porter avec le rapporteur et le compas sur la feuille du plan qu'on veut tracer, mais bien leurs *projections horizontales* (n° 1). Ainsi, lorsqu'un signal D (*fig.* 31) est observé des stations B, C, qui sont dans un plan horizontal au-dessus duquel D est élevé, comme lorsque D est le sommet d'un clocher, d'un arbre ou d'une montagne, il faut substituer, sur le plan, au point D et aux angles DCB, DBC leurs projections horizontales A, ACB, ABC. De même, lorsqu'on a mesuré une longueur CD sur un terrain en pente, il ne faut porter sur le plan que la longueur AC qui en est la projection horizontale.

Et d'abord, dans ce dernier cas, le triangle rectangle CAD donne les équations

$$AC = CD \cos DCA \quad \text{ou} \quad x = a \cos\theta,$$

en désignant par a la longueur mesurée, par x sa réduction à l'horizon et par θ l'inclinaison de la pente. Pour mesurer cet angle θ, il n'est point nécessaire de voir le point A, projection de D, attendu qu'on tourne le graphomètre sur son genou pour mettre le limbe vertical à l'aide d'un fil à plomb; puis on pose un petit niveau à bulle d'air (n° 51) sur le diamètre principal de l'instrument, afin de disposer ce diamètre horizontalement (*fig.* 22). Dans cette situation, on dirige l'alidade ou la lunette au signal D et l'on obtient l'inclinaison θ (*voir* page 23).

Le plus souvent, l'angle θ n'est que d'un petit nombre de degrés, et la valeur $x = a \cos\theta$ ne se trouve pas avoir assez de précision. On préfère calculer la correction que a doit subir, c'est-à-dire l'excès de a sur x, savoir

$$z = a - x = a - a \cos\theta;$$

car on a

$$z = a(1 - \cos\theta) = 2a \sin^2 \tfrac{1}{2}\theta,$$

à cause de l'équation (6) (page 32), et comme l'arc $\tfrac{1}{2}\theta$ est très-petit et ne diffère pas sensiblement de son sinus, on peut remplacer ici le sinus par l'arc, sans que la construction qu'on en déduira puisse altérer le résultat; ainsi

$$z = \tfrac{1}{2} a\theta^2.$$

Enfin, remplaçant la longueur de l'arc θ pris dans le cercle dont le rayon est 1 par le nombre de minutes θ' de cet arc (n° 34), ou θ par $\theta' \sin 1'$, il vient

$$z = \tfrac{1}{2} a\theta' \sin^2 1'.$$

Telle est la quantité qu'il faut retrancher de la longueur mesurée a pour la réduire à l'horizon; mais il faut que l'angle θ de la pente ne soit que de 3 à 4 degrés au plus et exprimé en minutes : on a

$$\log \tfrac{1}{2} \sin^2 1' = \overline{8},6264222.$$

On abrége les calculs en formant une Table des valeurs de z, où l'on trouve à vue ces corrections pour toutes les inclinaisons de minute en minute. Nous retrouverons plus tard une occasion d'appliquer cette théorie (n° 127).

46. Supposons que des stations C et B on ait observé un signal élevé D (*fig.* 31) avec un instrument impropre à réduire les angles à leur projection horizontale. Comme c'est le point ordinairement invisible A qui doit être marqué sur le plan, le triangle CDB doit être remplacé par CAB. En se plaçant successivement en C et en B, on mesurera, avec un graphomètre dont le limbe est vertical, les angles DCA, DBA; on mesurera aussi la base BC ainsi que les angles DCB, DBC en disposant le limbe dans les plans respectifs de ces angles.

On résoudra le triangle obliquangle BDC, où l'on connaît un côté CB, et les angles adjacents C et B, et l'on en déduira les longueurs CD, DB. Alors, dans les triangles rectangles verticaux ADC, ADB, on aura les longueurs AC et AB, qui détermineront le triangle BAC et, par suite, la projection A. Nommant B, C, D les angles du triangle DBC dans l'espace, d la base BC, on a

$$\sin D : d :: \sin C : BD :: \sin B : CD,$$

d'où

$$BD = \frac{d \sin C}{\sin D}, \quad CD = \frac{d \sin B}{\sin D},$$

et

$$AC = \frac{d \sin B \cos DCA}{\sin D},$$

$$AB = \frac{d \sin C \cos DBA}{\sin D},$$

$$AD = \frac{d \sin B \sin DCA}{\sin D} = \frac{d \sin C \sin DBA}{\sin D}.$$

Ainsi on connaîtra :

1° La hauteur AD de la sommité D au-dessus de l'horizon des stations B et C;

2° Les trois côtés du triangle ABC, ce qui détermine la projection A de cette sommité, ou sa place sur le plan;

3° Les angles de ce triangle, projections des angles observés B et C, et de l'angle CDB au sommet D.

Il faudra, pour obtenir l'élévation totale du sommet D, ajouter à la hauteur AD donnée par le calcul l'élévation du centre du graphomètre au-dessus de l'horizon de B et de C.

47. Quand le pied A d'une hauteur verticale DA est accessible, on fait une seule station en C, et l'on mesure l'angle vertical DCA ; on a

$$AD = AC \tang DCA.$$

Et lorsqu'on ne peut arriver au point A, comme quand on observe le sommet D d'un clocher ou d'un édifice, d'un signal élevé sur une montagne, etc., on fait deux stations, l'une en C, l'autre en F, dans la même direction ACF ; de ces points C et F on mesure les angles verticaux DCA, DFA et la distance CF. En résolvant les triangles DCA, DFA, on a

$$AC = AD \cot C, \quad AF = AD \cot F ;$$

retranchant membre à membre, il vient

$$CF = AD(\cot F - \cot C) = \frac{AD \sin(C - F)}{\sin C \sin F},$$

d'où l'on tire

$$AD = \frac{CF \times \sin C \sin F}{\sin(C - F)} :$$

telle est l'élévation du sommet D.

CHAPITRE III.

NIVELLEMENT TOPOGRAPHIQUE.

48. Il est rare qu'on soit obligé de calculer les différences d'élévation, et l'on doit préférer les obtenir directement par un nivellement. On se sert de trois sortes de niveaux : celui de maçon, les niveaux d'eau et à bulle d'air.

Niveau de maçon, ou à perpendicule (*fig.* 39). — C'est une équerre ABC, dont les branches sont réunies par une barre HK propre à les maintenir à distance. Les trois règles qui le forment sont assemblées à tenons et mortaises; et un fil à plomb, suspendu vers le sommet C, doit battre sur un trait I marqué sur la barre transversale. Les branches AC, BC sont égales, posées sur une règle horizontale; le fil doit couvrir le trait I, même lorsqu'on retourne le niveau bout pour bout : cette épreuve en indique la bonne construction.

49. Le *niveau d'eau* est formé d'un tube MM' (*fig.* 37) en fer-blanc, long d'environ un mètre, coudé aux deux bouts, où sont lutées deux fioles de verre gg': il est monté sur un pied à trois branches BB, à l'aide d'une douille.

On remplit le tube d'eau colorée, et l'on fait en sorte que le liquide apparaisse dans les fioles vers le milieu de leur hauteur. Le bout des fioles est ouvert; mais on les étrangle pour pouvoir les boucher, quand on transporte l'instrument. On a imaginé, pour rendre ce niveau plus portatif, de faire le tube en cuivre et de le fractionner en plusieurs parties qui se vissent hermétiquement bout à bout, ainsi que les bases des fioles. On place latéralement le long de chaque fiole une petite lame verticale peinte au vernis en noir ou en rouge; cette couleur se réfléchit sur l'eau, qui en paraît teinte, et l'on ne se sert que d'eau limpide. En visant les deux surfaces liquides, on a un plan horizontal.

50. Le pointage de ces deux espèces de niveau se fait à l'aide d'une *mire* qu'on établit à la distance voulue par les localités et les circonstances. Cette mire est composée d'un *voyant abcd* (*fig.* 40), petite planchette ou lame de tôle, de forme rectangulaire, en travers de laquelle on a tracé une ligne horizontale *mn*, séparant deux rectangles peints, l'un en blanc, l'autre en noir ou en rouge. Cette planchette est soutenue par une queue ou tige, qu'on tient appliquée le long d'une règle divisée ou verticale; on hausse ou baisse la planchette, selon la direction des signaux donnés par l'observateur, jusqu'à ce que la ligne *mn* de *visée* du voyant soit dans le même plan horizontal que la ligne du niveau. On lit ensuite, sur la règle, la hauteur à laquelle cette ligne se trouve au-dessus du sol.

Cette mire a peu d'exactitude, mais elle suffit aux opérations grossières qu'on peut faire avec les niveaux dont on vient de parler, et qu'on ne destine qu'au travail de pavage ou de conduite des eaux; mais, quand il faut faire des nivellements plus précis, on y emploie le niveau à bulle d'air, que nous allons décrire, et l'on doit se servir d'une mire qui présente plus d'exactitude et une manœuvre plus facile.

La *mire* (*fig.* 40) est composée d'une règle verticale *ef*, divisée métriquement sur une des faces, et d'un voyant *abcd* fixé au bout d'une autre règle plus étroite, qui glisse avec aisance dans une rainure longitudinale pratiquée sur la première. En faisant couler cette réglette le long de la rainure, on peut élever le voyant au-dessus de l'extrémité de la règle, et en doubler ainsi la longueur. Les règles ont 2 mètres de hauteur, et la réglette est divisée en centimètres, portant ses numéros de graduation croissant de haut en bas, à commencer par 20 décimètres. On comprend que, lorsque la réglette occupe toute la rainure longitudinale, la ligne de visée du voyant se trouve juste au bout de la règle, et à 2 mètres d'élévation au-dessus du sol; que si l'on fait sortir le voyant, et que la ligne de visée se trouve, par exemple, à 4 décimètres au-dessus du bout supérieur de la règle, elle est élevée au-dessus du terrain à 24 décimètres de hauteur : on lit alors ce nombre 24 sur la réglette, à la ligne *eg*, où se termine la règle. On peut même tracer sur celle-ci un vernier (n° 10) qui permette d'estimer les fractions de centimètre. Ainsi, quand la mire sera portée à une station élevée de plus de 2 mètres au-dessus du niveau, il sera bien facile de noter le chiffre qu'indique la mire. Une vis de pression P arrête la réglette sur la règle, pour donner le temps de faire la lecture du numéro.

Mais si la station est, au contraire, plus basse que 2 mètres, il faudra renverser la mire, et, faisant glisser la réglette dans sa rainure, amener le voyant dans la ligne de visée du niveau, comme précédemment; on lira l'élévation sur l'échelle graduée que porte la règle, dont le système de numérotage tient compte de la demi-hauteur du voyant, et donne la hauteur de la ligne de visée au-dessus du sol. Rien n'est plus facile à concevoir, sans explications plus développées.

Il est inutile d'avertir que cette visée ne peut se faire quand la station de la mire est sur un point du sol plus élevé que le niveau; alors il faut la rapprocher, ou l'éloigner, ou hausser le niveau, afin que le sol de la mire soit plus bas que la ligne horizontale de visée.

En plaçant successivement la mire à deux stations, et élevant le voyant à la hauteur du plan horizontal déterminé par le niveau d'eau, la différence des élévations FD, BE (*fig.* 42) des voyants au-dessus du sol est la différence de niveau des points B et F de station de la mire.

51. Le tube du *niveau à bulle d'air* CD (*fig.* 38) est monté sur un plan ou *patin* AB auquel son axe est exactement parallèle, ce dont on s'assure par le renversement bout pour bout; car, si la bulle revient au milieu du tube, entre les mêmes points de repère, on est assuré que cet axe et le patin sont horizontaux. En plaçant ce niveau sur une règle et calant de manière à amener la bulle au milieu, l'alignement de la règle est une droite de niveau. L'observation est rendue plus facile en posant le patin sur un pied à genou, qui peut prendre un mouvement lent de bascule, à l'aide d'une vis de rappel, et fixant aux deux bouts du patin des pinnules I et K, dont la direction est parallèle à l'axe, condition dont on s'assure aussi par le retournement. Une vis de rappel *m* sert à mouvoir lentement l'un des bouts du patin, pour amener facilement la bulle entre ses repères, position où la ligne de visée est horizontale.

Cet instrument est plus exact que le précédent, qui n'est guère en usage que pour des nivellements peu soignés, tels que ceux que font les paveurs, les fontainiers, etc. Les visées n'y peuvent guère dépasser 3o à 4o mètres, et l'incertitude de la position de la ligne qui rase les surfaces liquides des fioles rend cette observation assez défectueuse.

52. Chézy a perfectionné le niveau à bulle d'air, en y adaptant une lunette armée d'un réticule à fil (n° 8), qui étend beaucoup la portée de la vue, et doit être toujours employé dans les nivellements importants. La *fig.* 41 représente cet appareil. Le tube cylindrique de la lunette IIK repose sur deux collets circulaires, en haut des supports égaux A, B. Le niveau N est suspendu au tube; la règle AB bascule autour de l'axe C, quand on agit sur la vis sans fin S, laquelle engrène avec le râteau circulaire LL'. En faisant rouler la lunette sur ses collets, on voit si le fil horizontal peut recouvrir, dans deux positions, une ligne de mire fixée au loin; et l'on hausse ou l'on baisse ce fil jusqu'à ce qu'il en soit ainsi. Le fil est alors dans l'axe du tube. Il faut en outre que les axes de la lunette et du niveau soient parallèles : à cet effet, on amène la bulle d'air au

milieu, par la vis S; puis, enlevant la lunette de ses collets et la retournant bout pour bout, on voit si la bulle revient au milieu, car dans ce cas le niveau est juste, et l'on peut procéder au nivellement, ainsi qu'il a été dit ci-dessus. Dans le cas contraire, il faut ramener la bulle au milieu, moitié par la vis S, et moitié en tournant la vis C qui attache la lunette au niveau. On retourne encore la lunette pour faire, s'il en est besoin, une autre correction semblable, et ainsi jusqu'à ce que la bulle reste entre ses repères dans les deux situations renversées de la lunette.

53. Il est rare que les deux points du sol dont on cherche la différence de niveau soient assez rapprochés pour qu'on puisse l'obtenir par une seule station intermédiaire, comme dans le cas de la *fig.* 42. D'ailleurs il y a souvent des obstacles qui forcent de niveler en les évitant par des circuits. La *fig.* 43 montre comment on dirige alors l'opération, en faisant des stations consécutives. Soient a et a' les hauteurs des voyants A et B pour une première station; $a' - a$ sera la différence des niveaux des deux sols. Soient b et b' les élévations des voyants B et C, c et c' celles de C et D, ... En ajoutant toutes les différences de niveau consécutives, $a' - a$, $b' - b$, $c' - c$, on a visiblement

$$x = a' + b' + c' + \ldots - (a + b + c \ldots),$$

pour la différence de niveau des deux stations extrêmes. Ainsi, *ajoutez toutes les hauteurs des voyants au-dessus du sol, les visées étant prises du côté du point de départ; faites-en autant pour celles qui sont prises du côté opposé : la différence de ces deux sommes est celle des niveaux des deux stations terminales.* Un résultat négatif annonce que l'origine est moins haute que la dernière station.

54. Mais, quand les points extrêmes sont très-écartés, il faut avoir égard à la rondeur de la Terre. Soit MO (*fig.* 47) l'axe du tube du niveau placé à la station M; on fait élever une mire en un point O de cette direction; mais, si cette mire est très-loin, les points O et M ne sont pas de niveau, mais sur une tangente au sphéroïde terrestre, car le niveau de M est au point N du sphéroïde; ainsi il faut abaisser la mire O en N pour la ramener au niveau de la sphère passant en M. On a

$$MO^2 = ON \times (ON + 2R)$$

ou

$$MN^2 = 2R.ON, \quad k^2 = 2R\,x,$$

en négligeant ON devant le diamètre 2R de la Terre; on en tire l'abaissement ON $= x$ que la mire doit éprouver,

$$x = \frac{k^2}{2R} = nk^2, \quad \log n = \overline{8},8950557;$$

k exprime ici la distance MN, ou l'arc terrestre, ou sa corde, en mètres, aussi bien que x. Nous donnerons plus tard la valeur numérique du rayon R, qui a servi à déterminer le facteur $n = \frac{1}{2R}$·

55. Mais ce n'est pas tout. Comme la *réfraction atmosphérique* élève en apparence les objets, la mire O qu'on a crue placée dans la ligne horizontale MO l'a réellement été en un point i, au-dessous du véritable alignement MO. Ce genre d'erreur ne peut être négligé, surtout quand la portée de la lunette du niveau permet de viser à une grande distance; cette erreur n'existe pas quand le niveau est placé au milieu de deux stations, ou du moins il n'y a, dans ce cas, besoin d'aucune correction, parce qu'en faisant deux pointés en sens opposés (*fig.* 42), les mires sont autant surélevées l'une que l'autre par rapport à l'horizontale du niveau, comme s'il n'y avait aucune réfraction. C'est ce qu'on a soin de faire, quand on le peut, pour diminuer le nombre des stations et éviter les corrections.

Mais, quand on n'a pu suivre cette pratique, voici comment on fait subir à x la correction de réfraction. La mire, que du point M le spectateur juge en O, est réellement un peu au-dessous en i; faisons O$i = \varepsilon$. Il faudrait donc la relever de ε pour l'amener en O. L'abaissement qu'on doit lui faire subir n'est donc point ON, mais

$$i\mathrm{N} = \mathrm{ON} - \mathrm{O}i = x - \varepsilon,$$

par l'effet combiné de la courbure de la Terre et de la réfraction. Or, l'angle OMN étant formé par une tangente et par une corde, est $= \frac{1}{2}C$; l'angle OM$i = 0,08\,C$, valeur suffisamment exacte pour l'usage qu'on en va faire, attendu qu'ici k est toujours très-petit : c'est du moins ce qui sera démontré plus tard (257).

F. — *Géodésie.*   4

Les arcs de cercle décrits du centre M, avec le rayon MN, et compris dans les angles OMi, OMN, ont sensiblement leurs longueurs proportionnelles à O$i = \varepsilon$, et ON $= x$; et comme ces arcs mesurent les angles, on a

$$\frac{1}{2}\,C : o,o8\,C, \quad \text{ou} \quad o,5o : o,o8 :: x : \varepsilon = o,16x;$$

l'abaissement total de la mire est donc $x - \varepsilon = z = o,84.x$;

$$z = \frac{o,42}{R}\,k^2 = A\,k^2, \quad \log A = \overline{8},8193350;$$

z et k sont ici exprimés en mètres. Ainsi il faudra corriger chaque élévation de la mire au-dessus du sol, relativement à celle M du niveau à bulle d'air, en la diminuant de la quantité Ak^2, pour avoir vers N le véritable point de niveau du spectateur situé en M. On trouve dans la *Topographie* de M. Puissant une Table où on lit ces corrections à vue, pour toutes les distances k. On observe que la correction ε due à la réfraction n'a pas de valeur sensible quand la distance k ne dépasse pas 6oo mètres.

56. Montrons, par des exemples, comment on fait les opérations de nivellement.

I. **Nivellement composé.** — Supposons qu'on ait fait six stations successives du niveau, en se plaçant vers le milieu de la distance entre les points où la mire était portée de proche en proche, comme on l'a représenté (*fig.* 43). A chaque station, on a donc donné deux coups de niveau, l'un en arrière, l'autre en avant; et, lisant sur la mire les hauteurs correspondantes, on a trouvé :

	m		m
Coups d'arrière,	3,428	Coups d'avant,	2,9{8
	o,36o		2,445
	3,688		2,202
	3,o67		o,868
	1,444		1,198
	1,352		o,485
Somme....	13,339	Somme....	10,146
	10,146		
	3,193 = différence de niveau.		

Ainsi le point A est au-dessus du point E de $3^m,193$. Il est clair que le point qui a la plus grande cote est le plus bas.

Il n'y a pas lieu de faire ici les corrections de réfraction, ni de courbure de la Terre, puisque les stations sont conjuguées.

II. Nivellement simple. — Par un seul coup de niveau, sur une mire placée à 1742 mètres de distance, on a trouvé que le sol y est plus élevé de $3^m,453$; on demande de corriger ce résultat de la réfraction et de la rondeur de la Terre.

$$\log 1742 = 3,2410482, \text{ double} \dots \dots \dots \quad 6,4820964$$
$$\text{constante A} \dots \dots \quad \overline{8,8193350}$$
$$0^m,2002 \dots \dots \dots \quad \overline{1,3014314}$$

ainsi il faudrait abaisser la mire de $0^m,200$ ou 2 décimètres; la différence de niveau n'est donc que de $3^m,253$.

III. Nous supposons, dans le dernier exemple, que la portée de la lunette du niveau a permis de ne faire qu'une seule visée à 1742 mètres de distance; s'il n'en était pas ainsi et que la nature du sol ne permît pas de placer le niveau au milieu des deux stations successives d'une mire qu'on promènerait de proche en proche, alors il faudrait opérer par une seule visée, répétée chaque fois qu'on transporterait le niveau au point que vient d'occuper la mire, et, comme dans ce cas la correction de réfraction ne serait pas nécessaire, on ne ferait que celle de la rondeur de la Terre, en se servant de la valeur de n au lieu de celle de A.

57. Le *niveau de pente,* nommé aussi *éclimètre,* n'est autre chose que celui de maçon (*fig.* 39), où, après avoir divisé la hauteur CI en 100 parties égales, on a porté ces divisions le long de la barre HK, de part et d'autre du milieu I. En appliquant les branches du niveau sur une règle inclinée AB, on trouve que le fil, au lieu de battre sur ce milieu I de la règle, point où est le zéro des divisions, vient battre en un autre point : l'angle que le fil à plomb fait avec la droite CI est visiblement celui que la règle AB fait avec l'horizon; ainsi la distance du point I au point où bat le fil est la tangente de cet angle. On peut donc graduer la droite AB de manière à donner les diverses pentes d'un terrain; au reste, nous indiquerons plus tard les perfectionnements qu'on a fait subir à cet instrument. Pour faciliter l'usage du niveau à perpendiculaire, on peut le monter sur un pied à trois branches, à l'aide d'un genou sur lequel il puisse tourner ; on adapte alors des pinnules aux extrémités A et B, afin de pointer les signaux qu'on établit au bout des pentes.

Chézy a imaginé un *éclimètre* beaucoup mieux entendu ; on le trouve décrit dans la *Topographie* de M. Puissant. Nous ne nous y arrêterons pas, parce que cet instrument est rarement employé et qu'on y supplée, comme il a été expliqué précédemment, par des opérations trigonométriques.

CHAPITRE IV.

ARPENTAGE.

58. La détermination de l'étendue superficielle d'un champ est facile à faire lorsqu'il est levé par le secours de l'équerre, parce qu'on connaît les bases et les hauteurs des parties élémentaires de cette surface. Quand on a fait usage du graphomètre, il faut calculer ces éléments par des résolutions de triangles. En général, ces aires sont toujours le produit de deux longueurs qu'on exprime en mètres, et le produit est des mètres carrés ; pour l'énoncer en ares, il faut diviser par 100, parce que l'are vaut 100 mètres ; pour avoir des hectares, il faut diviser de nouveau par 100. Ainsi, en reculant la virgule vers la gauche de deux ou de quatre rangs, l'aire est exprimée en ares ou en hectares.

Par exemple, que l'aire soit le produit de 453 mètres par 329 mètres, elle sera ou 149037 mètres carrés, ou $1490^{ares},37$ ou $14^{hect},9037$, c'est-à-dire $14^{hect}90^{ares},37$.

59. Toutes les fois que la figure du champ sera géométrique ou réductible à cette forme (cercle, parallélogramme, triangle, polygone), les théorèmes connus reçoivent leur application ; mais, s'il y a des limites courbes, il faut décomposer ces lignes en parties qu'on considère comme de petites droites, ce qui ramène l'aire à des formes géométriques que l'on calcule, par portions distinctes, par les procédés ordinaires. Au reste, le théorème de Simpson donne l'aire avec une plus grande approximation ; voici en quoi il consiste. .

Cherchons d'abord l'aire d'un petit segment CEM ($fig.$ 44) d'une courbe quelconque rapportée aux axes rectangulaires Ax, Ay, et nommons α l'angle MCH formé par la corde CM avec Ax. Menons l'ordonnée KE par le milieu K entre les ordonnées terminales CB, MP. On peut sensiblement regarder l'arc CM comme appartenant à une parabole dont le sommet L répond au milieu I de la corde. L'aire du segment est donc

$$\text{CEMI} = \frac{2}{3}\,\text{CM.LI.}$$

Or les triangles LEI, MCH donnent

$$\text{LI} = \text{EI}\cos\alpha, \quad \text{CM} = \frac{\text{CH}}{\cos\alpha},$$

d'où

$$\text{CEMI} = \frac{2}{3}\,\text{EI} \times \text{CH.}$$

Cela posé, faisons $\text{BK} = \text{KP} = h$, $\text{CB} = y'$, $\text{KE} = y''$, $\text{PM} = y'''$; l'aire CBPM se compose du trapèze $\text{CBPM} = h(y'+y''')$ et de $\text{CEMI} = \frac{4}{3}\,h.\text{EI}$. Or

$$\text{EI} = \text{EK} - \text{KI} = \frac{1}{2}(2y'' - y' - y''');$$

donc le segment

$$\text{CEMI} = \frac{2}{3}\,h(2y'' - y' - y'''),$$

et la petite aire

$$\text{CEMPB} = \frac{2}{3}\,h\left(\frac{1}{2}y' + 2y'' + \frac{1}{2}y'''\right).$$

Supposons l'aire plane BACD ($fig.$ 45) qu'on veut arpenter limitée par la courbe AC, la droite BD et les perpendiculaires AB, CD; on coupera la base BD en *un nombre pair* de parties égales, dont h sera la longueur, et par les points de division on mènera des ordonnées y', y'', y''', ..., y^n, qui couperont l'aire en éléments dont les surfaces respectives seront exprimées deux à deux par la formule ci-dessus : la deuxième, la troisième, etc., seront

$$\frac{2}{3}\,h\left(\frac{1}{2}y''' + 2y^{\text{iv}} + \frac{1}{2}y^{\text{v}}\right), \quad \frac{2}{3}\,h\left(\frac{1}{2}y^{\text{v}} + 2y^{\text{vi}} + \frac{1}{2}y^{\text{vii}}\right), \quad \ldots,$$

la somme

$$\frac{2}{3} h \left(\frac{1}{2} y' + 2 y'' + y''' + 2 y^{\mathrm{IV}} + y^{\mathrm{V}} + \ldots + \frac{1}{2} y^{(n)} \right),$$

$$\mathrm{BACD} = \frac{2}{3} h \left[\frac{1}{2} (y' + y'') + (y'' + y''' + \ldots + y^{n-1}) \right.$$
$$\left. + (y''' + y^{\mathrm{IV}} + y^{\mathrm{VI}} + \ldots + y^{n-1}) \right].$$

Tel est le théorème de Simpson. L'aire formée d'un nombre pair de trapèzes rectangles et curvilignes de même hauteur h se trouve en prenant :

La moitié de la somme des ordonnées extrêmes, plus la somme de toutes les coordonnées, celles-ci exceptées, plus enfin celles de toutes les ordonnées de rangs pairs, le tout multiplié par $\frac{2}{3} h$.

La même règle s'applique évidemment au cas où l'aire est, comme ACFE, terminée par deux courbes opposées, en appelant y', y'', y''', $\ldots$ la longueur totale de chaque parallèle.

Plus h est petit, plus le résultat est approché de l'aire demandée. Ce théorème s'applique à toute surface irrégulière, parce qu'on peut la décomposer en d'autres qu'on évalue séparément et qu'on ajoute ou retranche ensuite selon les cas. Lorsqu'il arrive que la base se trouve coupée par la courbe, la même règle reçoit son application, en faisant égale à zéro l'ordonnée du point de section.

60. Lorsqu'on veut arpenter un terrain, il est utile d'en faire lever le plan, parce qu'il est facile de faire au crayon, sur le papier, les tracés de subdivisions qui sont propres à former des aires partielles commodes à évaluer : on obtient avec le compas des longueurs approchées qu'on peut ensuite vérifier et corriger sur le terrain.

Quand le sol est en pente, on réduit les longueurs à l'horizon, comme dans le levé du plan, parce que c'est la projection horizontale qu'il faut arpenter. En effet, il est reconnu que l'étendue productive d'un sol n'est pas le développement des accidents de la surface. La projection a, il est vrai, une aire moindre que celle qui est inclinée; mais l'espace de terre qu'il faut pour la croissance des racines et la masse d'air nécessaire à la végétation des plantes réduisent l'aire inclinée à sa projection horizontale, lorsqu'on mesure les produits. D'ailleurs, si l'on accorde un faible avantage à l'aire inclinée sur sa projection, elle est plus que compensée par les difficultés de la culture, à moins que l'inclinaison du sol ne soit une des conditions de succès, comme dans le cas des terres à vignes. La *méthode de cultellation* est celle qui consiste à réduire ainsi les aires inclinées à leur projection. L'exposition faite (46 et 53) contient tout ce qui est nécessaire pour ce genre de calculs.

Le plus ordinairement, les champs, les bois, les parcs sont limités par des lignes droites, et quelquefois même leur forme est celle de rectangles, de parallélogrammes, de triangles, etc. Nous récapitulerons les théorèmes de Géométrie qui s'appliquent à l'arpentage de ces figures.

1° *La surface d'un rectangle ou d'un parallélogramme est le produit de sa base par sa hauteur.* On prend pour base l'un quelconque des côtés; la hauteur est la distance de ce côté à celui qui lui est opposé, mesurée sur une perpendiculaire aux deux.

2° La même théorie s'applique au triangle, mais on ne prend que la moitié du produit, parce qu'*un triangle est la moitié d'un parallélogramme de même base et de même hauteur.*

3° *L'aire d'un trapèze est le produit de la somme des deux côtés parallèles par la moitié de leur distance,* ou, si l'on veut, *le produit de cette distance par la parallèle menée à distances égales de ces deux côtés.*

4° *L'aire d'un polygone s'obtient en le décomposant en triangles par des droites menées d'un point intérieur (fig. 26), ou par des diagonales menées d'un même sommet.* On cherche les aires de ces triangles et on les ajoute.

Si le polygone est régulier, sa surface est

$$\frac{1}{4} n a^2 \cot\left(\frac{180°}{n}\right),$$

n étant le nombre des côtés et a la longueur d'un de ces côtés.

5° Nous avons donné (36) *l'aire d'un triangle dont on a les trois côtés.* Si l'on connaît deux côtés b, c et l'angle compris A, la surface est

$$\frac{1}{2} bc \sin A.$$

Enfin, lorsqu'on a un côté c et les deux angles adjacents A et B, l'aire est

$$\frac{1}{2}c^2\,\frac{\sin A \sin B}{\sin(A+B)} = \frac{1}{2}c^2\,\frac{\sin A \sin B}{\sin C}.$$

6° *L'aire d'un quadrilatère* se trouve en le divisant par une diagonale en deux triangles qu'on évalue séparément : cette aire est aussi égale à la moitié du produit des deux diagonales multiplié par le sinus de l'angle qu'elles forment entre elles.

7° *L'aire d'un cercle* de rayon R est

$$\pi R^2,$$

π étant 3,14159 (33).

8° *L'aire d'un secteur de cercle* dont l'arc a n degrés est

$$\frac{\pi n R^2}{360}.$$

Celle d'un segment

$$\frac{1}{2}R^2\left(\frac{n\pi}{180} - \sin n\right).$$

On trouve que

$$\frac{\pi}{280} = 0,01745.$$

9° *L'aire d'une ellipse* dont les demi-axes sont a et b est

$$\pi ab.$$

Lorsqu'on doit arpenter un terrain formé de diverses *parcelles* dont on veut avoir les aires séparées, comme cela arrive pour les opérations cadastrales, on évalue d'abord l'aire totale des pièces réunies, puis les aires des parcelles, et l'on examine si la somme de celles-ci reproduit l'aire totale. On estime qu'une différence en plus ou en moins de $\frac{1}{300}$ n'est pas une erreur assez grave pour nécessiter que l'opération soit recommencée. Ces évaluations se font sur le plan, à l'aide de subdivisions qu'on fait avec le crayon.

61. L'arpentage comprend aussi le mode de division des héritages dans le rapport des droits des partageants. Ce problème n'est pas sans difficultés, surtout lorsqu'il comprend des conditions particulières d'intérêt ou

de localités, comme lorsqu'il s'agit de faire aboutir les sentiers de séparation à un point déterminé, tel qu'un puits commun, une porte, une voie publique, etc., et aussi quand le terrain a des parties irrégulières ou *coursons* et qu'on veut que chaque partageant ait une portion de ces désavantages.

Pour résoudre cette question, on évalue l'aire totale en nombres et l'on divise le résultat dans les rapports assignés, afin de connaitre le nombre d'ares que doit avoir chacun; puis, opérant sur le plan, et par quelques essais approchés, on trace des lignes de séparation présumées; on mesure ces aires partielles et l'on reconnait la quantité que chacun se trouverait avoir de trop ou de moins; on corrige ensuite ces résultats ainsi que nous allons l'exposer.

62. Supposons qu'on ait présumé que la droite EI (*fig.* 46) coupe le quadrilatère ABCD par moitié, et qu'en arpentant chaque partie M et N, l'aire M surpasse N de a mètres carrés. Voyons comment l'on devra déplacer la droite EI pour que les deux parts deviennent égales. Il faut rendre $\frac{1}{2}a$ à N aux dépens de M. On abaissera la perpendiculaire EH $= h$ sur AB et on la mesurera : divisant l'aire $\frac{1}{2}a$ par $\frac{1}{2}h$, on portera de I en F le quotient $q = \dfrac{a}{h} =$ IF; la droite EF coupera la figure par moitié, puisque le triangle EIF $= \frac{1}{2}qh = \frac{1}{2}a$.

On peut encore transporter la ligne de séparation vers AD (*fig.* 50), de EI en FG, parallèlement à EI, en faisant en sorte que l'aire EFGI égale $\frac{1}{2}a =$ EI $\times mn$: donc la distance $mn = \dfrac{a}{2\,\mathrm{EI}}$; et si l'on veut que le sentier de séparation passe en un point donné f, on prendra F$f =$ Gg, et l'on mènera fg, qui sera la droite demandée.

Cette solution suppose que les côtés AB, CD sont parallèles; mais il n'en peut résulter d'erreur sensible qu'autant que ces lignes seraient très-inclinées l'une sur l'autre, et encore, dans ce cas, on accepterait cette solution comme approchée et on la corrigerait ensuite par le même procédé. Cette méthode n'est qu'une suite d'essais; mais elle est très-courte dans la pratique, surtout pour avoir égard aux conditions particulières du partage.

On veut partager un champ de 1^{hect},250 en trois portions qui soient comme 2, 3 et 5. Par des proportions, on trouve que les parts sont 20^{ares},5, 30^{ares},75 et 51^{ares},25. Il s'agit donc de mener à travers le champ deux droites qui le coupent en aires respectivement égales à ces nombres. Il sera facile de tirer une droite qui sépare à peu près 20 ares d'un côté et 30^{ares},75 + 51^{ares},25 de l'autre; on corrigera ce résultat d'après ce qu'on vient de dire, en y ajoutant 50 mètres carrés; ensuite il faudra séparer, dans ce qui reste, 51^{ares},25 par le même moyen. La troisième part devra se trouver juste de 30^{ares},75. En opérant ensuite sur le terrain, on vérifiera si, en effet, les aires sont ce qu'elles doivent être, et l'on corrigera de nouveau s'il est nécessaire. Toutes ces opérations, faites d'abord au crayon sur le plan et transportées sur le terrain, conduisent enfin à un arpentage final exact.

Supposons qu'on veuille partager le polygone (*fig.* 29) en deux parties égales. On commencera par en évaluer la surface totale, qui, d'après les nombres qui y sont inscrits, est de 264244^{mq},67 : la moitié 132122,33 est l'aire de chacune des deux parts. On tire la droite AD qui sépare le triangle ADE; on en cherche la surface et l'on trouve (n° 60, 5°) qu'elle est $\frac{1}{2}$ 270.416 sin 117°, c'est-à-dire 50038^{mq},93. Retranchant du nombre ci-dessus, on voit que, pour compléter l'une des parts, il faut à l'aire ADE ajouter 82083^{mq},40. La perpendiculaire abaissée du sommet D sur la base AB est de 459^{m},2; divisant le dernier nombre par 229,6, moitié de celui-ci, le quotient est 355^{m},34, longueur qu'on prendra de A en I. La droite DI sera la ligne demandée, qui coupe en deux moitiés la surface du polygone. En effet, l'aire du triangle ADI est de $229,6 \times 355,34 = 82083,4$; celle du triangle ADE $= 50038,93$, et ces deux aires réunies valent 132122^{mq},33, moitié de la surface totale du polygone.

Observez que : 1° si le contour AED, au lieu d'être composé de deux droites, l'eût été de parties courbes et irrégulières, on aurait pu employer le même procédé, seulement il eût été plus difficile de trouver l'aire ADE, et il aurait fallu recourir à la méthode de Simpson (59).

2° Si l'on exige que la ligne droite de séparation des deux parts, au lieu d'être DI, vienne aboutir en un point donné L, il restera encore à trouver, par le procédé indiqué ci-devant, la direction de la ligne KL qui satisfait à cette condition.

LIVRE II.

GÉOMORPHIE.

La Géomorphie, plus communément appelée Géodésie, est la science qui traite de la mesure de la Terre et de ses grandes divisions territoriales. Les moyens qu'elle emploie sont fondés sur des calculs et des observations. Il est donc nécessaire avant tout de connaître les instruments dont on se sert et les théories qu'on applique aux résultats observés.

Nous avons dû commencer par exposer les méthodes algébriques connues sous le titre de *Trigonométrie sphérique*, qui sont d'un usage perpétuel dans cette science, et une description succincte des deux instruments qu'on emploie généralement pour les observations.

Deux espèces de procédés sont usités en Géomorphie : tantôt on mesure, on calcule des distances et des angles tracés sur la surface terrestre ; tantôt on observe les astres, pour coordonner entre elles les diverses stations. De là les deux grandes divisions que nous adopterons ; l'une sera la *Géomorphie terrestre*, l'autre la *Géomorphie astronomique*.

Les opérations terrestres consistent à couvrir le sol entier qu'on explore d'un réseau de triangles, dont on mesure les angles avec un instrument et dont on calcule les côtés, à l'aide de la longueur de l'un d'eux pris pour *base* et mesuré directement. On en conclut ensuite l'étendue des arcs terrestres qui traversent ces triangles, tels que la *méridienne* et sa *perpendiculaire*. Ces arcs servent ensuite à déterminer la forme ellipsoïdale du globe terrestre, ses dimensions, son aplatissement, etc.

Les opérations astronomiques servent à trouver les *longitudes* et les *latitudes* des stations, les *azimuts* des côtés des triangles, la déclinaison de l'aiguille aimantée, etc.

Plusieurs autres sujets seront encore traités, parce qu'ils se rapportent immédiatement aux théories géodésiques.

1° Les oscillations du *pendule* fournissent des données très-utiles pour obtenir l'aplatissement du globe terrestre; il convient donc d'examiner cette théorie.

2° Les élévations des lieux où l'on établit des stations géodésiques sont des éléments importants à connaître; nous ferons l'exposition des méthodes de *nivellement*.

3° Le géographe ne se contente pas des évaluations numériques auxquelles le calcul le conduit dans la détermination des côtés de ses triangles, il veut encore représenter ces résultats par des figures, c'est-à-dire en composer une *carte géographique* qui permette à l'œil d'en embrasser l'ensemble et d'en comparer les détails. L'art de construire ces sortes de perspectives sera l'un des sujets de notre analyse.

Tel est le plan que nous nous proposons de suivre dans la composition de ce livre.

CHAPITRE I.

TRIGONOMÉTRIE SPHÉRIQUE.

Notions fondamentales.

63. Trois plans MON, NOP, MOP (*fig.* 51) qui se coupent dans l'espace en un point O forment un *trièdre;* une sphère quelconque qui a son centre en ce point O est coupée par ces plans selon trois arcs de grands cercles CA, CB, AB, qui composent un triangle sphérique ACB. Les angles plans du trièdre O sont respectivement mesurés par les côtés ou arcs de ce triangle, savoir, l'angle NOM par AB, MOP par AC et NOP par BC. Un angle C du triangle est mesuré par celui que forment deux tangentes en C aux arcs contigus AC, BC; ces tangentes, situées dans les plans de ces arcs, mesurent l'angle dièdre de ces mêmes plans, c'est-à-dire l'angle NOPM, parce que ces tangentes, étant perpendiculaires à OC, déterminent un plan perpendiculaire à ce rayon, qui est l'intersection des deux plans NOP, POM : ainsi l'angle C, celui que font ces tangentes, mesure l'inclinaison de ces plans l'un sur l'autre.

Donc *les angles plans du trièdre* O *sont mesurés respectivement par les côtés du triangle sphérique* ABC, *et les inclinaisons des faces le sont par les angles respectifs de ce triangle.*

Étant données quelques parties d'un trièdre, si l'on se propose de trouver les autres, le problème revient à déterminer certains éléments d'un triangle sphérique, lorsqu'on connaît les autres. *Il y a six parties, trois angles* A, B, C, *et les trois côtés respectivement opposés a, b, c,* ou, si l'on veut, *trois angles dièdres* A, B, C *et les trois angles plans opposés a, b, c.* Nous verrons bientôt que, quand on connaît trois de ces six éléments, on peut toujours trouver les trois autres.

D'après cela, que d'un point O on dirige des rayons visuels à trois points M, N, P de l'espace, tels que des étoiles, des signaux, etc. ; ces lignes sont les arêtes d'un trièdre O, dont les éléments constituants sont ceux d'un triangle sphérique ABC. Ce triangle est formé par les sections des faces de ce trièdre avec la surface d'une sphère de rayon arbitraire, dont le centre est placé à l'œil du spectateur.

64. Ces principes servent à démontrer les théorèmes suivants :

1° Tout angle plan d'un trièdre étant nécessairement moindre que deux droits, *chaque côté de tout triangle sphérique est* $< 180°$; *chaque angle du triangle est aussi plus petit que deux droits* (c'est ce qui résulte aussi du triangle polaire; *voir* n° 65 ci-après).

Toutes les fois qu'un calcul conduira à trouver un arc $> 180°$ pour valeur de l'un des éléments de triangle sphérique, cette solution devra être rejetée comme impossible, ou du moins remplacée par le supplément de cet arc, et les cosinus, sinus, tangentes, etc., ne peuvent appartenir qu'à un arc moindre que la demi-circonférence.

2° Puisque la somme des angles plans de tout angle polyèdre est toujours moindre que quatre droits, *la somme des trois côtés de tout triangle sphérique est* $< 360°$. L'angle trièdre d'un cube étant formé de trois angles plans qui sont droits, on voit que chacun des côtés d'un triangle sphérique peut être de 90 degrés, et évidemment il peut aussi surpasser 90 degrés.

3° *Deux triangles sphériques sont égaux lorsque leurs trois angles, ou leurs trois côtés, ou deux côtés et l'angle compris, ou deux angles et le côté adjacent, sont respectivement égaux chacun à chacun.* On suppose les rayons des sphères égaux, et ces théorèmes se démontrent, ainsi que les deux suivants, par les mêmes procédés que pour les triangles rectilignes.

4° Dans un triangle sphérique isoscèle, l'arc abaissé du sommet perpendiculairement sur la base divise par moitié cette base et l'angle du sommet : les angles égaux sont opposés aux côtés égaux, et réciproquement.

5° Dans tout triangle sphérique, le plus grand angle est toujours opposé au plus grand côté, le moyen l'est au moyen, le moindre au plus petit.

6° Un côté est toujours moindre que la somme des deux autres, et plus grand que leur différence. En effet, la somme des deux angles plans d'un trièdre surpasse le troisième, d'où $a < b + c$; $b < a + c$; d'où $a > b - c$. Donc aussi *la demi-somme des trois côtés d'un triangle sphérique surpasse toujours un quelconque de ses côtés;* car, en remplaçant $b + c$ par $a + i$, $a + b + c$ devient $2a + i$; ainsi le demi-périmètre est $a + \dfrac{1}{2} i > a$.

63. Coupons notre trièdre O par trois plans respectivement perpendiculaires aux arêtes, ces plans détermineront un second trièdre O' (*fig.* 48) opposé au premier : il s'agit de prouver que *les angles plans de l'un de ces trièdres sont suppléments des angles dièdres de l'autre, et réciproquement.*

En effet, l'une des faces du trièdre proposé O étant MON, menons, en des points quelconques N, M, sur les arêtes OM, ON, deux plans perpendiculaires à ces droites, et par suite aux faces MON, MOP d'une part, MON, NOP de l'autre; les angles M et N du quadrilatère OMP'N sont droits; l'angle P' est donc supplément de MON. Mais ces deux plans coupants sont des faces du nouveau trièdre O', et se coupent suivant la droite O'P', arête de ce corps. L'angle dièdre formé par ces plans est visiblement mesuré par l'angle MP'N, puisque le plan de cet angle est perpendiculaire à ses deux faces. Donc l'angle plan MON du premier est supplément de l'angle dièdre P' du second. Il en faut dire autant des deux autres faces MOP, NOP, qui sont supplément des angles M'NP, NM'P. Les angles plans du trièdre O sont donc respectivement les suppléments des angles dièdres du trièdre opposé O'.

Réciproquement, les angles plans du trièdre O′ sont les suppléments des angles dièdres du trièdre O, par la même raison.

On conclut de là qu'en imaginant deux sphères de même rayon, dont les centres sont aux sommets O et O′, formant deux triangles sphériques ABC, A′B′C′, les côtés de l'un de ces triangles sont les suppléments des angles de l'autre, et réciproquement. L'un des trièdres ou des triangles est appelé *polaire* ou *supplémentaire* de l'autre.

66. Étant donné un triangle sphérique dont A, B, C (*fig.* 48) sont les angles, et a, b, c les côtés respectivement opposés, on peut toujours en construire un autre dont A′, B′, C′ sont les angles, a', b', c' les côtés, tels que A, B, C soient les suppléments respectifs de a', b', c', et a, b, c suppléments de A′, B′, C′, savoir :

$$(1) \quad \begin{cases} a = 180° - A', \\ b = 180° - B', \\ c = 180° - C'; \end{cases}$$

$$(2) \quad \begin{cases} A = 180° - a', \\ B = 180° - b', \\ C = 180° - c'. \end{cases}$$

On voit en outre que *la somme des trois angles de tout triangle sphérique est toujours comprise entre deux et six droits*. En effet, d'une part, chaque angle étant moindre que deux droits, $A + B + C < 6$ droits ; et d'une autre part, en ajoutant les trois équations (2), on a

$$A + B + C = 6 \text{ droits} - (a' + b' + c');$$

et, comme on a vu que $a' + b' + c' < 4$ droits (64, 2°), on voit que $A + B + C > 2$ droits.

Les équations (1) et (2) sont fort utiles, car elles réduisent à trois les six problèmes de la Trigonométrie sphérique, qui consistent à trouver trois des six éléments d'un triangle, lorsqu'on connaît les autres. Supposons, par exemple, qu'on sache trouver les trois angles A, B, C, quand on connaît les trois côtés a, b, c : réciproquement, si l'on donne les trois angles A, B, C, pour trouver un côté a, on substituera au triangle son supplémentaire A′B′C′, dont on connaît les trois côtés a', b', c' par les équations (2) ; et lorsqu'on aura trouvé l'un A′ des angles, l'équation (1) donnera le côté opposé

$$a = 180° - A'.$$

En sorte qu'il suffit de savoir résoudre un triangle dont on connaît les trois côtés pour savoir aussi résoudre celui dont on connaît les trois angles; et ainsi des autres cas. C'est ce qui s'éclaircira mieux par la suite.

67. Si l'on coupe le trièdre O (*fig.* 49) par un plan *pmn* perpendiculaire à une arête OA, en un point *m* tel que O*m* = 1, on a

$$mn = \text{tang}\,c, \quad On = \text{séc}\,c, \quad mp = \text{tang}\,b, \quad Op = \text{séc}\,b.$$

Or les triangles rectilignes *mnp*, *np*O donnent [équation (25), p. 35]

$$np^2 = mn^2 + pm^2 - 2\,mn\,.\,pm\,.\,\cos A,$$
$$np^2 = nO^2 + pO^2 - 2\,nO\,.\,pO\,.\,\cos a;$$

retranchant la première de la deuxième, il vient, à cause des triangles *nm*O, *pm*O, rectangles en *m*, et de O*m* = 1,

$$0 = 1 + 1 - 2\,\text{séc}\,c\,.\,\text{séc}\,b\,.\,\cos a + 2\,\text{tang}\,c\,.\,\text{tang}\,b\,.\,\cos A;$$

et mettant $\dfrac{1}{\cos}$ pour séc, et $\dfrac{\sin}{\cos}$ pour tang,

$$0 = 1 - \frac{\cos a}{\cos c\,.\,\cos b} + \frac{\sin c\,.\,\sin b\,.\,\cos A}{\cos c\,.\,\cos b},$$

ce qui conduit à l'*équation fondamentale*

$$(3) \qquad \cos a = \cos b\,.\,\cos c + \sin b\,.\,\sin c\,.\,\cos A.$$

On aurait de même

$$(4) \qquad \begin{cases} \cos b = \cos a\,.\,\cos c + \sin a\,.\,\sin c\,.\,\cos B, \\ \cos c = \cos a\,.\,\cos b + \sin a\,.\,\sin b\,.\,\cos C. \end{cases}$$

68. On tire de l'équation (3)

$$\cos A = \frac{\cos a - \cos b\,\cos c}{\sin b\,\sin c};$$

d'où

$$1 - \cos^2 A = \sin^2 A = 1 - \left(\frac{\cos a - \cos b \cos c}{\sin b \sin c} \right)^2;$$

réduisant le deuxième membre au même dénominateur, et remplaçant $\sin^2$ par $1 - \cos^2$,

$$\sin^2 A = \frac{1 - \cos^2 b - \cos^2 c - \cos^2 a + 2 \cos a \cos b \cos c}{\sin^2 b \sin^2 c}.$$

Prenons la racine carrée, et divisons les deux membres par $\sin a$, nous voyons que le deuxième membre est une fonction symétrique de a, b, c, que nous nommerons M, savoir

$$\frac{\sin A}{\sin a} = M.$$

Changeant dans cette équation A et a en B et b, en C et c, comme M reste constant, on en tire cette équation

$$(5) \qquad \frac{\sin A}{\sin a} = \frac{\sin B}{\sin b} = \frac{\sin C}{\sin c}.$$

Dans tout triangle sphérique, les sinus des angles sont proportionnels aux sinus des côtés opposés.

69. Pour éliminer b de l'équation (3), mettons pour $\cos b$ sa valeur (4), et $\dfrac{\sin B \sin a}{\sin A}$ pour $\sin b$; il vient

$$\cos a = \cos a \cos^2 c + \sin a \sin c \cos c \cos B + \frac{\sin a \sin c \sin B \cos A}{\sin A};$$

mais

$$\cos^2 c = 1 - \sin^2 c;$$

donc, en divisant tout par $\sin a \times \sin c$,

$$(6) \qquad \sin c \cot a = \cos c \cos B + \sin B \cot A.$$

En appliquant à l'équation (3) la propriété du triangle supplémentaire [équations (1) et (2)], c'est-à-dire changeant a en $180° - A$, A en $180° - a$, b en $180° - B$, ..., nous avons

$$(7) \qquad - \cos A = \cos B \cos C - \sin B \sin C \cos a.$$

F. — *Géodésie.* 5

Ces théorèmes suffisent à la résolution de tous les triangles sphériques, ainsi qu'on le verra par les développements que nous allons donner; mais il y a encore une équation générale qu'on emploie quelquefois.

Éliminons $\cos c$ entre les équations (4); à cause de $\cos^2 a = 1 - \sin^2 a$, et en divisant tout par $\sin a$, on trouve

$$(8) \qquad \sin a \cos b = \sin b \cos a \cos C + \sin c \cos B.$$

70. Nous devons encore ajouter que, dans les équations générales, entre certains éléments d'un triangle sphérique quelconque ABC, on peut changer a et A en b et B, ou bien en c et C, et réciproquement : en sorte que nos équations (6), (7) et (8) en représentent chacune trois, comme l'équation (3) en a donné deux autres (4). On a, par exemple,

$$(9) \qquad \sin c \cot b = \cos c \cos A + \sin A \cot B,$$

$$(10) \qquad \begin{cases} -\cos B = \cos A \cos C - \sin A \sin C \cos b, \\ \sin c \cos b = \sin b \cos c \cos A + \sin a \cos B, \dots \end{cases}$$

Triangles sphériques rectangles.

71. Désignons l'angle droit par A et l'hypoténuse par a (*fig.* 52); faisons donc A $= 90°$ dans les équations (3), (5), (6), (7), (9) et (10) :

$$(m) \qquad \cos a = \cos b \cos c,$$

$$(n) \qquad \sin b = \sin a \sin B,$$

$$(p) \qquad \tang c = \tang a \cos B,$$

$$(q) \qquad \cos a = \cot B \cot C,$$

$$(r) \qquad \cot B = \cot b \sin c,$$

$$(s) \qquad \cos B = \sin C \cos b.$$

Ces six équations sont propres au calcul logarithmique et suffisent à la résolution de tout triangle rectangle : *Des cinq éléments a, b, c, B et C, deux étant donnés, on peut toujours trouver les trois autres,* chacun au moyen d'une de ces six équations. Ainsi la question est posée entre trois éléments dont un seul est inconnu. On dénommera les angles du triangle par A, B, C, l'angle droit étant A, et l'on cherchera celle de ces six équations qui comprend les trois éléments dont il s'agit ; mais, pour trouver cette équation, il pourra arriver qu'on soit obligé de changer de place les lettres B et C dans la figure. Suivant les divers cas qui se présentent, on choisit les équations qui contiennent les trois éléments compris dans le problème.

$$
\text{L'hypoténuse } a
\begin{cases}
\text{et deux angles B, C, ..., prenez l'équation...} & (q) \\
\text{un angle B } \begin{cases} \text{opposé } b, & \text{»} & (n) \\ \text{et le côté } \{ \text{adjacent } c, & \text{»} & (p) \end{cases} \\
\text{les trois côtés } a, b, c, & \text{»} & (m)
\end{cases}
$$

Un côté b de l'angle droit et les angles B, C,   » (s)

Deux côtés b, c de l'angle droit et un angle B,   » (r)

72. Le fréquent usage qu'on fait de ces équations exige qu'on les ait sans cesse présentes à la mémoire, chose que le défaut de symétrie rend assez difficile. Il y a un moyen empirique de les retrouver, qui consiste à lire, sur la figure, les cinq éléments du triangle rectangle dans l'ordre où ils sont, en faisant le tour, et à observer que les trois éléments entre lesquels on cherche une relation sont *contigus,* ou bien que deux éléments sont contigus et le troisième *séparé :* il est de fait qu'on a toujours :

1° Si les trois éléments sont *contigus :*

    cos arc intermédiaire $=$ produit des cot des deux autres arcs ;

2° Si deux éléments sont contigus et le troisième séparé :

    cos arc séparé $=$ produit des sin des deux autres arcs contigus.

Seulement, en appliquant ce théorème, il faut *remplacer les deux côtés de l'angle droit par leur complément,* c'est-à-dire leurs sin par cos, leurs tang par cot, etc. On peut, en effet, vérifier que ces deux propositions reproduisent exactement nos six équations : dans le premier cas on a les équations p, q, r, et les autres dans le second.

1° De l'équation (m) on conclut que *le cosinus de l'hypoténuse est égal au produit des cosinus des deux autres côtés;* ainsi l'un des trois côtés est $<$ ou $> 90°$, selon que les deux autres côtés sont d'espèces semblables ou différentes, car les cosinus d'arcs $> 90°$ sont négatifs.

2° L'équation (q) montre que, si l'on compare l'hypoténuse aux deux angles adjacents B et C, l'un de ces trois arcs est $>$ ou $< 90°$, selon que les deux autres arcs sont d'espèces semblables ou différentes.

3° Les équations (r) ou (s) prouvent que chacun des angles B et C est toujours de même espèce que le côté opposé.

5.

4° De même l'équation (p) montre que l'hypoténuse et un côté sont de même espèce, quand l'angle compris est $< 90°$, et d'espèces différentes quand cet angle est $> 90°$.

Nous entendons par des arcs de même espèce ceux qui sont ensemble soit $<$, soit $> 90°$; et d'espèces différentes quand l'un des arcs est $<$ et l'autre $> 90°$.

5° Enfin, si le côté b de l'angle droit égale 90 degrés, on aura

$$\cos b = 0,$$

et, d'après les équations (m) et (s),

$$\cos a = 0, \quad \cos b = 0.$$

Les côtés CA, CB sont donc chacun de 90 degrés et perpendiculaires sur AB; le triangle est isoscèle birectangle; C est le *pôle* de l'arc AB (*fig.* 52), c'est-à-dire que C est distant de 90 degrés de tous les points de cet arc.

73. Quoique nos équations résolvent tous les triangles sphériques rectangles, il convient de remarquer qu'elles ne donneraient pas les valeurs des inconnues avec précision, si ces arcs étaient très-petits et donnés par des sinus ou bien s'ils étaient exprimés par des cosinus voisins de 90 degrés. Voici comment on doit opérer dans ces cas :

1° On a [équation (8), p. 32]

$$\tan^2 \frac{1}{2} x = \frac{1 - \cos x}{1 + \cos x};$$

si l'on demande l'hypoténuse a, connaissant B et C, l'équation (q) donne

$$\tan^2 \frac{1}{2} a = \frac{1 - \cot B \cot C}{1 + \cot B \cot C} = \frac{\sin B \sin C - \cos B \cos C}{\sin B \sin C + \cos B \cos C},$$

$$(11) \qquad\qquad \tan^2 \frac{1}{2} a = - \frac{\cos(B + C)}{\cos(B - C)};$$

on voit par cette équation que la somme des deux angles B et C est $> 90°$, puisque le second membre est négatif et doit devenir positif.

2° De même, pour obtenir un côté b de l'angle droit, connaissant B et C, l'équation (s) donne

$$\cos b = \frac{\cos B}{\sin C};$$

on pose

$$z = 90° - B,$$

d'où

$$\cos B = \sin z \quad \text{et} \quad \cos b = \frac{\sin z}{\sin C}.$$

ainsi l'on a [équation (8), p. 32]

$$\tan \frac{1}{2} b = \frac{\sin C - \sin z}{\sin C + \sin z} = \frac{\tan \frac{1}{2}(C - z)}{\tan \frac{1}{2}(C + z)} = \frac{\tan[\frac{1}{2}(B + C) - 45°]}{\tan[\frac{1}{2}(C - B) + 45°]};$$

$$\tan \frac{1}{2} b = \sqrt{\tan\left[\frac{1}{2}(B - C) + 45°\right] \tan\left[\frac{1}{2}(B + C) - 45°\right]}.$$

3° Connaissant l'hypoténuse a et un côté c, pour trouver l'angle adjacent B, l'équation (p) donne

$$\tan^2 \frac{1}{2} B = \frac{1 - \tan c \cot a}{1 + \tan c \cot a} = \frac{\cos c \sin a - \sin c \cos a}{\cos c \sin a + \sin c \cos a},$$

$$(12) \qquad \tan \frac{1}{2} B = \sqrt{\frac{\sin(a - c)}{\sin(a + c)}}.$$

On remarquera que les sinus de $a - c$ et $a + c$ doivent avoir le même signe, pour éviter les imaginaires ; donc, si $a + c > 180°$, l'hypoténuse a doit être $< c$. On voit donc que, quand le triangle a des angles obtus, l'hypoténuse a n'est pas le plus grand côté. C'est, au reste, ce que la *fig.* 55 mettra en évidence (n° 87).

4° L'équation (m) donne

$$\cos c = \frac{\cos a}{\cos b},$$

d'où

$$(13) \qquad \tan^2 \frac{1}{2} c = \tan \frac{1}{2}(a + b) \tan \frac{1}{2}(a - b).$$

5° Enfin, si l'on cherche un côté b, connaissant l'angle opposé B et l'hypoténuse a, au lieu d'employer l'équation (n) quand b est voisin de 90 degrés, posez

$$b = 90° - 2z, \quad \tan x = \sin a \sin B,$$

l'équation (n) revient à

$$\cos 2z = \tan x,$$

d'où

$$\tan^2 z = \frac{1 - \tan x}{1 + \tan x} = \tan(45° - x);$$

ainsi

$$(14) \qquad \operatorname{tang}\left(45° - \frac{1}{2}\,b\right) = \sqrt{\operatorname{tang}\left(45° - x\right)}.$$

L'arc x étant calculé par l'équation

$$\operatorname{tang} x = \sin a \, \sin \mathrm{B},$$

cette dernière donnera b.

74. Nous donnerons ici les cinq éléments constitutifs d'un triangle sphérique rectangle, afin qu'on puisse s'exercer à l'application numérique des formules, en prenant à volonté deux de ces éléments et calculant les trois autres.

Triangle rectangle d'épreuve.

ÉLÉMENTS.	LOG SINUS.	LOG COSINUS.	LOG TANG.
$a = 71°.24'.39''$	$\overline{1},976\ 7235$	$\overline{1},503\ 5475\ +$	$0,473\ 1759\ +$
$b = 140.52.40$	$\overline{1},800\ 0134$	$\overline{1},889\ 7507\ -$	$\overline{1},910\ 2626\ -$
$c = 114.15.54$	$\overline{1},959\ 8303$	$\overline{1},613\ 7969\ -$	$0,346\ 0333\ -$
$B = 138.15.45$	$\overline{1},823\ 2909$	$\overline{1},872\ 8568\ -$	$\overline{1},950\ 4341\ -$
$C = 105.52.39$	$\overline{1},983\ 1068$	$\overline{1},437\ 0867\ -$	$0,546\ 0201\ -$

75. Le signe — qui suit plusieurs de ces logarithmes est destiné à indiquer que le facteur qui s'y rapporte est négatif; ce qu'il ne faut pas confondre avec les — qu'on place à gauche des logarithmes quand on veut écrire qu'il faut les soustraire, ce qui arrive dans le cas d'une division. Selon que le nombre des facteurs négatifs d'une formule est pair ou impair, le produit a le signe + ou —, circonstance qu'il faut noter avec soin; car, par exemple, tang a donne pour a un arc $a < 90°$, quand cette tangente est positive, et le supplément de cette valeur quand la tangente est négative.

Quant au $\overline{1}$ qui est l'entier de plusieurs logarithmes, cette notation indique que, le rayon étant pris égal à 1 dans nos équations, comme il faut retrancher 10 de toutes les caractéristiques des Tables, la caractéristique du logarithme dont il s'agit est réduite à — 1, valeur négative qui accompagne une fraction décimale positive. Nous jugeons plus commode de nous servir, par la suite, de ces caractéristiques négatives que des logarithmes totalement négatifs, lesquels appartiennent à des facteurs < 1, et nous laissons $R = 1$, au lieu de corriger les formules générales pour les approprier au cas où le rayon est $R = 10^{10}$. Du reste, ces parties entières négatives se comportent dans les calculs comme toutes les quantités soustractives.

Triangles sphériques obliquangles.

76. Passons en revue tous les cas qui peuvent se présenter (*fig.* 53.)

PREMIER CAS. — *Étant donnés les trois côtés a, b, c, trouver l'angle* A.

L'équation (3), p. 64, en substituant $1 - 2 \sin^2 \frac{1}{2} A$ pour $\cos A$ [équation (6), p. 32], devient

$$(15) \qquad \cos a = \cos(b - c) - 2 \sin b \sin c \sin^2 \frac{1}{2} A.$$

Cette équation est d'un fréquent usage. On en tire

$$2 \sin b \sin c \sin^2 \frac{1}{2} A = \cos(b - c) - \cos a,$$

et, à cause de l'équation (12), p. 32 (¹),

$$\sin^2 \frac{1}{2} A = \frac{\sin \frac{1}{2}(a + b - c) \sin \frac{1}{2}(a + c - b)}{\sin b \sin c}.$$

Cette équation, propre au calcul des logarithmes, fait connaitre l'angle A. Elle devient plus symétrique en posant

$$2p = a + b + c,$$

d'où

$$(16) \qquad \sin^2 \frac{1}{2} A = \frac{\sin(p - b) \sin(p - c)}{\sin b \sin c}.$$

(¹) Comme le premier membre est essentiellement positif, ainsi que $\sin b$ et $\sin c$ (attendu que b et c sont $< 180°$), on voit qu'il faut qu'on ait à la fois $c < b + a$ et $c > b - a$, puisque les relations contraires sont visiblement absurdes; on retrouve donc ici le théorème 6°, p. 62.

De même, en mettant dans l'équation (3) $2\cos^2\frac{1}{2}A - 1$ pour $\cos A$, on a

$$(17) \qquad \cos^2\frac{1}{2}A = \frac{\sin p \sin(p-a)}{\sin b \sin c}.$$

Enfin, en divisant la première de ces équations par la seconde,

$$(18) \qquad \tan^2\frac{1}{2}A = \frac{\sin(p-b)\sin(p-c)}{\sin p \sin(p-a)}.$$

L'une quelconque de ces trois équations résout la question.

77. **Deuxième cas.** — *Étant donnés les trois angles* A, B, C, *trouver le côté* a.

La propriété du triangle supplémentaire (n° 69), appliquée aux équations précédentes par la substitution des valeurs et posant

$$2P = A + B + C,$$

donne

$$\sin^2\frac{1}{2}a = -\frac{\cos P \cos(P-A)}{\sin B \sin C},$$

$$\cos^2\frac{1}{2}a = \frac{\cos(P-B)\cos(P-C)}{\sin B \sin C},$$

$$\tan^2\frac{1}{2}a = -\frac{\cos P \cos(P-A)}{\cos(P-B)\cos(P-C)}.$$

78. **Troisième cas.** — *Étant donnés deux côtés* a *et* b *et l'angle compris* C, *trouver le troisième côté.*

L'équation (4), p. 64, peut être employée sous cette forme

$$\cos c = \cos a \cos b (1 + \tan a \tan b \cos C).$$

Cette formule se prête mal au calcul logarithmique, ainsi que la suivante ; mais nous reviendrons sur ce sujet.

79. **Quatrième cas.** — *Étant donnés deux angles* C *et* B *et le côté adjacent* a, *trouver le troisième angle* A.

L'équation (7), p. 65, donne

$$\cos A = \cos B \cos C (\tan B \tan C \cos a - 1).$$

80. **Cinquième cas.** — *De deux côtés et les angles opposés, connaissant trois éléments, trouver le quatrième.*

Il faut recourir à la *règle des quatre* sinus [équation (5), p. 65].

81. Excepté lorsque l'on connaît les trois côtés ou les trois angles d'un triangle, tout problème de Trigonométrie sphérique comprend, au rang des données, un angle et un côté adjacent, outre un troisième élément. Dans ce qui suit, nous désignerons toujours cet angle par A et ce côté par b. Abaissons de l'un des angles C (*fig.* 53) un arc CD perpendiculaire sur le côté c; ce côté c sera coupé en deux segments φ et φ', et l'angle C en deux angles θ et θ', savoir

$$c = \varphi - \varphi', \quad C = \theta + \theta'.$$

Bien entendu que *l'une de ces parties sera négative dans chaque équation, si l'arc perpendiculaire tombe hors du triangle, cas qui se présente lorsque l'un des angles* A *et* B *de la base est aigu et l'autre obtus; cet arc tombe, au contraire, au dedans du triangle quand ces deux angles sont de même espèce.* En effet, des deux triangles rectangles ACD, BCD, tirons les valeurs de l'arc perpendiculaire CD par l'équation (r), p. 66,

$$\operatorname{tang} CD = \operatorname{tang} A \sin \varphi = \operatorname{tang} B \sin \varphi'.$$

Si les angles A et B sont de même espèce, leurs tangentes ont même signe; $\sin \varphi$ et $\sin \varphi'$ sont donc dans le même cas; mais, quand A et B sont d'espèces différentes, leurs tangentes et, par suite, $\sin \varphi$ et $\sin \varphi'$ doivent avoir des signes contraires; alors l'arc perpendiculaire CD tombe hors du triangle, et l'un des segments φ et φ' a seul le signe —.

82. Dans la *fig.* 53, on voit que le triangle ABC est décomposé en deux, ACD, BCD, qu'on peut traiter séparément et dont la résolution fait connaitre les éléments non donnés à l'aide de ceux qui le sont. Ce procédé conduit à des équations simples, auxquelles le calcul des logarithmes s'applique facilement. C'est ce que nous allons montrer.

On résout d'abord les triangles ACD, BCD pour en tirer l'une des parties φ ou θ du côté c ou de l'angle C, en supposant connus l'angle A et le côté adjacent b. Les équations (p) et (q), p. 66, conduisent aux équations (1) et (2). Puis, tirant de chacun de ces triangles les valeurs de l'arc perpendiculaire CD et égalant ces valeurs, on obtient les équations (5), (6), (7) et (8), lesquelles viennent respectivement des équations (m),

(s), (r) et (p) :

$$(1) \quad \tang \varphi = \tang b \cos A, \qquad\qquad (2) \quad \cot \theta = \cos b \, \tang A,$$

$$(3) \quad c = \varphi + \varphi', \qquad\qquad\qquad (4) \quad C = \theta + \theta',$$

$$(5) \quad \frac{\cos a}{\cos b} = \frac{\cos \varphi'}{\cos \varphi}, \qquad\qquad (6) \quad \frac{\cos A}{\cos B} = \frac{\sin \theta}{\sin \theta'},$$

$$(7) \quad \frac{\tang A}{\tang B} = \frac{\sin \varphi'}{\sin \varphi}, \qquad\qquad (8) \quad \frac{\tang a}{\tang b} = \frac{\cos \theta}{\cos \theta'},$$

$$(9) \qquad\qquad \frac{\sin A}{\sin a} = \frac{\sin B}{\sin a} = \frac{\sin C}{\sin c}.$$

83. Voici les divers cas qui peuvent se présenter et la manière de les traiter par ces équations, en ayant soin d'ailleurs d'avoir égard aux signes des cosinus et des tangentes, signes qui sont positifs ou négatifs, selon que ces lignes appartiennent à des arcs $<$ ou $>$ 90°.

Outre les données A *et* b, on a encore un troisième élément :

1° Si l'on connaît c (*deux côtés* b *et* c, *et l'angle compris* A), l'équation (1) donne φ, (3) donne (φ'), et ces arcs peuvent recevoir le signe $-$; (5) donne a ; (7), B ; enfin (9), C, dont l'espèce est d'ailleurs connue (n° 81).

2° Si l'on a C (*deux angles* A *et* C *et le côté adjacent* b), l'équation (2) donne θ ; (4), θ', qui peut être négatif; (6), B ; (8), a ; (9), c, qui est d'espèce connue.

3° Quand on connaît a (*deux côtés* a *et* b *et l'angle opposé* A), l'équation (1) donne φ ; (5), φ' ; (3), c ; (7) et (9), B et C.

Ou bien (2) donne θ ; (8), θ' ; (4), c ; (6) et (9), B et c.

Dans ce cas, le problème a, en général, deux solutions ; car φ' ou θ' étant calculé par un cosinus, l'arc a le double signe $\pm$; c et C ont donc deux valeurs, à moins qu'on ne soit conduit à en rejeter une comme négative, ou $>$ 80°. Les équations (6) et (7) donnent φ' et θ' par leurs sinus, et il en résulte deux valeurs de B ; de même pour C et c.

4° Quand on connaît B (*deux angles* A *et* B, *et le côté opposé* b), l'équation (2) donne θ ; (6), θ' ; (4), C ; (8) et (9), a et c.

Ou bien (1) donne φ ; (7), φ' ; (3), c ; (5) et (9), a et C.

Il existe encore ici deux solutions ; car φ' ou θ' étant donné par un sinus, l'arc a deux valeurs supplémentaires ; ainsi c dans l'équation (3) et a dans l'équation (8) reçoivent deux valeurs ; de même pour a et c dans (5) et (4), etc.

Observez que, dans chacun des quatre cas que nous venons d'analyser, on ne se sert que des équations marquées de numéros, soit pairs, soit impairs; et lorsqu'on a le choix des deux systèmes, on préfère celui qui conduit à des calculs plus simples ou plus précis.

84. Voici plusieurs conséquences importantes (*fig.* 53) :

1° L'équation (5) donne

$$\frac{\cos b - \cos a}{\cos b + \cos a} = \frac{\cos \varphi - \cos \varphi'}{\cos \varphi + \cos \varphi'},$$

et en vertu des équations (11) et (12), p. 32, comme $c = \varphi + \varphi'$, on a

$$(10) \qquad \tang \frac{1}{2}(\varphi' - \varphi) = \tang \frac{1}{2}(a + b) \tang \frac{1}{2}(a - b) \cot \frac{1}{2} c.$$

Connaissant les trois côtés a, b, c d'un triangle, cette équation fait connaître la demi-différence des segments φ et φ' et, par suite, ces segments mêmes, puisque $\frac{1}{2} c$ est leur demi-somme. En résolvant les triangles rectangles ACD, BCD, on obtient les angles A et B, savoir :

$$(11) \qquad \cos A = \tang \varphi \cot b, \quad \cos B = \tang \varphi' \cot a.$$

2° L'équation (7) donne de même [équations (14) et (15), p. 32]

$$\frac{\tang A - \tang B}{\tang A + \tang B} = \frac{\sin \varphi' - \sin \varphi}{\sin \varphi' + \sin \varphi} = \frac{\tang \frac{1}{2}(\varphi' - \varphi)}{\tang \frac{1}{2}(\varphi' + \varphi)},$$

$$(12) \qquad \tang \frac{1}{2}(\varphi' - \varphi) = \frac{\sin(A - B)}{\sin(A + B)} \tang \frac{1}{2} c.$$

Quand on connaît deux angles A, B *et le côté adjacent c,* cette équation donne φ et φ' (*fig.* 53); les équations (11) déterminent ensuite a et b.

3° L'équation (6) donne, en opérant de la même manière,

$$(13) \qquad \tang \frac{1}{2}(\theta' - \theta) = \tang \frac{1}{2}(A + B) \tang \frac{1}{2}(A - B) \tang \frac{1}{2} C.$$

Lorsque les trois angles A, B, C *sont donnés,* cette équation fait connaître θ et θ'; on a ensuite les côtés a et b, en résolvant les triangles ACD, BCD

$$(14) \qquad \cos b = \cot \theta \cot A, \quad \cos a = \cot \theta' \cot B.$$

4° Enfin l'équation (8) donne de même

$$(15) \qquad \tang \frac{1}{2}(\theta' - \theta) = \frac{\sin(a-b)}{\sin(a+b)} \cot \frac{1}{2} C.$$

Connaissant deux côtés a, b et l'angle compris C, on obtiendra φ et φ', puis A et B par les équations (14).

85. Les équations que nous venons d'établir servent à démontrer les théorèmes connus sous le nom d'*analogies de Neper*. Égalons les valeurs (10) et (12) de $\tang \frac{1}{2}(\varphi' - \varphi)$, nous aurons, à cause de $\sin 2\alpha = 2 \sin \alpha \cos \alpha$,

$$(16) \quad \tang \frac{1}{2}(a+b) \tang \frac{1}{2}(a-b) = \frac{\sin \frac{1}{2}(A-B) \cos \frac{1}{2}(A-B)}{\sin \frac{1}{2}(A+B) \cos \frac{1}{2}(A+B)} \tang^2 \frac{1}{2}c.$$

Or l'équation (9) donne

$$\frac{\sin a - \sin b}{\sin a + \sin b} = \frac{\sin A - \sin B}{\sin A + \sin B},$$

d'où (15), p. 32,

$$\frac{\tang \frac{1}{2}(a-b)}{\tang \frac{1}{2}(a+b)} = \frac{\tang \frac{1}{2}(A-B)}{\tang \frac{1}{2}(A+B)}.$$

Multipliant ou divisant l'équation (16) membre à membre par cette dernière, tous les facteurs qui ne sont pas détruits sont au carré; prenant la racine, il vient

$$(17) \quad \begin{cases} \tang \dfrac{1}{2}(a-b) = \dfrac{\sin \frac{1}{2}(A-B)}{\sin \frac{1}{2}(A+B)} \tang \dfrac{1}{2}c, \\ \text{et} \\ \tang \dfrac{1}{2}(a+b) = \dfrac{\cos \frac{1}{2}(A-B)}{\cos \frac{1}{2}(A+B)} \tang \dfrac{1}{2}c \; (^1). \end{cases}$$

Égalons les valeurs (13) et (15) de $\tang \frac{1}{2}(\theta' - \theta)$ et opérons de la même manière sur l'équation résultante, ce qui revient à changer A et B

$(^1)$ Comme $\tang \frac{1}{2}c \cos \frac{1}{2}(A-B)$ est une quantité positive, il faut que $\tang \frac{1}{2}(a+b)$, et $\cos \frac{1}{2}(A+B)$ aient même signe, d'où l'on conclut que *la demi-somme de deux angles quelconques est toujours de la même espèce que la demi-somme des deux côtés opposés, et réciproquement.*

ci-devant en a et b et réciproquement, puis c en C; nous avons

$$(18) \quad \begin{cases} \tan\frac{1}{2}(A - B) = \dfrac{\sin\frac{1}{2}(a - b)}{\sin\frac{1}{2}(a + b)} \cot\frac{1}{2}C, \\[2ex] \tan\frac{1}{2}(A + B) = \dfrac{\cos\frac{1}{2}(a - b)}{\cos\frac{1}{2}(a + b)} \cot\frac{1}{2}C. \end{cases}$$

Telles sont les *analogies de Neper* : on s'en sert principalement pour trouver deux côtés a et b d'un triangle, lorsqu'on connaît le troisième côté c et les deux angles adjacents A et B [équation (17)], ou bien pour trouver deux angles A et B, connaissant les deux côtés opposés a, b et l'angle compris C [équation (18) ci-dessus].

Triangles isocèles.

86. Soient C et B les deux angles égaux d'un triangle isocèle (*fig.* 54), b et c les deux côtés égaux, A l'angle du sommet, a la base; l'arc perpendiculaire qui va du sommet au milieu de la base forme deux triangles rectangles symétriques, dans lesquels on trouve les relations suivantes, formées des combinaisons trois à trois des quatre éléments A, B, a, b; ces équations font connaître l'un quelconque de ces arcs, quand on a les deux autres. Ainsi, *de ces quatre parties d'un triangle sphérique isocèle, l'angle A du sommet, la base a, l'un b des côtés égaux, et l'un b des angles égaux, deux étant données, on peut trouver les deux autres.*

$$(n) \qquad \sin\frac{1}{2}a = \sin\frac{1}{2}A\sin b,$$

$$(q) \qquad \cos b = \cot B\cot\frac{1}{2}A,$$

$$(p) \qquad \tan\frac{1}{2}a = \tan b\cos B,$$

$$(s) \qquad \cos\frac{1}{2}A = \cos\frac{1}{2}a\sin B.$$

Des problèmes qui ont deux solutions.

87. Tout triangle sphérique résulte de la section d'une sphère par trois plans qui passent au centre. La *fig.* 55 a pour base le cercle KMK′ et représente un hémisphère produit par l'un de ces plans : les deux autres plans donnent les demi-circonférences ACα, BCB‴ qu'on voit ici en per-

spective ; leurs plans se coupent selon le rayon CO et déterminent le triangle sphérique ABC. Les arcs CA, Cα sont supplémentaires ; l'angle A est l'inclinaison du plan ACα sur la base KK'. En menant le plan MCm par le rayon CO, perpendiculairement à cette base KK', puis prenant MA'= MA, de part et d'autre de ce plan MCm, on obtient un deuxième plan A'Cα' symétrique à ACα, et l'on a

$$m\alpha = m\alpha', \quad AC = A'C, \quad C\alpha = C\alpha', \quad A = A' = \alpha = \alpha'.$$

Si l'on fait tourner le plan ACα autour du rayon CO pour prendre toutes les positions CK, CB, Cf, ..., ce plan sera perpendiculaire à la base quand il coïncidera avec MCm ; puis, dans l'une quelconque de ces positions, il formera avec la base deux angles supplémentaires, l'un en dessous, l'autre en dessus de ce plan. Les arcs CB, CA, Cf, ... croissent en s'écartant de l'arc perpendiculaire CM $= \psi$, qui est le plus petit de tous, jusqu'à l'arc perpendiculaire opposé Cm, qui est le plus grand. En effet, le triangle rectangle ACM, où CA $= b$, donne

$$\cos ACM = \cot b \, \operatorname{tang} \psi,$$

et le facteur tang ψ est constant.

Quand l'angle ACM est devenu de 90 degrés, comme pour l'arc CK, dont le plan est perpendiculaire à MCm, on a $\cot b = 0$, et l'arc CK $= 90°$. Le plan continuant ensuite de tourner vers Cα', $\cos ACM$ devient négatif et croît ainsi que $\cot b$; en sorte que l'arc Cα' continue d'augmenter. Tout est d'ailleurs symétrique des deux côtés du plan MCm ; ainsi les arcs et les inclinaisons seront deux à deux égaux, pour des arcs égaux MA $=$ MA', savoir CA $=$ CA', angle A $=$ A'.

En tournant ainsi, le plan coupant s'incline d'abord de plus en plus sur la base KMK', en devenant CB, CA, CK, car le triangle rectangle ACM donne encore

$$(19) \qquad\qquad \sin \psi = \sin b \sin A,$$

équation dont le premier membre est constant, et où $\sin b$ va d'abord en augmentant, comme on vient de le dire : ainsi $\sin A$ décroît en même temps. Mais, dès que le côté b atteint 90 degrés (alors CB devient CK $= 90° =$ MK), $\sin b$ diminue ; donc $\sin A$ augmente, et l'angle A, aigu à la base, a pris sa moindre valeur au point K et commence à croître.

Ce point K est le *pôle* de la demi-circonférence MCm; l'angle K est mesuré par l'arc $CM = \psi = K$, ou de l'autre côté du plan coupant, par $Cm = 180° - \psi$.

On voit donc que tous les arcs partant de C (*fig.* 55) pour aboutir en quelque point de la base demi-circulaire KMK' sont $< 90°$; tandis que les autres qui vont en KmK' sont $> 90°$, et que $CK = CK' = 90°$. De plus, $CM = \psi$ et $Cm = 180° - \psi$ [valeurs de ψ que donne l'équation (16)] sont les limites entre lesquelles ces arcs CA sont renfermés. Plus un arc approche de CM, plus il est petit; plus il approche de Cm, plus au contraire il est grand.

L'inclinaison des plans sur la base, de 90 degrés qu'elle est en MCm, diminue en prenant les positions CB, CA,..., jusqu'en CK où elle devient $K = \psi$; puis elle croît de K vers m, jusqu'à redevenir de 90 degrés en Cm. L'angle est aigu du côté de CM, mais il est obtus du côté de Cm, ces derniers angles étant suppléments respectifs des premiers : tous ces angles obtus sont $< 180° - \psi$.

Enfin, tout est symétrique de part et d'autre de MCm, en sorte que, pour deux arcs égaux MA et MA', les inclinaisons de CA, CA' sont égales, et ces arcs sont égaux.

D'après cela, il est aisé de reconnaître si, pour un triangle quelconque BCA, ou B'CA, l'arc AM, perpendiculaire sur la base AB, tombe au dedans ou au dehors de ce triangle, et l'on vérifie les corollaires donnés (n° 72), relatifs aux grandeurs des côtés et des angles des triangles rectangles.

Les problèmes qui ont des solutions doubles, et qu'on a coutume d'appeler *cas douteux,* sont ceux où, parmi les données, il y a un côté et l'angle qui lui est opposé, ce qui arrive dans deux problèmes 3° et 4°, p. 74.

88. PREMIER CAS. — *On donne deux côtés a et b, et l'angle opposé* A.

Coupez l'hémisphère KMK' (*fig.* 55) par un plan $AC\alpha$, passant par le centre O, et qui soit incliné de l'angle A sur la base; puis prenez $AC = b$; C sera le sommet du triangle, lequel doit être fermé par un arc $CB = a$, de grandeur connue. Analysons ces conditions.

Supposons d'abord que l'*angle* A *soit aigu*, $CA = b$ est l'un des côtés du triangle que ferme le côté a qui doit tomber dans la région $\alpha A'MA$, puisque, si le côté a tombait comme Cf, $C\alpha'$, ..., le triangle CAf,

CAα', ..., au lieu de l'angle aigu A, aurait celui qui, de l'autre côté du plan CA, en est le supplément. Ce côté terminal a, partant du sommet C, doit donc se rendre en quelque point de l'arc AMα. Les arcs, tels que CB, CB', sont deux à deux égaux et autant inclinés sur la base, lorsqu'ils vont en des points B, B', à égale distance de M. Prenons MA' = MA, MB' = MB; les arcs seront

$$CA' = CA = b, \quad CB' = CB.$$

Or, si le côté a est $< b$, a tombe dans l'angle A'CA, comme CB, CB', et l'on a deux triangles BCA, B'CA, composés des trois éléments donnés A, b et a, c'est-à-dire *deux solutions* du problème. Alors l'un des angles B à la base est obtus, l'autre B' est aigu. Au contraire, si $a > b$, l'arc a tombe comme Cf', et le triangle ACf' est le seul qui réunisse les trois éléments donnés, attendu que l'arc Cf, symétrique à Cf', se trouve exclu, comme étant situé au-dessus du plan CA. Il n'y a donc qu'*une solution*; et l'angle B du triangle ACf' est aigu en f', ainsi que b. Enfin, quand le côté $a > $ C$\alpha = 180° - b$, l'arc a tombe comme CB''', en dessus du plan ACα, et *il n'y a aucune solution possible*.

Dans tout cela, l'arc $b < 90°$, puisqu'on a pris CA = b; mais, si l'on avait $b = $ C$\alpha > 90°$, et que le côté a tombât comme CB ou CB', on aurait encore *deux solutions* BCα, B'Cα, ayant à la base, l'un l'angle B aigu, l'autre l'angle B' obtus : tandis qu'on n'en aurait qu'*une seule* αCf' si ce côté a tombait en Cf' dans l'espace A'Cα, avec un angle f' obtus aussi bien que b; enfin il n'y aurait *aucune solution* si ce côté a tombait en CB''' au-dessus du plan ACα.

Ainsi, quand l'angle A est aigu, b étant $>$ ou $< 90°$, il n'y a qu'une solution, lorsque le côté b tombe dans l'espace αCA', c'est-à-dire quand la valeur de l'arc a est entre b et $180° - b$, et alors l'angle à la base est aigu ou obtus avec b : hors de ces limites, il y a deux solutions ou il n'y en a aucune; deux quand a tombe sur l'arc AMA', circonstance où $a < 90°$, aucune quand a tombe sur l'arc $\alpha m\alpha'$, où $a > 90°$.

Venons-en maintenant au cas où *l'angle A est obtus*, cas où le côté a qui ferme le triangle, en partant de C, doit être au-dessus du plan αCA, tels que Cf, CB'', ... Le même raisonnement montre que, si $a = $ C$\alpha > 90°$, et si le côté terminal a tombe dans l'espace αCα', il y a *deux solutions*, telles que αCB'', αCB''', ayant à leur base, l'une un angle B''' aigu, l'autre un angle B″ obtus; qu'*il n'y en a qu'une seule* KCα, quand ce côté *a* tombe, comme ci-devant, dans l'angle α′CA, l'angle K à la base étant aigu ou obtus en même temps que *b*; et enfin qu'il *n'y en a pas* de possible, lorsque *a* tombe sur l'arc A′MA.

On opérera de même pour le cas de $a = CA < 90°$.

Que l'angle A soit aigu ou obtus, on voit donc que la solution est unique, quand le côté terminal *a*, opposé à l'angle donné A, a sa valeur entre *b* et $180° - b$: hors de ces limites, la question admet deux solutions ou aucune; deux quand A et *a* sont de même espèce (ensemble $>$ ou $< 90°$), et aucune lorsque ces arcs sont d'espèces différentes. Et s'il n'y a qu'une solution, B et *b* sont de même espèce. Or on sait (n° 81) que la perpendiculaire abaissée du sommet C sur la base *c* tombe au dedans ou au dehors du triangle (ce que d'ailleurs on reconnaît bien sur la *fig.* 55), selon que les angles A et B à la base sont d'espèces semblables ou différentes; donc, dans les équations

$$c = \varphi \pm \varphi', \quad C = \theta \pm \theta',$$

on prendra le signe $+$ quand les arcs A et *b* seront de même espèce, et $-$ dans le cas contraire, condition qui détermine la solution. L'analyse du troisième cas du n° 83 est ainsi complétée, puisqu'on sait quelle est celle des deux solutions qu'on doit admettre.

Donc, *lorsqu'on aura un triangle à résoudre, connaissant deux côtés a, b et un angle opposé* A, *on comparera a à b et à* $180° - b$; *si a est l'une de ces limites ou compris entre elles, il n'y a qu'une seule solution : B et b sont de même espèce;* C *et c seront la somme ou la différence de leurs segments, selon que les arcs* A *et b seront d'espèces semblables ou différentes. Hors de ces limites, on a deux solutions, quand* A *et a sont de même espèce, et aucun triangle n'est possible dans le cas contraire.*

Observez que la moindre et la plus grande valeur que le côté terminal *a* puisse recevoir sont CM et C*m*, l'une ψ, l'autre $180° - \psi$; si *a* n'était pas compris entre ces limites, c'est-à-dire entre les deux valeurs supplémentaires de ψ que donne l'équation (16), p. 76, le problème proposé serait absurde, parce qu'on ne pourrait former aucun triangle avec les trois éléments donnés A, *b* et *a*. Au reste, ce cas n'exige pas de calcul spécial pour être reconnu, attendu qu'il se manifeste de lui-même par une opération impraticable.

89. DEUXIÈME CAS. — *On donne deux angles* A *et* B, *avec un côté opposé* b.

En raisonnant comme ci-dessus, on arriverait à une conséquence qu'on obtient plus facilement par la considération du triangle supplémentaire A′ B′ C′ (*fig.* 48, n° 65). On y connaît les côtés $a' = 180° — A$, $b' = 180° — B$, et l'angle $B' = 180° — b$; et il suit de ce qu'on vient de dire que ces éléments appartiennent à deux triangles dont un seul convient à la question, quand b', côté opposé à l'angle B′, est compris entre a' et $180° — a$, ou ce qui équivaut, quand B est entre A et $180° — A$ (en retranchant chaque arc de 180°). Alors A et a doivent être de même espèce; C et c seront la somme ou la différence de leurs segments, selon que les arcs A et b seront d'espèces semblables ou différentes.

Ainsi, *lorsqu'on voudra résoudre un triangle où* A, B *et* b *seront donnés, on comparera* B *à* A *et* 180° — A; *si* B *est l'un de ces arcs ou intermédiaire entre eux, il n'y aura qu'une seule solution;* A *et* a *seront de même espèce; dans les équations*

$$C = \vartheta \pm \vartheta', \quad c = \varphi \pm \varphi',$$

on prendra le signe + *quand les arcs* A *et* b *seront de même espèce, et* — *dans l'autre cas, ce qui apprendra quelle est celle qu'on doit adopter ou rejeter des deux solutions que donne le calcul* (n° 83, 4°). *Hors de ces limites, il y a deux solutions quand* B *et* b *sont de même espèce, et aucune lorsque ces arcs sont d'espèce différente.*

En outre, l'angle B doit être compris entre les deux valeurs supplémentaires de ψ données par l'équation (16); car sans cela on ne pourrait former aucun triangle avec les données, et le problème serait absurde.

90. *Quand le triangle est rectangle,* CM ou Cm (*fig.* 55) est l'un des côtés, et si l'on donne un angle et un côté opposés, il y a deux solutions qui se réduisent à une seule dans certains cas.

1° Étant donnés l'hypoténuse a et un côté b, trouver l'angle opposé B. L'équation (n), p. 66, fait connaître B par un sinus, qui répond à deux arcs supplémentaires. De même, étant donnés l'hypoténuse a et l'angle B, trouver le côté opposé b. La même équation donne deux arcs supplémentaires pour le côté opposé b. Mais, dans ces deux cas, on n'admet qu'une seule solution, parce que les deux arcs CA ou CA′, qui ferment le triangle CMA, CMA′, sont symétriques : ainsi B et b sont de même espèce, et il n'y a plus d'indécision.

2° Étant donnés un côté b de l'angle droit et l'angle opposé B, la troisième partie cherchée admet deux valeurs : car si l'on demande l'hypoténuse a, l'équation (n) donne $\sin a$; si l'on cherche le troisième côté c, l'équation (r) donne $\sin c$; enfin, pour trouver l'angle C adjacent au côté connu b, l'équation (s) donne $\sin C$. Ainsi l'inconnue reçoit deux valeurs supplémentaires pour l'arc correspondant à chacun de ces sinus.

91. Voici quelques applications numériques.

I. Soient

$$a = 133°\,19', \quad b = 57°28', \quad A = 45°23'.$$

Le triangle est impossible, parce que a n'est pas entre $57°28'$ et son supplément $122°32'$, et qu'en outre A et a ne sont pas de même espèce.

II. Il en faut dire autant si l'on a

$$A = 120°, \quad B = 51°, \quad b = 101°;$$

car on trouve que B n'est pas entre 120 degrés et 60 degrés, et que B et b ne sont pas de même espèce.

Les exemples suivants sont établis sur un triangle sphérique dont voici les côtés et les angles :

$a = \ \ 76°\,35'36''$	$\log\sin = \overline{1},98800\ 07512$	$\log\cos = \overline{1},36522\ 78723$
$b = \ \ 50.10.30$	$\overline{1},88536\ 35668$	$\overline{1},80648\ 17481$
$c = \ \ 40.\ \ 0.10$	$\overline{1},80809\ 25880$	$\overline{1},88423\ 62983$
$A = 121.36.19,86390$	$\overline{1},93027\ 46482$	$\overline{1},71938\ 75818$
$B = \ \ 42.15.13,46007$	$\overline{1},82763\ 64638$	$\overline{1},86933\ 39724$
$C = \ \ 34.15.\ \ 2,77904$	$\overline{1},75036\ 64850$	$\overline{1},91728\ 60313$

(Voir *Connaissance des Temps de* 1819, p. 322.)

III. Soient

$$b = 40°\,0'10'', \quad a = 50°\,10'30'', \quad A = 42°\,15'14'';$$

il n'y a qu'une solution, attendu que a est entre b et $180° - b$; B est

6.

$< 90°$, et l'arc perpendiculaire abaissé du sommet tombant dans le
triangle, φ et φ' sont positifs; c est la somme de ces arcs. Le calcul des
équations (1), (5) et (3), p. 74, donne

tang b...	$\bar{1},9238563$	cos a...	$\bar{1},8064817$	$\varphi =$	$31°50'46''$
cos A....	$\bar{1},8693330$	cos φ...	$\bar{1},9291471$	$\varphi' =$	$44.44.50$
tang φ...	$\bar{1},7931893$	cos b...$-$	$\bar{1},8842363$	$c =$	$76.35.36$
		cos φ'...	$\bar{1},8513925$		

Pour trouver l'angle C du sommet, les équations (2), (8) et (4) donnent

cos b....	$\bar{1},8842363$	tang b...	$\bar{1},9238563$	$\theta =$	$55°\ 9'\ 59''$
tang A...	$\bar{1},9583058$	cot a....	$\bar{1},9211182$	$\theta' =$	$66.26.21$
cot θ....	$\bar{1},8425421$	cot θ....	$\bar{1},7567851$	C $=$	$121.36.20$
		cot θ'....	$\bar{1},6017596$		

Enfin la règle des quatre sinus (p. 65) donne

$$B = 34°15'3''.$$

IV. Pour

$$B = 42°15'14'', \quad A = 121°36'20'', \quad b = 50°10'30'',$$

on a deux solutions, parce que B n'est pas compris entre A et son supplément, et que B et b sont de même espèce. Les équations (2), (6) et
(9) conduisent aux calculs suivants :

cos b...	$\bar{1},8064817$	cos B...	$\bar{1},8693340$	sin b...	$\bar{1},8853636$
tang A..	$0,2108864-$	sin θ....	$\bar{1},8406262-$	sin A...	$\bar{1},9302745$
cot θ...	$0,0173681-$	cos A...	$\bar{1},7193880-$	sin B...	$\bar{1},8276379$
$\theta = -$	$43°51'16''$	sin θ'...	$\bar{1},9905712-$	sin a...	$\bar{1},9880002$
$\theta' =$	$76.\ 6.19$	ou	$101°53'41''$	$a =$	$76°35'36''$
C $=$	$34.15.\ 3$	ou C $=$	$58.\ 2.25$	ou $=$	$103.24.33$

tang b...	$0,0788818$	cot B....	$0,0416956$
cos A....	$\bar{1},7193874-$	tang A...	$0,2108873-$
tang φ...	$\bar{1},7982692-$	sin φ....	$\bar{1},7259905-$
$\varphi = -$	$32°\ 8'50''$	sin φ'....	$\bar{1},9785734+$
$\varphi' =$	$72.\ 9.\ 0$	ou	$107°51'\ 0''$
$c =$	$40.\ 0.10$	ou $c =$	$75.42.10$

L'une de ces deux solutions reproduit le triangle précédent; elle est $f\,CA'$ (*fig.* 55); l'autre est $f'CA'$.

V. *Connaissant les trois côtés, trouver un angle :*

$a =$	$76°35'36''$	sin...	$\overline{1},9880008$
$b =$	$50.10.30$	sin...	$\overline{1},8853636$
$c =$	$40.\ 0.10$		
$2p =$	$166.46.16$		$-\overline{1},8733644$
$p =$	$83.23.\ 8$		
$p-a =$	$6.47.32$	sin...	$\overline{1},0728716$
$p-b =$	$33.12.38$	sin...	$\overline{1},7385565$
		sin²...	$\overline{2},9380637$
$\frac{1}{2}C =$	$17.\ 7.31,4$	sin...	$\overline{1},4690318$
$C =$	$34.15.\ 2,8$		

Les autres éléments du triangle sont :

$A = 121°36'19'',8$
$B = 42.15.13\ ,7$
$C = 34.15.\ 2\ ,8$
$\psi = 40.51.\ 3\ ,0$

$\varphi,\ \varphi',\ \theta,\ \theta'$ sont donnés ci-dessus, le triangle étant ici le même.

Nous terminerons la Trigonométrie sphérique, en donnant tous les éléments de deux triangles, comme exercice de calcul pour appliquer les formules, en variant les données des problèmes.

Premier triangle d'épreuve obliquangle.

ÉLÉMENTS.	LOG SINUS.	LOG COSINUS.	LOG TANG.
$a = \ \ 63.39.57'',8$	$\overline{1},952\ 4165$	$\overline{1},646\ 9937$	$0,305\ 4227$
$b = \ \ 75\ .0.51,3$	$\overline{1},984\ 9727$	$\overline{1},412\ 5929$	$0,572\ 3798$
$c = \ \ 41.\ 9.46,0$	$\overline{1},818\ 3582$	$\overline{1},876\ 7042$	$\overline{1},941\ 6540$
$A = \ \ 66.57.\ 3,6$	$\overline{1},963\ 8682$	$\overline{1},592\ 7520$	$0,371\ 1162$
$B = \ \ 97.20.31,6$	$\overline{1},996\ 4244$	$\overline{1},106\ 5091\ -$	$0,889\ 9153\ -$
$C = \ \ 42.30.55,0$	$\overline{1},829\ 8097$	$\overline{1},867\ 5247$	$\overline{1},962\ 2849$
$\varphi = \ \ 55.38.21,9$	$\overline{1},916\ 7181$	$\overline{1},751\ 5864$	$0,165\ 1318$
$\varphi'=-14.28.35,9$	$\overline{1},397\ 9144\ -$	$\overline{1},985\ 9874$	$\overline{1},411\ 9270\ -$
$\theta = \ \ 58.42.42,4$	$\overline{1},931\ 7454$	$\overline{1},715\ 4549$	$0,216\ 2907$
$\theta'=-16.11.47,4$	$\overline{1},445\ 4990\ -$	$\overline{1},982\ 4118$	$\overline{1},403\ 0873\ -$
$\psi = \ \ 62.43.55,7$	$\overline{1},948\ 8404$	$\overline{1},661\ 0088$	$0,287\ 8316$

Deuxième triangle d'épreuve obliquangle.

ÉLÉMENTS.	LOG SINUS.	LOG COSINUS.	LOG TANG.
A = 121.36.19,81	⊤,930 2747	⊤,719 3874 —	0,210 8873 —
B = 42.15.13,66	⊤,827 6379	⊤,869 3336	⊤,958 3043
C = 34.15. 2,76	⊤,750 3664	⊤,917 2860	⊤,833 0804
a = 76.35.36,00	⊤,988 0008	⊤,365 2279	0,622 7729
b = 50.10.30,00	⊤,885 3636	⊤,806 4817	0,078 8819
c = 40. 0.10,00	⊤,808 0926	⊤,884 2363	⊤,923 8563
φ = —32. 8.50,00	⊤,725 9905 —	⊤,927 7212	⊤,798 2693 —
φ' = 72. 9. 0,00	⊤,978 5741	⊤,486 8674	0,492 1067
θ = —43.51.16,20	⊤,840 6263 —	⊤,857 9964	⊤,982 6249 —
θ' = 78. 6.19,00	⊤,990 5733	⊤,314 1076	0,676 4657
ψ = 40.51. 3,00	⊤,815 6388	⊤,878 7602	⊤,936 8787

CHAPITRE II.

CERCLE ET THÉODOLITE RÉPÉTITEUR (¹).

92. De tous les instruments répétiteurs employés à la mesure des angles, le plus ingénieux est le cercle répétiteur. Dès que Borda en eut fait la découverte, on abandonna dans les opérations de Géodésie l'usage de ces grands instruments qu'on destinait aux observations terrestres et astronomiques, et dont le poids rendait le transport et la manœuvre si difficiles : l'expérience a montré qu'on obtenait des résultats au moins aussi exacts avec un cercle répétiteur de 3 décimètres environ de diamètre, et que les observations étaient plus rapides. Décrivons cet utile appareil, qui est représenté *fig.* 58 et 59, en nous bornant aux détails essentiels; car la complication des pièces qui le composent ne permet guère d'en faire un exposé complet sur des figures, et la vue d'un cercle répétiteur en apprend

---

(¹) *Voir* à la fin de l'Ouvrage une Note du commandant Perrier, sur la méthode de la réitération et sur les instruments réitérateurs actuellement en usage.

beaucoup plus qu'un dessin accompagné d'une description. Rappelons d'abord les principes sur lesquels sont fondés sa construction et son usage.

93. Imaginez que le cercle de la *fig.* 61 soit monté sur un pied avec genou, et orienté de manière à se trouver dans le plan de deux objets éloignés L et K, dont on se propose de mesurer la distance angulaire, c'est-à-dire l'angle LCK, que forment les rayons visuels CL, CK, dirigés de C vers ces objets. Concevez en outre que le limbe de ce cercle puisse tourner autour d'un axe central C perpendiculaire à son plan; de sorte que, sans que les signaux L et K sortent de ce plan KCL, un rayon quelconque CA, tournant avec ce cercle, puisse être dirigé vers tous les points de l'espace qui sont dans ce plan : ce cercle porte des lunettes, figurées ici par leurs axes optiques AA′, BB′; elles sont mobiles autour de l'axe central C, et situées, l'une AA′ en dessus du limbe, l'autre BB′ en dessous, et indépendantes l'une de l'autre dans leurs rotations : on voit ces lunettes représentées *fig.* 58 et 59.

Il suit de cet exposé que, les objets éloignés K et L étant dans le plan du limbe, on pourra diriger la lunette CA (*fig.* 61) vers l'un de ces objets, et la lunette CB vers l'autre, par la seule rotation de leurs tubes autour de l'axe central C, et sans faire mouvoir le limbe. En outre, le cercle, comme on l'a dit, peut aussi tourner sur le même axe qui lui est perpendiculaire, en entraînant avec lui les deux lunettes, et aussi chaque lunette peut tourner seule sans changer la position du cercle. Des vis de pression, affectées à chacun de ces trois mouvements indépendants, servent à les empêcher à volonté; et des agrafes qui saisissent le bord du limbe et sont pourvues de *vis de rappel* (n° 10) produisent les petits mouvements nécessaires pour pointer facilement les signaux.

Nous reviendrons plus tard sur la construction de ces lunettes; qu'il nous suffise de dire ici qu'on les emploie à fort grossissement, autant que le permet la grandeur de l'instrument; et qu'en y portant l'œil on voit dans l'intérieur deux fils très-fins, croisés à angle droit, l'un parallèle, l'autre perpendiculaire au limbe : le point de croisement est dans l'axe optique, et on le dirige juste sur le signal qu'on vise. On porte d'abord la lunette à peu près vers cet objet, de manière à l'apercevoir dans le champ optique; on achève ensuite, avec la vis de rappel, le petit mouvement propre à faire coïncider en apparence le signal avec le point de section des deux fils.

94. Le limbe du cercle est divisé en degrés, ou demi-degrés, etc., selon le diamètre de l'instrument; ces divisions procèdent même ordinairement de 5 en 5 minutes. La lunette supérieure AA' traîne avec son tube une pièce de cuivre qui y est fixée, et qui porte un *vernier* ou *nonius,* arasant par son bord les traits de division de la circonférence graduée, pour permettre de lire, à l'aide d'une *loupe,* les fractions de division.

Nous avons expliqué (n° 9) la théorie des verniers; nous avons vu que, si un arc de limbe ayant $n - 1$ divisions est coupé, sur le vernier, en n parties égales, chacune de ces dernières occupe un espace plus petit de la $n^{\text{ième}}$ partie de la division correspondante. Que le limbe soit partagé en 360 degrés, par exemple, et chaque degré coupé en 6, chaque division vaudra dix minutes. Un arc interceptant 59 de ces divisions, étant coupé sur le vernier en 60 parties égales, chaque division du vernier sera plus courte de $\frac{1}{60}$, ou de 10 secondes, que celles du limbe, et le vernier fractionnera le limbe de 10 en 10 secondes.

95. Il suit de là que, quand la lunette supérieure aura reçu une position quelconque, si l'on veut lire la graduation du limbe qui répond à la ligne de foi, laquelle tombera souvent entre deux traits, on commencera par lire sur les divisions du limbe les entiers de degré et de minute de 10 en 10; il restera à lire sur le vernier la fraction correspondant à l'intervalle entre la ligne de foi et le trait précédent du limbe. A cet effet, on remarquera quels sont les traits du limbe et du vernier qui sont en exacte coïncidence; puis, comptant combien il y a de traits depuis celui-ci jusqu'à la ligne de foi, la fraction cherchée sera d'autant de fois 10 secondes qu'il y a de ces espèces; et comme on grave sur le vernier des chiffres qui indiquent ce résultat, on y lit tout de suite les minutes et les dizaines de seconde qu'on doit ajouter à la première lecture faite sur le limbe.

La lunette inférieure n'arase pas le limbe divisé et ne porte pas de vernier; on en verra bientôt l'usage. Nous supposons que les numéros de graduation du limbe vont de droite à gauche, pour un œil placé au centre.

96. Qu'on ait placé le cercle sur son pied, le limbe étant dans le plan de deux signaux K et L (*fig.* 61); on fixera la lunette supérieure AA' sur le zéro de la graduation en A, et l'on tournera ce cercle sur l'axe C qui lui est perpendiculaire, jusqu'à ce que la lunette AA' vise juste l'objet L à la croisée des fils, et sans qu'elle ait quitté le zéro. Laissant le limbe ainsi fixé, on dirigera la lunette inférieure BB' sur l'objet K vers la gauche; et l'angle ACB formé par les axes optiques est visiblement celui qu'on cherche. Cet angle serait mesuré par un arc de cercle AB intercepté entre ces deux rayons ; mais on en peut lire la graduation sur le limbe, parce que la lunette BB' est située au-dessous. Mais si l'on rend au cercle la liberté de tourner sur son axe central C, il emportera les deux lunettes dans sa rotation, et l'on continuera ce mouvement général jusqu'à ce que la lunette inférieure CB, qui tendait vers l'objet K situé à gauche, prenne la direction CA de l'objet L qui est à droite : la lunette supérieure se trouvera ainsi transportée en CD; le zéro de la graduation du limbe qui était en A sera venu en D, et l'arc DA égal à AB sera celui dont on demande la valeur.

Dans cet état, fixez de nouveau le cercle; détachez la lunette supérieure (actuellement en CD), et portez-la en CB, vers l'objet à gauche K, et l'angle BCA = ACD sera celui dont on cherche la mesure. L'arc DAB, que maintenant on peut lire sur le limbe, en sera le double ; en sorte qu'on aura fait, il est vrai, deux fois l'observation de l'angle proposé, mais, en divisant par 2 la graduation de l'arc DA, on aura la valeur de cet angle.

Réitérez cette double observation, en prenant le point B du limbe pour départ, c'est-à-dire faites tourner le cercle emportant ses deux lunettes, et amenez la supérieure de BB' en AA' pour l'aligner sur l'objet L à droite; le zéro de la graduation rétrogradera de D en E, et la lunette inférieure passera de CA en CD. Détachez celle-ci, et faites-la revenir sur le signal K à la gauche, et l'arc BE sera le triple de AB. Répétez ensuite la même manœuvre en faisant tourner le cercle en totalité pour ramener la lunette inférieure sur le signal L à droite; le zéro de la graduation passera en F. Ainsi, en détachant à son tour la lunette supérieure, qui est venue en CD, pour la porter sur le signal K à gauche, l'arc FB, que vous lirez sur le limbe, sera quadruple de celui qu'on demande. Il faudra donc prendre le quart de la graduation indiquée par le vernier, après ces quatre observations, et ainsi de suite.

En répétant dix fois l'observation, l'angle serait décuplé. On n'a d'ailleurs pas besoin de lire la graduation après chaque pointé de la lunette supérieure, et il suffit de lire celle de l'arc qu'on obtient lorsque toutes les observations sont terminées.

Examinons les avantages de ce procédé.

97. Il est clair que si dix observations rameniaient la lunette supérieure sur le zéro de l'instrument, ces dix arcs réunis vaudraient en somme 360 degrés, et que chaque arc serait de 36 degrés ; de plus on voit que ce résultat serait exempt des erreurs de division du limbe et de la centration des mouvements des lunettes. Il faut ajouter qu'il n'arrive presque jamais qu'on puisse ramener la lunette supérieure juste sur le zéro de la graduation ; mais, si l'on trouve, par exemple, qu'après avoir fait dix observations, l'arc décuple est de 320 degrés, et que par une erreur de l'instrument cet arc aurait dû être de 320°5′, comme on divise par 10, on trouverait un arc de 32 degrés, au lieu de 32°0′30″, et l'erreur de division ne serait plus que de 30 secondes, au lieu de 5 minutes.

98. Le cercle répétiteur a donc ce grand avantage, lorsqu'on s'en sert avec soin et adresse, d'atténuer presque indéfiniment les erreurs qui tiennent aux vices de construction de l'instrument ; et, en outre, la répétition des observations atténue aussi les erreurs de pointé.

Pour remédier aux vices de centration de l'axe, on est dans l'usage de faire porter à la lunette supérieure deux verniers en des points diamétralement opposés du limbe. On en lit les indications avant de commencer les observations, et après qu'elles sont terminées, afin d'en conclure l'arc parcouru par la lunette ; si ces lectures ne donnent pas des arcs rigoureusement égaux, elles diffèrent très-peu et l'on prend leur moyenne. Dans les beaux instruments de ce genre, on emploie même quatre verniers en croix, divisés pour donner l'arc à 5 secondes près (*voir* p. 8).

99. D'après cet exposé, il sera facile de se faire une idée de la construction du cercle répétiteur (*fig.* 59). La colonne S est percée dans sa longueur d'un canal légèrement conique, où est logé un axe central en acier : cet axe est solidement ajusté au centre d'un cercle gradué ou *plateau* O. C'est autour de cet axe d'acier que se fait le mouvement général de la colonne S, qui emporte le cercle et ses deux lunettes, rotation qu'on arrête quand on veut par la vis de pression O qui fixe alors l'alidade sur le plateau inférieur. On peut même lire sur ce plateau la valeur angulaire de la rotation générale. La colonne doit être alésée juste sur le calibre de l'arc central, pour que le mouvement soit doux et précis.

Un pied en bois, à trois branches très-solides, porte une table NN sur laquelle le disque ou plateau et l'axe d'acier du centre de la colonne sont établis : en sorte que le cercle répétiteur pose sur trois vis v, v', v'', destinées à donner de petites inclinaisons à la colonne S. Au milieu du trépied est un trou prismatique moulé sur une tige de même calibre qui porte la table NN. En faisant saillir plus ou moins cette tige, on élève à volonté la table, et l'on arrête, à l'aide d'une cheville, à la hauteur qui est commode pour l'observateur. En haut de la colonne S, le cercle est porté sur un axe V autour duquel il peut basculer : on arrête ce mouvement par la vis de pression P qui serre une pièce de cuivre un quart de cercle tenant à l'axe V.

Pour amener le limbe dans le plan des deux projets, et diriger à la fois les deux lunettes vers eux, il faut incliner le cercle à l'aide des vis v, v', v'' du plateau O, qui fait lentement varier l'inclinaison de la colonne, et ensuite en faisant basculer le limbe autour de l'axe V : en combinant ces mouvements, on arrive bientôt à viser ensemble les deux signaux.

On construit aussi des instruments de ce genre, où le cercle (*fig.* 59) peut recevoir deux mouvements de bascule autour d'axes rectangulaires, ce qui permet d'amener facilement le limbe à se trouver dans le plan des deux objets, la colonne S restant verticale.

Au lieu de faire traîner le vernier sur le limbe, souvent on fait porter la lunette par un cercle concentrique au limbe gradué, et tellement ajusté dans son intérieur, que tous deux semblent n'en faire qu'un seul. Ce sont deux cercles dont les faces sont dans un même plan, qui ne laissent entre eux aucun intervalle, et dont l'un tourne dans l'autre. Chacun de ces cercles est soutenu sur l'axe par 6 à 8 raies ; l'extérieur est divisé du côté interne en 360 degrés et l'intérieur porte des verniers.

Au centre de chaque cercle est un axe d'acier perpendiculaire à son plan ; c'est autour de cet arbre que pirouettent les deux lunettes AB, A′B′. La *fig.* 59 montre comment ces lunettes doivent être ajustées, pour être libres et indépendantes dans leurs mouvements. Cet arbre entre dans un canal alésé juste sur son calibre qui perce la pièce V, et va se souder au centre d'un *tambour* T. On conçoit que, lorsque ce tambour tourne de X vers T et Z autour de son axe, la vis P arrêtant d'ailleurs le mouvement de bascule, ce tambour entraîne le limbe et les deux lunettes, qui ne sortent pas du plan des objets. On travaille la surface courbe du tambour en sillons, où s'engage une *vis sans fin* pressée par une lame de ressort en acier. En tournant cette vis, on produit les petits mouvements du limbe dans son plan; et comme on peut soulever le ressort et dégager la vis sans fin, on fait prendre au limbe de grands mouvements dans ce même plan. L'arbre du tambour doit être exactement concentrique au limbe et aux arcs des verniers.

100. Lorsqu'on veut faire usage du cercle répétiteur, on dirige d'abord le limbe MM sous des inclinaisons telles, que les deux objets soient situés dans son plan. On met ensuite la lunette supérieure sur le zéro de la graduation; on dégage le tambour T de sa vis sans fin, et l'on imprime au cercle une rotation générale, propre à diriger la lunette supérieure vers l'objet à droite. Quand on aperçoit cet objet dans le champ de la lunette, on fait engrener la vis sans fin, et l'on achève, par les petits mouvements que prend le tambour, d'amener la coïncidence de l'objet avec les fils. En même temps, un second observateur vise l'objet de gauche en y conduisant la lunette inférieure, et le fait coïncider avec la croisée des fils : on a ainsi une première observation. Quoiqu'une seule personne puisse remplir ces deux fonctions successivement, on abrége beaucoup le travail à deux.

De là on procède à une deuxième observation de l'angle, en dégageant le tambour; faisant tourner le cercle entier qui emporte avec lui les deux lunettes, pour amener la lunette inférieure sur l'objet à droite, sans la détacher du limbe; tandis que le deuxième observateur, détachant la lunette supérieure, vise l'objet à gauche. Quand le premier a fini de produire la coïncidence à l'aide de la vis du tambour, le deuxième produit la sienne par la vis de rappel de sa lunette. On passe de même à une troisième mesure de l'angle, à une quatrième, etc., chaque ingénieur ne visant jamais que le même objet, tantôt avec la lunette supérieure, tantôt avec l'inférieure alternativement, et manœuvrant toujours le tambour et sa vis sans fin, ou la lunette inférieure et sa vis de rappel. On lit enfin l'arc indiqué à la dernière observation, et divisant cet arc par le nombre des mesures prises, le quotient est l'arc demandé.

101. On a souvent besoin de trouver la *hauteur angulaire d'un signal*, ou l'angle de hauteur au-dessus de l'horizon; c'est l'angle que fait avec l'horizontale le rayon visuel dirigé vers une sommité. Cet angle est le

complément à 90 degrés de la *distance au zénith*, angle que fait ce même rayon visuel avec la verticale.

Pour mesurer une distance zénithale, on donne au cercle répétiteur la position représentée *fig.* 58, en faisant basculer le tambour sur son arbre V. On a même soin de munir le tambour d'une masse de même poids que celui du limbe et des lunettes, pour qu'ainsi lesté le centre de gravité demeure dans l'axe de la colonne S, qu'on rend alors exactement verticale. Cette dernière condition est obtenue par des *niveaux à bulle d'air*, comme on l'expliquera plus loin, et calant avec les vis v, v' et v''.

Supposons donc que la colonne et le limbe soient exactement verticaux, en sorte qu'en faisant pirouetter le cercle autour de sa colonne son plan conserve la situation verticale, dans toutes ses révolutions. Le cercle de la *fig.* 62 représente le limbe dans une de ses positions; la lunette supérieure A'A est dirigée vers un signal H dont on demande la distance zénithale, angle formé par le rayon visuel CA avec la verticale CD. On suppose que la lunette a d'abord été fixée sur le zéro de la graduation, en A, et que c'est par la révolution du tambour dans son plan qu'on a pointé H, la colonne restant d'ailleurs fixée au plateau inférieur par la vis H (*fig.* 58).

Imaginez maintenant qu'on détache cette vis H et qu'on fasse pirouetter de 180 degrés le limbe autour de la colonne; il regardera le côté opposé; la lunette A'A (*fig.* 62) aura pris la situation EE', et le zéro de la graduation sera porté en E. Mais la ligne DD' sera encore verticale, puisqu'on suppose que la demi-révolution s'est faite autour d'une parallèle à cette ligne. Ainsi l'angle qu'on veut mesurer est ECD. Détachez la lunette supérieure EE', et faites-la tourner sur le limbe sans faire éprouver au cercle aucun dérangement, jusqu'à ce qu'elle pointe exactement le signal H. Il est clair que l'arc AD sera encore celui qu'on veut mesurer, et que, par conséquent, l'arc EA décrit par la lunette est double de la distance zénithale demandée. Ensuite, retournant de nouveau le cercle de l'autre côté, la lunette reviendra en EE'. Détachez le cercle sans toucher à la lunette, et faites-le tourner dans son plan pour ramener la lunette vers H, sans changer la place où elle est fixée au limbe; puis retournez l'instrument du côté opposé et recommencez l'opération, etc.; deux autres observations quadruplent l'angle, et ainsi de suite.

On voit qu'ici la lunette inférieure n'est plus d'aucun usage; seulement on a adapté à son canon un niveau à bulle d'air Q (*fig.* 58) qui sert à attester si, dans les mouvements, la colonne est restée verticale, ou plutôt si le diamètre DD' est encore vertical après le retournement. Voici comment on opère.

102. Après avoir mis le limbe et la colonne verticaux, et fixé la lunette AB sur le zéro, on fait tourner le système autour de la colonne, et l'on amène le limbe dans le vertical de l'objet : on fixe la colonne par la vis O, et, faisant tourner le cercle en totalité sur son axe horizontal, on pointe la lunette vers l'objet, en se servant de la vis du tambour, et la lunette restant fixée au zéro du limbe. Quand on a obtenu la coïncidence de l'objet et des fils, on fait tourner la lunette inférieure qui ne sert plus comme lunette, et l'on amène la bulle d'air au milieu du tube du niveau, en s'aidant de la vis de rappel de cette lunette. On retourne alors le cercle de l'autre côté, en détachant la vis H, et faisant faire un demi-tour à la colonne S, dont on fixe la vis à 180 degrés du point qu'indiquait l'alidade O sur le cercle du plateau. Dans cette position, l'objet se retrouve dans le vertical du limbe, lequel a passé de la droite à la gauche de la colonne.

Dans cet état, voyez si la bulle du niveau est entre ses repères; et, si elle a éprouvé quelque petit dérangement, ramenez-la à sa place, mais sans toucher à la lunette inférieure, ni à sa vis de rappel : servez-vous seulement de la vis du tambour. Ensuite détachez la lunette supérieure et pointez-la sur l'objet : l'angle sera doublé. Faites faire de nouveau une demi-révolution autour de la colonne, pour passer le limbe du côté opposé; détachez le tambour, en vous gardant bien de toucher à la lunette supérieure, dont la place sur le limbe doit être considérée comme le point de départ d'une seconde observation. Par le mouvement général du cercle vertical sur son axe, en emportant avec lui ses lunettes, pointez l'objet, et recommencez la même opération que la première fois, et ainsi de suite.

Le cercle répétiteur est construit en cuivre, avec des vis d'acier; et, afin que les divisions du limbe et des verniers soient très-nettes, on les trace sur un cercle d'argent ou de platine incrusté dans l'épaisseur. Pour bien lire les indications, on dispose une loupe au devant de chaque vernier; un petit châssis, encadrant un verre dépoli, ombrage les divisions pour

empêcher les reflets de lumière, afin que le jour n'y arrive que par trans-
parence.

103. Les lunettes sont formées d'un tube cylindrique portant un verre
à chaque bout. Le verre *objectif* qu'on tourne vers les objets doit être
convexe et *achromatique,* c'est-à-dire formé de deux verres accolés; la
densité de l'un (l'intérieur) a été augmentée par de l'oxyde de plomb, afin
que les images ne soient pas colorées de nuances étrangères. Il faut que
l'objectif soit le plus grand possible pour recueillir un grand nombre des
rayons émanés de l'objet. Il sert à réunir ces rayons à son *foyer,* qui est
un point de l'axe du tube proche de son autre extrémité, point où se forme
une petite image très-vive de l'objet. A ce dernier bout est placé le verre
oculaire, près duquel on applique l'œil. Cet oculaire est un verre très-
convexe qui tient lieu de loupe pour agrandir l'image que l'objectif a transportée à son foyer. Aussi faut-il que ce foyer soit à peu près commun aux
deux verres, et très-près de l'oculaire qui est le plus petit et le plus convexe.

L'oculaire est adapté à un petit tube mobile qu'on enfonce plus ou
moins, jusqu'à ce qu'on ait une perception nette de l'image, ce qui dépend
de la force de vision de l'observateur.

On garnit l'intérieur de la lunette de diaphragmes percés au centre pour
arrêter les rayons trop écartés qui ôteraient à l'image sa netteté, parce
que leur direction oblique, produisant l'aberration de sphéricité, les pro-
jetterait à des foyers différents. Au foyer de l'objectif est un diaphragme
à jour au centre, et qui porte deux fils de soie ou d'araignée croisés à
angle droit; c'est ce qu'on appelle le *réticule.* Comme ce réticule doit être
exactement au foyer de l'objectif, point où l'image se produit, et que ce
foyer s'éloigne de ce verre et se rapproche de l'oculaire, à mesure que
l'objet est plus voisin, le réticule doit être un peu mobile le long du tube,
pour qu'on puisse amener les fils à ce foyer. Cette condition est essentielle; car, si le réticule ne se trouve pas juste au foyer de l'objectif, l'œil
placé devant l'oculaire ne voit plus les fils immobiles à leur place, et ils
paraissent se déplacer par rapport à l'image, lorsqu'on déplace quelque
peu l'œil : c'est ce qu'on appelle la *parallaxe des fils.* Il faut donc s'assurer si ce défaut existe, et y porter remède, car sans cela le pointé ne
serait pas sûr. Du reste, quand l'objet est très-éloigné, le plus ou moins
de distance ne change pas sensiblement le foyer de l'objectif, et le réti-

cule une fois bien placé n'a plus besoin de varier, si ce n'est quand les objets deviennent trop rapprochés.

Il est inutile de dire que, quand on a changé la place du réticule, il faut changer aussi celle de l'oculaire, qui doit toujours être telle, que l'œil aperçoive avec netteté les fils et l'image : l'objectif reste toujours fixe. Ainsi l'on commencera par amener le réticule au foyer de l'objectif par quelques essais successifs, en examinant si les fils offrent une parallaxe, c'est-à-dire si les fils paraissent monter ou descendre relativement à l'image, quand on porte l'œil un peu plus haut ou plus bas devant l'oculaire. Quand on s'est assuré qu'il n'y a plus de parallaxe, on meut le petit tube qui porte l'oculaire, de manière que l'œil voie très-nettement l'image et les fils; le point où il faut amener ce tube dépend de la nature de la vue de l'observateur.

Ces lunettes, ne faisant voir les objets qu'en deçà du foyer où se croisent les rayons qui en émanent, renversent les images de haut en bas et de droite à gauche; mais ce n'est pas un inconvénient pour l'usage qu'on en fait ici. L'axe optique doit être exactement parallèle au limbe.

104. Quant au *niveau à bulle d'air*, il est formé d'un tube de verre contenant de l'alcool, et fermé à la lampe par ses deux bouts. La liqueur ne remplit pas exactement toute la capacité, et laisse un petit espace vide, ou plutôt rempli de vapeur, qu'on appelle une *bulle d'air*. On se sert d'alcool, parce que le froid n'en peut produire la congélation, qui briserait le tube. On a soin de *roder* le verre à l'intérieur, c'est-à-dire qu'on l'use au sable, et à l'émeri, pour lui donner la forme d'arc de cercle dans sa longueur selon une de ses faces : sans cela, la bulle serait *folle*, et la plus légère inclinaison la ferait passer d'un bout à l'autre du tube, sans qu'on puisse la faire rester au milieu. On protége la fragilité du verre, en l'entourant d'une boîte en cuivre, ouverte en dessus d'une fenêtre où l'on voit les mouvements de la bulle. Des divisions également espacées, tracées sur le verre et numérotées, servent de repères pour reconnaître si la bulle est en effet au milieu du tube; car la longueur de cette bulle diminue par la chaleur, qui dilate la liqueur, et augmente par le froid qui la condense plus que le verre. Le fabricant cale le tube dans sa boîte, de manière que la bulle arrive au milieu quand l'axe ou le patin qui le porte est horizontal.

Des systèmes de niveaux convenablement ajustés servent à attester si la colonne du cercle répétiteur est verticale, si le plateau est horizontal, si l'on a réussi à rendre le limbe vertical, etc. On devra suppléer à divers détails que nous supprimons comme faciles à deviner, pour rendre le niveau propre à ses fonctions, le régler, faire en sorte que, dans toutes les révolutions, la bulle revienne stationnaire entre ses repères, etc. Nous ajouterons que le rodage a été tellement perfectionné, qu'on est parvenu à indiquer quelle est la pente qui répond à une marche de la bulle de 1, 2, 3, ... millimètres : on a ainsi des *niveaux de pente* pour des inclinaisons de quelques secondes (n° 51).

105. Le *théodolite* est un instrument destiné à mesurer les angles après qu'il les a *réduits à l'horizon*. Dirigeant des rayons visuels d'un point à deux signaux, lorsqu'on a mesuré l'angle de ces rayons, ce n'est pas cet angle qu'on doit porter sur le plan qu'on veut dessiner, mais sa projection sur un plan horizontal. Cette projection s'obtient par un calcul que nous indiquerons plus tard. Quoique ce calcul soit facile, et qu'on le rende plus aisé encore à l'aide de Tables construites d'après les formules qui résultent de la théorie, cela exige un temps et une peine qu'on a intérêt d'éviter; d'autant plus que la réduction des angles à l'horizon revient fréquemment et nécessite la mesure d'autres angles. Ces considérations rendent précieux les instruments où ces réductions sont toutes faites, et la Géodésie en fait un usage fréquent.

Les procédés de la Topographie sont trop imparfaits pour rendre cet instrument bien avantageux; mais il n'en est pas de même en Géodésie, et l'emploi du théodolite répétiteur y est très-utile, parce que cet instrument a toute la précision du cercle dont nous avons parlé : une fois établi d'après les mêmes principes, il rend superflue une description minutieuse, et se manœuvre à peu près de la même manière.

106. Le théodolite répétiteur est représenté *fig.* 60 : un trépied solide en bois, semblable à celui du cercle, lui sert de support.

Le cercle ou *plateau* horizontal GV est divisé en degrés et fractions; il est monté sur trois pattes K, K', K''' : chacune de ces pattes porte sur la pointe d'une vis V, V', V'' qui sert à *caler* ce cercle, qu'on appelle *azimutal*, et qui est ici d'un usage beaucoup plus important que celui qui est à la base de la colonne du cercle répétiteur.

F. — *Géodésie.* 7

La colonne centrale sur laquelle le cercle azimutal peut pirouetter porte en dessous une *lunette d'épreuve* A'B', ainsi nommée parce qu'elle n'a d'autre usage que d'attester, en la pointant sur un signal fixe et éloigné, que l'instrument, dans les manœuvres de l'opération, n'a pas éprouvé de torsion, ni de vacillation; ou du moins, quand cet effet a lieu, de le faire reconnaître, et de ramener l'instrument à sa situation primitive à l'aide des vis de rappel dont il est pourvu.

Cette même colonne, construite comme il a été dit précédemment, porte en haut un autre cercle MM' qui est vertical : ce cercle est armé d'une seule lunette AB, montée sur un axe central et perpendiculaire au limbe. Cette lunette sert à observer les signaux dont on veut mesurer soit les distances angulaires, soit les angles de hauteur. Les divisions de son limbe, les verniers de sa lunette et ses alidades ne sont d'aucun usage dans le premier cas, attendu que les lectures se font sur le cercle azimutal, où l'on trouve les angles réduits à l'horizon : au contraire, ce cercle n'est pas consulté pour mesurer les hauteurs angulaires, qu'on doit lire sur le cercle vertical. Comme le poids de ce dernier cercle et de sa lunette est latéral à quelque distance de la colonne, et qu'il tend à la déverser, on fait équilibre à ce poids en armant l'autre bout de l'axe horizontal de ce cercle d'une masse opposée, qui sert de lest, ainsi qu'il a déjà été expliqué. C'est l'arbre vertical de la colonne qui porte ce double poids, et on le soulage en faisant pivoter cet arbre sur une crapaudine inférieure, et en adaptant une lame d'acier dont le ressort soulève le poids total et soulage les collets.

On doit concevoir que, lorsqu'on pointe la lunette vers deux signaux, le mouvement qu'on est obligé d'imprimer au cercle vertical, pour l'amener dans l'azimut de chaque objet, entraîne la colonne et son alidade, et que l'arc décrit par ce plan vertical, dans ses deux situations, est mesuré par l'arc que décrit l'alidade horizontale. On peut donc lire cet arc sur le cercle azimutal GV, et il est la mesure de l'angle demandé réduit à l'horizon. Bien entendu que la sûreté de l'observation exige que le cercle azimutal GV reste rigoureusement horizontal, et que la colonne reste exactement verticale, ainsi que le cercle MM', dans toutes les positions; c'est ce qui est attesté par des niveaux à bulle d'air, convenablement disposés. Il faut en outre que l'axe de la colonne ne se torde pas, et la lunette d'épreuve garantit que cette condition est remplie. Pour ne pas jeter de la confusion dans la *fig.* 60, nous avons supprimé le système des niveaux, ainsi que les vis de pression, plusieurs vis de rappel, etc. : il est facile de suppléer à ces omissions.

107. Ce n'est pas une simple alidade horizontale que la colonne entraîne dans sa rotation, mais un cercle entier concentrique au cercle azimutal, auquel il se joint exactement en l'affleurant. Quatre verniers en croix permettent de lire quatre fois l'arc parcouru, afin qu'en prenant la moyenne des indications le résultat soit, comme on l'a déjà dit, exempt des erreurs de centration. Des loupes permettent de lire les subdivisions avec facilité, quand on en a éloigné les verres à la distance qu'exige la force de la vue de l'observateur. En outre, le cercle extérieur horizontal peut aussi tourner sur l'arbre vertical, soit indépendamment de la colonne, soit avec elle, selon qu'on le laisse libre ou qu'on l'y attache par une vis de pression, et dans toutes ses positions révolutives, ce cercle ne cesse pas d'être horizontal.

Ainsi, quand on a mis l'alidade horizontale, de sorte que la ligne de foi du vernier soit sur le zéro du cercle azimutal, et fixée à ce cercle par une vis de pression, on fait tourner la colonne qui les emporte l'un et l'autre, jusqu'à ce que l'objet de droite soit dans le plan du cercle vertical; et même, en rendant libre la lunette de ce cercle, on peut la pointer sur cet objet qu'on voit dans le champ, et le faire coïncider avec les fils du réticule, en s'aidant de la vis de rappel des petits mouvements de la colonne, vis qui ne déplace pas la ligne de foi et la laisse au zéro de départ. On arrête alors le cercle azimutal extérieur, et l'on rend la liberté à la colonne et à son alidade, sans que ce cercle se déplace. On porte la lunette sur l'objet à gauche, en faisant décrire un arc à l'alidade, c'est-à-dire au cercle intérieur horizontal qui porte les verniers : cet arc est celui qu'on veut connaître, et on l'obtient avec précision, en remarquant que ce second pointé se fait en laissant le cercle azimutal rigoureusement immobile, et donnant à l'alidade les petits mouvements par sa vis de rappel particulière. Voilà donc l'angle mesuré.

Voyons maintenant comment le théodolite est répétiteur.

Pour répéter l'angle dont il s'agit, serrez la vis P qui fixe l'alidade sur le cercle azimutal, et lâchez la vis H qui rend à ce cercle sa liberté, les deux cercles horizontaux resteront solidaires, et pourront tourner en-

7.

semble avec la colonne; l'alidade demeurera fixée en un point du limbe,
où sa ligne de foi indique la graduation qu'on veut doubler. Faites tourner
le tout sur l'arbre vertical, afin de pointer de nouveau l'objet à droite,
puis arrêtez ce mouvement en serrant la vis H. Le point du cercle azimutal que marque l'alidade est pris pour départ, au lieu de zéro; et si,
laissant le cercle extérieur fixe, desserrant la vis P, ce qui rend le cercle
intérieur libre, on pointe l'objet à gauche, l'alidade décrira un second arc
égal au premier, et qui s'y ajoutera : la somme des deux arcs sera double
de celui qu'on cherche. On le triple en prenant ce nouveau point d'arrivée
de l'alidade pour point de départ, pointant à droite, et ainsi de suite. Nous
ne nous arrêterons pas plus longtemps à cette manœuvre, qui est celle
dont nous avons déjà parlé.

108. Jusqu'ici le cercle vertical MM' n'a trouvé aucune application de
sa graduation, de l'alidade et des verniers dont il est aussi pourvu, puisque
les mesures qu'on voulait obtenir étaient tout à fait indépendantes des
excursions verticales de la lunette du cercle MM'. Ce cercle est absolument construit comme celui qui fait partie essentielle du cercle répétiteur, et comme le cercle azimutal dont nous venons d'indiquer l'usage.
Ainsi ce cercle vertical est gradué, porte un cercle concentrique à alidade, des verniers, vis de pression et de rappel, mouvements indépendants
ou solidaires autour de l'axe horizontal, enfin lunette à réticule. Cette
lunette n'était utile que pour mesurer et répéter des angles situés dans
des plans inclinés, et les donner réduits à l'horizon, et ses inclinaisons
n'étaient l'objet d'aucune attention.

Mais, si l'on veut obtenir la distance zénithale d'un astre ou d'un signal,
c'est alors aux divisions du cercle vertical à la donner, et, au contraire,
le cercle azimutal ni sa lunette d'épreuve n'ont plus qu'une faible utilité.
Et, en effet, on peut reproduire ici tout ce qui a été dit du cercle répétiteur, quand on donne à son limbe la position verticale. Ainsi le théodolite
sert à deux opérations, savoir : 1° à observer des angles obliques et à les
réduire à l'horizon, et 2° à mesurer des distances au zénith ; mais il n'est
point propre à donner les valeurs angulaires absolues des lignes inclinées
à l'horizon : il faudrait des calculs spéciaux pour les déduire des angles
observés.

Du reste, le cercle vertical du théodolite et sa lunette sont pourvus e

vis de rappel E, pour produire les petits mouvements, et d'un système
de deux niveaux qui en sont l'appareil le plus indispensable. L'un de ces
niveaux fait reconnaître si le cercle azimutal GV est parallèle à l'horizon,
et si la colonne lui est perpendiculaire : on amène, par les vis V, V' et V",
le cercle GV à la position où ce niveau laisse sa bulle au milieu, entre ses
repères, dans toutes les révolutions de la colonne : on produit d'abord cet
effet dans deux situations rectangulaires de l'alidade, en faisant les corrections moitié par les vis à caler, moitié par une vis de rappel dont un bout
du niveau est armé. Quant à l'autre niveau, dont l'axe est perpendiculaire
à celui dont on vient de parler, il atteste que le cercle MM' est vertical,
et son arbre horizontal. En donnant de même à la colonne un mouvement d'une demi-révolution, qui équivaut au retournement du niveau, on
corrige les écarts de la bulle, partie en changeant l'inclinaison de l'arbre,
partie en changeant celle du niveau. Enfin il faut que, dans toutes les
situations qu'on fait prendre à ce cercle MM' autour de la colonne, les
bulles des deux niveaux demeurent au milieu des tubes, ou du moins que
le déplacement en soit si faible, qu'on puisse le négliger, ou en tenir
compte par le calcul.

CHAPITRE III.

GÉOMORPHIE TERRESTRE.

Principes généraux, stations, signaux.

109. Lorsqu'on veut déterminer les positions relatives des points les
plus remarquables d'une contrée fort étendue, telle qu'une province, un
royaume, on y distingue d'abord des lieux assez élevés pour permettre,
lorsqu'on y est placé, de découvrir au loin les régions environnantes :
ce sont les *stations* d'où l'on fait les observations. On y construit, quand
cela est nécessaire, des abris, des *signaux* qu'on puisse apercevoir
des stations environnantes. On éloigne le plus qu'on peut ces stations
(8 à 10 000 mètres et plus), autant pour économiser le temps, la peine et

les dépenses, que pour arriver à des résultats plus précis, ainsi qu'on le
dira bientôt. Jointes, par la pensée, par des lignes droites qui traversent
l'espace, ces sommités déterminent une sorte de réseau formé par un
enchaînement de grands triangles, qui, par leur continuité, couvrent tout
le pays qu'on veut lever. On calcule ou l'on mesure tous les éléments de
ces triangles, comme on l'expliquera par la suite.

L'ingénieur mesure avec un soin extrême tous les angles de ces triangles, ainsi qu'une longueur qu'il appelle *une base*. Cette base est l'un des
côtés de nos triangles, et le calcul lui apprend à connaître les longueurs
de tous les autres côtés, parce que cette base fait partie de la triangulation générale. Il appelle ce réseau un *canevas trigonométrique*.

Ces divers triangles sont, il est vrai, situés dans l'espace, et forment
un polyèdre à faces triangulaires qui enveloppe le sol; mais, en abaissant
une verticale de chaque sommité, cette droite rencontre un point de la
surface prolongée sous terre du niveau des mers. Cette surface est considérée en Géodésie comme étant celle du sphéroïde terrestre, parce qu'on
y néglige les petites inégalités des montagnes, comme étant tout à fait
insensibles comparativement aux immenses dimensions du globe. Ainsi
l'on substitue, par la pensée, aux triangles rectilignes qui font, dans
l'espace, le sujet des observations, d'autres triangles curvilignes tracés à
la surface de ce sphéroïde, et c'est par le calcul qu'on détermine la forme
et les dimensions de ces triangles. Projeter ainsi sur le sphéroïde terrestre
les triangles observés, c'est ce qu'on appelle les *réduire à l'horizon;* et
comme on trouve que la figure du sphéroïde diffère extrêmement peu
d'une sphère, on est en droit de supposer que chacune de ces projections
est faite sur une sphère d'un certain rayon, attendu la petitesse des dimensions de chacun de ces triangles : ce rayon est d'ailleurs variable avec les
lieux.

On nomme *triangles du premier ordre* ceux qui ont ainsi les plus
grandes dimensions dans le réseau. Ensuite on choisit d'autres stations
dans leur intérieur, qu'on rattache aux premières par des observations
dont la précision est encore très-grande, quoique moindre que pour les
triangles primitifs. On forme ainsi des *triangles du deuxième ordre*
qui sont moins étendus que les premiers; ceux-ci servent à leur tour
à en former de troisième ordre. Dès que les côtés n'ont plus que 600
1000 mètres de longueur, leur courbure est si peu prononcée, qu'on en

en droit de les regarder comme rectilignes. Ces longueurs servent alors de bases pour déterminer la position des objets de détail, ce qui rentre dans les procédés de la *Topographie*. Ainsi la Géomorphie embrasse la détermination exacte des triangles de premier, deuxième et troisième ordre, et leurs projections sur la surface du sphéroïde terrestre.

110. On s'est aussi proposé de trouver la longueur d'un arc très-étendu qui traverse le réseau, par exemple l'arc du méridien. On sent qu'il serait tout à fait impossible de mesurer effectivement cette longueur; ce genre d'opération est extrêmement difficile pour des bases de 10000 à 12000 mètres situées horizontalement; mais, s'il s'agit d'un grand arc terrestre, les inégalités du terrain et les obstacles qu'il présente ne permettent même pas cette mesure actuelle. On fait en sorte que cet arc traverse une série des triangles du réseau, ou s'en écarte peu, et, à l'aide du calcul, on obtient les longueurs des diverses parties, ainsi que nous l'expliquerons.

C'est ainsi qu'on est parvenu à connaitre la longueur de l'arc du méridien terrestre qui traverse la France, de Dunkerque à Barcelone, arc qu'on a depuis prolongé au delà de ces limites. On a trouvé aussi des arcs perpendiculaires à cette méridienne. De ces opérations, on a pu conclure la figure et les dimensions du sphéroïde terrestre, la longueur du mètre, etc.

Il faut aussi connaître la *longitude* et la *latitude* de chaque station, ainsi que l'*azimut* de chaque côté de triangle. Les observations astronomiques font connaître ces éléments, du moins pour quelques stations; le calcul les donne pour les autres.

Pour obtenir le relief du terrain, il est nécessaire d'en faire le *nivellement*, afin de connaitre l'élévation de chaque station au-dessus du sol environnant, et, par suite, au-dessus de la surface du sphéroïde terrestre : c'est ce qu'on appelle l'*altitude*.

Tels sont les sujets que nous nous proposons de traiter dans la Géomorphie.

111. Voyons comment les stations doivent être coordonnées entre elles pour conduire à des opérations précises.

Soient a, b, c (*fig.* 32) les côtés d'un triangle rectiligne quelconque;

A, B, C les angles qui leur sont respectivement opposés. On a

$$(1) \qquad a \sin B = b \sin A.$$

Cette équation donne le côté a lorsque l'on connaît A, B et b. Or, si l'on a commis une petite erreur dans la mesure de ces angles, savoir, y sur A, y' sur B, b étant d'ailleurs supposé exact, on fera usage de valeurs défectueuses, et ce qu'on prend pour A et B est réellement $A + y$, $B + y'$, qu'on doit employer, au lieu de A et B; l'équation (1) donnera pour a une valeur dont x sera l'erreur : ainsi l'on doit changer dans l'équation (1) a en $(a + x)$, B en $(B + y')$ et A en $(A + y)$,

$$(a + x) \sin (B + y') = b \sin (A + y).$$

Développons ces sinus, et comme y et y' sont toujours très-petits, mettons ces arcs pour leurs sinus et 1 pour leurs cosinus, il viendra

$$(a + x)(\sin B + y' \cos B) = b (\sin A + y \cos A).$$

Réduisons, à l'aide de l'équation (1), et supprimons le produit $xy' \cos B$, qui est du deuxième ordre,

$$x \sin B + ay' \cos B = by \cos A;$$

enfin mettons $\dfrac{a \sin B}{\sin A}$ pour b, nous aurons

$$x = a (y \cot A - y' \cot B).$$

Telle est l'erreur x qu'on commet sur le côté a, par l'effet des erreurs d'observation y et y' sur les angles A et B.

Mais x est visiblement d'autant plus petit que A est plus près d'être égal à B, en même temps que y à y'; et l'erreur sur a est nulle, quand il arrive que celles de A et de B sont égales et dans le même sens, en même temps que $y = y'$: dans ce cas, quoique obtenu par des valeurs angulaires défectueuses, le côté a sera exactement donné par le calcul; et si les erreurs y et y' sur A et B sont égales et de signes contraires, l'équation devient

$$x = ay (\cot A + \cot B),$$

que la condition $A = B$ rend un *minimum*. En effet, on a

$$x = ay \left(\frac{\cos A}{\sin A} + \frac{\cos B}{\sin B} \right) = ay \frac{\sin (A + B)}{\sin A \sin B}.$$

Or, en retranchant l'une de l'autre les équations (2), p. 32, on trouve

$$2 \sin A \sin B = \cos(A - B) - \cos(A + B) = \cos(A - B) + \cos C;$$

donc

$$x = ay \frac{2 \sin C}{\cos(A - B) + \cos C},$$

expression que $A = B$ rend visiblement la plus petite possible.

On voit qu'il est avantageux, pour atténuer les erreurs sur les angles, soit que les erreurs soient dans le même sens ou en sens contraire, que le *triangle soit équilatéral*, et qu'alors l'erreur qui en résulte pour a peut être tout à fait nulle. On regarde comme certain que, *lorsque les côtés cherchés sont presque égaux chacun à la longueur mesurée, l'erreur des angles est insensible*. Mais, comme cette condition est souvent impossible à remplir, on se contente de ne jamais admettre d'angle de triangle qui soit $< 30°$, afin de se rapprocher autant qu'on peut de l'état ci-dessus. On dit alors que *le triangle est bien conformé*. Autant que possible, les stations doivent être choisies conformément à ce principe.

112. Supposons maintenant que la mesure du côté b soit fautive, mais que les angles A et B soient exactement connus. La vraie valeur de b sera remplacée par $b + z$, en même temps que a par $a + x$, les erreurs étant z et x,

$$(a + x) \sin B = (b + z) \sin A;$$

d'où

$$x \sin B = z \sin A, \quad x = z \frac{\sin A}{\sin B}.$$

Ainsi, plus l'angle B est petit, plus l'erreur z du côté opposé influe sur la valeur qu'on trouve pour a, où elle s'agrandit pour ainsi dire. Lorsque $B = 30°$, valeur qu'on a reconnue convenable sous d'autres rapports, on a

$$\sin B = \frac{1}{2}, \quad x = 2z \sin A.$$

Mais alors $A + C = 150°$, et chacun des angles A et C doit s'approcher de 75 degrés ; sin A est donc peu différent de 1 et x de 2 z. Ainsi l'erreur z commise sur le côté b se porte sur le côté a, par suite du calcul qui fait connaître cette longueur, et même peut devenir double. S'accroissant ainsi de triangle en triangle, on peut, en définitive, arriver à des valeurs très-défectueuses des côtés qui terminent la chaîne. Concluons de là que, dans un triangle bien conformé, une petite erreur commise sur la longueur d'un côté a beaucoup plus d'inconvénient que celles qu'on fait sur les angles, parce que la première s'agrandit par le calcul des autres côtés du triangle, et peut même devenir double dans des cas d'ailleurs assez favorables ; tandis qu'il peut arriver que les erreurs des angles n'altèrent nullement les valeurs des côtés qu'on en déduit. Il faut donc mesurer la base avec une extrême précision, sous peine de voir les erreurs s'accumuler de proche en proche, dans les calculs successifs des triangles du réseau.

113. Il est à peu près impossible que la base mesurée ne soit pas quelque peu fautive ; et cette base est nécessairement fort courte, comparée à l'étendue de la contrée qu'on veut lever. Cette base est un côté d'un premier triangle qui se lie à un deuxième, celui-ci à un troisième, etc., en agrandissant peu à peu ces triangles. Lorsqu'ils sont tous presque équilatéraux, on a autant de garanties d'exactitude qu'on peut en désirer, et l'on évite ainsi les accumulations d'erreurs. Mais, lorsque l'opération entière est terminée, il importe de s'assurer de son exactitude et de celle des calculs qui ont fait connaître tous les côtés de proche en proche. La vérification se fait en mesurant une autre base très-éloignée de la première, et formant l'un des côtés du triangle. Alors cette longueur se trouve connue de deux manières, savoir, par le calcul et par la mesure directe : ces deux résultats doivent s'accorder pour que la triangulation soit exacte.

On obtient encore d'autres moyens de vérification par les longitudes et latitudes des stations et les azimuts des côtés des triangles ; car, en observant astronomiquement, ainsi que nous l'exposerons, ces valeurs angulaires à l'une des stations, on peut, par le calcul, en déduire, de proche en proche, les graduations de ces arcs pour toutes les autres stations. Cette théorie fera bientôt le sujet de nos recherches. Mais comme on peut aussi réitérer les observations astronomiques en divers lieux du réseau, on pourra juger, par la coïncidence des résultats de l'observation directe et du calcul, s'il ne s'est pas produit fortuitement des erreurs, et même des compensations propres à accorder les bases mesurées, sans pourtant provenir d'opérations absolument exactes.

Laplace a démontré, par le Calcul des probabilités, qu'il ne faut employer que le moins grand nombre possible de triangles de premier ordre, couvrant l'étendue entière du pays, en leur donnant les plus grandes dimensions permises par les localités, et par la puissance des lunettes des instruments.

114. Les *signaux* doivent être établis de manière à être nettement distingués de loin : un poteau vertical, un cône renversé sont d'excellentes mires. Les clochers, les tours ne doivent servir qu'autant qu'on peut s'y placer commodément pour observer, et surtout avec une grande stabilité. Les flèches, moulins en tour et autres signaux peuvent servir aussi, en ayant soin de faire les réductions à l'axe du signal et au centre de station (n⁰ˢ 117 et 120), afin de ne pas laisser d'incertitude sur le point du sol où le signal se projette. On ne peut guère employer un arbre sans branches, un moulin à cage, si ce n'est pour des triangles du troisième ordre, parce qu'il ne faut pas que les erreurs qui en résulteraient puissent se propager sur d'autres stations principales.

Le meilleur des signaux est un disque en tôle peint en noir, et percé au centre d'un trou par lequel on peut voir la lumière du jour. Ce disque doit pouvoir pirouetter autour du diamètre vertical, en y adaptant une tige servant d'axe de rotation, sur laquelle on arrête le disque dans toutes les positions qu'il peut recevoir : la surface peut être ainsi présentée successivement en aspects aux stations environnantes.

On se sert aussi très-souvent pour signal d'une petite pyramide quadrangulaire renversée, qu'on enfile sur un poinçon surmontant l'édifice.

115. On aperçoit mieux un signal quand *il se projette sur le ciel,* que lorsqu'on le voit peint sur la terre ou les arbres. Or il est facile de juger si, étant placé en A (*fig.* 57), le signal sera vu de B projeté sur le ciel, sans aller en B. En effet, prenez les distances zénithales de B, et de la montagne C, qui se trouve opposée dans la même direction, savoir les angles BAZ, CAZ ; le point C tombe au-dessus et au-dessous de la direction

ABI, selon que la somme de ces angles est $>$ ou $<$ 180°. Ainsi l'on fera en sorte d'élever le signal A de manière que BAZ $+$ CAZ $>$ 180°.

Au reste, comme on ne peut pas toujours remplir cette condition, on fera bien de peindre en blanc les signaux qui se projettent sur la terre et les forêts, et en noir ceux qui se projettent sur le ciel.

116. On est souvent obligé de construire exprès des observatoires pour y abriter l'ingénieur, lorsque aucun édifice ne peut servir en même temps de signal et de logement. On donne à ces constructions la forme d'une pyramide quadrangulaire tronquée près du sommet (*fig.* 64) : le prolongement supérieur S de l'axe sert de signal, et l'observateur place son instrument au point C de projection de cet axe sur le sol. Les arêtes sont en bois de charpente, solidement plantées en terre, et liées par des traverses qu'on assemble à tenons et mortaises avec un poinçon central. On recouvre les quatre faces d'une toiture en planches, qu'on fait descendre jusqu'à 2 mètres de terre, afin de laisser voir les lieux circonvoisins. Des toiles tendues du côté du vent complètent l'abri. Quand l'opération est terminée, on détruit ce signal ; mais on implante une borne carrée en C, sur laquelle on sculpte deux diagonales, dont la croisée est dans l'axe du signal.

Les vérifications qu'on peut être dans la nécessité de faire par la suite exigent qu'on puisse retrouver exactement les points C de station, et les extrémités des bases. Des bornes ainsi fixées solidement en terre sont des témoins peu dispendieux faciles à découvrir.

Lorsqu'on jugera nécessaire de construire un signal, on devra l'élever assez haut pour qu'on puisse le distinguer des stations environnantes. Or l'expérience apprend qu'il faut que ce signal apparaisse de ces lieux sous un angle d'au moins 31″ : et comme tang 31″ $=$ 0,00015, la hauteur AB (*fig.* 56) du signal étant AB $=$ AC tang C $=$ AC $\times$ 0,00015, on voit qu'il faut que cette hauteur soit d'au moins quinze fois la cent-millième partie de la distance d'où on doit l'observer. Si cette distance est, par exemple, de 5 lieues, 20 000 mètres, qui est une portée assez ordinaire, il faut que le signal soit élevé de plus de 3 mètres. Dans la triangulation française, on a donné aux signaux le sept-millième de la distance d'où l'on devait les voir. La base du signal est environ la moitié de sa hauteur.

117. Il arrive souvent que le signal A qu'on a visé des sections B et C (*fig.* 65) n'est pas de nature à permettre qu'on s'y place. Il faut alors établir l'instrument en un lieu voisin O, d'où l'on mesure l'angle $BOC = O$: mais il faut ensuite corriger cet angle O, pour le ramener à la valeur $BAC = A$, qu'on aurait trouvée si l'on avait stationné en A. C'est ce qu'on appelle *réduire à l'axe du signal.* Appelons a, b, c les trois côtés (qu'on suppose connus ou à fort peu près) du triangle ABC.

Supposons d'abord qu'il s'agisse du triangle B'AC, en sorte que le point O soit situé dans la direction du côté B'A. Menons OE parallèle à AC, et faisons $AO = m$, et l'angle $ACO = \theta = COE$. Nous connaissons l'angle $B'OC = \alpha$, et il s'agit de trouver l'angle $A = \alpha + \theta$. Or le triangle CAO donne

$$\frac{\sin C}{m} = \frac{\sin \alpha}{AC},$$

d'où

$$\sin C = \sin \theta = \frac{m \sin \alpha}{b}.$$

Comme m est toujours très-petit par rapport à b, $\sin \theta$ est très-petit, et peut être remplacé par θ ou plutôt par $\theta \sin 1''$, θ désignant le nombre de secondes de cet arc (p. 34). Ainsi,

$$A = \alpha + \frac{m \sin \alpha}{b \sin 1''}.$$

Maintenant, si le triangle est ABC, et que la station O ne soit située dans la direction d'aucun côté de ce triangle, on a encore

$$B'AC = \alpha + \theta = \alpha + \frac{m \sin \alpha}{b \sin 1''},$$

$$B'AB = \alpha' + \theta' = \alpha' + \frac{m \sin \alpha'}{c \sin 1''};$$

donc

$$(1) \qquad A = O + \frac{m}{\sin 1''} \frac{c \sin \alpha + b \sin \alpha'}{bc}.$$

Pour appliquer cette formule, il faut observer que, si la station O est située de manière que l'un des angles θ ou θ' soit disposé de l'autre côté de la ligne AC ou AB, cet angle devient soustractif. Ainsi les deux termes $c \sin \alpha$, $b \sin \alpha'$ ne sont ensemble positifs qu'autant que la station O est comprise dans l'angle pAq que forment les côtés prolongés du triangle; ils sont tous deux négatifs quand O est situé dans l'angle BAC; enfin leurs signes sont contraires quand O est situé dans l'angle CAq ou BAp, comme dans la *fig.* 63.

S'il arrive que l'une des longueurs b ou c soit très-grande par rapport à m, le terme qui s'y rapporte est nul, et la correction de l'angle O se réduit à un seul terme; quand m est très-petit par rapport à b et c, cette correction est nulle, et A = O. C'est ce qui a lieu pour les étoiles; la distance angulaire de ces astres est la même pour tous les points de la terre.

118. C'est même ce dernier cas qu'on préfère quand on le peut, afin d'affaiblir la correction de l'angle observé O, et de se placer en un lieu d'où l'on puisse plus facilement apercevoir à la fois les trois points A, B et C. Et même il peut arriver que les deux termes s'entre-détruisent et que la correction soit nulle. Cela a lieu quand on a

$$c \sin \alpha = b \sin \alpha';$$

or (*fig.* 63) le triangle ACO donne

$$m = \frac{b \sin \theta}{\sin \alpha},$$

et l'on tire de BAO

$$m = \frac{c \sin \theta'}{\sin \alpha}.$$

Ainsi

$$b \sin \theta \sin \alpha' = c \sin \theta' \sin \alpha,$$

et, par suite,

$$\sin \theta = \sin \theta',$$

en vertu de l'équation précédente; donc

$$\theta = \theta' \quad \text{ou} \quad = 180 - \theta':$$

ce qui indique que la circonférence passant par C, B et A passe aussi par O, puisque les angles OCA, OBA s'appuient sur le même arc AO. Le quadrilatère ABCO est donc inscriptible au cercle, et les angles BCA, BOA inscrits sur le même arc sont égaux; ce qui donne la direction de la ligne AO sur laquelle on doit prendre la station O pour que la correction de l'angle BOC soit nulle ou A = O.

119. Mais dans tout autre cas, et c'est ce qui arrive le plus souvent, . l'angle O doit subir une correction que détermine l'équation (1). Voyons à préparer cette expression pour le calcul des logarithmes. Le triangle ABC donne d'abord

$$\frac{1}{c} = \frac{\sin (A + c)}{b \sin C},$$

ensuite $O = \alpha + \alpha'$ (*fig.* 65) est sensiblement $= A$, surtout dans la petite fraction de correction : ainsi $\alpha = A - \alpha'$.

Si donc dans l'expression (1), qui est

$$A = O + \frac{m}{\sin 1''} \left(\frac{\sin \alpha}{b} + \frac{1}{c} \sin \alpha' \right),$$

on substitue ces deux valeurs, on aura

$$A = O + \frac{m}{\sin 1''} \left[\frac{\sin (A - \alpha')}{b} + \frac{\sin (A + C) \sin \alpha'}{b \sin C} \right];$$

développant et réduisant au même dénominateur,

$$A = O + \frac{m \sin A}{\sin 1''} \frac{\sin (C + \alpha')}{b \sin C},$$

ou enfin

(2)
$$A = O + \frac{m \sin O \sin (C + \alpha')}{b \sin C \sin 1''}.$$

Ce dernier terme exprime, *en secondes,* la correction que doit recevoir l'angle observé $O = BOC$, pour devenir $A = BAC$. Dans tout cela, α et α' sont les distances angulaires des points B et C au signal A, au centre duquel on devrait stationner.

120. Quand le signal A (*fig.* 70) est l'axe d'une tour cylindrique où l'on ne peut stationner, le centre A n'est pas visible du point voisin O où l'on se place. Alors les distances angulaires α et α' des lieux B et C (*fig.* 65) au point A ne peuvent être mesurées. Voici ce qu'on doit faire dans ce cas. On mène deux tangentes Ol', Ol à la tour (*fig.* 70), et la ligne Ok, qui coupe l'angle $l'Ol$ par moitié, détermine le point k sur la direction OA. Ainsi l'on mesure les angles BOl', BOl, dont la moyenne ou demi-somme est l'angle $BOk - \alpha$. Voilà donc la direction OA connue.

Quant à la distance $OA = m$, si l'on ne peut obtenir directement le rayon $Ak = r$, on mesurera $Ok = i = m - r$, et l'une des tangentes $Ol = t = Ol'$; on aura

$$\overline{Ol}^2 = \overline{OA}^2 - \overline{Al}^2, \quad \text{ou} \quad t^2 = m^2 - r^2 = (m + r)\,i.$$

Cette équation donne

$$m + r = \frac{t^2}{i},$$

et comme $m - r = i$, en ajoutant ces équations, on a

$$2\,m = i + \frac{t^2}{i}.$$

On peut donc appliquer la théorie précédente. Observez que, α et m n'entrant que dans des termes fort petits, il n'est pas nécessaire d'en avoir les valeurs bien exactement. Les équations contiennent b et c, que les angles B et C ont fait connaître : d'ailleurs on est en droit de supposer $A = 0$ partout où l'on n'exige pas une grande précision, et la théorie qui nous occupe est dans ce cas.

De la mesure des bases (¹).

121. De toutes les opérations géodésiques, celle qui paraît la plus facile, et qui cependant présente le plus de difficultés, est la mesure d'une longueur, lorsqu'on veut l'obtenir avec une grande précision, à cause des soins infinis qu'il faut prendre. Il ne suffit plus alors, comme en Topographie (²), d'évaluer la distance soit au pas, soit en portant une chaîne

---

(¹) *Voir* à la fin de l'Ouvrage une Note de M. T. Hossard sur la *Mesure des bases*.

(²) Pour mesurer l'erreur dont la chaîne d'arpenteur est susceptible, M. Moynet a fait diverses expériences à l'île d'Elbe, et il n'a trouvé que 56 centimètres d'erreur sur une base de $5165^m,82$ (du fanal à Castello).

Les levés aux pas, qu'on fait surtout en présence de l'ennemi, se font en comptant 1 mètre par pas. Au reste, chaque personne peut, par des épreuves, s'assurer de la longueur de ses pas, car le plus souvent le pas n'a que $0^m,8$. Le temps que le bruit du canon met à se faire entendre est d'une seconde par 351 mètres, par un temps calme; mais ces évaluations sont très-défectueuses.

métrique; car nous savons que les plus légères erreurs s'agrandissent sur les côtés du réseau qu'on obtient par le calcul (n° 112). Après avoir exploré les localités, on choisit un terrain uni et découvert, à peu près horizontal et rectiligne, de la longueur d'environ 10 000 mètres. On y trace une ligne droite avec des piquets ou *jalons* verticaux et bien dressés. Ces jalons sont ferrés au bout qui entre en terre; l'autre bout est peint en blanc pour qu'on l'aperçoive de loin. Comme l'ingénieur est pourvu, pour son opération, d'un cercle répétiteur ou d'un théodolite, il s'en sert à la manière d'une lunette des passages : la colonne ainsi que le limbe de l'instrument étant disposés verticalement, le tube de la lunette peut basculer, de manière que son axe optique décrive un plan vertical. Les fils du réticule sont susceptibles de mouvements qui leur ôtent toute parallaxe, ainsi qu'il a été expliqué p. 95. Les ingénieurs sont très-exercés à régler cet instrument. On s'en sert pour aligner tous les jalons de 200 mètres en 200 mètres, dans une ligne exactement droite.

On porte ensuite le long de cette ligne des règles dont la longueur est exactement connue. On a deux de ces règles égales entre elles, ou dont la différence est fort petite, et l'on prend pour longueur de chacune leur moyenne. On dispose ces règles bout à bout et successivement selon la direction jalonnée, transportant en avant celle qui se trouvait en arrière, alignant avec un grand soin sur les jalons, et mettant les bouts en contact immédiat.

122. On a d'abord employé des règles en bois, parce que la dilatation paraît agir dans le sens transversal et que la chaleur ne les allonge pas. On les garantit des effets de l'humidité en les trempant dans l'huile de lin bouillante, et les enduisant d'un vernis. On les construit en assemblage, comme le montre la *fig.* 68, afin qu'elles ne se déjettent pas. La longueur en est connue avec précision, par un étalonnage dont nous traiterons plus loin. Aux deux bouts sont des lames de fer, pour que le frottement ne les use pas; et l'on taille ces bouts en biseau, à tranchant mousse, afin de rendre le contact facile à opérer. Quelquefois on préfère conserver à ce bout la forme parallélépipédique, et l'on implante un clou de métal à tête convexe : c'est sur cette espèce de segment sphérique qu'on établit le contact. La longueur de la règle est alors la distance entre les deux points les plus éloignés des convexités de ces surfaces [*Voir* les profils (*fig.* 68)].

F. — *Géodésie.* 8

123. On a deux trépieds très-solides sur lesquels on pose un madrier un peu plus court que la règle ; on place ensuite la règle sur ce support. La plate-forme du trépied est percée d'un trou prismatique dans lequel entre une tige de bois moulée sur ce trou, et l'on peut arrêter la tige par une vis de pression à différentes hauteurs. Le madrier étant porté sur une tablette fixée à cette tige, on conçoit qu'on peut le disposer horizontalement. Ainsi la règle sera amenée à être alignée, horizontale, et affleurant le bout de la règle déjà établie précédemment. On fixe la règle sur le madrier, dans sa position définitive, avec des courroies.

Lorsque le sol fait des plis, comme on ne pourrait faire affleurer les bouts contigus, on dispose l'une des règles plus bas que l'autre, et l'on s'assure que les deux bouts sont exactement dans la même verticale en les mettant en contact avec un fil à plomb fort délié. Le poids plonge dans un verre d'eau pour que le vent ne le balance pas. Ce procédé est même plus sûr que le contact même, parce qu'on doit éviter le *recul* produit par quelque petit choc involontaire. Il faut, dans ce cas, ajouter à la longueur de la règle l'épaisseur du fil à plomb, quantité qui, bien que minime, n'est pourtant pas négligeable, attendu qu'elle se répète autant de fois que la longueur même de la règle.

124. On adapte souvent à la règle un appareil qui rend le contact très-facile à opérer. C'est une réglette logée dans l'épaisseur du bois, retenue entre deux rainures : elle est mobile à l'aide d'un pignon et d'une crémaillère, en sorte qu'on peut en faire saillir une partie au bout de la règle, par un mouvement très-lent. Cette réglette porte une ligne de foi et un vernier, qui glisse le long d'une échelle divisée en parties égales et tracée sur la règle même, ce qui permet de lire la longueur dont on a fait saillir la réglette. La longueur totale de la règle se compose de sa longueur primitive d'étalonnage, plus de la longueur saillante de la réglette. Cette disposition a été imaginée pour les règles qui ont servi à mesurer les bases de Melun et de Perpignan. A l'aide d'une loupe, on lisait la longueur de la réglette jusqu'aux $\frac{1}{100000}$ de toise. On donne le nom de *languette* à cette pièce mobile (*voir* la description de cet appareil dans la *Base du système métrique* et la *Géodésie* de M. Puissant).

125. On donne aux règles la position horizontale en se servant d'un *niveau à perpendicule* perfectionné (n° 48) : il est plus facile à employer que le niveau à bulle d'air. Les règles égales AC, BC (*fig.* 67) forment un triangle isoscèle ACB et sont maintenues à distance par un arc de métal *a*E*b*. Au centre C de cet arc est suspendue une alidade CD, qui tourne autour de C et porte en D une ligne de foi et un vernier. L'arc est divisé en degrés, et l'on peut lire la minute à l'aide du vernier (n° 9).

Dans une direction perpendiculaire à l'alidade, est fixé un petit niveau à bulle d'air *cf*, sur lequel on voit tracées des divisions égales, afin de pouvoir juger quand les deux extrémités de la bulle répondent à des points de même numéro, les divisions étant numérotées à partir de zéro au milieu du tube et dans les deux sens. Les graduations de l'arc *ab* ont aussi le zéro au milieu E de cet arc.

L'instrument est construit de manière que l'alidade marque zéro quand la base AB est horizontale et que la bulle est entre ses repères, et il faut qu'en retournant l'instrument jambe pour jambe les mêmes conditions subsistent; car si, la ligne AB n'étant pas horizontale, on y applique l'instrument, et que, la bulle étant amenée entre ses repères, on lise 3 degrés, par exemple, en retournant l'instrument, on devrait encore lire 3 degrés, sous les mêmes conditions, si le niveau est bien réglé. Mais admettons qu'on lise 1 degré : on en conclura que la somme $3° + 1°$ est le double de l'inclinaison de AB, parce que, dans les deux situations, l'alidade a pris la même direction par rapport à la verticale. Ainsi cette inclinaison est ici 2 degrés, du côté où la première graduation a été lue sur l'arc.

Il faudrait aussi parler de la vis de rappel qui donne les petits mouvements à l'alidade et de quelques autres détails de construction. Mais on devine aisément ces modifications, qu'on trouve décrites, t. II, p. 9 du *Système métrique*.

126. Comme on perdrait beaucoup de temps à donner aux règles des positions horizontales, on préfère leur laisser prendre une petite inclinaison (de 2 à 3 degrés au plus), qu'on mesure ainsi qu'on vient de le dire. On lit la graduation indiquée par l'alidade, tant avant qu'après le retournement ; ajoutant les deux indications, on a le double de l'inclinaison θ. Il reste ensuite à réduire la règle à l'horizon par le calcul, c'est-à-dire à en calculer la projection horizontale.

8.

127. Réduction des règles à l'horizon. — Soient CB (*fig.* 56) la règle, CA sa projection horizontale, AB la verticale, θ l'angle C d'inclinaison : on cherche CA et AB, connaissant CB et l'angle C. Le triangle ABC donne

$$CA = CB \cos\theta.$$

Or θ est un très-petit angle, et cette valeur de CA ne serait pas calculée avec assez de précision. Il est donc plus convenable de chercher l'excès x de la longueur CB sur CA, $x = CB - CA$; on a

$$\cos\theta = 1 - \frac{1}{2}\theta^2,$$

au troisième ordre près ; d'où

$$CA = CB\left(1 - \frac{1}{2}\theta^2\right) \quad \text{et} \quad x = \frac{1}{2}L\theta^2,$$

en faisant $CB = L$, longueur de la règle, ou plutôt en exprimant θ par son nombre de minutes (*voir* p. 34),

$$x = \frac{1}{8}L\,(2\theta)^2 \sin^2 1' = PL\,(2\theta)^2.$$

On trouve de même, pour la différence AB de niveau,

$$y = L\sin\theta = \frac{1}{2}L\,(2\theta)\sin 1'.$$

L'instrument fait connaître l'arc (2θ) par le retournement, et les calculs sont très-faciles. La constante $P = \frac{1}{8}\sin^2 1'$, et l'on trouve

$$\log P = \overline{8},0243622; \quad \log\left(\frac{1}{2}\sin 1'\right) = \overline{4},1626961.$$

On exprime l'arc (2θ) par son nombre de minutes.

On abrége les calculs en construisant une Table d'où l'on peut tirer les valeurs de x et de y pour toutes les inclinaisons (2θ).

128. Correction de température. — Les variations de température du matin au soir font éprouver aux règles des changements de longueur, quand elles sont en métal ; cet effet ne doit pas être négligé. On note les températures aux époques où elles ont le plus varié, par exemple de 2 à

3 degrés, et l'on suppose que, dans chaque intervalle de temps, il a régné une température constante égale à la moyenne entre les deux extrêmes. Un thermomètre logé dans la règle même sert à connaitre les changements qu'elle éprouve, ainsi qu'on va le dire.

Dans les règles employées pour la grande triangulation française, le thermomètre était métallique. C'était une réglette de laiton, logée dans une espèce de canal pratiqué le long et dans l'épaisseur de la règle, où cette réglette était maintenue entre deux rainures. L'un des bouts de la réglette était invariablement fixé à la règle par des vis ou une soudure, l'autre était libre. Comme les métaux de la règle et de la réglette étaient différents (en platine et en cuivre), leur dilatation n'était pas la même pour la même variation de température. Deux traits qui se trouvaient en coïncidence sur l'une et l'autre à un certain degré thermométrique cessaient d'y être à un autre degré. On conçoit qu'à l'aide d'une loupe et d'un vernier on pouvait aisément lire sur les divisions de la règle la quantité dont d'égales longueurs de cuivre et de fer se sont plus allongées l'une que l'autre, sous l'influence de la chaleur, et par conséquent les variations de température. Tel est le système qu'on a adopté pour mesurer les changements de longueur des règles, à l'aide d'un thermomètre métallique que porte la règle dans son épaisseur : les degrés y sont gravés, et l'on n'a que la peine de lire. Il reste ensuite à calculer les longueurs correspondant à ces températures, ainsi qu'on va l'expliquer.

Il importe d'abriter les règles des rayons solaires ; on les recouvre d'une espèce de toit en planches posé sur le madrier : les deux bouts de ce toit sont armés de pointes verticales qui servent à aligner les règles dans la direction voulue.

Pour éviter les erreurs, chaque lecture est faite deux fois pour la languette, le thermomètre métallique et l'inclinaison de la règle. Les mesures sont inscrites sur deux registres qu'on a soin de collationner avant de passer outre à une nouvelle mesure.

129. Étalonnage. — Donnons connaissance des procédés qui servent à déterminer la longueur exacte des règles. Il faut pour cela les comparer à quelque autre longueur connue. On se sert d'un instrument appelé *comparateur,* qui mesure, en les agrandissant, les plus petites différences de longueur entre deux règles superposées l'une à l'autre, et ayant un de leurs bouts appuyé sur un arrêt fixe. Nous ne décrirons pas cet instrument (*voir* le *Système métrique,* t. III, p. 464); nous dirons seulement qu'un levier portant sur les extrémités libres amplifie considérablement les plus petites différences de longueur, et en donne la mesure. Ainsi l'on saura quelle est la longueur de la règle comparée à celle de l'étalon; mais il faut avoir égard à la nature de leurs substances et à la température.

130. On a reconnu que, pour un changement de 1 degré C., l'unité de longueur varie de la quantité α, donnée par la Table suivante :

$$
\begin{aligned}
\text{Platine} &\ldots\ldots\ldots\ldots\ldots\ldots\ldots\quad \alpha = 0,0000085655 \\
\text{Laiton} &\ldots\ldots\ldots\ldots\ldots\ldots\ldots\quad \alpha = 0,0000187785 \\
\text{Fer doux forgé} &\ldots\ldots\ldots\ldots\ldots\quad \alpha = 0,0000122045 \\
\text{Acier non trempé} &\ldots\ldots\ldots\ldots\quad \alpha = 0,0000107915
\end{aligned}
$$

C'est ce qu'on appelle la *dilatation linéaire.* Ainsi le mètre de cuivre, qui passe de 1 à 100 degrés, s'allonge de $0^m,0018785$ ou près de 2 millimètres. Un effet aussi considérable ne peut être négligé dans la mesure des bases; c'est, au reste, ce dont on jugera bientôt.

Soit l la longueur d'une règle de métal à une température donnée, l désignant un nombre quelconque de mètres, etc. Si le thermomètre monte de t degrés C., on a l'allongement de l'unité par la proportion $1° : \alpha :: t : \alpha t$, α étant le nombre qui répond dans la Table au métal de la règle. Ainsi la longueur l s'allonge de $\alpha t l$, et devient, pour t degrés,

$$(1) \qquad\qquad L = l(1 + \alpha t).$$

131. **Premier cas.** — Si la règle est en bois et l'étalon en métal, on commence par calculer la longueur L de cet étalon, sous la température actuelle, connaissant celle de l qu'il avait à zéro : ce nombre l est ordinairement gravé à la surface. Ainsi L est la longueur de la règle de bois, si on l'a amenée à être la même que celle de l'étalon, en usant l'extrémité; ou bien, à l'aide du comparateur, on en connaît la différence avec l'étalon, et par suite la longueur de la règle de bois, qui est invariable, ainsi qu'on l'a déjà fait remarquer. C'est ce nombre qu'on inscrit à la surface de la règle.

Deuxième cas. — Si la règle est de même métal que l'étalon, il n'y a aucun calcul à faire; car, lorsque l'un est égal à l'autre, on grave sur la règle le nombre l qui est la longueur de l'étalon à zéro; et, quand les longueurs sont très-peu différentes, on évalue cette différence δ avec le comparateur, et $l + \delta$ est la longueur de la règle à zéro. La température actuelle est inutile à considérer ici.

Troisième cas. — Enfin, lorsque les métaux sont de différentes natures et qu'on a coupé la règle de même longueur que l'étalon, sous la température t, voici ce qu'on observera. Quand la température redeviendra zéro, l'étalon sera réduit à l, et la règle à la longueur inconnue x, qu'il s'agit de trouver. L'équation (1) apprend que de zéro à t degrés C. ces règles longues de l et x doivent devenir

$$\text{L'étalon} \dots\dots\dots\dots\dots\dots \quad l\left(1 + \alpha t\right),$$
$$\text{La deuxième règle} \dots\dots\dots \quad x\left(1 + \alpha' t\right),$$

α et α' désignant les dilatations linéaires de l'unité des métaux respectifs; et comme alors les règles sont égales, on a

$$l\left(1 + \alpha t\right) = x\left(1 + \alpha' t\right),$$

d'où

$$(2) \qquad x = l\left(\frac{1 + \alpha t}{1 + \alpha' t}\right) = l\left[1 - (\alpha' - \alpha)\,t\right],$$

en développant la puissance -1 de $(1 + \alpha' t)$, et négligeant les termes du deuxième ordre en α et α'. Telle est la longueur x que la règle se trouvera avoir à zéro. Sa longueur à la température C. θ sera donc

$$(3) \qquad \lambda = x\left(1 + \alpha' \theta\right);$$

et si elle n'a pas été taillée exactement sur la longueur de l'étalon, δ étant la petite différence des deux, la longueur de la règle sera $x \pm \delta$.

C'est ce nombre $x \pm \delta$ qu'on gravera sur la règle, et qui sera pris pour valeur de x dans l'équation (3). Lorsqu'on aura mesuré une ligne avec cette règle, sous une température C. θ, il faudra en calculer la longueur λ par le secours de l'équation (3), α' étant alors la constante propre au métal employé.

132. Observez que cette méthode a l'inconvénient de donner pour la longueur λ de la règle un nombre embarrassé de fractions, parce que

celle l de l'étalon à zéro est un nombre entier (de 4 mètres ordinairement). Si l'on tenait à réduire λ à n'avoir pas de fractions, il faudrait
diminuer la règle de la quantité $(\alpha - \alpha')\,tl$, et alors elle aurait, comme
l'étalon, la longueur l à zéro ; mais, comme cette diminution serait trop
difficile à faire, qu'elle peut d'ailleurs devenir une augmentation qu'il
serait impossible de produire, voici comment on peut opérer :

Admettons que notre règle ait la même longueur que l'étalon à la température t, savoir $L = l\,(1 + \alpha t)$. Quand la température s'abaissant deviendra T, c'est-à-dire décroîtra de $t - T$, cette règle diminuera de

$$L\alpha'\,(t - T);$$

ainsi sa longueur sera

$$L\,[1 - \alpha'\,(t - T)] = l\,(1 + \alpha t)\,(1 - \alpha' t + \alpha' T).$$

Or cherchons quelle doit être cette température T, pour que la règle ait
précisément la même longueur l que l'étalon avait à zéro ; en égalant à l
et négligeant les termes du second ordre, on a

$$(4) \qquad \left\{ \begin{aligned} &\alpha' T = (\alpha' - \alpha)\,t, \\ &T = \left(\frac{\alpha' - \alpha}{\alpha'}\right) t = \left(1 - \frac{\alpha}{\alpha'}\right) t. \end{aligned} \right.$$

On inscrit alors sur la règle la longueur l de l'étalon, mais avec la température T sous laquelle cette longueur existe. On a dans ce cas, pour l,
un nombre entier.

Pour calculer ensuite la longueur λ de la règle à toute autre température, on emploie la formule (3), θ étant l'excès de la température
actuelle sur T.

133. Supposons, par exemple, que l'étalon ait 5 mètres à zéro et soit en
platine, et que la règle à étalonner soit en laiton et ait été taillée de même
longueur, le thermomètre marquant 10 degrés, on a

$$x = l\,[1 - (\alpha' - \alpha)\,t],$$

où l'on fera

$$t = 10, \quad l = 5, \quad \alpha' - \alpha = 0{,}00001021\bar{3};$$

ainsi la longueur de la règle à zéro serait

$$x = 4^{\mathrm{m}}{,}9994\bar{8}935.$$

Et si l'on trouve incommode de se servir de ce nombre fractionnaire, on verra que la température sous laquelle la règle de laiton a·aussi 5 mètres est, équation (4), T = 5°,44 ; alors on graverait sur la règle ces deux nombres 5 mètres et 5°,44. Les calculs seraient les mêmes en partant de l'une ou de l'autre de ces deux déterminations.

D'après cela, supposons qu'on ait reconnu qu'une longueur est composée de 2000 fois la règle ci-dessus, la température étant de 18 degrés ; on pourra trouver cette distance totale de deux manières : soit en faisant, dans l'équation (1), $l = 4^m,9994 8935$, $\alpha = 0,0000187785$ et $t = 18$; soit en prenant, dans l'équation (3), $x = 5$, ce même nombre x avec $\theta = 12°,56$, excès de 18 degrés sur T = 5°,44. Ces calculs donnent également L = $5^m,001179$: ainsi la base formée de 2000 fois cette longueur est égale à $10\,002^m,358$. Si l'on eût négligé d'avoir égard à la dilatation des métaux, on aurait réputé la règle de 5 mètres et la base de 10 000 mètres ; on aurait donc commis une erreur par défaut de $2^m,358$, ce qui eût été une faute considérable.

134. Réduction d'une base brisée à la ligne droite. — Il est à désirer que la base soit une ligne droite ; mais les localités ne permettent pas toujours de trouver un sol rectiligne à peu près horizontal de 10 000 mètres environ. On est alors obligé de faire mesurer des longueurs formant une ligne brisée. C'est ce qui est arrivé pour les bases de Melun et de Perpignan.

Soit donc la ligne brisée ACB (*fig.* 77), dont on connaît les longueurs AC, CB, ainsi que l'angle C, que nous supposerons voisin de 180 degrés, savoir C = 180° — θ, en faisant $\theta = $ BCI, très-petit angle. On fera AC = b, BC = a ; il s'agira de trouver AB = C, qu'on regardera ensuite comme étant la base mesurée. On a (¹)

$$c^2 = a^2 + b^2 + 2ab \cos\theta \quad \text{et} \quad \cos\theta = 1 - \frac{1}{2}\theta^2,$$

(¹) Le triangle ABC est sphérique ; mais on le ramène à être rectiligne en retranchant de l'angle observé C le tiers de l'excès sphérique (n° 140) et prenant le reste pour valeur de C. Dans la réalité, une base est une ligne à double courbure, que nous considérons comme étant un arc de cercle dans un plan vertical, comme si la Terre était une sphère ; mais l'erreur est insensible (*voir* la *Base du système métrique*, t. II, p. 683).

en négligeant les quatrièmes puissances de θ; donc

$$c^2 = (a+b)^2 - ab\,\theta^2, \quad c = (a+b)\left[1 - \frac{ab\,\theta^2}{(a+b)^2}\right]^{\frac{1}{2}},$$

enfin

$$(5) \qquad\qquad c = a + b - \frac{ab\,\theta^2 \sin^2 1'}{2(a+b)},$$

en développant la puissance $\frac{1}{2}$ jusqu'au second ordre, et désignant par θ le nombre de minutes de cet arc (p. 34).

Et, quand on n'a pu voir le signal B de la station A, mais le signal C, pour rapporter les points circonvoisins à la base B, comme les angles ont été mesurés par rapport à AC, il faut les rapporter à AB, et par conséquent connaître l'angle A. Or on a

$$\frac{\sin A}{\sin \theta} = \frac{a}{c}, \quad \text{avec} \quad \sin\theta = \theta - \frac{1}{6}\theta^3;$$

d'où

$$\sin A = \frac{a\theta}{c}\left(1 - \frac{1}{6}\theta^2\right),$$

et substituant pour c la première valeur ci-dessus

$$\sin A = \frac{a\theta}{a+b}\left[1 + \frac{ab - a^2 - b^2}{6(a+b)^2}\theta^2\right].$$

Or on a trouvé que

$$A = \sin A + \frac{1}{6}\sin^3 A$$

[équation (18), p. 33]; substituant pour $\sin A$ sa valeur, puis changeant les petits arcs A et θ en A $\sin 1'$ et $\theta \sin 1'$ pour les exprimer en minutes, on a

$$(6) \qquad\qquad A = \frac{a\theta}{a+b} + \frac{ab(a-b)\theta^3 \sin^2 1'}{6(a+b)^3}.$$

135. Réduction au niveau de la mer. — Nous connaissons, par le calcul, la différence de niveau des deux extrémités de la base (n° 127) : abaissons par la pensée le bout élevé d'autant que nous élèverons le bout inférieur, en faisant tourner la ligne autour de son milieu; nous pourrons regarder cette base comme un arc de cercle très-peu courbe, dont le centre coïncide avec celui de la Terre. Soient AA' (*fig.* 76) cet arc égal à B, dont la longueur est connue ; aa' l'arc concentrique décrit au niveau de la mer ; $Ca = R$ le rayon terrestre (ou plutôt la normale du lieu, n° 177) ; $Aa = h$ la hauteur des extrémités au-dessus de ce niveau.

Il s'agit de trouver l'arc $aa' = b$, et la base B sera réduite au niveau des mers. Il suit des procédés dont nous ferons usage par la suite que le réseau de triangles géodésiques qu'on observe doit être projeté sur la surface de niveau dont il s'agit, et c'est pour cela qu'on doit y projeter aussi la base B. La longueur B de cette base a été mesurée sur l'arc de cercle, puisque nous avons sans cesse conservé, par le fait ou par le calcul, la direction horizontale, perpendiculaire au rayon terrestre. [Nous verrons bientôt (n° 177), que ce rayon doit en effet être remplacé par la normale.] Quant à la hauteur $Aa = h$, nous indiquerons plus tard le moyen de l'obtenir ; c'est l'élévation du point milieu de la base au-dessus de la mer.

On a la proportion

$$CA : Ca :: AA' : aa' = b,$$

$$b = \frac{BR}{R + h} = B \left(1 - \frac{h}{R} + \frac{h^2}{R^2} - \dots \right) ;$$

comme R surpasse 6000000 de mètres, et que h est toujours très-petit, cette série est convergente (on peut même, dans presque tous les cas, se contenter des deux premiers termes $B - \frac{Bh}{R}$. Ainsi, pour réduire la base B au niveau des mers, il faut lui faire éprouver la correction soustractive $\frac{Bh}{R}$.

136. Voici donc la série d'opérations et de calculs qu'on doit faire pour obtenir une base géodésique. Après s'être procuré deux règles exactement étalonnées et leurs supports, on jalonne la ligne droite ou brisée, et l'on y porte bout à bout les règles successivement. On enregistre chaque observation sur une feuille divisée en colonnes : chaque fois qu'on opère, on remarque la température et l'on en tient note, on écrit chaque double inclinaison de la règle, la longueur de la languette saillante, la différence de hauteur des deux bouts. Le calcul donne ensuite la différence de niveau des extrémités de la base, sa longueur B réduite, s'il y a lieu, à la ligne

droite, le tout en ayant égard à la température. On projette enfin B sur le niveau des mers, et l'on a la longueur demandée b, par le calcul du n° 135.

La mesure des bases est une des opérations les plus délicates de la Géodésie, puisque de là dépend la précision de toutes les autres déterminations ; aussi les ingénieurs apportent-ils un soin extrême dans tous les détails des observations. Pour donner un exemple du degré d'exactitude qu'on est parvenu à obtenir dans l'appréciation des bases, nous citerons les bases de Melun et de Perpignan, mesurées par Delambre et Méchain, la première, près de la grande route de Paris à Melun, la seconde, de Vernet à Salces.

La base de Melun, toutes corrections faites et réduite au niveau de la mer, a été trouvée de 6075ᵗ,90.

Celle de Perpignan était de 6006,249 (*Système métrique*, p. 56, t. II).

La distance de ces bases était considérable, et pour passer de l'une à l'autre, elles ont été liées par une chaîne de 63 triangles de premier ordre. A l'aide des formules dont nous donnerons bientôt la démonstration, on a pu calculer l'une de ces bases par le secours de l'autre ; et voici le résultat de ce calcul :

$$
\begin{aligned}
&\text{Base de Perpignan, mesurée} \ldots\ldots\ldots\ldots && 6006,249 \\
&\text{\quad\quad » \quad\quad » \quad calculée} \ldots\ldots\ldots\ldots && 6006,089 \\
&\text{Différence} \ldots\ldots\ldots\ldots\ldots && 0,160
\end{aligned}
$$

Ainsi l'erreur n'est que de 0,16 de toise ou 11°,52, quantité à peine digne d'être prise en considération. Mais il est hors de doute que cette coïncidence très-approchée n'est due qu'à des compensations fortuites d'erreurs ; car on a reconnu que la chaîne de triangle d'Orléans à Bourges était défectueuse, ce qui a été vérifié par la mesure de la chaîne dite *méridienne* de Fontainebleau, et confirmé par une autre ligne latérale à l'ouest de la première (¹).

Nous ne citons donc point ces résultats pour en montrer l'exacte préci-

---

(¹) L'erreur de la base de Perpignan a été reconnue de 1ᵐ,82 ; cette base est égale à 11706ᵐ,4 ; il en est résulté que l'arc du méridien du Panthéon à Montjouy a été trouvé par Delambre trop court de 33ᵗ,3. Bouguer n'a trouvé que 65 centimètres d'erreur sur la base du Pérou, calculée par une série de 28 triangles, couvrant un arc qui excède 350000 mètres.

sion, mais plutôt comme un exemple du soin qu'on doit apporter dans la mesure des bases, et de l'attention qu'on doit avoir pour se mettre en garde contre des conséquences prématurées sur le bon ou mauvais succès des opérations.

Sept bases ont été mesurées en France, et nous donnerons plus tard les résultats des comparaisons qu'elles ont conduit à faire, en calculant chacune par les autres, à l'aide de la chaine de triangles qui les lie entre elles. On y reconnaîtra des erreurs si petites, qu'on est plutôt induit à les attribuer à des causes dont nous parlerons qu'à des vices de l'opération même. Ces beaux travaux font le plus grand honneur aux habiles ingénieurs qui en ont été chargés (*voir* la *Nouvelle description géométrique de la France,* p. 458, où la base mesurée dans les Landes de Bordeaux est comparée à celle qu'Oriani a mesurée près du Tésin.)

137. Réduction à l'horizon, excès sphérique. — Les triangles géodésiques sont situés dans l'espace; l'observation a fait connaître leurs angles : il s'agit de les projeter sur la surface de niveau des mers, où notre base a déjà été évaluée. Soit O (*fig.* 69) une station d'où l'on découvre les signaux M et N, et l'on a mesuré l'angle $MON = O$, qu'on veut projeter sur l'horizon selon mOn. Abaissons de M et N les verticales Mm, Nn sur la surface de niveau Omn; il s'agit de calculer l'angle $mOn = O'$, projection de l'angle O.

Les plans verticaux MOm, NOn se coupent suivant la ligne OZ qui va au zénith Z, et déterminent avec le plan MON un trièdre, et par conséquent un triangle sphérique ABC, dont les trois côtés sont connus. En effet, l'arc $AB = O = $ l'angle MON; et l'on a pu, du point O, mesurer les distances zénithales $MOZ = z'$, $NOZ = z$. Ces plans verticaux font ensemble l'angle dièdre MOZN, mesuré par l'angle mOn qui est la projection O' qu'on cherche. La résolution de ce triangle sphérique (n° 76) donne

$$\sin^2 \frac{1}{2} O' = \frac{\sin (p - z) \, \sin (p - z')}{\sin z \, \sin z'}, \quad 2p = z + z' + O.$$

Ainsi l'on saura projeter chaque angle des triangles, et ramener ceux-ci à des triangles sphériques très-peu courbes, tracés sur le sphéroïde terrestre.

138. Mais il arrive presque toujours que les stations sont si éloignées et si peu élevées, que les différences de niveau sont très-petites, et les valeurs angulaires z et z' très-voisines de 90 degrés. Le dénominateur de notre formule est donc très-près de 1, et le calcul manque de précision. Faisons

$$z = 90° - h, \quad z' = 90° - h',$$

h et h' seront les *hauteurs* des stations M et N (*fig.* 69) vues de O, savoir

$$\mathrm{NO}n = h, \quad \mathrm{MO}m = h'.$$

L'équation fondamentale (3), p. 64, devient ici

$$\cos \mathrm{O} = \sin h \sin h' + \cos h \cos h' \cos \mathrm{O}'.$$

Mais, h et h' étant très-petits, on en peut négliger les quatrièmes puissances, et poser

$$\sin h = h - \frac{1}{6} h^2, \quad \cos h = 1 - \frac{1}{2} h^2,$$

d'où

$$\sin h' \sin h = hh', \quad \cos h \cos h' = 1 - \frac{1}{2}(h^2 + h'^2),$$

et

$$\left[1 - \frac{1}{2}(h^2 + h'^2) \right] \cos \mathrm{O}' = \cos \mathrm{O} - hh'.$$

Pour dégager $\cos \mathrm{O}'$ de son coefficient, il faut multiplier le second membre par la puissance -1 de $1 - \frac{1}{2}(h^2 + h'^2)$, ou par $1 + \frac{1}{2}(h^2 + h'^2)$,

$$\cos \mathrm{O}' = \cos \mathrm{O} - hh' + \frac{1}{2}(h^2 + h'^2) \cos \mathrm{O}.$$

Au lieu de chercher O', il est plus commode de chercher le petit arc δ dont O' surpasse O, savoir :

$$\mathrm{O}' = \mathrm{O} + \delta, \quad \cos \mathrm{O}' = \cos \mathrm{O} - \delta \sin \mathrm{O};$$

nous négligeons ici les puissances de δ, parce qu'on va voir que δ est du second ordre. En comparant ces valeurs de $\cos \mathrm{O}'$, il vient

$$\delta \sin \mathrm{O} = hh' - \frac{1}{2}(h^2 + h'^2) \cos \mathrm{O}.$$

Or faisons

$$\sin O = 2 \sin \tfrac{1}{2} O \cos \tfrac{1}{2} O, \quad \cos O = \cos^2 \tfrac{1}{2} O - \sin^2 \tfrac{1}{2} O;$$

puis multiplions le terme hh' par $\cos^2 \tfrac{1}{2} O + \sin^2 \tfrac{1}{2} O$, qui est $= 1$; il viendra, toutes réductions faites, en exprimant en secondes les petits arcs δ, h et h' (c'est-à-dire en les multipliant par $\sin 1''$, p. 34),

$$(\mathrm{A}) \qquad \delta = \left(\frac{h + h'}{2}\right)^2 \sin 1'' \, \mathrm{tang} \, \tfrac{1}{2} O - \left(\frac{h - h'}{2}\right)^2 \sin 1'' \cot \tfrac{1}{2} O,$$

avec

$$O' = O + \delta.$$

Le calcul donnera le nombre de secondes de l'arc δ et son signe : ce sera la correction que doit subir l'angle observé O dans l'espace, pour être réduit à sa projection sur l'horizon.

Lorsque l'angle O est mesuré avec un théodolite, aucun calcul n'est nécessaire, et l'instrument donne cet angle tout réduit, ou O'.

Prenons pour exemple les signaux *Aubassin* et *la Bastide*, vue de *Puy-Violan*, à 10 lieues de Rodez (*Système métrique*, t. I, p. 268).

On a observé l'angle

$$O = 51°9'29'',744,$$

et les arcs de hauteur

Aubassin .... $h = -1°32'45''$ $\quad \tfrac{1}{2}(h + h') = -1°19'57'',5 = -4797'',5$

La Bastide .. $h' = -1.7.10$ $\quad \tfrac{1}{2}(h - h') = -0.12.47,5 = -767'',5$

2 log 4797,5.....	7,3620300	2 log 767'',5.....	5,7701568—
sin 1''..........	$\overline{6}$,6855749		$\overline{6}$,6855749
tang $\tfrac{1}{2}$O........	$\overline{1}$,6800380	compl..........	0,3199620
	1,7276429		0,7756937—
	+ 53'',412		— 5'',966
	— 5,966	$\Big\} = \delta$	

$$O = 51°\,9'\,29{,}744 \quad \text{angle observé,}$$

$$O' = 51.10.17,190 \quad \text{angle réduit à l'horizon.}$$

Comme ces calculs doivent être répétés sur tous les angles du réseau, on les abrége en construisant une Table des logarithmes de $\frac{1}{2} a^2 \sin 1''$ $\left(\text{coefficient de tang et cot} \frac{1}{2} O \right)$ pour toutes les valeurs de a, arc exprimé par son nombre de secondes (*voir* Table I).

On y entrera deux fois, l'une avec le nombre $a = h + h'$, l'autre avec $a = h - h'$. L'interpolation sera souvent nécessaire pour donner les valeurs de ce facteur; il ne restera qu'à y ajouter les log tang et cot $\frac{1}{3} O$, et l'on aura ainsi les nombres de secondes représentant les deux termes de notre formule; on prendra le dernier en —. Dans l'exemple ci-dessus on a

$$h + h' = 9595'' \ldots \quad 2,047603 \qquad h - h' = 1535'' \ldots \quad 0,455729$$

$$\text{tang } \frac{1}{2} O \ldots \ldots \quad \overline{1},680038 \qquad \text{compl.} \ldots \ldots \quad 0,319962 -$$

$$1,727641 \qquad\qquad\qquad 0,775691 -$$

$$+ \ 53'', 712 \qquad\qquad\qquad - \ 5'', 966$$

Delambre et M. Puissant se servent de deux Tables pour calculer la formule (A), et n'emploient pas les logarithmes tabulaires. Nous croyons notre procédé plus simple.

139. Démontrons une propriété remarquable des triangles très-peu courbes tracés à la surface du sphéroïde terrestre. Concevons que des angles A, B, C (*fig.* 66) d'un tel triangle on ait mené des rayons au centre O de la sphère, rayons que nous représentons par R; les côtés seront a, b, c. Ces rayons OA, OB, OC déterminent un trièdre, et un autre triangle sphérique $A_1 B_1 C_1$ sur la sphère concentrique dont le rayon est $1 = OA_1$; les côtés sont a', b', c, et les angles A_1, B_1, C_1, respectivement égaux à A, B, C. Or on a [équation (3), p. 64],

$$\sin a' \sin b' \cos C = \cos c' - \cos a' \cos b',$$

$$\sin a' = \frac{a}{R} \left(1 - \frac{a^2}{6 R^2} \right), \quad \cos a' = 1 - \frac{a^2}{2 R^2} + \frac{a^4}{24 R^4}.$$

En effet, on doit substituer dans les développements, p. 32, des sinus et cosinus, pour a', b', c', leurs valeurs $\frac{a}{R}$, $\frac{b}{R}$, $\frac{c}{R}$; de plus, on est en droit de négliger les cinquièmes puissances de ces fractions, puisque les arcs sont fort petits par rapport à R. En substituant, développant les produits, on trouve, au cinquième ordre près,

$$ab\left(1 - \frac{a^2 + b^2}{6R^2}\right)\cos C = \frac{a^2 + b^2 - c^2}{2} + \frac{c^4 - a^4 - b^4 - 6a^2b^2}{24R^2}.$$

Divisant tout par le coefficient de $\cos C$ ou multipliant par sa puissance -1, qui est

$$(ab)^{-1}\left(1 + \frac{a^2 + b^2}{6R^2}\right),$$

on a, en négligeant le cinquième ordre,

$$\cos C = \frac{a^2 + b^2 - c^2}{2ab} + \frac{(a^2 + b^2 - c^2)^2 - 4a^2b^2}{24\,ab\,R^2}.$$

Cela posé, concevons un triangle rectiligne A'B'C' formé de côtés a, b, c ayant mêmes longueurs que ceux de notre triangle courbe ABC. Pour déterminer l'un des angles C' de ce nouveau triangle, nous avons [équation (25), p. 35]

$$\cos C' = \frac{a^2 + b^2 - c^2}{2ab},$$

$$\cos^2 C' = 1 - \sin^2 C' = \frac{(a^2 + b^2 - c^2)^2}{4\,a^2 b^2};$$

puis

$$- 4a^2b^2 \sin^2 C' = (a^2 + b^2 - c^2)^2 - 4a^2b^2.$$

Or ce deuxième membre est précisément le numérateur de la deuxième fraction ci-dessus; donc, S désignant la surface du triangle rectiligne, savoir $S = \frac{1}{2}ab\sin C'$, on a

$$\cos C = \cos C' - \frac{ab\sin^2 C'}{6R^2} = \cos C' - \frac{S}{3R^2}\sin C'.$$

Comme le triangle proposé ABC et le triangle rectiligne A'B'C' ont à fort peu près même surface, on peut indifféremment prendre S pour l'aire de l'un ou de l'autre de ces triangles.

Désignons par δ la petite différence entre les angles correspondants C et C', ou

$$C = C' + \delta;$$

F. — *Géodésie.* 9

d'où

$$\cos C = \cos C' - \delta \sin C'.$$

On en tire, en comparant cette équation à la précédente,

$$\delta = \frac{S}{3\,R^2}.$$

Ce dernier terme étant une fonction symétrique des côtés a, b, c, il est évident qu'on a pareillement

$$B = B' + \frac{S}{3\,R^2}, \quad A = A' + \frac{S}{3\,R^2},$$

et, faisant la somme de ces trois équations, à cause de

$$A' + B' + C' = 180°,$$

on a

$$A + B + C = 180° + \frac{S}{R^2}.$$

Donc *la somme des trois angles de tout triangle sphérique très-peu courbe surpasse* 180 *degrés d'une petite quantité qui est*

$$\varepsilon = \frac{S}{R^2};$$

cette quantité ε est ce qu'on appelle l'*excès sphérique*. En l'exprimant en secondes (p. 34), on a

$$(B) \qquad \varepsilon = \frac{S}{R^2 \sin 1''} = \frac{ab \sin C}{2\,R^2 \sin 1''} = kab \sin C,$$

en posant le coefficient constant

$$k = \frac{1}{2\,R^2 \sin 1''}, \quad \log k = \overline{9},40545.$$

Nous montrerons bientôt l'usage de cet excès sphérique, et nous enseignerons à en calculer la valeur. On prend ici $R = 6367524^{\text{m}}$. Nous donnerons (n° 147) les moyens de calculer la valeur de R qui convient à différents lieux de la Terre, et l'on en déduira facilement la valeur correspondante de la constante k. Au reste, la recherche de la grandeur de R sera l'un des principaux sujets que nous nous proposons de traiter.

140. Donc aussi *il existe toujours un triangle rectiligne qui a les mêmes côtés a, b, c qu'un triangle sphérique très-peu courbe, et les angles de ce dernier sont chacun plus grands que son correspondant dans l'autre, d'une petite quantité égale au tiers de l'excès sphérique ε.*

Par conséquent, si l'on retranche $\frac{1}{3}$ ε de chaque angle sphérique, le triangle ABC sera changé en un autre rectiligne A'B'C' formé des mêmes côtés, et, dans le calcul de ces côtés, on pourra substituer celui-ci à l'autre. On y connaît toujours un côté et les angles, et les formules de la Trigonométrie rectiligne feront connaître les deux autres côtés qui sont aussi ceux du triangle sphérique.

Ce théorème est dû à Legendre.

141. D'après cela, les angles observés dans l'espace étant réduits au centre de station (n° 119), puis à l'horizon (n° 138), si l'on fait la somme des trois angles, on trouvera qu'elle excède 180 degrés; cette différence est due à deux causes : les erreurs d'observation et l'excès sphérique. Ce qu'on peut supposer de plus vraisemblable, c'est de regarder les erreurs comme égales sur chaque angle, et comme il faut aussi répartir l'excès sphérique par tiers, il est évident qu'on devra réduire à 180 degrés la somme des trois angles, en retranchant de chacun le tiers de la quantité qui excède 180 degrés dans la somme des trois angles sphériques. On pourra alors supposer que le triangle est rectiligne, et en chercher les deux côtés inconnus, parce que ceux-ci ont même longueur que ceux du triangle sphérique proposé. La résolution se fait par l'équation (24), p. 35,

$$b \sin A = a \sin B, \ldots$$

Le premier triangle, dont on a un côté qui est la base mesurée et réduite au niveau des mers, aura ainsi ses deux autres côtés connus. Les triangles voisins qui s'appuient sur ces côtés auront aussi tous les côtés connus par un calcul semblable, et ainsi des autres de proche en proche ; en sorte qu'on connaîtra les angles et les côtés de tous les triangles du réseau réduits au niveau des mers.

142. Voici un exemple tiré du *Système métrique,* t. I, p. 477, et t. II, p. 836, 113ᵉ triangle.

STATIONS.	ANGLES observés et corrigés.	ARCS de hauteur.	RÉDUCTION à l'horizon.		TRIANGLE rectiligne.	CÔTÉS.
			$\delta =$	angles		
Rodos...	$A = 61.32.80,59$	$\begin{cases} h = & 1.\ 0.10,92 \\ h' = & -0.\ 7.49,54 \end{cases}$	$-26,78$	$53,81$	$A' = 61.32.51,49$	$a = 39561,$
Matas....	$B = 56.38.33,34$	$\begin{cases} h = & -0.41.50.68 \\ h' = & -0.57.31,91 \end{cases}$	$+21,44$	$54,78$	$B' = 56.38.52,46$	$b = 37585,$
Mt Serrat.	$C = 61.48.10,61$	$\begin{cases} h = & 0.25.11,90 \\ h' = & 1.15.42,97 \end{cases}$	$+\ 7,77$	$18,38$	$C' = 61.48.16,05$	$c = 39656,$
				$6,97$	$180.\ 0.\ 0,00$	

Tiers $= 2,32$ à retrancher de chaque angle

La première colonne contient les noms des stations; la deuxième les
angles qu'on y a observés dans l'espace, mais réduits à l'axe du signal
(n° 117); la troisième donne des arcs de hauteurs des sommités, afin d'en
déduire les corrections pour réduire à l'horizon (n° 138); la quatrième
donne ces corrections; la cinquième les angles réduits (leurs nombres de
secondes seulement, les degrés et minutes étant les mêmes que dans la
deuxième colonne). Au reste, on verra par l'exemple suivant que cette
cinquième colonne est inutile à former; nous ne l'avons écrite que pour
donner tous les détails du calcul. On trouve que la somme des trois angles
réduits surpasse 180 degrés de $6'',97$, dont le tiers est $2'',32$. En retranchant ce nombre de chacun des angles réduits, on ramène le triangle à être
rectiligne, tel qu'on en voit les angles, sixième colonne. La septième
contient les trois côtés, dont le premier a est donné, et dont les autres
résultent du calcul suivant :

$$
\begin{array}{llll}
a\ldots\ldots\ldots & 4,5972705 & & 4,5972705 \\
\sin B'\ldots\ldots & \bar{1},9218465 & \sin C'\ldots\ldots & \bar{1},9151436 \\
\sin A'\ldots\ldots & -\bar{1},9440944 & & -\bar{1},9440944 \\
\hline
b\ldots\ldots\ldots & 4,5750226 & c\ldots\ldots\ldots & 4,5983197
\end{array}
$$

$$b = 37585^{m},70 \qquad\qquad c = 39656^{m},98$$

143. Voici encore un exemple tiré des opérations de M. Corabœuf, dans les Pyrénées, pour le Dépôt de la Guerre.

STATIONS.	ANGLES observés.	HAUTEUR des signaux.	RÉDUCT. à l'horizon $\delta =$	TRIANGLE rectiligne.	CÔTÉS.
Bugarach..	$A = 51.27.\ 3,47$	$\begin{cases} h = -1.\ 5.25,61 \\ h' = -2.25.28,21 \end{cases}$	$+ 35,45$	$A' = 51.27.38,96$	$a = 39186,76$
La Madrès.	$B = 94.26.41,83$	$\begin{cases} h = +2.37.58,15 \\ h' = +0.19.49.73 \end{cases}$	$+ 72,06$	$B' = 94.27.53,93$	$b = 49947,24$
Pic d'Appi.	$C = 34.\ 6.12,63$	$\begin{cases} h = -0.\ 1.49,21 \\ h' = -1.28.18,70 \end{cases}$	$-105,57$	$C' = 34.\ 4.27,11$	$c = 28069,91$
	$179.59.57,93$		$+ 1,94$	$180.\ 0.\ 0,00$	
	$+ 1,94$	Réductions à l'horizon.			
	$179.59.59,87$	Somme des angles réduits.			
	$+ 0,13$	Différence à 180 degrés.			
	$+ 0,04$	Tiers à ajouter à chaque angle réduit.			

La première colonne contient les noms des stations; la deuxième les angles observés, mais réduits à l'axe du signal (n° 117); la troisième les hauteurs des signaux pour opérer les réductions à l'horizon ou corrections δ qui sont dans la quatrième colonne (n° 138), c'est-à-dire qu'il faut ajouter ces corrections δ aux angles observés (deuxième colonne) pour avoir les angles réduits à l'horizon, ou les angles du triangle sphérique très-peu courbe. La somme des angles réduits devrait surpasser 180 degrés; mais, en ajoutant toutes les trois réductions, ou leur somme + 1,94, à celle des trois angles observés, on a la somme des angles réduits; et comme cette somme est < 180°, on reconnaît une légère erreur dans les observations qui a absorbé l'excès sphérique et un peu plus, savoir 0″,13 : le tiers 0,04 doit donc être ajouté à chaque réduction à l'horizon. Telles sont les corrections qu'il faut faire subir aux angles observés, et l'on obtient les angles du triangle rectiligne de la cinquième colonne. Enfin, connaissant un côté, le calcul donne les deux autres côtés, comme ci-devant, et le triangle sphérique est connu en totalité.

144. Dans ces opérations, il n'est pas nécessaire, comme on voit, de calculer l'excès sphérique ε, parce qu'il est compris dans le calcul même avec les erreurs d'observation. Mais, lorsqu'il s'agit d'obtenir les azimuts des côtés, les longitudes et latitudes des stations, et la longueur d'un arc de méridien terrestre, on ne peut plus se dispenser de connaître ε et de faire la part des erreurs séparément. Faisons donc voir comment on peut calculer ε. D'ailleurs, dans les méthodes qui seront exposées, cette opération est indispensable.

On commence par chercher approximativement les côtés du triangle, en considérant les angles A, B, C réduits à l'horizon, comme ceux d'un triangle rectiligne, et la surface de celui-ci comme égale à celle du triangle sphérique $S = \frac{1}{2} ab \sin C$. Tout sera donc connu dans l'équation (B), sauf le rayon terrestre R, dont nous assignerons bientôt la valeur. En adoptant celle du n° 147 qui convient à la France, on a

$$\varepsilon = kab \sin C, \quad \log k = \begin{cases} \text{en mètres} \ldots\ldots \overline{9},40545 \\ \text{en toises} \ldots\ldots \overline{9},98509 \end{cases}$$

Comme le coefficient k est fort petit, il n'est pas nécessaire de faire le calcul avec beaucoup de précision, parce que les erreurs sont rejetées sur des décimales plus éloignées que celles qu'on conserve au nombre ε (trois au plus). Nous donnons ici le calcul pour le premier des deux exemples qui précèdent. Nous trouvons $\varepsilon = 3'',34$.

$$
\begin{aligned}
a &\ldots\ldots\ldots \quad 4,59727 \\
b &\ldots\ldots\ldots \quad 4,57502 \\
\sin C &\ldots\ldots \quad \overline{1},94514 \\
k &\ldots\ldots\ldots \quad \overline{9},40545 \\
\hline
&\quad 0,52288 \ldots\ldots \varepsilon = 3'',34.
\end{aligned}
$$

Ce devrait être l'excès sur 180 degrés de la somme des trois angles réduits; mais, comme on trouve $6'',97$ pour cet excès, on reconnaît qu'il y a $3'',63$ d'erreur dans les observations, savoir $1'',21$ sur chaque angle, outre $1'',11$, provenant de l'excès sphérique.

Ce triangle, l'un des plus grands qu'on ait formés, a ses côtés d'environ 40000 mètres; c'est à peu près tout ce que permet la portée des lunettes;

et cependant l'excès sphérique y est bien faible. On prendra donc confiance aux calculs qu'on fera sur des triangles moindres. Au reste, il y a un triangle, *Desierto, Mongo* et *Campvey*, qui joint les îles Baléares à la côte d'Espagne, et qui est plus grand encore ; son excès sphérique est de 39 secondes.

145. Il convient de réduire la formule (B) en Table, pour abréger les calculs de l'excès sphérique, qui se répètent souvent. Voici comment on s'y prend : soit ABC (*fig.* 32) le triangle rectiligne dont on demande la surface S. La perpendiculaire AD sur la base BC décompose cette aire en ABD + ACD ; or on a

$$DC = b \cos C, \quad AD = b \sin C,$$

$$ACD = \frac{1}{2} b^2 \sin C \cos C = \frac{1}{4} b^2 \sin 2 C.$$

De même on trouve

$$ABD = \frac{1}{4} c^2 \sin 2 B,$$

et, par conséquent,

$$\varepsilon = 2 k S = \frac{1}{2} k \left(b^2 \sin 2 C + c^2 \sin 2 B \right).$$

Or imaginons qu'on ait construit une Table à double entrée, donnant toutes les valeurs de $\frac{1}{2} k b^2 \sin 2 C$, pour tous les angles C de degré en degré, et toutes celles de b de 1000 en 1000 mètres; on en tirera tout de suite les deux termes de ε, en entrant tour à tour dans cette Table avec les nombres b et c, et les angles respectifs C et B (toujours un côté et l'angle adjacent). La somme des deux résultats est ε. C'est ainsi qu'est construite la Table IV de la *Géodésie* de M. Puissant. On a soin de prendre pour B et C les deux plus petits angles du triangle, afin d'éviter le cas où la perpendiculaire AD tombe hors du triangle.

On peut encore faire une Table des valeurs de $\varepsilon = 2 k S$, en prenant pour arguments la base B et la hauteur H du triangle, savoir

$$S = \frac{1}{2} BH, \quad \varepsilon = k BH.$$

On mesure avec un compas sur la carte la base et la hauteur du triangle, et ces données ont une exactitude suffisante pour ce genre de calculs, parce que ε varie très-lentement pour de grands changements de B et de H attendu que k est extrêmement petit. C'est la Table V de M. Puissant. Dans le *Système métrique*, ce sont les Tables V et VI du tome Ier. Nous avons jugé inutile de les reproduire ici.

146. On a souvent besoin de *réduire en secondes un arc de la surface terrestre* horizontal, donné, soit en toises, soit en mètres, ou réciproquement. Voici comment on opère :

Nous verrons bientôt comment on est parvenu à déterminer par expérience la longueur de l'arc de 1 degré terrestre. En prenant l'arc de méridien qui traverse la France, par exemple, on trouve

$$\text{Degré du méridien en France.....} \quad 57020' = 111134^{\mathrm{m}}.$$

Or, si 3600 secondes ont cette longueur, quelle est celle de 1 seconde ? D'où

$$\text{Longueur de l'arc de } 1'' = i = 15',83889 = 30^{\mathrm{m}},87057,$$

$$\log i = \begin{cases} \text{en toises...} & 1,1997247 \quad \text{compl.} = \overline{2},8002753 \\ \text{en mètres..} & 1,4895447 \quad \text{compl.} = \overline{2},5104553 \end{cases}$$

$$\text{(C)} \qquad \text{Longueur de l'arc de } n \text{ secondes.....} \quad S = in,$$

équation qui fait connaître l'un des nombres S ou n, l'autre étant donné.

Mais, comme la longueur de l'arc de 1 degré du méridien varie avec les lieux, parce que la Terre n'est pas sphérique, on ne peut appliquer cette valeur de i qu'à la France. En d'autres contrées, le degré terrestre sera représenté par $57020' + x$, et, quand on connaîtra x, on aura, pour la longueur de l'arc de 1 seconde,

$$i' = i + \frac{x}{3600};$$

l'arc de n secondes sera donc

$$S' = i'n = in + \frac{nx}{3600}.$$

Si l'on veut opérer par logarithmes, on a

$$\log i' = \log i + \log\left(1 + \frac{x}{3600\,i}\right),$$

et développant, M étant le module (p. 4),

$$\log i' = \log i + \frac{M x}{3600\, i} = \log i + \frac{M x}{57020},$$

donc

$$\log i' = \log i + Q x,$$
$$\log S' = \log S + Q x;$$

En toises..... $Q = \dfrac{M}{57020} = 0,00000\ 762,$ $\log = \bar{6},8817570,$

En mètres.... $Q = 0,00000391,$ $\log = \bar{6},5923283.$

Ainsi l'on calculera l'arc s comme s'il était en France, et l'on ajoutera à $\log S$ la correction $Q x$, produit du facteur constant Q, par l'excès x (positif ou négatif) du degré dans le pays dont il s'agit sur le degré de France.

147. Il est facile de déduire de ces calculs la longueur du rayon terrestre R, qui convient à une sphère sensiblement coïncidente avec la surface de niveau de la contrée dont il s'agit; car la circonférence R est

$$2\pi R = 57020^{t} \times 360^{\circ}, \quad \text{ou bien} \quad 111134^{m} \times 360^{\circ},$$

quand c'est celle d'un méridien de France. On en tire

$$R = \begin{cases} \text{toises}\ldots\ \ 3267005 \quad \log = 6,5141498, \\ \text{mètres}\ldots\ \ 6367509 \quad \log = 6,8039696. \end{cases}$$

Mais, en d'autres pays, le degré étant différent, le rayon n'est pas le même. On trouve

$$2\pi R' = (57020 + x)\, 360^{\circ}, \quad R' = R + \mu x,$$

en conservant à μ degrés la valeur donnée (p. 34), où $\mu = \dfrac{1}{\text{arc } 1^{\circ}} = \dfrac{180^{\circ}}{\pi},$

$$R' = R + \mu x.$$

Et si l'on veut $\log R$, on prendra les logarithmes des deux membres

$$\log R' = \log R + \log\left(1 + \frac{\mu x}{R}\right) = \log R + \frac{M \mu x}{R},$$

$$\log R' = \log R + \frac{M \cdot 180^{\circ} x}{\pi R} = \log R + \frac{M x}{57020} = \log R + Q x.$$

La correction Qx que doit éprouver $\log R$ pour devenir $\log R'$ est la même que pour l'arc du méridien.

Nous reviendrons plus tard sur la détermination des valeurs de S, S', R et R', quand nous aurons trouvé la forme et les dimensions du globe terrestre, et nous exprimerons l'arc du méridien et son rayon en fonction de l'aplatissement et de la latitude du lieu.

Autres procédés pour calculer les côtés des triangles.

148. Nous avons dit qu'on ramenait tous les triangles observés à leur projection sur la surface du niveau des mers; on a ainsi une chaîne de triangles assez petits pour qu'on puisse regarder chacun comme sphérique, où l'on connaît un côté et les trois angles. Au lieu de réduire ces triangles à d'autres rectilignes, comme on vient de le faire, on peut les résoudre en les supposant tracés à la surface d'une sphère, de rayon connu R. C'est le deuxième procédé que nous exposerons.

Après avoir calculé l'excès sphérique, pour évaluer les erreurs d'observation, on corrigera celles-ci en les apportant par tiers aux trois angles du triangle, qui ne seront alors affectés que de l'excès sphérique; puis on résoudra le triangle par la règle des quatre sinus [équation (5), p. 65].

Mais le calcul est plus simple et plus exact en développant en séries les sinus des petits arcs a, b, c. On a, au quatrième ordre près,

$$\sin a = a \left(1 - \frac{a^2}{6\,R^2} \right),$$

$$(D) \qquad \log \sin a = \log a - ka^2,$$

en faisant

$$k = \text{const.} = \frac{M}{6\,R^2}.$$

On trouve, en prenant la valeur de R du n° **147**, qu'en France on a

$$\text{En toises.....} \quad \log k = \overline{15},8133\,16$$
$$\text{En mètres....} \quad \log k = \overline{15},2516916$$

L'équation (D) donne $\sin a$ lorsque le côté a est connu par sa longueur métrique; on a ensuite

$$(E) \qquad \sin b = \frac{\sin B}{\sin A} \sin a,$$

équation qui donne $\sin b$; enfin le côté b se trouve en mètres ou en toises
par l'équation suivante, qu'on tire de (D) :

(F) $$\log b = \log \sin b + k \sin^2 b.$$

Par exemple, pour le premier triangle résolu ci-devant (p. 131), où l'on
a reconnu $3'',63$ d'erreur d'observation et $a = 39561^m,29$, on retranchera
$1'',21$ de chaque angle, réduit à l'horizon :

Rodos.......	$A = 61°32'52'',60$	a^2......	$9,19454$
Matas.......	$B = 56°38'53'',57$	k.......	$\overline{15},25169-$
Mont-Serrat..	$C = 61°48'17'',17$	-28......	$6,44623-$
		Correction de $\log a = -0,0000028$	
a..........	$4,5972676$	a..........	$4,5972676$
$\sin C$.......	$\overline{1},9451448$	$\sin B$........	$\overline{1},9218480$
$\sin A$........	$-\overline{1},9440956$	$\sin A$........	$-\overline{1},9440956$
$\sin c$........	$4,5983168$	$\sin b$........	$4,5750200$

Il reste à exprimer en mètres les arcs b et c :

k............	$\overline{15},25169$		$\overline{15},25169$
$\sin^2 b$........	$9,15004$	$\sin^2 c$.......	$9,19663$
	$\overline{6},40173$		$\overline{6},44832$
Corrections...	$0,0000025$		$0,0000028$
$\sin b$........	$4,5750200$	$\sin$........	$4,5983168$
$\log b$........	$4,5750225$	$\log c$.......	$4,5983196$

Ce sont précisément les logarithmes obtenus p. 132.

149. On peut encore modifier l'équation (F) ; car on a

$$\cos b = 1 - \frac{b^2}{2\,R^2},$$

d'où

$$(\cos b)^{\frac{1}{3}} = 1 - \frac{b^2}{6\,R^2}, \quad \frac{1}{3}\log \cos b = -\frac{M\,b^2}{6\,R^2} = -kb^2 ;$$

partant l'équation (D) devient

(G) $$\log b = \log \sin b - \frac{1}{3}\log \cos b.$$

Au reste, on peut remarquer que tous les calculs qu'on fait pour appliquer la théorie de l'excès sphérique, due à Legendre, se retrouvent ici, et qu'on en fait quelques-uns de plus. Le procédé qui vient d'être exposé est donc moins simple que le premier : il a plus de précision; mais on n'y doit recourir que pour les triangles très-étendus, et encore il est douteux que les résultats soient différents de ceux de la première méthode.

150. Il convient d'examiner maintenant le procédé de Delambre, parce que ce procédé a été suivi dans la *Base du système métrique*. Il consiste à ramener par le calcul les triangles, déjà rendus sphériques par leur réduction à l'horizon, à des triangles rectilignes formés par les cordes des arcs ou côtés de ces triangles très-peu courbes. On a de la sorte un polyèdre à faces triangulaires inscrit au globe terrestre, et dont les sommets sont situés à la surface du niveau des mers. Comme il y a très-peu de différence entre chaque arc terrestre et sa corde, de petites corrections, faciles à faire, donnent les arcs par les cordes, et réciproquement.

151. Cherchons d'abord (*fig.* 80) la corde $G k H = k$ d'un arc $G \varphi H = \varphi$ dont la longueur est connue, et réciproquement cette longueur φ, quand celle k de la corde est donnée, le rayon du cercle étant $IG = R$. Prenons le rayon $IL = 1$, la corde $LO = \alpha$ de l'arc a est (p. 35, n° 35)

$$\alpha = 2 \sin \tfrac{1}{2} a.$$

Mais on a

$$\sin \tfrac{1}{2} a = \frac{a}{2} - \frac{a^3}{2^3.2.3} + \frac{a^5}{2^5.2.3.4.5} - \dots,$$

d'où

$$\alpha = a - \frac{a^3}{24} + \frac{a^5}{1920} - \dots.$$

Mais on a aussi

$$IL : LO :: IG : GH,$$

savoir

$$1 : \alpha :: R : k \quad \text{et} \quad 1 : a :: R : \varphi;$$

ainsi il faut changer a en $\dfrac{\varphi}{R}$, et α en $\dfrac{k}{R}$; donc

$$(\text{II}) \qquad k = \varphi - \frac{\varphi^3}{24\,R^2} + \frac{\varphi^5}{1920\,R^4} - \dots,$$

et, lorsque le rayon est très-grand,

$$\text{Excès d'un arc sur sa corde....} \quad \varphi - k = \frac{\varphi^3}{24\text{R}^2} - q\,\varphi^3,$$

$$\text{En mètres...} \quad \log q = \overline{15},0118474,$$
$$\text{En toises....} \quad \log q = \overline{15},5914874,$$

en adoptant la valeur de R qui convient à la France (n° **147**).

On a aussi

$$\varphi = k + \frac{v^3}{24\text{R}^2} - \dots,$$

et, substituant pour φ^3 sa valeur approchée k^3,

$$(1) \qquad \varphi = k + \frac{k^3}{24\text{R}^2}.$$

Ainsi, quand on connaîtra l'une de ces deux quantités, un arc terrestre φ ou sa courbe k, on pourra calculer l'autre.

$$\text{Soit, par exemple...} \quad \varphi = 39561^m,290 \qquad \varphi^3 \dots \dots \quad 13,79181$$
$$- 0^m,064 \qquad\qquad\qquad \overline{15},01185$$
$$\text{Corde de l'arc } a \dots \quad k = 39561^m,236 \qquad 0^m,064\dots \quad \overline{2},80366$$
$$\varphi - k = 0,064$$

152. Dans le triangle sphérique très-peu courbe ABC (*fig.* 72), on connaît le côté a en mètres, ainsi que les trois angles : on demande quels sont les angles A′, B′, C′ et les côtés a', b', c' du triangle rectiligne formé par les trois cordes.

CZ est une verticale à angle droit (sur les arcs CA, CB, ou plutôt sur leurs tangentes en C, ZCI est de 90°). L'angle ZCn est donc

$$\text{ZC}n = 90° - \frac{1}{2}\,a,$$

puisque l'angle ICn, formé par une tangente et par une corde, a pour mesure $\frac{1}{2}$CaB ou $\frac{1}{2}a$. De même

$$\text{ZC}p = 90° - \frac{1}{2}\,b.$$

Imaginons une sphère dont le centre soit en C; sa surface coupera les arêtes du trièdre ZCAB en m, p et n, ce qui détermine un triangle sphérique *mpn*. On connaît dans ce triangle, outre l'angle $m = C$ que forment les plans ZCA, ZCB, les côtés qui comprennent cet angle, savoir :

$$mn = 90° - \frac{1}{2}\,a, \quad mp = 90° - \frac{1}{2}\,b.$$

Pour en tirer le côté $pn = C'$, qui est l'angle des cordes CA, CB, il faut résoudre ce triangle, et, comme les arcs a et b ne sont au plus que de quelques minutes, nous imiterons ici ce qui a été fait p. 124 pour réduire un angle à l'horizon.

Cherchons l'excès ε de C' sur C :

$$C' = C + \varepsilon;$$

le triangle sphérique *mnp* donne

$$\cos C' = \sin\frac{1}{2}\,a \sin\frac{1}{2}\,b + \cos\frac{1}{2}\,a \cos\frac{1}{2}\,b \cos C.$$

Or on a

$$\cos C' = \cos C - \varepsilon \sin C;$$

substituant et développant les sinus et cosinus de $\frac{1}{2}\,a$ et $\frac{1}{2}\,b$, il vient

$$\cos C - \varepsilon \sin C = \frac{1}{4}\,ab - \frac{1}{8}\,(a^2 + b^2)\cos C + \cos C,$$

$$\varepsilon \sin C = -\frac{1}{4}\,ab + \frac{1}{8}\,(a^2 + b^2)\cos C;$$

le reste du calcul est le même qu'à la page 125, et l'on a enfin

$$(L) \qquad \varepsilon = -\left(\frac{a+b}{4}\right)^2 \sin 1'' \tan\frac{1}{2}\,C + \left(\frac{a-b}{4}\right)^2 \sin 1'' \cot\frac{1}{2}\,C.$$

153. Cette valeur de ε est aussi appelée *excès sphérique*, quoiqu'elle soit tout autre que la quantité à laquelle Legendre a donné ce nom. La formule ci-dessus exprime en *secondes* la correction que doit subir, *avec son signe*, l'angle C des arcs, pour devenir celui des cordes.

On applique cette formule à chacun des angles A, B, C du triangle sphérique, et l'on obtient les angles A', B', C' du triangle rectiligne formé par les cordes des arcs. On connaît d'ailleurs l'une k de ces cordes par le calcul de l'équation (II) du n° 151, qui enseigne à la déduire de l'arc φ ou côté de triangle sphérique; ainsi l'on pourra calculer les deux autres côtés du triangle rectiligne. Ensuite on ramènera ces cordes k aux arcs φ par le même procédé [équation (1) du n° 151], et les côtés du triangle sphérique seront connus.

Tel est le procédé que Delambre a suivi dans la *Base du système métrique*. Nous allons bientôt en montrer l'application à un exemple.

Mais avant, enseignons à réduire cette formule (L) en Table, car on est obligé d'en faire le calcul pour tous les triangles du réseau. Or, en comparant cette équation à celle (A) du n° 138, on voit qu'elle est la même en signe contraire, en remplaçant h en h' par $\frac{1}{2}a$ et $\frac{1}{2}b$. Ainsi l'on entrera dans la Table I, qui donne les valeurs des quantités comprises sous la forme $\frac{1}{4}m^2\sin 1''$, avec la somme et avec la différence des arcs $\frac{1}{2}a$ et $\frac{1}{2}b$ exprimés en secondes, ou avec a et b, sauf à prendre ensuite le quart des résultats. On aura ainsi les logarithmes des coefficients de $\tan\frac{1}{2}C$ et $\cot\frac{1}{2}C$, la première négative et la seconde positive. Ainsi l'on obtiendra les deux termes de la formule (L).

154. Il faut réduire en secondes les côtés a et b de l'angle B qui fait le sujet du calcul : c'est ce qu'on fera ainsi qu'il suit.

On considérera, par approximation, le triangle sphérique proposé ABC comme rectiligne, et l'on trouvera par le calcul les côtés a, b, c, qui seront à peu près exacts; mais l'usage auquel on destine ces nombres n'exige pas qu'on les connaisse avec plus de précision, car l'erreur extrêmement petite qui affecte les longueurs de ses côtés ne peut influer sur la valeur qu'on en tirera pour ε, qui est très-petit. Au reste, on pourrait convertir en Table la formule (C) du n° 146, pour en tirer à vue les valeurs des côtés a et b en secondes.

155. L'exemple suivant est destiné à montrer comment on doit gouverner les calculs :

STATIONS.	ANGLES RÉDUITS à l'horizon.	EX. SPH. $\varepsilon =$	ANGLES des cordes.	CORDES.	ARCS en mètres.
Rodos......	$A = 61.32.53'',81$	$-1'',12$	$51'',47$	$39561,23^m$	$a = 39561,29^m$
Matas.......	$B = 56.38.54,78$	$-1,07$	$52,50$	$37585,64$	$b = 37585,70$
Mont-Serrat.	$C = 61.48.18,38$	$-1,13$	$16,03$	$39659,92$	$c = 39656,98$
Sommes...	$180.\ 0.\ 6,97$ $-3,32$	$-3,32$	$0,00$		

$+ 2,33$ dont le tiers est $-1'',22$

Otez $1'',22$ de chaque angle, outre l'excès sphérique.

La première colonne contient les noms des stations.

La deuxième, les angles observés et réduits à l'horizon, comme p. 132. On remarque que la somme excède ici 180° de 6″,97, ce qui est dû aux erreurs d'observation et à la sphéricité du triangle.

La troisième colonne contient les excès sphériques ε pour chaque angle, en prenant cette dénomination dans la nouvelle acception (n° 153); la somme de ces excès est — 3″,32. Si l'on se bornait à retrancher chaque excès de son angle correspondant, pour avoir les angles du triangle rectiligne formé par les cordes, la somme excéderait donc encore 180° de 3″,65 : c'est l'erreur des observations. Ainsi il faut en outre retrancher de chaque angle 1″,22, tiers de cette somme d'erreurs. On fait ces deux soustractions ensemble de chaque angle de la deuxième colonne, et l'on en déduit la quatrième, où nous avons jugé inutile de reproduire les degrés en minutes.

La quatrième colonne est donc formée des angles du triangle rectiligne des cordes, et la somme est de 180°.

Enfin les dernières colonnes contiennent les cordes et les côtés sphériques exprimés en mètres, tels que les donne le calcul suivant, conformément à ce qu'on a dit (n° 153). On part de la corde a' déduite du côté sphérique a, obtenue par le calcul du n° 151.

a'.....	4,5972698	....	4,5972698			
$\sin \mathrm{B}'$..	$\bar{1},9218466$	$\sin \mathrm{C}'$..	$\bar{1},9451435$	q... $\overline{15},0118$	...	$\overline{15},0118$
$\sin \mathrm{A}'$..	$-\bar{1},9440944$	......	$-1,9440944$	b'^3.. 13,7251	c'..	13,7950
b'..	4,5750220	c'.. 4,5983189		$\bar{2},7369$		$\bar{2},8068$
$b'=$	37585,64	$c'=$ 39656,92		0,055		0,064
	$+$ 0,06	$+$ 0,06		corrections de b' et c'.		
$b=$	37585,70	$c=$ 39656,98		précisément comme p. 132.		

Rectification des calculs, mesure de la méridienne.

156. Les trois méthodes qu'on vient d'exposer conduisent absolument aux mêmes résultats; Delambre les a employées concurremment comme moyens de vérification; mais la première est aujourd'hui seule en usage, parce qu'elle est la plus courte.

Lorsqu'on est parti d'un premier triangle qui a pour côté une base mesurée, on arrive enfin, par la suite des opérations, à un dernier triangle qui s'appuie sur une autre base connue. On devrait, en toute rigueur, retrouver celle-ci par le calcul; or c'est ce qui n'arrive jamais exactement. Au bout de soixante-trois triangles, Delambre a trouvé, pour la base de Perpignan, une longueur plus courte de 11,52 pouces (*voir* p. 124, n° 136) que celle qu'on avait obtenue par la mesure directe; on a depuis reconnu l'existence de quelque triangle défectueux près de Bourges.

Une partie de cette erreur pouvait être imputée aux mesures des bases; mais le soin extrême apporté dans ces opérations rend vraisemblable que les erreurs de ces bases sont fort petites. On a donc dû rejeter la pensée de partager en deux également la différence entre le résultat direct et celui du calcul, et d'altérer chaque base de la moitié de cette différence, l'une par excès, l'autre par défaut; car il est bien plus croyable que les petites erreurs qu'on a reconnues proviennent des angles et de l'accumulation des légères inexactitudes des résultats calculés.

157. Pour corriger les défauts de l'opération :

1° On a calculé tous les triangles au nord de Paris avec la base d Melun;

2° Celle-ci n'a servi à obtenir les côtés des triangles qui s'enchaînent vers le sud qu'après avoir fait une très-légère correction aux angles observés ; on ajoutait $0'',1$ aux angles opposés à chacun des côtés sur lesquels le triangle s'appuie du côté du sud, et l'on retranchait $0'',05$ à chacun des deux autres angles. Par là, le numérateur de la fraction $\dfrac{\sin A}{\sin B} \sin a$ se trouve augmenté, et le dénominateur est diminué. Ce petit changement, accroissant peu à peu les côtés dont il s'agit, conduisait à un résultat qui accordait le calcul du dernier côté avec sa mesure directe, attendu que la base calculée de Perpignan, qu'on trouvait trop courte, était légèrement accrue ;

3° Dès le 53° triangle, on n'a fait que des corrections plus petites encore, et au 58° on n'en a plus fait aucune, et l'accord s'est trouvé rétabli.

158. Ce procédé est empirique : la Commission des Poids et Mesures a demandé qu'on calculât, avec la base de Melun, tous les triangles sans altération, depuis Dunkerque jusqu'à Évaux, et les autres avec la base de Perpignan. Mais ce procédé a l'inconvénient de troubler un peu les azimuts du milieu de l'arc (*voir* le III° supplément de M. Laplace à sa *Théorie des probabilités,* où ce sujet est traité). M. Puissant propose de répartir l'erreur sur les angles observés, mais proportionnellement à leurs grandeurs respectives, et non par portions égales, ainsi qu'on l'a fait ci-devant (voir *Bulletin philomathique,* p. 17, 1824, et p. 145, 1825).

Au reste, nous avons dit (p. 124, n° 136) que l'on a reconnu une erreur notable dans les triangles de la méridienne de Delambre, d'Orléans à Bourges. La chaîne du parallèle de Paris, qui s'étend vers Brest où l'on a mesuré une base de vérification, s'accorde très-bien avec la base de Melun ; cette chaîne, qui va à Strasbourg, s'accorde aussi avec la base mesurée à Ensisheim ; et pourtant, cette multitude de triangles conduisant à des résultats toujours trop faibles pour la chaîne du parallèle de Bourges, M. Corabœuf en a conclu qu'il existait quelque erreur dans la mesure de la méridienne, ce qui a déterminé le Dépôt de la Guerre à faire mesurer une chaîne de vérification (celle de Fontainebleau). Cette opération, confiée à M. Delcros, a mis hors de doute cette erreur.

159. La mesure d'un arc de méridien est une des opérations les plus importantes en Géodésie. On ne peut nulle part mesurer directement un

arc terrestre d'une grande étendue ; et, vraisemblablement, s'il existait quelque arc assez vaste et assez horizontal pour qu'il fût possible de tracer et mesurer cet arc, sans obstacle, ce ne serait pas le moyen le plus exact d'en obtenir la longueur.

Comme les deux extrémités d'un grand arc terrestre sont fort éloignées, et que de l'une on ne peut apercevoir l'autre, on est obligé de tracer cet arc sur le sol par stations successives. Les erreurs inséparables de cette opération difficile jettent de l'incertitude sur les résultats. On préfère former un réseau de triangles dont on trouve tous les éléments ; le calcul détermine la longueur de l'arc qui traverse la chaîne d'un bout à l'autre. Des observations astronomiques font ensuite connaître les latitudes des points extrêmes, et par conséquent le nombre de degrés de l'arc terrestre mesuré. Voilà l'idée qu'il faut se faire de cette opération, qui va faire le sujet des développements que nous allons donner.

160. En un lieu quelconque, le plan vertical passant par le pôle de la Terre coupe la voûte céleste suivant un grand cercle qu'on appelle le *méridien astronomique*, parce qu'on le détermine par l'observation des astres, ainsi que nous le dirons plus tard. Ce plan coupe la surface terrestre selon une ligne qu'on nomme *méridienne du lieu*. Le plan vertical indéfini dont nous parlons coupe la surface du globe selon une courbe, prolongement de cette méridienne ; et comme les irrégularités encore inconnues de cette surface ne permettent pas d'affirmer que la verticale en l'un des points de cette courbe est dans ce même plan, on a dû s'assurer par expérience qu'il n'y avait aucune déviation, et que le globe terrestre est en effet coupé par le plan vertical d'un lieu, plan passant au pôle céleste, selon une courbe dont tous les points ont ce même plan pour méridien.

Pour tracer une méridienne sur le sol, on dispose une lunette dans ce plan, de manière à lui pouvoir donner un mouvement de bascule qui laisse l'axe optique dans le plan vertical du méridien. On remarque au loin un signal dans l'angle, et l'on s'y transporte ; en dirigeant la lunette sur le point de départ, et la réglant dans cette deuxième position, on pourra manquer un deuxième signal dans la direction opposée. On s'y placera de même pour répéter la même manœuvre, et ainsi de suite.

Comme l'axe optique est sans cesse dans le méridien de départ, la série des lignes ainsi tracées sera la méridienne primitive pliée à chaque station, dans le plan vertical, et rabattue sur le sol. Cette courbe est la méridienne du lieu de départ.

161. On conçoit que, si la forme du globe était tellement irrégulière, que la verticale de chaque point de cette courbe ainsi tracée ne fût pas dans le plan vertical primitif, et qu'il fallût se porter à droite ou à gauche pour que la verticale du lieu fût parallèle à ce plan, comme ces verticales coïncident à l'infini avec le plan primitif, ces divers points de la Terre auraient même méridien astronomique, et la courbe qui unirait ces points sur la Terre serait la méridienne prolongée, *courbe à double courbure*. L'expérience apprend qu'en effet la Terre a sa surface irrégulière, et que, si cette double courbure existe réellement, du moins elle est si faible, qu'on peut supposer, sans erreur sensible, que *les méridiennes sont des courbes planes*. Nous adopterons donc ce résultat comme un fait.

162. La *fig.* 73 représente une chaîne de triangles qu'on a choisis dans la disposition propre à offrir tous les genres d'incidence sur l'arc AV de la méridienne du point A. Cet arc est censé déterminé par des observations astronomiques qui en ont donné la direction ; A et L sont les deux stations extrêmes de la chaîne. De L on abaisse l'arc LX perpendiculaire sur la méridienne AV, et il s'agit de trouver la longueur et la graduation de AX, pour avoir l'arc du méridien terrestre compris entre les points A et L dont les latitudes sont connues. On a donc ainsi la longueur et le nombre de degrés de cet arc AX, ce qui donne celle du degré du méridien terrestre en cette contrée, etc.

Tous les triangles sont sphériques et très-peu courbes, tracés à la surface du niveau des mers, et l'arc AX est sur cette même surface. On connaît dans ces triangles les angles et les côtés, et nous verrons bientôt qu'on peut calculer les longitudes et les latitudes de tous les sommets, ainsi que les azimuts des côtés, c'est-à-dire les angles qu'ils font avec la méridienne AV, savoir les angles CAM, FMO, etc.

Prolongeons le côté CD jusqu'à sa rencontre en M avec la méridienne. Nous calculerons d'abord AM ; dans le triangle sphérique très-peu courbe ACM, nous connaissons le côté AC, l'angle $ACM = \gamma$, mesurés et réduits à l'horizon, enfin l'azimut CAM $= \alpha$, du premier côté CA, déterminé astronomiquement (n° 449). D'après la méthode de Legendre (n° 141), on trouvera l'excès sphérique ε de ce triangle ; la somme des trois angles sera

$$180 + \varepsilon = \alpha + 6 + \gamma,$$

ce qui fera connaître l'angle $M = 6$. On réduira ce triangle à un autre rectiligne $\alpha'6'\gamma'$, en retranchant $\frac{1}{3}\varepsilon$ de chacun des angles α et γ ; le supplément de leur somme à 180 degrés est l'angle $M = 6'$. On posera la proportion

$$\sin 6' : \sin \gamma' :: AC : AM = \frac{\sin \gamma'}{\sin 6'} \times AC.$$

Le calcul fera connaître en outre CM, puis $MD = CM - CD$.

On cherchera de même MO dans le quadrilatère MDFO ; car la diagonale FM partage cette figure en deux triangles DMF, MFO. On connaît dans le premier DF, DM et l'angle D, supplément de CDF ; ainsi l'on en trouvera les autres parties. Dans MFO, on connaît le côté FM et les deux angles adjacents : ainsi l'on calculera MO. Bien entendu que, dans chaque triangle, on aura égard à son excès sphérique, pour le réduire à être rectiligne.

Dans le triangle OHP, on a

$$OH = FH - FO$$

et les angles adjacents. On calculera les autres parties, donc OP.

Enfin, résolvant les triangles PHK, PKZ, ZKT, XLT, on obtiendra PZ, ZT, TX. Réunissant toutes les parties de l'arc, on aura la longueur totale AX du méridien. Il faudra que les triangles s'écartent peu de cet arc, et que surtout la dernière station L en soit très-voisine, parce que l'arc LX perpendiculaire à AV ne serait plus sensiblement parallèle à l'équateur, et les latitudes des points L et X ne seraient plus les mêmes. Au reste, nous reviendrons sur ce sujet (n° 233).

163. Ces calculs supposent que, connaissant les sinus de CM et CD, on en tire la différence DM entre ces arcs, circonstance qui revient souvent dans la suite des opérations. Il convient donc de résoudre ce problème :
Trouver le logarithme sinus de la somme ou de la différence de deux

arcs, connaissant les logarithmes sinus de ces arcs. Soient m et n deux arcs donnés. On a [équation (10), p. 32]

$$\sin m - \sin n = 2\sin\frac{1}{2}(m-n)\cos\frac{1}{2}(m+n).$$

mais $\sin\varphi = 2\sin\frac{1}{2}\varphi\cos\frac{1}{2}\varphi$, où, faisant $\varphi = m-n$,

$$\sin(m-n) = 2\sin\frac{1}{2}(m-n)\cos\frac{1}{2}(m-n).$$

Remplaçant $2\sin\frac{1}{2}(m-n)$ par sa valeur tirée de la première équation,

$$\sin(m-n) = (\sin m - \sin n)\frac{\cos\frac{1}{2}(m-n)}{\cos\frac{1}{2}(m+n)},$$

et par suite, à cause de l'équation (6), p. 32,

$$\sin(m-n) = \sin m\left(1 - \frac{\sin n}{\sin m}\right) \times \frac{1 - 2\sin^2\frac{1}{4}(m-n)}{1 - 2\sin^2\frac{1}{4}(m+n)}.$$

Prenant les logarithmes et développant [équation (22), p. 33], se bornant aux deuxièmes puissances des petits arcs m et n, il vient pour le logarithme de cette dernière fraction, à cause de l'équation (13), p. 32,

$$2\,\mathrm{M}\left[\sin^2\frac{1}{4}(m-n) - \sin^2\frac{1}{4}(m+n)\right] = 2\,\mathrm{M}\sin\frac{1}{2}m\,\sin\frac{1}{2}n;$$

rétablissant le rayon R au lieu de

$$\frac{1}{2}\frac{\mathrm{M}}{\mathrm{R}^2}\sin m\,\sin n;$$

donc enfin

$$\log\sin(m\pm n) = \log\sin m + \log\left(1\pm\frac{\sin n}{\sin m}\right)\mp\frac{\mathrm{M}}{2\,\mathrm{R}^2}\sin m\sin n.$$

M désigne le module (p. 4), R le rayon de la Terre, pour que les arcs m et n soient pris dans le cercle de rayon R.

164. Cette manière de trouver l'arc AX en mètres est due à Legendre, et comme les observations astronomiques ont fait connaître les latitudes des points extrêmes A et L, le nombre de degrés de l'arc AL est connu.

Ainsi l'on saura avec précision quelle est la longueur de l'arc de méridien dont la graduation est donnée.

Le seul défaut de ce procédé est qu'il n'est pas analytique; il faut avoir sous les yeux une figure pour gouverner les calculs. On peut d'ailleurs varier les opérations, en employant divers angles et côtés des triangles, ce qui donne une vérification des calculs, puisqu'en définitive on doit retrouver la même longueur pour l'arc AL. La précision est la même des deux parts, puisqu'on n'y introduit aucune donnée nouvelle tirée de l'observation; en sorte que, si l'on commettait quelque petite erreur de calcul, on trouverait des compensations. En déplaçant quelque peu le point M sur AL, on allongerait AM, mais on raccourcirait MO.

Au reste, nous reviendrons sur ce sujet et nous exposerons un autre procédé purement analytique, qui n'exige le secours d'aucune figure et porte avec lui sa vérification.

165. Voici l'application de cette méthode aux premiers triangles de la méridienne de France, A est Dunkerque (*fig.* 74), où l'on a mesuré l'azimut CAM $= \alpha$. Les données sont

Dunkerque A.. $\quad \alpha = \quad 16° 46' 26'',58$
Cassel C.. ACM $= \gamma = 143.13.41\ ,52$ $\Big\}$ le côté AC $= 27458^m,60$.

Le troisième angle sphérique M $= \epsilon$ du triangle ACM, considéré comme rectiligne, est à fort peu près connu, et il est facile d'en tirer l'excès sphérique $\epsilon = 0'',96$; donc

$$M = \epsilon = 180°0'0'',96 - (\alpha + \gamma) = 19°59'51'',85.$$

Pour rendre le triangle ACM rectiligne, il faut retrancher de chaque angle $\frac{1}{3}\epsilon = 0'',32$; donc ces angles deviennent :

$\alpha' = \quad 16° 46' 27'',27$	AC........... $\quad 44,386784$
$\gamma' = 143.13.31,20$	$\sin\gamma'$.......... $\quad \overline{17,771589}$
$\epsilon' = \quad 19,59.51,53$	$\sin\epsilon$.......... $-\overline{15,340026}$
AM $= 48065^m,63$	AM........... $\quad 46,818347$

On trouve de même

$$CM = 23170^m,97, \qquad \text{d'ailleurs} \quad CD = 11177,86,$$

d'où

$$DM = CM - CD = 11993^m,11.$$

Le triangle DMR, où l'on connaît DM, l'angle DMR = 6 (ou 19°57′51″,85) et MDR = 134°11′14″,78 qu'on a mesuré, donne de même

$$MR = 19745^m,90,$$

et ainsi de proche en proche. On obtiendra donc enfin la longueur de tous les arcs partiels, et par suite de la méridienne entière. Il faut observer que les angles opposés au sommet, tels que M, bien qu'étant égaux, ont des excès sphériques différents, comme étant parties de triangles différents. Ainsi, quand on réduit aux triangles rectilignes, ces angles cessent d'être égaux.

166. C'est ainsi qu'on a trouvé l'arc de méridienne qui traverse la France, depuis Dunkerque jusqu'au parallèle de Montjouy, près de Barcelonne : cet arc est de 551584ᵗ,7. Le mètre était alors inconnu, et c'est la toise qu'on a employée à cette mesure. Cette distance équivaut à 1075059 mètres.

L'arc est de 9°40′24″,24.

En outre, on a calculé des arcs compris entre les parallèles de quelques stations dont on avait trouvé les latitudes ; ce qui a permis de comparer entre elles les longueurs des degrés à ces latitudes. Nous reviendrons sur ce sujet, lorsque nous aurons développé la théorie de la figure de la Terre (n° 187).

167. Depuis les premières opérations, on en a entrepris de nouvelles pour prolonger l'arc du méridien.

1° Le général Roy l'a étendu jusqu'à Greenwich, près de Londres. Le travail de ce savant, exécuté avec un soin extrême, et des instruments différents des nôtres, s'accorde à donner aux triangles du nord de la France exactement les mêmes éléments qu'on tire de la base de Melun, quoique ce général soit parti d'une autre base mesurée à Honslow-Heath, en Angleterre, avec la toise anglaise.

2° MM. Biot et Arago ont prolongé du côté du sud l'arc du méridien, et l'ont étendu au delà de Barcelone, jusqu'à l'île Formentera, la plus australe des Pityuses ; et M. Arago seul l'a prolongé jusqu'à Mayorque.

Nous avons déjà fait observer (n° 145) qu'il existe un triangle, le plus grand de tous ceux qu'on ait employés jusqu'ici, dont l'un des côtés a environ 160900 mètres (40 ½ lieues). L'excès sphérique est de 39 secondes, et l'erreur des observations seulement de 1″,594. Cette opération est une des plus belles et des plus précises qui aient été exécutées.

On a

$$\begin{array}{ll}
\text{Latitude de Greenwich}\ldots & 51°28'39'',5 \\
\text{»\quad de Formentera}\ldots & 38.39.56,0 \\
\hline
\text{Arc de méridien de}\ldots\ldots & 12°48'43'',5
\end{array}$$

C'est le septième du quart du méridien de Paris, mesuré dans une région que coupe par moitié le parallèle moyen, ou de 45 degrés.

Au reste, nous exposerons plus tard un procédé analytique qui n'exige pas qu'on ait sous les yeux une figure représentant les positions relatives des stations, et qui fera connaître la longueur de tous les arcs partiels, ainsi que l'arc total du méridien. Ce procédé a aussi un moyen de vérification; il consiste à projeter tous les côtés, soit orientaux, soit occidentaux, des triangles, par des arcs perpendiculaires à la méridienne principale. La somme de ces projections respectives donne l'arc total.

Le procédé que nous avons décrit peut également s'appliquer à la détermination d'un arc de parallèle à l'équateur. Nous donnerons les formules relatives aux usages qu'on fait de ces arcs pour connaître l'aplatissement de la Terre et la forme de ce sphéroïde.

Sur la figure de la Terre.

168. La Terre est un globe à peu près sphérique, dont nous voulons connaître la forme avec précision. Lorsque, du rivage de la mer, on commence à apercevoir un navire au loin, avec une lunette, ce sont les voiles, c'est la mâture qu'on découvre d'abord; on ne voit le corps du vaisseau que quand il est assez près de la côte; et comme les dimensions de cette masse auraient dû la faire apercevoir avant les mâts, il faut en conclure que le corps du navire était caché par la rondeur de la surface de la mer. Les voyages de long cours conduisent souvent les navigateurs aux régions les plus éloignées; ils font le tour entier de la Terre, et reviennent au point de départ, en marchant toujours dans le même sens, ou du moins en suivant une route sinueuse dont on peut conserver la

trace sur une carte, et qui équivaut à celle-ci. Enfin, quand on s'avance vers le nord, la hauteur du pôle sur l'horizon augmente de plus en plus, et au contraire on cesse d'apercevoir du côté du sud certaines constellations qui sont visibles pour nous ; des étoiles que nous voyons se coucher du côté septentrional ne peuvent plus atteindre l'horizon de ces contrées. Des apparences opposées se font remarquer lorsqu'on procède vers le sud ; le pôle nord finit par se cacher sous l'horizon, à mesure qu'on découvre d'autres constellations australes qu'ici nous ne pouvons jamais voir.

169. Ces remarques prouvent que la *Terre est un globe isolé dans l'espace et à peu près sphérique*, et ce fait est confirmé par la forme de l'ombre qu'elle projette dans les éclipses de Lune.

Comme les hautes montagnes ne sont que des accidents rares sur la Terre, que les plus élevées ne vont guère à plus de 2 lieues dans la direction verticale, quantité à peine sensible quand on la compare au diamètre de la Terre, on doit aplanir, par la pensée, ces petites inégalités. Il est donc certain qu'un spectateur placé au loin dans les espaces céleste, ne pourrait distinguer ces montagnes, et qu'il verrait la Terre sous la forme d'un disque presque circulaire, tels que nous paraissent être le Soleil, la Lune et les planètes.

Mais si, dans la plupart des cas, on est autorisé à regarder la Terre comme sphérique, il en est d'autres où cette approximation ne suffit plus. Des preuves physiques et géologiques conspirent à faire penser qu'autrefois la Terre a été dans un état complet de fluidité, et qu'elle est même encore liquide dans son intérieur, sous l'influence d'une énorme chaleur, ainsi que nous le ferons bientôt voir. La surface s'est refroidie, et, en se solidifiant, elle a à peu près conservé la forme qu'elle avait reçue sous l'influence des causes qui avaient déterminé cette forme.

Les planètes nous offrent des conséquences analogues, et il est bien vraisemblable que ce n'est pas par un simple effet du hasard que ces corps sont à peu près sphériques. L'observation montre que les diamètres de Jupiter ne sont pas égaux, et que cette planète, qui tourne, comme la Terre, sur un axe, est aplatie de $\frac{1}{13}$ sur ses pôles. Le globe terrestre est pareillement aplati, ainsi que nous le prouverons, et il est naturel de rapporter cette circonstance à la même cause.

170. On a cherché, par la théorie, quelle forme prendrait un globe de matière liquide, dont les molécules seraient soumises à leur attraction mutuelle, à un mouvement de rotation autour d'un axe central, et à une puissance attractive extérieure. S'il n'existait que la première de ces forces, la Terre formant une masse liquide et immobile devrait prendre la figure sphérique.

Mais la rotation diurne de la Terre sur un axe constant, cause de la révolution apparente du ciel étoilé et de la succession des jours et des nuits, agissant sur cette masse sphérique, on reconnaît que cette forme n'a pu être durable, et que le globe a dû se renfler sous l'équateur et s'aplatir aux pôles, par un effet de la *force centrifuge*. Un liquide quelconque homogène, contenu dans un siphon ouvert, doit s'élever à la même hauteur dans les deux branches, parce que l'équilibre exige que les pressions produites par la pesanteur soient les mêmes des deux parts. Mais concevons un siphon dont le coude serait au centre de la Terre, et dont les branches à angle droit iraient l'une au pôle, l'autre à l'équateur. Entraînée par la rotation de la Terre, cette seconde branche décrirait chaque jour le cercle équatorial, et le liquide y deviendrait moins pesant : car la force centrifuge, étant opposée à la gravité, diminue le poids du liquide qui est dans cette branche, sans agir sur celui qui est dans l'autre; et puisque la première colonne est moins pesante, elle ne fait plus équilibre à la seconde. Pour que les deux poids soient égaux, il faut donc que le liquide s'élève à une plus grande hauteur, dans la branche où le poids est moindre, jusqu'à ce que les deux colonnes aient des poids égaux de liquide.

171. Newton a exprimé par l'analyse les conditions de ce problème, et a trouvé que si le globe terrestre était homogène, l'aplatissement serait $\frac{1}{230}$ (voir *Figure de la Terre*, par Clairaut, 2e Partie, n° 20); mais cette hypothèse n'est point admissible. Les densités variables des couches intérieures changent la valeur de cette fraction.

Ce qui tend à prouver que l'aplatissement de la Terre est dû à sa fluidité primitive et à son mouvement de rotation, c'est que l'aplatissement de Jupiter, qui est beaucoup plus considérable que celui de la Terre, est aussi produit par une rotation plus rapide. Les taches qu'on voit à la surface de cette planète ont permis de mesurer la vitesse de ce mouvement et de reconnaître qu'elle est presque triple de celle de la révolution diurne de notre globe, et comme, en outre, le volume de Jupiter est 1281 fois celui de la Terre, la force centrifuge y est beaucoup plus grande et produit un aplatissement que, par le calcul, on prouve être 24 fois plus fort. Il est, comme on voit, très-vraisemblable que la Terre et les planètes ont été autrefois fluides.

Quoique nous ne sachions pas comment la densité varie dans l'intérieur de la Terre, sa fluidité doit rendre la masse croissante vers le centre. Clairaut a démontré (*Figure de la Terre*, 2ᵉ Partie, n° 38) que l'aplatissement est moindre que dans le cas de l'homogénéité, ce que nous trouverons conforme à l'observation; ainsi l'hypothèse de la fluidité se trouve justifiée. Mais pour trouver *a priori,* et théoriquement, la forme que prend un sphéroïde liquide de densité variable, soumis à l'attraction mutuelle de ses molécules et à une vitesse de rotation, il faut connaître la loi des densités, savoir s'il existe un noyau central, et quelles sont sa figure, sa densité, etc. (*voir* l'Ouvrage cité et le Livre III de la *Mécanique céleste*).

172. Soit PMA (*fig.* 71) une section du sphéroïde par l'axe de rotation PC, qui est celui des pôles. On sait, par l'Hydrostatique, que les équations de la surface du corps et des couches du niveau sont

$$\int (\mathrm{X}\,dx + \mathrm{Y}\,dy + \mathrm{Z}\,dz) = \text{const.};$$

x, y, z sont les coordonnées d'une molécule quelconque, sollicitée par les forces accélératrices dont X, Y et Z sont les composantes parallèles aux axes rectangulaires; la masse est supposée fluide et incompressible. Or on sait que :

1° $\mathrm{X}\,dx + \mathrm{Y}\,dy + \mathrm{Z}\,dz$ doit être une différentielle exacte, ou du moins rendue intégrale par quelque facteur;

2° L'équation exprime cette propriété importante de la surface libre, que la direction de la normale en un point quelconque coïncide toujours avec la direction de la force qui agit sur la molécule.

Appliquons cette théorie au cas où les molécules sont soumises à une force attractive vers le centre C, en raison inverse du carré des distances, et à la force centrifuge due à la rotation autour de l'axe CP des y. En désignant par k la force d'attraction à la distance 1 du centre C, elle est $\dfrac{k}{r^2}$ à la distance r, sur la molécule M, en faisant CM $= r$; les cosinus des angles que fait la direction de cette force (selon CM) avec les axes sont $\dfrac{x}{r}$, $\dfrac{y}{r}$; ainsi les composantes dans le sens des axes sont

$$-\frac{k\,x}{r^3} \quad \text{et} \quad -\frac{k\,y}{r^3}.$$

En outre, soit f la force centrifuge à la distance 1 de l'axe CP de rotation, elle est $= fx$ pour la molécule M, puisque cette force croît proportionnellement à la distance MO $= x$. Elle se confond avec sa composante dans le sens des x; celle suivant les y est nulle.

Nous n'avons pas égard à l'axe des z, et nous faisons Z $= 0$, puisque, dans l'état des choses, la surface étant de révolution, les molécules de tous les méridiens se comportent de même, et que nous avons pu raisonner sur l'un d'eux PMA; ainsi l'on a

$$\mathrm{X} = -\frac{k\,x}{r^3} + fx, \quad \mathrm{Y} = -\frac{k\,y}{r^3};$$

ce qui change notre équation fondamentale en

$$-k \int \frac{x\,dx + y\,dy}{r^3} + \int fx\,dx = \text{const.}$$

Et, comme $r^2 = x^2 + y^2$, $r\,dr = x\,dx + y\,dy$, on trouve

$$-k \int \frac{dr}{r^2} + \int fx\,dx, \quad \text{ou} \quad \frac{k}{r} + \frac{fx^2}{2} = \text{const.}$$

En faisant le rayon polaire CP $= 1$, on a pour le point P

$$r = 1 \quad \text{et} \quad x = 0:$$

ainsi la constante $= k$. Faisons l'angle MCA $= \theta$, d'où

$$x = r\cos\theta \quad \text{et} \quad \frac{k}{r} + \frac{fr^2\cos^2\theta}{2} = k.$$

Pour faire intervenir dans le calcul la condition que le sphéroïde est peu différent d'une sphère, faisons $r = 1 + u$, u sera une petite quantité variable avec les divers points M de la surface. Or notre équation donne

$$\tfrac{1}{2} f \cos^2 \theta = \frac{k - \dfrac{k}{r}}{r^2} = \frac{k\,(r-1)}{r^3} = \frac{ku}{(1+u)^3};$$

développant $(1 + u)^{-3} = 1 - 3u$ et nous bornant aux termes du premier ordre, on a

$$(1) \qquad\qquad \tfrac{1}{2} f \cos^2 \theta = k\,(u - 3\,u^2).$$

Pour une première approximation, négligeons le terme $3\,u^2$,

$$ku = \tfrac{1}{2} f \cos^2 \theta, \quad r = 1 + \frac{f}{2k} \cos^2 \theta;$$

la surface est donc celle d'un ellipsoïde de révolution, puisque l'équation de tous les méridiens est celle d'une ellipse dont l'excentricité est $\dfrac{f}{2k}$. Tirant la valeur du terme ku dans l'équation (1) et substituant pour u sa valeur dans $r = 1 + u$,

$$r = 1 + \frac{f}{2k} \cos^2 \theta + 3\,u^2 = 1 + \frac{f}{2k} \cos^2 \theta + \frac{3 f^2 \cos^4 \theta}{4\,k^2},$$

en mettant pour ku sa valeur approchée $\tfrac{1}{2} f \cos^2 \theta$. Or on a

$$\cos^4 \theta = \cos^2 \theta \,(1 - \sin^2 \theta),$$

ce qui change notre dernier terme en

$$\frac{3 f^2}{4 k^2} \cos^2 \theta - \frac{3 f^2}{4 k^2} \cos^2 \theta \sin^2 \theta = \frac{3 f^2}{4 k^2} \cos^2 \theta - \frac{3 f^2}{16 k^2} (2 \sin \theta \cos \theta)^2;$$

donc

$$r = 1 + \left(\frac{f}{2k} + \frac{3 f^2}{4 k^2} \right) \cos^2 \theta - \frac{3 f^2}{16 k^2} \sin^2 2\theta.$$

Telle est l'équation polaire du méridien, en se bornant au premier ordre de u. En prenant $\theta = 90°$, on a

$$r = 1 = \text{CP},$$

ce qu'on savait déjà; faisant $\theta = 0$, il vient

$$r = 1 + \frac{f}{2\,k} + \frac{3f^2}{4\,k^2} = CA :$$

ainsi le sphéroïde est aplati aux pôles, et le rayon équatorial CA excède celui CP du pôle. Le rapport de l'excentricité de l'ellipsoïde de la première approximation à l'excès dont il s'agit est celui de $\frac{f}{2\,k}$ à $\frac{f}{2\,k} + \frac{3f^2}{4\,k^2}$, ou de 1 à $1 + \frac{3f}{2\,k}$. Or f est la force centrifuge sous l'équateur (à fort peu près, puisque CA diffère peu de CP), force qu'on sait être le $\frac{1}{289}$ de la gravité k. Ainsi l'excentricité a augmenté du $\frac{1}{200}$ de ce qu'elle était d'abord ; et comme les observations ne peuvent saisir une aussi petite différence, on n'a aucun intérêt à supposer au sphéroïde une figure autre que celle de l'ellipsoïde de révolution (*voir* n° 591, tome II de la *Mécanique* de M. Poisson).

173. Les physiciens attribuent la forme aplatie du sphéroïde terrestre à un état primitif de fluidité. Comme cette hypothèse surprend au premier abord, et que l'étonnement est augmenté surtout lorsqu'on apprend que cet état existe encore sous la croûte mince et solide qui recouvre notre globe, et est produit par une prodigieuse élévation de température qui ne se dissipe pas avec le temps, il importe, avant d'aller plus loin, de mettre ces faits en évidence. Nous ne pouvons mieux faire, à cet égard, que de citer les arguments mêmes que M. Arago a exposés dans l'*Annuaire de* 1834. Cet illustre astronome, qui ne dédaignait pas de mettre la science à la portée de tous, est parvenu à traiter la question qui nous occupe de manière à ne laisser aucun doute sur la solution qu'il donne; nous reproduirons ici ses propres expressions :

« *A l'origine des choses, la Terre était probablement incandescente. Aujourd'hui elle conserve encore une partie notable de sa chaleur primitive.*

» Nous aurons fait un premier pas vers la démonstration de ces deux propositions capitales, si nous parvenons à découvrir dans quel état, soit fluide, soit solide, se trouvait la Terre à l'origine des choses.

» Si la Terre était déjà solide quand elle commença à tourner sur son centre, la forme qu'elle avait accidentellement alors a dû se conserver à peu près intacte, malgré le mouvement de rotation. Il n'en serait pas de même dans la supposition contraire. Une masse fluide prend nécessairement, à la longue, la figure d'équilibre correspondant à toutes les forces qui la sollicitent; or la théorie montre qu'une telle masse, supposée d'abord homogène, doit s'aplatir dans le sens de l'axe de rotation, et se renfler à l'équateur : elle donne la différence de longueur des deux diamètres; elle fait connaître que, dans l'état final d'équilibre, la figure générale de la masse est celle d'un ellipsoïde; elle signale les modifications qui peuvent résulter, dans les hypothèses physiques les plus vraisemblables, d'un défaut d'homogénéité des couches liquides. Tous ces résultats du calcul se concilient à merveille, quant à leur ensemble et même quant à leurs valeurs numériques, avec les nombreuses mesures de la Terre qu'on a faites dans les deux hémisphères. Un tel accord ne saurait être un pur effet du hasard.

» *La Terre a donc été anciennement fluide*.

» Reste à découvrir la cause de cette antique fluidité. J'ai annoncé, en tête de ce Chapitre, que cette cause était le *feu* : mais il s'en faut de beaucoup qu'on se soit unanimement accordé sur ce point. Les géologues de l'*École neptunienne* n'ont voulu admettre qu'une fluidité aqueuse. Suivant eux, les matières terrestres, dont les propriétés sont si diverses, étaient originairement dissoutes dans un liquide, et la charpente solide du globe s'est formée par voie de dépôt ou de précipitation. Les *Plutoniens*, de leur côté, rejettent toute idée de dissolvant. Pour eux, la fluidité des principes constituants du globe fut jadis le résultat d'une très-haute température; la surface s'est solidifiée en se refroidissant.

» Les deux écoles, j'ai presque dit les deux sectes, tant elles montrèrent d'acrimonie, se combattirent par des arguments peu décisifs, empruntés aux phénomènes géologiques, et qui laissaient les esprits rigides en suspens. Le vrai moyen de mettre un terme aux débats était évidemment d'examiner s'il existait au sein du globe des restes, des indices certains de la chaleur d'origine invoquée par les Plutoniens. Tel est le problème dont les physiciens et les géomètres, par des efforts communs, sont parvenus à donner une solution satisfaisante.

» Dans tous les lieux de la Terre, lorsqu'on est descendu à une certaine profondeur, le thermomètre n'éprouve plus ni variation diurne, ni variation annuelle : il marque constamment le même degré et la même fraction de degré, pendant toute l'année et pendant toutes les années. Voilà le fait. Que dit la théorie?

» *Supposons un moment que la Terre ait reçu toute sa chaleur du Soleil.* Le calcul *fondé sur cette hypothèse* nous apprendra : 1° qu'à une certaine profondeur la température sera invariable; 2° que cette température *solaire* de l'intérieur du globe change avec la latitude. Sur ces deux points, la théorie et l'observation sont d'accord; mais nous devons ajouter que, d'après lá théorie, dans chaque climat, la température constante des couches terrestres serait la même à toutes les profondeurs, du moins tant qu'on ne s'enfoncerait pas de quantités fort grandes relativement au rayon du globe. Or tout le monde sait aujourd'hui qu'il n'en est pas ainsi : les observations faites dans une multitude de mines, les observations de la température de l'eau d'un grand nombre de fontaines jaillissantes venant de différentes profondeurs se sont accordées à donner un accroissement de 1 degré C. pour 20 à 30 mètres d'enfoncement. Quand une hypothèse conduit à un résultat aussi complétement en désaccord avec les faits, elle est fausse, et doit être rejetée.

» Ainsi, il n'est point vrai que les phénomènes de température des couches terrestres puissent être attribués à la seule action des rayons solaires.

» L'action solaire une fois éliminée, la cause de l'accroissement régulier de chaleur qui s'observe en tout lieu à mesure qu'on pénètre dans l'intérieur du globe ne saurait être qu'une chaleur propre, une chaleur d'origine. La Terre, comme le veut l'école plutonienne, comme le voulaient déjà Descartes et Leibnitz, mais les uns et les autres, il faut l'avouer, sans aucune preuve démonstrative, est devenue aujourd'hui, définitivement, un *soleil encroûté* dont la haute température pourra être hardiment invoquée toutes les fois que l'explication des phénomènes géologiques l'exigera. »

Nous ne suivrons pas le savant académicien dans l'examen qu'il fait de la question qui a pour objet de découvrir combien il a fallu de siècles pour refroidir la Terre à partir de son époque d'incandescence, où il prouve que depuis 2000 ans la température générale de la Terre n'a pas varié de $\frac{1}{10}$ de degré, etc. Toutes ces considérations physiques d'un haut intérêt sont étrangères au sujet que nous traitons. Il nous paraît suffisant d'avoir montré que l'incandescence originaire de la Terre, et celle même du noyau actuel jusque fort proche de sa surface, sont des faits incontestables; qu'obéissant à son mouvement de rotation autour d'un axe central, notre globe, jadis entièrement à l'état de fusion ignée, a dû recevoir la forme d'un ellipsoïde de révolution; qu'enfin la surface, en se solidifiant par la perte de sa chaleur primitive, conservant cette même forme, n'a dû y éprouver que de faibles altérations produites, soit par des actions locales intérieures analogues à celles des volcans, soit par des causes encore inappréciées. Les inégalités accidentelles de la Terre trouvent ainsi une explication vraisemblable.

174. Les mesures géodésiques, prises à la surface terrestre, ont fait connaître que le degré près du pôle est plus long que celui de l'équateur, et l'on a trouvé 456 toises de plus à l'un qu'à l'autre. Si l'on compare 456 au degré de méridien en France, qui est de 57020 toises, on trouve que cet excès n'en est que le $\frac{1}{125}$. Ainsi les degrés de méridien, quoique inégaux, diffèrent très-peu, et, *dans les recherches qui n'exigent pas une grande précision, on peut supposer la Terre sphérique.* Toutes les opérations de ce genre ont confirmé cette proposition.

Comme l'ellipsoïde de révolution est un corps de forme très-simple, qu'il est indiqué par la théorie et qu'il remplit les conditions relatives ci-dessus énoncées, il est naturel de consulter les observations pour s'assurer si cette forme convient réellement à la Terre. Supposons donc que ce globe soit en effet engendré par la révolution d'une ellipse autour de l'axe des pôles qui en est le petit axe. Recherchons, par analyse, les relations des différentes parties de ce corps, et voyons si effectivement cette hypothèse s'accorde avec les faits observés.

De grands travaux ont été entrepris dans ce but, en différents lieux, avec des frais immenses, par le secours des gouvernements; c'est de cette multitude d'efforts qu'est résultée la certitude que la Terre est un corps irrégulier, même en faisant abstraction des montagnes et des cavités, qui ne sont que des accidents minimes de localité. Mais on a reconnu aussi que, de toutes les formes régulières, l'ellipsoïde de révolution autour de son petit axe, qui est celui des pôles, est celle qui ne diffère que très-peu du sphéroïde terrestre.

C'est en 1735 que des académiciens allèrent mesurer des arcs de méridien. Au Pérou, La Condamine, Godin et Bouguer; en Laponie, Mauper-

tuis, Clairaut, Camus et Lemonnier, firent usage des méthodes et des
instruments les plus parfaits qu'on eût alors. Un grand nombre de géomètres ont uni leurs efforts aux leurs. Snellius, dans les Pays-Bas ;
Norwood et Mudge en Angleterre ; Picard, Lahire, Cassini, Méchain, Delambre, Biot, Arago en France ; Ulloa au Pérou ; Celsius et Swamberg en
Laponie ; La Caille au Cap de Bonne-Espérance ; Lambton et Burow aux
Indes orientales ; Riccioli, Beccaria, Lemaire et Boscowich en Italie ;
Liesganig en Autriche ; Mason et Dixon en Pensylvanie ; les ingénieurs
géographes français dans la haute Italie, etc., ont mesuré des triangles et
des bases pour arriver à connaître l'arc du méridien. De ces grands travaux résulte notre admirable système métrique, l'un des plus beaux monuments des sciences dans le XVIIIe siècle. Carlini, Plana, Nicolet, Brousseaud ont pris la mesure des arcs de parallèles. Et, comme les oscillations
du pendule à secondes sont liées à la figure de la Terre, de nombreuses
expériences ont été faites en divers lieux, par Borda, Biot, Arago, Kater,
Sabine, Freycinet, Duperrey, Foster, etc., pour trouver la longueur de
ce volume, afin d'en conclure l'aplatissement de la Terre.

Prenant la question au point où l'expérience l'a amenée, nous allons
rechercher les propriétés géométriques de l'ellipsoïde de révolution et les
formules qui en lient les divers éléments ; puis, partant des faits observés
et les comparant aux résultats de ces formules, nous montrerons qu'en
effet cette figure convient très-sensiblement au globe terrestre ; et enfin
nous donnerons les moyens de corriger les petites erreurs que cette supposition entraîne, quand elles sont de nature à intéresser la science.

Formules relatives à l'ellipsoïde de révolution.

175. Supposons que l'ellipse APA' (*fig.* 78) tourne autour de son petit
axe CP passant par le centre C et le pôle P ; CA $=$ A est le rayon du
cercle équatorial, qu'on nomme la *ligne équinoxiale ;* CP $=$ B est le
demi-axe polaire ; F le foyer ; CF l'excentricité ; TM la tangente, et MF la
normale en un point quelconque M, dont les coordonnées sont

$$CQ = x', \quad QM = y'.$$

Les équations de l'ellipse, de sa tangente et de sa normale sont

$$A^2 y'^2 + B^2 x'^2 = A^2 B^2, \quad A^2 yy' + B^2 xx' = A^2 B^2,$$
$$B^2 x' (y - y') = A^2 y' (x - x').$$

11.

Soit e le rapport de l'excentricité CF au demi-grand axe CA, ou $e = \dfrac{CF}{CA}$;
comme $CF = \sqrt{A^2 - B^2}$, on a

$$(1) \qquad e^2 = \frac{A^2 - B^2}{A^2} = 1 - \frac{B^2}{A^2}.$$

On appelle *aplatissement* le rapport de la différence des axes au grand
axe. Soit $\dfrac{1}{p}$ l'aplatissement du globe terrestre supposé ellipsoïdal,

$$(2) \qquad \frac{1}{p} = \frac{A - B}{A} = 1 - \frac{B}{A} ;$$

d'où

$$e^2 = 1 - \left(1 - \frac{1}{p}\right)^2 = \frac{2}{p} - \frac{1}{p^2}.$$

Comme le nombre p diffère peu de 300, on néglige souvent $\dfrac{1}{p^2}$, et l'on

prend $e^2 = \dfrac{2}{p}$: *le carré e^2 est donc, à fort peu près, le double de l'aplatissement.*

176. Désignons par l la latitude du point $M (x', y')$; cet arc l, tel que
le donnent les observations astronomiques, ainsi qu'on le dira plus tard,
est la hauteur du pôle P' sur l'horizon TM, c'est-à-dire l'angle $P'KT'$,
savoir

$$\text{angle } K = MNV = l.$$

Or

$$\operatorname{tang} T = \frac{B^2 x'}{A^2 y'} ;$$

et, comme l'angle T est le complément de K ou l, on a $\operatorname{tang} l = \dfrac{1}{\operatorname{tang} T}$,

$$(3) \qquad B^2 x' \operatorname{tang} l = A^2 y' ;$$

tirant Ay' de cette équation et substituant dans celle de l'ellipse, il vient,
à cause de $A^2 e^2 = A^2 B^2$,

$$x' = \frac{A^2}{\sqrt{A^2 + B^2 \operatorname{tang}^2 l}}, \qquad y' = \frac{B^2 \operatorname{tang} l}{\sqrt{A^2 + B^2 \operatorname{tang}^2 l}},$$

ou

$$(4) \qquad x' = \frac{A \cos l}{\sqrt{1 - e^2 \sin^2 l}}, \qquad y' = \frac{A (1 - e^2) \sin l}{\sqrt{1 - e^2 \sin^2 l}} ;$$

x' est le rayon OM du cercle MM' parallèle à l'équateur, rayon donné ici en fonction de la latitude l du point M.

177. Toute ligne partant du centre C, et aboutissant à un point M de l'ellipsoïde, est le *rayon* R de ce point de la surface; ce rayon varie avec les lieux : au pôle P, il est égal à B; sous l'équateur, il est égal à A et va en croissant de B vers A, à mesure que la latitude diminue. On ne doit pas confondre le rayon R avec la normale MN $=$ N, qui, dirigée selon la verticale MZ du lieu M, ne tend pas au centre C, si ce n'est pour les lieux A et P. Cherchons la loi des variations du rayon R $=$ CM; on a

$$R^2 = x'^2 + y'^2,$$

d'où

$$(5) \quad \begin{cases} R = A \sqrt{1 - \dfrac{e^2 (1 - e^2) \sin^2 l}{1 - e^2 \sin^2 l}}, \\[3mm] R = A \sqrt{\dfrac{1 - e^2 (2 - e^2) \sin^2 l}{1 - e^2 \sin^2 l}}. \end{cases}$$

Dans le triangle MNV, où l'angle N $= l$, on a, N étant la normale NM,

$$NV = x' = N \cos l;$$

d'une autre part, si l'on pose $x = 0$ dans l'équation de la normale, pour avoir l'ordonnée CN du point N de section avec l'axe des y, on trouve

$$CN = -y' \frac{A^2 - B^2}{B^2} = -\frac{A^2 e^2 y'}{B^2} = -\frac{e^2 y'}{1 - e^2}.$$

Ce signe — prouve que le point N est toujours situé de l'autre côté du grand axe AA'. On a, pour valeur de la normale et de la partie CN,

$$(6) \quad \begin{cases} N = \dfrac{x'}{\cos l} = \dfrac{A}{\sqrt{1 - e^2 \sin^2 l}}, \\[3mm] CN = -\dfrac{A e^2 \sin l}{\sqrt{1 - e^2 \sin^2 l}} = -N e^2 \sin l. \end{cases}$$

178. On a souvent besoin de calculer l'angle CMN $= i$ (*fig.* 78) que fait le rayon terrestre CM avec la verticale MN du lieu M dont la latitude est l; cet angle, très-petit, est d'un fréquent usage dans la théorie des parallaxes. Voici une formule propre à déterminer l'angle i.

Comme

$$i = \mathrm{MBQ} - \mathrm{MCQ}, \quad \mathrm{MBQ} = l,$$

et

$$\operatorname{tang} \mathrm{MCQ} = \frac{y'}{x'} = \frac{\mathrm{B}^2}{\mathrm{A}^2} \operatorname{tang} l,$$

on trouve [équation (7), page 32],

$$\operatorname{tang} i = \frac{\operatorname{tang} l - \dfrac{\mathrm{B}^2}{\mathrm{A}^2} \operatorname{tang} l}{1 + \dfrac{\mathrm{B}^2}{\mathrm{A}^2} \operatorname{tang}^2 l} = \frac{\left[1 - \left(1 - \dfrac{1}{p} \right)^2 \right] \operatorname{tang} l}{1 + \left(1 - \dfrac{1}{p} \right)^2 \operatorname{tang}^2 l},$$

à cause de $\dfrac{\mathrm{B}}{\mathrm{A}} = 1 - \dfrac{1}{p}$. Multiplions haut et bas par $\cos^2 l$,

$$\operatorname{tang} i = \frac{\left(\dfrac{2}{p} - \dfrac{1}{p^2} \right) \sin l \cos l}{1 - \dfrac{2}{p} \sin^2 l + \dfrac{1}{p^2} \sin^2 l};$$

et, effectuant la division,

$$\operatorname{tang} i = \left[\frac{2}{p} - \frac{1 - 4 \sin^2 l}{p^2} - \frac{4 \sin^2 l \,(1 - 2 \sin^2 l)}{p^3} \cdots \right] \sin l \cos l.$$

Or, d'après les formules connues,

$$\sin 2l = 2 \sin l \cos l, \quad \cos 3l = \cos l \,(1 - 4 \sin^2 l),$$
$$\cos 2l = 1 - 2 \sin^2 l;$$

donc on a

$$\operatorname{tang} i = \frac{\sin 2l}{p} - \frac{\sin l \cos 3l}{p^2} - \frac{\sin^2 l \sin 4l}{p^3} - \cdots.$$

Le second terme ne s'élève jamais à $2'',3$ lorsqu'on prend $p = 280$: aussi se borne-t-on ordinairement à

$$\operatorname{tang} i = \frac{\sin 2l}{p},$$

ou plutôt, en exprimant l'arc i en secondes (n° 34), à

$$i = \frac{\sin 2l}{p \sin 1''}.$$

Si l'on conserve les deux premiers termes, précision qui dépasse tous les besoins, on trouve, d'après l'équation (20), page 33, en exprimant l'arc i en secondes,

$$(7 \qquad\qquad i = \frac{\sin 2l}{p \sin 1''} - \frac{\sin l \cos 3l}{p^2 \sin 1''}.$$

Telle est la valeur, en secondes, de *l'angle du rayon terrestre avec la verticale du lieu qui a l pour latitude.*

On a coutume d'appeler *latitude géocentrique* l'angle MCA $= l'$, qui est la hauteur du pôle pour un spectateur qui serait transporté du lieu M au centre de la Terre et aurait CM pour sa verticale. L'angle i est la quantité qu'on doit retrancher de la latitude apparente ou astronomique $l =$ MNV pour avoir la latitude géocentrique MCA

$$l' = l - i.$$

Nous avons d'ailleurs trouvé plus haut l'équation

$$A^2 \tang l' = B^2 \tang l,$$

qui, à cause des équations (1) et (2), revient à

$$\tang l' = (1 - e^2) \tang l = \left(1 - \frac{1}{p}\right)^2 \tang l.$$

179. On trouve encore l'angle i de la manière suivante. En reprenant notre première valeur de $\tang i$, qui est $\dfrac{(A^2 - B^2) \tang l}{A^2 + B^2 \tang^2 l}$, et mettant pour $\tang l$ sa valeur $\dfrac{\sin l}{\cos l}$, on a

$$\tang i = \frac{(A^2 - B^2) \sin l \cos l}{A^2 \cos^2 l + B^2 \sin^2 l} = \frac{(A^2 - B^2) \sin 2l}{2 A^2 - 2 (A^2 - B^2) \sin^2 l}.$$

Mais

$$2 \sin^2 l = 1 - \cos 2l;$$

ainsi

$$\tang i = \frac{(A^2 - B^2) \sin 2l}{2 A^2 - (A^2 - B^2)(1 - \cos 2l)} = \frac{(A^2 - B^2) \sin 2l}{A^2 + B^2 + (A^2 - B^2) \cos 2l};$$

enfin posant, pour abréger, $\dfrac{A^2 - B^2}{A^2 + B^2} = K$,

$$\tang i = \frac{K \sin 2l}{1 + K \cos 2l}.$$

Dans cette expression, facile à développer en série convergente, on trouve, à cause de $\dfrac{B}{A} = 1 - \dfrac{1}{p}$,

$$K = \frac{2p - 1}{2p^2 - 2p + 1}.$$

Il est commode de résoudre en Table cette formule, afin d'y trouver, pour toutes les latitudes l, la valeur correspondante de l'arc i.

180. Quoiqu'on fasse rarement usage du rayon ρ de courbure de l'ellipse au point M, nous donnerons la valeur de ce rayon

$$\rho = \frac{\sqrt{(A^4 - c^2 x'^2)^3}}{A^4 B},$$

en faisant $c^2 = A^2 - B^2 = A^2 e^2$. Donc, à cause de $B^2 = A^2(1 - e^2)$, on a

$$\rho = \frac{\sqrt{(A^2 - e^2 x'^2)^3}}{A^2 \sqrt{1 - e^2}} = \frac{A}{\sqrt{1 - e^2}} \left(1 - \frac{e^2 \cos^2 l}{1 - e^2 \sin^2 l} \right)^{\frac{3}{2}},$$

d'où

$$\rho = \frac{A(1 - e^2)}{(1 - e^2 \sin^2 l)^{\frac{3}{2}}} = N^3 \frac{1 - e^2}{A^2} \ldots,$$

la normale étant (177)

$$N = \frac{A}{\sqrt{1 - e^2 \sin^2 l}}.$$

181. Soient G et A (*fig.* 80) deux stations, dont la distance $GH = \varphi$; la normale $N = GI$. Le petit arc terrestre φ se confond sensiblement avec l'arc du cercle GH, décrit du centre I. Du rayon $IL = 1$, traçons l'arc $LO = a$. Ici a, φ, N sont rapportés à la même unité de mesure IL (mètre, toise, etc.). On a

$$1 : a :: N : \varphi,$$

d'où

$$\varphi = N a = N (a'') \sin 1'',$$

en désignant par (a'') le nombre de secondes du petit arc a (page 34); A désignant toujours le demi-grand axe, on a

$$\varphi \sqrt{1 - e^2 \sin^2 l} = A a = A (a'') \sin 1'',$$

en mettant pour N sa valeur (6). Développons le radical,

$$(a'') = \frac{\varphi \sqrt{1 - e^2 \sin^2 l}}{A \sin 1''}, \qquad a = (a'') \sin 1'',$$

$$(a'') = \frac{\varphi}{A \sin 1''} \left(1 + \frac{1}{2} e^2 \sin^2 l - \frac{1}{8} e^4 \sin^4 l \ldots \right),$$

$$\varphi = A a \left(1 + \frac{1}{2} e^2 \sin^2 l + \frac{3}{8} e^4 \sin^4 l \ldots \right).$$

Comme e^2 est une petite fraction, ces séries sont très-convergentes ; elles *servent à traduire les arcs terrestres en secondes de degré, et réciproquement les nombres de secondes en distances itinéraires ;* a est la longueur de l'arc semblable à φ, mais décrit avec le rayon 1.

182. Développons selon les puissances de e^2 nos autres expressions. Le rayon R (*fig.* 78) s'obtient d'abord, en négligeant le cinquième ordre,

$$R = A \sqrt{(1 - 2e^2 \sin^2 l + e^4 \sin^2 l)(1 + e^2 \sin^2 l + e^4 \sin^4 l)}$$

$$= A \sqrt{(1 - e^2 \sin^2 l + e^4 \sin^2 l \cos^2 l)}$$

$$= A \left[1 - \frac{1}{2} e^2 \sin^2 l + \frac{1}{8} e^4 \sin^2 l \left(4 - 5 \sin^2 l \right) \right]$$

$$(8) \qquad = A \left(1 - \frac{\sin^2 l}{p} + \frac{5}{8} \frac{\sin^2 2l}{p^2} \right),$$

en développant la puissance $\frac{1}{2}$ du trinôme. Cette série exprime la longueur du rayon terrestre pour le lieu dont la latitude est l ; A est le rayon de l'équateur, e l'excentricité, $\frac{1}{p}$ l'aplatissement. Lorsqu'on néglige les e^4 ou p^2, on a

$$e^2 = \frac{2}{p}$$

[équation (2)] et

$$(9) \qquad A - R = \frac{A \sin^2 l}{p} = \frac{A}{2p} (1 - \cos 2l).$$

C'est l'*excès du rayon de l'équateur sur tout autre rayon terrestre.* On réduit aisément cette expression en Table, d'où l'on tire le rayon R à toute latitude l ; mais il faut connaître A et p. En conservant p^2, on trouve

$$(10) \qquad A - R = \frac{A}{p} \left(\sin^2 l - \frac{5 \sin^2 2l}{8p} \right).$$

Au reste, ce dernier terme est ordinairement négligeable.

183. On développe de même la normale N, le rayon x' de parallèle, le

rayon ρ de courbure (*fig.* 78) :

$$(11) \quad N = A\left(1 - e^2 \sin^3 l\right)^{-\frac{1}{2}} = A\left(1 + \frac{1}{2}e^2 \sin^2 l + \frac{3}{8}e^4 \sin^4 l\right),$$

$$(12) \quad x' = N\cos l = A\cos l\left(1 + \frac{1}{2}e^2 \sin^2 l + \dots\right),$$

$$(13) \quad \rho = A\left(1 - e^2\right)\left(1 - e^2 \sin^2 l\right)^{-\frac{3}{2}} = \frac{\left(1 - e^2\right)N^3}{A^2},$$

$$(14) \quad \rho = A\left(1 - e^2\right)\left(1 + \frac{3}{2}e^2 \sin^2 l + \frac{15}{8}e^4 \sin^4 l\right).$$

184. Observez que le zénith M est en Z (*fig.* 78) sur le prolongement de la verticale NM ; mais, si l'on suppose un spectateur placé au centre C, il voit le point M dans la direction CMH, et H est appelé *zénith vrai* ou *géocentrique*, pour le distinguer du point Z, qui est le *zénith apparent*. De même, l'angle MNV est la latitude l, qu'on distingue de l'angle MCA, qui est appelé la *latitude géocentrique :* l'angle CMN = HMZ = i, que fait *la verticale avec le rayon terrestre*, est la différence entre ces deux latitudes. Ces grandeurs entrent dans les calculs astronomiques, et nous avons donné (n° 178) des relations analytiques entre elles.

185. Désignons par s la longueur d'un arc de méridien terrestre, portion d'une ellipse. En différentiant l'équation (4), on trouve

$$(15) \quad dx' = -A\,\frac{\left(1 - e^2\right)\sin l\,dl}{\left(1 - e^2 \sin^2 l\right)^{\frac{3}{2}}}$$

et comme, dans le triangle infinitésimal M mo, on a

$$M m \text{ ou } ds = -\frac{dx'}{\sin l},$$

il vient

$$(16) \quad ds = A\,\frac{\left(1 - e^2\right)dl}{\left(1 - e^2 \sin^2 l\right)^{\frac{3}{2}}} = \rho\,dl.$$

Développons en série la puissance $-\frac{3}{2}$, mais ne poussons d'abord les calculs que jusqu'aux e^2 ; nous avons

$$(17) \quad ds = A\,dl\left(1 - e^2 + \frac{3}{2}e^2 \sin^2 l\right).$$

Cette équation donne approximativement la distance itinéraire ds entre deux lieux voisins, sur un méridien, dl étant la différence de leurs latitudes : on prend pour l la latitude du milieu de cette petite distance.

Pour en faire usage, il faudrait connaître A et e^2, ou l'aplatissement $\frac{1}{p}$. Réciproquement cette équation peut donner l'une de ces constantes, lorsqu'on a mesuré ds. C'est ce qui va être expliqué.

186. Mais auparavant remarquons que l'équation (17) a la forme

$$ds = \mathrm{K} + \mathrm{H} \sin^2 l;$$

K est la valeur de ds à l'équateur où $l = 0$; $ds' = \mathrm{K}$; ainsi

$$ds - ds' = \mathrm{H} \sin^2 l;$$

donc les degrés du méridien croissent en allant de l'équateur au pôle, et *les accroissements sont proportionnels aux carrés des sinus de la latitude.*

Le même théorème a pareillement lieu pour le rayon R, la normale N et le rayon de courbure ρ.

187. Prenons, en deux contrées, les longueurs ds et ds' de deux arcs de méridien, sous les latitudes l et l', et tels, que leur différence en latitude des deux extrémités soit la même, $dl = dl'$; par exemple, prenons deux arcs de 1 degré chacun, $dl = dl' = $ arc de 1°, l'équation (16) donne

$$\frac{ds}{ds'} = \frac{1 - \frac{3}{2} e^2 \sin^2 l'}{1 - \frac{3}{2} e^2 \sin^2 l};$$

d'où

$$e^2 = \frac{2}{3} \cdot \frac{ds - ds'}{ds \sin^2 l - ds' \sin^2 l'}.$$

Ainsi, ayant mesuré les longueurs ds et ds' de deux arcs d'un degré de méridien aux latitudes l et l', cette formule fera connaître e^2 et l'aplatissement $\frac{1}{p}$: on obtiendra ensuite le rayon équatorial A par l'équation (16), où cette constante est seule inconnue. On a

$$\mathrm{A} = \frac{ds}{1 - e^2} \left(1 - e^2 \sin^2 l\right)^{\frac{3}{2}} = ds \left(1 + e^2 + e^4\right) \left(1 - \frac{3}{2} e^2 \sin^2 l \ldots\right),$$

$$\mathrm{A} = ds \left[1 + \frac{1}{2} e^2 \left(2 - 3 \sin^2 l\right) + e^4 \left(1 - \frac{3}{2} \sin^2 l + \frac{5}{8} \sin^4 l\right)\right].$$

Tous les éléments du sphéroïde terrestre seront donc connus, et nous pourrons en introduire les valeurs numériques dans nos équations, afin de vérifier si elles satisfont aux observations, et confirmer ou détruire la supposition que tous les méridiens sont elliptiques et que la Terre est un sphéroïde de révolution.

188. Nous appliquerons cette théorie à un exemple. Le tableau suivant est extrait de la *Mécanique céleste*, et d'un travail de M. Airy inséré dans l'*Encyclopédie métropolitaine*; les mesures géodésiques qui sont données dans ce tableau sont celles qu'on regarde généralement comme étant les plus dignes de confiance. Nous avons marqué d'un * les nombres de M. Airy.

CONTRÉES.	OBSERVATEURS.	LATITUDE du milieu.	ARC mesuré.	LONGUEUR de l'arc de 1°	
				en mètres.	en toises.
Laponie... ...	Maupertuis......	66.20. 0	0.57.29	111892,2	57405
Laponie.......	Swanberg.......	66.20.10	1.37.19	111488 *	57201,6
Russie........	Struve.........	58.17.37	3.35. 5	111362 *	57137
Angleterre.....	Roy, Kater......	52.35.45	3.57.13	111241 *	57075
Autriche......	Liesganig........	47.47. 0	2.57.45	111239	67074
France........	Cassini, la Caille.	46.52. 2	8.20. 0	111211 *	57059,5
	Delambre.......	44.51. 2	12.22.13	111108 *	57006,6
	et Méchain......	46.12. 0	9.40.28	111131,2	57018,4
	Biot, Arago......	45. 4.18	12.48.44	111115,8	57010,6
Italie........	Boscowich.......	42.59. 0	2. 9.47	111025 *	56964,2
	et Lemaire......	43.10. 0	2.11.26	111054	56979
Pensylvanie...	Mason..........	39.12. 0	1.28.45	110880 *	56889,7
	et Dixon........			110876,8	56888
Cap de B.-Esp.	La Caille..... .	33.18.30	1.13.17	111163 *	57035
				111167	57037
Inde..........	Lambton........	12.32.21	1.34.56	110644 *	56899,5
	Id. Éverest......	16. 8.22	15.57.40	110653 *	56773,2
Pérou........	Bouguer........	1.31. 0	3. 7. 3	110582 *	56736,8
	et la Condamine..	0. 0. 0	3. 6.57	110613,6	56753

Prenons les arcs extrêmes et celui de France comme les mieux situés et les plus dignes de confiance, et faisons usage de la théorie précédemment exposée, savoir

$$l = 1°31'\ 0'', \qquad ds = 110582^m, \qquad ds' - ds = 526,$$
$$l' = 44.51.\ 2, \qquad ds' = 111108, \qquad ds'' - ds = 906,$$
$$l'' = 66.20.10, \qquad ds'' = 111488,$$

l'équation

$$ds = K + H \sin^2 l$$

donne [équation (13), p. 32]

$$ds' - ds = H\,(\sin^2 l' - \sin^2 l) = H \sin\,(l' + l) \sin\,(l' - l) = 526,$$
$$ds'' - ds = H \sin\,(l'' + l) \sin\,(l'' - l) = 906.$$

Vérifions si ces expressions sont de nature à former une proportion

$$
\begin{array}{lll}
 & \log 906\ldots\ldots\ldots & 2,9571282 \\
l' + l = 46°22'\ 2''\ldots\ldots\ldots & \log \sin\ldots\ldots\ldots & \overline{1},8596049 \\
l' - l = 43.20.\ 2\ldots\ldots\ldots & \log \sin\ldots\ldots\ldots & \overline{1},8364816 \\
l'' + l = 67.51.10\ldots\ldots\ldots & \log \sin\ldots\ldots\ldots & -\overline{1},9667133 \\
l'' - l = 64.49.10\ldots\ldots\ldots & \log \sin\ldots\ldots\ldots & -\overline{1},9566349 \\
 & 536,9\ldots\ldots\ldots & 2,7298665
\end{array}
$$

Ainsi, au lieu du quatrième terme 526 de la proportion, le calcul nous donne 536,9 : la différence de ces nombres est, comme on voit, assez petite.

Voir d'ailleurs ce qui sera dit sur les nombres de ce tableau n°⁵ 190 et 191.

En outre, si l'on introduit ces valeurs de ds et ds' dans l'équation de la p. 171, on en tire, pour la valeur de e^2, 0,006354 et 0,006463, quantités sensiblement égales, et dont la différence peut résulter des erreurs d'observation et de ce que les séries n'ont été approchées qu'au deuxième ordre. On trouve [*voir* ci-après équation (22)] que p est entre 309 et 314 ; ainsi l'on obtient pour l'aplatissement à peu près $\frac{1}{312}$. Le degré de méridien sous l'équateur n'est surpassé que de 906 mètres par celui de Laponie ; ce qui montre que la Terre est presque sphérique, et explique pourquoi l'aplatissement est si faible.

On reconnaît donc, d'après cette première approximation, que, si la Terre n'est pas rigoureusement un ellipsoïde de révolution, comme on l'a supposé, du moins elle en diffère très-peu, et cette vue suffit pour nous porter à pousser les séries plus loin, pour donner plus de précision aux calculs.

189. L'arc de méridien qui traverse la France, de Greenwich jusqu'à Formentera, a été mesuré avec tant de soin, et par des savants si exercés, que cette opération mérite la plus grande confiance. Voici le tableau des résultats (*Système métrique*, t. III, p. 549). L'arc est coupé en six parties par des stations dont les latitudes ont été déterminées avec une extrême précision.

STATIONS.	LATITUDES observées.	ARC de méridien.	LONGUEURS.	ARC de 1 degré.	DIFF.	LATITUDES moyennes.	Diminution.
	o ′ ″	o ′ ″	m	m	m	o ′ ″	m
Greenwich...	51.28.40, 0					51.15.24	
		0.26.31.50	49197,4	111284,5	18,5		14,09
Dunkerque...	51. 2. 8,50					49.56.29	
		2.11.19,13	243522,0	111266,0	35,8		16,39
Panthéon	48.50.49,37					47.30.46	
		2.40. 6,83	296824,8	111230,2	178,4		63,15
Évaux	46.10.42,54					44.41. 8	
		2.57.48,24	329088,2	111051,8	33,8		18,24
Carcassonne..	43.12.54,30					42.17.21	
		1.51. 7,72	205621,4	111018,0	26,5		9,80
Montjouy	41.21.46,58					40. 0.52	
		2.41.50,47	299383,3	110991,6			
Formentera...	38.39.56,11						

La dernière colonne contient la diminution de longueur du degré aux diverses latitudes indiquées dans la colonne précédente. Pour que cette diminution suivît une loi régulière, elle devrait être partout de 24 mètres environ, et l'on trouve que la diminution est trop faible aux deux extrémités et trop forte au milieu. Les longueurs du degré croissent, il est vrai, avec la latitude; mais ces variations ne sont pas soumises à la loi de proportionnalité aux carrés des sinus de la latitude.

190. Nous reprendrons encore ici le tableau de la page 172, qui paraît donner la même conséquence. On y voit que le degré de La Caille, mesuré avec de bons instruments et des soins égaux à ceux que Delambre a pris en France, est 111163 mètres, nombre trop fort pour la latitude de 33° 18′ 30″, ce qui semblerait indiquer que l'hémisphère austral n'est pas semblable au boréal.

La Caille a aussi mesuré un degré en France à la latitude de 47 degrés, et l'a trouvé de 111211 mètres; mais ce résultat était déduit de la base de Rodez, qui était trop courte. Il en faut dire autant de l'opération du P. Liesganig en Hongrie, dont l'exactitude est suspecte.

191. L'opération de Lemaire et Boscowich, dans les États romains, établie sur deux bases, doit aussi être rejetée comme donnant une distance trop forte de 108 mètres, de Rimini à Rome. L'une de ces bases, située sur la voie Appia, près de Rome, est de $11964^m,30$; l'autre, près de Rimini, au bord de la mer, est de $11766^m,12$. Ces bases ont été retrouvées par les ingénieurs géographes français. La dernière a été vérifiée à l'aide de celle du Tésin par une chaîne de triangles qui lie l'une à l'autre. Enfin le travail de Beccaria, en Piémont, établi sur une base de $11791^m,34$, près de Turin, sur la grande route de Rivoli, vérifiée aussi à l'aide de celle du Tésin par les mêmes ingénieurs, est plus défectueuse encore : car cette base, trop faible de 6 mètres, conduit à une longueur trop courte de 120 mètres pour le degré en Piémont. MM. Carlini et Plana ont aussi vérifié cette base de Beccaria, et ont trouvé qu'un nouvel étalonnage de la toise de Mairan faisait disparaître cette erreur. (*Voir* l'Ouvrage qu'ils ont publié.)

On peut voir, dans la *Revue encyclopédique* de décembre 1823, la discussion que j'ai faite de ces travaux et les preuves des erreurs qu'on vient de signaler. Les ingénieurs français ont recommencé ces travaux et en ont reconnu les vices. Ainsi les conséquences que Laplace a déduites des nombres consignés dans le tableau qu'il cite ne sont pas exactes (voir *Mécanique céleste,* t. II, p. 138).

M. Corabœuf prouve (*voir* la *Revue* citée) que le degré de méridien, évalué d'après celui

de Rome à Rimini, est de...... 110934^m
de Rome à Venise, est de....... 111212
de Rimini à Venise, est de..... 111648

Pour la latitude de 45 degrés, ces résultats supposent $p = 258$.

Delambre trouve (t. III, p. 92) que $p = 150$ en France ; Legendre a trouvé $p = 148$; selon M. Puissant, $p = 260$. Cet aplatissement est beaucoup plus grand que les résultats obtenus p. 173, savoir $p = 312$, par une première approximation. Les travaux de Lambton, dans l'Inde, donnent $p = 120$. Plus tard, nous trouverons $p = 305$ et 310, tous nombres différents.

192. Ces discordances, sur lesquelles on ne peut élever aucun doute, résultent de plusieurs causes : 1° des attractions locales peuvent faire dévier les niveaux et donner des latitudes défectueuses ; 2° les observations peuvent avoir quelques inexactitudes ; 3° les méridiens peuvent ne pas être elliptiques ; 4° les parallèles n'être pas circulaires ; 5° et enfin *la Terre peut être un sphéroïde irrégulier.*

Les oscillations du pendule ont fait connaître qu'il y a des localités où l'attraction terrestre est plus puissante que ne le veut la théorie. Les travaux de Maskelyne sur l'influence des montagnes, ceux de Boscowich et Beccaria en Italie attestent ce fait. Or 1 seconde d'erreur sur l'arc du méridien donne environ 31 mètres de différence sur la longueur du degré.

On ne peut se refuser de reconnaître que, même en dégageant, par la pensée, la surface terrestre de ses inégalités, qui ne sont jamais que des accidents minimes et sans importance pour notre objet, la Terre n'est pas rigoureusement *un corps ellipsoïdal de révolution.* Cependant, quoique irrégulier, ce corps peut être considéré comme une sphère dans les questions qui n'exigent pas une extrême précision, et comme un ellipsoïde de révolution dans toutes les autres. Mais, dans ce dernier cas, si l'on veut opérer avec rigueur, il faut choisir l'ellipsoïde dont les dimensions conviennent le mieux à la contrée, c'est-à-dire prendre les axes et l'aplatissement que les localités exigent, en recourant au calcul que nous allons indiquer, fondé sur les mesures géodésiques actuelles.

Donc : 1° on peut toujours admettre que la Terre est un ellipsoïde de révolution autour de son petit axe passant par les pôles.

2° Il faut donner à cet ellipsoïde les axes et l'aplatissement qui conviennent à la contrée qu'on considère, et les erreurs de cette supposition seront toujours au-dessous de celles de l'observation.

193. Parmi les inégalités lunaires, il en est une qui dépend du défaut de sphéricité de la Terre ; l'aplatissement, cause de la précession et de la nutation, produit aussi un effet dont on peut tenir compte, par le calcul, sur les mouvements de la Lune.

Buckhardt a développé ces calculs, et en a déduit que $p = 3o4,6$, en ayant égard aux inégalités en longitude, et $p = 3o5,o5$ relativement à la latitude.

Ainsi l'aplatissement $\frac{1}{35o}$ peut être considéré comme exempt de toute influence des localités. C'est donc cette quantité qu'on devra préférer dans les calculs astronomiques destinés à embrasser le globe entier. Nous verrons d'ailleurs bientôt que ce nombre s'accorde, à fort peu près, avec les résultats des meilleures opérations géodésiques et des mesures du pendule, quand on pousse les séries jusqu'au degré convenable d'approximation.

194. Développons d'abord les formules précédentes jusqu'aux termes e^4.

L'équation (16), p. 170, étant développée, au sixième ordre près, est

$$ds = A\left(1 - e^2\right)\left(1 + \frac{3}{2} e^2 \sin^2 l + \frac{15}{8} e^4 \sin^4 l\right) dl,$$

et, à cause des relations entre les puissances des sinus et cosinus d'arcs multiples,

$$\sin^2 l = \frac{1}{2}\left(1 - \cos 2l\right), \quad \sin^4 l = \frac{1}{8}\left(3 - 4\cos 2l + \cos 4l\right),$$

d'où

$$ds = A\left(1 - e^2\right)\left(\alpha - \beta\cos 2l + \gamma\cos 4l\right) dl;$$

en faisant, pour abréger,

$$\alpha = 1 + \frac{3}{4} e^2 + \frac{45}{64} e^4,$$

$$\beta = \frac{3}{4} e^2 + \frac{15}{16} e^4,$$

$$\gamma = \frac{15}{64} e^4,$$

il vient, en intégrant,

$$(18) \qquad s = A\left(1 - e^2\right)\left(\alpha l - \frac{1}{2}\beta\sin 2l + \frac{1}{4}\gamma\sin 4l\right).$$

Comme nous voulons que l'arc s du méridien commence à l'équateur et se termine à la latitude l, nous n'ajoutons pas de constante, pour que $l = 0$ donne $s = 0$.

195. Pour un autre arc s', commençant aussi à l'équateur, mais terminé à la latitude l', on a de même

$$s' = A\left(1 - e^2\right)\left(\alpha l' - \frac{1}{2}\beta\sin 2l' + \frac{1}{4}\gamma\sin 4l'\right).$$

F. — *Géodésie.*

La différence de ces formules donne l'arc $s - s'$ de méridien, commençant à la latitude l', et terminé à la latitude l, savoir

$$\frac{s - s'}{A\,(1 - e^2)} = \alpha\,(l - l') - \frac{1}{2}\,\mathcal{b}\,(\sin 2l - \sin 2l') + \frac{1}{4}\,\gamma\,(\sin 4l - \sin 4l'):$$

faisons

$$s - s' = S, \quad l - l' = \lambda, \quad l + l' = L,$$

et il viendra, à cause de l'équation (10), p. 32,

$$(19) \qquad S = A\,(1 - e^2)\,\left(\alpha\lambda - \mathcal{b} \sin\lambda \cos L + \frac{1}{2}\,\gamma \sin 2\lambda \cos 2L \right).$$

Cette équation est destinée à donner la longueur S d'un arc de méridien terminé aux latitudes l et l'.

Mais, pour en faire l'application, il faut avant tout connaître les constantes A et e^2. L'arc S est exprimé par la même unité que A. Le terme $\alpha\lambda$ est le produit d'un nombre constant α par la longueur de l'arc λ qui, dans un cercle dont le rayon est 1, mesure la différence des latitudes $l - l'$ des deux bouts de l'arc. Pour la commodité des calculs, on doit diviser λ par le nombre

$$\mu = \frac{180^\circ}{\varpi} \ (p.\ 34), \quad C^l \log \mu = \overline{2},24187737,$$

et remplacer λ par $\dfrac{\lambda}{\mu}$ dans l'équation (19). Alors λ désigne le nombre de degrés de la différence des latitudes extrêmes.

196. En faisant, dans cette formule, $l = l' + 1^\circ$, on trouve, pour la *longueur* H *de l'arc de* 1 *degré du méridien* se terminant à la latitude l,

$$(20)\ H = A\,(1 - e^2)\left[\alpha \operatorname{arc} 1^\circ - \mathcal{b} \sin 1^\circ \cos(2l + 1) + \frac{1}{2}\,\gamma \sin 2^\circ \cos 2\,(2l + 1) \right].$$

Le parallèle sous la latitude l a pour rayon $x' = N \cos l$, N étant la normale (p. 165). La longueur de cette circonférence est $2\pi x' = 2\pi N + \cos l$: ainsi l'*arc de*

$$1^\circ \text{ longitude} = d = \frac{\pi}{180^\circ} N \cos l = \frac{N \cos l}{\mu}.$$

C'est d'après ces deux équations qu'a été construite la Table II, en prenant pour A et e^2 les valeurs qui conviennent à l'aplatissement $0,00324 = \frac{1}{308,64}$. Pour avoir $\log N$, ajoutez $\log A = 6,8046153$ à tous les nombres de la dernière colonne.

197. On peut se servir de l'équation (19) pour déterminer la constante e^2 et l'aplatissement; car, si l'on mesure deux arcs S et S' de méridiens, chacune de ces valeurs connues sera liée à ses latitudes extrêmes par une équation, telle que l'équation (19). En divisant ces équations membre à membre, le facteur $A(1 - e^2)$ disparaîtra, et l'on aura cette relation, qui ne contient plus que la seule inconnue e^2, laquelle entre dans les constantes α, $\mathcal{6}$ et γ,

$$\frac{S}{S'} = \frac{\alpha\lambda - \mathcal{6}\sin\lambda\cos L + \frac{1}{2}\gamma\sin 2\lambda\cos 2L}{\alpha\lambda' - \mathcal{6}\sin\lambda'\cos L' + \frac{1}{2}\gamma\sin 2\lambda'\cos 2L'};$$

ici λ' est la différence et L' la somme des latitudes extrêmes de l'arc S'.

Il reste à tirer la valeur de e^2 de cette équation. Or, après avoir réduit au même dénominateur, posons

$$m = S\lambda' - S'\lambda,$$
$$n = S\sin\lambda'\cos L' - S'\sin\lambda\cos L,$$
$$q = S\sin 2\lambda'\cos 2L' - S'\sin 2\lambda\cos 2L;$$

on trouve

$$\alpha m - \mathcal{6}n + \frac{1}{2}\gamma q = 0.$$

Substituant pour α, $\mathcal{6}$ et γ leurs valeurs en e^2, on a donc

$$m - \frac{3}{4}e^2(n - m) + \frac{15}{64}e^4\left(3m - 4n + \frac{1}{2}q\right) = 0,$$

équation où m, n, q sont des grandeurs connues et qui est de la forme

$$m - he^2 + ke^4 = 0.$$

En résolvant cette équation à la manière du second degré, on a

$$e^2 = \frac{h}{2k} \pm \sqrt{\frac{h^2}{4k^2} - \frac{m}{k}} = \frac{h}{2k}\left(1 - \sqrt{1 - \frac{4km}{h^2}}\right).$$

Comme e^2 est très-petit, on n'a égard qu'au signe — du radical, qu'on développe en série par la puissance $\frac{1}{2}$, et il vient

$$(21)\quad\begin{cases} e^2 = \dfrac{h}{k}\left(\dfrac{km}{h^2} + \dfrac{k^2 m^2}{h^4} + \dfrac{2\,k^3 m^3}{h^6} + \dfrac{5\,k^4 m^4}{h^8}\right), \\[2ex] e^2 = \dfrac{m}{h} + \dfrac{k}{h}\left(\dfrac{m}{n}\right) + 2\left(\dfrac{k}{h}\right)^2\left(\dfrac{m}{h}\right)^3 + 5\left(\dfrac{k}{h}\right)^3\left(\dfrac{m}{h}\right)^4 + \dots \end{cases}$$

Et, quant à l'aplatissement, la valeur de e^2 le fait connaître (p. 164), et l'on trouve

$$1 - \frac{1}{p} = (1 - e^2)^{\frac{1}{2}} = 1 - \frac{1}{2}e^2 - \frac{1}{8}e^4,$$

d'où

$$(22)\quad \frac{1}{p} = \frac{1}{2}e^2 + \frac{1}{8}e^4, \quad p = \frac{2}{e^2\left(1 + \frac{1}{4}e^2\right)}.$$

198. Maintenant que e^2 est connu, cherchons A, rayon de l'équateur.

Désignons par Q le *quart du méridien elliptique*, depuis le pôle jusqu'à l'équateur : nous avons $l = 90° = \frac{1}{2}\pi$ dans l'équation (18)

$$(23)\quad Q = A\left(1 - e^2\right)\frac{1}{2}\alpha\pi = \frac{1}{2}\pi A\left(1 - \frac{1}{4}e^2 - \frac{3}{64}e^4\right),$$

équation qui donne l'une des constantes A ou Q, lorsque l'autre est connue : elles sont rapportées à la même unité métrique.

199. Divisant membre à membre l'équation (23) par l'équation (19), on a

$$(24)\quad Q = \frac{\frac{1}{2}\alpha\pi\,S}{\alpha\lambda - 6\sin\lambda\cos L + \frac{1}{2}\gamma\sin 2\lambda\cos 2L},$$

équation qui sert à trouver le quart du méridien, quand e^2 est connu, ainsi qu'un arc S du méridien, terminé aux latitudes l et l'. Mais on la simplifie en choisissant cet arc S tel, que ses limites en latitudes donnent $l + l' = 90° = L$; car alors $\cos L = o$, et la formule, ayant d'ailleurs un troisième terme très-petit au dénominateur, se réduit à fort peu près à

$$(25)\quad Q = \frac{\frac{1}{2}\pi S}{l - l'} = \frac{90° S}{l - l'}.$$

Q et S sont ici rapportés à la même unité ; $l - l'$ est dans la première fraction la longueur d'un arc pris dans le cercle de rayon 1 ; mais ensuite cet arc se trouve exprimé par son nombre de degrés à l'aide du facteur μ, comme on l'a dit page 33.

Ce que cette dernière expression offre de remarquable, c'est qu'elle est indépendante de A et de e^2 ; mais elle n'est qu'approchée, parce qu'on a négligé le terme en γ, qui n'est pas sans valeur. Il n'en résulte pas moins que, si l'on détermine Q par l'équation (25), en ayant soin de choisir l et l' de manière que $l + l'$ diffère peu de 90 degrés, cette valeur de Q sera très-peu affectée de l'erreur qu'on a pu commettre sur celle de e^2.

On peut donc regarder Q comme connu, et par suite A, par l'équation (23),

$$(26) \qquad A = \frac{2Q}{\mu}\left(1 + \frac{1}{4}e^2 + \frac{7}{64}e^4\right).$$

200. Appliquons cette théorie à un exemple.

On a mesuré deux arcs de méridien en des contrées très-éloignées, savoir l'arc du Pérou, par Bouguer et La Condamine, et l'arc de France, par Delambre et Méchain. Nous préférons ce dernier à celui de Laponie, parce que l'opération présente plus de précision. On trouve (*Système métrique*, t. III, p. 107 et 133) :

Dunkerque..	$l = 51° \ 2' \ 9'',20$	Cotchesqui...	$l = + 0° 2' \ 3''$
Montjouy...	$l' = 41.21.46,58$	Tarqui......	$l'' = -3.4.32$
$l - l' = \lambda =$	$9.40.22,62 = 9°,67295$	$l - l'' = \lambda' =$	$3.7. 3$
$l + l' + L = 92.23.55,78$		$l + l'' = L' = -3.2. 1$	
$S = 551583^{\text{t}},60.$		$S' = 176877^{\text{t}}.$	

Le calcul donne

$$m = 150,79, \quad n = 31199,10, \quad \tfrac{1}{2}q = 58979,26;$$

puis

$$h = 23286,18, \quad k = -15319,83,$$

et enfin les équations (24) et (22) font connaître e^2 et p, savoir

$$e^2 = 0,006447965, \quad p = 309,67.$$

Delambre trouve par erreur $p = 308,65$.

D'ailleurs, depuis l'époque où ce savant a écrit, on a reconnu que les triangles de Fontainebleau jusqu'à Bourges étaient mal conformés, et par une meilleure disposition on a trouvé que l'arc de méridien devait être augmenté de $34^t,40$; en sorte que $S = 551617^t$, ce qui conduit à $p = 306,556$ (*voir* la *Description géométrique de la France*, t. VI, p. 306, 471, etc.)

Au Dépôt de la Guerre, on a adopté $p = 308,64$ dans les calculs relatifs à la grande Carte de France. Ce nombre est à fort peu près celui qu'on tire de l'opération géodésique faite en Laponie, par Swanberg. On voit qu'en définitive ces valeurs de l'aplatissement ne diffèrent qu'à peine de $\frac{1}{303}$ qu'on tire des inégalités lunaires, et que tout s'accorde à les faire préférer comme méritant le plus de confiance.

201. Voyons à tirer de nos données précédentes la longueur du quart Q du méridien. Comme l'arc du Panthéon à Montjouy (n° 189) remplit à peu près la condition $l + l' = 90°$, nous appliquerons l'équation (24) aux valeurs indiquées dans le tableau cité :

$$\lambda = 7°29'2'',79, \quad L = 90°12'35'',95, \quad S = 426638^t,8.$$

La substitution de ces nombres dans nos formules donne, e^2 étant égal à $0,00644816$,

$$\alpha = 1,00486536, \quad \beta = 0,00487510, \quad \gamma = 0,00000974,$$

et, par suite,

$$Q = 5130405^t.$$

Avec la formule (25), indépendante de e^2, on obtiendrait

$$Q = 5130536^t.$$

On a encore

$$A = 3271392^t, \quad B = 3260828^t, \quad A - B = 10564^t.$$

202. On a défini le METRE la *dix-millionième partie du quart du méri-dien* Q. Multiplions la longueur ci-dessus de Q par 864 pour la réduire en lignes, et nous trouvons que le mètre devrait être formé de $443^{lig},27$.

Mais la Commission des poids et mesures, ayant arrêté son travail avant les dernières opérations de Delambre, avait pris $\frac{1}{334}$ pour l'aplatissement terrestre. Cette donnée, introduite dans l'équation (24), donne

$$Q = 5130740^t,74074.$$

On a donc dû être conduit à des résultats légèrement inexacts. Toutefois, on a jugé à propos de conserver la détermination prescrite pour le mètre par la loi du 19 frimaire an VIII (10 décembre 1799), qui fixe le MÈTRE LÉGAL à $443^{\text{lig}},296$ *de la toise du Pérou, en fer, à* 13 *degrés de Réaumur, ou* $16\frac{1}{4}$ *degrés C. du thermomètre à mercure.* Ainsi,

$$1^m = 443^{\text{lig}},296 \qquad \log = 2,6466938125405681$$
$$1^m = 36^{\text{po}},9413333 \qquad \log = 1,5675125664929433$$
$$1^m = 3^{\text{pi}},0784444 \qquad \log = 0,4883313204453185$$
$$1^m = 0^t,513074074074 \qquad \log = \overline{1},7101800700616749$$

Le mètre n'est donc pas, en toute rigueur, la dix-millionième partie du quart du méridien, tel qu'on l'a trouvé par un calcul plus précis. M. Biot a cependant fait voir, dans son *Astronomie physique* (t. I, p. 161), qu'en prenant pour base des déterminations l'arc de France prolongé jusqu'à Formentera, on trouve à peu près l'aplatissement $\frac{1}{334}$, qui ramène au mètre légal.

203. Concluons de cette exposition que les opérations géodésiques et les méthodes de calcul n'ont pas encore permis de trouver avec toute certitude les valeurs de Q et de c^2; que les travaux de nos successeurs pourront quelque peu modifier les nombres qui nous paraissent le mieux établis et conduire à d'autres résultats. Cependant on ne pouvait différer de donner aux mesures une longueur exactement définie, ce qui a fait adopter le mètre légal de $443^{\text{lig}},296$; et comme cette longueur est extrêmement voisine de la véritable, on pouvait, sans inconvénient pour la pratique, l'adopter comme définitive. Quels que soient les progrès futurs des sciences, il ne sera jamais utile de modifier ce nombre; il suffira d'avoir une idée nette de ce qu'il représente.

204. Prenons donc cette longueur du mètre légal pour unité, et adoptons l'aplatissement $p = 309,65$; puis, substituant ces nombres dans nos équations, nous obtiendrons pour la moyenne des grandeurs de Q en France

et au Pérou (voir *Système métrique,* t. III, p. 135) :

$$Q = 5\,131\,111^{t} \qquad\qquad \log = 6,71021\,1409805,$$
$$Q = 10\,000\,721^{m},64874, \qquad \log = 7,00003\,1339743,$$
$$\log\left(\frac{2Q}{\pi}\right) = 6^{t},51409\,15328\ldots\ldots\ldots\ldots = 6,80391\,14627^{m}.$$

$$\frac{1}{p} = \frac{1}{309,65} = 0,0032294526, \qquad \log = \bar{3},5091290,$$
$$e^{2} = 0,0064484758, \qquad\qquad \log = \bar{3},8094572,$$
$$\frac{A}{B} = 0,996770547 = 1 - \frac{1}{p}, \qquad \log = \bar{1},9985951970,$$

$$\log \alpha = 0,00210798, \quad \log \varepsilon = \bar{3},6880050, \quad \log\frac{1}{2}\gamma\,\bar{6},6877957.$$

$$A = 3\,271\,847^{t},7, \qquad \log = 6,5147930754,$$
$$A = 6\,376\,949^{m},9, \qquad \log = 6,8046130053,$$
$$B = 3\,261\,278^{t},7, \qquad \log = 6,5133882723,$$
$$B = 6\,356\,355^{m},8, \qquad \log = 6,8032082023.$$

La normale N, le rayon x' de parallèle, le rayon terrestre R, le rayon de courbure ρ, sous la latitude l, sont *en mètres* :

$$N = A + A'\sin^{2}l + B'\sin^{4}l, \qquad \log A' = 4,3130402 \quad \log B' = 1,9975587,$$
$$\log N = \log A + A''\sin^{2}l + B''\sin^{4}l, \quad \log A'' = \bar{3},1462115 \quad \log B'' = \bar{6},6546387,$$
$$x = N\cos l, \qquad\qquad \log \rho = \overline{14},3879644 + 3\log N,$$
$$\rho = 6335827 + C\sin^{2}l + D\sin^{4}l, \quad \log C = 4,7873219 \quad \log D = 2,6937191,$$
$$R = A - V\sin^{2}l - P\sin^{4}l, \qquad \log V = 4,3102304 \quad \log P = 2,2194074,$$
$$\log R = \log A - V'\sin^{2}l - P'\sin^{4}l, \quad \log V' = \bar{3},1434018 \quad \log P' = 5,1317600.$$

Un arc s commençant à l'équateur et terminé à la latitude l, exprimé, dans le premier terme, par son nombre l de degrés sexagésimaux, est [équation (18)]

$$s = E\,l - F\sin 2l + G\sin 4l,$$

$$\log E = 5,0457888, \quad \log F = 4,1887785-, \quad \log G = 1,1885691.$$

L'arc d'un degré de méridien terminé à la latitude l est [équation (21)]

$$H = 111119^{m},3 - F'\cos(2l + 1°) + G'\cos 2(2l + 1°),$$
$$\log F' = 2,7316638, \quad \log G' = 0,0324179.$$
$$\text{Degré moyen en France} = 57020^{t} = 111134^{m}.$$

Le cercle dont le rayon est x' a pour circonférence $2\pi x'$; la longueur du degré de parallèle sous la latitude l est [équation (21)]

$$d = \frac{x'}{\mu} = \frac{N \cos l}{\mu},$$

$$\log d = 5{,}0464904 + \log \cos l + A'' \sin^2 l + B'' \sin^4 l,$$

en prenant ci-dessus les valeurs des logarithmes de A'' et B''.

205. Nous avons dit que l'aplatissement $\frac{1}{305}$, déduit des inégalités lunaires, doit être préféré lorsque l'on considère le sphéroïde terrestre entier ([1]). Voyons à calculer nos formules dans cette hypothèse.

Nous conserverons la valeur obtenue ci-devant :

$$Q = 5131111^t = 10000721^m{,}64874.$$

$$\frac{1}{p} = \frac{1}{305} = 0{,}0032787, \qquad\qquad \log = \overline{3}{,}515700160653,$$

$$e^2 = \frac{609}{(305)^2} = 0{,}0065466272 5074, \qquad \log = \overline{3}{,}816017613939,$$

$$\frac{B}{A} = \frac{304}{305} = 0,9967213111475, \qquad \log = \overline{1},99857374242,$$

$$\frac{B^2}{A^2} = 1 - e^2 = 0,9934533727474926, \qquad \log = \overline{1},997147488484,$$

$$\log \alpha = 0,002140178412,$$

$$\log 6 = 3,6946183698, \qquad \log \tfrac{1}{2}\gamma = \overline{6},700916517 3,$$

$$A = 3271928^t,279, \qquad \log = 6,5148037752,$$
$$= 6377107^m,018, \qquad \log = 6,8046237052,$$
$$B = 3261200^t,319, \qquad \log = 6,5133775195,$$
$$= 6356198^m,470, \qquad \log = 6,8031974494,$$

Pour la latitude l on a, *en mètres :*

$$N = A + A'\sin^2 l + B'\sin^4 l, \qquad \log A' = 4,3196113, \quad \log B' = 2,0106904,$$
$$\log N = \log A + A''\sin^2 l + B''\sin^4 l, \quad \log A'' = \overline{3},1527719, \quad \log B'' = \overline{6},6677597,$$
$$x' = N\cos l, \qquad \log \rho = \overline{14},3878999 + 3\log N,$$
$$\rho = 6335357 + C\sin^2 l + B\sin^4 l, \quad \log C = 4,7938802, \quad \log D = 2,7068078,$$
$$R = A - V\sin^2 l - P\sin^4 l, \qquad \log V = 4,3167588, \quad \log P = 2,2325397,$$
$$\log R = \log A - V'\sin^2 l - P\sin^4 l, \quad \log V' = \overline{3},1499193, \quad \log P' = \overline{5},1448809.$$

Le rayon moyen, à la latitude de 45 degrés, est

$$R = 3266573^t, \qquad \log = 6,5140924,$$
$$= 6366669^m, \qquad \log = 6,8039123.$$

Un arc s, partant de l'équateur et terminé à la latitude l, est exprimé ainsi (dans le premier terme, l désigne un nombre de degrés) :

$$s = El - F\sin 2l + G\sin 4l,$$
$$\log E = 5,0457887397, \quad \log F = 4,19535957,$$
$$\log G = 1,2016577.$$

La longueur de l'arc d'un degré du méridien, de la latitude $l - 1$ à l, est

$$H = 111119^m,106 - F'\cos(2l + 1°) + G'\cos 2(2l + 1°),$$
$$\log F' = 2,7382449 -, \quad \log G' = 0,0455069.$$

Un degré de parallèle à la latitude l est

$$d = \frac{N\cos l}{\mu}; \quad \log d = 5,0465012 + \log \cos l + A''\sin^2 l + B''\sin^4 l,$$

A'' et B'' ont leurs valeurs ci-devant.

206. Quoique nous ayons déterminé nos grandeurs par des séries, il est souvent plus commode de se servir des formules complètes, p. 165, etc. Nous prendrons pour exemple de ces calculs l'aplatissement $\frac{1}{290}$, que les dernières observations du pendule en divers pays paraissent recommander.

Prenons la latitude de Paris, $l = 480° 50' 14''$. La deuxième équation (5) est

$$R = A \sqrt{\frac{1 - 2e^2 \sin^2 l + e^4 \sin^2 l}{1 - e^2 \sin^2 l}};$$

on a

$$e^2 = 1 - \left(\frac{289}{290}\right)^2 = \frac{290^2 - 289^2}{290^2} = \frac{579}{290^2}$$

Voici le développement des calculs [équation (5)] :

$$
\begin{aligned}
579.\!\ldots\!.\quad & 2,76267856 \\
(290)^2.\,.\!-&4,92479600 \\
e^2.\!\ldots\!.\quad & \overline{3},83788256\ldots\ldots e^2 = \quad 0,00688466 \\
\sin^2 l.\!\ldots\quad & \overline{1},7534086 \\
& \qquad\qquad\qquad\qquad\qquad 1 \\
& \overline{3},5912912\ldots e^2 \sin^2 l = \quad 0,003902035 \\
e^2.\!\ldots\!.\quad & \overline{3},8378826 \qquad \text{dénom.} = \quad 0,996097965\ldots \overline{1},9983022 \\
& \overline{5},4291738\ldots e^4 \sin^2 l = \quad 0,000026864 \\
& \qquad\qquad\qquad\qquad\qquad 1 \\
& \qquad 2\,e^2 \sin^2 l = -0,007804070 \\
& \overline{1},9966093\ldots \text{numér.} = \quad 0,992222794 \\
-&\overline{1},9983022\ldots \text{dénom.} \\
& \overline{1},9983071 \\
\sqrt{}\!\ldots\!.\quad & \overline{1},9991536 \\
A\!\ldots\!.\quad & 6,8046018\ldots \textit{voir} \text{ ci-après.} \\
R\!\ldots\!.\quad & 6,8037554\ldots R = 6364370^m = \text{rayon terrestre.}
\end{aligned}
$$

Voici le *calcul de* A [équation (26)]. Pour $p = 290$, le calcul est le même que celui de la p. 182, n° **201**, sauf

$$e^2 = 1 - \left(\frac{289}{290}\right)^2 = \frac{579}{290^2} = 0,00688466,$$

on trouve en mètres

$$\log Q = 6,9999697.$$

On omet ici le calcul, en tout semblable à celui de la p. 181, en partant des latitudes de Montjouy et de Dunkerque.

Facteur...   7490 $1 + \frac{1}{4} e^2 = 1,001721165$

2........   0,3010300 $\frac{1}{8} e^4 = $ 5925

Q........   6,9999697 $-\frac{1}{64} e^4 = $ -741

π........$-0,4971499$ $1,001726349$ $\log = 0,0007490$

A........   6,8045988 $A = 6376740^{m} = $ rayon équatorial.

Calcul de la normale N   *Calcul du rayon de courbure* ρ
⌊équation (6)⌋.   [équation (9)].

A........   6,8045988 N^3........   20,4163431

$\sqrt{1 - e^2 \sin^2 l} - \overline{1},9991511$ $1 - e^2 = \left(\frac{289}{290}\right)^2$ 4,9217957 numér.

$\log N = 6,8054477$ dénom........$- 4,9247960$

$N = 6389217^{m},$ A^2........$-13,6091976$

$\rho = 6370084^{m},$ ρ........   6,8041452

Le tout pour Paris et l'aplatissement $\frac{1}{290}$.

Sur l'usage des arcs parallèles à l'équateur.

207. Le procédé le plus propre à faire connaître l'aplatissement de la Terre consiste à comparer, comme l'a fait M. Puissant, un arc de méridien avec un arc de parallèle (*Connaissance des Temps*, 1827 et 1828.) Nous reviendrons bientôt sur la détermination des arcs de méridien, sujet que nous avons déjà traité (n° 162); nous exposerons plus tard les moyens de trouver les arcs de parallèle (n° 250) : voyons à faire usage de ces évaluations.

Développons l'équation (19) du n° 195, selon les puissances de c^2; nous trouvons pour l'arc de méridien $S = s - s'$, terminé aux latitudes

l et l' (*fig.* 78),

$$S = A\left[\lambda - \frac{1}{4}e^2(\lambda + 3\sin\lambda\cos L) - \frac{3}{16}I\,c^4\right],$$

en faisant

$$[L = l + l', \quad \lambda = l - l'$$

et

$$I = \frac{1}{4}\lambda + \sin\lambda\cos L - \frac{5}{8}\sin 2\lambda\cos 2L.$$

Ici λ exprime la longueur d'un arc pris dans le cercle dont le rayon est 1, arc qui est la différence des latitudes des deux bouts de S. On calcule λ d'après ce qui a été dit (n° 34), c'est-à-dire qu'on doit changer dans cette formule λ en $\dfrac{\pi\lambda}{180°} = \dfrac{\lambda}{\mu}$, et désignant par λ le nombre de degrés de cet arc.

208. D'un autre côté, x' étant le rayon d'un parallèle à l'équateur, la circonférence est $2\pi x'$, et $D = \dfrac{\pi x'd}{180°} = \dfrac{x'd}{\mu}$ est la longueur de l'arc de d degrés. Ainsi, pour le parallèle sous la latitude φ, on a [équation (4) n° 176]

$$D = \frac{Ad}{\mu}\,\frac{\cos\varphi}{\sqrt{1 - e^2\sin^2\varphi}},$$

$$D = \frac{Ad\cos\varphi}{\mu}\left(1 + \frac{1}{2}e^2\sin^2\varphi + \frac{3}{8}e^4\sin^4\varphi\right).$$

Ces équations font connaître les longueurs de deux arcs, l'un S de méridien, l'autre D de parallèle, pourvu qu'on ait le rayon A de l'équateur et e^2, ou l'aplatissement $\dfrac{1}{p}$.

Mais, en divisant ces formules membre à membre, A disparaît, et il ne reste plus que l'inconnue e^2,

$$\frac{Sd\cos\varphi}{D\mu} = M = \frac{\lambda - \frac{1}{4}e^2(\lambda + 3\sin\lambda\cos L) - \frac{3}{16}I\,e^4}{1 + \frac{1}{4}e^2\sin^2\varphi + \frac{3}{8}e^4\sin^4\alpha};$$

nous représenterons par M le premier membre, qui est une quantité connue par des observations.

On voit donc que, si l'on a mesuré deux arcs, l'un de méridien, l'autre de parallèle, on pourra tirer de cette équation le nombre e^2, et par suite l'aplatissement [équation (22)], puis le rayon A de l'équateur, le quart Q du méridien, etc., comme il a été expliqué précédemment.

Après la réduction au même dénominateur, etc., on a

$$\varepsilon^2 \left(\frac{1}{4} \lambda + \frac{3}{4} \sin \lambda \cos L + \frac{1}{2} M \sin^2 \varphi \right) + \frac{3}{16} e^4 \left(2 M \sin^4 \varphi + 1 \right) = \lambda - M.$$

209. Appliquons cette théorie à l'arc du méridien de France, de Greenwich à Formentera, et au parallèle de Milan. Nous emprunterons nos données au *Supplément à la Géodésie* de M. Puissant, pages 71 et 91, ou pour l'arc de parallèle qui s'étend du méridien de Paris au dôme de Milan $D = 533641^m,75$, arc de $6°,856469$. De plus

Greenwich...	$l = 51° 28' 40'',00$	Milan......	$\varphi = 45° 43' 12''$
Formentera...	$l' = 38.39.56,11$		
	$\lambda = 12.48.43,89$	$S = 1423637^m$	
	$L = 90. 8.36,11$		

on trouve l'arc

$$\lambda = 0,2236150,$$

la circonférence ayant 1 pour rayon,

$$M = 0,2228874, \quad m = 0,0007276, \quad h = 0,11260974, \quad k = -0,08301639,$$

ce qui conduit à

$$m - he^2 + ke^4 = 0,$$

équation d'où l'on tire la valeur de e^2 par la formule (21), p. 180. On trouve

$$e^2 = 0,006430620,$$

et, par l'équation (22),

$$p = 310,51.$$

On trouverait

$$p = 252,38$$

en ne prenant que l'arc de méridien qui traverse la France de Dunkerque à Montjouy.

210. Dans la *Connaissance des Temps* de 1829, et un bel Ouvrage intitulé : *Mesures d'un arc de parallèle moyen*, M. le colonel Brousseaud expose tous les détails de l'opération qu'il a dirigée pour mesurer le parallèle qui s'étend de Marennes à Milan, Padoue et Fiume. Il en conclut

l'arc moyen de 1 degré, qu'il prend pour valeur de D, en faisant $d = 1°$, et celles de l'aplatissement qu'on obtient par des combinaisons variées de cet arc avec celui du méridien. Voici les résultats qu'il présente :

STATIONS.	LATITUDES.	ARC de méridien.	LONGUEUR de cet arc.	DEGRÉ de parallèle	$p.$
Greenwich......	51. 28.40″,00	12.48.43″,89	1423835^m,2		274,39
Formentera	38.39.56,11				
Dunkerque.....	51. 2. 8,50	9.40.21,90	1075121,5	77873^m,82	269,84
Montjouy......	41.21.46,58				
Cotchesqui.....	0. 2.31	3. 7. 3,00	344739,80		291,19
Tarqui.........	−3. 4.33				
Runnæ.........	8. 9.38,39	9.53.45,25	1094769,53		286,84
Darungedda....	18. 3.23,64				
Moyenne....................					280,55

CHAPITRE IV.

LONGITUDES ET LATITUDES DES STATIONS (¹).

Différences de longitude par des signaux de feu.

211. Le moyen employé autrefois en France pour obtenir la différence de longitude de deux stations X et Y consiste à faire des signaux de feu en un lieu quelconque intermédiaire, pourvu que ce feu soit visible de l'une et de l'autre. Mais, dans ce cas, les stations doivent être peu distantes. On fait brûler quelques onces de poudre à canon, vers une heure

---

(¹) C'est la télégraphie électrique qui a remplacé les signaux de feu pour la détermination des longitudes.

Deux observateurs A et B, placés aux deux stations conjuguées, observent des étoiles horaires et circumpolaires, au moyen d'un cercle méridien, de manière à obtenir les heures sidérales des deux stations.

A des instants convenus d'avance, ils échangent des signaux par voie télégra-

convenue ; deux observateurs, placés aux lieux dont on veut avoir la différence de longitude, sont munis de chronomètres, et attentifs à noter l'instant précis où le feu apparaît. On a soin de régler d'avance la marche de chaque chronomètre, par des observations astronomiques, de manière à connaître exactement l'heure sous chaque méridien. L'instant physique où le feu éclate est le même pour les deux observateurs ; mais les heures en chaque lieu sont différentes ; celle de la station orientale est la plus avancée : la différence des heures sidérales est celle des méridiens, ou la longitude relative en temps.

On réitère plusieurs fois l'expérience, afin d'atténuer les petites erreurs d'observation. Chaque épreuve donne une valeur de la longitude relative ; ces résultats ont de légères différences : on prend le résultat moyen pour valeur exacte.

212. Au lieu de brûler de la poudre, on peut faire éclater une fusée dans les hautes régions de l'air, et l'explosion est visible à 25 ou 30 lieues de distance : on peut encore allumer un grand feu, ou un réverbère à réflecteurs paraboliques ; les lentilles des phares de Fresnel sont d'un usage très-avantageux. On cache la lumière avec un écran, et on la découvre subitement à des intervalles convenus d'avance. Les observateurs notent les instants où la lumière devient tout à coup, soit visible, soit cachée. Un feu de 3 pieds de largeur ne paraît, à la vue simple, que comme une étoile tertiaire, quand on ne le voit qu'à 12 lieues de distance.

Selon de Zach, 4 à 6 onces de poudre brûlée en plein air donnent un feu qu'on peut voir le jour de plus de 7 lieues, et pendant la nuit à 50 et même 60 lieues de distance, même quand les stations sont hors de toute portée des instruments d'optique. S'il y a une montagne intermédiaire, le

---

phique : la comparaison des heures des deux stations, à l'instant des signaux, fait connaître la différence cherchée.

Afin d'éliminer l'erreur due au temps de la transmission de l'électricité, qui n'est pas tout à fait instantanée, on renverse le mode d'échange des signaux entre les deux observateurs, et la moyenne des résultats est indépendante de la durée de transmission du fluide électrique.

La méthode moderne est susceptible de donner la plus grande précision que ne comportent pas les longitudes obtenues par des signaux de feu.   (P.)

feu, par un temps serein, est encore visible comme un éclair répercuté par le ciel. On doit dire cependant que les ingénieurs n'ont pas reconnu la vérité de ces assertions et que ces distances leur ont paru trop considérables.

La précision du procédé dépend principalement du soin qu'on met à déterminer l'heure des stations extrêmes, c'est-à-dire l'état et la marche des chronomètres : les erreurs d'observation peuvent être regardées comme nulles, quand on a répété les feux 8 à 10 fois.

213. Mais, lorsque les deux stations extrêmes sont fort éloignées, un feu ne peut être aperçu de l'une et de l'autre, et le procédé exige une modification. On multiplie les tions et les feux intermédiaires, de manière à obtenir, par le même moyen, les longitudes relatives de toutes ces stations. Mais, pour éviter que les erreurs des chronomètres ne s'ajoutent et ne conduisent à des résultats défectueux, voici comment on opère.

Soient Y et X (*fig.* 86) les deux points extrêmes dont on cherche la différence des longitudes. On fait éclater les feux en divers lieux f, f', f''..... Des observateurs, munis de chronomètres, stationnent en des points intermédiaires A, B, C, ..., et notent, comme ci-devant, l'instant où chaque feu éclate. Il n'est pas nécessaire que les chronomètres des stations intermédiaires donnent l'heure de leurs méridiens respectifs : il suffit que leur marche ne varie pas sensiblement pendant la courte durée des expériences, qui ne dépasse guère une heure pour toutes les répétitions. Les chronomètres des stations extrêmes Y et X devront seuls donner les heures des méridiens respectifs. Bien entendu encore que les lieux f, A, f', B, ... ne sont pas assujettis à être en ligne déterminée. Supposons que les feux se succèdent en allant de l'est Y à l'ouest X.

Un feu allumé en f sera vu en Y et en A, et l'on y notera les heures de l'apparition. De même pour le feu f' vu en A et en B ; pour le feu f'' vu en B et en C, etc. Or, si l'observateur A a vu éclater le feu f une minute avant le feu f', en ajoutant 1 minute à l'heure où le feu f a été vu en Y, on aura celle où le feu f' aurait été vu en Y, si la distance eût permis de l'apercevoir ; en sorte que les choses se passent comme si, le feu f n'ayant pas eu lieu, l'observateur en Y avait vu briller le feu f', puisqu'il en connaît

F. — *Géodésie.* 13

ainsi l'heure exacte. De même, si B voit éclater le feu f' deux minutes avant f'', en ajoutant en outre ces deux minutes à l'heure précédente, on a celle que le chronomètre en Y indique quand le feu f'' a brillé, précisément comme si on l'eût aperçu de la station Y.

On voit donc que, de proche en proche, l'heure de Y où le dernier feu f''' a éclaté se compose de l'heure où le premier feu f a été vu en Y, plus de toutes les différences de durée observées en A, B, ... entre le moment où a brillé le feu du côté de X (à l'ouest), moins celui qui est du côté Y (à l'est). Bien entendu que cette différence doit être prise en —, quand le feu de l'ouest éclate, au contraire, avant celui de l'est.

Ainsi tout est ramené au cas où le dernier feu f''' est aperçu à-la-fois en Y et en X, et l'on en tire la différence de longitude entre ces deux stations extrêmes par une soustraction, comme ci-devant.

214. Soient a, b, c, d, ... les durées écoulées entre deux feux successifs aperçus respectivement de chaque station intermédiaire A, B, C, D, ..., c'est-à-dire qu'en A on a vu éclater le feu f, a secondes avant le feu f'; qu'en B on a vu éclater le feu f', b secondes avant f'', etc. Soient y l'heure exacte où, de la station Y, on a vu briller le feu f, et x celle où le feu f''' a été aperçu en X, y et x étant les heures de ces méridiens respectifs, et la station X étant à l'ouest, lieu où l'on compte une heure contemporaine moins avancée qu'en Y ; la différence L des longitudes de Y et X est

$$L = y + a + b + c + d + \ldots - x,$$

en ayant soin de prendre négatives celles des durées a, b, ... qui se rapporteront au cas où le feu de l'est aura brûlé après celui de l'ouest. Il faut remarquer, en outre, que ces heures et ces durées devront toutes être exprimées en temps sidéral ; en sorte que si, comme c'est l'ordinaire, les chronomètres étaient réglés sur le temps moyen, il faudrait changer la durée $a + b + c + \ldots$ en sidérale, en ajoutant $0'',1643$ par minute, $0'',00274$ par seconde (n° 393). Et même, si les pendules des stations extrêmes Y et X marquent aussi le temps moyen, cette correction devra être faite sur tout le deuxième membre de l'équation ci-dessus. On a d'ailleurs attention, avant de faire ce calcul, de dégager les indications des pendules extrêmes des erreurs de leur marche, afin que y et x soient bien exactement les heures de ces méridiens respectifs, à l'instant de l'explosion des feux voisins. De même, si les chronomètres intermédiaires marquent plus ou moins de 86 400 secondes en vingt-quatre heures, les durées a, b, c, ... devront aussi subir quelques corrections, comme on le verra (n° 419). Mais les heures absolues marquées par les chronomètres intermédiaires n'ont aucun rapport nécessaire avec leurs méridiens A, B, ..., puisqu'ils ne sont destinés qu'à donner les durées sidérales écoulées entre les observations des feux.

215. C'est ainsi qu'on a exécuté l'opération qui a servi à mesurer l'amplitude de plusieurs arcs de parallèle. De Brest à Strasbourg, on a établi deux stations entre Brest et Paris, et deux entre Paris et Strasbourg, avec un feu entre chacun de ces intervalles. Ces feux ont été allumés sur des sommités, de manière à être visibles des deux stations voisines. On a dû les espacer le plus possible, pour éviter les frais et les causes d'erreur; on peut apercevoir un feu à 20 ou 30 lieues de distance, et plus. Lorsqu'on manque quelqu'une de ces apparitions, l'opération n'en est pas moins continuée, et il suffit de regarder comme nulle cette épreuve incomplète; on réitère les expériences de cinq en cinq minutes, pour atténuer les erreurs d'observation, et l'on fait d'avance un tableau indicateur des moments d'explosion, d'après la marche connue des chronomètres, afin de ne pas fatiguer sans utilité l'attention des observateurs. La valeur des L est négative quand le calcul procède de l'ouest X à l'est Y.

Quand une montagne se trouve interposée entre un feu et une station, comme on ne peut compter sur l'apparition de l'éclair, on remplace les feux par des fusées volantes en carton, qu'on élève à 400 ou 600 mètres de hauteur, et dont l'explosion, dans les hautes régions de l'air, détermine le signal attendu.

216. Voici un exemple de ces calculs où nous n'indiquons qu'une seule série de feux, en trois points intermédiaires, avec deux stations A et B, et les deux extrémités X et Y, qui sont les villes de Paris et de Strasbourg, dont on demandait la différence des longitudes. En ces derniers points, on a déterminé les heures sidérales de l'apparition des feux voisins, qu'on trouve indiquées dans les colonnes extrêmes, toutes corrections faites; dans les deux autres colonnes, on a marqué les heures

moyennes qu'indiquaient les chronomètres aux instants d'explosion.

PARIS Y.	STATION A.	STATION B.	STRASBOURG X.
y.. 19.5.44,1 (h m s)	f.. 8.49.48,2 (h m s) f'. 8.54.10,8 ————— $a = +$ 4.22,6	f'.. 9.16. 0,2 (h m s) f''.. 9.30.37,8 ————— $b = +$ 14.37,6	x.. 19.46.23,7 (h m s)

Voici le calcul de cette expérience :

$$a = + \ 4^{m}22^{s},6$$
$$b = + 14.37 ,6$$

Temps moyen.......... $+$ 19. 0 , 2

Réduction en temps sidéral (n° 393) $+$ 3 , 1

$$y = \ 19. \ 5.44 , 1$$
$$x = - 19.46.23 , 7$$
$$\mathrm{L} = \ - 21.36 , 3$$

On opère de même pour chaque série de feux ; et même on voit qu'en combinant les diverses séries entre elles on peut en tirer des moyens de vérification. La moyenne de tous ces résultats est la valeur de la longitude relative en temps. C'est ainsi qu'on a trouvé — 21′35″,48 pour la longitude de Strasbourg, par rapport au méridien de l'Observatoire de Paris. Au reste, il convient de ne pas combiner entre elles des observations distantes de 30 minutes, et plus, pour que le résultat ne se trouve pas influencé par les erreurs de marche des chronomètres (*voir* un *Mémoire* de M. Bonne, tome III du *Mémorial du Dépôt de la Guerre*).

Des azimuts, longitudes et latitudes.

217. Nous savons calculer tous les côtés des triangles du réseau géodésique (*fig.* 73). Connaissant, par l'observation directe, la longitude, la latitude d'un des sommets A, ainsi que la direction d'un côté AC, c'est-

à-dire l'angle CAI qu'elle fait avec la méridienne AV du point A, on peut trouver, par le calcul, les mêmes choses pour la station C. Et comme, de proche en proche, on peut opérer de même pour chaque sommet de triangle, on trouve en définitive les longitudes et latitudes de toutes les stations, ainsi que les azimuts des côtés des triangles. Exposons cette théorie, mais supposons d'abord que la Terre soit sphérique; nous corrigerons ensuite l'erreur qu'entraîne cette hypothèse.

Soient P (*fig.* 79) le pôle terrestre; PM, PM' les méridiens des deux stations M et M'; l'arc MM' = a est connu en mètres, et par suite en secondes d'arc (n°ˢ 146 et 181). La latitude du point M est l; celle de M' est l'. La première est donnée, la deuxième inconnue, ainsi que l'angle MPM' = P des deux méridiens, différence des longitudes des stations M et M',

$$PM = 90° - l, \quad PM' = 90° - l'.$$

Dans le triangle sphérique PMM', on connaît donc les côtés PM et MM', ainsi que l'angle compris M, supplément de l'azimut donné M'Mm = z, compté du sud vers l'est ou l'ouest : on suppose cet angle z connu par l'observation astronomique ou par des calculs de l'espèce de ceux dont nous nous occupons actuellement. Il s'agit de résoudre le triangle PMM″ et d'en tirer PM' = 90° — l', l'angle P, et l'angle M', supplément de l'azimut MM'm' = z' compté vers l'ouest ou l'est, le côté MM' étant vu en M', sur l'horizon de cette station.

Comme les arcs a et P sont toujours fort petits, on veut *résoudre un triangle sphérique dont un côté et l'angle opposé sont très-petits,* c'est-à-dire n'ont qu'un petit nombre de minutes. Il est plus exact de calculer la petite différence $d = l - l'$ entre les deux latitudes. L'équation fondamentale, page 64, devient ici

$$\sin l' = \sin l \cos a + \cos l \sin a \cos M;$$

d'où

$$\sin l - \sin l' = \sin l \left(1 - \cos a\right) + \cos l \sin a \cos z$$

$$= 2 \sin l \sin^2 \frac{1}{2} a + \cos l \sin a \cos z.$$

Le premier membre est égal à

$$2 \sin \frac{1}{2} (l - l') \cos \frac{1}{2} (l + l') = 2 \sin \frac{1}{2} d \cos \left(l - \frac{1}{2} d\right)$$

$$= 2 \sin \frac{1}{2} d \left(\cos l \cos \frac{1}{2} d + \sin l \sin \frac{1}{2} d\right).$$

Divisant toute l'équation par $2\cos l \cos 2\frac{1}{2}d$, il vient

$$\operatorname{tang}\frac{1}{2}d\left(1 + \operatorname{tang}l\operatorname{tang}\frac{1}{2}d\right) = \frac{K}{\cos^2\frac{1}{2}d} = K\left(1 + \operatorname{tang}^2\frac{1}{2}d\right)$$

en posant, pour abréger,

$$K = \frac{1}{2}\sin a \cos z + \operatorname{tang}l\sin^2\frac{1}{2}a;$$

donc, en ordonnant,

$$\operatorname{tang}\frac{1}{2}d + (\operatorname{tang}l - K)\operatorname{tang}^2\frac{1}{2}d = K.$$

Mais l'arc a est très-petit : on a, au quatrième ordre près,

$$\sin a = a - \frac{1}{6}a^3, \quad \sin^2\frac{1}{2}a = \frac{1}{4}a^2;$$

d'où

$$K = \frac{1}{2}a\cos z + \frac{1}{4}a^2\operatorname{tang}l - \frac{1}{12}a^3\cos z.$$

Résolvant l'équation par rapport à $\frac{1}{2}d$, et négligeant le quatrième ordre ([1]),

$$(\text{A}) \quad d = a\cos z + \frac{1}{2}a^2\operatorname{tang}l\sin^2 z - \frac{1}{6}a^3\sin^2 z\cos z\,(1 + 3\operatorname{tang}^2 l).$$

([1]) Résolvons l'équation

$$\operatorname{tang}x + h\operatorname{tang}^2 x = X.$$

En supposant K très-petit, ainsi que x, puis développant le radical en série, selon les puissances croissantes de K, en ne prenant que le radical positif, il vient

$$\operatorname{tang}x = \frac{1}{2h}\left(-1 + \sqrt{1 + 4Kh}\right)$$

$$= \frac{1}{2h}\left(2Kh - 2K^2h^2 + 4K^3h^3 - 10K^4h^4 + \ldots\right).$$

$$\operatorname{tang}x = K - hK^2 + 2h^2K^3 - 5h^3K^4 + \ldots.$$

Mais on sait d'ailleurs (n° 32) que

$$x = \operatorname{tang}x - \frac{1}{3}\operatorname{tang}^3 x + \ldots$$

218. Dans le même triangle, on a [équation (5), n° 68]

$$\cos l' : \sin z :: \sin MM' \,(= a) : \sin P\,;$$

d'où

(B)
$$P = a\,\frac{\sin z}{\cos l'}\cdot$$

219. Appliquant la quatrième analogie de Néper (p. 76) au triangle PMM', il vient, en renversant les fractions,

$$\operatorname{tang}\frac{1}{2}(M + M') = \cot\frac{1}{2}P\,\frac{\cos\frac{1}{2}(l - l\,)}{\cos\frac{1}{2}(180° - l - l')}\,,$$

$$\cot\frac{1}{2}(M - M') = \operatorname{tang}\frac{1}{2}P\,\frac{\sin\frac{1}{2}(l + l')}{\cos\frac{1}{2}(l - l')}\cdot$$

Dans notre *fig.* 79, z désigne l'azimut du côté MM' $= a$, vu de M; z' est celui du même côté, vu de M' : ces angles z et z' sont comptés, selon l'usage, du méridien sud, de zéro à 180 degrés en allant au nord, l'un du côté de l'ouest, l'autre vers l'est. Ainsi z et z' sont les suppléments des angles M et M' de notre équation, savoir :

$$M = 180° - z, \quad M' = 180° - z'\,;$$

d'où

$$\frac{1}{2}(M + M') = 180° - \frac{1}{2}(z + z') = 90° - \frac{1}{2}(z + z' - 180°).$$

En substituant ici la valeur de $\operatorname{tang}x$ **en série, on trouve cette expression, qui est exacte au cinquième ordre près,**

$$x = K - h K^2 + \left(2 h^2 - \frac{1}{3}\right) K^3 + (1 - 5 h^2)\, h K^4 + \ldots.$$

Pour appliquer cette série à l'équation du texte, il faut poser

$$h = \operatorname{tang}l - K, \quad x = \frac{1}{2}d\,;$$

donc on a
$$d = 2K - 2K^2\operatorname{tang}l + 2K^3\left(\frac{1}{3} + 2\operatorname{tang}^2 l\right)$$

$$= a\cos z + \frac{1}{2}a^2\operatorname{tang}l - \frac{1}{6}a^3\cos z$$

$$- 2\operatorname{tang}l\left(\frac{1}{4}a^2\cos^2 z + \frac{1}{4}a^2\cos z\operatorname{tang}l\right) + \frac{1}{2}a^3\cos^2 z\left(\frac{1}{3} + \operatorname{tang}^2 l\right) = \ \ldots$$

La cotangente est donc égale à

$$\tan \frac{1}{2} \left(z + z' - 180° \right).$$

Or, en M et M′, les méridiennes des deux stations sont presque deux droites parallèles que la ligne MM′ coupe obliquement; en sorte qu'à fort peu près $z + z' = 180°$. L'excès de $z + z'$ sur 180 degrés, qu'on appelle la *convergence des méridiens*, parce que cet excès mesure le défaut de parallélisme, est donc un très-petit arc. Ainsi l'on peut substituer cet arc $\frac{1}{2}\left(z + z' - 180° \right)$ à sa tangente, ainsi que $\frac{1}{2}P$; donc

$$\frac{1}{2}\left(z + z' - 180° \right) = \frac{1}{2}P \, \frac{\sin\frac{1}{2}\left(l + l' \right)}{\cos\frac{1}{2}\left(l - l' \right)},$$

d'où

$$(\text{C}) \qquad z' = 180° - z + P \, \frac{\sin\left(l - \frac{1}{2}d \right)}{\cos\frac{1}{2}d}.$$

220. Les équations (A), (B), (C) sont d'un fréquent usage en Géodésie. La première fait connaître la différence d des latitudes (*fig.* 79), et par suite la latitude de la station M′, $l' = l - d$.

La deuxième donne la différence P des longitudes.

La troisième l'azimut z' du côté MM′ vu de M′, sur l'horizon de cette dernière station; mais il y a quelques remarques à faire.

1° Nous avons supposé que la Terre est sphérique;

2° d et a désignent, dans l'équation (A), des longueurs d'arcs de cercle pris dans la supposition que le rayon est 1, ces arcs mesurant les valeurs angulaires $l - l'$ et MM′. Pour que ces arcs a et d soient exprimés en secondes, il faut les changer en $a \sin 1'$ et $d \sin 1''$, savoir :

$$(\text{A}') \qquad \left\{ \begin{aligned} d &= a \cos z + \frac{1}{2}a^2 \sin 1'' \tan l \sin^2 z \\ &\quad - \frac{1}{6}a^3 \sin^2 1'' \sin^2 z \cos z \left(1 + 3 \tan^2 l \right) \end{aligned} \right.$$

avec

$$d = l - l', \quad l' = l - d.$$

221. On peut d'ailleurs chasser d et l' des équations B et C, car

$$\cos l' = \cos\left(l - d \right) = \cos l \cos d \left(1 + \tan l \tan d \right).$$

Substituons, dans l'équation (B), $P \cos l' = a \sin z$, mais faisons $\tan d = d$,

$\cos d = 1$, attendu que, voulant nous borner aux deuxièmes puissances de a qui est déjà facteur, il ne faut admettre dans l'équation (A) que le premier terme, $d = a \cos z$; ainsi

$$\cos l' = \cos l\,(1 + d \tang l), \qquad \mathrm{P} = \frac{a \sin z}{\cos l}(1 + d \tang l)^{-1},$$

$$\mathrm{P} = \frac{a \sin z}{\cos l}(1 - d \tang l) = \frac{a \sin z}{\cos l}(1 - a \cos z \tang l),$$

et

(B′)
$$\mathrm{P} = \frac{a \sin z}{\cos l} - \frac{1}{2} a^2 \sin 1'' \sin 2 z \, \frac{\tang l}{\cos l},$$

en exprimant a et P en secondes.

La fraction de l'équation (C) est égale à

$$\sin l - \cos l \tang \frac{1}{2} d, \quad \text{ou} \quad \sin l - \frac{1}{2} d \sin 1'' \cos l,$$

par la même raison que ci-dessus, ou égale à $\sin l - \frac{1}{2} a \cos z \cos l \sin 1''$; multipliant par la valeur (B′) de P, on trouve enfin

(C′) $\quad z' = 180° - z + a \sin z \tang l - \frac{1}{4} a^2 \sin 1'' \sin 2 z (1 + 2 \tang^2 l)$ [1];

a et les deux derniers termes sont exprimés en secondes.

---

[1] Il est souvent important de pousser jusqu'au troisième ordre le développement des séries B′ et C′, comme, par exemple, au n° 241.

On a (n° 218)
$$\sin \mathrm{P} = \frac{\sin a \sin z}{\cos l'},$$

et, à cause de la valeur de $\cos l'$, on a, en développant en série jusqu'au troisième ordre de a,

$$\sin \mathrm{P} = \frac{(a - \frac{1}{6} a^3) \sin z}{\cos l \cos d\,(1 + \tang l \tang d)} = \frac{\sin z}{\cos l} \, \frac{a - \frac{1}{6} a^3}{(1 - \frac{1}{2} d^2)(1 + d \tang l)}.$$

Ce diviseur est égal à

$$\left(1 + d \tang l - \frac{1}{2} d^2\right)^{-1} = 1 - d \tang l + \frac{1}{2} d^2 + d^2 \tang^2 l$$

$$= 1 - a \tang l \cos z - \frac{1}{2} a^2 (\tang^2 l \sin^2 z - \cos^2 z - 2 \cos^2 z \tang^2 l),$$

222. Jusqu'ici nous avons regardé la Terre comme sphérique; restituons-lui la forme ellipsoïdale. Désignons, comme ci-devant (n° 175), par e le rapport de l'excentricité au demi-grand axe A, par N la normale en M

---

en ne développant que jusqu'au deuxième ordre, à cause de a qui est facteur au numérateur, et en substituant pour d sa valeur [équation (A′), n° 220].

Mais (*Cours de Mathématiques*, p. 470, t. II)

$$\mathrm{P} = \sin \mathrm{P} + \frac{1}{6} \sin^3 \mathrm{P};$$

donc, P étant un petit angle, $\mathrm{P} = \sin \mathrm{P}$,

$$\mathrm{P} = \left(a - \frac{1}{6} a^3\right)(1 - a \operatorname{tang} l \cos z - \ldots) \frac{\sin z}{\cos z},$$

$$\mathrm{P} = \frac{a \sin z}{\cos l}\left[1 - a \cos z \operatorname{tang} l \right.$$
$$\left. - \frac{1}{2} a^2 \left(\operatorname{tang}^2 l \sin^2 z - \cos^2 z - 2 \cos^2 z \operatorname{tang}^2 l + \frac{1}{3} - \frac{\sin^2 z}{3 \cos^2 l}\right)\right].$$

Le facteur de $\frac{1}{2} a^2$ étant réduit au dénominateur commun, $3 \cos^2 l$ revient à

$$- \frac{1}{6} \frac{a^2}{\cos^2 l}\left[3 \sin^2 l (\sin^2 z - 2 \cos^2 z) - 3 \cos^2 z \cos^2 l + \cos^2 l - \sin^2\right] z,$$

et, faisant $\sin^2 z = 1 - \cos^2 z$, on a

$$- \frac{1}{6} \frac{a^2}{\cos^2 l}\left[2 \sin^2 l - 8 \cos^2 z \sin^2 l - \cos^2 z (\sin^2 l + \cos^2 l) - 2 \cos^2 z \cos^2 l + \cos^2 z\right]$$

ou enfin

$$- \frac{1}{3} a^2 (\operatorname{tang}^2 l - 4 \operatorname{tang}^2 l \cos^2 z - \cos^2 z);$$

donc

$$(\mathrm{B}'') \quad \mathrm{P} = \frac{a \sin z}{\cos l}\left[1 - a \cos z \operatorname{tang} l - \frac{1}{3} a^2 (\operatorname{tang}^2 l - 4 \operatorname{tang}^2 l \cos^2 z - \cos^2 z)\right]:$$

telle est l'équation (B′) poussée jusqu'au troisième ordre.

Faisant, dans (B″), $z = 90°$, $a = \frac{\varphi}{n}$, $\mathrm{P} = \mathrm{P} \sin 1'$, on trouve la deuxième des équations du n° 241,

$$\mathrm{P} = \frac{\varphi}{\mathrm{N} \cos l \sin 1''} - \frac{\varphi^3}{3 \mathrm{N}^3} \times \frac{\operatorname{tang}^2 l}{\cos l \sin 1''}.$$

Poussons de même jusqu'au troisième ordre le développement de la série C′. Posons, dans l'équation (C), n° 219, $z + z' - 180° = \mathrm{Q}$, l'équation devient

$$\operatorname{tang} \frac{1}{2} \mathrm{Q} = \operatorname{tang} \frac{1}{2} \mathrm{P} \frac{\sin \frac{1}{2}(l + l')}{\cos \frac{1}{2}(l - l')},$$

$(fig.\ 85)$, $N = \dfrac{A}{\sqrt{1 - e^2 \sin^2 l}}$; la normale en M' est N'; Z et Z' sont les zéniths des deux stations sur les prolongements de leurs normales.

---

et, comme $l' = l - d$,

$$\operatorname{tang} \frac{1}{2} Q = \operatorname{tang} P\, \frac{\sin\left(l - \frac{1}{4} d\right)}{\cos \frac{1}{2} d} = \left(\frac{1}{2} P + \frac{1}{3} \frac{P^3}{8}\right)\left(\sin l - \frac{1}{2} d \cos l\right),$$

$$2 \operatorname{tang} \frac{1}{2} Q = \left(P + \frac{1}{12} P^3\right)\left(\sin l - \frac{1}{2} a \cos z \cos l - \frac{1}{4} a^2 \sin l \sin^2 z\right),$$

en substituant la valeur (A) de d jusqu'au deuxième ordre seulement, attendu que P est facteur. Substituons donc ici pour P sa valeur du troisième ordre qu'on a trouvée précédemment; puis, comme $\operatorname{tang} \frac{1}{2} Q$ donne la série

$$\frac{1}{2} Q = \operatorname{tang} \frac{1}{2} Q - \frac{1}{3} \operatorname{tang}^3 \frac{1}{2} Q,$$

nous obtiendrons Q. Ainsi

$$2 \operatorname{tang} \frac{1}{2} Q = \frac{a \sin z}{\cos l}\left(1 - a \cos z \operatorname{tang} l - \frac{1}{3} a^2 M + \frac{1}{12} \frac{a^2 \sin^2 z}{\cos^2 l}\right)$$
$$\times \left(\sin l - \frac{1}{2} a \cos z \cos l - \frac{1}{4} a^2 \sin l \times \sin^2 z\right),$$

M désignant le facteur trouvé ci-dessus pour $- \frac{1}{3} a^2$ dans la valeur de P ;

$$2 \operatorname{tang} \frac{1}{2} Q = \frac{a \sin z}{\cos l}\left(\sin l - a \cos z \sin l \operatorname{tang} l - \frac{1}{3} a^2 M \sin l\right.$$
$$\left. + \frac{1}{12} a^2 \sin l \frac{\sin^2 z}{\cos^2 l} + \frac{1}{2} a^2 \cos^2 z \cos l \operatorname{tang} l - \frac{1}{4} a^2 \sin l \sin^2 z\right)$$
$$= a \sin z \operatorname{tang} l - \frac{1}{4} a^2 2 \sin z \cos z\, 2 \operatorname{tang}^2 l$$
$$- a^2 \sin z \operatorname{tang} l \left(\frac{1}{3} M - \frac{1}{12} \frac{\sin^2 z}{\cos^2 l} - \frac{1}{2} \cos^2 z + \frac{1}{4} \sin^2 z\right)$$
$$- \frac{1}{4} a^2 2 \sin z \cos z.$$

Mais on a [équation (20), p. 33]

$$\frac{1}{2} Q = \operatorname{tang} \frac{1}{2} Q - \frac{1}{3} \operatorname{tang}^3 \frac{1}{2} Q,$$

d'où

$$Q = 2 \operatorname{tang} \frac{1}{2} Q - \frac{2}{3} \operatorname{tang}^3 \frac{1}{2} Q = 2 \operatorname{tang} \frac{1}{2} Q - \frac{1}{12}\left(2 \operatorname{tang} \frac{1}{2} Q\right)^3;$$

donc

$$Q = a \sin z \operatorname{tang} l - \frac{1}{4} a^2 \sin 2 z\left(1 + 2 \operatorname{tang}^2 l\right),$$

Or concevons une sphère dont le centre serait en n, et qui aurait MN pour rayon. Le plan passant par N, M et M′ coupe cette sphère selon un arc de cercle qu'on peut sensiblement regarder comme ayant même longueur que MM′ $= \varphi$, quoique sa position soit un peu différente. En effet, l'arc MM′ est toujours très-petit, et l'on voit par la valeur de CN (n° 177), qui est de l'ordre e^2, que cette hypothèse est tout à fait admissible. Quant au nombre de secondes a de l'arc φ, nous en avons donné la valeur (n° 181). Nous ferons bientôt une application de cette formule.

La sphère dont il s'agit ici est Np MM′; les plans méridiens NMP, NM′P, conduits par l'axe et les deux stations, coupent sa surface selon

---

qui est l'équation (C′). Nous aurons, par suite,

$$- a^3 \sin l \, \text{tang} \, z \, \frac{1}{3} \left(M - \frac{1}{12} \frac{\sin^2 z}{\cos^2 l} - \cos^2 z - \frac{1}{4} \sin^2 z + \frac{1}{12} \sin^2 z \, \text{tang}^2 l \right).$$

Mettons pour M sa valeur ci-dessus; de plus, $\cos l = \dfrac{1}{\sec l}$, $\cos^2 l = \dfrac{1}{1 + \text{tang}^2 l}$, ce qui change $- \dfrac{1}{12} \dfrac{\sin^2 l}{\cos^2 l}$ en

$$- \frac{1}{12} \sin^2 z (1 + \text{tang}^2 l) = - \frac{1}{12} \sin^2 z - \frac{1}{12} \sin^2 z \, \text{tang}^2 l;$$

le facteur du terme en $- a^3 \sin l \, \text{tang} \, z$ revient donc à

$$= \frac{1}{3} \text{tang}^2 l - \frac{4}{3} \text{tang}^2 l \cos^2 z - \frac{1}{3} \cos^2 z - \frac{1}{2} \cos^2 z + \left(\frac{1}{4} - \frac{1}{12} \right) (1 - \cos^2 z)$$

$$= \frac{1}{3} \text{tang}^2 l - \frac{4}{3} \text{tang}^2 l \cos^2 z - \cos^2 z + \frac{1}{6};$$

donc Q $= z + z' - 180$ devient

$$(\text{C}'') \quad \left\{ \begin{aligned} z' &= 180 - z + a \sin z \, \text{tang} \, l - \frac{1}{4} a^2 \sin 2z (1 + 2 \, \text{tang}^2 l) \\ &\quad - \frac{1}{6} a^3 \sin z \, \text{tang} \, l (2 \, \text{tang}^2 l - 8 \, \text{tang}^2 l \cos^2 z - 6 \cos^2 z + 1). \end{aligned} \right.$$

Il faut poser ici $z = 90°$; le terme a^2 disparaissant, on a

$$z' = 90° - a \, \text{tang} \, l - \frac{1}{6} a^3 \, \text{tang} \, l (1 + 2 \, \text{tang}^2 l);$$

il ne s'agit plus que de poser $a = \dfrac{Q}{n \sin 1''}$, après avoir changé φ et a en $\varphi \sin 1''$ et $a \sin 1''$, et l'on obtient l'équation du n° 241. Cette formule ne convient donc qu'au cas où $z = 90°$, c'est-à-dire quand MM′ est perpendiculaire au méridien.

des arcs de cercle pM, pM′, et forment le triangle sphérique pMM′, pour lequel tout ce qui a été dit ci-dessus sera vrai.

Observons cependant que les zéniths Z et Z′ des lieux M et M′ sont sur les prolongements des normales différentes NM, N′M′, qui sont les verticales de ces stations : ces normales ne concourent pas. On peut bien assimiler MM′ à un arc de cercle en ce qui concerne sa longueur, mais non plus quand on a égard à sa forme et à sa direction.

En M, la latitude astronomique ou la hauteur du pôle est l'angle MNV $= l$; celle de M′ est M′N′V′ $=$ L, qui diffère de M′NV, appelé ci-dessus l'; L et l sont les compléments des angles pN′M′ et pNM. L'angle NM′N $= i$ est formé par la normale M′N′ avec M′N; quoique très-petit, il n'est pas négligeable.

Menant Nb parallèle à M′N′, on voit que $l' =$ L $+ i$.

Nous avons fait précédemment $d = l - l'$; mais ici d n'est plus la différence des latitudes des deux stations, puisque celle de M′ est L, et non pas l'. Soit D $= l -$ L, différence des latitudes sur le sphéroïde, on a

$$D - d = l' - L = i, \quad D = d + i.$$

Ainsi, pour avoir D, puisque d est connu, il ne s'agit que de trouver la valeur du petit angle i et de l'ajouter à la valeur trouvée pour d par l'équation (A), dans le cas où la Terre est censée sphérique. On connaîtra ainsi la différence D des latitudes sur le sphéroïde. Le triangle NM′N′ donne

$$\sin i = \frac{NN'}{NM'} \sin N' = \frac{CN - CN'}{NM'} \times \cos L,$$

$$\sin i = c^2 (\sin l - \sin L) \cos L;$$

car on a (n° 177)

$$CN = N e^2 \sin l, \quad CN' = N' c^2 \sin L;$$

les normales N, N′, ainsi que NM′, sont sensiblement égales; on trouve donc, d'après l'équation (10), page 32,

$$\sin i = 2 e^2 \sin \frac{1}{2} (l - L) \cos \frac{1}{2} (l + L) \cos L = 2 e^2 \sin \frac{1}{2} d \cos^2 l,$$

parce que le petit facteur e^2 permet de remplacer $l -$ L par $l - l' = d$, ainsi que L par l, d'où

$$l + L = 2l\,;$$

donc

$$i = e^2\, d \cos^2 l, \quad d + i \quad \text{ou} \quad D = d\,(1 + e^2 \cos^2 l\,.$$

On voit donc que, pour avoir égard à la forme ellipsoïdale de la Terre, il suffit de multiplier le deuxième membre de l'équation (A ou A') par $(1 + e^2 \cos^2 l)$, lorsqu'on veut obtenir la différence de latitude des stations :

$$(\text{A}'') \qquad D = \left(a \cos z + \frac{1}{2}\, a^2 \sin 1'' \tang l \sin^2 z\right)(1 - e^2 \cos^2 l)\,;$$

ce qui revient à calculer la quantité d par l'équation (A), comme si la Terre était sphérique, puis à ajouter au résultat le produit de cette valeur d par $e^2 \cos^2 l$, qui est la correction sphéroïdique, savoir

$$D = d + de^2 \cos^2 l.$$

D et a sont ici exprimés en secondes, ainsi que la valeur du deuxième membre, et l'on a

$$L = l - D.$$

223. Quant aux équations (B) et (C), ou (B') et (C'), ou (B'') et (C''), elles n'exigent aucun changement pour avoir égard à l'excentricité ; car, d'un côté, l'angle P formé par les plans $p\,$M, $p\,$M' est le même que celui des arcs d'ellipse PM, PM' ; et, de l'autre, la correction que devrait subir l'azimut z serait du troisième ordre et négligeable (*voir le Système métrique*, t. II, p. 672).

224. Donnons un exemple de l'application de nos équations. En P (*fig.* 83) est le Panthéon, dont on connaît la latitude l, et l'azimut z de l'arc PD qui va à Dammartin D (t. II du *Mémorial du Dépôt*, p. 416), ainsi que cette distance PD $= \varphi = 33494^{\mathrm{m}},32$; $\log = 4,5249711$;

$$l = 48° 50' 48'',59, \quad z = 133° 44' 23'',03.$$

Ces données diffèrent de celles du *Système métrique*, parce que, le clocher de Dammartin ayant été abattu, on a dû établir un autre signal.

Prenons l'aplatissement $\frac{1}{309,65}$ (n° 204) ; on a donné les valeurs de e^2

et A. Réduisons le côté a en secondes du cercle dont le rayon est la normale N, par la formule de la page 168.

$$c^2 \dots\dots\dots\quad \overline{3},8094572$$

$$\sin^2 l \dots\dots\quad \overline{1},7535358 \qquad\qquad \varphi \dots\dots\quad 4,5249711$$

$$\overline{3},5629930 \dots\ 0,00365589 \dots\ \mathrm{C}\sin 1'' \dots\ 5,3144251$$

$$1 - c^2 \sin^2 l \dots\ \overline{1},9984095 \dots\ 0,99634411 \dots\ \sqrt{\ }\dots\dots\ \overline{1},9992047$$

$$\mathrm{A}\dots\dots -6,8046136$$

Nombre de secondes de φ .... $a = 1081'',402 \dots\dots\dots 3,0339873$

Calcul de la latitude L *de Dammartin* [équation (A″), p. 206].

$$a \dots\dots\ 3,0339873 \quad a^2 \dots\dots\ 6,06797 \quad e^2 \dots\dots\ \overline{3},80946$$

$$\cos z \dots\ \overline{1},8397191- \quad 0,5 \dots\dots\ \overline{1},69807 \quad \cos^2 l \dots\ \overline{1},63655$$

$$2,8737064- \quad \tan g\, l \dots\ 0,05849 \quad 745,97 \dots\ 2,87272-$$

$$\sin^2 z \dots\ \overline{1},71766 \quad -2,083\ .\ \ 0,31873-$$

$$-747'',665 \quad \sin 1'' \dots\ \overline{6},68557$$

$$\div\ 1,693 \dots\dots\dots\ 0,22866 \qquad l = 48° 50' 48'',59$$

$$d = -745,972 \atop -\ 2,083 \Big\}\ \dots\ \mathrm{D} = -748'',055 \dots = \div\ 12.28,06$$

Latitude de Dammartin.... L = 40. 3.16,63

Calcul de la différence P *des longitudes* [équation (B′), p. 201].

$$a \dots\dots\dots\ 3,0339878 \quad a^2 \dots\dots\dots\ 6,0679746-$$

$$\sin z \dots\dots\ \overline{1},8588305 \quad 0,5 \dots\dots\dots\ \overline{1},6989700$$

$$\cos l \dots\dots -\overline{1},8182740 \quad \sin 2\, z \dots\dots\ \overline{1},9995796-$$

$$3,0745443 \quad \tan g\, l \dots\dots\ 0,0584930$$

$$\sin 1'' \dots\dots\ \overline{6},6855749$$

$$1187'',266 \quad \cos l \dots\ \dots -\overline{1},8182740$$

$$+\ 4,924 \quad 4,924 \dots\dots\ 0,6923181+$$

$1192,180 = $ P $ = 19'52'',18$ longitude de Dammartin.

Calcul de l'azimut z' du côté PD, *sur l'horizon de* D [équation (C′), p. 201].

$$
\begin{array}{ll}
a \ldots \ldots \ldots \quad 3{,}0339878 & a^2 \ldots \ldots \ldots \quad 6{,}0679756- \\
\sin z \ldots \ldots \quad \overline{1}{,}8588305 & \sin 2z \ldots \quad \overline{1}{,}9995796- \\
\mathrm{tang}\, l \ldots \quad 0{,}0584930 & 0{,}25 \ldots \ldots \quad \overline{1}{,}3979400 \\
\overline{893''{,}945. \quad 2{,}9513113} & \sin 1'' \ldots \quad \overline{6}{,}6855749 \\
\qquad +\ 1{,}416 \quad \ldots\ldots\ldots\ldots \quad 0{,}1510701+ \\
\qquad 893{,}945 \quad 2\ldots\ldots\ldots \quad 0{,}3010300- \\
\qquad\qquad\qquad \mathrm{tang}^2 l \ldots \quad 0{,}1169860 \\
\qquad \overline{3{,}708 \quad \ldots\ldots\ldots\ldots \quad 0{,}5690861+} \\
\qquad \overline{899{,}067 = 14' 59''{,}07}
\end{array}
$$

$$180°$$
$$0.14'59''{,}07$$
$$z = -133.44.23{,}03$$
$$z' = \quad 46.30.36{,}04$$

Distance entre les lieux dont on a la longitude et la latitude.

225. On donne le nom de *ligne géodésique* à celle qui est la plus courte distance entre deux points de la surface terrestre, à moins que ces points ne soient sur l'équateur, ou sur un méridien; cette ligne est une courbe à double courbure. En joignant au pôle par des méridiens les deux extrémités d'une ligne géodésique de longueur et de position quelconques connues, points où l'on suppose qu'on a pu stationner et faire des observations astronomiques, on forme un *triangle sphéroïde,* dans lequel on connaît les deux arcs de méridien, colatitudes des stations, et l'angle au pôle qui est la différence des longitudes des stations : il s'agit donc de résoudre ce triangle pour en déduire la distance des stations et les azimuts de la ligne géodésique.

Ce problème, considéré dans sa généralité, présente de grandes difficultés. Ce même triangle géodésique donne encore lieu à un grand nombre d'autres questions, selon qu'on varie les données prises dans ses six éléments. Tous ces problèmes se résolvent en se fondant sur une doctrine qui a fait le sujet des travaux d'Euler, Legendre (*voir* les *Mémoires de l'Académie des Sciences,* en 1806, etc.). Dans ses *Elementi di Trigonometria sferoidica,* Oriani a résolu ces problèmes. M. Puissant, dans sa *Géodésie,* son *Essai sur la Trigonométrie sphéroïdique* et la *Connaissance des Temps* de 1832, s'est occupé de ces recherches avec le soin et le talent qu'on lui reconnaît dans tous ses ouvrages.

Mais ces travaux, utiles comme exercices d'Analyse, ne le sont guère pour la Géodésie; car, outre que les formules sont très-compliquées, à quoi peut servir de connaître la plus courte distance de Paris à Pétersbourg, puisque mille accidents de localité forcent d'allonger la route d'au moins un quart? Nous ne croyons donc pas devoir nous arrêter sur ce sujet.

Mais, lorsqu'on compare ensemble deux stations voisines, telles que les sommets de l'un des triangles du réseau, il peut être très-utile d'en connaître la distance exacte φ, d'après leurs latitudes et longitudes : c'est d'abord un moyen de vérification des calculs; mais, en outre, il peut arriver qu'on veuille lever la carte d'un pays sans avoir les moyens de mesurer une base, opération toujours très-longue et d'une difficile exécution. Les localités s'opposent même souvent à ce qu'on puisse effectuer cette mesure. Alors on peut faire des observations astronomiques du haut de deux sommités pour en connaître les latitudes et longitudes; et ensuite on obtient, par le calcul, la *distance réduite au niveau des mers*.

226. Sans doute, lorsqu'on doit entreprendre une grande opération géodésique, il ne faut pas l'établir sur une base déterminée par des procédés de ce genre, et se croire fondé à regarder la longueur ainsi obtenue comme ayant une exactitude suffisante pour l'objet qu'on se propose. Aucun ingénieur ne consentirait à employer ce procédé, dont le succès serait trop hasardé.

De toutes les opérations géodésiques, la plus certaine est la mesure directe des bases, lorsqu'elle est faite avec les soins et les précautions que nous avons recommandés : et quelque bien divisés que soient les cercles, quelque parfaite que soit l'exécution des instruments, l'attention la plus minutieuse ne garantit pas au même degré l'exactitude qu'on obtient pour les valeurs angulaires. Trop d'éléments différents se viennent compliquer ensemble pour apporter aux résultats de légères erreurs, qui restent inaperçues; les incertitudes des réfractions, les pointés plus ou moins défectueux, les intempéries des saisons, les fatigues de l'ingénieur, etc., sont des causes de petites altérations des résultats. La mesure directe des bases, surtout quand on l'obtient deux fois par une marche rétrograde, présente bien plus de certitude. Ainsi rien ne peut la remplacer; sans compter qu'en mesurant plusieurs bases on a le moyen de vérifier tous

les résultats de l'opération, puisque, liées ensemble par la triangulation,
le calcul qu'on fait de l'une en partant de l'autre doit donner à fort peu
près le même chiffre que la longueur obtenue directement.

227. Mais il est des cas exceptionnels où la méthode que nous allons
exposer est précieuse, parce qu'alors aucun autre procédé ne pourrait
servir aussi avantageusement. Ainsi, dans l'exemple que nous citerons
plus loin (n° 229), comme application de cette méthode, M. Puissant
voulait lier la Corse C (*fig.* 81) au continent AB; il s'est servi des opérations géodésiques faites par les ingénieurs, qui ont fait connaître les
latitudes l et l' des stations A et B, et la différence P de leurs longitudes,
valeurs trouvées par des mesures géodésiques continentales, qui offrent
bien plus de sécurité que des observations célestes, toujours longues et
délicates. Une fois la distance AB connue, la détermination de la position
du sommet C n'a plus de difficulté.

Voici encore un cas où notre méthode peut être employée avec avantage, lorsqu'on a trouvé, par des observations directes, les latitudes de
deux stations et la différence de leurs longitudes, bien que ces résultats
n'aient qu'une certitude approchée. Comment espérer qu'on puisse faire
une carte tant soit peu satisfaisante des contrées de l'Afrique intérieure,
dont les habitants inhospitaliers permettent à peine qu'on y pénètre, et
s'opposeraient assurément à ce qu'on fît des opérations géodésiques?
Muni d'un sextant et d'un chronomètre, un voyageur peut, sans de grandes
difficultés, s'assurer des latitudes et des longitudes de certaines stations,
et mesurer les angles des divers triangles. Les chiffres ainsi obtenus serviront ensuite à calculer tous les éléments de ces triangles; et s'ils n'ont
qu'une exactitude limitée, encore seront-ils plus précis que ceux qu'on a
eus jusqu'ici, puisque les distances ne sont évaluées qu'en journées de
chemin.

228. Supposons donc qu'après avoir stationné en deux lieux A et B, et
y avoir trouvé des latitudes l et l' et la différence P des longitudes, on
veuille calculer la longueur AB, réduite au niveau des mers, de l'arc terrestre qui joint ses stations.

L'équation (A″), page 206, donne la différence D entre les latitudes de
M et M′ (*fig.* 85), dont l'arc de distance est de a secondes; et l'équation

(B) (n° 218) donne la différence P des longitudes ; dans ces équations z est l'azimut M'Mm. Renversons le problème : a et z seront les inconnues, et l'on connaîtra les latitudes l de M, et l' de M', ainsi que l'arc P. Dans ces équations a, D et P sont de petits arcs exprimés en secondes. On a donc

$$(1) \qquad a \sin z = \mathrm{P} \cos l,$$

$$l - l' = \left(a \cos z + \frac{1}{2} a^2 \sin^2 z \, \tang l \sin 1'' \right) (1 + e^2 \cos^2 l).$$

Pour éliminer z entre ces équations, on tire de celle-ci

$$a \cos z = \frac{l - l' - \frac{1}{2} \mathrm{P}^2 \cos^2 l' \, \tang l \sin 1'' (1 + e^2 \cos^2 l)}{1 + e^2 \cos^2 l},$$

et l'on divise l'équation (1) par cette dernière

$$(2) \qquad \tang z = \frac{\mathrm{P} \cos l' (1 + e^2 \cos^2 l)}{l - l' - \frac{1}{2} \mathrm{P}^2 \cos^2 l' \, \tang l \sin 1'' (1 + e^2 \cos^2 l)}.$$

Ici $l - l'$ et P sont de petits arcs connus par leurs nombres de secondes ; d'ailleurs, N étant la normale du lieu M, le nombre φ de mètres du côté MM', qui est un arc de a secondes, est (n° 181)

$$\varphi = \mathrm{N} a \sin 1''.$$

Cette équation (1) donne

$$(3) \qquad \varphi = \frac{\mathrm{NP} \cos l' \sin 1''}{\sin z}.$$

Ainsi l'équation (2) donne l'arc auxiliaire z qui, introduit dans l'équation (3), fait connaître φ.

Il convient, dans la détermination de N, de prendre pour l la latitude moyenne λ entre l et l', $\lambda = \frac{1}{2}(l + l')$: mais, pour celle de $1 + e^2 \cos^2 l$, on doit conserver la valeur l.

229. Appliquons cette théorie à l'exemple suivant :

$$l = 43° 48' 53'',4 \,,$$
$$l' = 43.16.32,61, \quad l = l' = 32' 20'',80, \quad \mathrm{P} = 37' 58'',85.$$

On calcule d'abord $1 + e^2 \cos^2 l$, puis N pour la latitude moyenne

$$\lambda = 43°32'43''.$$

Nous supposerons $e^2 = 0,0064485$, ou $p = 309,65$.

e^2........	$\overline{3},80946$..........		$\overline{3},8094572$	
$\cos^2 l$......	$\overline{1},71657$	$\sin^2 \lambda$..	$\overline{1},6763472$	1
	$\overline{3},52603$		$\overline{3},4858044$......	$-0,00306058$
$1 + e^2\cos^2 l.$	$1,003350$		$\overline{1},9986666$......	$0,99693942$
$\log$......	$0,0014525$	$\sqrt{}$....$-\overline{1},9993333$		
		A.....	$6,8046130$	
		N.....	$6,8052797$	
P..........	$3,3577158$			
$\cos l'$......	$\overline{1},8621691$			
somme....	$3,2198849$........		$3,2198849$	
	$0,0014525$........		$0,0014525$	
$0,5$........	$\overline{1},6989700-$		$3,2213373$ numér.	
$\sin 1''$.....	$\overline{6},6855749$		$-3,2865418$ dénom.	
$\tang l$.....	$\overline{1},9820281$	$\tang z.$	$\overline{1},9347955$	$z = 40°42'53'',65$
	$0,8077953-, $ N....		$6,8052797$	
	$-6'',42$		$3,2198849...$	$\mathrm{P}\cos l',$
$l-l' = 32'20,80$			$\overline{6},6855749...$	$\sin 1'',$
dénom. $= 32.14,38$			$-\overline{1},8144446...$	$\sin z,$
	$\log = 3,2865418$	φ....	$4,8962949$	$\varphi = 78758^m,03.$

La solution exacte est

$$\varphi = 78758^m,053,$$

qui ne diffère de la précédente que de 23 millimètres, quoique cette base soit de près de 20 lieues [*voir* la *Description géométrique de la France*, p. 81, t. VI du *Mémorial du Dépôt de la Guerre* (¹)].

(¹) On a lié l'île de Corse à la France, en observant le Monte-Cinto C (*fig.* 81) de deux stations sur le continent, le Cheiron A et la Sauvette B; l est la latitude A, l' celle de B; P est la différence de leurs longitudes; il s'agit ici de calculer la plus courte distance AB, qui sert de base au grand triangle ABC.

Vérification des opérations et des calculs géodésiques.

230. Lorsqu'on a exécuté une grande opération géodésique et calculé toutes les parties du réseau de triangles dont on a couvert le sol d'un État, il importe de s'assurer qu'aucune erreur ne frappe les résultats. On peut se servir pour cela de plusieurs bases, de longitudes, de latitudes et d'azimuts de côtés qui doivent se reproduire exactement par le calcul, tels qu'on les obtient par des mesures directes.

Dans le beau travail fait en France pour obtenir la longueur de l'arc de méridien terrestre, et par suite celle du mètre, opération qu'on a ensuite étendue au sol géodésique de la France entière, on a mesuré sept bases :

1° Celle de Melun ;

2° Celle de Vernet à Salces, près de Perpignan, par Delambre et Méchain : nous les avons données (n° 136) ;

3° Celle d'Ensisheim, dans le Bas-Rhin, par Henry ;

4° Celle de Plouescat, près de Brest, par M. Bonne ;

5° Celle de M. Delcros, près d'Aix, en Provence ;

6° Celle de M. Brousseaud, près de Bordeaux ;

7° Enfin, celle de Gourbera, près de Dax, par M. Corabœuf.

231. Une chaîne de triangles du premier ordre avait été levée par Delambre et Méchain, dans le sens de la méridienne, de Dunkerque à Barcelone, chaîne qui a depuis été prolongée jusqu'à Formentera, par MM. Biot et Arago. Ensuite deux autres chaînes méridiennes ont été formées : l'une à l'ouest, appelée *méridienne de Saintes,* qui va de Bayeux aux Pyrénées ; l'autre, à l'est, est la *méridienne de Sedan,* qui s'étend de Mézières aux Bouches-du-Rhône. Il faut encore y joindre la *méridienne de Fontainebleau,* qui a été nécessaire pour certaines vérifications ; elle va de cette ville à Bourges.

232. Ces triangles ont été liés ensemble et aux bases par six chaînes dirigées dans le sens des parallèles à l'équateur, savoir :

1° De Dieppe à Amiens et Mézières ; 2° de Brest à Paris et Strasbourg ; 3° de Noirmoutiers à Bourges et en Suisse ; 4° de la tour de Cordouan jusqu'en Savoie et à la mer Adriatique ; 5° le parallèle de Rodez, de Bayonne et Aurant à Grasse ; 6° la frontière des Pyrénées, joignant l'Océan à la Méditerranée.

Ces triangulations, confiées à des ingénieurs d'un rare mérite, offrent des caractères de précision si remarquables, qu'aucun travail de ce genre ne les a surpassées. Pour donner une idée de la précision des résultats, nous dirons qu'en partant de la base d'Ensisheim on a trouvé pour la distance des signaux de Strasbourg et de Donon.....   43931^m,62 et que cette même longueur conclue de la base de Melun, à

l'aide de 28 triangles, a été de..................... 43930 , 91

Différence......   0 , 71

Cette différence, qui n'est que d'environ 26 ½ pouces, montre que les deux bases de départ s'accordent, autant qu'on peut le désirer, puisque, partagée par moitié, l'erreur n'est que le $\frac{1}{6200}$ du côté.

233. Le tableau suivant, extrait du VIe volume du *Mémorial du Dépôt de la Guerre,* p. 483, offre des comparaisons semblables entre les sept bases, et accuse une exactitude étonnante.

BASES.	MESURE directe.	MESURE CALCULÉE sur la base de		DIFFÉR.	RAPPORT.
	m		mètres.	mètres.	
Melun	11842,158				
Perpignan..	11706,397	Melun	11708,22	+ 1,80	1: 6432
Ensisheim..	19044, 50	Melun	19044,13	— 0,37	1: 70540
Brest	10526, 91	Melun	10526,91	»	»
		Ensisheim..	10527,08	0,17	1: 61923
			14119,65	0,58	1: 24770
		Melun	14118,77	— 0,51	1: 45570
			14117,82	— 1,26	1: 11206
Bordeaux...	14119, 08	Ensisheim..	14119,00	— 0,08	1:176488
			14118,17	— 0,91	1: 15515
		Brest	14119,06	— 0,02	1:705954
			14118,32	— 0,76	1: 18578
		Perpignan..	12220,769	— 0,74	1: 16558
			12218,49	— 1,54	1: 72399
Gourbera...	12220,031	Melun	12219,24	— 0,79	1: 15449
		Bordeaux ..	12219,729	— 0,30	1: 40464
		Melun	8067,17	0,52	1: 15512
		Perpignan..	8066,93	0,28	1: 28812
			8067,15	0,50	1: 16134
Aix	8066, 65	Bordeaux...	8067,35	0,70	1: 11524
		Gourbera...	8066,44	— 0,21	1: 38415
			8067,70	0,05	1: 7683

Oriani a mesuré une base sur les bords du Tésin, laquelle, comparée à celle de M. Brousseaud dans les landes bordelaises, ne conduit qu'à 2 décimètres de différence, quoique de l'une à l'autre il y ait 150 triangles. La longueur de l'arc qui s'étend de Marennes à Fiume, au bord de la mer Adriatique, est déterminée par 80 triangles de premier ordre (*voir* le *Mémoire* de M. Brousseaud sur l'arc de parallèle moyen en France, de Bort-Hernant à Bort-Maimac).

234. Nous avons montré (n° 217) que, lorsqu'on a calculé tous les côtés des triangles sphéroïdaux qui composent un réseau géodésique, on peut calculer aussi les positions relatives des sommets de ces triangles, savoir leurs longitudes, latitudes, et les azimuts des côtés, connaissant la latitude d'un seul sommet et l'azimut d'un seul côté. Or on peut, par des procédés astronomiques, déterminer directement ces arcs, non-seulement pour une station, mais même pour tous les sommets; et comparant les résultats du calcul à ceux de l'observation, on en déduit des moyens de vérification.

Par exemple (*fig.* 74), si l'angle $CAM = \alpha$ est connu, ainsi que les angles et les côtés du triangle CAB, et la latitude du lieu A, on pourra calculer la longitude et la latitude de C, et l'azimut du côté AC, vu sur l'horizon de C. On obtiendra de même la longitude et la latitude de B et les azimuts des côtés BC et AB sur l'horizon de B; car l'angle ACB est connu, et l'on vient de trouver l'angle ACi. On trouvera ainsi, de proche en proche, les longitudes et latitudes de tous les sommets et les azimuts de tous les côtés. Mesurant ensuite directement ces mêmes arcs çà et là, on obtiendra autant de termes de comparaison.

Mais le résultat du calcul dépend de la valeur qu'on a adoptée pour l'aplatissement, puisque e^2 entre dans l'équation (A''), ainsi que dans la formule du n° 181, qui sert à traduire une distance φ en secondes. Cet élément e^2 influe surtout sur la différence P des longitudes; le calcul de cet arc doit être regardé comme moins exact que les observations directes. Quand on aura trouvé P astronomiquement, on pourra chercher, comme on l'a fait n° 200, quelle valeur e^2 doit être préférée pour mettre d'accord les calculs et les observations.

Pour éclairer ce sujet, nous donnerons ici le tableau inséré à la page 129 de la *Description géométrique de la France,* par M. Puissant, et quelques différences en azimuts signalées par le même savant dans un Mémoire.

STATIONS.	LATITUDES géodésiques.	LATITUDES astronomiques.	DIFFÉRENCE azimutale.
Greenwich (observatoire)........	51.28.44″,6	40,0	— 4″,6
Dunkerque..................	51. 2.11,6	8,5	— 3,1
Paris (Panthéon)............	48.50.48,6	48,6	0,0
Angers (Saint-Martin).........	47.28.10,67	6,79	— 3,88
Évaux.....................	46.10.35,64	42,50	+ 6,86
Genève (ancien observatoire)...	46.11.59,74	59,50	— 0,24
Clermont-Ferrand	45.46.45,7	54,6	-+ 8,9
Tour de Borda..............	43.42.41,7	42,09	-+ 0,34
Carcassonne................	43.12.21,9	54,3	-+ 2,4
Montjouy..................	41.21.49,7	46,6	— 3,1
Formentera	38.40. 1,9	56,1	— 5,8

Si l'on exempte Genève et la tour de Borda, les latitudes astronomiques et celles que l'aplatissement $\frac{1}{308,64}$ a données sont en discordance; et, bien que les différences soient très-faibles, elles dépassent de beaucoup les erreurs possibles d'observation. On en a conclu que des attractions locales avaient influencé les bulles des niveaux, car on n'a pu réussir à modifier l'aplatissement de manière à accorder ces latitudes, et surtout les azimuts. Il est, au reste, plus que probable que, même abstraction faite des inégalités montueuses du sol, la Terre n'a pas rigoureusement la forme d'un ellipsoïde de révolution.

En partant de l'azimut de Belle-Assise sur l'horizon du Panthéon, mesuré avec un soin particulier, on a trouvé que l'azimut géodésique

D'Angers et Lasalle est de.......	10.33.48″,56	au lieu de	31″,85
De Bourges et de Dun-le-Roi.....	329.10.67,3	»	41,30
De Carcassonne et Nore........	201.18.91,9	»	58,0
De Bréri et du mont Poupet... ..	329.23.14,87	»	37,0
De Montceault et du Colombier...	223. 7.22,30	»	6,55
D'Opmes et du Puy-de-Dôme......	124.19.17,26	»	1,74

Ainsi les azimuts géodésiques diffèrent des astronomiques de —16″,71, —26″,90, —33″,9, —37″,87, —15″,75, —15″,82. Une multitude d'autres différences de ce genre se manifestent dans tout le réseau géodésique.

Les longitudes observées par des signaux de feu ne s'accordent pas mieux avec celles que donne la Géodésie. Ainsi la longitude géodésique de :

L'observatoire de marine à Brest est de.... $6^o.49'.49'',22$ au lieu de $35'',10$
La flèche de Strasbourg............... $5.24.53,72$ » $48,87$
Ancien observatoire de Genève.. .... $3.48.56,92$ » $40,63$
Mont Colombier......,.............. $3.24.77,27$ » $53,28$

Voilà donc des différences entre le calcul et l'observation directe qui, en longitude, s'élèvent à $-14'',12$, $-4'',85$, $-16'',29$ et $-23''99$.

235. Il résulte de ces considérations que, malgré l'accord satisfaisant que présentent les sept bases mesurées en France, il est impossible de concilier entre elles les latitudes, les longitudes et les azimuts, lorsqu'on les tire du calcul géodésique et de l'observation directe. M. Puissant regarde comme un fait incontestable qu'en combinant l'arc du parallèle moyen compris entre l'Océan et Padoue avec celui du méridien de Dunkerque, qui s'étend de Greenwich à Formentera, l'aplatissement de l'ellipsoïde osculateur au point d'intersection de ces deux arcs est plutôt au-dessus qu'au-dessous de $\frac{1}{260}$: ce savant l'estime de $\frac{1}{243}$. Cet aplatissement diffère sensiblement de $\frac{1}{309}$ qu'on obtient par des mesures géodésiques de France et du Pérou, quoique la Commission ait décidé que les calculs de la détermination des positions dans la nouvelle carte de France seraient faits sur cette dernière fraction.

En étudiant avec un soin particulier la marche des différences, M. Puissant est conduit à cette conséquence, « que la surface de la France est formée de deux nappes principales, séparées à peu près par le méridien de Paris ; que ces nappes appartiennent à deux ellipsoïdes irréguliers, ayant des aplatissements très-différents l'un de l'autre ; l'aplatissement est très-petit du côté de l'Océan, tandis qu'à l'est il dépasse beaucoup $\frac{1}{309}$; qu'aucun ellipsoïde de révolution ne satisfait exactement à toutes les stations à la fois, et que la sphère paraît tenir le milieu entre les écarts et avoir la forme qui, pour le sol de la France, convient mieux aux résultats d'observations. Toutefois il existe en certains lieux de fortes anomalies qui accusent des irrégularités locales et font dévier la méridienne de l'Observatoire de Paris de la direction qu'elle aurait sans cela ; dans notre contrée, l'arc de méridien terrestre est une courbe à double courbure très-prononcée. Enfin il est incontestable que, quand la direction du fil à plomb, d'où dépendent essentiellement les valeurs absolues des coordonnées géographiques d'un point de la Terre, est troublée soit par l'attraction de quelque montagne voisine, soit parce que la densité du terrain est plus petite ou plus grande que la densité générale de la croûte terrestre, on ne peut vérifier, non-seulement la loi de la variation des degrés des méridiens et des parallèles dans l'hypothèse elliptique, mais, en outre, la relation qui existe, sans cette cause perturbatrice, entre les azimuts et les longitudes sur un sphéroïde irrégulier peu différent d'une sphère. Ainsi les anomalies nombreuses qui ressortent des comparaisons précédentes tiennent nécessairement à des variations d'une grande étendue dans la nature du sol de la France et de l'Italie, et les mesures géodésiques, comme celles du pendule à secondes, lorsqu'elles réunissent toutes les conditions requises, sont éminemment propres à les signaler aux géologues. »

Des perpendiculaires à la méridienne.

236. Le plan vertical perpendiculaire au méridien du lieu étant dirigé de l'est à l'ouest, est ce qu'on appelle le *premier vertical :* ce plan coupe l'horizon suivant une ligne qui est la *perpendiculaire à la méridienne du lieu.* Cette ligne peut être prolongée en se servant de la méthode dont nous avons fait usage (n° 160) pour tracer sur le sol un arc de méridien. On établit une lunette dans la direction du premier côté de cette perpendiculaire, et l'on marque du côté opposé un signal qui soit situé sur cette même perpendiculaire repliée selon la verticale de cette seconde station. On transporte la lunette à ce signal, et l'on répète la même opération, et ainsi de proche en proche.

La perpendiculaire à la méridienne est différente du parallèle à l'équateur, bien que ces deux courbes soient dans des plans l'un et l'autre perpendiculaires au méridien du lieu de départ ; mais un parallèle est perpendiculaire à tous les méridiens, tandis que la courbe dont il s'agit ici s'écarte d'autant plus du parallèle qu'elle s'éloigne davantage du méridien. Si la Terre était sphérique, cette courbe serait l'intersection même de la surface terrestre par le plan vertical perpendiculaire au méridien, c'est-à-dire qu'elle serait un grand cercle de la sphère, lequel couperait l'équateur en deux points diamétralement opposés, et à 90 degrés de distance en longitude, de part et d'autre du méridien du lieu de départ.

Il y a plus : dans le sphéroïde, *la perpendiculaire à la méridienne est une courbe à double courbure*. En effet (*fig.* 75) les verticales qui vont toutes au centre de la Terre sphérique ne concourent plus au même point dans l'ellipsoïde. Si l'on a mené, en un lieu a, la perpendiculaire ab à la méridienne Pa, ab supposé un très-petit arc est dans le plan vertical iab, qui passe par la normale ai. Lorsqu'on se transporte à l'extrémité b de cet arc, comme la verticale ou la normale en b est bk, coupant l'axe de la Terre en k, il faut briser le prolongement de ab, pour le coucher sur le nouvel horizon, dans ce deuxième plan vertical cbk : ainsi l'arc bc sort du premier plan vertical. De même, l'arc cd se trouve dans un troisième vertical dcl; et ainsi des autres. La courbe $abcd$... est donc composée d'arcs élémentaires situés dans des plans verticaux sans cesse variables.

237. La position d'un point M (*fig.* 84) sur un plan est déterminée par ses distances x et y à deux axes Ax, Ay, rectangulaires et donnés ; ou bien par sa distance AM $= \varphi$ à l'origine A, et par l'azimut PAM $= z$, savoir

$$(\mathrm{F}) \qquad x = \varphi \cos z, \quad y = \varphi \sin z.$$

Imitons ce système sur la surface terrestre. Soient P (*fig.* 87) le pôle, PX le méridien d'un lieu A pris pour origine des cordonnées sphériques AQ $= x$, QM $= y$, d'un point M, et AQ$' = x'$, Q$'$M$' = y'$ d'un autre point M$'$. Les ordonnées y, y' sont comptées sur des arcs QMp, Q$'$M$'p$, perpendiculaires à la méridienne PX.

Si l'on suppose que la Terre soit sphérique, ces arcs QMp, Q$'$M$'p$ vont concourir en p à l'équateur, ainsi qu'il vient d'être dit, et p est le pôle du méridien PX, c'est-à-dire que le point p est à 90 degrés de tous les points du cercle PX. Les méridiens des stations M et M$'$ sont les arcs PM, PM$'$, *colatitudes* de ces points. Les angles MPA, M$'$PA sont les longitudes de ces stations, relativement au méridien principal PX ; nous les désignerons par P et P$'$: l'angle MPM$' =$ P $-$ P$'$ est la différence des longitudes.

Or le triangle sphérique rectangle PQM donne [équations (n) et (q), p. 66],

$$(\mathrm{G}) \qquad \sin y = \cos l \sin \mathrm{P}, \quad \cos \zeta = - \sin l \, \mathrm{tang}\, \mathrm{P};$$

l est la latitude de M, ζ l'angle IMQ, ou l'azimut de MQ sur l'horizon de M, compté à partir du sud. Mais l'azimut du côté MM', vu de M, est connu, IMM' $= z$; appelons l'angle QMM' $= \psi$, angle donné par

$$(\mathrm{I}) \qquad\qquad \psi = \zeta - z.$$

La longitude P du point M de départ est ici $>$ que celle P' de M' ; l'azimut z est du côté occidental de la méridienne : s'il était à l'est, comme *fig.* 88, on aurait P $<$ P', et l'on ferait Z négatif, car on aurait visiblement

$$\psi = \zeta + z.$$

238. Appliquons au triangle sphérique MpM' tout ce qui a été dit n° 217, et les formules démontrées conviendront ici ; seulement, p n'étant plus le pôle terrestre, comme l'était P (*fig.* 79), il faudra prendre $p\mathrm{M} = 90° - y$, $p\mathrm{M}' = 90° - y'$, c'est-à-dire remplacer, dans les équations (A') et (B'), p. 200 et 201, l et l' par y et y', d par $y - y'$, z par ψ, et P par l'angle $p = $ arc QQ' $= x' - x$. Et même, comme dans les équations (A') et (B'), d, a et P sont des valeurs angulaires exprimées en secondes d'arcs décrits du rayon 1, et que nous prendrons la normale N pour rayon, il faudra substituer $\dfrac{\varphi}{\mathrm{N}}$, $\dfrac{d}{\mathrm{N}}$ et $\dfrac{\mathrm{P}}{\mathrm{N}}$ au lieu de $a \sin 1''$, $d \sin 1''$ et P $\sin 1''$, comme n° 181, pour que φ, d et P représentent des longueurs métriques. Il faudra donc en définitive remplacer $a \sin 1''$, ... par $\dfrac{\varphi}{\mathrm{N}}$, $\dfrac{y - y'}{\mathrm{N}}$ et $\dfrac{x' - x}{\mathrm{N}}$; et φ, y, y', x et x' seront rapportés à la même unité que la normale N, qui d'ailleurs est connue (n° 177).

Ainsi l'on obtient les équations suivantes pour la *fig.* 87, en négligeant un dernier terme de la première :

$$(\mathrm{II}) \qquad \begin{cases} y' = y - \varphi \cos\psi - \dfrac{\varphi^2}{2\,\mathrm{N}} \tan y \sin^2\psi, \\[2ex] x' = x + \dfrac{\varphi \sin\psi}{\cos y} - \dfrac{\varphi^2}{2\,\mathrm{N}} \sin 2\psi \, \dfrac{\tan y}{\cos y}. \end{cases}$$

239. Ces équations donnent, pour chaque station M', les deux coor-

données x et x', l'une dans le sens de la méridienne principale PX, l'autre selon sa perpendiculaire pQ'. On déterminera d'abord les arcs y, ζ et ψ par les équations (G) et (I), sans qu'il soit nécessaire d'y apporter une grande précision; et même, comme on procède successivement d'un sommet de triangle au suivant, x et y sont connus lorsqu'on cherche x' et y'. Au sommet A pris pour origine, x et y sont nuls, et nos équations se réduisent aux formules (H), au troisième ordre près. Alors (*fig.* 89) M est situé sur la méridienne principale, $\zeta = 90°$ et $\psi = 90° - z$.

La valeur $QQ' = x' - x$, pour tous les arcs MM' (*fig.* 87), est leur projection sur la méridienne principale, selon des arcs pQ, pQ', perpendiculaire à cette méridienne.

240. Il arrive souvent que la longitude P et l'arc y sont fort petits; alors les équations (G) se mettent sous une forme plus simple pour le calcul. On y remplace les sinus et tangentes par l'arc, savoir $y = P \cos l$, et $90° - \zeta = -P \sin l$; et comme on veut exprimer l'arc P en secondes, et la ligne y en mètres, on change P en $P \sin 1''$, et y en $\dfrac{y}{N}$, N étant la normale; ainsi l'on a

$$(K) \qquad\qquad y = NP \sin 1'' \cos l,$$
$$(L) \qquad\qquad \zeta = 90° + P \sin 1'' \sin l.$$

Nous ferons plus tard des applications de ces formules.

241. Si l'on suppose l'arc MM' (*fig.* 79) *perpendiculaire à la méridienne* PM *du point* M, on a

$$z = 90°$$

dans les équations (A''), (B') et (C'), pages 206 et 201; et pour que a soit exprimé par le nombre φ d'unités métriques de l'arc terrestre, au lieu de l'être par sa longueur, le rayon étant 1, ou par son nombre de secondes, on changera, comme n° 181, l'arc a en $\dfrac{\varphi}{N \sin 1''}$. Ainsi, à cause de $D = l - L$, on trouve : 1° pour la latitude L de l'extrémité M' de l'arc MM', perpendiculaire en M; 2° pour la différence P des longitudes de M et M'; 3° enfin pour l'azimut z' du lieu M vu de M', ou l'angle m'M'M compté du sud, les trois relations suivantes :

$$L = l - \frac{\omega^2}{2\,N^2}\frac{\tang l}{\sin 1''}(1 + c^2\cos^2 l),$$

$$P = \frac{\omega}{N\cos l\sin 1''} - \frac{\omega^3}{3\,N^3}\frac{\tang^2 l}{\cos l\sin 1''},$$

$$z = 90° + \frac{\omega\tang l}{N\sin 1''} - \frac{\omega^3\tang l}{6\,N^3\sin 1''}(1 + 2\tang^2 l).$$

Ces équations sont exactes au quatrième ordre près : l'azimut z' est compté du sud vers l'est ou l'ouest ; P est exprimé en secondes, ainsi que tous les termes qui ont $\sin 1''$ au dénominateur ; φ et N sont des longueurs rapportées à la même unité métrique (n° 181).

242. Multipliez la deuxième de ces équations par $\sin l$, et retranchez la troisième, la première puissance de φ disparaîtra, et vous aurez

$$P\sin l = z' - 90 + \frac{\omega^3\tang l}{6\,N^3\sin 1''}.$$

Cette équation, où le premier membre et l'avant-dernier terme sont exprimés en secondes, fait connaître la longitude P de M′ par rapport au méridien de M, lorsqu'on a l'azimut z' du sommet M, vu de M′, compté du sud.

Pour un autre point du même arc perpendiculaire, mais situé de l'autre côté du méridien de M, on aurait une équation semblable en P′, z' et φ' ; ajoutant ces deux équations et désignant par λ la différence des longitudes de ces deux stations opposées, ou $\lambda = P + P'$, on a

$$\lambda = \frac{z' + z'' - 180°}{\sin l} + \frac{(\varphi^3 + \omega'^3)\tang l}{6\,N^3\sin l\sin 1''}.$$

Telle est la différence λ des longitudes des deux bouts M′ et M″ d'un arc perpendiculaire à la méridienne, laquelle le traverse en l'un de ses points. M. Puissant a prouvé (*Connaissance des Temps* pour 1828) que si cet arc a 400000 mètres de longueur (1000 lieues), sous la latitude de 45 degrés, on a

$$\lambda = 5°4'3'',78,$$

valeur exacte à une demi-seconde près. Pourvu donc que l'arc n'excède pas cette étendue, c'est-à-dire que son amplitude ne dépasse pas 10 degrés de longitude, l'équation est exacte. Les azimuts z' et z'' mesurés aux extrémités de cette perpendiculaire, et les longueurs φ et φ' de ses deux parties, font connaître la différence en longitude de ces deux bouts de l'arc.

Mesure des arcs de méridien, de parallèle, etc.

243. Les arcs terrestres sont mesurés en dirigeant un réseau de triangles dans le sens de ces arcs, calculant les longueurs et azimuts de ces côtés, les longitudes et latitudes des stations, enfin projetant ces lignes sur l'arc qu'on veut mesurer, à l'aide de parallèles à l'équateur, ou d'arcs de grand cercle perpendiculaires à la ligne géodésique ; le tout par le secours de formules précédemment démontrées. La somme des projections convenablement choisies donne la longueur totale de l'arc.

Ainsi, pour trouver la longueur de l'arc de méridien qui traverse une chaîne de triangles dont tous les éléments et la disposition mutuelle sont connus, on rapportera chaque sommet au méridien principal d'une station prise pour origine, et l'on évaluera les deux coordonnées x et y de chaque sommet, dans le sens de la méridienne et de sa perpendiculaire. Ce procédé est bien plus commode et plus analytique que celui du n° 162, qui a l'inconvénient d'exiger le secours d'une figure. D'ailleurs, on est obligé de trouver la latitude de l'extrémité de l'arc, qui diffère sensiblement de celle du dernier sommet, ce qui exige une correction qu'on peut trouver, il est vrai, par nos formules précédentes : mais la méthode des projections a l'avantage de faire connaître directement les latitudes de tous les pieds des arcs perpendiculaires, ainsi qu'on va l'expliquer.

On projette donc tous les côtés orientaux sur la méridienne principale ; on en fait autant pour les côtés occidentaux : les deux sommes doivent s'accorder à donner la même longueur pour l'arc total, ce qui fournit un moyen de vérification des calculs ; et, s'il existe entre les deux résultats une petite différence, on prend une moyenne entre eux pour la valeur cherchée.

Et d'abord il faut préparer nos équations pour en faciliter l'application au cas que nous traitons.

244. L'équation (A), p. 198, donne la différence d entre les latitudes

des deux stations M et M' (*fig.* 79), dont l'arc de distance est a, et z l'azimut de cet arc vu de M. Or d et a sont de petits arcs qu'il convient d'exprimer plus commodément. La distance itinéraire MM' en unités métriques étant φ, on changera a en $\frac{\varphi}{N}$, N étant la normale du point M, ou $N = \dfrac{A}{\sqrt{1 - e^2 \sin^2 l}}$, c'est ici comme au n° 238. De même, on changera d en $\frac{\theta}{N}$, et θ désignera la distance, en mètres, des deux parallèles de M et M'; ainsi l'on aura

$$(E) \quad \theta = \varphi \cos z + \frac{\varphi^2}{2\,N} \tan g\, l \sin^2 z - \frac{\varphi^3}{6\,N^2} \sin^2 z \cos z \,(1 + 3 \tan g^2 l).$$

On peut donc projeter ainsi tous les côtés des triangles du réseau sur la méridienne principale, par une suite d'arcs de parallèles à l'équateur, et obtenir la longueur de l'arc total, limité en deux points extrêmes dont on a les latitudes. Ce procédé conduit au résultat demandé, puisque la somme de toutes les valeurs de θ, pour les côtés, soit orientaux, soit occidentaux, donnera l'arc de méridien, non-seulement en entier, mais même en parties séparées qu'on pourra comparer entre elles, comme on l'a fait au n° 188, et il n'est point nécessaire de faire, pour la dernière station, la petite correction dont nous avons parlé, et qu'exige la méthode de Legendre (n° 162).

On a soin de donner aux azimuts z le signe qui convient selon le sens que ces angles affectent par rapport à la méridienne : ces angles sont comptés du sud ; mais les uns sont ouverts à l'ouest et les autres à l'est. Les ingénieurs préfèrent ordinairement les compter tous dans l'un de ces deux sens, de zéro à 360 degrés, en faisant le tour entier.

Observez que, pour arriver à l'équation (E), nous n'avons pas employé la correction d'aplatissement donnée par l'équation (A″), p. 206, parce que nous nous servons de la normale N qui contient e^2, et que l'angle des deux normales IG, IH (*fig.* 80) est celui qu'on a introduit dans l'équation.

245. Appliquons cette formule à l'exemple du n° **224**, et projetons sur la méridienne l'arc terrestre du Panthéon à Dammartin (*fig.* 83).

φ........	$4,5249711$	φ^2......	$9,04994$	φ^3.....	$13,57491-$
$\cos z$....	$\overline{1},8397190-$	$0,5$....	$\overline{1},69897$	$\sin^2 z$...	$\overline{1},71766$
	$4,3646901-$	$\mathrm{tang}\,l$...	$0,05849$	$\cos z$...	$\overline{1},83972-$
1er terme.$-23157,42$		$\sin^2 z$...	$\overline{1},71766$	6......$-0,77815$	
2e......$+\ 52,44$		N......$-6,80529$		N^2.....$-13,61058$	
3e......$+\ 0,055$			$1,71977$	$0,055$..	$\overline{2},74356$
4e......$+\ 0,217$		$+\ 52,44$		$\mathrm{tang}\,l^2$..	$0,11699$
$\theta=-23104,71$				3......	$0,47712$
				$0,217$..	$\overline{1},33767$

La projection cherchée est θ; le signe — vient du sens où l'on a compté l'azimut z, et est inutile à l'objet qu'on a en vue.

246. Si l'on veut opérer par des *perpendiculaires à la méridienne,* on calculera d'abord le premier triangle ABC (*fig.* 74) à l'aide des équations (F), n° 237. L'angle azimutal CAb, observé à Dunkerque, a été trouvé

$$z = 16°46'27'',6;$$

la distance AC à Cassel est

$$\varphi = 27458^{m},60.$$

Ainsi, dans la *fig.* 89, où M est Dunkerque et M′ Cassel, on trouve les arcs

$$MQ = x, \quad M'Q = y.$$

φ.........	$4,4386784$	....	$4,4386784$
$\cos z$......	$\overline{1},9811156$	$\sin z$.....	$\overline{1},4603007$
x........	$4,4197940$	y.......	$3,8989791$
$x = 26290^{m},21$		$y = 7924^{m},63$	

Ce premier triangle est exceptionnel. Tous les autres de la chaîne sont traités d'après les équations H, qu'il convient toutefois de simplifier, attendu que y est un petit arc connu en mètres. En développant jusqu'au troisième ordre, on trouve (n° **32**)

$$\cos y = 1 - \frac{1}{2}\frac{y^2}{N^2}, \quad \mathrm{tang}\, y = \frac{y}{N} + \frac{1}{3}\frac{y^3}{N^3}, \cdots,$$

$$\frac{\mathrm{tang}\, y}{\cos y} = \left(\frac{y}{N} + \frac{1}{3}\frac{y^3}{N^3}\right)\left(1 + \frac{1}{2}\frac{y^2}{N^2}\right) = \frac{y}{N} + \frac{5}{6}\frac{y^3}{N^3} - \cdots,$$

N étant la normale au point dont l'azimut est z; donc

$$(\text{M}) \begin{cases} y' = y - \varphi \cos \psi - \dfrac{y \varphi^2}{2\,\text{N}^2} \sin^2 \psi, \\[2ex] x' = x + \varphi \sin \psi - \dfrac{y \varphi^2}{2\,\text{N}^2} \sin^2 2\psi + \dfrac{\varphi y^2}{2\,\text{N}^2} \sin \psi. \end{cases}$$

On commence donc par déterminer ζ par l'équation (L), puis $\psi = \zeta \pm z$, en prenant — quand l'azimut z est du côté de l'est, et + dans l'autre cas. Ensuite les équations (M) donnent x' et y'.

247. Appliquons ces équations à la projection du deuxième côté CE (*fig.* 74) qui va de Cassel à Béthune. On a déjà trouvé x et y, et l'on sait d'ailleurs qu'à Cassel

$$z = 19°37'6'',0, \quad l = 50°47'57'',9, \quad \text{P} = 6'44'',9,$$
$$\varphi = 31558^m,11, \quad \log \text{N} = 6,8054584.$$

P............	2,6173478	$\zeta =$	90° 5'13'',77
$\sin l$......	$\overline{1},8892670$	$z =$	19.37. 6,0
	2,4966148.... 313'',77	$\psi =$	109.42.19,77

On a ajouté z, parce que l'azimut est du sud vers l'ouest.

φ............	4,4991110—	....		4,4991110
$\cos \psi$........	$\overline{1},5278890$—	$\sin \psi$......		$\overline{1},9737919$
	4,0270000+			4,4729029
	+10641^m,42			29710^m,01
y...... 3,89898			y^2.....	7,79796
φ^2...... 8,99822			φ......	4,49911
0,5...... $\overline{1},69897$			0,5....	$\overline{1},69897$
N^2.....—13,61092			$\sin \psi$...	$\overline{1},97379$
$\overline{2},98525$—	....	$\overline{2},98525$—	N^2.....	—13,61092
				$\overline{2},35891$
$\sin^2 \psi$.... $\overline{1},94757$	$\sin 2\psi$.....	$\overline{1},80273$—		+0'',023
$\overline{2},93282$—		$\overline{2},78798$+		
—0'',086		+0'',061		

$$y = 7924^{\text{m}},63 \qquad\qquad x = 26290^{\text{m}},21$$
$$2^e \text{ terme} + 10641,42 \qquad\qquad +29710,01$$
$$3^e ..... - \quad 0,09 \qquad\qquad\quad + \quad 0,06$$
$$y' = 18565,96 \qquad\qquad\quad \div \quad 0,02$$
$$\qquad\qquad\qquad\qquad\qquad x' = 56000,14$$

Continuant l'opération, on projettera de même sur le méridien le côté de Béthune au Mesnil, pour lequel on a

$$\varphi = 11311^m,43 \quad \text{et} \quad z = -18°54'2'' :$$

la latitude de Béthune est $l = 50°31'55''$; la longitude P est égale à $15'43'',5$; le calcul donne

$$\zeta = 90°12'8'',44, \quad \text{puis} \quad \psi = 71°17'41'',44.$$

Les équations (M) donnent enfin

$$v' = 14938^m,40, \quad x' = 66714^m,12,$$

en partant des valeurs obtenues pour y' et x, qu'on prend pour y et x.

Et ainsi de suite pour tous les côtés occidentaux de la chaîne ; en sorte qu'on obtient en définitive l'arc du méridien soit entier, soit par parties, entre les stations dont on a observé astronomiquement les latitudes.

248. Observez que $x' - x$ est la valeur de la projection d'un côté de triangle et que ce résultat n'est pas influencé par celle de x obtenue antérieurement ; ainsi les petites erreurs de calcul ou d'observation ne s'accumulent pas et n'altèrent pas l'arc de méridien qu'on veut mesurer. Il est vrai que y entre dans la formule qui donne x' et que la valeur de y' est influencée par celle de y, ce qui tend à réagir sur x'. Mais il n'en peut résulter d'erreur notable sur x', qui est le sujet principal des recherches, parce que la deuxième équation (M) ne renferme y que dans des termes fort petits. Aussi peut-on se passer de la première de ces équations et trouver y par approximation à l'aide de l'équation (K), qui est plus simple et suffisante.

Par exemple, pour la perpendiculaire abaissée du Mesnil, dont la latitude est $l = 50°26'9'',1$ et la longitude $P = -12'39'',1$, on a

$$\cos l \ldots \ldots \quad \overline{1},8040996$$
$$P \ldots \ldots \ldots \quad 2,8802990$$
$$\sin 1'' \ldots \ldots \quad \overline{6},6855749$$
$$N \ldots \ldots \ldots \quad 6,8054496$$
$$y \ldots \ldots \ldots \quad 4,1754231, \quad \text{d'où } y = 14976^m,94, \quad \text{trop fort de } 38^m.$$

249. Le pied Q d'une perpendiculaire à la méridienne, abaissée d'une

station M ($fig.$ 87), n'a pas la même latitude que ce point M, parce que l'arc MQ est différent d'un parallèle. Mais, en considérant que l'arc QM $= y$ est connu en mètres et que son azimut Q est de 90 degrés, on peut y appliquer la formule (A), p. 198, pour obtenir la différence d des latitudes des points M et Q. On fera donc $\cos z = 0$, et l'on remplacera a par y, ou plutôt par $\dfrac{y}{N}$, pour que l'arc y soit exprimé en mètres. En désignant par l la latitude du point M et par L celle de Q, on a

$$L = l + \frac{1}{2} \frac{y^2}{N^2} \tang l.$$

Cette formule sert à trouver la latitude de l'extrémité de l'arc MQ dont on a obtenu la longueur; on sait ainsi quelle est la graduation de cet arc. C'est la correction dont nous avons parlé (n° 162), qu'exige la méthode de Legendre pour trouver l'amplitude totale de l'arc de méridien.

250. Les procédés qu'on vient d'observer servent aussi à trouver la longueur d'un arc de parallèle, limité par des méridiens extrêmes dont la différence de longitude est connue (n° 211). On forme, comme au n° 162, une chaîne de triangles dirigés de l'est à l'ouest, et peu distants de ce parallèle; puis on en calcule les côtés, les azimuts, les longitudes et les latitudes, comme ci-devant.

Soient AB ($fig.$ 92) un côté de ces triangles, A et B deux stations, OQ le parallèle sur lequel on veut projeter l'arc AB, à l'aide des deux méridiens PAE, PBG, c'est-à-dire qu'il s'agit de trouver la longueur Y de l'arc GE dont la latitude est L. L'azimut du côté AB vu en A est z; la latitude de B est l, sa normale est $N' = BN'$; celle du point G est $N = GN$: les rayons des parallèles GE, BD sont $GF = x$, $BI = x'$ perpendiculaires à l'axe PC. On a

$$x = N \cos l \quad (\text{n° 177}).$$

Le triangle sphérique PBA donne [équation (B), n° 218]

$$\sin P = \frac{\sin a \sin z}{\cos l};$$

comme $P = \sin P + \frac{1}{6} \sin^3 P$, il faut ajouter au second membre le sixième de son cube pour obtenir l'arc P : d'ailleurs, faisant $\sin a = a - \frac{1}{6} a^3$, on en tire

$$P = \left(a - \frac{1}{6} a^3 \right) \frac{\sin z}{\cos l} + \frac{1}{6} \frac{a^3 \sin^3 z}{\cos^3 l}.$$

En remplaçant a par $\frac{\varphi}{N'}$, comme précédemment, pour que le côté a soit exprimé par son nombre φ d'unités métriques, il vient

$$P = \frac{\varphi \sin z}{N' \cos l} - \frac{\varphi^3}{6 N'^3} \frac{\sin z}{\cos l} \left(1 - \frac{\sin^2 z}{\cos^2 l} \right).$$

P est ici l'angle dièdre formé par les deux méridiens des stations extrêmes ou plutôt l'arc décrit du rayon 1 qui mesure cet angle, ou l'angle DIB que font les rayons ID, IB, menés perpendiculaires à l'axe PC, partant des deux extrémités de l'arc BD, arc qui est la projection de AB sur le parallèle de B. Or on a

$$1 : P :: IB : BD, \quad BD = P x' ;$$

les arcs semblables BD, GE sont comme leurs rayons :

$$x' : x :: BD : GE = \frac{x}{x'} \times BD = P x = Y.$$

Mettant ici pour P et $x = N \cos L$ leurs valeurs, on trouve

$$(N) \qquad Y = \frac{N \cos L}{N' \cos l} \left[\varphi \sin z - \frac{\varphi^3}{6 N'^2} \sin z \left(1 - \frac{\sin^2 z}{\cos^2 l} \right) \right].$$

On applique cette formule successivement à tous les côtés nord ou sud des triangles de la chaîne, et l'on obtient la somme de leurs projections qui compose l'arc de parallèle proposé.

251. Pour la commodité des calculs, on compose une table des valeurs de la normale [équation (6), n° 177] pour les diverses latitudes, entre les limites des sommets de triangles qui composent la chaîne, et pour l'aplatissement adopté. $N \cos L$ est ici constant; φ, z, N' et l varient avec les stations. Mais on abrége ces calculs en cherchant d'abord N pour le parallèle OQ sur lequel les arcs sont projetés, puis le petit changement que N éprouve pour de légères variations de L.

On a

$$N^2 = A^2 \left(1 - e^2 \sin^2 L \right)^{-1} ;$$

la différentielle par rapport à N et L est

$$dN = \frac{N e^2 \sin L \cos L\, dL}{1 - e^2 \sin^2 L};$$

mais $N' = N + dN$ donne [équation (22), n° 32]

$$\log N' = \log N + \log\left(1 + \frac{dN}{N}\right) = \log N + M\,\frac{dN}{N},$$

M étant le *module*, et en se bornant au premier ordre, qui suffit ici. Représentons le dernier terme par ε,

$$\varepsilon = \frac{M e^2 \sin 2 L\, dL}{2(1 - e^2 \sin^2 L)}.$$

Développant la puissance -1 de $(1 - e^2 \sin^2 L)$, et désignant par δ la différence $l - L$ des latitudes, il vient

$$\varepsilon = \frac{1}{2} M e^2 \delta \sin 1'' \sin 2 L (1 + e^2 \sin^2 L).$$

Telle est *la correction ε que* $\log$ N *doit subir pour devenir* $\log$N'; δ est égal à $l - L$ exprimé en secondes. Comme il est permis de négliger ici les e^4 sans inconvénient, attendu que δ est toujours fort petit, on a simplement

$$\varepsilon = \frac{1}{2} M e^2 \delta \sin 1'' \sin 2 L = K \sin 2 L \delta,$$

en faisant la constante $K = \frac{1}{2} M e^2 \sin 1''$ (*voir* la Table II).

Pour l'aplatissement $\frac{1}{305}$, on a

$$\log K = \overline{9},83835.$$

Pour $\frac{1}{309,65}$,

$$\log K = \overline{9},83179.$$

On prend δ négatif quand la station B est plus voisine de l'équateur que le parallèle principal OQ, savoir quand $l < L$.

Aires des zones et du sphéroïde.

252. En désignant l'excentricité par c, nous avons trouvé, page 181, les éléments du sphéroïde elliptique, savoir : les demi-axes A et B, son aplatissement, etc. En faisant A = B, ou $e = 0$, on a les formules qui se rapportent à la Terre supposée sphérique.

Cherchons l'aire d'un quadrilatère sphéroïdique compris entre deux méridiens et deux parallèles. Pour cela, observons que le cercle décrit par un point M (*fig.* 78), dans la révolution de l'ellipse AMP autour du petit axe CP, a pour rayon $OM = x'$; la circonférence est $2\pi x'$, et un arc de L degrés a pour longueur le quatrième terme de la proportion : si 36o degrés valent $2\pi x'$, L degrés valent $\dfrac{\pi L x'}{180} = \dfrac{L x'}{\mu}$, $\mu = \dfrac{180°}{\pi}$. Multiplions cet arc par l'élément $Mm = ds$, et intégrons; l'aire d'un quadrilatère sphéroïdique compris entre deux parallèles et deux méridiens sera, L étant la différence des longitudes,

$$u = \frac{L}{\mu} \int x' \, ds;$$

on a trouvé [n° 176, première équation (4)]

$$x' = \frac{A \cos l}{\sqrt{(1 - e^2 \sin^2 l)}},$$

[n° 185, équation (16)]

$$ds = A \, \frac{(1 - e^2) \, dl}{\sqrt{(1 - e^2 \sin^2 l)^3}};$$

donc, à cause de $1 - e^2 = \dfrac{B^2}{A^2}$ [équation (1), n° 175],

$$u = \frac{L B^2}{\mu} \int \frac{\cos l \, dl}{(1 - e^2 \sin^2 l)^2}.$$

Pour intégrer cette expression, posons $z = e \sin l$, $dz = e \cos l \, dl$,

$$u = \frac{L B^2}{e \mu} \int \frac{dz}{(1 - z^2)^2} = \frac{L B^2}{e \mu} \left[\frac{z}{2(1 - z^2)} + \frac{1}{4} \log \left(\frac{1 + z}{1 - z} \right) \right];$$

rétablissant $e \sin l$ au lieu de z,

$$u = \frac{L B^2}{2 \mu} \left[\frac{\sin l}{1 - e^2 \sin^2 l} + \frac{1}{2e} \log \left(\frac{1 + e \sin l}{1 - e \sin l} \right) \right].$$

Nous n'avons pas ajouté de constante, parce que nous supposons que l'aire du quadrilatère commence à l'équateur et se termine au parallèle dont la latitude est l; ainsi $l = 0$ doit répondre à $u = 0$, et la constante est nulle.

253. Pour la facilité des calculs, on pose

$$(2) \qquad e \sin l = \sin \varphi,$$

et l'on divise les logarithmes par le module M (n° 32) pour changer ces logarithmes, qui sont népériens, en tabulaires. On trouve

$$3) \qquad u = \frac{LB^2}{2\mu e}\left[\frac{\tan\varphi}{\sin\varphi} + \frac{1}{M}\log.\ \text{tabul. } \tan^2\left(45° + \frac{1}{2}\varphi\right)\right].$$

Pour obtenir l'aire du globe entier, il faut prendre $L = 360°$, et $l = 90°$, puis doubler, savoir :

Pour la zone torride, on fait $l = 23°28'$, avec $L = 360°$;

Pour la zone tempérée..... $l = 66°32'$;

mais du résultat on doit retrancher l'aire de la zone torride. Enfin on retranche ces deux zones de l'hémisphère pour avoir la zone glaciale.

Quand on suppose la Terre sphérique, les formules (1) à (3) deviennent, en faisant $A = B$ et $e = 0$,

$$u = \frac{A^2 L}{\mu}\sin l = \frac{A^2 L \pi \sin l}{180°} \quad \text{et} \quad 4\pi A^2.$$

Dans cette hypothèse et prenant pour le rayon A de la sphère la moyenne entre le grand et le petit arc, c'est-à-dire entre les nombres 6375739 mètres et 6356649 mètres, pour l'aplatissement $\frac{1}{310}$, savoir, en faisant $A = 6366194^{\text{m}}$, on trouve les résultats suivants :

Les deux zones glaciales valent ensemble.. . 4212272206^{h}

Les deux zones tempérées................. 2643624080

La zone torride........................ 2028086740

Surface entière du globe terrestre......... 5092938 0726

Le calcul direct donne............. $4\pi A^2 = 5092738$ 0650,

c'est-à-dire 76 hectares de moins, ce qui provient des erreurs dues aux logarithmes des grands nombres.

CHAPITRE V.

NIVELLEMENT.

———

Nivellement géodésique.

254. Deux points M et N (*fig.* 93) sont de *niveau* quand ils sont situés sur une même surface MAN, concentrique au globe terrestre *man*, que nous supposerons être une sphère. Si l'on compare quelque sommet O au point M, la différence NO de niveau est mesurée sur la verticale, ou le rayon CN prolongé. Il s'agit de trouver $NO = x$.

Du point M, d'où l'on voit le signal O, on mesurera l'angle OMP, qu'on appellera la *distance zénithale* de O. Observons que la *réfraction atmo-sphérique* fait voir ce point O plus élevé qu'il ne l'est réellement, en sorte qu'on juge ce sommet O en *i*, et que l'angle mesuré est, non pas OMP, mais $i\mathrm{MP} = z$, plus petit que le premier; la différence est $i\mathrm{MO} = r$. La véritable distance au zénith est donc $\mathrm{OMP} = z + r$, z étant l'angle qu'on mesure actuellement et r la réfraction inconnue.

Quant à l'arc MAN, il est toujours fort petit; nous verrons qu'on peut lui substituer sa corde $\mathrm{MBN} = k$ (n° 151).

255. Dans le triangle isoscèle CMN,

$$\text{l'angle } \mathrm{NMC} = 90° - \frac{1}{2}\mathrm{C}; \quad \text{la corde } \mathrm{MBN} = k = 2\mathrm{R}\sin\frac{1}{2}\mathrm{C},$$

R étant le rayon terrestre, ou plutôt la normale en M, pour avoir égard à l'aplatissement terrestre. Donc, en exprimant l'angle C en secondes, et substituant le petit arc $\frac{1}{2}\mathrm{C}$ à son sinus (on remplace $\sin\frac{1}{2}\mathrm{C}$ par $\frac{1}{2}\mathrm{C}\sin 1''$, n° 34), on a

$$k = \mathrm{RC}\sin 1''.$$

Le triangle OMN donne

$$\sin\mathrm{O}.\mathrm{MN} \quad \text{ou} \quad k :: \sin\mathrm{OMN} : \mathrm{ON} \quad \text{ou} \quad x;$$

d'où

$$x = k \times \frac{\sin \text{OMN}}{\sin \text{O}};$$

or

$$\text{OMN} = 180° - \text{OMP} - \text{NMC} = 90° - z - r + \tfrac{1}{2}\text{C},$$

$$\text{NOM} = \text{O} = \text{OMD} = \text{OMP} - \text{C} = z + r - \text{C};$$

donc

(1)
$$x = k \times \frac{\cos\left(z + r - \tfrac{1}{2}\text{C}\right)}{\sin\left(z + r - \text{C}\right)},$$

avec

(2)
$$k = \text{RC} \sin 1''.$$

Cette équation (2), où la distance k est connue, donne l'arc C en secondes : ainsi il ne reste plus, pour avoir la différence x de niveau des stations M et O, qu'à trouver la réfraction r. En prenant $\text{R} = 6366198^m$, on a

$$\log \frac{1}{\text{R} \sin 1''} = \overline{2},5105449.$$

Il peut arriver que l'angle C soit assez petit pour qu'on ne change pas sensiblement la valeur (1), en remplaçant C par $\tfrac{1}{2}$ C dans le dénominateur, attendu que, l'arc $z + r - \text{C}$ étant peu différent de 90 degrés, son sinus varie à peine pour un petit changement de l'arc : alors l'équation (1) devient simplement

(3)
$$x = k \times \cot\left(z + r - \tfrac{1}{2}\text{C}\right).$$

256. Pour trouver la réfraction r ou en éviter l'emploi, on prend des *distances zénithales réciproques et simultanées :* un observateur placé en O (*fig.* 93) mesure l'angle MOZ, distance zénithale de M vu de O, en même temps qu'une autre personne prend l'angle MOP. Soit $\text{MOZ} = z' + r$, z' étant l'angle observé, et r la réfraction qu'on suppose la même en O qu'en M (¹).

(¹) M. Biot a donné, dans la *Connaissance des Temps* de 1842, des formules pour trouver r, et a prouvé que, quand on fait des observations réciproques et simultanées, la réfraction r est sensiblement la même pour les deux stations, c'est-à-dire que la *trajectoire* de la lumière est la même courbe pour chacune. Mais cependant les calculs trigonométriques, indépendants de toute théorie

On a
$$\mathrm{MOZ} + \mathrm{OMP} = z + z' + 2r.$$

Mais, d'un autre côté, ces deux angles étant extérieurs au triangle MOC sont : l'un $\mathrm{MOZ} = \mathrm{OMC} + \mathrm{C}$, l'autre $\mathrm{OMP} = \mathrm{O} + \mathrm{C}$. La somme de ces angles se compose des trois angles du triangle MOC, plus de l'angle C ; ainsi cette somme $= 180° + \mathrm{C}$, et l'on a

$$(4) \qquad 180° + \mathrm{C} = z + z' + 2r;$$

d'où

$$(5) \qquad r = \frac{1}{2}\,\mathrm{C} - \frac{1}{2}\,(z + z' - 180°).$$

Introduisant cette valeur dans l'équation (1), il vient

$$(6) \qquad x = k \times \frac{\sin\frac{1}{2}(z' - z)}{\cos\frac{1}{2}(z' - z + \mathrm{C})}.$$

L'équation (3), qui n'est qu'approximative, mais qui suffit le plus souvent, devient

$$(7) \qquad x = k \times \tan\frac{1}{2}(z' - z) = \frac{1}{2}\,k\,(z' - z)\sin 1'',$$

en exprimant en secondes le petit arc $z' - z$. Lorsque z et z' ne sont pas à peu de chose près égaux, et que k est de quelque étendue, on doit se servir de l'équation (6) de préférence.

L'équation (7) peut aussi servir à trouver l'une des distances zénithales z et z' quand on connaît l'autre et la différence x de niveau.

257. Comme il est pénible de doubler ainsi le nombre des observations, dans le seul but de trouver la réfraction r, on a fait des tentatives multipliées pour éviter les distances zénithales réciproques et déterminer r *a priori*, car alors on pourrait se servir des équations (1) ou (3). Ce petit

---

physique, prouvent que cette égalité a très-rarement lieu, puisque, entre autres exemples, les observations simultanées faites à Clermont et au Puy-de-Dôme donnent, pour la réfraction à la station inférieure, 27 secondes sexagésimales, et à la station supérieure 23 secondes, et cela sans aucune hypothèse sur la loi des décroissements de densité et de température de l'air.

PUISSANT.

arc r est variable par les circonstances atmosphériques; le Mémoire cité de M. Biot apprend à le trouver, mais les formules sont compliquées.

Supposons que, par des observations très-soignées, on soit parvenu à trouver diverses valeurs de r, correspondantes chacune à un angle C bien connu (*fig.* 93). En divisant ces valeurs par les angles C qui leur appartiennent, on a remarqué que les quotients diffèrent peu de 0,08. Ainsi, dans les circonstances atmosphériques ordinaires, si l'on n'a pu obtenir des distances zénithales réciproques, on pourra poser approximativement

$$r = 0,08 \times C \, ;$$

ensuite l'équation (1) donnera la différence x de niveau entre les deux stations, à fort peu près, et par des distances zénithales simples z.

258. Mais les variations qu'éprouve l'atmosphère dans ses diverses couches changent notablement la réfraction, et l'on ne peut avoir une confiance absolue dans l'équation $r = 0,08 \times C$. Rigoureusement, on devrait poser $r = mC$, et choisir pour m la valeur qui convient aux circonstances atmosphériques où l'on opère.

La variable m est appelée le *coefficient de la réfraction*; elle change avec la température, la pression atmosphérique, et mille causes locales presque insaisissables par le calcul. Delambre (*Astronomie*, t. III, p. 575) a trouvé m de 0,05 à 0,06 en été; rarement de 0,14 à 0,15 par un temps brumeux d'hiver, et presque toujours $m = 0,08$ avec 0,02 de variation en moins pendant l'été et en plus dans les temps froids.

La moyenne de dix-sept observations de la mer (n° 264), faites en été et en automne, est 0,0783. On trouve (p. 234 et 366 du VI° volume du *Mémorial du Dépôt de la Guerre*, un grand nombre de déterminations du facteur m, plus ou moins différentes de 0,08, et qui prouvent la variabilité de ce coefficient.

Concluons de là qu'il faut, autant qu'on le peut, mesurer des distances zénithales réciproques de tous les sommets dont on veut avoir le nivellement avec précision. Mais, comme il n'est pas toujours possible de le faire au même moment, et que, lorsqu'on le peut, les difficultés et les frais d'exécution obligent souvent à renoncer à cet avantage, les distances zénithales sont alors réciproques, sans être simultanées; et quand elles ne le sont ni l'une ni l'autre, faute de mieux, on prend $m = 0,08$, ce qui donne encore des résultats très-satisfaisants, du moins quand l'atmosphère ne se trouve pas dans des conditions exceptionnelles de température, pression, humidité, etc.

Une simplification qu'on se permet, quand d'une même station on peut apercevoir plusieurs sommets environnants, consiste à mesurer, pour l'un seulement, des distances zénithales réciproques et, s'il se peut, simultanées, afin d'en conclure la valeur actuelle de m, qu'on fait ensuite servir à la détermination des hauteurs des autres sommets, pour lesquels on se contente de distances zénithales simples. On se sert de l'équation (1) en y faisant $r = m\mathrm{C}$, avec la valeur de m qu'on vient d'obtenir, parce que l'on admet que, l'état de l'air restant le même, ce coefficient conserve sa valeur.

259. Au reste, l'équation (1) peut être développée, dans ce cas, d'une manière commode pour le calcul. Posons $r = m\mathrm{C}$ dans cette équation, et faisons, pour abréger, $\psi = z - \left(\frac{1}{2} - m \right) \mathrm{C}$; nous aurons

$$x = k \frac{\cos \psi}{\sin \left(\psi - \frac{1}{2}\mathrm{C} \right)} = \frac{k \cot \psi}{\cos \frac{1}{2}\mathrm{C} \left(1 - \cot \psi \, \tang \frac{1}{2}\mathrm{C} \right)},$$

en développant le $\sin \left(\psi - \frac{1}{2}\mathrm{C} \right)$, et en divisant haut et bas par $\sin \psi \cos \frac{1}{2}\mathrm{C}$.

Faisons la puissance -1 de $\left(1 - \cot \psi \, \tang \frac{1}{2}\mathrm{C} \right)$; et, comme ψ est très-voisin de z (et de 90 degrés), $\cot \psi$ est fort petite, ainsi que C ; négligeons le deuxième ordre,

$$x = \frac{k \cot \psi}{\cos \frac{1}{2}\mathrm{C}} = \frac{k}{\cos \frac{1}{2}\mathrm{C}} \cot \left[z - \left(\frac{1}{2} - m \right) \mathrm{C} \right]$$
$$= \frac{k}{\cos \frac{1}{2}\mathrm{C}} \frac{\cot z + \tang \left(\frac{1}{2} - m \right) \mathrm{C}}{1 - \cot z \, \tang \left(\frac{1}{2} - m \right) \mathrm{C}};$$

faisons la puissance -1 du dénominateur, et négligeons toujours le deuxième ordre, puis remplaçons la tangente par le petit arc $\left(\frac{1}{2} - m \right) \mathrm{C}$,

$$x = \frac{k}{\cos \frac{1}{2}\mathrm{C}} \left[\cot z + \left(\frac{1}{2} - m \right) \frac{k \, \cos ec^2 z}{\mathrm{R}} \right],$$

à cause de l'équation (2), $k = RC$. Enfin

$$(8) \qquad x = \frac{k \cot z}{\cos \frac{1}{2} C} + \frac{k^2 \left(\frac{1}{2} - m \right)}{R \cos \frac{1}{2} C \sin^2 z}.$$

Le plus souvent on prend $\cos \frac{1}{2} C = 1$, et même $\sin^2 z = 1$, et l'on a

$$(9) \qquad x = k \cot z + \frac{k^2}{R} \left(\frac{1}{2} - m \right).$$

Nous donnerons plus loin un exemple de cette formule, lorsque nous aurons déterminé k avec précision.

260. L'équation (6) exprime la différence de niveau $x = ON$ (*fig.* 93) des deux stations M et O, d'où l'on a mesuré les distances zénithales réciproques z et z'; elle a été déduite de la résolution du triangle rectiligne MON qu'on appelle *hypsométrique*; k y représente la corde MN. La même chose doit se dire des équations (1), (8) et (9). Pour appliquer ces formules aux cas particuliers, il faut supposer que la corde MBN est égale à l'arc *man* qui est un des côtés de nos triangles géodésiques projetés sur le sphéroïde du niveau des mers et composant le réseau; car tous les côtés de nos triangles ont été réduits à ce niveau par le calcul. Il est bien certain que cette supposition n'altère pas sensiblement la valeur qu'on obtient pour x, qui est en général une petite quantité par rapport aux dimensions de la Terre.

Mais, en fait, l'arc *man* diffère de la corde MN; et si la valeur de x n'est pas influencée par la supposition de $k = $ arc *man*, cela tient au peu d'élévation des sommités au-dessus de la mer. Désignons l'arc connu *man* par φ, tel que le donnent la triangulation et les calculs; nous aurons

$$C\,m : mbn :: CM : MBN, \quad \text{ou} \quad R : \alpha :: R + h : k,$$

en faisant la corde $mbn = \alpha$, et la hauteur $Mm = h$ au-dessus de la mer, hauteur connue, au moins à peu près. Ainsi

$$k = \frac{\alpha (R + h)}{R} = \alpha \left(1 + \frac{h}{R} \right);$$

la corde α de l'arc φ est (n° 151) $\alpha = \varphi - \dfrac{\varphi^3}{24\,R^2}$; ainsi

$$(10) \qquad k = \varphi \left(1 + \frac{h}{R}\right)\left(1 - \frac{\varphi^2}{24\,R^2}\right).$$

Telle est la valeur qu'il faut employer pour k dans les équations précédentes. Comme les calculs se font toujours par logarithmes, nous développerons les logarithmes des deux binômes par l'équation (22), n° 32, et nous négligerons les termes du deuxième ordre, qui sont très-petits ; nous aurons, en désignant par M le module,

$$(11) \qquad \log k = \log \varphi + \frac{M h}{R} - \frac{M \varphi^2}{24\,R^2}.$$

Pour la latitude de 45 degrés, on trouve en mètres

$$\log \frac{M}{R} = \overline{8},8339040, \quad \log \frac{M}{24\,R^2} = \overline{16},6498125.$$

Appliquons maintenant l'équation (9) à un exemple. Supposons que du Panthéon on ait observé le clocher de Vélizy, et qu'on ait trouvé la distance zénithale de la boule de ce clocher

$$z = 89°\,48'\,33''.$$

L'arc de distance qui sépare les deux stations, réduit au niveau des mers, a été trouvé

$$\varphi = 13321^{m};$$

on demande la différence x des niveaux de la boule du clocher et de la lanterme du Panthéon, d'où l'on a observé z. Prenons d'ailleurs $m = 0,08$ et $h = 144^{m}$. (Une détermination exacte a donné $143^{m},8$ pour la hauteur du sommet de la lanterne du Panthéon au-dessus de la mer.)

φ......	4,1245368	const......	$\overline{8}$,83390	Le 3° terme de l'équat. (11)	
	98	$h = 144^{m}$...	2,15836	ne donne rien.	
k......	4,1245466	982.......	$\overline{6}$,99226		
cot z....	$\overline{3}$,5225332			k^2........	8,2490932
	1,6470798	.... 44,369^{m}		0,42......	$\overline{1}$,6232493
		11,707		R........	-6,8038802
Différence de niveau.......	$x = 56$,076			11,707....	1,0684623

Comme l'arc $\frac{1}{2}$ C n'est ici que de $3'36''$, le diviseur cos $\frac{1}{2}$ C est tout à fait sans importance, et l'on se sert de l'équation (9).

261. Lorsqu'on opère dans un pays de montagnes, il serait tout à fait défectueux de supposer que k désigne la même chose que le côté φ d'un triangle géodésique, parce que la hauteur h des stations au-dessus de la mer exerce une influence sensible dans l'équation (11); il en faut dire autant du cas où les stations seraient assez distantes l'une de l'autre pour que φ fût un fort grand nombre. Ce n'est donc qu'en pays de plaines qu'on est en droit de supposer $k = \varphi$, et pour les intervalles de 15 000 mètres au plus. Au reste, l'équation (11) apprendra si réellement $k = \varphi$.

Voyons à mettre l'équation (6) sous une forme plus commode pour le calcul : en posant $v = \frac{1}{2}(z' - z) =$ angle OMN (*fig.* 93), l'équation (6) devient

$$x = \frac{k \sin v}{\cos(v + \frac{1}{2}C)} = \frac{k \sin v}{\cos v \cos\frac{1}{2}C - \sin v \sin\frac{1}{2}C}$$
$$= \frac{k \tang v}{\cos\frac{1}{2}C\,(1 - \tang v \tang\frac{1}{2}C)}.$$

Développant la puissance -1 du binôme, on a

$$(12) \qquad x = \frac{k \tang v}{\cos\frac{1}{2}C}\left(1 + \tang v \tang\frac{1}{2}C\ldots\right).$$

Les angles v et $\frac{1}{2}$ C sont si petits, que le deuxième terme est presque toujours négligeable, ce qui donne

$$(13) \qquad x = k\,\frac{\tang\frac{1}{2}(z' - z)}{\cos\frac{1}{2}C}.$$

Prenons pour exemple les observations que M. Peytier a faites au pic du Midi de Bigorre et à Monterpé; il a trouvé pour distances zénithales réciproques :

Pic du Midi...... $z' = 92°14'32'',5$ dist. $\varphi = 27570^{m},74,$

Monterpé........ $z = 87.58.27,4$

$\qquad\qquad z' - z = 4.16.5,1$ hauteur au-dessus de la mer,

$\qquad\qquad v = $ moitié $= 2.8.2,5$ environ $h = 1850^{m}.$

$$
\begin{array}{llllll}
1^{\text{er}}\text{ terme } \varphi. & 4,4404486 & \text{const}\ldots & \overline{8},83390 & \text{const}\ldots. & \overline{16},6498- \\
2^{e}\ldots\ldots\ldots & 1262 & h\ldots\ldots & 3,26717 & \varphi^2\ldots\ldots & 8,8809 \\
\cline{4-4}\cline{6-6}
3^{e}\ldots\ldots\ldots & -3 & & \overline{4},10107 & & 7,5307- \\
\cline{2-2}
k\ldots\ldots & 4,4405745 & & 1262 & & -3 \\
\tan\varphi\ldots & \overline{2},5712783 & & k\ldots\ldots\ldots & & 4,47057 \\
\cos\dfrac{1}{2}\text{C}\ldots & -\overline{1},9999990 & & \text{compl. sin}''\ldots & & 5,31443 \\
\cline{2-2}
x\ldots\ldots & 3,0118538 & & \text{R}\ldots\ldots\ldots & & -6,80388 \\
\cline{6-6}
\end{array}
$$

$$x = 1027^{\text{m}},67 \qquad 893'',55\ldots\ldots \text{C}\ldots\ldots 2,95112$$

= diff. des hauteurs du signal et de la station.

Le troisième terme de l'équation (11) donne à peine $0^{\text{m}},01$, quoique les élévations ou *altitudes* soient ici très-considérables.

262. L'exemple précédent montre qu'on ne peut ordinairement faire les observations en se plaçant aux sommets des signaux dont on mesure les distances zénithales ; il faut donc corriger les angles observés. Soient C (*fig.* 82) un signal qu'on a observé de A, et O le lieu où se place l'observateur pour voir A, la station est au-dessous de C d'une quantité $OC = i$, et l'angle mesuré $AOZ = Z$ doit, dans les équations, être remplacé par $ACZ = z$; A est la différence de ces angles ; il s'agit de la calculer et de l'ajouter à O. On a

$$AC : OC :: \sin O : \sin A ;$$

d'où, exprimant le petit arc A en secondes (n° 33), et faisant $AC = a$,

$$A = \frac{i \sin Z}{a \sin 1''}, \quad ZCA' = z = Z + A.$$

Et, s'il arrive qu'on ne puisse observer Z d'un point O, situé dans la verticale OZ du signal, on se place le plus près possible en un lieu O (*fig.* 90), dans le plan vertical BOA passant par la station A et par le signal B, que nous supposons dans le même plan horizontal O. Ce plan vertical coupe l'horizon selon BO ; l'angle observé est $BOZ = Z$, qu'il faut corriger pour avoir ABZ' ; OD parallèle à BA donne A pour différence de ces angles, en posant

$$AB : OB :: \sin AOB : \sin A ;$$

d'où
$$A = \frac{m \cos Z}{a \sin 1''}, \quad ABZ = DOZ = Z + A,$$

en faisant $OB = m$. Quand la station O est en arrière de B, cos Z devient négatif, et l'on a
$$ABZ' = Z - A.$$

Bien entendu que si le signal, au lieu d'être en B sur l'horizon de O, est élevé en C au-dessus de B, il faut corriger ce résultat, en vertu du théorème qui précède.

Enfin, quand on ne peut stationner dans le plan vertical des signaux A et B, et qu'on est obligé de se placer en un lieu G, on peut supposer que la station est en B, en prenant $AB = AG$, attendu que les rayons partis de A, et terminés en B et en G, sont également inclinés sur le plan horizontal BOG. La distance AG se tire du triangle AOG, et l'on a OB = différence des projections horizontales de AG et OG.

263. Il arrive quelquefois que l'arc terrestre k qui sépare les deux signaux est inconnu, et qu'au contraire on a trouvé, soit directement, soit par des observations barométriques (n° 273), la différence x de leurs niveaux. Nos équations peuvent alors servir à trouver cette distance k; mais ce procédé n'a aucune précision.

264. Lorsque d'un sommet O on aperçoit en M (*fig.* 47) la mer à l'horizon et qu'on mesure l'angle MOZ, formé par la verticale OZ avec l'horizon OM de la mer, tangent à la surface des eaux, cette distance zénithale apparente $MOZ = z$ donne ce qu'on appelle l'*altitude,* ou la hauteur absolue de la station O au-dessus du niveau de la mer. En effet, le triangle MOC est rectangle en M, et l'angle extérieur $MOZ = z + r$ est aussi égal à $90° + C$; d'où
$$z + r = 90° + C.$$

Or ce triangle MON donne
$$CM = CO \times \cos C,$$

et, comme $ON = x = CO - CM$, on trouve
$$x = \frac{CM}{\cos C} - CM = CM \left(\frac{1 - \cos C}{\cos C} \right),$$
$$x = R \operatorname{tang} C \operatorname{tang} \tfrac{1}{2} C = \tfrac{1}{2} R \operatorname{tang}^2 C,$$

à cause de l'équation (8), n° 30, et parce que, quand l'arc αy est très-petit, $\tang \alpha y = \alpha \tang y$. Mais nous avons trouvé d'abord

$$C = z + r - 90°,$$

et, comme r est une très-petite quantité, on peut la négliger dans $r = mC$ et poser

$$r = m\,(z - 90°).$$

En effet, l'influence de l'erreur de l'équation

$$C = (m + 1)\,(z - 90°)$$

est tout à fait nulle sur $\tang C$ et $\tang \frac{1}{2} C$. Substituons donc cette quantité pour C, et notre équation devient

$$(15) \qquad x = \frac{1}{2} R\,(m + 1)^2 \tang^2 (z - 90°) \quad (^1).$$

Cette équation donne l'*altitude* ou la hauteur absolue x de la station O, au-dessus du niveau des mers, pourvu que l'on connaisse le coefficient m, soit par d'autres opérations contemporaines de distances zénithales réciproques (n° 258), soit simplement en prenant $m = 0,08$. Cette dernière valeur donne

$$(16) \qquad x = 0,5832\,R \tang^2 (z - 90°).$$

265. Comme l'Océan est soumis à un mouvement alternatif de *flux* et *reflux*, on devra mesurer z, tant au moment de la haute mer qu'à celui de la basse mer suivante, et prendre la moyenne entre les deux valeurs de z, qui sera la distance zénithale de la mer moyenne. Tel est le procédé suivi pour obtenir la hauteur de la sommité O au-dessus d'un niveau que

---

(^{1}) On arrive facilement à une formule plus simple et qui est

$$x = \frac{1}{2} R\,(1 + 2m) \tang C,$$

que l'on déduit de

$$x = \frac{1}{2} R\,\frac{1}{(1 - m)^2} \tang C,$$

en ne prenant que les deux premiers termes du développement de la fraction.

16.

la mer conserverait constamment, sans les actions que le Soleil et la Lune exercent pour produire les marées.

Toutefois, le facteur m variant entre des limites assez étroites, on ne peut accorder une confiance absolue à ce procédé, et l'on doit préférer le nivellement topographique (n° 48).

266. En faisant $m = 0,08$ dans l'équation (15), on a (*fig.* 47)

$$\operatorname{tang}(z - 90°) = \frac{1}{1,08}\sqrt{\frac{2}{R}} \times \sqrt{x}.$$

Si l'on mène par le point O une horizontale parallèle à la tangente en N, l'angle θ, qu'elle fera avec MO, est $\theta = z - 90°$; cet angle est appelé la *dépression de l'horizon*; c'est l'angle que l'horizon sensible MO fait avec l'horizon vrai de la station O. Comme θ est toujours fort petit, on remplace la tangente par l'arc, qu'on exprime en secondes (n° 34) : ainsi, au lieu de $\operatorname{tang}(z - 90°)$, on met $\theta \sin 1''$, et l'on a

$$\theta = \frac{1}{1,08 \sin 1''}\sqrt{\frac{2}{R}}\,\sqrt{x} = H\sqrt{x},$$

en faisant (¹)

$$\log H = 1,0295592,$$

et exprimant x en centimètres, θ en secondes d'arc, et prenant le rayon terrestre $R = 636669800$ centimètres (n° 205).

267. Quant à l'arc terrestre $MN = k$, jusqu'où le rayon visuel OM atteint aux limites de l'horizon, comme l'équation (2) est $k = \theta R \sin 1''$, on trouve, en exprimant k en mètres, x en centimètres et θ en secondes,

$$k = B\sqrt{x}, \quad k = D\theta,$$
$$\log B = 2,5190484, \quad \log D = 1,4894892.$$

268. Ainsi, lorsqu'en mer on veut observer la hauteur d'un astre, on mesure sa distance angulaire aux limites de l'horizon sensible; on doit retrancher le petit arc θ de l'arc obtenu, pour avoir la hauteur sur l'horizon vrai du lieu. On mesure d'abord le nombre x de centimètres dont le

---

(¹) On a $H = 10'',70438$: Delambre trouve $H = 10'',651$; mais il a pris $m = 0,0783$ (voir *Astronomie*, t. III, p. 604).

pont du navire est élevé au-dessus du plan de flottaison, quantité constante ; le calcul donne ensuite la correction invariable θ que chaque hauteur observée doit éprouver. Chaque navire a sa valeur de x, qui donne celle de θ et varie avec elle.

Nos équations donnent, en outre, la distance k où l'on est d'une côte quand on commence à apercevoir le rivage.

Pour les besoins de la navigation, on convertit ces formules en *Tables de dépression*, d'où l'on tire à vue les valeurs de k et de θ, lorsqu'on a celle de x.

269. Si l'on a bien saisi l'ensemble de la théorie des nivellements, on comprend qu'on peut obtenir les différences de niveau de toutes les stations d'un réseau géodésique, les unes par rapport aux autres, à l'aide de leurs distances zénithales, qu'on rendra, s'il se peut, réciproques et même simultanées. En conduisant la chaîne des triangles jusqu'en un lieu d'où l'on puisse apercevoir le niveau de la mer, on trouve l'élévation de ce point au-dessus de la marée moyenne, et l'on en conclut ensuite celle de toutes les autres sommités. Ainsi l'on peut connaître les trois coordonnées qui fixent la position de chaque point sur la surface du globe terrestre. C'est ainsi que M. Corabœuf a pu conclure, contre l'opinion qu'on s'était formée d'après des circonstances physiques peu concluantes, que les niveaux de l'Océan et de la Méditerranée sont les mêmes. Une grande triangulation, faite par cet ingénieur sur toute la chaîne des Pyrénées, a mis ce fait hors de doute. Le même savant avait trouvé 4811 mètres pour l'altitude du mont Blanc.

Il est vrai que toute cette théorie suppose que la Terre est sphérique ; mais on démontre (*voir* la *Géodésie* de Puissant) que cette hypothèse n'ôte rien à la rigueur des résultats, pourvu que dans les équations, au lieu du rayon terrestre R, on substitue la valeur de la normale qui convient aux localités et à l'aplatissement de la Terre (n° 177).

270. Les vapeurs qui s'élèvent à la surface de la mer ajoutent aux incertitudes relatives à la valeur du coefficient m de la réfraction ; il est donc préférable, pour trouver la hauteur d'un sommet au-dessus de la mer, de se servir d'un nivellement topographique, plutôt que de la théorie du n° 264. On cherchera donc cette élévation par une succession d'opérations faites avec le niveau à bulles d'air de Chézy (*fig.* 41, n° 52), en

prenant d'ailleurs les précautions qui rendent le choix des localités et les opérations propres à simplifier ce travail (*voir* la *Théorie du nivellement topographique*, n° 48).

Nivellement barométrique.

271. La différence de niveau de deux stations peut encore être trouvée par le secours du baromètre. Au même moment, s'il se peut, on note les hauteurs de la colonne de mercure aux deux stations, tant sur le baromètre que sur le thermomètre, et comme il arrive souvent que le premier de ces instruments n'est pas resté assez longtemps sur les lieux pour en prendre la température, on note aussi l'indication d'un autre thermomètre logé dans la monture, et qui se met, par conséquent, toujours à l'unisson de température avec le baromètre. On fait donc six observations, savoir : H et T hauteurs du baromètre et du thermomètre centigrade, à l'air libre à la station inférieure; puis les hauteurs h et t à la station supérieure; enfin les températures des baromètres, tant en bas qu'en haut. Soit θ cette dernière température à la station inférieure, moins celle d'en haut (cette différence θ est négative quand celle-ci surpasse la première, ce qui arrive quelquefois), on suppose que H et h sont rapportées à la même unité quelconque (pouces, lignes, centimètres, etc.); l désigne la latitude du lieu, qu'il n'est pas nécessaire de connaître avec précision, parce que le facteur α est un très-petit nombre; R le rayon terrestre, x la différence de niveau demandée, exprimée en la même unité que la constante a. La formule de Laplace est (*voir* ma *Mécanique*, n° 362, et celle de M. Poisson, n° 619).

$$x = a\,\mathrm{P}\,[1 + 0{,}002\,(\mathrm{T} + t)]\,(1 + \alpha\cos 2l)\left(1 + \frac{x}{\mathrm{R}}\right),$$

$$\mathrm{P} = \log \mathrm{H} - \log h - 0{,}00008\,.\theta,$$

a est un nombre inconnu; on a

$$\log \alpha = \bar{3}{,}45287.$$

272. Pour déterminer la constante a, on a mesuré avec un grand soin, par des procédés géodésiques (n° 259), la différence x de niveau entre deux sommités, et l'on a procédé ensuite aux mesures barométriques des quantités T, t, H, h et θ. Alors tout se trouve connu dans la formule,

excepté a, dont on tire ensuite la valeur ; on peut répéter ensuite cette détermination sur diverses autres sommités, et dans des conditions atmosphériques différentes ; chacune de ces opérations doit donner pour a la même valeur, et l'on trouve qu'en effet ces résultats sont sensiblement égaux ; on efface les erreurs d'observations en prenant une moyenne entre eux. C'est ainsi que Ramond a trouvé que

$$a = 18336^m, \quad \log a = 4,2633046.$$

Le second membre de l'équation contient l'inconnue x, que cette formule est précisément destinée à faire connaître. Mais, comme le rayon terrestre R y entre au diviseur de x, la fraction $\dfrac{x}{R}$ est extrêmement petite.

On la négligera d'abord, et l'on obtiendra une première approximation de x ; et substituant ce nombre dans le dernier facteur de l'équation, on aura un second résultat plus approché, qu'on pourra, si l'on veut, corriger de même une seconde fois. C'est la méthode que nous avons souvent employée (p. 140 et 180).

273. Au reste, Ramond a conclu d'un très-grand nombre d'épreuves qu'il est permis de négliger ce facteur, toutes les fois que les sommités ne sont pas considérablement élevées. Seulement il faut alors accroître un peu le coefficient a, en le faisant de 18393 mètres. La formule se réduit ainsi à

$$x = a \, (\log H - \log h - 0,000080) \, [1 + 0,002 \, (T + t)] \, (1 + \alpha \cos 2 l),$$
$$a = 18393^m, \quad \log a = 4,2646526, \quad \log x = \overline{3},45287.$$

Voici la marche des opérations et des calculs.

Deux observateurs, placés chacun à l'une des stations qu'on veut niveler, notent (à la même heure, s'il est possible) les hauteurs du baromètre et de deux thermomètres, l'un à l'air libre, l'autre fixé au baromètre ; on connaît ainsi H, T, h, t et θ. On peut même répéter les observations plusieurs fois et prendre pour ces nombres des valeurs moyennes. On applique ensuite la formule précédente.

274. Voici, par exemple, des observations de M. de Humboldt au Pérou :

$$
\begin{array}{lll}
\text{Baromètres.} & \text{Therm. libres.} & \text{Th. des barom.} \\
\mathrm{H} = 3^{\mathrm{mm}},15 & \mathrm{T} = 25°,3 & 25°,3 \quad \text{latit.}\ l = 21° \\
h = 600,95 & t = 21\ ,3 & 21\ ,3 \\
& \mathrm{T} + t = \overline{46\ ,6} & \overline{4\ ,0} = \theta
\end{array}
$$

$$
\begin{array}{lllll}
\mathrm{H}\ldots\ldots & 2,88261 & \alpha\ldots\ldots & \overline{3},45287 & a\ldots\ldots \quad 4,26465 \\
h\ldots\ldots\, -2,77884 & & \cos 2l\ldots & \overline{1},87107 & 1,0932 \quad 0,03870 \\
8\,\theta\ldots\ldots \quad -32 & & & \overline{3},32394 & 1,00211 \qquad 92 \\
\mathrm{P}\ldots\ldots \quad 0,10345 & \ldots\ldots\ldots\ldots\ldots\ldots\ldots\ldots\ldots\ldots\ldots & & & \overline{1},01473 \\
\end{array}
$$

$$
\text{Hauteur demandée}\ldots\ldots\ldots \quad x = 2084^{\mathrm{m}},50 \quad 3,31900
$$

Il est inutile de dire que les instruments doivent être construits avec soin, et que leur marche doit être absolument la même lorsqu'on les compare dans un même lieu.

275. Selon MM. Littrow et de Lindenau, on peut trouver l'élévation d'une sommité au-dessus du niveau de la mer, sans avoir besoin de faire d'autres observations du baromètre et du thermomètre près du rivage. Si l'on en croit les assertions de ces savants, on arrive à une approximation suffisante pour la pratique, dans la plupart des cas ordinaires, en adoptant pour hauteurs des deux instruments placés sur le rivage de la mer les valeurs

$$
\mathrm{H} = 760^{\mathrm{mm}},247, \quad \mathrm{T} = 66°25' + t - 0,09235\,h.
$$

Ces formules, qui dispensent des observations à la station inférieure, seraient fort commodes, si elles étaient exactes. Mais il ne paraît pas qu'on puisse y avoir confiance, et nous ne présentons ici cette remarque que comme un sujet de recherches.

———•••———

CHAPITRE VI.

DU PENDULE.

276. Comme la durée des oscillations d'un pendule varie avec les lieux, on peut en conclure la forme du sphéroïde terrestre. C'est ce que nous nous proposons ici de mettre en évidence. Rappelons d'abord quelques

propositions empruntées à la Mécanique (*voir* mon *Traité de Mécanique,* n° 194).

Un *pendule simple,* c'est-à-dire un point matériel pesant Q, suspendu à un point fixe O (*fig.* 91) par un fil sans poids et inextensible, emploie à faire une *oscillation* (de Q en Q') la durée

$$(1) \qquad t = \pi \sqrt{\frac{r}{g}} \left(1 + \frac{b}{8r} \right);$$

r est la longueur OQ du pendule exprimée par la même unité que la pesanteur g qui le meut (g est le double de l'espace que décrit en la première seconde un corps tombant dans le vide); $b =$ AD sinus verse de l'arc parcouru QA; enfin π est le nombre $3,14159\ldots$, ou le rapport de toute circonférence à son diamètre. L'expression (1) n'est que le commencement du développement d'une série; mais le deuxième terme est toujours tellement petit, que les termes suivants sont négligeables sans aucune erreur sensible.

277. Quand l'excursion QA est infiniment petite, b devient nul, et l'on a

$$(2) \qquad t = \pi \sqrt{\frac{r}{g}}.$$

Donc : 1° *Les temps des oscillations de deux pendules d'égales longueurs sont les mêmes, quels que soient les arcs décrits, pourvu que ces arcs soient fort petits.*

2° Pour deux pendules de longueurs différentes r et r', les temps des oscillations t et t' sont donnés par l'équation (2); d'où l'on tire

$$t : t' :: \sqrt{r} : \sqrt{r'},$$

ou, *les temps des oscillations de deux pendules inégaux sont entre eux comme les racines carrées des longueurs de ces pendules,* ou bien, en carrant, *les longueurs des pendules sont comme les carrés des temps de leurs oscillations.*

3° Si dans un temps T un pendule fait N oscillations, puisque la durée de chacune est t, on a

$$(3) \qquad T = Nt = N\pi \sqrt{\frac{r}{g}}.$$

Pour un autre pendule de longueur r', le nombre des oscillations, dans le même temps T, est N, et une équation semblable existe entre r' et N', d'où l'on tire

$$(4) \qquad\qquad r\,N^2 = r'N'^2;$$

les longueurs des pendules sont en raison inverse des carrés de leurs nombres d'oscillations dans le même temps; ou bien le produit $r\mathrm{N}^2$ est constant.

278. Pour avoir la longueur r d'un pendule qui bat la seconde de temps moyen, en un lieu, on fera $\mathrm{N} = 6o$, et l'on cherchera par expérience combien N', un autre pendule simple de longueur connue r', fait, dans le vide, d'oscillations en une minute, et l'équation (4), où tout est connu excepté r, donnera cette longueur r. Par exemple, si l'on a trouvé qu'à Paris un pendule long de $r' = \mathrm{o^m},797$ fait 67 oscillations par minute, ou $\mathrm{N}' = 67$, on verra que la longueur du pendule à secondes de temps moyen à Paris est

$$r = \mathrm{o^m},9938267 = 3^{\mathrm{pi}},o59439 = 44o^{\mathrm{l}},5593,$$
$$\log r = \overline{1},9973106, \qquad o,4856419, \qquad 2,664oo44.$$

Les données ne sont ici qu'approchées, mais les résultats sont exacts.

279. L'équation (3) donne

$$(5) \qquad\qquad g = \frac{\pi^2\, r\,\mathrm{N}^2}{\mathrm{T}^2}.$$

On pourra donc trouver par l'expérience du pendule la valeur de la pesanteur ou du nombre g en un lieu déterminé. On comptera le nombre N d'oscillations que fait un pendule simple connu r, dans un temps donné T, et le calcul fera connaître g. S'il s'agit d'un pendule à secondes de temps moyen, lequel fait une seule oscillation en une seconde, T et N seront 1, et l'on aura

$$(6) \qquad\qquad g = \pi^2\, r.$$

C'est ainsi qu'on a trouvé qu'à Paris on a

$$g = 9^{\mathrm{m}},8o8672 = 3o^{\mathrm{pi}},19546, \qquad e = \tfrac{1}{2}gt^2,$$
$$\log g = o,9916103, \qquad 1,4799416, \qquad v = gt.$$

g est l'accroissement de vitesse d'un corps qui tombe dans le vide pendant une seconde, ou le double de la hauteur de sa chute dans la première seconde, e est l'espace décrit en t secondes, et v la vitesse que le corps a reçue au bout de ce temps.

280. La pesanteur g varie selon les lieux, parce que cette force est la résultante de deux autres dont une seule est constante, savoir la *gravité* G, ou l'attraction qui tend à précipiter les corps au centre de la Terre ; l'autre force est *centrifuge* et produite par la rotation diurne, et variable avec les lieux.

Supposons d'abord la Terre sphérique (*fig.* 94) ; C en est le centre qui attire toute molécule M de sa surface comme si la masse était réunie en C ; l'axe de la rotation diurne est PC ; P est le pôle ; l est la latitude du point M qui est sollicité par deux forces, la gravité G agissant selon le rayon CM, et la force centrifuge F due à la rotation terrestre et agissant selon MF, prolongement du rayon OM du parallèle décrit par M. Décomposons cette force selon le rayon CMZ et la tangente Mt ; la composante MZ est égale à F cos$l$, puis l'angle OMC $= l$. Ainsi la gravité G est diminuée de cette composante, et la pesanteur g en M est la différence des forces G et F cos$l$,

$$(6\ bis) \qquad\qquad g = G - F \cos l ;$$

mais rien ne détruit la composante selon MT, ce qui prouve que la molécule M ne peut rester en équilibre, et que, si la Terre a été originairement fluide, elle n'a pu conserver la forme sphérique. Or l'équation (6 *bis*) n'en subsiste pas moins à fort peu près quand on considère la Terre ellipsoïdale ; car CM n'est plus normal, et la pesanteur s'exerce selon la ligne NMZ du fil à plomb tendant au zénith vrai Z : alors les forces G et F se décomposent selon la normale NMZ et la tangente kMt, ces dernières composantes se détruisant. La composante de G selon MN est G cos$i$, qui se réduit à G au second ordre près, parce que l'angle i du rayon avec la normale est très-petit ; on a donc encore l'équation (6 *bis*).

Il est vrai que l'attraction terrestre ne s'exerce plus comme si la masse était réunie au centre C, et que la résultante G, sous la latitude l, des attractions de toutes les molécules terrestres n'agit pas selon MG ; mais il est évident que, la Terre étant presque sphérique, la direction de cette résultante altère très-peu l'angle i, ce qui ne change rien à l'équation (6 *bis*) et laisse concevoir que les composantes selon la tangente s'entre-détruisent.

281. La force centrifuge est, comme on sait, $F = \dfrac{v^2}{x}$, v étant la vitesse de rotation de M et x le rayon OM du parallèle. La rotation terrestre conserve en tout temps une vitesse constante; mais, comme x et v varient avec la latitude, pour un autre point M on aurait

$$F' = \frac{v'^2}{x'}, \quad \text{et} \quad x : x' :: v : v';$$

d'où l'on déduit

$$F : F' :: \frac{v^2}{x} : \frac{v'^2}{x'} :: v : v' :: x : x'.$$

Ainsi la force centrifuge varie comme les rayons des circonférences décrites; elle est maximum sous l'équateur, nulle au pôle, et décroissante avec la latitude l. Nommons f la force centrifuge à l'équateur, force qu'on démontre être $\dfrac{1}{289}$ de la gravité $f = \dfrac{G}{289}\cdot$ Nous avons

$$F : f :: x : A, \quad F = \frac{f \cos l}{\sqrt{(1 - e^2 \sin^2 l)}},$$

à cause de l'équation (4), n° 176. Développant le radical en série et substituant dans l'équation (6 *bis*), il vient

$$g = G - \frac{f \cos^2 l}{\sqrt{(1 - e^2 \sin^2 l)}},$$

$$g = G - \frac{G}{289}(1 - \sin^2 l)(1 - e^2 \sin^2 l)^{-\frac{1}{2}},$$

$$g = \frac{G}{289}\left[289 - (1 - \sin^2 l)\left(1 - \frac{1}{2} e^2 \sin^2 l\right)\right],$$

$$g = \frac{G}{289}\left(288 + \sin^2 l - \frac{1}{2} e^2 \sin^2 l\right),$$

$$g = f\left(288 + \sin^2 l - \frac{1}{2} e^2 \sin^2 l\right);$$

telle est la valeur de la pesanteur sous la latitude l quand on connaît G valeur au pôle, ou la force centrifuge f à l'équateur.

En négligeant les termes où e est facteur, on a

$$g = f\,(288 + \sin^2 l)\,;$$

ainsi *la pesanteur g varie très-sensiblement comme le carré du sinus de la latitude :* il en est de même de la longueur r du pendule à secondes, puisque $g = \pi^2 r$. On suppose ici les quantités g et r réduites au niveau des mers, comme il sera expliqué ci-après (n° 294).

282. La théorie de l'attraction (*Mécanique céleste,* t. II, p. 102) démontre que l'aplatissement du sphéroïde terrestre est lié à la longueur du pendule à secondes. Puisqu'on sait que cette longueur peut être exprimée par la formule $r = A + B \sin^2 l$, on pourrait trouver les constantes A et B en mesurant les longueurs r' et r'' du pendule à secondes sous deux latitudes l' et l'', et l'on aurait deux équations entre les inconnues A et B :

$$r' = A + B \sin^2 l', \quad r'' = A + B \sin^2 l''.$$

L'élimination donnerait ensuite A et B, et, par conséquent, la longueur de ce pendule à toute autre latitude l, $r = A + B \sin^2 l$, et la pesanteur g en ce lieu, puisque $g = \pi^2 r = \pi^2 (A + B \sin^2 l)$.

283. Mais, comme les erreurs d'observation influeraient sur les valeurs des constantes A et B, il faudra répéter les expériences en un grand nombre de lieux, et en déduire autant d'équations entre A et B qu'on en emploiera concurremment à leur détermination, par la méthode des moindres carrés. C'est ce qui est exposé dans notre *Astronomie pratique,* n° 295, un Mémoire de M. Mathieu (*Connaissance des Temps* de 1816), la *Géodésie* de Puissant, t. II, p. 338, et l'*Astronomie physique* de Biot, t. III, p. 166. Nous donnerons plus loin les valeurs des constantes des équations

$$(7) \qquad r = A + B \sin^2 l, \quad g = C + D \sin^2 l,$$

dans lesquelles on a

$$(8) \qquad C = \pi^2 A, \quad D = \pi^2 B.$$

Comme $l = 0$ donne

$$r = A, \quad g = C,$$

on voit que A est la longueur du pendule à secondes sous l'équateur, et

C la pesanteur en ces lieux ; quand $l = 90°$, on a

$$r = A + B, \quad g = C + D;$$

ainsi B est l'excès du pendule polaire sur le pendule équatorial ; D est l'excès de pesanteur quand on passe de l'équateur au pôle.

284. Il suit de la théorie de l'attraction (n° 34, t. II, *Mécanique céleste*) que l'aplatissement terrestre $\dfrac{1}{p} = \dfrac{5}{2}$ *du rapport de la force centrifuge sous l'équateur à la pesanteur, moins l'excès* B *de la longueur du pendule polaire sur celle* A *du pendule équatorial, divisé par cette même quantité* A. Et, comme la force centrifuge est démontrée être sous l'équateur $\dfrac{1}{289}$ de la pesanteur en ce lieu, on a l'équation

$$(9) \qquad \frac{1}{p} = \frac{5}{2}\,\frac{1}{289} - \frac{B}{A} = 0,0086505 - \frac{B}{A};$$

d'où l'on conclut que l'aplatissement terrestre sera connu dès que, par des observations du pendule, on aura les valeurs des constantes A et B. C'est ce qui sera calculé plus tard.

285. Réciproquement, si l'aplatissement est connu, l'équation (9) sert à éliminer B de la valeur générale de r, où il ne s'agit plus que de déterminer la constante A, savoir :

$$r = A\left[1 + \left(0,0086505 - \frac{1}{p} \right) \sin^2 l \right].$$

Une seule expérience, qui fera connaître r et l, suffira donc pour trouver A et, par suite, B, C et D.

Prenons pour exemple le pendule de Borda (p. 249), et l'aplatissement $\dfrac{1}{p} = \dfrac{1}{305} = 0,0032787$. D'abord l'équation ci-dessus devient

$$r = A\,(1 + 0,0053718 \sin^2 l).$$

Or l'expérience a été faite à l'Observatoire de Paris, où la latitude est $48°50'14''$, et à 63 mètres au-dessus de la mer, on trouve que le rayon terrestre, pour cet aplatissement (p. 185), est $R = 6366698^m$. Et comme il faut réduire la valeur de r (n° 282) à celle qu'elle serait au niveau des mers, par une théorie que nous exposerons bientôt, on trouve que r se réduit à $0^m,9940234$. On en tire donc ces valeurs :

$$A = \overset{m}{0},991062, \qquad C = \overset{m}{9},780837,$$
$$\log B = \overline{3},7261962, \qquad \log D = \overline{2},7204959,$$
$$B = 0,005322326; \qquad D = 0,05252916.$$

Au reste, on trouverait la valeur de A avec plus de sûreté, en faisant intervenir dans le calcul un grand nombre d'observations du pendule, par la méthode des moindres carrés.

Venons-en maintenant aux procédés suivis pour observer la longueur du pendule et lui faire subir les réductions exigées par les conditions mêmes des expériences.

286. Le pendule simple ne peut avoir qu'une existence théorique, puisqu'il est physiquement impossible de faire osciller un point matériel pesant, à l'extrémité d'un fil inextensible et sans poids, dans un arc infiniment petit et dans le vide. Le pendule est toujours un corps figuré, qui se meut dans l'air à une densité et une température variables, et dans un arc fini. Voyons donc à dégager l'expérience des circonstances qui en altèrent les résultats.

On démontre que, lorsqu'un corps de forme et de nature quelconques oscille autour d'un axe horizontal, parmi les différents points matériels qui le composent, les uns se meuvent plus vite et les autres plus lentement que s'ils étaient isolés et indépendants de la masse ; mais il existe un point dont le mouvement n'est nullement altéré par sa liaison aux autres, c'est-à-dire qu'il se meut précisément comme s'il était seul. Ce point, appelé *centre d'oscillation,* est donc un véritable pendule simple, et l'on peut, par la pensée, supposer que toute la masse du corps y est concentrée. Ce point est situé sur la ligne qui va du centre de gravité perpendiculairement à l'axe de rotation ; et il y est au delà du centre de gravité ou plus bas que ce centre. Quand le corps a une figure régulière et géométrique, on peut même, par le calcul, déterminer la place du centre d'oscillation : ainsi, quand le pendule est une sphère ou une lentille, suspendue à un fil ou à une ou plusieurs tiges parallèles, on trouve, par la Mécanique, la longueur r du pendule simple équivalant au *pendule composé* qu'on a mis en expérience ; et cela quels que soient les mé-

taux qui forment ce corps, pourvu que chacun soit homogène et de densité connue. On donnera bientôt le moyen de se rendre indépendant de
cette dernière condition.

287. On risquerait beaucoup de se tromper si l'on voulait compter les
oscillations une à une, sans parler de l'ennui d'une semblable pratique.
Voici comment on opère : on fait d'abord en sorte que le pendule
d'épreuve ait une telle longueur, qu'il accomplisse les oscillations dans
un temps peu différent d'une seconde. On dispose en arrière une horloge
parfaitement réglée et à compensation, qui marque le temps moyen avec
une précision presque rigoureuse, ou du moins dont la marche régulière
soit assez connue pour qu'on sache combien son pendule fait d'oscillations en vingt-quatre heures moyennes. La lentille est vernie en noir, et
porte au centre une mouche blanche en papier.

Les deux appareils sont disposés l'un en avant de l'autre, de manière
que, quand les deux pendules se trouveront ensemble dans la verticale,
la mouche soit cachée par un index que porte le pendule d'épreuve. On
dispose à quelques mètres en avant une lunette qui permet à l'observateur de reconnaître cette coïncidence.

On met le pendule d'épreuve en mouvement dans le même sens que
celui de l'horloge, et l'on se rend attentif à l'instant où, retombant ensemble dans la verticale, la coïncidence a lieu. On note l'heure, la minute
et la seconde que marque alors l'horloge. Comme les pendules marchent
presque ensemble, ils ne paraissent se séparer qu'après quelques secondes : on prend pour le moment de la coïncidence la moyenne entre
les instants où on la voit commencer et finir.

L'un des deux pendules devance l'autre de plus en plus, et bientôt atteint sa limite d'excursion d'un côté, quand le deuxième mobile atteint la
sienne du côté opposé ; ils marchent ensuite en sens contraire et, quand
ils retombent ensemble dans la verticale, l'un des pendules a fait une
oscillation de plus que l'autre. On ne tient pas compte de cette observation, qui serait trop difficile à faire avec précision, à cause des vitesses
en sens contraires. En laissant continuer l'expérience, il arrive un moment
où une nouvelle coïncidence se produit, les pendules allant dans le même
sens. On note l'heure, comme la première fois ; alors l'un des pendules a
gagné deux oscillations sur l'autre

Ainsi l'horloge a fait n oscillations, et le pendule d'épreuve $n \pm 2$ dans le même temps; on fera donc cette proportion :

Si n oscillations répondent à $(n \pm 2)$, 86400 répondent à $\dfrac{86400\,(n \pm 2)}{n}$.

Telle est la quantité N d'oscillations du pendule d'épreuve, pendant que l'horloge marque 24 heures (en supposant qu'elle marche comme le temps moyen), et si l'horloge avance de i secondes en vingt-quatre heures,

$$N = \frac{n \pm 2}{n}\,(86400 + i)$$

est le nombre d'oscillations du pendule d'épreuve en un jour de temps moyen. On fait i négatif dans le cas d'un retard.

Supposons que la coïncidence ait lieu à $1^m 17^s$ et à $9^m 40^s$; il y a 503 secondes écoulées : pendant ce temps le pendule d'épreuve fait 501 excursions, et si l'horloge retarde de $4^s,5$ en vingt-quatre heures, on trouve que ce pendule, dans cette durée, fait 86051,98 oscillations.

L'expérience doit être continuée en notant les heures précises des coïncidences, et l'on en conclut d'autres résultats peu différents du précédent. Après avoir fait les corrections dont on va parler pour l'amplitude des arcs, la réduction au vide, etc., on prend une moyenne, et l'on obtient enfin le nombre d'oscillations du pendule simple dans le vide, en un jour moyen.

Il ne faut pas que la marche du pendule d'épreuve soit beaucoup plus lente ou plus rapide que celle de l'horloge; on évalue à 350 secondes la plus grande durée entre les coïncidences. Comme les résistances diminuent beaucoup les arcs d'oscillation, on ne laisse durer l'expérience que trente-quatre à quarante minutes sans l'interrompre (5 coïncidences). On a vu des pendules osciller encore après trente heures d'observation, sans aucune force réparatrice des pertes, quoique l'excursion ne fût pas de plus de 2 degrés dans l'origine. Mais il est tout à fait inutile de pousser très-loin l'expérience; l'excursion devient petite et lente, et il est difficile de saisir la coïncidence.

288. Voyons à réduire les oscillations à être infiniment petites. Soit φ (*fig.* 91) le demi-arc décrit par le pendule dans son excursion; $b = \mathrm{AD}$; on a

$$OD = r - b = r\cos\varphi,$$

d'où

$$b = r\left(1 - \cos\varphi\right) = 2r\sin^2\frac{1}{2}\varphi.$$

Ainsi l'équation (1) devient

$$t = \pi\sqrt{\frac{r}{g}}\left(1 + \frac{1}{4}\sin^2\frac{1}{2}\varphi\right).$$

Désignons par θ le temps que le même pendule emploie à faire une oscillation infiniment petite, $\theta = \pi\sqrt{\dfrac{r}{g}}$; on en conclut que

$$t = \theta\left(1 + \frac{1}{4}\sin^2\frac{1}{2}\varphi\right).$$

L'observation fait connaître t et φ; on a donc θ.

Ou plutôt, n étant le nombre d'oscillations finies faites par le pendule, dans l'arc 2φ, et n' étant le nombre d'oscillations infiniment petites pendant le même temps, comme φ est un petit arc, on a

$$\sin^2\frac{1}{2}\varphi = \frac{1}{4}\sin^2\varphi,$$

et

$$(10)\qquad n' = n\left(1 + \frac{1}{16}\sin^2\varphi\right).$$

Ainsi, après avoir mesuré l'arc d'excursion 2φ d'un pendule, et compté le nombre d'oscillations accomplies dans un temps quelconque et, par suite, celui n qu'il fait dans la durée des vingt-quatre heures, cette formule servira à calculer n', c'est-à-dire combien le pendule en exécute d'infiniment petites dans le même temps. On voit qu'il ne s'agit que d'ajouter à n la quantité $\dfrac{1}{16}\,n\sin^2\varphi$.

Chaque période de coïncidence ne durant guère plus de dix minutes, l'excursion totale 2φ se conserve entière; mais, si l'on remarquait qu'elle fût 2φ en commençant et $2\varphi'$ à la fin, et que ces deux arcs fussent peu différents, on supposerait l'excursion constante, et l'on prendrait $\dfrac{1}{2}(\varphi + \varphi')$ au lieu de φ.

Si l'expérience a quelque durée, les résistances diminuent continuellement les excursions du pendule, et même on reconnaît qu'elles décroissent en progression géométrique : elles sont donc successivement

$$\varphi, \quad \frac{\varphi}{q}, \quad \frac{\varphi}{q^2}, \quad \ldots, \quad \frac{\varphi}{q^{n-1}},$$

$\frac{1}{q}$ étant la raison de cette progression. La formule que Borda a donnée pour calculer les effets de ce décroissement a été démontrée par M. Mathieu (*Connaissance des Temps,* 1826).

La durée de chaque oscillation étant un peu plus longue que si l'arc était infiniment petit, le nombre total, après un temps donné, serait n dans ce premier cas, et dans le deuxième il serait accru de $\frac{1}{16} n \varphi^2$, en remplaçant le sinus par l'arc et supposant φ constant. Appliquons cette correction aux oscillations 1re, 2e, 3e, ... $n^{ième}$, successivement : la correction totale sera

$$S = \frac{1}{16}\left(\varphi^2 + \frac{\varphi^2}{q^2} + \frac{\varphi^2}{q^4} + \ldots + \frac{\varphi^2}{q^{2n-2}}\right) = \frac{\varphi^2}{16} \frac{q^{2n} - 1}{(q^2 - 1) q^{2n-2}}.$$

L'observation donne les excursions terminales φ et φ'; q est inconnu, et il faut l'éliminer à l'aide de

$$(A) \qquad\qquad \varphi' = \frac{\varphi}{q^{n-1}} \quad \text{ou} \quad q^{n-1} \frac{\varphi}{\varphi'};$$

le carré $\varphi'^2 q^{2n-2} = \varphi^2$ donne d'abord

$$S = \frac{\varphi^2}{16}\left[\frac{\dfrac{q^2 \varphi^2}{\varphi'^2} - 1}{(q^2 - 1) \dfrac{\varphi^2}{\varphi'^2}}\right] = \frac{q^2 \varphi^2 - \varphi'^2}{16 (q^3 - 1)}.$$

Or (n° 32) $10^z = 1 + kz + \frac{1}{2} k^2 z^2 + \ldots$ Si z est le logarithme de q^2, $z = 2 \log q$, et qu'on se borne aux premières puissances de z, attendu que deux excursions successives du pendule sont presque égales, et q très-voisin de 1, d'où $\log q$ est très-petit, on a

$$10^z = q^2 = 1 + 2k \log q,$$

$$S = \frac{(1 + 2k \log q) \varphi^2 - \varphi'^2}{32 k \log q} = \frac{M (\varphi^2 - \varphi'^2)}{32 \log q} + \frac{\varphi^2}{16},$$

17.

M étant le module qui $= \frac{1}{k}$ (n° 32). Comme on a d'ailleurs

$$(n-1)\log q = \log\varphi - \log\varphi',$$

on trouve

$$S = \frac{M(n-1)(\varphi^2 - \varphi'^2)}{32 \log\varphi - \log\sin\varphi'} + \frac{\varphi^2}{16}.$$

Or $\frac{1}{16}\varphi^2$ est la correction de la première oscillation; donc le premier terme est celle des $n-1$ suivantes : changeons-y $n-1$ en n, et ce terme comprendra toutes les corrections. De plus, pour la commodité des calculs, nous remettrons les sinus pour les arcs, et nous aurons enfin

$$S = \frac{Mn}{32}\frac{\sin(\varphi+\varphi')\sin(\varphi-\varphi')}{\log\sin\varphi - \log\sin\varphi'}.$$

Telle est la *correction d'amplitude,* ou la petite quantité qu'il faut ajouter au nombre n d'oscillations dans des arcs finis décroissant de φ à φ', pour avoir le nombre d'oscillations infiniment petites correspondantes.

Par exemple, si l'on a compté $9016,695$ oscillations, et si les arcs ont été

$\varphi = 3°\ 7'\ 19''$	$\varphi + \varphi' = 3°57'31''\ldots\ldots$	$\sin\ldots\ldots\ \bar{2},83907$
$\varphi' = 0.50.12$	$\varphi - \varphi' = 2.17.\ 7\ldots\ldots$	$\sin\ldots\ldots\ 2,60070$
$\sin\varphi..\ \bar{2},73609$		$\frac{1}{32}M\ldots\ldots\ \bar{2},13263$
$\sin\varphi' - \bar{2},16441$		$9016,7\ldots\ldots\ 3,95506$
dén. $= 0,57168$	$\log = \bar{1},75715$	num$\ldots\ldots\ \bar{1},52746$
		dénom$\ldots\ldots\ \bar{1},75715$
		$0,589\ldots\ldots\ \bar{1},77031$

Ainsi la correction est $0,589$, et le nombre des oscillations dans des arcs infiniment petits est $9017,284$.

289. L'équation (3) donne le temps T qu'un pendule simple met à faire N oscillations; mais, si ce corps est ramené à la température zéro, au lieu d'avoir r, il a r' pour longueur et fait alors N′ oscillations dans le même temps T. Ainsi

$$T = N\pi\sqrt{\frac{r}{g}}, \quad T = N'\pi\sqrt{\frac{r'}{g}}, \quad N' = N\sqrt{\frac{r}{r'}}.$$

Soit α la dilatation linéaire du pendule pour 1 degré C. (n° 130), la longueur r' deviendra $r'\alpha t$ pour t degrés, et l'on aura

$$r = r' + r'\alpha t, \quad \text{d'où} \quad \text{N}' = \sqrt{1 + \alpha t}.$$

En développant et se bornant au premier ordre, attendu que α est très-petit, on trouve, pour la correction qui ramène N à des oscillations sous une température plus basse de t degrés,

$$\text{N}' = \text{N} \left(1 + \frac{1}{2} \alpha t \right).$$

290. La théorie démontre que la résistance de l'air retarde la descente du pendule, ce qui accroît la durée de la demi-oscillation. Mais la même cause s'oppose aussi à l'ascension, dont elle diminue la durée d'une égale quantité. Ainsi l'oscillation s'accomplit dans le même temps que si elle se faisait dans le vide; seulement l'étendue des excursions décroît sans cesse. Mais, d'un autre côté, le poids du mobile est diminué dans l'air, du poids d'un volume d'air égal au sien. Il faut donc corriger la valeur de g qui entre dans nos formules.

Soient g' la pesanteur dans le milieu où l'on se trouve et p' le poids du pendule dans ce milieu; g la pesanteur et p le poids du mobile dans le vide; enfin m la masse de ce corps : on a

$$p' = g'm, \quad p = gm, \quad p'g = pg', \quad g' = \frac{p'g}{p}.$$

Telle est la valeur qu'il faut prendre pour g dans nos équations. Ces formules donnent, pour la longueur r du pendule à secondes en fonction de la durée ou du nombre de ses oscillations infiniment petites, des expressions de la forme $r = g\text{K}$, qui deviennent ainsi

$$r' = g'\text{K} = \frac{p'g}{p}\text{K} = \frac{p'r}{p};$$

r étant la longueur du pendule r' réduite au vide.

291. Soient v le volume du pendule, δ et δ' les poids spécifiques de l'air aux températures C. zéro et x, sous les pressions $0^{\text{m}},76$ et h. Les lois de Mariotte et de Gay-Lussac, relatives aux densités des gaz, appren-

nent que, sous la pression h mètres de la colonne de mercure et sous la
température x, la densité de l'air qui était δ à zéro et à $0^{\mathrm{m}},76$ devient

$$\delta' = \frac{\delta h}{0,76\,(1+mx)},$$

en faisant $m = 0,00375$. Ainsi le volume d'air v pèse $\delta'v$ dans les circonstances données, et le poids p' du pendule dans l'air devient, dans le
vide,

$$p = p' + \delta'v, \text{ d'où } p' = p - \delta'v;$$

donc

$$\frac{r'}{r} = \frac{p - \delta'v}{p} = 1 - \frac{\delta'v}{p},$$

d'où

$$r = r' \times \left(1 - \frac{\delta'v}{p}\right)^{-1} = r' + \frac{r'\delta'v}{p}.$$

Mais δ étant la densité de l'air à zéro et $0^{\mathrm{m}},76$, et v son volume ou celui
du pendule, δv est le poids de l'air déplacé; p est celui du pendule; soit
donc π le poids spécifique de la matière dont ce corps est composé, en
prenant 1 pour celui de l'air, on a

$$\frac{\delta v \text{ poids de l'air déplacé}}{p \text{ poids du pendule}} = \frac{1 \text{ poids spécifique de l'air}}{\pi \text{ poids spécifique du pendule}},$$

car les volumes sont égaux; donc, mettant dans l'équation $r = r' + \dfrac{r'\delta'v}{p}$
à la place de δ' et $\dfrac{\delta v}{p}$ leurs valeurs, on a

$$(11) \qquad r = r' + \frac{r'h}{0,76\pi\,(1+mx)}.$$

Telle est la formule qui indique de combien il faut augmenter la longueur
d'un pendule r' oscillant dans l'air, pour le changer en celle d'un pendule
oscillant dans le vide.

292. On préfère souvent, pour combiner plus facilement les résultats,
calculer le changement que produit, dans le nombre des oscillations du
pendule, la diminution de poids causée par la présence de l'air. Voici
comment on s'y prend.

Le pendule va plus vite dans le vide que dans l'air, et dans un temps t

il fait plus d'oscillations, puisqu'il pèse plus. Soient n le nombre d'oscillations dans l'air et n' dans le vide, pendant la durée t, g et g' les intensités correspondantes de la pesanteur ; les temps d'une demi-oscillation infiniment petite sont respectivement $\pi\sqrt{\dfrac{r}{g}}$ et $\pi\sqrt{\dfrac{r}{g'}}$; ainsi l'on a, dans le même temps t,

$$t = n\pi\sqrt{\frac{r}{g}} = n'\pi\sqrt{\frac{r}{g'}},$$

d'où

$$n' = n\sqrt{\frac{g'}{g}}.$$

Si v est le volume du pendule, D sa densité, δ celle de l'air, dans les circonstances où l'on opère, les forces g' et g étant entre elles comme les poids du pendule dans le vide et dans l'air, on a

$$\frac{g'}{g} = \frac{v\,\mathrm{D}}{v\,(\mathrm{D}-\delta)} = 1 + \frac{\delta}{\mathrm{D}-\delta}.$$

En substituant ci-dessus, il vient

$$n' = n\sqrt{1 + \frac{\delta}{\mathrm{D}-\delta}} = n\left[1 + \frac{\delta}{2\,(\mathrm{D}-\delta)}\right],$$

en se bornant au premier ordre, qui suffit ici, parce que δ est très-petit par rapport à D ; donc la *réduction au vide est*

$$\frac{1}{2}\,n\,\frac{\delta}{\mathrm{D}-\delta}.$$

C'est la quantité qu'il faut ajouter au nombre n d'oscillations dans l'air pour avoir celui n' des oscillations dans le vide pendant le même temps.

Désignons, comme ci-devant, par h la hauteur du baromètre réduite à la température zéro, par x la température centigrade de l'air lors de l'expérience ; la densité de l'air sera donnée par la valeur ci-dessus, δ étant sa densité à zéro et $0^m,76$. Ainsi la réduction au vide est

$$\frac{1}{2}\,n\,\frac{\delta}{\mathrm{D}-\delta}\,\frac{h}{0^m,76\,(1+mx)}.$$

Comme $\delta = \dfrac{1}{770}$ de la densité de l'eau dans les mêmes conditions, en éva-

luant D par comparaison avec ce liquide, multipliant haut et bas par 770,
la *réduction au vide* est donc

$$(12) \qquad \frac{1}{2}\, n \left(\frac{1}{770\,\mathrm{D} - 1} \right) \frac{h}{0^{\mathrm{m}},76\,(1 + mx)}.$$

On calculera donc cette expression en prenant pour D la densité du pendule comparée à celle de l'eau à zéro ; on ajoutera à n le nombre donné
par cette formule, et l'on aura le nombre n' d'oscillations qui seraient
faites dans le vide, par le même pendule, dans la même durée que n.

Par exemple, un pendule en cuivre, dont la densité est D $= 8,287$,
fait 90173,6 oscillations infiniment petites dans l'air à 12°,66 $= x$, d'où

$$770\,\mathrm{D} - 1 = 6380.$$

Le baromètre est à $0^{\mathrm{m}},75146$, d'où

n............	4,9550794	6380.........	3,8048207
h...........	$\overline{1}$,8759059	0^{m},76........	$\overline{1}$,8808136
numér........	4,8309853	2............	0,3010300
dénom.......	-4,0068183	1,0475.......	0,0201540
	0,8241670	dénom.......	4,0068183

$$\text{Réduction}............ 6,671\,;$$

ajoutant à n, on a

$$n' = 90180,27.$$

C'est le nombre d'oscillations dans le vide faites en vingt-quatre heures
moyennes.

Nous ne devons pas dissimuler que cette théorie conduit à des résultats qu'on ne trouve pas conformes aux faits observés. M. Bessel a le
premier signalé ce désaccord, et même il en a expliqué la cause. Le pendule contracte une adhérence avec l'air qui touche sa surface, et une
couche de cet air est entraînée par ce corps dans ses oscillations ; la
masse du pendule et son moment d'inertie en sont changés, et la formule (12) manque d'exactitude. Ce savant trouve même que la couche
d'air adhérent varie avec la figure et la substance du pendule, et qu'on
ne peut nullement en calculer l'influence. Pour réduire les oscillations au
vide, il propose de remplacer la correction (12) par la formule $\dfrac{C\,h}{1 + mx}$, C
étant une quantité variable avec les pendules, et dont on devra déter-

miner la valeur pour chaque corps oscillant. A cet effet, on fera mouvoir le pendule dans l'air, puis dans le vide, et, comptant les oscillations dans les deux cas, on déterminera combien il y en a de plus en vingt-quatre heures dans l'un des cas que dans l'autre : ce sera la correction dont on a donné ci-dessus l'expression algébrique, et, comme les conditions de l'expérience ont fait connaître h et x, on en tirera la valeur de C ; ce sera celle qu'on devra attribuer à ce coefficient dans toutes les expériences qu'on fera avec le même pendule, lorsqu'on voudra les réduire au vide. M. Bessel a reconnu que le facteur C peut donner une correction double de celle qu'indique l'expression (12) (*voir* un Mémoire de M. Baily, *Trans. Philos.*, 1832.)

293. Il suit de cet exposé que voici la succession d'expériences et de corrections qu'exige la détermination qui nous occupe.

On fait osciller librement un pendule dans une cage de verre, où l'on mesure la température et la pression barométrique. Si ces données varient dans la courte durée de l'observation, on les suppose constantes, en prenant la valeur moyenne. On en fait autant de l'arc d'excursion du pendule. En comparant le mobile à une horloge dont la marche sur le temps moyen est bien régulière et bien connue, on juge, par l'intervalle entre les coïncidences des deux pendules, du nombre n d'oscillations effectuées en vingt-quatre heures moyennes par le pendule d'épreuve; et il s'agit de réduire ce nombre, à la température zéro, à des vibrations infiniment petites et au vide. Les équations précédentes indiquent les corrections que doit éprouver n pour ramener ce nombre à cet état hypothétique. On connaît ainsi quel est le nombre d'oscillations que ferait le pendule en vingt-quatre heures moyennes dans le vide, si ses excursions étaient infiniment petites : il ne reste plus qu'à trouver la distance entre les centres de suspension et d'oscillation pour avoir les éléments du problème relatif à la figure de la Terre.

294. Il y a encore une considération qu'il ne faut pas négliger. Comme la pesanteur décroît à mesure qu'on s'élève au-dessus du sol, c'est toujours au niveau des mers que les expériences doivent être faites ou réduites. Cette réduction se fait par le calcul suivant.

Soient g et g' la pesanteur au niveau des mers, et à une élévation h au-dessus de ce niveau : comme la pesanteur varie en raison inverse des carrés des distances au centre de la Terre, on a la proportion (où R est le rayon du sphéroïde)

$$g : g' :: (R + h)^2 : R^2.$$

Ainsi

$$g' = g \left(1 + \frac{h}{R} \right)^{-2} = g \left(1 - \frac{2h}{R} \right),$$

en négligeant le deuxième ordre de h, qui est toujours excessivement petit par rapport à R. Réciproquement,

$$(13) \qquad g = g' \left(1 + \frac{2h}{R} \right)$$

donne la pesanteur g au niveau des mers, quand on la connaît sur une sommité. Ainsi les durées d'une oscillation infiniment petite sont $\pi \sqrt{\dfrac{r}{g}}$ au niveau de la mer, et $\pi \sqrt{\dfrac{r}{g'}}$ à la station. Les nombres correspondants N et N' d'oscillations dans le temps t sont donc

$$t = N \pi \sqrt{\frac{r}{g}} = N' \pi \sqrt{\frac{r}{g'}}, \quad N = N' \sqrt{\frac{g}{g'}};$$

et, comme

$$\sqrt{\frac{g}{g'}} = \frac{R + h}{R} = 1 + \frac{h}{R},$$

on a

$$N = N' \left(1 + \frac{h}{R} \right).$$

$$(14) \qquad \text{Réduction au niveau de la mer....} \quad \frac{N'h}{R}.$$

C'est ce qu'il faut ajouter au nombre N' d'oscillations observées sur une hauteur pour trouver combien le même pendule en accomplirait au niveau des mers dans les mêmes circonstances.

Et, si le pendule r est *synchrone* avec le pendule r' au niveau des mers, comme les gravités en ces deux stations sont g et g', on a

$$\frac{g}{g'} = \frac{r}{r'};$$

ainsi

$$(15) \qquad r = r' \frac{g}{g'} = r' \left(1 + \frac{2h}{R} \right).$$

Donc, pour réduire la longueur r' d'un pendule à ce qu'elle devrait être pour faire des oscillations de même durée au bord de la mer, il faut l'allonger de $\dfrac{2\,hr'}{R}$: réciproquement, on voit qu'en s'élevant du rivage il faut diminuer la longueur du pendule r (si l'on veut qu'il reste synchrone) de $\dfrac{2\,hr}{R}$.

295. Le Dr Young, dans les *Transactions philosophiques* de 1819, considérant l'attraction des couches terrestres sur le pendule, introduit dans la formule (14) un facteur qu'il estime de 0,50 à 0,75. M. Baily le fait de 0,666. Ce sujet mérite d'être examiné avec plus d'attention. Il existe encore une cause d'incertitude sur l'influence des couteaux de suspension. Les petites corrections qu'appellent ces circonstances sont encore dans le vague.

Il nous reste à dire comment on trouve la longueur r d'un pendule mis en expérience. Sans doute, lorsque la forme en est géométrique, on peut facilement recourir aux formules de la Mécanique, pour assigner la position du centre d'oscillation. Ainsi la distance entre ce centre et la suspension est un simple résultat de calcul.

Mais, comme les pendules sont souvent d'une forme très-composée, que d'ailleurs les métaux dont on les fait sont rarement homogènes, on ne peut guère se fier à ce procédé pour déterminer une distance que la plus petite cause d'erreur peut altérer au point de jeter du doute sur les résultats. Ainsi on a dû renoncer le plus souvent à ce procédé.

296. **Pendule de Borda.** — Cet appareil consiste en une sphère de platine pesant environ 5^{kgr},2, suspendue à un fil de métal très-délié d'à peu près 4 mètres de long, et battant presque la double seconde. La densité du platine étant très-grande, les pertes dues à la résistance de l'air sont faibles, et le mouvement oscillatoire se conserve très-longtemps. La correction due au poids du fil, sur le lieu du centre d'oscillation, est à peine sensible. Une calotte mince en métal, de même rayon que la sphère, adhère à la surface de celle-ci, par simple juxtaposition, à l'aide d'une légère couche grasse qu'on interpose. Le fil tient au sommet de la calotte par une vis de pression. Comme on peut changer la calotte de place sur la boule, par la réitération des expériences, on se rend indé-

pendant du défaut d'homogénéité du métal. On prend le fil très-fin pour diminuer la résistance de l'air, et l'on n'y emploie pas le fer, pour éviter les attractions magnétiques. On pèse une grande longueur de ce fil, et l'on en conclut le poids et le diamètre de la partie qu'on a mise en expérience.

La suspension se fait par un prisme triangulaire en acier, dont la tranche, ou *couteau,* pose sur un plan d'agate, qu'on a rendu très-solide et qu'on a mis exactement horizontal à l'aide d'un niveau à bulle d'air. Le support est fortement scellé dans la muraille. On donne à ce prisme d'acier la forme qui rapproche le plus possible son centre de gravité de l'arête servant de couteau, et l'on fait en sorte que son centre d'oscillation soit tellement disposé, que la durée de ses excursions soit à peu près la même que celle du pendule même, afin que les mouvements de celui-ci n'en soient pas influencés.

Un arc gradué, qu'on fixe vers le bas du fil et dont le centre est sur le couteau, sert à mesurer l'arc 2φ d'excursion.

Lorsqu'on a compté le nombre d'oscillations accomplies dans la durée des deux coïncidences, pour en déduire ce nombre en vingt-quatre heures moyennes, on fait les réductions dont nous avons parlé, pour obtenir le nombre d'oscillations infiniment petites dans le vide, pendant le même temps. Il reste à mesurer la longueur du pendule.

297. L'appareil est pourvu d'un plan d'acier horizontal, qui est mobile de bas en haut par degrés insensibles, à l'aide d'une vis de rappel. On met le pendule en repos, on élève ce plan jusqu'à ce qu'il touche la boule sans la soulever; puis, avec le *comparateur,* on évalue avec une extrême précision la distance D de ce plan au couteau de suspension. Si cette mesure est prise à une température différente de celle de l'expérience, on la réduit à celle-ci; comme aussi l'étalon du comparateur, qui a dû lui-même être divisé à une autre température (ordinairement à zéro). Ce calcul se fait par la théorie du n° 130.

Si de D on retranche le rayon ρ de la sphère, $D - \rho$ est la distance de son centre au plan de suspension. Le centre d'oscillation de cette sphère est, comme on sait, au-dessous de ce point de la quantité $\dfrac{2\,\rho^2}{5\,(D - \rho)}$.

Ainsi, en ne considérant que la boule, le centre d'oscillation a pour distance au couteau $l = \mathrm{D} - \rho + \dfrac{2\,\rho^2}{5\,(\mathrm{D} - \rho)}$; mais le poids du fil et celui de la calotte ne doivent pas être négligés, ce qui apporte une petite correction à cette longueur du pendule simple synchrone. Le centre de gravité de la calotte, étant fort près de sa surface, se confond sensiblement avec son centre d'oscillation. Ce centre est pour le fil, qui est un cylindre, ou plutôt une ligne droite pesante de longueur λ; son moment d'inertie par rapport au milieu, qui en est le centre de gravité, est $\dfrac{1}{12}\lambda^3$, et la distance de son centre d'oscillation à l'axe est $l = \dfrac{1}{2}\lambda + \dfrac{1}{12}\lambda^2$.

Or on sait que, si trois poids P, P', P″, liés ensemble, oscillent autour d'un axe horizontal, leurs centres de gravité respectifs étant aux distances respectives h, h', h'' de cet axe, et leurs centres d'oscillation aux distances l, l', l'' la distance du centre d'oscillation du système au même axe est

$$\mathrm{L} = \frac{\mathrm{P}hl + \mathrm{P}'h'l' + \mathrm{P}''h''l''}{\mathrm{P}h + \mathrm{P}'h' + \mathrm{P}''h''} = l - \frac{\dfrac{\mathrm{P}'h'}{\mathrm{P}h}(l - l') + \dfrac{\mathrm{P}''h''}{\mathrm{P}h}(l - l'')}{1 + \dfrac{\mathrm{P}'h'}{\mathrm{P}h} + \dfrac{\mathrm{P}''h''}{\mathrm{P}h}}.$$

Ce deuxième terme est la petite correction que doit subir la longueur l propre au centre d'oscillation de la sphère, pour avoir égard à la calotte et au fil de suspension. On fait

$$l''' = \mathrm{D} - 2\rho, \quad l'' = \frac{1}{2}\lambda + \frac{1}{12}\lambda^2.$$

298. Pendule invariable. — Les petites incertitudes et les soins multipliés qui doivent accompagner les mesures et les calculs ont fait préférer au pendule de Borda un corps fondu d'un seul jet sous une forme très-simple, tel qu'une règle quadrangulaire et mince, à l'un des bouts de laquelle on fixe le couteau de suspension. Ce corps, d'un usage et d'un transport faciles, offre beaucoup de facilité aux observations et aux calculs. Mais M. de Prony l'a perfectionné en lui donnant deux axes de suspension réciproques l'un de l'autre (*fig.* 96).

On connaît cette propriété du pendule composé, que les centres d'oscillation et de suspension sont réciproques, c'est-à-dire que, si l'on fixe des couteaux à ces deux points, la durée des oscillations sera la même exactement, que l'on prenne l'un ou l'autre pour axe de rotation. Cela a lieu quelles que soient la figure et les substances qui composent le pendule. C'est le *pendule invariable réciproque* qui a servi à faire les belles observations les plus récentes.

Ainsi l'on fait fondre d'un seul jet, on écrouit et l'on répare une règle de cuivre, et l'on y fixe, vers l'un des bouts, un couteau en acier. Puis, au centre d'oscillation, on en adapte un semblable; un petit mouvement ménagé à ce dernier couteau permet de lui assigner, par des expériences, la place nécessaire pour la réciprocité de ces deux axes de suspension. On conçoit que rien n'est plus aisé que de mesurer exactement l'intervalle des couteaux, qui est la distance des centres de suspension et d'oscillation.

299. Maintenant que nous savons trouver la longueur du pendule simple à secondes, dans le vide, à oscillations infiniment petites, en un lieu quelconque, et réduit au niveau des mers, appliquons les nombreuses expériences qu'on a faites à la recherche des constantes des équations (7) et (8) et de l'aplatissement de la Terre. Les plus exactes de ces expériences sont rapportées dans la Table VI, à la fin de l'Ouvrage, extraite d'un travail étendu que M. Saigey a inséré dans le *Bulletin mathématique* de M. de Férussac, t. VII, p. 32.

La première page contient les lieux d'observation, leur altitude ou l'élévation au-dessus de la mer, la latitude, la longitude, enfin les noms des observateurs; la deuxième page donne les longueurs du pendule simple à secondes réduit au vide et à des oscillations infiniment petites; la colonne suivante la réduction au niveau des mers; puis celle qui vient après, le résultat du calcul donné par la formule générale que nous allons exposer.

Enfin la dernière colonne M indique le nombre de secondes de temps moyen dont le pendule observé avance ou retarde en vingt-quatre heures moyennes sur le pendule calculé.

Quant à la réduction au niveau des mers, elle n'a point été faite par les formules qui ont été données ci-devant, mais par celles du capitaine Kater (*Transactions philosophiques*, 1819). Ce savant veut qu'on tienne compte de l'attraction de la couche terrestre comprise entre la station et le niveau de la mer, ce qui le conduit à cette formule de *réduction*

$$\alpha h r (1 + 6 \sin^2 l).$$

h est l'altitude, r le pendule, l la latitude du lieu, α et 6 des coefficients constants :

$$\log \alpha = \overline{7},4971679, \quad \log 6 = \overline{3},4923028.$$

Les résultats numériques obtenus par les savants anglais ont été ramenés aux mesures françaises en prenant le mètre $= 39,37079$ pouces anglais (*Transactions philosophiques,* 1818) et la longitude de Greenwich $2°20'24''$ à l'ouest du méridien de Paris.

300. M. Saigey a traité tous les nombres précédents par la méthode des moindres carrés, et est arrivé aux conséquences suivantes :

La longueur r du pendule simple à secondes sexagésimales de temps moyen dans le vide, par oscillations infiniment petites, réduit au niveau de la mer, et la pesanteur g, en un lieu quelconque dont la latitude est l, sont données par les équations suivantes :

$$r = A + B \sin^2 l, \qquad g = C + D \sin^2 l,$$

En mètres (¹)...
$$\begin{cases} A = 0^m,99102557, & \log B = \overline{3},7051590, \\ C = 9^m,781027, & \log D = \overline{2},6994687, \end{cases}$$

En pieds.......
$$\begin{cases} A = 3^{pi},050817, & \log B = \overline{2},1935003, \\ C = 30^{pi},11035, & \log D = \overline{1},1878000. \end{cases}$$

Donc :

Pendule à l'équateur................... $0^m,99102557 = A$
Pendule au pôle...................... $0^m,99609745 = A + B$
Gravité, ou force d'attraction au pôle..... $9^m,8310844 \;\; = C + D$
Pesanteur à l'équateur................. $9^m,781027 \;\; = C$

et puisque

$$\text{Force centrifuge à l'équateur} = 0,0339097,$$

en admettant, avec Delambre, que le rayon équatorial $= 6376984^m$, et que le jour sidéral soit composé de 86161 secondes de temps moyen; on a

$$\text{Gravité ou force d'attraction à l'équateur} = 9,814936.$$

(¹) On trouve dans le *Philosophical Magazine*, décembre 1832, p. 123, sept à neuf expériences du capitaine Leutke, qui conduisent à un résultat un peu différent de celui-ci.

Rapport de la force centrifuge sous l'équateur, à la force d'attraction

$$\frac{1}{289,44}.$$

D'après le théorème de Clairaut [équation (9), n° 284]

$$\frac{1}{p} = \frac{5}{2}\,\frac{0,0339007}{9,781059} - \frac{0,00507188}{0,99102557} = 0,008667204 - 0,005117810,$$

$$\frac{1}{p} = \frac{1}{282} \text{ à peu près.}$$

Telle est donc la valeur de l'aplatissement donnée par les nombreuses expériences du pendule. Alors en prenant

$$
\begin{aligned}
&\text{Rayon équatorial} \ldots \ldots \ldots \ldots \quad 6376984^{m} = 1432 \text{ lieues,}\\
&\text{Le rayon polaire est} \ldots \ldots \ldots \ldots \quad 6354349^{m} = 1427 \text{ lieues,}
\end{aligned}
$$

ce qui donne l'aplatissement de $22635^{m} = 5$ lieues.

301. Pour trouver la longueur du pendule en un lieu désigné, on emploiera la formule ci-dessus, qui repose sur les observations les plus certaines ; et, bien que l'aplatissement soit un peu trop fort pour l'usage de la Géodésie, qui doit préférer $p = 309,65$, ou de l'Astronomie, où p est égal à 305, cependant on devra prendre $p = 282$, quand il s'agira du pendule. Mais, après avoir appliqué ces équations, on n'aura pas encore la longueur demandée, et il faudra faire les corrections inverses dues à l'altitude du sol, et à ce que les oscillations ne sont ni infiniment petites, ni dans le vide.

302. On peut remplacer dans nos équations $\sin^2 l$ par $\frac{1}{2}(1 - \cos 2l)$, et l'on a

$$r = 0^{m},99356151 - \frac{1}{2}\,\mathrm{B}\cos 2l,$$

$$g = 9^{m},806055 - \frac{1}{2}\,\mathrm{D}\cos 2l.$$

303. Plusieurs savants ont cherché par expérience la longueur du

pendule à Paris, ils ont trouvé :

$$\overset{\text{m}}{0},994 \quad \text{par Picard,}$$

0,99393	Godin,
0,99418	Bouguer,
0,99403	Mairan,
0,993896	Borda,
0,9942	Richer et Huyghens,
0,993877	Sabine et Whiterust,
0,993915	Biot et Mathieu,
0,993998	Kater et Sabine,
0,993781	Bessel et Müffling.

304. On avait présumé que les deux hémisphères boréal et austral ne sont pas symétriques. On a donc calculé à part l'aplatissement qui résulte des observations du pendule dans les régions australes, et l'on a trouvé $p = 311,6$, valeur aussi voisine que l'on peut espérer de $p = 305$. Il n'y a donc pas lieu d'admettre un aplatissement différent pour les deux pôles; et si l'on considère que les observations du pendule se reportent fortement sur la valeur de p et que les attractions locales doivent exercer une grande influence, on est fondé à conserver l'aplatissement $\frac{1}{305}$ que donne la théorie de la Lune et que confirment souvent les opérations géodésiques.

305. Si un pendule de longueur R fait $(N + n)$ oscillations, réduites au vide et à l'infiniment petit, et qu'on veuille que, dans le même temps, il n'en accomplisse que N, il faut porter sa longueur à r, en se conformant à l'équation (4) qui devient

$$r N^2 = N (N + n)^2,$$

d'où

$$(16) \qquad r - R = R \left(\frac{2n}{N} + \frac{n^2}{N^2} \right).$$

Telle est la correction qu'on doit faire subir à un pendule pour lui faire battre la seconde de temps moyen, lorsqu'il avance sur ce temps et qu'il l'indique à peu près. Par exemple, on trouve qu'il faut allonger le pendule de $0^{\text{mm}},023$ pour chaque seconde d'avance diurne. On néglige toujours les n^2, qui sont insensibles. Dans le cas d'un retard, il faut au contraire raccourcir d'autant le pendule.

M. Poisson a examiné, par l'analyse, l'influence de la résistance de l'air et de l'extensibilité infiniment petite du fil de suspension; et comme il a trouvé que l'effet en était insensible, nous ne nous en sommes pas occupé. Il en faut dire autant d'un mouvement de rotation que la boule peut prendre sur le fil de suspension.

306. Dubuat, par une série de belles expériences, et depuis lui, dans les derniers temps, M. Bessel, ont prouvé que la perte de poids que la présence de l'air faisait éprouver au pendule était soumise à une correction trop faible, en se servant de l'équation (12). M. Bessel a reconnu qu'une couche notable d'air reste adhérente au mobile, accroît le volume, diminue la densité moyenne et augmente le moment d'inertie, en sorte qu'il faudrait, selon ce savant, multiplier le deuxième membre de l'équation (12) par un coefficient qu'il évalue, par sa théorie et ses expériences, à 1,946 et à 1,625 (*Académie de Berlin*, 1826).

Dans les *Transactions philosophiques* de 1832, M. Baily fait l'examen d'une multitude d'expériences qu'il a suivies dans le vide et dans l'air, sur environ 80 pendules, de formes et de natures différentes; et il prouve que le vêtement d'air que le pendule entraîne dans sa marche dépend non pas de la substance et de la densité du mobile, mais de sa forme; d'où résulte que le facteur $\frac{1}{2} n \left(\frac{1}{770\,D - 1} \right)$ de la formule (12) varie, avec les pendules mis en expérience, de 1,5 à 2,8, selon les cas. Les corrections s'élèvent jusqu'à 52 secondes en un jour. Ainsi, pour obéir aux conditions du problème, lorsqu'on veut réduire un pendule au vide, il faut, ou soumettre le pendule d'expérience aux épreuves propres à en déduire le coefficient qui convient à ce mobile en particulier, en le faisant osciller dans l'air et dans le vide, ou du moins chercher parmi les pendules que M. Baily a mis en expérience celui qui est analogue au pendule proposé, et employer le facteur que ce savant a obtenu par ses expériences.

307. Les Anglais, pour fixer les bases de leur système métrique, ont voulu les tirer de la nature, et ont pris pour terme de comparaison la

longueur du pendule à Londres. Mais ce terme, quoique plus facile à trouver que l'arc de méridien, est moins propre à cet usage : car,

1° On y fait entrer le *temps,* qui est une considération étrangère ;

2° On suppose le jour moyen divisé en 24 heures, l'heure en 60 minutes, la minute en 60 secondes, circonstances tout à fait arbitraires;

3° On ignore si la pesanteur n'est pas variable avec les siècles.

4° Des mesures prises à Londres ne sont pas propres à fixer les incertitudes des autres nations, que leur orgueil doit repousser (voir *Système métrique*, t. III, p. 461);

5° Les mesures qu'on fait du pendule à secondes exigent des expériences très-délicates; mais il faut ensuite y appliquer les calculs de réduction. Or les auteurs, fondés sur des expériences attentives, ne sont pas d'accord sur la quotité rigoureuse de ces réductions.

308. Nous terminerons cette exposition en parlant d'un très-beau travail de M. Baily sur les expériences du pendule faites par feu le capitaine Foster; ce Mémoire est inséré parmi ceux de la Société astronomique de Londres, t. VII. Ce Mémoire, du plus haut intérêt, rapporte les diverses expériences faites par l'illustre voyageur en quatorze lieux différents du globe; la durée des heures d'observation est de 3184. Le soin particulier qu'il a mis à les faire, leur nombre, l'habileté du calculateur, tout se réunit pour donner un grand poids aux résultats. M. Baily, par une discussion éclairée des diverses expériences, est conduit à trouver

$$p = 298,34 = 293,99 = 293 = 289,48.$$

M. Baily analyse aussi les observations de MM. Kater, Goldingham, Hall, Brisbane, Sabine, Fallows, Freycinet, Duperrey et Leutke; il conclut enfin, de tous ces travaux, $p = 285,26$. On remarque combien ces résultats sont voisins de 305, nombre déduit des observations lunaires, et qui doit inspirer plus de confiance que toutes les autres déterminations.

CHAPITRE VII.

CARTES GÉOGRAPHIQUES.

309. La surface terrestre n'étant pas *développable,* on ne peut représenter sur un plan la disposition des lieux qu'en altérant plus ou moins leurs distances, l'étendue des surfaces, les valeurs angulaires des lignes, la figure des rivages, les crêtes des montagnes, les sinuosités des routes, etc. Tantôt on en fait la *perspective,* c'est-à-dire qu'on imagine l'œil d'un spectateur placé en un lieu arbitraire, mais déterminé, duquel il envoie des rayons à tous les points qu'on veut figurer : une glace interposée entre l'œil et les objets coupe ces droites en des points qu'on suppose conserver l'empreinte des lieux; cette glace offre leur image, telle que les voit le spectateur dont il s'agit. Tantôt on choisit sur un plan un système arbitraire de lignes droites ou courbes pour représenter les méridiens et les parallèles, et l'on place chaque localité sur ce réseau, au point qui a la longitude et la latitude convenables : c'est ce qu'on appelle une *projection.* Les cartes des royaumes sont construites de la sorte; les *mappemondes* sont des perspectives.

310. Lorsqu'on veut tracer une carte par projection, l'art consiste à choisir pour méridiens et parallèles des lignes faciles à tracer, et dont l'ensemble altère peu les distances des lieux et les surfaces. Il y a mille manières de varier le système de projection; nous nous bornerons à décrire ici celles qui sont en usage, les seules qu'il soit nécessaire de connaître, renvoyant, pour le surplus, au *Traité de Topographie* de M. Puissant, p. 61 et 99, et à l'*Introduction* de M. Lacroix à la *Géographie* de Pinkerton. De plus, l'aplatissement terrestre est trop faible pour être pris ici en considération, en sorte que la Terre sera censée sphérique.

Mappemonde.

311. La mappemonde est la perspective d'un hémisphère terrestre sur un plan passant par le centre, l'œil du spectateur étant situé au point de

la surface où elle est rencontrée par le rayon perpendiculaire au plan central. Cette perspective est appelée *projection stéréographique*.

Ainsi l'on suppose l'œil du spectateur placé en un plan quelconque de la surface, et qui en voit toutes les parties à travers la masse, comme si elle était transparente. Le plan de perspective passe par le centre de la sphère et est perpendiculaire au rayon qui va à l'œil. C'est l'hémisphère opposé à ce plan qu'on représente. On imagine des lignes dirigées de l'œil aux différents points remarquables de cet hémisphère, et que ces droites laissent leurs empreintes sur le plan central. L'ensemble de tous ces points sera la projection stéréographique ou la mappemonde.

Ainsi, dans la *fig.* 97, le demi-cercle AOB est horizontal, et AQB relevé verticalement au-dessus de AB. L'œil est en O; CO étant perpendiculaire sur AB se rabat au centre C. Le demi-cercle AQB tournant autour de AB se rend sur l'horizon, et complète le cercle AOB; et de même AOB tournant autour de AB va continuer, sur le plan vertical, le demi-cercle AQB. Un point P' de l'horizon a sa projection en p' sur la direction du diamètre AB. Le point P a de même la sienne en p; en sorte que, si PP' est l'axe terrestre, P et P' les pôles, situés sur le cercle horizontal, p et p' en seront les projections.

312. Avant tout, il faut démontrer ce théorème fondamental :

Quelles que soient les positions d'un cercle tracé sur la sphère et de l'œil situé en un point de la surface, la perspective sera toujours un cercle sur le plan perpendiculaire au rayon mené par l'œil.

En effet, si le plan du cercle NN' (*fig.* 97) est perpendiculaire au plan horizontal AOB, contenant l'œil O, les rayons visuels menés à cette courbe formeront un cône oblique NON' à base circulaire, dont l'axe O c aboutit au centre c de ce cercle. Le plan vertical AB coupe ce cône selon une courbe nn', qui est la perspective demandée, et qu'il s'agit de prouver être un cercle. Or, si l'on fait tourner les lignes NO, N'O autour de l'axe O c, elles reproduiront ce cône NON', passant successivement par tous les points du cercle NN' et de sa perspective nn'. Une demi-révolution amène le point n en m et n' en m'; en sorte que la droite nn' prend la position mn', qui est l'axe de la section transposée. Mais l'angle N $= n'$, puisque l'un a pour mesure $\frac{1}{2}$ AN' $+ \frac{1}{2}$ AO, et l'autre $\frac{1}{2}$ AN' $+ \frac{1}{2}$ OB, valeurs égales : ainsi l'angle $N'NO = mm'O$; mm' est parallèle à NN' et le cône est coupé par un plan parallèle à sa base; la section mm' et par conséquent aussi nn' sont donc un cercle ([1]).

313. La même chose arrive quand le plan du cercle NN' a une direction quelconque par rapport au plan horizontal AOB (*fig.* 98). En effet, menons au centre c du cercle NN' la droite Cc; cette droite sera perpendiculaire à son plan et en mesurera la distance au centre C de la sphère. Le plan COc, mené par l'axe Oc du cône et la droite Cc, est perpendiculaire au plan NN', puisqu'il passe par Cc; il coupe la sphère suivant l'arc QL et le plan de perspective selon CL; cette perspective est la courbe nn'. On voit que le cercle NN' et sa perspective nn' sont, à l'égard du plan OCc, précisément dans les conditions de la *fig.* 97. Il suffira de faire tourner le plan LCNO autour de QO et de le rabattre sur QBA pour ramener tout au même état que ci-devant.

314. Exprimons analytiquement les relations du cercle NN' (*fig.* 97) et sa perspective nn'. Soient l'arc $PN = \Delta$, distance de ce cercle à son pôle P, et l'arc $PQ = D$, distance de ce cercle au point Q diamétralement opposé à l'œil; la perspective sera le cercle nn', dont le centre est en i, le rayon $ni = \rho$, la distance $Ci = \alpha$ des deux centres C et i. La construction qui donne ces éléments est fort simple : on mène les droites ON, ON', qui coupent AB en n et n' et donnent le diamètre nn', dont le milieu i est le centre du cercle de projection.

Cherchons les valeurs des quantités α et ρ; car cette construction cesse d'être possible quand le cercle NN' est situé de manière à donner des lignes ON, ON', si divergentes, que les points n et n' sortent des limites de la feuille. Or on a

$$N'Q = N'P + PQ = D + \Delta, \quad NQ = D - \Delta,$$

le rayon CO étant égal à 1 ; Cn, Cn' sont les tangentes des angles COn,

---

COn', mesures par les moitiés des arcs NQ, N'Q ; d'où

(1) $\qquad C n' = \tang \frac{1}{2}(D+\Delta) = \delta', \quad C n = \tang \frac{1}{2}(D-\Delta) = \delta,$

$$\alpha = C i = \frac{1}{2}(C n' + C n), \quad \rho = \frac{1}{2}(C n' - C n);$$

or

$$C n' \pm C n = \frac{\sin \frac{1}{2}(D+\Delta)}{\cos \frac{1}{2}(D+\Delta)} \pm \frac{\sin \frac{1}{2}(D-\Delta)}{\cos \frac{1}{2}(D-\Delta)},$$

$$\delta' \pm \delta = \frac{\sin \frac{1}{2}(D+\Delta)\cos \frac{1}{2}(D-\Delta) \pm \sin \frac{1}{2}(D-\Delta)\cos \frac{1}{2}(D+\Delta)}{\cos \frac{1}{2}(D+\Delta)\,\cos \frac{1}{2}(D-\Delta)}.$$

Lorsqu'on préfère le signe $+$, le numérateur se réduit à $\sin D$; dans le cas du signe $-$, il devient $\sin \Delta$; quant au dénominateur, il est $= \frac{1}{2}(\cos D + \cos \Delta)$, en vertu de l'équation (11), n° 31. Donc

(2) $\qquad \alpha = \dfrac{\sin D}{\cos D + \cos \Delta} = \dfrac{\sin D}{2 \cos \frac{1}{2}(D+\Delta)\cos \frac{1}{2}(D-\Delta)},$

(3) $\qquad \rho = \dfrac{\sin \Delta}{\cos D + \cos \Delta} = \dfrac{\sin \Delta}{2 \cos \frac{1}{2}(D+\Delta)\cos \frac{1}{2}(D-\Delta)};$

d'où

$$\alpha : \rho :: \sin D : \sin \Delta.$$

315. Ces équations renferment toute la théorie des projections stéréographiques. Pour projeter un cercle donné sur la sphère, il ne s'agit que de prendre les valeurs de D et Δ, qui résultent de la position de ce cercle sur la sphère; et quand le cercle NN' (*fig.* 98) qu'on veut projeter n'est pas perpendiculaire au plan horizontal AOB, la section n est encore circulaire; mais son centre i est situé sur la droite CL d'intersection du plan vertical AQB avec le plan CQN'O. C'est ce qui sera développé.

316. **Projection stéréographique sur l'horizon.** — Si le centre C de la carte (*fig.* 95) est la place d'une ville, telle que Paris, ce lieu occupera sur la sphère le point Q diamétralement opposé à l'œil O; l'axe PP' de la Terre fera avec AB l'angle PCA égal à la latitude l du lieu; PQ sera la colatitude. Le plan vertical élevé sur AB sera celui de la perspective; et, comme le plan tangent en Q est parallèle à celui-ci et est l'horizon du lieu, on conçoit la cause de la dénomination de cette projection.

Tirez de l'œil O (*fig.* 97) les droites OP, OP', aux deux pôles P et P', vous aurez en p et p', intersections avec AB, les projections p et p' de ces pôles, et celle pp' de l'axe PP'.

Les parallèles à l'équateur sont des cercles tels que NN′ perpendiculaires
à PP′ et au plan AOBQ; leurs projections sont des cercles dont on obtient
le diamètre *nn′* en tirant les droites ON, ON′; le milieu *i* de *nn′* est le
centre; *in = in′* est le rayon de ce parallèle. Ainsi, dans la *fig.* 95, qui est
celle de la mappemonde dont il s'agit, après avoir tracé le cercle AOBQ,
les diamètres rectangles AB, OQ, l'axe PP′ faisant l'angle PCA égal à la
latitude *l* du lieu, on marque les projections des pôles en *p* et *p′*, en tirant
OP et OP′. Le pôle *p* est ici seul utile, parce que la mappemonde ne
représentant qu'un hémisphère ne montre qu'un seul pôle *p*.

Les lignes ON, ON′ menées à des points N, N′, à égales distances de P,
donnent le diamètre *nn′* d'un parallèle, dont NP est la colatitude. La
figure montre tous ces parallèles tracés pour des latitudes croissantes de
15 en 15 degrés. Q*k*O est l'équateur qui passe évidemment par les points
Q et O, car, ce cercle étant perpendiculaire à PP′ et passant en C, sa circonférence perce le tableau en O et Q. La difficulté de concevoir les constructions tient beaucoup à ce qu'ici le demi-cercle AQB représente à la
fois le plan vertical de perspective, soit debout sur AB, soit recouché sur
l'horizon, et aussi le prolongement du demi-cercle horizontal AOB.

317. Lorsque les rayons deviennent très-grands, comme pour les latitudes australes, cette construction devient très-incommode; elle est
d'ailleurs sujette au défaut de précision dû à l'obliquité des lignes menées
de O sur AB. Calculons donc pour chaque parallèle le rayon ρ de sa pro-
jection, la place qu'occupe son centre *i*, $\alpha = Ci$, et les distances $\mathfrak{b}$ et $\mathfrak{b}'$ du
centre C aux points d'intersection *n* et *n′* des cercles.

Faisons dans les équations (2) et (3)

D = PQ = colatitude du lieu central de la carte (*fig.* 95 et 97),

D = 90° = latitude *l*, constante pour tous les parallèles;

puis donnons successivement à Δ les valeurs de PN, ou les distances polaires des divers parallèles, mesurées sur PN′AOB; d'où

$$\alpha = \frac{\cos l}{\sin l + \cos \Delta},$$

$$\rho = \frac{\sin \Delta}{\sin l + \cos \Delta},$$

$$\beta = \tan\left(45° - \frac{1}{2}l - \frac{1}{2}\Delta\right).$$

Et d'abord, si l'on fait $\Delta = 0$ ou $= 180°$, les petits cercles se réduisent à un point p ou p'; on a $\rho = 0$, et l'on trouve pour les projections des pôles

$$(4) \quad \begin{cases} \alpha = \dfrac{\sin D}{\cos D + 1} = \tang \dfrac{1}{2} D = C p, \\[2mm] \alpha' = \dfrac{\sin D}{\cos D - 1} = - \cot \dfrac{1}{2} D = C p'. \end{cases}$$

La projection de l'arc PP', ou la distance pp' entre celles des pôles, est

$$(5) \quad \begin{cases} pp' = \tang \dfrac{1}{2} D + \cot \dfrac{1}{2} D = \dfrac{\sin \frac{1}{2} D}{\cos \frac{1}{2} D} + \dfrac{\cos \frac{1}{2} D}{\sin \frac{1}{2} D} \\[2mm] = \dfrac{\sin^2 \frac{1}{2} D + \cos^2 \frac{1}{2} D}{\sin \frac{1}{2} D \cos \frac{1}{2} D} = \dfrac{2}{\sin D}; \end{cases}$$

donc le milieu F de pp' est donné par

$$(6) \quad \begin{cases} CF = pF - pC = \dfrac{1}{\sin D} - \tang \dfrac{1}{2} D \\[2mm] = \dfrac{1}{2 \sin \frac{1}{2} D \cos \frac{1}{2} D} - \dfrac{\sin \frac{1}{2} D}{\cos \frac{1}{2} D} = \dfrac{1 - 2 \sin^2 \frac{1}{2} D}{2 \sin \frac{1}{2} C \cos \frac{1}{2} D} \\[2mm] = \dfrac{\cos D}{\sin D} = \cot D = \tang l. \end{cases}$$

318. En faisant croître Δ de zéro à 180 degrés, on obtient les valeurs de α, ρ et 6 propres à déterminer la projection de chaque parallèle. Pour la partie australe, $\Delta > 90°$, et $\cos \Delta$ prend le signe $-$; α et ρ sont très-grands, les cercles ont peu de courbure. Ces formules sont assez commodes à employer. Au reste, nous donnerons pour ces cercles un procédé plus facile encore. Pour l'équateur, $\Delta = 90°$, et l'on a

$$(7) \quad \alpha = \dfrac{\sin D}{\cos D} = \tang D = \cot l, \quad \rho = \dfrac{1}{\cos D} = \dfrac{1}{\sin l}.$$

Si l'on veut marquer les tropiques et les cercles polaires, on fera $\Delta = 23°28'4$ et $66°32'$. Ainsi le tracé des parallèles n'offre plus aucune difficulté. On a coutume de diviser la circonférence AOBQ de 5 degrés en 5 degrés : nous avons pris ici (*fig.* 95) des arcs de 15 degrés, pour éviter la confusion.

319. Venons-en aux méridiens. Ces cercles passent tous par les pôles

P et P' (*fig*. 97), et leurs projections par p et p'; pp' est une corde qui leur est commune, et leurs centres respectifs sont, par conséquent, situés sur H'F II, perpendiculaire au milieu de pp'. Ce point F vient d'être déterminé, équation (6) : il est d'un usage plus commode que le point p', qui est souvent trop éloigné du centre C de la figure. Tous les points H'F II sont les centres de circonférence passant en p et p', lesquelles sont les projections d'autant de méridiens terrestres. Déterminons celui de ces cercles qui est la projection du méridien incliné de θ sur le plan OBQ, c'est-à-dire dont θ est la longitude.

Le cercle NN'' (*fig*. 98), dont le pôle est en R, est situé d'une manière quelconque sur la sphère ; les équations (2) et (3) s'y appliquent, dans le plan OCc perpendiculaire au cercle NN'. Ainsi la perspective est un cercle nn', dont le centre i est sur la ligne LC oblique à AC : la distance $Ci = a$ et le rayon $\rho = in$ sont déterminés par la position de NN' sur la sphère, c'est-à-dire par la distance CQ de son pôle R au point Q, et par l'angle AQL que font les plans RCOLQ et AQB. Pour que ce cercle NN' devienne un méridien, il faut faire $\Delta = 90°$, parce que tout grand cercle est à 90 degrés de son propre pôle R. Quant à D, qui représente l'arc PQ (*fig*. 97), cette lettre n'a plus la même valeur $90° - l$, car le cercle ou méridien NN' (*fig*. 98) n'est plus perpendiculaire à l'axe terrestre et passe au contraire par cet axe. Remplaçons D par ψ, qui représente cet arc RQ, attendu que nous voulons conserver à D la valeur $9° - l$. Ainsi

$$(9) \qquad \alpha = \mathrm{tang}\,\psi,$$

$$(10) \qquad \rho = \frac{1}{\cos\psi} = \mathrm{s\acute{e}c}\,\psi\,;$$

donc le centre i du cercle de projection est, sur la droite CL, distant de α du centre C, L étant le point où l'arc QRL, de 90 degrés, coupe le plan horizontal AOB, cet arc passant par le pôle R du cercle NN'. On décrira de ce centre i un cercle avec le rayon ρ. Mais il faut connaître $AL = \varphi$, qui détermine la direction de CL et l'arc $RQ = \psi$, en fonction de θ.

320. Le cercle PMP' (*fig*. 99) est un méridien vu en perspective ; TT' est l'équateur. En faisant tourner PMP' autour de PP', le méridien prend toutes les inclinaisons θ sur le plan AQB, le pôle R de ce cercle le suit dans sa révolution et décrit l'équateur, parcourant des arcs égaux à

ceux de ce méridien : le triangle sphérique RQT, rectangle en T, comprend

$$TR = 90^\circ - \theta, \quad RQ = \psi, \quad QT = 90^\circ - D \quad \text{et} \quad AQL = \varphi,$$

puisque Q est le pôle de l'arc AL. Ainsi l'on trouve

$$(11) \qquad \cos\psi = \sin D \sin\theta, \quad \cot\varphi = \tang\theta \cos D.$$

Chaque méridien a sa longitude θ, inclinaison de ce plan sur ABQ ; on en tire les valeurs correspondantes de ψ et de φ. La première donne ψ, et, par suite, les équations (9) et (10) donnent α et ρ, qui déterminent le cercle de projection, dont le centre est sur la droite FII (*fig.* 97). La deuxième équation (11) donne la direction φ du rayon Ci sur lequel on doit porter α.

321. Mais ces équations fournissent une construction très-simple. Dans le triangle $p\,F\,a'$ (*fig.* 101), où a' est le centre de l'une des projections de méridien, et pa' son rayon ρ, on a

$$p\mathrm{F} = \rho \times \cos\mathrm{F}pa', \quad \cos\mathrm{F}pa' = \frac{\mathrm{F}p}{\rho} = \frac{\cos\psi}{\sin\mathrm{D}} = \sin\theta.$$

Ainsi l'angle $\mathrm{F}pa'$ est le complément de la longitude θ du méridien dont la projection a son centre en a'. Donc, du centre p, décrivez un quart de cercle FS avec un rayon arbitraire (on l'a pris ici égal à Fp) ; divisez ce quadrant de 5 en 5 degrés, par exemple à partir de S (on n'a pris ici les arcs que de 15 degrés pour éviter la confusion), et marquez les divisions des n°s 5, 10, 15,..., de S vers F. Pour chaque point tel que a, tirez pa, qui marquera le centre a' sur FII du méridien, dont la longitude est

$$Sa = 90 - Fa.$$

La droite AB doit visiblement couper la projection en deux parties symétriques ; chaque centre a', b', ... a son correspondant a'', b'', ... à la même distance de F du côté II', et a en outre le même rayon.

La *fig.* 102 est la mappemonde complète formée de la réunion des *fig.* 95 et 101, l'une représentant les parallèles, l'autre les méridiens.

322. On est dans l'usage de tracer aussi l'écliptique sur les cartes de Géographie ; mais c'est faire une chose vide de sens, et propre à donner

des idées fausses de ce cercle. Si l'on voulait composer une carte céleste, alors il faudrait le marquer. Cette projection s'obtiendrait facilement par les principes qu'on vient d'exposer; les astres seraient rapportés à leurs ascensions droites et à leurs déclinaisons. Quand on veut que les coordonnées soient les longitudes et les latitudes, l'écliptique tient lieu d'équateur dans la projection, qui d'ailleurs s'obtient par les mêmes principes.

323. Lorsque les centres des cercles sont très-éloignés, les plus grands compas ne suffisent plus pour décrire les arcs. On se procure alors trois de leurs points A, B, C (*fig.* 104), et l'on trace la courbe, soit par un système de coordonnées rectangles (*voir* n° 350), soit par la propriété de l'angle inscrit. L'arc, dans ce dernier cas, est décrit par le sommet B d'un angle constant ABC assujetti à passer sans cesse par deux points A et C et qu'on fait tourner; le sommet devant passer par B dans l'une de ces ositions, cette condition détermine cet angle B mobile. Comme alors les rcs ont peu de courbure, il suffit d'en marquer quelques points.

324. La recherche des trois points A, B, C se fait comme il suit :

1° **Pour les parallèles.** — Soit NN' un arc perpendiculaire à l'axe terrestre PP' (*fig.* 100); le centre de la projection est supposé très-éloigné de C. Le plan NN' rabattu donne la circonférence NgN', et, élevant la perpendiculaire fg sur le diamètre NN', fg est l'ordonnée verticale du point de la projection qui est soit au-dessus, soit au-dessous de f. Ainsi, portant fg de f en h et en h', h et h' seront deux points de la projection circulaire; et comme on a déjà le point n, par la valeur (1) de $Cn = 6$, ou par la construction indiquée, les trois points h, n et h' sont ceux qu'on demande pour tracer l'arc de projection.

2° **Pour les méridiens.** — Le grand cercle qui est incliné de θ sur le plan horizontal AOB (*fig.* 103), et va de P en P' dans l'espace, est celui qu'on veut mettre en perspective. L'œil est en O et le plan vertical élevé sur AB est celui de projection. Or ce cercle PGP' va percer le plan AGB en deux points qui sont leurs perspectives particulières : cherchons ces points. L'un d'eux, tel que G, détermine un triangle sphérique AGP' rectangle en A; on y connaît l'angle P' qui est celui d'inclinaison, ou la longitude du méridien P'GP, AP' $= 180° - l$; AG $= x$ est l'arc demandé. Ce triangle donne

$$\tan x = \sin l \, \tan \theta.$$

On peut donc trouver par le calcul l'arc x qui va de A (*fig.* 101) aux points C et I, où chaque méridien GI coupe en G et I le cercle AOBQ dans lequel la mappemonde est enfermée.

325. On en tire une construction fort simple pour trouver ces points G et I de chaque méridien. D'un point quelconque F de AB (*fig.* 107), celui, par exemple, dont on s'est déjà servi (*fig.* 101), abaissez la perpendiculaire FM sur l'axe PP′ de la Terre, et portez FM de F en K ; faites l'angle FKL = θ, et la droite KL coupera la verticale FH en un point L par lequel, tirant le diamètre LCG, cette droite coupera le cercle de projection aux points cherchés G et I, auxquels il est croisé par la projection du méridien dont la longitude est θ.

En effet, on a

$$FM = CF \sin l = FK,$$
$$FL = FK \tan \theta = CF \sin l \tan \theta,$$

d'où

$$\tan LCF = \frac{FL}{CF} = \sin l \tan \theta = \tan x ;$$

donc

$$x = LCF.$$

On décrit du centre K un quadrant qu'on divise de 5 en 5 degrés, et l'on mène par ces points des rayons K, L, dont chacun est incliné sur FK d'un arc θ et donne un point L, un diamètre LG et les points G et I. La droite GI est une corde de la projection du méridien dont la longitude est θ.

326. **Projection sur le méridien.** — Appliquons notre théorie au cas où l'œil O (*fig.* 97) est en un point de l'équateur, et où, par conséquent, le plan du tableau de perspective AQB est un méridien ; le plan vertical QO est l'équateur, et le plan de projection, tournant autour de AB, de vertical qu'il était, se rabat sur AOQB. Dans le cas actuel, l'axe PP′ des pôles se confond avec AB.

Projection des parallèles (*fig.* 105). — La construction indiquée n° 316 s'applique ici. PP′ est l'axe des pôles ; l'équateur est projeté selon le diamètre OQ ; divisez le demi-cercle OPQ de 5 en 5 degrés, et opérez pour chaque point de division comme nous allons le faire pour les deux points correspondants N et N' (nous n'avons pris ici que des arcs de 15 degrés, pour éviter la confusion des traits). Tirez ON et ON', qui coupent l'axe PP' en M et M'; MM' est le diamètre de l'arc NMN' qui figure un parallèle. Et, si l'on ne veut pas se servir du point M', qui peut être fort éloigné, on trouvera le point M, et l'on fera passer une circonférence par les trois points N, M et N', ainsi qu'on l'a expliqué n° 324.

On peut encore trouver le rayon ρ de chaque cercle, et les distances du centre C au point M et au centre du cercle de projection, savoir $\mathscr{C}$ et α, en posant D = 90° dans les équations (1), (2) et (3), n° 314,

$$\rho = \operatorname{tang} \Delta = \operatorname{cot} \text{latitude } l \text{ du parallèle,}$$

$$\alpha = \frac{\cos \Delta}{1} = \frac{1}{\sin l}, \quad \mathscr{C} = \operatorname{tang} \frac{1}{2} l.$$

Nous donnons ci-après ces valeurs. On peut faire résulter la construction précédente de ces équations ; car on a l'angle

$$\text{NOQ} = \frac{1}{2} l, \quad \text{CM} = \operatorname{tang} \frac{1}{2} l,$$

$$\text{CM'} = \operatorname{tang} \frac{1}{2} (180° - l) = \operatorname{cot} \frac{1}{2} l,$$

d'où

$$\text{CM'} + \text{CM} = 2\alpha = \frac{2}{\sin l}.$$

La symétrie des cercles de part et d'autre de l'équateur OQ fait trouver à la fois les deux parallèles à la même latitude boréale et australe.

327. Projection des méridiens (*fig.* 106). — On se sert des mêmes divisions de la circonférence, et l'on raisonne comme nous allons le faire pour N et N', la longitude du méridien étant donnée par les arcs QN, ON'. On tire le diamètre NN', et du pôle P' les cordes P'N, P'N', qui coupent l'axe QO en f et f' ; ff' est le diamètre du cercle passant en P et P'; le milieu i de ff' est le centre. Un autre cercle symétrique à celui-ci a même rayon, et son centre en i' a même distance que i. Cette construction est une modification de celles du n° 316. On peut d'ailleurs la tirer des équations suivantes. On fait $\Delta = 90°$ et D = 0 dans les équations (1),

(2), (3), n° 314, et l'on a

$$\varepsilon = Cf = \tang\left(45° - \frac{1}{2}\theta\right), \quad \varepsilon' = Cf' = \tang\left(45° + \frac{1}{2}\theta\right),$$

$$\rho = \frac{1}{\cos\theta}, \quad \alpha = \rho - Cf = \tang\theta.$$

La *fig.* 109 est une mappemonde complète, formée de la réunion des parallèles de la *fig.* 105 et des méridiens de la *fig.* 106. C'est cette espèce de mappemonde qui est le plus usitée.

TABLE *des valeurs de* α, *de* ρ *et de* ɛ, *tant en longitude qu'en latitude, de 5 en 5 degrés, le rayon de la mappemonde étant* 1.

l ou θ.	PARALLÈLES.			MÉRIDIENS.		
		ρ	ε	α	ρ	ε
5°	11,47371	11,43005	0,04366	0,08749	1,00382	0,91634
10	5,75877	5,67128	0,08749	0,17633	1,01543	0,83910
15	3,86370	3,73205	0,13165	0,26795	1,03528	0,76730
20	2,92380	2,74748	0,17633	0,36397	1,06418	0,70021
23.28'	2,51120	2,30351	0,20770			
25	2,36620	2,14451	0,22169	0,46631	1,10338	0,63707
30	2,00000	1,73205	0,26795	0,57735	1,15470	0,57735
35	1,74345	1,42815	0,31530	0,70021	1,22077	0,52057
40	1,55572	1,19175	0,36397	0,83910	1,30541	0,46631
45	1,41421	1,00000	0,41421	1,00000	1,41421	0,41421
50	1,30541	0,83910	0,46631	1,19175	1,55572	0,36397
55	1,22077	0,70021	0,52057	1,42815	1,74345	0,31530
60	1,15470	0,57735	0,57735	1,73205	2,00000	0,26795
65	1,10338	0,46631	0,63707	2,14451	2,36620	0,22169
66.32	1,09016	0,43412	0,65604			
70	1,06418	0,36397	0,70021	2,74748	2,92380	0,17633
75	1,03528	0,26795	0,76733	2,73205	3,86370	0,13165
80	1,01543	0,17633	0,83910	5,67128	5,75876	0,08749
55	1,00382	0,08749	0,91633	11,43005	11,47371	0,04366

328. Projection polaire. — L'œil O (*fig.* 97) est placé à l'un des pôles de la Terre, Q est l'autre pôle : le plan vertical de projection étant rabattu donne l'équateur AOBQ, parce que ce plan élevé sur AB produit le cercle équatorial. D'après cela, l'équateur (*fig.* 110) est AOBQ, et le centre est le pôle P. Si l'on divise la circonférence de 5 en 5 degrés (ici de 15 en 15), et que par les points de division on tire des diamètres NN', il est évident que ces droites seront les perspectives des méridiens.

Quant aux parallèles, étant dans des plans perpendiculaires à l'arc terrestre, confondu avec OQ, ils seront les bases des cônes optiques dont le sommet est en O. Ces cônes, coupés par le plan du tableau AQB parallèlement à leurs bases, donnent pour section des cercles, dont le centre est en P au pôle. Tirez ON à l'un des points de division de la circonférence; le point a de rencontre avec AB donne Pa pour rayon de la projection du parallèle dont la latitude est mesurée par l'arc AN, et ainsi des autres.

329. Pour trouver la valeur analytique du rayon ρ d'un parallèle, il faut faire D $=$ o dans l'équation (3), et l'on trouve

$$\rho = \tang\frac{1}{2}\Delta = \tang\left(45^{\circ} - \frac{1}{2}l\right),$$

l étant la latitude de ce parallèle. On a évidemment $\alpha = $ o. Les valeurs que prend ρ de 5 en 5 degrés sont comprises dans la colonne des valeurs de 6 pour les méridiens, dans le tableau précédent.

On fait peu d'usage de cette projection, si ce n'est pour les cartes célestes, lorsqu'on veut montrer la figure des constellations polaires, car il n'y a guère que les régions voisines du centre de cette carte qui ne soient pas fort altérées. En Géographie, comme les pays près des pôles sont inhabitables et inconnus, on n'a aucune raison de se servir de cette projection.

330. **Projection anglaise.** — Comme les bords de la mappemonde présentent des configurations singulièrement altérées, on a imaginé d'imiter celles des *fig.* 109 et 110, en ordonnant les cercles de manière à être coupés par parties égales. Mais cette projection est toute conventionnelle et n'a rien de commun avec la perspective.

Dans la *fig.* 111, on divise en parties égales les diamètres rectangles du cercle, ainsi que la demi-circonférence; nous les avons coupés ici en 9, pour que chaque arc soit de 10 degrés. On fait ensuite passer des circonférences par trois des points ainsi déterminés. Ainsi les méridiens passent par les deux pôles A et B, et par les points successifs de division du diamètre horizontal; les parallèles passent par les points de division correspondants de la circonférence et du diamètre vertical.

331. Il est facile de faire passer chaque cercle par les trois points dont il s'agit, même quand le centre est fort loin (n° 323). Mais on peut trouver la longueur ρ de chaque rayon de méridien et la distance $CK = 6'$ (*fig.* 111) de C à son point K de section avec l'équateur NN'. En effet, le centre cherché est situé sur le diamètre horizontal NN', et l'équation de ce cercle, l'origine étant en C, est par conséquent

$$(x + \rho - 6)^2 + y^2 = \rho^2,$$

et, puisque ce cercle passe aussi en A et B, on a

$$\rho^2 = r^2 + (\rho - 6)^2,$$

r étant le rayon AC de la mappemonde. Ainsi

$$\rho = \frac{r^2}{2\,6} + \frac{1}{2}\,6;$$

mais 6 ou CK est toujours une fraction connue de r, savoir $6 = \dfrac{r}{n}$; d'où

$$\rho = \frac{1}{2}\,nr + \frac{1}{2}\,\frac{r}{n}\,.$$

Cette équation fait connaître le rayon ρ du méridien qui passe par le point K de division du diamètre horizontal.

Par exemple, si l'on a coupé NC et AN en 9 parties égales, pour tracer le méridien qui passe aux $\dfrac{5}{9}$, ou à la cinquième division K, on fera $n = \dfrac{9}{5}$, d'où

$$\varphi = \frac{106}{90}\,r = r + \frac{8}{45}\,r.$$

Raisonnons de même pour les parallèles. Soit FHF' un cercle dont le centre est sur l'axe des y; on a pour équation (le rayon étant ρ')

$$x^2 + (y - 6' - \rho')^2 = \rho'^2,$$

en faisant CH = 6. Les points de section avec le cercle de la mappe-

F. — *Géodésie.* 19

monde se trouvent en posant $x^2 + y^2 = r^2$, et éliminant x et y; si donc on fait $CD = \varphi$, on trouve

$$2 \epsilon' \gamma - \epsilon'^2 + 2 \rho' (\gamma - \epsilon') = r^2,$$

d'où

$$\rho' = \frac{r^2 + \epsilon'^2 - 2\epsilon'\gamma}{2(\gamma - \epsilon')}.$$

Les données sont ici $r = CA$, $\gamma = CD$, et l'on trouve le rayon ρ' du parallèle. Comme CH est une fraction connue du rayon r, on a

$$\epsilon' = \frac{r}{n},$$

et l'arc NF est la même fraction du quadrant NA; on a

$$\gamma = r \sin \left(\frac{90°}{n} \right);$$

par exemple, si $\epsilon' = \frac{4}{9} r$, on a

$$\gamma = r \sin 40° \text{ ou } r.\,0,6428;$$

le calcul donne

$$\rho' = r.\,1,578.$$

On ouvre donc le compas de cette quantité, et posant une pointe sur la quatrième division du rayon vertical, à partir de C, l'autre pointe ira marquer le centre du parallèle sur le prolongement de ce même rayon au delà de C.

332. On construit encore une projection polaire sur le même principe. Les méridiens sont encore représentés par des diamètres également inclinés l'un sur l'autre, et les parallèles par des cercles concentriques avec la mappemonde, précisément comme la *fig.* 110; mais ces cercles sont ici également distants entre eux (*fig.* 112), c'est-à-dire qu'ils divisent tous les rayons en parties égales.

Ainsi, dans la *fig.* 112, on a coupé chaque quadrant en 9 arcs égaux et mené des diamètres par les points de division; on a partagé un rayon en 9 parties égales et tracé des circonférences passant par ces points, et dont le centre est celui de la mappemonde.

333. Projection de Lorgna. — On y a pour objet de conserver aux contours leurs étendues superficielles, mais de négliger les distances et les configurations. Ainsi, étant donnée une demi-sphère de rayon R, la mappemonde présente un cercle de même surface, et il faut en outre que, si l'on considère une étendue sur la sphère, cette aire soit égale à celle de sa projection. C'est sur ce principe qu'est construite la carte polaire de l'*Uranographie*.

Cette projection offre l'apparence de la *fig.* 110 ; les méridiens sont encore des diamètres également inclinés, et les parallèles des cercles concentriques ; mais les rayons de ces cercles observent une loi qui emporte comme conséquence la condition prescrite que les aires sur la sphère soient égales à leurs projections. Voici comment on y satisfait :

D'abord le cercle de la mappemonde doit avoir même surface que l'hémisphère qu'il représente : soient r et R les rayons ; on a πr^2 et $2\pi R^2$ pour les aires et, puisqu'elles sont égales,

$$r^2 = 2\,R^2, \quad r = R\sqrt{2}, \quad R = \frac{1}{2}\,r\sqrt{2},$$

expressions qui donnent r quand on connaît R, ou réciproquement. On tracera donc à volonté un cercle pour représenter la projection de l'hémisphère : la sphère devra avoir pour rayon $\frac{1}{2}\,r\sqrt{2}$, ou R $= 0,7071\,r$. Si l'on divise r en 1000 parties égales, la sphère aura pour rayon 707 de ces parties.

Soient CA $=$ R (*fig.* 113) le rayon de la sphère, A le pôle, M'M un parallèle dont la distance au pôle est l'arc AM $= \Delta$, complément de la latitude de ce parallèle. La surface de la calotte M'AM est égale à $2\pi R k$, en faisant la flèche AB $= k$; d'un autre côté, si CI $= \rho$ est le rayon de la projection du parallèle, sa surface égale $\pi\rho^2$. On veut que ces deux aires soient égales, savoir $\rho^2 = 2\,R k$. Ce rayon ρ est donc moyen proportionnel entre le diamètre $2\,$R de la sphère et la flèche AB de la calotte sphérique M'AM ; et, comme la corde AM est aussi moyenne proportionnelle entre AB et $2\,$R, il s'ensuit que le rayon CI de la projection du parallèle MM' est égal à cette corde AM.

Donc les rayons des parallèles sur la projection sont les cordes des arcs terrestres qui en sont les distances polaires.

331. D'après cela, on décrira un cercle à volonté pour représenter la mappemonde ; on cherchera ensuite le rayon R de la sphère qui est les 0,707 du rayon adopté, ou bien on tracera sur ce rayon r un triangle isoscèle et rectangle : l'hypoténuse sera R ; on décrira, avec ce rayon R, un cercle CM'AM, dont on divisera un quadrant de 5 en 5 degrés, et l'on mettra aux divisions les n°s 5, 10, 15, ..., à partir d'un point A pris pour pôle. Chacune de ces divisions aura une corde, et l'on tracera, avec des rayons égaux à ces cordes, une suite de cercles concentriques qui seront les projections des parallèles dont les distances polaires des colatitudes sont marquées par les numéros correspondants. La corde de l'arc de 90 degrés sera le rayon de la mappemonde ; Cd sera la projection du parallèle $m'm$; Cd = AM, et ainsi des autres.

335. Il est évident que, les calottes sphériques étant égales en surfaces à leurs projections, les zones comprises entre les parallèles sont dans le même cas ; et, comme les méridiens ont leurs projections en lignes droites diamétrales, tout espace sphérique compris dans le quadrilatère curviligne formé par deux méridiens et deux parallèles sera égal aussi à l'aire de sa projection : c'est ce qu'on voulait obtenir.

336. La construction précédente est facile, mais elle a moins de précision que le calcul. Cherchons les valeurs numériques des rayons des projections, étant donné le rayon r de la mappemonde.

Pour un parallèle, celui de 15 degrés de latitude par exemple, l'arc AM est de 75 degrés, et sa corde est $2 \sin\left(\dfrac{75°}{2}\right)$, prise dans le cercle de rayon R, ou $2\,\mathrm{R} \sin\left(\dfrac{75°}{2}\right)$, le rayon étant 1. Ainsi, pour le parallèle dont la latitude est l, le rayon de la projection est

$$\rho = r\sqrt{2} \sin\left(45° - \frac{1}{2}l\right).$$

C'est ainsi que, pour le parallèle de 40 degrés, on a

$$l = 40 \quad \text{et} \quad \rho = 0,59767\,r.$$

Le rayon de la projection est donc formé de 598 parties de celui de la mappemonde divisée en 1000. La Table suivante donne les valeurs de ρ pour tous les parallèles de 5 en 5 degrés, le rayon r étant 1.

$l = 5°$	$\rho = 0,95543$	$l = 35°$	$\rho = 0,65301$	66° 32'	$\rho = 0,28759$
10	0,90904	40	0,59767	70	0,24557
15	0,86092	45	0,54120	75	0,18459
20	0,81116	50	0,48369	80	0,12326
23.28'	0,77575	55	0,42526	85	0,06169
25	0,75986	60	0,36603	90	//
30	0,70711	65	0,30609		

On remarquera que la projection du parallèle de 30 degrés de latitude a précisément pour rayon celui de la sphère.

337. Sur une carte ainsi construite, on peut aussi dessiner un pays, en plaçant au centre C, non plus le pôle, mais une ville quelconque; car, en imaginant le diamètre de la sphère terrestre qui passe par cette ville, et une suite de plans perpendiculaires à cette droite, on recomposera un système semblable à celui que nous avons considéré, où les cercles étaient des méridiens et des parallèles à l'équateur. Il est vrai que, pour donner à chaque ville la position qui lui convient dans la nouvelle disposition de la mappemonde, les diamètres et les cercles concentriques représentent, non plus des longitudes et des latitudes, mais des arcs verticaux et horizontaux, ce qu'on appelle en Astronomie des *azimuts* et des *almicantarats*, et qu'on ne connaît pas ces nouvelles coordonnées pour les divers lieux. Il faut donc calculer celles-ci, connaissant les longitudes L et les latitudes l.

Soient P le pôle (*fig.* 114), APCD le premier méridien, B un lieu de la terre, C le lieu sur l'horizon duquel on veut faire la projection et qui doit occuper le centre de la mappemonde. En conduisant les arcs de grands cercles PB, CB, on forme le triangle sphérique PCB, qu'il s'agit de résoudre. On y connaît l'angle P = L, PC = 90° — latit. λ du point central, PB = 90° — l.

Il s'agit de trouver CB = y et l'azimut C = z; y est le complément de la hauteur du lieu B.

Les équations (1), (5) et (9), n° 82, deviennent ici

$$\tan\varphi = \cos L \cot\lambda,$$

$$\cos y = \frac{\sin(l+\varphi)}{\cos\varphi}\sin\lambda, \quad \sin z = \frac{\sin L}{\sin y}\cos l.$$

Ainsi, pour chaque lieu dont on a la latitude et la longitude, on calculera les valeurs de y et z qui déterminent la place de la projection de B sur la carte. De la sorte, on rendra la projection de Lorgna propre à représenter l'hémisphère terrestre à peu près comme nous l'avons obtenu en perspective (*fig.* 102).

338. Projections orthographiques. — Les perspectives que nous avons exécutées peuvent être considérées comme des projections à l'aide de lignes divergentes d'un point fixe (l'œil O du spectateur) sur un plan central. Mais, si ce point est situé à l'infini, les lignes deviennent perpendiculaires à ce plan, et la projection est appelée *orthographique*. Le procédé n'est qu'une application des règles de la Géométrie descriptive. Les cercles de la sphère sont projetés chacun par un système de parallèles qui forment un cylindre dont l'intersection par le plan central donne une ellipse. Comme ce mode de construction est compliqué et d'un usage difficile, nous ne nous y arrêterons pas.

Projections coniques.

339. Les mappemondes ont été imaginées par Ptolémée. Ce mode de construction peut convenir à la représentation d'un hémisphère terrestre, mais il n'est pas propre à figurer un état limité, qui n'est qu'une petite partie de la Terre, ni même une grande étendue, comme l'Europe, l'Asie ou l'Afrique, parce que, vers les parties éloignées du centre de la carte, les configurations éprouvent des déformations intolérables. Ainsi l'on ne pourrait pas, sans de graves inconvénients, représenter les territoires dont on demande la carte particulière, en isolant et agrandissant la portion de mappemonde où ils se trouvent. Tous les modes de projection ont à cet égard des défauts plus ou moins marqués, qui tiennent à la nécessité de figurer sur un plan une portion de sphère; on altère les distances entre les points, les figures des limites, les étendues superficielles.

On a beaucoup varié les procédés; nous nous contenterons de décrire ici ceux qui sont en usage.

340. Pour commencer par la *projection conique,* imaginons qu'on demande la carte d'un royaume, tel que la France, renfermé entre des cercles donnés en longitude et en latitude. On suppose le globe terrestre enveloppé d'un cône tangent au cercle du parallèle du milieu, entre les limites nord et sud, et l'on considère ce cône comme coïncidant sensiblement avec ce parallèle et ceux qui en sont voisins. Ensuite on développe ce cône sur le plan de la carte, en un secteur circulaire; les méridiens sont des droites convergeant au sommet du cône, centre du secteur; les parallèles sont des arcs de cercle qui ont pour centre commun ce même sommet, et sont également distants pour des graduations égales en latitude.

Ainsi, dans la *fig.* 118, SMN est le développement d'une portion de surface conique; MN, *mn* sont les parallèles extrêmes de la carte, AB celui du milieu; M*m*S, N*n*S les méridiens extrêmes, ODS celui du milieu.

Calculons les éléments de cette figure, pour en faire le tracé exact.

Soit *ab* (*fig.* 115) le diamètre du parallèle moyen sur le globe F*a*P*b*G; les tangentes *sa*, *sb* et l'axe *se* déterminent, par leur révolution autour de *s*C, le cône dont il s'agit, en sorte que SA (*fig.* 118) doit être pris égal à *sa* (*fig.* 115); de plus l'arc AB doit avoir pour longueur celle de l'arc décrit par *ac* entre les limites des longitudes extrêmes de la carte. Ces remarques suffiraient pour faire l'opération graphique de la *fig.* 118; mais, pour plus de précision, il convient d'y appliquer le calcul.

Soient FG l'équateur (*fig.* 115), P le pôle, *a*F = *l* la latitude du parallèle moyen *ac* = cos *l*, en faisant le rayon *a*C = 1; si D est le nombre de degrés en longitude que doit contenir la carte, c'est-à-dire sa largeur, et si, de plus, S désigne l'angle au sommet (en degrés) ASB du secteur développé, on a

$$AB = \text{développement de D degrés de la circonférence } ac\,;$$

d'où

$$180° : \pi \times ac \text{ (ou } \pi \cos l) :: D : \frac{\pi D \cot l}{180°}$$

$$= AB = \text{la longueur développée sur l'arc moyen du secteur.}$$

Mais dans le triangle $sa\mathrm{C}$, comme $sa = \mathrm{SA}$, on a

$$sa = \operatorname{tang} a\,\mathrm{C}\,s \quad \text{ou} \quad \mathrm{SA} = \cot l \;(\textit{fig.}\ 118),$$

puis

$$180^\circ : \pi \times \mathrm{SA}\ (\text{ou}\ \pi \cot l) :: \mathrm{S} : \mathrm{AB} = \frac{\pi\,\mathrm{S}\cot l}{180^\circ}.$$

En égalant ces deux valeurs de AB, on trouve

$$\mathrm{D}\cos l = \mathrm{S}\cot l, \quad \text{ou} \quad \text{angle}\ \mathrm{S} = \mathrm{D}\sin l.$$

341. Ainsi l'on tracera un angle MSN d'autant de degrés que le veut cette expression, et l'on aura l'angle S du segment développé; on prendra $\mathrm{SA} = \cot l$: ce sera le rayon de l'arc qui représente le parallèle moyen; puis on portera de A en M et m les longueurs développées en ligne droite du méridien FaP entre les limites de latitudes extrêmes. Si la carte doit comprendre d degrés en latitude, Mm sera égal à $\dfrac{\pi\,d}{180^\circ}$, et l'on prendra les longueurs $\mathrm{AM} = \mathrm{A}m = \dfrac{\pi\,d}{90^\circ}$ (*voir* la valeur de μ°, n° 34); puis, partageant AM et Am en autant de parties égales qu'on voudra, on décrira du centre S des arcs qui figureront les parallèles de la carte. Quant aux méridiens, ce seront des droites partant du sommet S et passant par des points également distants pris sur MN; pour les régions éloignées du pôle, le centre S est trop loin pour se prêter à cette construction (*voir* ce qui sera dit n° 350).

Il ne restera plus qu'à placer dans ce réseau chaque ville en son lieu, d'après la longitude et la latitude connues, à figurer les rivages, les montagnes, les sinuosités des rivières, etc. Cette construction est si simple, qu'on la préfère souvent à toute autre, et la plupart des cartes particulières des États sont tracées d'après ce système.

342. Pour plus de précision, au lieu de faire le cône tangent à la sphère, on a imaginé de l'y inscrire, en le faisant passer par les deux cercles parallèles extrêmes, ce qui ne présente pas plus de difficulté. En effet, soient FG l'équateur (*fig.* 116), P le pôle, aa' l'arc de méridien du milieu de la carte, ac, $a'c'$ les rayons des deux parallèles extrêmes, dont les latitudes l et l' sont Ga, Ga'; la corde aa' prolongée est sur la génératrice sL du cône. Ainsi, en faisant tourner Ls autour de Cs, axe des

pôles, aa' engendrera la surface conique qu'on doit développer et qui formera la carte.

L'angle s a pour mesure $\frac{1}{2}(Oa - Pa')$,

$$Oa = 90° + l, \quad Pa' = 90° - l';$$

ainsi

$$S = \frac{1}{2}(l + l');$$

et, comme le triangle rectangle sca donne

$$ac = as \sin s,$$

on a

$$\cos l = as \sin \frac{1}{2}(l + l');$$

d'où

$$as = \frac{\cos l}{\sin \frac{1}{2}(l + l')}, \quad a's = \frac{\cos l'}{\sin \frac{1}{2}(l + l')}.$$

Nous connaissons donc les éléments du secteur développé; le reste est comme ci-devant.

343. On peut encore faire en sorte que le cône soit dirigé par deux parallèles situés à mi-distance du parallèle moyen et des extrêmes; ce cône se trouve alors partie interne, partie externe à la sphère. On place les points a et a' de la *fig.* 116, non plus aux limites de la carte en latitude, mais au quart et aux trois quarts de l'arc de méridien du milieu. C'est ainsi que Delisle a construit sa grande carte de Russie, qui embrasse 33 degrés de latitude, et qui a son parallèle moyen à 55 degrés de l'équateur.

Maintenant on préfère à la projection conique celle de Flamsteed modifiée, dont on va traiter; cette construction est plus exacte et ne présente pas plus de difficultés.

Projection de Flamsteed.

344. Dans cette projection (*fig.* 123) la verticale AB du milieu de la carte représente un méridien, que traversent, à égales distances, une série de droites perpendiculaires figurant les cercles parallèles à l'équateur. Ainsi, après avoir tiré la verticale AB, méridien moyen, on y por-

tera des parties égales, *ab*, *bc*, *cd*, ... destinées à représenter chacune 1 degré de latitude, et par les points de division *b*, *c*, *d*, ... on tirera des perpendiculaires MN, PQ, RS, ..., qui seront les parallèles à l'équateur. Cela fait, on cherchera la longueur du degré de ces parallèles sous les latitudes successives MN, PQ,... (*voir* ci-après), et l'on prendra *am*, *bp*, *cr*, ... respectivement égales à ces longueurs. Pour cela on remarque que *ab* est la longueur de l'arc de 1 degré du méridien ou de l'équateur, grand cercle de la sphère, construisant une échelle de parties égales sur cette longueur *ab*, on saura combien de parties de cette échelle doivent être comprises dans *am*, dans *bp*, ..., d'après les latitudes respectives de ces parallèles, et l'on prendra ces longueurs avec le compas pour les reporter de *a* en *m*, de *b* en *p*, ... Joignant ensuite les points *m*, *p*, *r*,... par une courbe, ce sera un nouveau méridien de la carte.

Prenant ensuite *mo* = *am*, *pq* = *bp*, *lr* = *rc*, ..., la courbe *oql*... sera encore un méridien; et ainsi des autres.

Bien entendu que, selon l'étendue de la carte, les parallèles pourront être tracés, si l'on veut, de 2 en 2 degrés, ou de 5 en 5 degrés, ou de 30 en 30 minutes, etc., en observant la même règle de construction.

345. Venons-en maintenant au calcul de la longueur des arcs *am*, *bp*,... des parallèles. Soient BD, B'D' (*fig.* 117) les rayons de deux de ces cercles sur le globe terrestre; les circonférences sont comme les rayons, et, comme BD est le sinus de l'arc AB, A étant le pôle, ou le cosinus de la latitude *l* du lieu B, on a

$$\frac{\text{circ. B'D'}}{\text{circ. BD}} = \frac{\cos l}{\cos l'}.$$

Ainsi *deux arcs de parallèles qui ont mêmes graduations sont entre eux comme les cosinus de leurs latitudes.* Prenons l'un de ces arcs sur l'équateur; à cause de cos *l'* = 1, on a

arc de D degr. de parall. = cos *l* × arc d'éq. de D degr. de mér.;

et comme, sur notre carte, on a pris à volonté la distance *ab* pour représenter cet arc de D degrés de l'équateur dont on a fait une échelle, par exemple, de 1000 parties, on voit qu'il faut multiplier par 1000 les cosinus des latitudes *l* des cercles qui doivent entrer dans la projection.

346. Nous donnons ici, pour une échelle de 1000 parties, comprises dans *ab* (*fig.* 123), le nombre de parties qui forment *am*, *bp*, *cr*, ... Ainsi l'on reconnaît que, si MN est le cercle de 60 degrés de latitude, la distance *am* est moitié de *ab*, parce que le degré de parallèle est égal à 500. Celle de *bp* pour 61 degrés est 484,81; celle de *rs* pour 62 degrés est 469,47, ..., ces longueurs étant prises sur l'échelle dont *ab*, *bc*, *cd*,... contiennent 1000 parties égales. Ce sont tous les cosinus pour le rayon 1000.

Table des degrés de latitude, le degré de l'équateur étant 1000.

LATIT.	COSINUS.	LATIT.	COSINUS.	LATIT.	COSINUS.	LATIT.	COSINUS.
0°	1000,00	23°	920,51	45°	707,11	67	390,73
1	999,85	24	913,55	46	694,66	68	374,61
2	999,39	25	906,31	47	682,00	69	358,37
3	998,63	26	898,79	48	669,13	70	342,02
4	997,56	27	891,01	49	656,06	71	325,57
5	996,20	28	882,95	50	642,79	72	309,02
6	994,52	29	874,62	51	629,32	73	292,37
7	992,55	30	866,03	52	615,66	74	275,64
8	990,27	31	857,17	53	601,82	75	258,82
9	987,69	32	848,05	54	587,79	76	241,92
10	984,81	33	838,67	55	573,58	77	224,95
11	981,63	34	829,04	56	559,19	78	207,91
12	978,15	35	819,15	57	544,64	79	190,81
13	974,37	36	809,02	58	529,92	80	173,65
14	970,30	37	798,64	59	515,04	81	156,43
15	965,93	38	788,01	60	500,00	82	139,17
16	961,26	39	777,15	61	484,81	83	121,87
17	956,31	40	766,84	62	469,47	84	104,53
18	951,06	41	754,71	63	453,99	85	87,16
19	945,52	42	743,15	64	438,37	86	69,76
20	939,69	43	731,35	65	422,62	87	52,34
21	933,58	44	719,34	66	406,74	88	34,90
22	927,18	45	707,11	67	390,73	89	17,45

347. Sans plus de difficulté, on peut, dans cette projection, tenir compte de l'aplatissement de la Terre. On ne divise plus le méridien du milieu AB (*fig.* 123) en parties égales; mais on prend ces parties de mêmes longueurs croissantes vers le pôle que les arcs de 1 degré du méridien. Ainsi, en France, cet arc *ab* sera de 57017 toises, ou 111128 mètres

à 45 degrés de latitude; près de Dunkerque, on fera *dc* de 111 231 mètres, etc. En outre, on prendra les nombres qui expriment les arcs de 1 degré de parallèle dans la Table II à la fin du Livre, qui donne les longueurs de ces arcs à différentes latitudes.

Il reste ensuite à placer, sur ce réseau, chaque ville au point qu'indiquent sa longitude et sa latitude, à figurer les côtes, les rivières, les montagnes, etc.

Cette carte, dont Flamsteed a fait usage pour dessiner ses planisphères, a l'inconvénient de déformer beaucoup les régions éloignées du méridien du milieu AB : c'est ce qui a fait donner la préférence à la modification suivante, où les parallèles sont représentés par des arcs de cercle concentriques, comme dans la projection conique, n° 340.

Projection française ou du Dépôt de la Guerre.

348. Après avoir tiré la droite verticale SO (*fig.* 118) au milieu de la carte, pour représenter le méridien moyen, on prendra sur cette ligne des longueurs *ab*, *bc*, ... d'autant de parties d'une échelle arbitraire, que chaque degré du méridien contient d'unités métriques (par exemple environ 57 012 toises ou 111 120 mètres à 45 degrés de latitude). On prend ensuite *a*S, comme au n° 341, égal à la cotangente de la latitude du lieu central *a*, ou plutôt, pour avoir égard à l'aplatissement de la Terre, on fera *a*S égal à la tangente du méridien elliptique au point qui a cette latitude centrale, tangente terminée à l'axe des pôles. (Cette longueur est KM, *fig.* 78.) Du centre S, on décrira les arcs *mn*, AB, MN, ..., par tous les points de division du méridien moyen SO ; ce seront les représentations des parallèles. Sur chacun de ces arcs, on portera des parties égales aux longueurs respectives de l'arc de 1 degré sous les latitudes correspondantes. Par exemple, si MN est le parallèle de 60 degrés, on prendra les parties égales des deux côtés du point O, chacune de 28 616 toises, ou 55 774 mètres, qui est la longueur de l'arc de 1 degré de parallèle à cette latitude (*voir* Table II).

On joint enfin les points de division du même rang sur ces arcs parallèles par des lignes, et l'on obtient les méridiens, tant à droite qu'à gauche. Ces lignes forment une courbe qui se présente ici avec la forme polygonale; mais, comme on peut espacer les parallèles et les méridiens seulement de 3o ou 4o minutes, ou moins encore, ces petites lignes mises bout à bout se réunissent en forme de courbe. Dans les cartes qui représentent les lieux sur une grande échelle, on espace même les cercles de minute en minute, sauf à effacer ensuite ceux des arcs qu'on ne croit pas nécessaire de conserver.

349. A proprement parler, l'espace ab du méridien qui sépare deux parallèles est arbitraire; il n'est déterminé que lorsque le rayon Sa l'est lui-même; mais, comme ce rayon est donné par $\cot l$, on a coutume de prendre à volonté l'arc ab, qui représente une longueur métrique connue; on prend cette distance sur une échelle de parties égales, appropriée à l'objet. Mais ensuite le rayon Sa est déterminé et égal à $\cot l$, qu'on trouve sur la même échelle, d'après la valeur numérique de ce rayon.

Pour tracer une carte selon la projection de Flamsteed modifiée, il est bon de calculer l'amplitude de l'arc moyen AB par la formule

$$\text{angle } S = D \sin l \quad (\text{n}^\circ\ 340),$$

D étant le nombre de degrés de longitude que la projection doit embrasser, et l la latitude du parallèle moyen dont il s'agit; et l'on divise ensuite cet arc en parties égales, pour obtenir les points de section des méridiens. On évite ensuite les petites erreurs dues à ce qu'on regarderait l'arc de 1 degré comme égal à sa corde. Au reste, ce qu'on va dire de l'application du calcul à cette projection lève toutes les difficultés.

350. On est arrêté dans ces constructions par l'impossibilité de décrire des cercles d'un très-grand rayon; car les régions qu'on veut figurer sont si étendues, le plus ordinairement, que le centre S se trouve trop éloigné pour que les plus grands compas puissent y suffire; cet inconvénient se rencontre surtout dans les basses latitudes. Il est donc préférable de déterminer les arcs de cercle par points, à l'aide du calcul : c'est ce que nous allons exposer.

On tracera au milieu de la feuille les perpendiculaires indéfinies CA, N′N (*fig.* 119); N′AN représente le parallèle moyen de la carte; on connaît le rayon $CA = R \cot l$, R étant le rayon terrestre, et l'on suppose que la distance $CA = r$ est trop grande pour que le parallèle puisse être décrit d'un mouvement continu. La carte doit embrasser D degrés de longitude; ainsi l'angle $N′CN = C$ est connu et égal à $D \sin l$, l étant la latitude du parallèle N′AN. Faisons la corde $N′N = 2\alpha$, et la partie $CI = \mathcal{C}$; ces lignes sont connues, car le triangle rectangle NCI donne

$$\mathrm{NI} = \alpha = r \sin \frac{1}{2}\,\mathrm{C}, \quad \mathrm{C} = r \cos \frac{1}{2}\,\mathrm{C} = \mathcal{C}, \quad \mathrm{AI} = r\left(1 - \cos \frac{1}{2}\,\mathrm{C}\right),$$

$$\mathrm{AI} = 2\,r \sin^2 \frac{1}{4}\,\mathrm{C} \quad [\text{équation (6), n° 30}].$$

On a donc les limites N, N′ de l'arc en longitude, et son point A de rencontre avec le méridien principal. L'équation du cercle dont l'origine est en C est $x^2 + y^2 = r^2$; pour la porter en I, il faut changer x en $x + \mathcal{C}$, et l'on trouve $(x + \mathcal{C})^2 = r^2 - y^2$,

$$x = \sqrt{(r + y)(r - y)} - \mathcal{C}.$$

Pour un point M de l'arc, IP $= y$ PM $= x$. On divisera IN en parties égales, et, pour chaque point de division, on trouvera l'x correspondant ; en sorte qu'on obtiendra autant de points qu'on voudra de l'arc AN, et par conséquent de AN′, qui lui est symétrique.

351. Si l'on veut tracer les droites NC, N′C tendant au point éloigné C, on se servira du théorème suivant :

Lorsque deux lignes ba, bc (fig. 120) concourent en C, *on peut, sans connaître ce point* C, *tirer d'un point f donné une droite fg qui concoure en ce même point* C.

En effet, menez ac, bd parallèles quelconques, puis la droite fd, et par le point c, sa parallèle indéfinie ch ; vous aurez les proportions

$$.\ \mathrm{C}d : \mathrm{C}c :: bd : ca, \quad \mathrm{C}d : \mathrm{C}c :: df : cg ;$$

on a donc $bd : ca :: df : cg$. Portez sur ch la longueur cg, quatrième proportionnelle à bd, ca et df ; la ligne fg ira concourir au point C.

352. Il ne reste plus qu'à diviser en parties égales l'arc NAN′ (*fig.* 119) pour avoir les points de section des méridiens avec ce parallèle ; et même, s'il s'agissait ici de la projection conique, on tracerait ces méridiens, puisqu'ils sont dans ce cas des droites concourantes en C. Il en est autrement dans la projection de Flamsteed modifiée.

A partir de A, au milieu de la carte, on portera sur AC, tant en haut qu'en bas, des longueurs égales à l'arc de 1 degré de méridien, et il restera à tracer par points chacun des parallèles passant par ces divisions, et dont les rayons r', r'', ... sont visiblement connus. On pourra donc, pour chacun de ces arcs, se servir des mêmes formules, en y prenant r', r'', ... au lieu de r.

Mais, comme nous faisons abstraction, dans ce qui précède, de l'aplatissement de la Terre, il convient de généraliser cette théorie.

353. *Étant données la longitude* Λ *et la latitude* λ *d'un lieu, trouver les coordonnées rectangles* x *et* y *du point de la carte où ce lieu est situé* (*fig.* 121).

Soient C le centre de la projection, AK le parallèle du milieu, dont la latitude est l; BM un autre parallèle dont la latitude est λ; M le point dont il s'agit, dont les coordonnées sont $AP = x$, $PM = y$; AX étant tangent en A et perpendiculaire au méridien principal CA, on a

$$AB = s,$$

distance en latitude des deux parallèles; cette longueur s est connue par l'équation (19), n° 195, et représente un arc de méridien de $(\lambda - l)$ degrés. Le rayon $CA = r$ du parallèle moyen est aussi connu : c'est la longueur KM (*fig.* 78) qui, dans le triangle rectangle KMN, où $MN = N$ est normale, a pour valeur $r = N \cot l$.

Soit encore θ l'angle ACM que font les deux rayons CB, CM, le triangle CQM donne, en faisant $CM = \rho$,

$$QM = x = \rho \sin \theta, \quad CQ = \rho \cos \theta,$$
$$y = PM = BQ + s = s + BC - CQ = s + \rho - \rho \cos \theta;$$

donc

$$x = \rho \sin \theta, \quad y = s + \rho (1 - \cos \theta) = s + 2\rho \sin^2 \tfrac{1}{2} \theta.$$

On peut même éliminer ρ de cette dernière équation à l'aide de la première,

$$x = \rho \sin \theta, \quad y = s + x, \quad \frac{1 - \cos \theta}{\sin \theta} = s + x \tan \tfrac{1}{2} \theta.$$

ρ est connu, puisque $\rho = r - s$; ainsi il ne reste plus qu'à trouver θ, et l'on aura pour chaque point M de l'arc BM les deux coordonnées x et y. Bien entendu qu'il faut prendre s en signe contraire pour les parallèles situés au-dessous de AK, c'est-à-dire quand la latitude λ du point M est $< l$.

La longitude donnée est Λ, c'est un arc d'équateur. Si l'on prend un arc de la graduation Λ sur le parallèle, la longueur de cet arc sera θ, puisqu'on détermine le point M sur la carte, en prenant BM d'autant d'unités métriques que cet arc de parallèle en contient sur la Terre. Ainsi Λ et θ sont des arcs de même longueur, mais pris dans les cercles, différents, dont les rayons sont ρ pour θ et x' pour Λ, x' ayant la valeur donnée (n° 204) pour le rayon du parallèle, sous la latitude λ (c'est OM, *fig.* 78). On a donc

$$x' = N' \cos \lambda,$$

N' étant la normale en M ou en B. Les nombres de degrés des arcs égaux Λ et θ étant entre eux en raison inverse de leurs rayons x' et ρ, on a

$$\Lambda : \theta :: \rho : x', \quad \text{d'où} \quad \theta = \Lambda \cos \lambda \, \frac{N}{\rho}.$$

On peut donc marquer sur la carte tout point M dont on a la longitude Λ et la latitude λ; car on trouvera d'abord les normales N et N', les rayons r et ρ, l'arc φ et par suite les coordonnées x et y de ce point M.

354. Il est facile maintenant de comprendre comment on compose une carte, selon la projection dont il s'agit. On trace d'abord deux droites AC, AX perpendiculaires (*fig.* 121), passant par le milieu A de la feuille. Sur AC, à partir de A, on porte, tant en dessus qu'en dessous, des longueurs telles que AB, qu'on prend égales respectivement aux valeurs de s; c'est-à-dire aux arcs du méridien répondant à 1°, 2°, 3°,... de distance de A, arcs qui vont en croissant vers le pôle, et qu'on a calculés préalablement sur la formule (n° 204) (Table II).

On marque ensuite les points d'intersection des divers méridiens et parallèles ou les angles des quadrilatères curvilignes formés par les incidences de ces arcs projetés. Pour cela on calcule toutes les normales N, N', ... de degré en degré, les rayons ρ des parallèles projetés, enfin les amplitudes des angles θ qui répondent à des valeurs Λ et λ, variant aussi par degrés; d'où résultent les longueurs des coordonnées x, y correspondantes, qui fixent la position de chaque sommet de nos quadrilatères; et observez qu'en calculant r, et changeant ρ en r dans nos formules, elles s'appliquent aussi au parallèle moyen. Il ne reste plus qu'à porter ces longueurs sur la carte, en prenant les parties sur une échelle à volonté.

355. Par exemple, pour la carte de France, le parallèle moyen étant à 45 degrés, on fera, dans l'équation (19), n° 195, $p = 309,65$, $l' = 45°$, $l - l'$ ou $\lambda = \varphi$, $l + l'$ ou $L = 90° + \varphi$, avec les constantes α, β, γ dont la valeur est donnée n° 194, et il viendra, pour la différence φ en latitude,

$$S = 111119^m,2 \times \varphi + 30889^m,37 \sin^2\varphi - 15^m,437 \sin 4\varphi.$$

φ est donc négatif pour les arcs de 45 degrés jusqu'à l'équateur ; donc :

De 45° à 41°, $s = 444331^m,3$,   De 45° à 46°, $s = 111127^m,5$,
»   42....   333276,0,   »   47....   222274,0,
»   43....   222203,0,   »   48....   333438,8,
»   44....   111110,9,   »   49....   444623,0.

On cherche ensuite les rayons ρ en retranchant ces derniers arcs de r, puis les normales N consécutives. De là on évalue le rapport de chaque normale à ρ, et l'on cherche toutes les grandeurs θ relatives à un même parallèle, pour des quantités Λ variant de degré en degré. Enfin on calcule les nombres x et y correspondants.

Des Tables étendues ont été calculées par Plessis, et servent de base aux constructions des cartes du Dépôt de la Guerre (*voir* ces Tables à la fin de la *Topographie* de M. Puissant).

356. Le territoire que l'on veut représenter sur la carte est ordinairement trop étendu pour être contenu dans une seule feuille : on est dans l'usage de former cette carte par la réunion bord à bord d'une série de feuilles dont les cadres sont de 8 décimètres sur 5. Chaque feuille est dessinée et gravée à part. Pour trouver les positions des angles des quadrilatères sur ces cartes, on transporte l'origine des coordonnées à l'un des angles du cadre, opération qui consiste simplement à ôter ou ajouter une, deux, trois fois, ... 8 décimètres aux x, et 5 aux y, selon la place que cette feuille doit occuper dans l'assemblage général.

Et quant à l'ordre qu'observent ces feuilles entre elles, on le marque par des signes qui désignent, l'un le rang horizontal, l'autre le vertical, en inscrivant ces chiffres sur les deux bords du cadre les plus voisins du centre A de la carte. C'est ce que montre la *fig.* 122. Ainsi la carte ⬚ , est celle qui est la deuxième dans le sens horizontal et la troisième dans le sens vertical, à compter du centre A où se croisent le méridien et le parallèle moyens. Les chiffres sont inscrits sur les côtés qu'il faut coller pour réunir la feuille à celles qui, étant plus près qu'elle de A, ont été collées les premières.

Ces cartes, ainsi assemblées, forment une seule grande carte ; et, comme chacune contient une partie des arcs de méridiens et de parallèles, il faut qu'après l'assemblage ces courbes s'ajustent bout à bout sans jarrets ni solution de continuité.

357. Quant au problème inverse de celui qui a été résolu ci-dessus : *Trouver la longitude et la latitude d'un point donné sur la carte,* nous jugeons utile d'en donner ici les formules. Comme les courbes des parallèles et des méridiens sont sensiblement des lignes droites et que les quadrilatères formés par ces lignes sont à fort peu près des parallélogrammes, on n'a point à craindre d'erreur notable, en menant par le point donné des parallèles aux côtés du quadrilatère où il est renfermé, et à évaluer sur l'échelle les fractions que ces lignes forment entre elles.

Nous remettons à traiter des cartes plates et réduites lorsque nous parlerons des méthodes d'en faire usage dans la *Navigation.*

————◆◆◆————

CHAPITRE VIII.

GÉOMORPHIE ASTRONOMIQUE.

358. La Géomorphie n'a pas de procédés astronomiques qui lui soient particuliers ; lorsqu'elle interroge les corps célestes pour déterminer l'heure, la longitude, la latitude, etc., elle se sert des méthodes ordinaires en Astronomie ; seulement elle n'emploie que celles qui conduisent aux résultats qu'elle veut obtenir, qui ont le degré de précision qu'elle exige. Elle ne s'occupe pas de la marche des comètes et des planètes, de l'art

de composer et de corriger les Tables, de prédire les mouvements célestes, et d'une foule d'autres sujets. Pour compléter ce qui a été exposé jusqu'ici, il convient de donner les procédés usités en Géomorphie pour résoudre les problèmes qu'on s'y propose. Mais, avant tout, nous devons, pour nous faire comprendre, présenter une récapitulation des principes d'Astronomie dont nous ferons usage par la suite, et un aperçu des mouvements du ciel et de la marche propre de certains astres.

Sur les étoiles.

359. Les étoiles que nous voyons briller au firmament ont été appelées *fixes,* parce qu'elles sont en effet immobiles dans l'espace, ou du moins les mouvements qu'on observe dans quelques-unes sont si petits, qu'il faut un temps considérable pour que leurs déplacements puissent être perceptibles : ces astres conservent donc leurs distances mutuelles. Les arcs que nous pouvons concevoir de l'une à l'autre affectent différentes figures géométriques que l'œil saisit et reconnaît aisément, et ces figures restent constamment les mêmes avec les mêmes dimensions. Lorsqu'on jette les yeux au ciel, on reconnaît bientôt que les étoiles paraissent toutes entraînées d'un mouvement commun, mais elles ne changent pas pour cela de lieu dans l'espace : c'est la Terre qui, tournant sur son axe en vingt-quatre heures, d'occident en orient, produit cette illusion par laquelle le ciel entier nous paraît tourner autour de nous de l'est à l'ouest. Nous voyons les étoiles se lever, monter et descendre, ainsi que le Soleil, la Lune et les planètes, parce que la rotation diurne de la Terre sur son axe nous porte à attribuer à tous ces astres notre propre mouvement en sens contraire.

L'illusion de la rotation du ciel étoilé nous offre les mêmes apparences que si l'on supposait toutes les étoiles attachées, chacune en un lieu fixe, sur une sphère d'un immense rayon, au centre de laquelle la Terre serait immobile, tandis que cette sphère tournerait en vingt-quatre heures autour de nous. Ce mouvement est parfaitement uniforme, et sa durée, pour un tour entier, est ce qu'on appelle le *jour sidéral* (*voir* ci-après, n° 390). Le Soleil, la Lune et les planètes nous paraissent aussi entraînés par ce mouvement universel, avec cette exception importante à remarquer, que ces corps ne restent pas fixés, comme les étoiles, sur cette sphère mobile : ils y ont un mouvement propre, chacun dans un cercle et avec une vitesse particulière ; toutes ces directions vont d'occident en orient. Le Soleil décrit sa circonférence en un an ; la Lune parcourt la sienne en vingt-sept jours un tiers, etc. Mais il ne faut pas oublier que cette sphère mobile, sur laquelle nous venons de considérer les astres comme placés en un lieu fixe ou variable, n'est qu'une conception propre à donner une idée du mouvement diurne du ciel, et que cette conception est fausse en elle-même, puisque c'est réellement l'effet de la rotation de la Terre sur son axe.

Puisque les étoiles conservent les configurations géométriques qu'elles forment entre elles, il est bien facile de les reconnaître à ces figures, à leurs alignements et à l'éclat de leur lumière ; car ces choses restent invariables, à quelque instant qu'on jette la vue sur le firmament, et quelle que soit la position générale de cette sphère étoilée, ou le lieu de la Terre d'où nous la voyons. L'astronome doit être capable d'assigner à chacune de ces étoiles qu'il aperçoit [le nom qu'on lui a donné, et même d'en indiquer la place actuelle le jour, la nuit, ou derrière les nuages.

Cet éclat que jettent les étoiles les a fait distinguer les unes des autres par *leurs grandeurs*. Ce n'est pas qu'en effet nos instruments nous apprennent que plusieurs soient plus grandes ou plus petites ; car, vues dans les lunettes à fort grossissement, ce ne sont que des points étincelants, sans dimensions apparentes : le degré de vivacité de leur lumière est seul différent, et permet de les classer en *primaires, secondaires, tertiaires, etc.*, ou de 1re, 2e, 3e,... grandeur. Jusqu'à la 6e grandeur, on peut les apercevoir à l'œil nu, quand le ciel est très-serein et que la nuit est profonde ; moins brillantes, il faut des lunettes pour les voir ; et il en est qui sont de la millième grandeur, et même d'un éclat encore moindre. L'observation ne porte guère que sur les plus brillantes, excepté dans quelques cas. Du reste, on comprend que la mesure de l'éclat est bien incertaine, et que, n'étant que l'effet d'une sensation, il n'est pas rare que l'étoile qui est primaire pour l'un ne soit que secondaire pour un autre.

Cette lueur diffuse qui forme au ciel une ceinture irrégulière, et que nous voyons dans les nuits sereines, la *voie lactée*, n'est qu'un effet produit par une multitude d'étoiles imperceptibles même avec des télescopes assez forts, mais qu'on distingue bien [quand on se sert de moyens optiques plus puissants. Chacun de ces astres ne donne pas assez de lumière pour nous rendre sa présence sensible, et il résulte de l'ensemble de cette myriade d'étoiles la teinte laiteuse que nous remarquons. Aucun de ces corps lumineux n'est l'objet de nos observations spéciales, non plus qu'une multitude d'autres; l'attention ne doit donc se porter que sur ceux que leur éclat rend faciles à observer, et le nombre en est très-peu considérable. L'astronome doit s'exercer à reconnaître ces derniers.

360. Pour dénommer les étoiles, on a eu l'idée de les grouper, et de donner un nom à chacun de ces groupes, appelés *constellations, astérismes*. On a imaginé de dessiner sur chaque constellation un animal, ou une autre image tout à fait arbitraire; il reste ensuite à indiquer la place que chaque étoile occupe. C'est ainsi qu'on dit la Queue du Lion, le Cœur du Scorpion, l'Œil du Taureau, etc. Il n'y a aucune ressemblance entre les configurations dont on se sert pour réunir les étoiles et ces images, et il ne faudrait pas chercher à reconnaître au ciel les constellations en essayant de lier les étoiles par des arcs imitant la forme de ces animaux. L'origine de ces figures vient des usages religieux et des allusions astrologiques des anciens peuples; la tradition nous a transmis ces dénominations, que nous avons conservées, et qui ne sont pour nous que des symboles arbitraires.

On a donné des noms propres à plusieurs étoiles dont l'éclat est très-remarquable, telles que Sirius, Régulus, Antarès, etc.; d'autres sont dénommées par leur place sur la figure, comme on vient de le dire; mais toutes le sont par une lettre grecque, ou italique, ou romaine, ou par un chiffre désignant l'ordre des passages au méridien. On comprendra donc aisément ce que les astronomes entendent par α de la Grande Ourse, β du Taureau, 3, 4, 5 d'Orion, etc. En jetant les yeux sur un planisphère ou un globe céleste, rien ne sera plus facile que de comprendre ce système de nomenclature, qui offre l'avantage de donner un nom à chaque étoile, sans charger la mémoire d'un immense vocabulaire (*voir* l'*Uranographie*).

Voici les noms des étoiles de 1re grandeur :

Sirius, l'Épaule droite d'Orion, son pied gauche ou *Rigel*, l'Œil du Taureau ou *Aldébaran*, la Lyre ou *Wega*, *Arcturus*, la Chèvre, le Cœur du Scorpion ou *Antarès*, l'Épi de la Vierge, le Cœur de l'Hydre,

Régulus ou le Cœur du Lion, sa queue, *Canopus, Fomalhaut* et *Achernar*. D'autres ajoutent *Altaïr, Procyon, Castor*, la Queue du Cygne. La *Connaissance des Temps* se sert de neuf principales étoiles pour les distances lunaires (n° 523), savoir : Régulus, Fomalhaut, α Pégase, α Bélier, Aldébaran, Pollux, Antarès, *Altaïr* et l'Épi de la Vierge. Leur position près de l'écliptique d'une part et d'une autre leur éclat, qui permet de les voir dans le crépuscule, en même temps que l'horizon de la mer, les rendent propres à donner au marin la longitude du lieu qu'il occupe sur le sphéroïde terrestre. Plusieurs planètes réunissent aussi ces conditions (n° 523).

On doit considérer les étoiles comme des corps lumineux par eux-mêmes, comme de véritables soleils, trop éloignés de nous pour nous éclairer et nous envoyer de la chaleur. Plongées dans les profondeurs de l'espace, leur éclat varie avec leur volume et leur distance, et cette distance est véritablement immense, puisqu'une unité de 70 millions de lieues ne suffit pas pour la mesurer. Le Soleil est une étoile beaucoup plus rapprochée de nous que les autres.

faut donc, avant tout, connaître les constellations et les principales étoiles qui les composent. Ne pouvant donner ici, à ce sujet, les développements nécessaires, nous renvoyons, pour plus de détails, à l'*Uranographie*. Contentons-nous de faire l'énumération des constellations les plus remarquables, et de donner le moyen de les distinguer. En se plaçant dans la direction du méridien, et suivant la progression du mouvement de la sphère céleste, on voit passer chaque étoile à son tour dans ce plan, ce qui suffit pour la reconnaître, à l'aide d'un catalogue, où ces astres sont rangés dans l'ordre même de leur passage dans ce plan (*voir* l'ouvrage cité et l'*Astronomie pratique*). Mais on peut arriver plus promptement au but par la méthode des alignements, dont nous allons présenter un aperçu.

361. Qu'on tourne le dos au sud pendant une belle nuit, et l'on verra plusieurs constellations faciles à reconnaître, et qui serviront ensuite à distinguer les autres.

La *Grande Ourse*, appelée aussi le *Chariot*, est formée de six étoiles de 2ᵉ grandeur et d'une de 3ᵉ; de ces sept étoiles, quatre, α, θ, γ, δ, imitent un grand quadrilatère, et les trois autres forment la queue,

ε, ζ, η, en ligne courbe selon le prolongement de la diagonale. Cette belle constellation est du nombre de celles qui ne se couchent pas pour notre climat, et qu'on peut voir dans toute nuit sereine, ainsi que les deux suivantes (voir *fig.* 108).

La *Petite Ourse* a la même figure à peu près que la grande, mais sous de moindres dimensions et dans une position tout à fait inverse; ses étoiles ont un éclat faible et trois sont de 3ᵉ grandeur, situées aux deux extrémités; les quatre autres ne sont que quartaires. Ce qu'il faut surtout remarquer dans cette constellation, c'est l'*étoile polaire,* qui est si voisine du pôle, qu'elle paraît immobile au ciel, et semble être le pivot fixe autour duquel tourne la voûte céleste. Les cercles diurnes parcourus par les étoiles s'agrandissent de plus en plus à mesure qu'elles s'écartent de la Polaire, qui semble être leur centre commun (*fig.* 108).

Prolongez le côté $\alpha\beta$ du quadrilatère de la Grande Ourse, celui qui est opposé à la queue, vous arrivez sur la Polaire α, ce prolongement ayant à peu près pour longueur celle de la Grande Ourse entière. Comme la Polaire est la seule remarquable dans cette partie du ciel, elle est fort aisée à reconnaître. Tous les cercles horaires viennent se croiser près d'elle : le pôle en est à 1° 36′ de distance, sur l'arc qui va de la Polaire à l'étoile ε, la première de la queue de la Grande Ourse; ou sur le prolongement de l'arc qui va de la Polaire à γ Cassiopée.

Cassiopée est de l'autre côté du pôle par rapport à la Grande Ourse, l'une à l'est, l'autre à l'ouest; ou bien l'une près de l'horizon boréal, quand l'autre est vers le zénith, selon l'heure ou la saison. C'est un groupe d'étoiles de 3ᵉ et 4ᵉ grandeur, qu'on reconnaît à sa forme en y, à queue courbée. Quelques personnes y trouvent aussi la figure d'une *chaise renversée.* Une fois qu'on a vu cette constellation, il est impossible de l'oublier, et on la reconnaît sur-le-champ. Comme les étoiles font un tour entier autour du pôle, chaque jour, elles prennent diverses positions relatives, par rapport à l'horizon; la Chaise est debout, couchée, ou renversée, selon les heures ou les saisons; mais, dans les soirées d'hiver, elle a cette dernière position.

Toutes les constellations que nous allons décrire se voient au sud, ou à l'est, ou à l'ouest, selon l'instant où on les observe, et ce n'est plus vers le nord qu'il faut tourner ses regards pour les apercevoir.

En s'éloignant du pôle, on rencontre trois constellations qui semblent n'en composer qu'une seule très-étendue, parce que les étoiles s'y réunissent en une figure assez facile à saisir.

Pégase, ou la *Grande Croix.* L'arc de α à ϵ de la Grande Ourse qui a conduit sur la Polaire, étant prolongé d'une quantité égale, passe près de Cassiopée, et va traverser Pégase. C'est un grand carré α, ϵ, α, γ, formé de quatre belles étoiles secondaires, près duquel deux tertiaires η, ζ sont sur une parallèle au côté $\alpha\epsilon$. Le carré de Pégase et celui de la Grande Ourse sont de côtés opposés du pôle, et viennent passer au sud à 12 heures d'intervalle l'un de l'autre.

Prolongez la diagonale $\alpha\varkappa$ de Pégase, vous rencontrez trois étoiles secondaires α, ϵ, γ d'*Andromède*, dont la première $\varkappa$ fait partie du carré de Pégase. Prolongez encore cette même ligne, et vous arrivez sur α de *Persée*, aussi de 2e grandeur, située au milieu d'un arc oblique $\delta\varkappa\gamma\eta$.

Voilà donc sept étoiles secondaires imitant à peu près la forme de la Grande Ourse, savoir : un carré et une queue dirigée selon le prolongement de la diagonale; mais ici la queue est presque droite et se termine par l'arc de Persée. Ces étoiles, moins proches du pôle que la Grande Ourse, occupent aussi une étendue beaucoup plus considérable.

Le *Cocher* forme un grand pentagone irrégulier $\varkappa\epsilon\theta\epsilon\iota$, où se trouvent trois belles étoiles en triangle isoscèle $\varkappa\epsilon\epsilon$. L'une d'elles est la *Chèvre,* une des plus brillantes du ciel. A certaines heures elle rase l'horizon boréal; douze heures après, elle passe près du zénith de Paris. On remarque près de la Chèvre un triangle isoscèle très-allongé, formé de trois petites étoiles quartaires; ce triangle, facile à remarquer, sert à faire distinguer la Chèvre de toutes les étoiles primaires. En prolongeant l'arc de Persée, on voit deux files divergentes de petites étoiles, dont l'une, vers l'orient, va à la Chèvre; l'autre au sud, formant d'abord une courbure opposée, se dirige sur les *Pléiades.*

En prolongeant la queue courbe de la Grande Ourse, on va sur le *Bouvier,* dont l'étoile α est *Arcturus,* belle étoile de 1re grandeur.

La *Lyre* ou *Wéga* est une belle étoile primaire, opposée à la Chèvre par rapport au pôle; quand l'une est en haut sur nos têtes, l'autre est près de l'horizon nord. Au sud-est de Wéga est un triangle formé par trois étoiles tertiaires.

L'*Aigle* est une constellation au sud-est de la Lyre; on y remarque

trois belles étoiles voisines et en ligne droite, dont celle du milieu est de
1re grandeur; on la nomme *Altaïr* ou *Atair.*

Le *Cygne* est entre la Lyre et Pégase, et forme une grande croix de
cinq étoiles assez belles, surtout celle de la tête de la croix, qui est
appelée la queue du Cygne; elle vient passer à notre zénith.

362. Les douze constellations du zodiaque sont celles que le Soleil et
les planètes traversent successivement par un mouvement constant dirigé
de l'ouest à l'est; elles forment une zone circulaire et oblique sur la
voûte céleste, et la moitié à peu près est au-dessus de l'horizon; mais,
participant au mouvement diurne général, ces constellations apparaissent
successivement et s'élèvent plus ou moins selon leurs situations relatives
sur cette zone. Deux vers latins les énoncent dans l'ordre de leur apparition :

Sunt Aries, Taurus, Gemini, Cancer, Leo, Virgo,
Libraque, Scorpius, Arcitenens, Caper, Amphora, Pisces.

Ces constellations ne sont pas toutes remarquables par de belles
étoiles, et il suffit de savoir reconnaître les principales; on trouve bientôt
la place des autres au ciel, d'après leur rang dans la série précédente, chacune étant toujours située à l'est de la constellation dont le nom précède
le sien. On ne les voit que de l'est au sud et à l'ouest.

Le *Bélier* a deux étoiles tertiaires très-voisines $\alpha\beta$ et une quartaire au-
dessous du prolongement de la ligne qui joint celles-ci.

Le *Taureau* imite la forme d'un grand V. L'étoile qui termine la branche
orientale est primaire, on la nomme *Aldébaran.* Les *Pléiades* sont un
groupe d'étoiles petites et serrées qu'on voit au nord-ouest du Taureau.

Les *Gémeaux* forment au ciel un grand quadrilatère oblique et long.
Castor et *Pollux* sont deux belles étoiles assez voisines, situées aux
angles supérieurs.

Le *Lion* imite un grand trapèze formé par quatre belles étoiles; deux
primaires sont à la base inférieure, *Régulus* à l'ouest et la *Queue du
Lion* à l'est; les deux autres sont de 2e grandeur.

La *Vierge* a cinq étoiles tertiaires disposées en V, dont les branches
sont obliques et ouvertes à angle droit. L'*Épi* est un peu plus bas, au
sud-est; c'est une belle étoile primaire.

La *Balance* a quatre étoiles principales, dont une est assez belle, et les trois autres de 3ᵉ grandeur; elles sont disposées en quadrilatère.

Le *Scorpion* s'élève très-peu sur notre horizon; il est remarquable par une file d'étoiles courbées en *f*, ayant à sa pointe supérieure *Antarès*, belle étoile de 1ʳᵉ grandeur : un peu plus haut, vers la droite, on voit des étoiles disposées en arc, dont la concavité regarde Antarès; une de celles-ci est secondaire.

Le *Sagittaire* est distingué par un petit quadrilatère oblique et un arc vertical situé vers l'ouest; cet arc est croisé par une file en ligne droite; c'est l'image d'un arc et de sa flèche.

Le *Capricorne* est situé sous l'Aigle.

Le *Verseau* a deux triangles dont les bases sont situées sur une même droite avec la file du Capricorne; ces triangles sont l'un grand et l'autre petit, et ont leurs sommets à peu de distance de leur base.

Les *Poissons* sont distingués par deux files sinueuses de petites étoiles, assez peu visibles; l'une des files se perd à la ceinture d'Andromède et l'autre s'étend sous le carré de Pégase. Ces deux files se joignent vers le sud-est et l'on y voit une étoile de 3ᵉ grandeur, qui est la seule remarquable dans cette constellation.

Il est utile de s'exercer à reconnaître ces douze constellations zodiacales, parce que les belles planètes, la Lune et le Soleil, se trouvent toujours situés en quelque lieu de cette zone.

Orion est une très-belle constellation du ciel; on la voit briller le soir et toute la nuit au sud, pendant l'hiver et le premier printemps. Elle est placée un peu au-dessous d'Aldébaran, du Cocher et des Gémeaux; elle est formée de quatre belles étoiles, dont deux, α et 6, sont primaires, celle-ci est *Rigel;* les deux autres sont secondaires : elles forment un vaste quadrilatère, qui est presque un parallélogramme. Au milieu on voit trois belles étoiles de 2ᵉ grandeur, rapprochées et sur une ligne droite oblique : c'est le *Baudrier;* l'*Épée* est une traînée de petites étoiles.

En prolongeant la ligne des trois étoiles du Baudrier d'Orion, du côté de l'horizon oriental ou vers le sud-est, on est conduit sur *Sirius,* la plus belle étoile du ciel; elle fait partie du Grand Chien, qui a plusieurs étoiles secondaires qu'on voit près de l'horizon.

Au-dessous des Gémeaux est le Petit Chien, formé de deux étoiles rapprochées, l'une primaire, qui est *Procyon*, l'autre tertiaire. Procyon, Sirius et α d'Orion forment un grand triangle équilatéral.

L'*Hydre* est une immense file sinueuse d'étoiles sous le Lion et la Vierge. Le *Cœur de l'Hydre* est une étoile secondaire sur le prolongement du côté occidental du trapèze du Lion.

Fomalhaut est une étoile de 1ʳᵉ grandeur située très-bas sur le prolongement du côté occidental du carré de Pégase : on ne la voit, dans nos contrées, qu'en automne et en hiver, près du sud.

Mouvement propre du Soleil.

363. Le Soleil est un corps 13 à 1400000 fois plus volumineux que la Terre et lumineux par lui-même. A proprement parler, ce foyer de chaleur et de lumière est une véritable étoile, immobile dans l'espace comme le sont les étoiles, mais le rapprochement en accroît le volume apparent : les dimensions du Soleil ne nous paraissent plus considérables que celles des étoiles que parce que celles-ci sont immensément loin de nous.

Lorsqu'on compare le Soleil à quelque étoile brillante qui en est peu écartée, on reconnaît que le Soleil paraît changer de place à l'égard de l'étoile ; elle s'en approche si elle est à gauche. Ainsi, lorsque, vers le coucher du Soleil, nous voyons une belle étoile à l'occident, cette étoile, dans les jours suivants, nous semble se rapprocher de l'astre de plus en plus, puis se coucher peu après lui, puis se plonger dans les flots de sa lumière et disparaître. Quelques jours après, on aperçoit de nouveau l'étoile, le matin, un peu avant le lever du Soleil, du côté de l'orient ; puis, dans les jours suivants, elle s'en éloigne de plus en plus vers la droite, devançant le lever de l'astre et s'écartant sans cesse.

Comme les étoiles sont immobiles sur la voûte céleste, ce ne sont pas elles qui se déplacent ainsi pour atteindre le Soleil et le dépasser d'un mouvement de gauche à droite, quoique les constellations semblent participer toutes ensemble à cette marche annuelle apparente : c'est, au contraire, le Soleil qui paraît traverser ainsi toutes les constellations placées sur sa route, par un mouvement dirigé de l'ouest à l'est, en accomplissant la révolution entière dans le cours de l'année. Ces constellations, appelées *zodiacales*, sont indiquées n° 362, dans l'ordre où elles sont successivement traversées.

364. Cette progression du Soleil se compose avec la révolution diurne du ciel; en sorte que voici l'effet apparent : la Terre étant immobile en un lieu de l'espace, la sphère étoilée fait chaque jour un tour entier sur l'axe des pôles (en vingt-quatre heures sidérales), pendant que le Soleil, quoique entraîné par cette révolution générale, décrit, en sens contraire, sur cette voûte un arc de grand cercle de 1 degré environ chaque jour, et se trouve avoir parcouru ce cercle entier en un an.

Dans la réalité, le Soleil est immobile comme toute étoile; c'est au contraire la Terre qui tourne chaque jour sur son axe, en même temps qu'emportée dans l'espace elle accomplit autour du Soleil une révolution entière en un an, et nous attribuons à cet astre tous les mouvements que nous faisons nous-mêmes. Par exemple, au bout de six mois, nous rapportons le Soleil aux constellations diamétralement opposées à celles où il nous paraissait placé. La Terre changeant sans cesse de place au ciel, nous voyons, à la même heure de nuit, des constellations sur l'horizon dans les différentes saisons, ce qui explique pourquoi le ciel d'hiver n'est pas le même que celui d'été.

365. La rotation diurne de la Terre, nous la traduisons de même par celle du ciel étoilé, ce qui produit la révolution des astres chaque jour, leur lever, leur coucher, leur passage au méridien. Ainsi la translation de la Terre donne l'apparence du mouvement du Soleil d'occident en orient, selon un arc d'à peu près 1 degré par jour, traversant les constellations zodiacales; la rotation diurne de la Terre nous fait croire que le ciel fait un tour entier en vingt-quatre heures sidérales autour de nous. L'*orbite* que nous parcourons et que le Soleil nous semble parcourir en une année est appelée *écliptique;* cette courbe fermée est une ellipse tracée sur un plan dans l'espace, et le Soleil réside immobile à l'un des foyers de cette courbe. L'axe diurne de rotation de la Terre est oblique à ce plan; l'équateur le coupe selon une ligne qui va d'un équinoxe à l'autre; ces deux plans font un angle de 23° 28′, qu'on appelle *obliquité de l'écliptique,* angle qui est la cause de la succession des saisons (*voir* l'*Uranographie*).

366. Les réalités nous importent peu ici, puisque les apparences sont seules observées. Ainsi nous considérerons la Terre comme fixe et immobile dans l'espace, le ciel étoilé comme tournant autour d'elle de l'est à l'ouest en un jour sidéral, entraînant tous les astres dans sa révolution, et en même temps, le Soleil, la Lune, les planètes comme emportés par un mouvement général, mais en glissant sur la voûte céleste et décrivant un petit arc chaque jour de l'ouest vers l'est.

La courbe que nous paraît décrire le Soleil autour de nous n'est pas un cercle, mais une ellipse, dont le plan est oblique à l'équateur. Cette ellipse, que la Terre décrit en effet autour du Soleil, a son foyer au centre de cet astre, et nous jugeons que ce foyer est, au contraire, au centre de la Terre. Nous sommes plus près du Soleil en janvier qu'en juin : le diamètre de l'astre nous semble un peu plus grand en hiver qu'en été, et nous paraît varier lentement de grandeur et de distance entre des limites fort étroites, attendu que l'ellipse est peu différente d'un cercle.

Mouvement propre de la Lune.

367. La Lune tourne réellement autour de la Terre, et son orbite est une ellipse dont le foyer est au centre de la Terre. La Lune est si petite, qu'elle est fortement influencée dans sa marche par l'attraction solaire, qui déforme sans cesse cette ellipse et même la déplace peu à peu dans l'espace; en sorte que le grand axe et les deux sommets tournent autour de nous, et que l'intersection de son plan avec celui de l'écliptique, appelée *ligne des nœuds,* change aussi de place.

La marche de la Lune est troublée par plusieurs inégalités, qu'on sait heureusement calculer et prédire. C'est en $27\frac{1}{3}$ jours à peu près que la Lune accomplit sa révolution autour de notre globe, décrivant environ 13°10′ par jour de l'occident vers l'orient.

368. Le Soleil est à environ 35 millions de lieues de nous, à peu près 24096 rayons terrestres; mais la Lune n'est éloignée que de 60 de ces rayons, ou de 90000 lieues, c'est-à-dire 400 fois plus rapprochée que le Soleil; et pourtant nous jugeons que ces astres ont même volume, du moins la différence apparente est fort petite, et l'un ou l'autre nous paraît tour à tour plus volumineux. On conçoit que le grand rapprochement de la Lune à notre égard, et les variations de sa distance causées par l'excentricité de son ellipse, suffisent pour expliquer ces apparences. La Lune n'a que 780 lieues de diamètre; celui de la Terre est de 3200 lieues : la première n'a que les $\frac{3}{11}$ du diamètre de la seconde. La Lune n'est donc qu'un très-petit globe, quoiqu'elle nous semble égaler le Soleil; son

volume n'est que le $\frac{1}{49}$ de celui de la Terre, qui n'est lui-même que les 13 millionièmes de celui du Soleil.

369. La Lune ne brille que d'une lumière empruntée du Soleil; ses phases sont l'effet du mode de réflexion et des lieux relatifs que ces astres occupent à notre égard. S'ils sont dans la même région du ciel, la Lune, qui se trouve à peu près entre nous et le Soleil, ne tourne de notre côté que la face obscure, que nous ne pouvons voir. Ils passent ensemble à peu près au méridien; c'est ce qu'on appelle la *néoménie,* la *nouvelle lune,* la *conjonction.* Au contraire, si la Lune est opposée au Soleil, tout le disque éclairé est tourné vers nous; nous la voyons sous forme d'un cercle lumineux : c'est la *pleine lune,* l'*opposition.* Ces deux états sont désignés par le nom commun de *syzygies ;* ils sont séparés par une succession de phases, croissantes d'abord, décroissantes ensuite. Le premier et le dernier quartier sont les époques où la Lune est en *quadrature* ou à 90 degrés du Soleil; elle ne nous montre que le quart de son disque. Il faut environ 29 $\frac{1}{2}$ jours pour accomplir cette période d'effets de lumière qui se produisent sans cesse.

370. Quand la Lune se place directement entre nous et le Soleil, elle nous cache cet astre; il y a *éclipse de Soleil,* et par conséquent néoménie. Si la Lune se trouve directement opposée au Soleil, elle entre dans le cône d'ombre projeté par la Terre; il y a *éclipse de Lune,* et par conséquent pleine Lune. Il arrive souvent que la Lune s'interpose entre les étoiles et nous, et les cache par son opacité; c'est ce qu'on appelle une *occultation.*

Des Tables astronomiques et de leur usage.

371. L'étude qu'on a faite des mouvements célestes a permis d'en connaître, avec une extrême précision, les lois, la direction et la vitesse. Les formules qui expriment les mouvements ont été réduites en Tables, d'où l'on tire, par de simples additions, des nombres qui donnent la position de chaque astre à tout instant. C'est, par exemple, à l'aide de ces Tables que le Bureau des Longitudes compose la *Connaissance des Temps,* ouvrage qui donne, pour tous les jours de l'année, les lieux occupés au ciel par le Soleil, la Lune, les planètes, les étoiles, l'instant de leur lever,

de leur coucher, etc. Les Anglais, les Prussiens, les Italiens, les Danois, etc., publient aussi des *éphémérides* de ce genre. Comme c'est de ces livres qu'on tire les données des problèmes astronomiques, nous devons expliquer la composition de ces Ouvrages.

372. La *déclinaison* d'un astre est l'arc abaissé de ce corps perpendiculairement à l'*équateur,* plan qui, passant par le centre de la Terre, est perpendiculaire à son axe des pôles. L'*ascension droite* est la distance du pied de cet arc au point équinoxial ♈, sur la ligne de section de l'équateur et de l'écliptique. La déclinaison est *boréale* ou *australe,* selon que l'astre est d'un côté de l'équateur ou de l'autre côté : elle se compte de zéro à 90 degrés, car les pôles sont à 90 degrés de déclin. L'ascension droite se compte de l'ouest à l'est, et de zéro à 360 degrés, en faisant ainsi le tour entier du cercle équatorial. On voit que l'ascension droite et la déclinaison sont deux coordonnées circulaires, qui déterminent la position d'un astre, précisément comme les longitudes et latitudes terrestres fixent la position de chaque ville en Géographie. On les nomme *coordonnées équatoriales.*

En rapportant les astres au plan de l'écliptique, on a de même deux coordonnées circulaires appelées *longitudes* et *latitudes,* dites aussi *coordonnées écliptiques.* Les longitudes se comptent de zéro à 360 degrés, en faisant le tour entier du cercle de l'écliptique. Seulement ici, pour éviter les grands nombres, on a composé une unité de 30 degrés appelée un *signe.* Ainsi, au lieu de dire qu'une longitude est de 200 degrés, on la dit de 6 signes 20 degrés. Les latitudes sont boréales ou australes, de zéro à 90 degrés.

373. Soient donc T (*fig.* 126) la Terre fixée au centre de la sphère céleste, CBDA l'équateur, FAEB l'écliptique; AB est la ligne des équinoxes; A, celui du printemps ♈, est pris pour *origine* des ascensions droites et des longitudes, comptées de droite à gauche, les premières de A vers C, B, ..., les deuxièmes de A vers E, B, ... B est l'équinoxe d'automne ♎. Ainsi le Soleil, décrivant le cercle AEBF, arrive en A le 21 mars, en B le 21 septembre, et procède de l'ouest à l'est.

Soit S un astre quelconque; abaissons de S deux arcs SP, SQ perpendiculaires l'un sur CAD, l'autre sur AEF. AP sera l'ascension droite et

PS la déclinaison de l'astre S, coordonnées qui en fixent la place sur la sphère céleste; ou bien AQ sera la longitude, QS la latitude, déterminant aussi le lieu S. Connaissant les nombres de degrés des arcs AP et PS, ou bien AQ et QS, il est évident qu'on aura la position absolue de S, pourvu qu'on sache en outre si cet astre est dans la région boréale ou australe. On est dans l'usage de prendre les déclinaisons et latitudes positives quand elles sont boréales, et négatives quand elles sont australes.

En A, l'ascension droite et la longitude sont zéro; ces arcs sont de 90 degrés en C et en E; de 180 degrés en B, etc., et ainsi jusqu'à 360 degrés, en faisant le tour entier des deux cercles.

Comme le ciel tourne autour de nous en vingt-quatre heures sidérales, l'origine A tourne en même temps et parcourt tous les points de l'équateur céleste ACBD. Voilà pourquoi l'on change souvent les degrés d'ascension droite en temps, à raison de 360 degrés pour vingt-quatre heures, de 15 degrés par heure. L'arc d'équateur AP, qui a 72 degrés, est dit avoir $48^h 48^m$ (*voir* ci-après).

374. L'angle ETC des deux plans est l'obliquité de l'écliptique, d'environ 23°28'. Quand le Soleil arrive en A ou en B, il est dans l'équateur; le jour est égal à la nuit pour toute la terre : ce sont les *équinoxes*. Les *solstices* sont à 90 degrés de ces points, en E et en F, l'un d'été, l'autre d'hiver. L'écliptique est divisé en signes ou arcs de 30 degrés chacun, comme l'équateur l'est en heure de 15 degrés.

Comme le Soleil ne sort jamais de l'écliptique, sa latitude est toujours zéro (¹), et il suffit d'en avoir la longitude pour en connaître le lieu : c'est ce qui fait ordinairement préférer ce système pour déterminer la place du Soleil. Souvent aussi la Lune et les planètes sont rapportées à l'écliptique; mais, dans les *Éphémérides,* on donne aussi l'ascension droite et la déclinaison de ces corps. Ordinairement les observations sont plus simples avec ces dernières coordonnées, et on les emploie de préférence.

375. Pour la rotation diurne, l'équateur, l'écliptique et les équinoxes tournent en vingt-quatre heures sidérales autour de l'axe *pp'* des pôles;

(¹) Cela n'est vrai qu'approximativement; les perturbations planétaires font un peu sortir la Terre du plan de l'écliptique, et il en résulte pour le Soleil une latitude boréale ou australe, qui d'ailleurs ne va pas à une seconde d'arc.

chaque astre S emporte avec lui les arcs SP, SQ, AP et AQ : mais, tout en se déplaçant pour le spectateur, cet astre conserve son ascension droite AP, sa longitude AQ, sa déclinaison PS, sa latitude QS; à moins cependant que, comme le Soleil et la Lune, il n'ait un mouvement propre, car alors ces arcs varient eux-mêmes lentement, parce que S se déplace sur la sphère.

376. Il faut cependant dire que les plans CD, EF de l'équateur et de l'écliptique ne restent pas liés l'un à l'autre en tournant ensemble. Outre que leur angle change d'une fort petite quantité avec le temps, la droite AB d'intersection, ou ligne des équinoxes, tourne très-lentement, avec les siècles, autour du point T, dans le sens rétrograde de A vers F. C'est ce qu'on appelle la *précession des équinoxes,* mouvement du point A le long de l'écliptique, et qui est d'environ 50″ par an. Ainsi toutes les longitudes des étoiles sont accrues de 50″ chacune, ce qui altère les ascensions droites et les déclinaisons de certaines quantités. Enfin l'axe pp' de la Terre, par un balancement appelé *nutation,* déplace aussi quelque peu les pôles p et p', et le point A.

Mais ces petits mouvements sont si bien connus par leurs causes, qu'on en a pu calculer l'étendue; et il est indifférent que l'origine A ne soit pas constante, puisqu'on sait en assigner la place à chaque instant : c'est ce qu'on fait par les Tables destinées à cet usage.

Il est d'ailleurs inutile de s'en inquiéter quand on veut se servir de la *Connaissance des Temps* pour trouver la place du Soleil, de la Lune, des planètes et même des plus belles étoiles, les seules qui soient en usage dans la Géodésie; car les nombres donnés dans cet Ouvrage ont été trouvés par les calculateurs, en ayant égard à ces circonstances. Nous renvoyons à notre *Astronomie pratique* les personnes qui voudraient connaitre comment la *Connaissance des Temps* est composée par le secours des Tables astronomiques.

377. Il est vrai que la *Connaissance des Temps* (¹) ne donne les posi-

---

(¹) Les explications relatives à la *Connaissance des Temps,* données dans l'édition précédente, s'appliquaient à l'année 1836; mais des améliorations considérables ayant été apportées à cette publication, on a dû modifier tout ce passage de l'Ouvrage pour mettre les exemples d'accord avec l'état actuel de la *Connaissance des Temps.* (*Note de l'Éditeur.*)

tions des astres que pour certaines époques déterminées; ainsi, pour le Soleil, elle donne la longitude et la latitude pour le midi moyen de Paris, chaque jour de l'année, et l'ascension droite et la déclinaison pour midi vrai et pour midi moyen.

En ce qui concerne les planètes, elle ne fournit leurs positions que pour midi moyen, sauf pour les deux planètes inférieures, dont l'ascension droite et la déclinaison sont calculées pour midi et minuit moyens.

Quant à la Lune, la longitude et la latitude sont de même données de douze en douze heures; mais l'ascension droite et la déclinaison sont calculées d'heure en heure pour toute l'année.

Lorsque l'on voudra obtenir les coordonnées pour tout autre instant, il sera donc nécessaire d'*interpoler*. Ce calcul se fera très-aisément à l'aide des données de la *Connaissance des Temps*.

Supposons d'abord qu'il s'agisse des longitudes et latitudes, données de vingt-quatre heures en vingt-quatre heures pour le Soleil, et de douze heures en douze heures pour la Lune.

Soit à déterminer la longitude du Soleil pour le 7 mars 1878 à $5^h 27^m 34^s$.

Je prends dans la *Connaissance des Temps* cette longitude pour midi :

Le 7 mars............... $346° 48' 39'',6$ } differ. $+ 59' 58'',4,$
Le 8 mars............... $347.48.38,0$ }

et je pose cette proportion : *La variation en vingt-quatre heures étant* $+ 59' 58'',4$, *quelle sera la variation en* $5^h 27^m 34^s$?

$$\frac{24^h}{59' 58'',4} = \frac{5^h 27^m 34^s}{x},$$

d'où

$$x = + 59' 58'',4 \times \frac{5^h 27^m 34^s}{24^h}.$$

On réduit tout en secondes, et l'on trouve par logarithmes :

$$\log (59' 58'',4 = 3598'',4) \ldots\ldots\ldots 3,5561094$$
$$\log (5^h 27^m 34^s = 19654^s) \ldots\ldots\ldots 4,2934510$$
$$\text{Comp. } \log (24^h = 86400^s) \ldots\ldots\ldots \overline{5,0634863}$$
$$\overline{2,9130467} \ldots 818'',5$$
$$x \ldots\ldots + 13' 38'',5$$

longitude ☉, mars 7, midi......... $346° 48' 39'',6$
longitude ☉, mars 7, à $5^h 27^m 34^s$... $347° 2' 18'',1$

Observez que la réduction des arcs en secondes se trouve toute faite dans deux colonnes des *Tables de logarithmes* de Callet, voisines de celle qui contient les nombres. Par exemple, à côté du nombre 1556, on lit dans ces colonnes 0°25′56″ et 4°19′20″, parce que ces arcs équivalent à 1556″ et 15560″, en sorte que, pour trouver les logarithmes de ces arcs, il est inutile de les réduire en secondes.

378. Ce mode d'interpolation suppose que *les variations sont proportionnelles aux temps écoulés,* c'est-à-dire que la marche de l'astre est faite d'un mouvement uniforme. Or cela n'est vrai qu'à peu près, et même est tout à fait inexact dans certains cas. Alors il faut recourir aux différences secondes, troisièmes, ... C'est ce qui est indispensable lorsqu'on demande une grande précision, ou quand il s'agit des coordonnées de la Lune; mais le procédé ci-dessus exposé est toujours suffisant pour obtenir la longitude du Soleil, son demi-diamètre, celui de la Lune, sa parallaxe, l'équation du temps, etc., et en général toutes les fois que les différences entre les nombres consécutifs sont minimes ou à peu près constantes.

Nous renvoyons à l'*Astronomie pratique* (n° 78) les détails sur l'interpolation; nous ne traiterons ici que le cas où l'on n'a égard qu'aux différences secondes, parce qu'il est rare que les troisièmes, quatrièmes,... soient utiles. Supposons donc que les différences deuxièmes soient faibles, ou presque constantes.

On tire de la *Connaissance des Temps* quatre termes consécutifs pris dans la colonne des coordonnées. qu'on veut calculer; *deux de ces termes sont pour des époques antérieures, et deux pour des époques postérieures immédiatement à l'heure proposée : on en prend les trois différences premières, puis les deux différences secondes, en retranchant chaque nombre de celui qui le suit, et donnant au reste le signe qui lui convient.* La correction x que doit subir le nombre immédiatement antérieur est donnée par la formule

$$x = \left(\Delta^1 - \frac{1}{4}\Delta^2 \right) \frac{t}{12^h} + \frac{1}{4}\Delta^2 \left(\frac{t}{12} \right)^2.$$

Δ^1 représente la différence intermédiaire entre les trois qu'on a trouvées, Δ^2 est la moyenne entre les deux différences deuxièmes; t est le nombre d'heures, minutes et secondes qui s'écoulent depuis i'heure du terme antérieur jusqu'à l'instant proposé; x est ce qu'il faut ajouter *avec son signe* à ce même terme.

Quelle est, par exemple, la longitude de la Lune le 14 novembre 1879, à $9^h 34^m 42^s$*?* On trouve dans la *Connaissance des Temps* de cette année :

	Longitude ☾	Diff. 1es.	Diff. 2es.
Le 13 à minuit....	230°.47′.21″,6		
		+7°.39′.43″,3	
Le 14 à midi......	238.27. 4,9		— 1′.27″,2
		$\Delta^1 = $ +7.38.16,1	
Le 14 à minuit....	246. 5.21,0		— 2.47,5
		+7.35.28,6	
Le 15 à midi......	253.40.49,6		

Je prends la moyenne des deux différences deuxièmes, et j'ai

$$\Delta^2 = -\frac{1}{2}\left(1'27'',2 + 2'47'',5\right) = -2'7'',35,$$

d'où

$$\frac{1}{4}\Delta^2 = -31'',84.$$

Le premier coefficient de la formule est donc

$$+7°38'16'',1 + 31'',84 = +7°38'47'',94.$$

De là le calcul suivant :

$$\log\,(7°38'47'',94 = 27527'',94)\ldots\ 4,4397738 \qquad \log\,(-31'',84)\ldots\ 1,50297-$$
$$\log\,(t = 9^h 34^m 42^s)\ldots\ldots\ldots\ 4,5375924 \qquad 2\log t\ldots\ldots\ 9,07518$$
$$\text{Compl. } \log 12^h \ldots\ldots\ldots\ \overline{5},3645163 \qquad 2\,\text{C. } \log 12^h \ldots\ \overline{10,72903}$$
$$\log\,1^{er}\text{ terme}\ldots\ldots\ldots\ 4,3418825 \qquad \log 2^e\text{ terme}\ldots\ 1,30718-$$

$$
\begin{aligned}
1^{er}\text{ terme}\ldots\ldots\ldots &\quad +6°. 6'.12'',7 \\
2^e\text{ terme}\ldots\ldots\ldots &\quad -\qquad 20,3 \\
\text{Correction } x\ldots\ldots &\quad +6. 5.52,4 \\
\text{Longit. ☾, le 14 à } 0^h\ldots\ldots &\quad 238.27. 4,9 \\
\text{Longit. ☾ à } 9^h 34^m 42^s\ldots\ldots &\quad 244.32.57,3
\end{aligned}
$$

Si l'on n'eût pas tenu compte des différences deuxièmes, la correction eût été simplement

$$x = \Delta^1 \frac{t}{12} = + 7° 38' 16'',1 \times \frac{9^h 34^m 42^s}{12^h};$$

log ($7° 38' 16'',1 = 27496'',1$)......... 4,4392711

log ($t = 9^h 34^m 42^s$)............... 4,5375924

Compl. log 12^h.................. $\overline{5},3645163$

        log correction............ 4,3413798..... 21947'',2

        Correction x..............+-6° 5'47'',2.

379. Souvent on a besoin du *mouvement horaire* d'un astre, c'est-à-dire de sa marche pour une heure : il faut encore distinguer ici le cas où l'on peut supposer les différences premières constantes, et celui où l'on n'est pas en droit de le faire avec une suffisante exactitude.

Dans le premier cas on suppose la marche uniforme, ce qu'on fait toujours quand il s'agit du Soleil ; une proportion suffit pour donner le mouvement horaire. Ainsi, dans l'exemple du n° 377, on pose :

Si vingt-quatre heures donnent 59' 58'', 4 d'augmentation pour la longitude du Soleil, combien donnera une heure? Or, en multipliant les deux termes du premier rapport par $2\frac{1}{2}$, le diviseur devient 60 heures. Pour diviser le produit du deuxième terme par 60, il suffira de changer les degrés en minutes, les minutes en secondes, etc. Le calcul est fait ci-contre et donne $2' 29'' 56''',0 = 2' 29'',93$ pour le mouvement horaire demandé.

$$\frac{\begin{matrix} 59'.58'',4 \\ 59.58,4 \\ 29.59,2 \end{matrix}}{2' 29'' 56''',0}$$

Ce procédé rend même l'interpolation facile ; car, dans l'exemple du n° 377, il reste à multiplier le mouvement horaire en longitude par $5^h 27^m 34^s = 5^h,4594$, ce qui donne le même résultat 818'',5.

380. Mais, lorsqu'on ne veut pas supposer que l'arc est décrit uniformément, on doit, pour trouver le mouvement horaire, calculer la marche en ayant égard aux différences deuxièmes, pour deux instants écartés d'une heure : la différence entre les deux résultats est le mouvement par heure. Ainsi, dans l'exemple du n° 378, si l'on veut avoir le mouvement horaire correspondant au 14 novembre à midi, en tenant compte des différences secondes, on remarque que du 13 à minuit au 14 à midi ;

c'est-à-dire en douze heures, la longitude varie de $+ 7°39'43'',3$; du 14 à midi au 14 à minuit; aussi, en douze heures, cette même coordonnée varie de $+ 7°38'16'',1$; donc sa variation moyenne en douze heures, correspondant au 14 à midi, sera

$$+ \frac{1}{2}\left(7°39'43'',3 + 7°38'16'',1\right) = + 7°38'59'',7.$$

La variation horaire moyenne sera donc le douzième de cette valeur, c'est-à-dire $+ 38'14'',975$. On obtient encore cette valeur en ajoutant, à la différence première $+ 7°39'43'',3$, la moitié de la différence deuxième, $- 1'27'',2$, et prenant le douzième du résultat.

Supposons actuellement que l'on ait à déterminer par interpolation les coordonnées équatoriales du Soleil et de la Lune, pour un instant quelconque du temps moyen de Paris ou d'un autre lieu dont on connaît la longitude, à l'aide des données fournies par la *Connaissance des Temps*. Les améliorations nouvellement introduites dans cet Ouvrage facilitent beaucoup les calculs.

L'ascension droite apparente du Soleil est donnée pour midi vrai et midi moyen à Paris, ainsi que sa déclinaison, et l'on trouve les variations horaires de ces coordonnées dans des colonnes spéciales; il n'y aura donc qu'à multiplier ces variations horaires par le nombre d'heures écoulées depuis midi vrai ou midi moyen jusqu'à l'instant considéré.

L'ascension droite et la déclinaison de la Lune sont données tous les jours, pour le commencement de chaque heure de temps moyen de Paris. Au moyen de ces éléments, on peut obtenir facilement, en se servant des variations pour une minute, inscrites en regard, l'ascension droite et la déclinaison pour une époque intermédiaire.

EXEMPLE. — *On demande l'ascension droite de la Lune le 7 janvier 1879, à $6^h 35^m 24^s$, temps moyen de Paris.*

L'ascension droite est $6^h 35^m 21^s,90$, le 7 janvier à 6 heures, et sa variation pour une minute à cette même heure est $2^s,4086$. On a donc :

$$
\begin{array}{lr}
\text{Ascension droite } \mathbb{C} \text{ à 6 heures}\dots\dots\dots & 6.35.21,90 \\
\text{Variation en } 35^m 24^s = 2^s,4086 \times 35,4\dots & 1.25,26 \\
\hline
\text{Ascension droite } \mathbb{C} \text{ à } 6^h 35^m 24^s\dots\dots & 6.36.47,16
\end{array}
$$

Ce calcul n'est qu'approché; pour avoir en toute rigueur l'ascension droite demandée, il faut tenir compte des différences secondes, ce qui revient à interpoler la variation par minute pour l'époque intermédiaire entre 6 heures et $6^h35^m,4$, c'est-à-dire pour l'époque $6^h + \dfrac{35^m,4}{2}$. On trouvera dans la *Connaissance des Temps*

Variation pour 1^m à 6^h...... $2^s,4086$ ⎫
Variation pour 1^m à 7^h...... $2^s,4076$ ⎬ différ. — $0^s,0010$.

La variation pour une minute pour l'époque intermédiaire est alors

$$2^s,4086 - \left(\frac{0^s,0010}{60} \times \frac{35,4}{2} \right) = 2^s,4083.$$

Ascension droite ☾ à 6 heures...... $6^h.35^m.21^s,90$
Variation $= 2^s,4083 \times 35,4$......... $1.25,25$
Ascension droite ☾ à $6^h35^m24^s$...... $6.36.47,15$.

Des réfractions, parallaxes et demi-diamètres.

381. La lumière des astres se courbe pour arriver à nos yeux, en traversant les couches atmosphériques de densités variables, et, comme nous rapportons les objets dans la ligne droite où ils nous apparaissent, nous leur attribuons une place un peu différente de leur lieu réel. Cet effet, appelé *réfraction*, est calculé d'après des Tables construites sur les formules qui sont propres à la courbe ou *trajectoire* des rayons lumineux. C'est dans la direction de la tangente à l'élément de la courbe qui entre dans notre œil que nous supposons les corps célestes, qui, par cet effet, nous paraissent un peu plus élevés sur l'horizon qu'ils ne le sont réellement, mais toujours dans le plan vertical où ils se trouvent.

La Table I de la *Connaissance des Temps* donne, par une interpolation semblable à celle du n° 377, la réfraction propre à toutes les hauteurs des astres ou à leurs distances zénithales. Ainsi, lorsqu'on a observé qu'une étoile est à $10°15'48''$ d'élévation au-dessus de l'horizon, comme la réfraction est alors, d'après la Table, de $5'11'',8$, en retranchant, on trouve que, s'il n'y avait pas d'atmosphère, la hauteur n'eût été que de $10°10'36'',2$.

Mais la température et la pression de l'air agissent pour produire la réfraction, et la Table suppose que le thermomètre centigrade marque + 10° et que la colonne de mercure du baromètre est à 760 millimètres. Si donc l'état de l'atmosphère n'est pas tel, il faut faire éprouver à la réfraction donnée par la Table I une correction que l'on trouve à l'aide de la Table II. C'est le nombre ainsi corrigé qui est la *véritable réfraction, et qu'il faut retrancher de la hauteur observée.*

Quand l'observation, au lieu de faire connaître la hauteur d'un astre, en donne le complément ou la *distance au zénith, il faut au contraire y ajouter la réfraction.*

382. Soit L (*fig.* 127) un astre observé d'un lieu O de la Terre CO; le spectateur le rapporte au point K de la sphère céleste, où elle est rencontrée par le prolongement du rayon visuel OL. Un autre observateur ne jugerait donc pas l'astre au même point du ciel. Comme les éphémérides sont destinées à servir en tous lieux, on a dû supposer que l'observateur occupe une place déterminée : cette place est le centre même C de la Terre. Ainsi les Tables astronomiques supposent toujours que le spectateur occupe ce centre C, et il faut faire aux arcs observés les corrections propres à les ramener à ce que sont ces mêmes arcs pour l'observateur placé au centre C. On a donné le nom de *parallaxe* à l'angle L sous lequel un spectateur situé dans un astre L verrait le rayon terrestre OC.

Plus l'astre L est éloigné, plus cet angle L est petit : il atteint à peine 8 secondes pour le Soleil; et il est tout à fait insensible pour les étoiles, à cause de leur immense éloignement. On peut même dire qu'une étoile, vue après six mois d'intervalle, c'est-à-dire lorsque la Terre est au point opposé de son orbite, dont le diamètre a 70 millions de lieues, nous paraît occuper le même point du ciel. Ainsi *la parallaxe des étoiles est nulle,* et il n'est nécessaire de faire aucune correction aux arcs observés de la surface de la Terre, pour être rigoureusement en droit de les réputer observés du centre.

383. Mais il n'en est pas de même pour le Soleil et surtout pour la Lune. Celle-ci n'est éloignée de nous que de 60 rayons terrestres; elle paraît donc occuper des points du ciel très-différents lorsqu'on la voit du centre de la Terre ou des divers points de sa surface. Dans certains cas,

la parallaxe est de plus d'un degré. Comme la distance CL est insensible quand on là compare à celle des étoiles, l'angle ou parallaxe ILK est le déplacement apparent que l'astre L éprouve lorsqu'on le voit de O, au lieu de le voir de C. Ainsi : 1° *la parallaxe s'exerce entièrement dans un plan vertical, ainsi que la réfraction; mais elle agit en sens contraire et paraît abaisser l'astre; 2° il faut l'ajouter aux hauteurs observées de O, pour obtenir celles qu'on observerait de C.*

384. Lorsque l'astre L est à l'horizon du spectateur O (*fig.* 128), l'angle L est appelé la *parallaxe horizontale* de cet astre. Et comme les rayons OC = R de la Terre sont variables avec la latitude du lieu d'observation, plus le rayon R est grand, plus l'angle L l'est aussi. Lorsque le point O est sous l'équateur, l'angle L est la *parallaxe horizontale équatoriale*. C'est cet angle qui est donné dans la *Connaissance des Temps,* de 5 en 5 jours pour le Soleil, et à chaque heure pour la Lune, et qui sert à en obtenir la valeur pour les autres époques par interpolation. Cette parallaxe fait ensuite connaître celle qu'il faut prendre en tout autre lieu de la Terre, et pour toutes les hauteurs de la Lune, ainsi que nous allons l'expliquer. Comme les distances de la Lune à la Terre varient rapidement et dans des limites assez considérables, ce qui résulte de l'excentricité de son orbite elliptique, il a été nécessaire de donner la parallaxe d'heure en heure, comme nous venons de le dire.

La parallaxe du Soleil est trop petite pour que l'inégalité des rayons terrestres la fasse varier sensiblement. On a des Tables qui donnent cet angle pour toutes les hauteurs aux divers jours de l'année (*voir* l'*Astronomie pratique,* Table XII). Cette Table est donnée dans la *Connaissance des Temps,* sous le titre Table III.

385. Soient H la parallaxe horizontale sous l'équateur et P celle d'un lieu dont la latitude est l; p la parallaxe en ce lieu pour la distance zénithale z, Δ la distance CL de l'astre L (*fig.* 127), enfin R le rayon terrestre OC. Le triangle OLC donne

$$\sin p : \sin (180° - z) :: R : \Delta,$$

d'où

(1)
$$\Delta \sin p = R \sin z.$$

Pour $z = 90°$, on a

$$(2) \qquad \Delta \sin P = R,$$

d'où, éliminant Δ,

$$(3) \qquad \sin p = \sin P \sin z.$$

Comme, même pour la Lune, le plus rapproché des astres, P et p sont très-petits, on peut substituer le rapport de ces arcs à celui de leur sinus; on aura donc

$$(4) \qquad p = P \sin z.$$

Cette équation donne la *parallaxe p de hauteur*, ou ce qu'il faut retrancher de la distance zénithale z pour la réduire à ce qu'elle est quand on voit l'astre du centre de la Terre. Quant à la parallaxe horizontale P, pour le lieu dont la latitude est l, on a trouvé [n° 182, équation (9)] que, A étant le rayon de l'équateur, on a pour la valeur du rayon terrestre R à cette même latitude

$$R = A (1 - \mu \sin^2 l),$$

l'aplatissement du sphéroïde terrestre étant μ; et, comme l'équation (2) donne

$$\Delta \sin H = A,$$

d'où

$$\frac{\sin P}{\sin H} = \frac{P}{H} = 1 - \mu \sin^2 l,$$

on trouve

$$(5) \qquad P = H (1 - \mu \sin^2 l).$$

P est si peu différent de H, même pour la Lune, que le plus souvent on prend H pour P, ce qui rend cette équation inutile. Mais, quand les calculs exigent de la précision, on obtient P d'après la valeur de H tirée de la *Connaissance des Temps,* après quoi l'une des équations (3) ou (4) fait connaître p, ou la parallaxe pour la distance zénithale z.

L'équation (1) montre que la parallaxe p atteint sa plus grande valeur quand $z = 90°$, c'est-à-dire quand l'astre est à l'horizon : elle est nulle, quand il est au zénith, où $z = 0°$; elle l'est encore pour toutes les étoiles, parce que Δ est infini par rapport à R. Enfin on voit que plus l'astre est éloigné, plus sa parallaxe est faible, etc.

Cet effet, quoique s'exerçant en entier dans le sens vertical, agit en partie sur l'ascension droite, la déclinaison, la longitude et la latitude. On a des formules pour calculer les corrections de ces arcs. Nous ne nous y arrêterons pas, parce qu'on trouve rarement l'occasion de s'en servir en Géodésie (*voir* ci-après n° 428, et l'*Astronomie pratique*, p. 123).

386. Le *demi-diamètre* de la Lune se tire aussi de la *Connaissance des Temps*, qui le fournit pour le commencement de chaque heure du jour, tel qu'on le voit du centre de la Terre C (*fig.* 127), où il paraît un peu plus petit qu'à la surface, parce qu'il est plus éloigné que des points O de celle-ci. Pour conclure le demi-diamètre R′, tel que nous le voyons, de celui R de la *Connaissance des Temps*, on démontre la formule (voir *Astronomie pratique*, p. 61)

$$R' = R + MR^2 \cos z = R(1 + MR \cos z).$$

Le dernier terme étant exprimé en secondes, on a

$$\log M = \overline{5},2502084.$$

Ainsi, lorsqu'on a mesuré la hauteur du bord inférieur de la Lune, il ne faudrait ajouter le demi-diamètre R de la *Connaissance des Temps*, pour avoir la hauteur du centre, qu'après l'avoir corrigé de la quantité + MR² cos z.

Mathématiquement, on doit dire que le demi-diamètre du Soleil est aussi plus grand pour nous que si nous le voyions du centre de la Terre, et qu'on doit faire subir au demi-diamètre solaire de la *Connaissance des Temps* la même correction qu'à celui de la Lune ; mais cette correction est tout à fait insensible, à cause de la distance considérable du Soleil.

Du temps vrai, moyen et sidéral.

387. Il y a trois manières d'exprimer les durées écoulées : soit par les révolutions diurnes du *Soleil vrai*, soit par celles d'un astre fictif qu'on appelle *Soleil moyen*, soit enfin par celles des étoiles.

Comme la vitesse et la distance du Soleil varient dans les différents mois, le Soleil vrai n'emploie pas chaque jour de l'année le même temps à accomplir sa révolution diurne ; en sorte que d'un midi au suivant, quoiqu'on partage toujours le temps écoulé en vingt-quatre heures, les jours sont inégaux et les heures par conséquent inégales. D'ailleurs cet astre ne décrit pas l'équateur dont les degrés sont la mesure du temps; en sorte que, quand bien même la marche du Soleil serait uniforme dans une orbite circulaire, les jours solaires seraient encore inégaux.

388. Mais, si l'on imagine un Soleil qui décrirait l'équateur uniformément dans une année tropique, les retours de cet astre au méridien supérieur d'un lieu quelconque seraient séparés par des intervalles de temps égaux. On appelle *temps moyen* la durée indiquée par ce Soleil. On a combiné la marche de cet astre fictif de manière que, tantôt devançant le Soleil vrai dans son midi, tantôt au contraire étant devancé par lui, les écarts fussent à peu près les mêmes dans les deux sens. La compensation des inégalités d'heures indiquées par le Soleil vrai et le Soleil moyen a lieu quatre fois par an; et comme, d'une part, la marche du Soleil vrai est parfaitement connue, que de l'autre celle du Soleil moyen n'est qu'une affaire de calcul, on a composé des Tables de tous les écarts. On appelle *équation du temps* la différence entre les heures marquées par les deux Soleils, ou *ce qu'il faut ajouter à l'heure vraie pour avoir l'heure moyenne;* c'est l'arc d'équateur qui sépare les deux soleils, ou la différence de leurs ascensions droites en temps; on a la relation

(1)   heure moyenne = heure vraie + équation du temps.

389. Les jours civils commencent et finissent à minuit, et se forment de deux périodes de douze heures chacune, dont l'origine est à l'instant du passage du Soleil au méridien, soit supérieur, soit inférieur. *Le jour astronomique commence à midi*, et l'on compte les heures sans interruption jusqu'à 24 : ainsi le 6 août, à 9 heures du matin, est, pour l'astronome, le 5 à 21 heures.

390. Comme la révolution diurne de la sphère céleste est parfaitement uniforme, on s'en sert pour mesurer le temps. Les *vingt-quatre heures sidérales*, ou *jour sidéral,* sont la durée qui s'écoule depuis le passage d'une étoile quelconque au méridien supérieur d'un lieu jusqu'à son retour à ce plan. On prend pour commencement du jour sidéral l'instant où l'équinoxe ♈ passe au méridien. Les pendules des observatoires sont ordinairement réglées sur le temps sidéral; mais quelquefois aussi elles marchent comme le temps moyen, qui maintenant est partout en usage pour

la vie civile, pour les chronomètres, etc. Ces deux espèces de durées étant seules uniformes, on ne peut se servir que d'elles pour les besoins de l'Astronomie.

391. Les passages au méridien s'observent avec une lunette qu'on appelle *méridienne*, parce qu'elle est construite et placée de manière que son axe optique décrive le méridien. Or les passages, soit du Soleil moyen, soit de l'équinoxe, par le plan du méridien, ne peuvent être observés directement, puisque les points du ciel qu'ils occupent ne sont distingués par aucun astre. Mais, comme les mouvements du Soleil vrai sont bien mesurés et comparés aux étoiles, il est facile de se servir de ces corps célestes visibles, pour apprécier les mouvements du Soleil moyen et de l'équinoxe, qu'on ne peut voir au ciel.

Le Soleil moyen parcourt l'équateur en un an, ou $365^j,242218124$; ainsi, les 360 degrés de ce cercle étant décrits uniformément dans cette durée, une proportion donne pour *l'arc décrit en un jour moyen*

$$0°,985647283 = 1° - 51'',670 :$$

c'est l'arc dont l'ascension droite du Soleil moyen s'accroît chaque jour moyen. Dans cette durée, il passe au méridien un arc d'équateur de $360°59'8'',33022$, ce qui fait

$$15°2'27'',847 = 15°,0410686 \text{ en une heure moyenne,}$$
$$15'2'',464 \text{ en une minute, } 15'',041 \text{ en une seconde.}$$

On en conclut le temps nécessaire pour décrire l'arc de $0°,985647283$ dont le Soleil moyen s'avance chaque jour sur l'équateur vers l'est : c'est $3^m55^s,90945$ de temps moyen. Tel est l'excès de la durée du jour moyen sur celle du jour sidéral; car ce dernier n'exprime que le temps nécessaire au passage de 360 degrés par le méridien, ou 15 degrés par heure. Ainsi, $3^m55^s,90945$ est le temps moyen que le Soleil moyen emploie chaque jour de plus qu'une étoile pour revenir au méridien.

Pour exprimer cette durée en temps sidéral, on pose cette proportion : si 360 degrés sont décrits en 24 heures sidérales, en combien de temps $0°,985647...$? On trouve $3^m56^s,555348$ pour le quatrième terme : telle est, en temps sidéral, la valeur de l'arc d'équateur décrit chaque jour par le Soleil moyen, ou la quantité dont s'accroît son ascension droite en un jour moyen.

Ainsi, lorsqu'on aura déterminé l'ascension droite du Soleil moyen à une époque quelconque, pour l'obtenir à une autre époque, *il faudra ajouter autant de fois* 3^{m}56^s,555348 qu'il y a eu de jours intermédiaires écoulés.

392. On trouvera dans l'*Astronomie pratique* une Table très-étendue qui est fort commode pour faire ces calculs; la suivante suffit à notre objet. Nous y avons montré l'usage de cette Table, en donnant l'ascension droite du Soleil moyen à midi moyen de Paris, le 5 août 1842.

Table pour trouver l'ascension droite moyenne du Soleil.

L'époque est à midi moyen pour Paris, le 1er janvier.

DURÉES.	ASCENS. DR. en temps.	N	N +	N +	N −	N −	NUTA- TION.
	h m s						s
1833............	18.43.34,33	681	00	500	500	1000	0,00
1 an..	— 57,304	+ 53	25	475	525	975	0,17
4 ans..	+ 7,348	214	50	450	550	950	0,33
1 jour........	3.56,555	0,14	75	425	575	925	0,49
10 jours.... ..	39.25,553	1,4	100	400	600	900	0,63
30 jours.	1.58.16,660	4,3					
100 jours.... ..	6.34.15,535	14,0	125	375	625	875	0,76
			150	350	650	850	0,87
			175	325	675	825	0,96
			200	300	700	800	1,01
			225	275	725	775	1,05
			250	250	750	750	1,06

		h m s	
1833............		18.43.34,33	N = 681
2 fois 4 ans.......	+	14,69	428
1 an.............	—	57,30	53
7 mois de 30 jours..		13.47.56,62	30
6 jours..........		23.39,33	1
nutation..........	+	1,00	
asc. dr. ☉ moy. =		8.54.28,67	193

Depuis 1833 jusqu'à 1842, il y a 9 ans écoulés, que l'on décompose en deux périodes de 4 ans, plus une année, $9 = 2 \times 4 + 1$; comme les années bissextiles sont composées de 366 jours, elles se trouvent ainsi renfermées dans ces périodes. On écrit d'abord le nombre qui répond à 1833, puis deux fois celui qui répond à 4 ans, et une fois — 57ˢ,3o pour l'année en plus; la réunion de ces trois nombres donnerait l'ascension droite du ⊙ moyen le 1ᵉʳ janvier 1842, à midi moyen de Paris; maintenant la date étant le 5 août, on voit qu'il y a 7 mois écoulés, et l'on répète 7 fois le nombre de la Table qui répond à 30 jours. Mais il y a 4 de ces mois qui ont 31 jours et il en manque 2 à février, c'est donc 2 jours de plus que les 7 mois de 30 jours : ainsi, jusqu'au 5 août, il faut compter 6 jours écoulés, et par conséquent prendre 6 fois la marche du ⊙ moyen en 1 jour. La somme de tous ces résultats est l'ascension droite demandée, sauf une petite correction pour la nutation.

La colonne N est destinée à faire connaître un nombre propre à mesurer le petit déplacement qu'éprouve le point équinoxial ♈, par l'effet de la nutation. On calcule les parties de ce nombre N comme on l'a fait pour les arcs d'ascension droite, et l'on obtient pour somme 193. C'est avec ce résultat qu'on entre dans la Table subsidiaire, et l'on trouve qu'il répond à + 1ˢ,oo, qu'il faut ajouter à l'ascension droite.

La *Connaissance des Temps* donne l'ascension droite du Soleil moyen pour chaque jour, à midi moyen de Paris, sous le nom de *temps sidéral à midi moyen,* ce qui dispense de faire les calculs qui précèdent.

Quand l'heure proposée n'est pas celle de midi moyen, il faut ajouter au nombre dont on vient de parler la marche du Soleil moyen en ascension droite, depuis cette heure de midi, savoir 9ˢ,8565 par heure, oˢ,16427 par minute. Ces calculs se trouvent tout faits dans notre Table V, où l'on prendra les nombres de la deuxième colonne, intitulée *temps sidéral.*

Et pour avoir l'ascension droite du Soleil moyen en un lieu placé hors du méridien de Paris, on commencera d'abord par chercher l'heure moyenne comptée à Paris au même instant, d'après la longitude du lieu, en temps; on calculera ensuite l'ascension droite du Soleil moyen pour cette dernière heure.

Quelle est l'ascension droite moyenne du Soleil le 9 septembre 1879, à 20ʰ14ᵐ19ˢ *de temps moyen à Berlin?*

	h m s
Heure de Berlin......................	20.14.19
Longitude orientale..................	— 44.14
Heure de Paris......................	19.30. 5
Asc. dr. ☉ moy. le 9 à midi moyen......	11.12.37,67
Mouvement en 19ʰ, Table V, 2ᵉ colonne....	3.′7,27
» en 30ᵐ.....................	4,93
» en 5ˢ......................	0,02
Asc. dr. demandée............	11.15.49,89

393. En général, lorsqu'une durée écoulée T est en temps moyen, et qu'on veut l'exprimer en temps sidéral, il faut ajouter $3^m 56^s,555348$ par jour, $9^s,8565$ par heure, $0^s,16427$ par minute. Et réciproquement, si une durée écoulée T est en temps sidéral, pour la traduire en temps moyen, il faut retrancher $3^m 55^s,90945$ par jour, $9^s,8295$ par heure, $0^s,163836$ par minute.

La Table V sert pareillement à faire ces calculs, en y prenant les nombres de la deuxième colonne (*temps sidéral*) dans le premier cas, et de la première (*temps moyen*) dans le second.

Ainsi supposons qu'on ait observé les passages de deux étoiles au méridien, et que l'intervalle de ces deux passages, compté sur une horloge de temps moyen, soit............................... $1^h 54^m 43^s,70$

Pour traduire cette durée en temps sidéral, on ajoutera :

Pour 1ʰ.............................	+ 9,86
Pour 54ᵐ...........................	+ 8,87
Pour 44ˢ...........................	+ 0,12
Durée sidérale équivalente............	$1^h 55^m 2^s,55$

La *Connaissance des Temps* de chaque année donne ces mêmes Tables sous les titres : Table V et Table VI.

Quant au passage méridien de l'équinoxe ♈, instant où commence le jour sidéral, on ne peut non plus l'observer directement. Mais, comme les ascensions droites données dans les catalogues d'étoiles expriment, en temps sidéral, l'arc d'équateur qui a traversé le méridien, depuis que le point ♈ y a passé jusqu'au moment où l'étoile y entre, il est évident que *toute étoile passe toujours au méridien à l'heure sidérale marquée par son ascension droite;* en sorte qu'en tout lieu on compte, par exemple, 5 heures sidérales, à l'instant où l'étoile dont l'ascension droite est 5 heures entre au méridien.

Comme il y a trois mesures du temps, il est indispensable de savoir traduire l'une quelconque de ces mesures en l'autre.

394. *Quelle est l'heure moyenne, connaissant l'heure vraie, et réciproquement ?*

Cette transformation se fait par l'équation (1) du n° 388. Ainsi, quand l'observation du Soleil vrai aura fait connaître l'heure vraie, une simple addition donnera l'heure moyenne. Réciproquement, en retranchant l'équation du temps de l'heure moyenne, on aura l'heure vraie. Il faut cependant observer que quelquefois l'équation du temps est négative, et qu'alors l'addition devient une soustraction, et réciproquement. C'est ce qui arrive quand le Soleil moyen est avancé en ascension droite sur le Soleil vrai.

Comme l'équation du temps est donnée dans les Tables pour midi vrai de Paris, et qu'il faut l'employer dans l'équation (1) pour l'heure proposée, il faut interpoler la Table, afin d'obtenir cette équation pour l'heure dont il s'agit.

395. La *Connaissance des Temps,* à partir de l'année 1879, donne cette équation sous le titre de *temps moyen à midi vrai,* parce qu'en effet on y lit l'heure que doit marquer la pendule de temps moyen, quand le centre du Soleil vrai passe au méridien. Or, s'il est $0^h 13^m 51^s,2$ de temps moyen à midi vrai, l'équation du temps, d'après sa définition, est $+ 13^m 51^s,2$: c'est le retard du Soleil vrai sur le temps moyen. Mais, si l'heure indiquée est au-dessous de midi, comme, par exemple, si le *temps moyen à midi vrai* est $11^h 49^m 36^s$, c'est au contraire le Soleil moyen qui retarde, et l'équation du temps est négative et égale à $- 10^m 24^s$. Cette manière d'indiquer l'équation du temps dispense de comprendre dans le calcul les parties affectées du signe $-$. On a donc

(2)   heure moyenne $=$ heure vraie $+$ temps moyen à midi vrai.

On tire ce dernier terme de la *Connaissance des Temps,* à l'aide d'une interpolation, si l'on veut opérer pour une autre heure que midi vrai. Mais il faut se ressouvenir qu'*on est censé avoir ajouté* 12 *heures quand le temps moyen à midi vrai est au-dessous de midi, et qu'il faut ôter ensuite ces 12 heures.* C'est un véritable complément arithmétique qu'on emploie pour changer une soustraction en addition, quand l'équation du temps a le signe —.

Par exemple, on demande quel est le temps moyen qui correspond à une observation faite à Paris, le 11 octobre 1879, à $12^h 45^m 31^s,7$ de temps vrai.

Le 11 octobre 1879, on trouve dans la *Connaissance des Temps* de cette année $11^h 46^m 50^s,14$ pour le temps moyen à midi vrai, et, dans la colonne à droite, $— 0^s,636$ pour la variation horaire; il faudra donc calculer la variation pour le nombre d'heures écoulées depuis midi vrai jusqu'à l'instant de l'observation, c'est-à-dire pour

$$12^h 45^m 31^s,7 = 12^h,759,$$

et l'opération se présentera ainsi :

$$
\begin{array}{lr}
 & {}^h \quad {}^m \quad {}^s \\
\text{Temps vrai de l'observation}\dots\dots\dots\dots & 12.45.31,70 \\
\text{Temps moyen à midi vrai, 11 octobre}\dots\dots & 11.46.50,14 \\
\text{Correction} = — 0^s,636 \times 12,759\dots\dots\dots & — \qquad 8,11 \\
\hline
 & 24.32.13,73 \\
 & —12 \\
\hline
\text{Temps moyen de l'observation}\dots\dots\dots\dots & 12.32.13,73 \\
\end{array}
$$

On arriverait à un résultat plus rigoureux en interpolant la variation horaire pour la moitié de l'intervalle $12^h,759$.

396. Réciproquement, connaissant l'heure moyenne d'une observation, on peut se proposer de déterminer l'heure vraie correspondante. Pour résoudre ce problème, la *Connaissance des Temps* (année 1879) donne le *temps vrai à midi moyen*, que l'on obtient directement en retranchant du temps sidéral à midi moyen (ascension droite du Soleil moyen) l'ascension droite du Soleil vrai à midi moyen, augmentée au besoin de 12 heures, si cela est nécessaire pour rendre la soustraction possible. On dirige l'opération comme dans l'exemple précédent, en se basant sur l'équation

$$(3) \qquad \text{heure vraie} = \text{heure moyenne} + \text{temps vrai à midi moyen.}$$

Ce dernier terme se tirera donc de la *Connaissance des Temps,* à l'aide
d'une interpolation analogue à celle que l'on vient d'employer, si l'on
veut opérer pour une autre heure que midi moyen.

On demande le temps vrai d'une observation faite à Paris, le 3 janvier 1879, à $9^h 44^m 52^s,2$ de temps moyen.

Le 3 janvier, le temps vrai à midi moyen à Paris est $11^h 55^m 18^s,96$; sa
variation en vingt-quatre heures, du 3 au 4, est $- 27^s,44$; on aura donc:

$$
\begin{array}{lr}
& \text{h} \quad \text{m} \quad \text{s} \\
\text{Temps moyen de l'observation}\ldots\ldots\ldots\ldots\ldots & 9.44.52,20 \\
\text{Temps vrai à midi moyen, 3 janvier}\ldots\ldots\ldots\ldots & 11.55.18,96 \\
\text{Correction pour } 9^h 45^m = -\dfrac{27^s,44}{24} \times 9,748\ldots\ldots & -\quad 11,15 \\
\hline
& 21.40.\ 0,01 \\
& -12 \\
\hline
\text{Temps vrai de l'observation}\ldots\ldots\ldots\ldots\ldots & 9.40.\ 0,01
\end{array}
$$

397. *Trouver l'heure sidérale, connaissant l'heure solaire, vraie ou moyenne, et réciproquement.*

Représentons par CA (*fig.* 124) le méridien du lieu, Υ AE l'équateur,
Υ l'équinoxe origine des ascensions droites, point qui s'avance uniformément vers l'ouest, avec toute la sphère céleste. Υ A est l'heure sidérale actuelle, car cette heure est l'ascension droite en temps du point A
qui est au méridien; c'est le temps écoulé depuis le passage de Υ
(n° 390), ou l'ascension droite de l'étoile qui est dans ce plan, et se projette en A sur l'équateur. Υ E ou Υ E' est l'ascension droite d'une autre
étoile qui se projette en E ou E', et que la rotation diurne emporte vers
l'ouest. Supposons que ce dernier point E soit le Soleil vrai ou moyen,
Υ E en est l'ascension droite actuelle, et l'arc AE est le temps écoulé
depuis le passage au méridien; cet arc est l'heure moyenne actuelle, et,
comme FA $=$ AE $+$ EF, on a visiblement

$$(4)\qquad \text{heure sidérale} = \text{heure solaire} + \text{ascension droite } \odot;$$

quand la somme passe 24 heures, on retranche 24.

Nous supposons ici que le Soleil est situé à l'ouest; s'il est à l'est, en
E', l'ascension droite est FE', et l'heure solaire est $24^h - $ AE'; alors on a
FA $=$ FE' $-$ AE', ce qui fait visiblement retrouver la même équation (4).

398. Faisons sur cette équation plusieurs remarques.

1° L'heure solaire dont il s'agit ici est vraie ou moyenne, selon qu'on emploie l'ascension droite du Soleil vrai ou moyen.

2° Cette ascension droite est celle qui a lieu pour l'heure solaire même qui fait l'objet du problème.

3° On tire de l'équation (4)

$$(5) \qquad \text{heure solaire} = \text{heure sidérale} - \text{ascension droite } \odot.$$

On sait donc trouver l'heure sidérale, connaissant l'heure solaire, et réciproquement. Comme l'ascension droite $\odot$ doit être prise ici pour l'heure solaire, quand celle-ci est l'inconnue du problème, on commence par prendre cette ascension droite pour le midi précédent, ce qui donne l'heure approchée, qu'on corrige ensuite comme le montre l'un des exemples suivants.

4° Quant à la position du Soleil vrai, son ascension droite est donnée dans la *Connaissance des Temps;* d'ailleurs, à chaque instant, on l'obtient par l'équation

$$\text{ascension droite } \odot \text{ vrai} = \text{ascension droite } \odot \text{ moyen} + \text{équation du temps.}$$

5° La position du Soleil moyen, est, comme on l'a déjà dit, donnée dans la *Connaissance des Temps* sous le nom de *Temps sidéral à midi moyen.*

399. *Quel est le temps sidéral qui correspond, le* 14 *février* 1879, *à* $16^h 45^m 46^s, 49$ *de temps moyen à Paris?*

On ajoute ensemble le temps sidéral à midi moyen, le temps moyen proposé et la correction toujours additive donnée, pour ce temps moyen, par la Table VI de la *Connaissance des Temps,* ou par la deuxième colonne de notre Table V ; la somme sera le temps sidéral demandé.

	h. m. s.
Temps sidéral à midi moyen, le 14 février...............	21.36.3o,66
Temps moyen donné...............................	16.45.46,49
Correction toujours additive, donnée par la Table, pour	
$16^h 45^m 46^s, 49$ ....+	2.45,22
Somme = temps sidéral demandé...................	14.25. 2,37

Même question, sachant que l'heure vraie est $16^h 31^m 23^s,45$:

$$\begin{array}{ll} & \overset{\text{h}\quad\text{m}\quad\text{s}}{} \\ \text{Temps vrai donné} \dots\dots\dots\dots\dots\dots\dots\dots & 16.31.23,45 \\ \text{Temps moyen à midi vrai, 14 février} \dots\dots\dots\dots & 0.14.24,61 \\ \text{Correction pour } 16^h,523 = -0^s,095 \times 16,523 \dots\dots & -\quad 1,57 \\ \hline \text{Heure moyenne correspondante} \dots\dots\dots\dots\dots & 16.45.46,49 \end{array}$$

Le reste comme ci-dessus.

Quel est le temps moyen qui correspond, le 14 février 1879, à $14^h 25^m 2^s,37$ *de temps sidéral à Paris ?*

On retranche du temps sidéral donné le temps sidéral à midi moyen, en ajoutant 24 heures au premier, si cela est nécessaire pour rendre la soustraction possible ; le reste sera le temps sidéral écoulé depuis midi moyen. On diminue ensuite le résultat de la correction correspondante donnée par la Table V de la *Connaissance des Temps,* ou par la première colonne de notre Table V ; on aura ainsi le temps moyen cherché.

$$\begin{array}{ll} & \overset{\text{h}\quad\text{m}\quad\text{s}}{} \\ \text{Temps sidéral donné} \dots\dots\dots\dots\dots\dots\dots & 14.25.\ 2,37 \\ \text{Temps sidéral à midi moyen, 14 février} \dots\dots\dots & 21.36.30,66 \\ \text{Différence, ou temps sidéral écoulé depuis midi moyen} \dots & 16.48.31,71 \\ \text{Correction toujours soustractive, donnée par la Table} & \\ \quad \text{pour } 16^h 48^m 31^s,71 \dots\dots\dots\dots\dots\dots\dots & -\quad 2.45,22 \\ \hline \text{Temps moyen demandé} \dots\dots\dots\dots\dots\dots\dots & 16.45.46,49 \end{array}$$

Si l'on demandait l'heure vraie correspondant au temps sidéral donné, il faudrait ensuite transformer ce dernier résultat en temps vrai, par le calcul expliqué (n° 396).

Différents procédés pour avoir l'heure.

400. Il est rare que, dans les travaux géodésiques, on ait à sa disposition un observatoire fixe, où l'on puisse établir et régler une *lunette méridienne.* Aussi renverrons-nous à notre *Astronomie pratique* pour ce qui se rapporte à l'usage de cet *instrument des passages.* Nous nous contenterons de dire que si l'on a observé le passage du Soleil au méridien, et noté l'heure de la pendule au même instant, on connaîtra combien elle

avance ou retarde sur le temps moyen, puisqu'on sait qu'elle doit alors marquer le temps moyen à midi vrai.

Et si la pendule est réglée sur le temps sidéral, on sait qu'au moment du passage elle doit marquer l'ascension droite du Soleil. On trouve cet arc en temps pour midi vrai dans la *Connaissance des Temps.*

401. *Trouver l'heure du passage d'une étoile au méridien.*

S'il s'agit de l'heure sidérale, on sait que cette heure est l'ascension droite de l'étoile en temps (n° 390), corrigée de la précession, de la nutation et de l'aberration. Mais, si l'on demande l'heure solaire du passage, il faut réduire cette ascension droite en temps moyen. Ainsi l'équation (5) devient

$$(6) \qquad \text{heure solaire passage} \star \text{ au méridien} = \text{Æ} \star - \text{Æ} \odot.$$

Ainsi l'on calcule l'ascension droite de l'étoile et du Soleil vrai ou moyen, et la différence est l'heure vraie ou moyenne du passage. Du reste, cette ascension droite du Soleil doit être prise pour l'heure qu'on cherche, calcul semblable à celui qu'on a fait (n° 399).

Par exemple, l'étoile α Grande Ourse, le 27 octobre 1879, a pour ascension droite $10^h 56^m 17^s,89$; un calcul analogue à celui qui a été développé dans le n° 399 donnera l'heure moyenne du passage de cette étoile au méridien de Paris. Il suffira de chercher l'heure moyenne qui correspond à l'heure sidérale $10^h 56^m 17^s,89$, le 27 octobre. On trouvera ainsi :

$$\text{Heure moyenne du passage} = 20^h 31^m 3^s,42.$$

402. *Étant donné l'angle horaire d'un astre, trouver l'heure.*

Il faut se représenter que chaque astre a son cercle horaire (grand cercle passant par les deux pôles) qu'il emporte avec soi dans sa rotation diurne ; à l'instant du passage, ce cercle se confond avec le méridien du lieu ; à toute autre heure, ces deux plans font entre eux un angle qu'on appelle *angle horaire.*

CA (*fig.* 124) est le méridien du lieu, Υ l'origine des ascensions droites, Υ A l'heure sidérale actuelle, Υ E l'ascension droite d'une étoile, EA le temps sidéral écoulé depuis qu'elle a traversé le méridien, ou son angle horaire. On a Υ A $= \Upsilon$ E $+$ EA. Et si l'astre est en E', de l'autre côté du méridien, Υ E' est son ascension droite et E'A son angle horaire ;

d'où $\Upsilon\, A = \Upsilon\, E' - E'A$. Donc

(7) $$\text{heure sidérale} = \text{R} \star \pm \text{angle horaire,}$$

(8) $$\text{heure solaire} = \text{R} \odot \pm \text{angle horaire.}$$

On prend le signe $+$ quand l'astre est à l'ouest du méridien, et $-$ quand il est à l'est (*voir* l'exemple ci-après).

Mais, si l'on observe une circompolaire, on est tourné du côté du nord, et les arcs de distance sont rapportés au méridien inférieur; alors il est clair qu'on doit appliquer les signes en sens contraire de cette règle et que le résultat doit être diminué de 12 heures.

403. Dans tout ce que nous avons dit, il a été supposé que les éphémérides sont calculées pour le lieu de l'observation, ce qui arrive rarement. Pour un lieu quelconque, dont la longitude par rapport au méridien de Paris est connue, il sera facile de faire servir les données fournies par la *Connaissance des Temps* à la résolution des divers problèmes dont il vient d'être question.

Ainsi, si l'on veut trouver les coordonnées d'un astre, données pour midi moyen de Paris dans la *Connaissance des Temps,* pour une heure quelconque du temps moyen d'un autre lieu du globe, il faudra, à l'aide de la longitude de ce lieu, déterminer l'heure de Paris qui correspond à l'heure proposée, et interpoler les coordonnées pour cette heure correspondante.

Dans les problèmes qui ont pour but la conversion du temps vrai en temps moyen, et réciproquement, il faudra de même chercher l'heure de Paris qui correspond au temps vrai et au temps moyen du lieu d'observation, et interpoler l'équation de temps pour cette heure correspondante.

Enfin, pour avoir le temps sidéral à midi moyen d'un autre lieu, avec la longitude en temps de ce lieu, on prend dans la Table VI de la *Connaissance des Temps* une correction que l'on ajoute au temps sidéral à midi moyen de Paris, si le lieu est à l'ouest de Paris, et que l'on en retranche si le lieu est à l'est; le résultat sera le temps sidéral cherché.

Ce dernier calcul sert à déterminer l'heure moyenne du passage d'une étoile au méridien d'un lieu quelconque. Si, par exemple, on demande l'heure moyenne du passage d'Antarès au méridien de Berlin le 2 juin 1878,

jour où le temps sidéral à midi moyen de Paris est $4^h43^m15^s,65$, comme
Berlin est à 44^m14^s de longitude orientale, on aura :

$$
\begin{array}{lr}
 & ^h\quad^m\quad^s \\
\text{Temps sidéral à midi moyen à Paris, 2 juin} \dots & 4.43.15,65 \\
\text{Correction pour } 44^m14^s \text{ (Table VI)} \dots & -\quad 7,27 \\
\hline
\text{Temps sidéral à midi moyen à Berlin, 2 juin} \dots & 4.43.\ 8,38
\end{array}
$$

C'est de ce dernier temps sidéral à midi moyen qu'il faudra se servir pour
transformer en heure moyenne l'ascension droite de l'étoile, $16^h21^m59^s,45$,
prise dans la *Connaissance des Temps* pour le 2 juin, ascension droite
qui représente, comme on l'a vu, l'heure sidérale du passage au méridien.
Un calcul analogue à celui du n° 399 donnera $11^h36^m56^s,58$, temps de
Berlin, pour l'heure moyenne demandée.

404. On a souvent besoin d'*exprimer des degrés de l'équateur en
temps :* c'est ce qu'on fait par une proportion, dans le rapport de 15 degrés
pour 1 heure ou 60 degrés pour 4 heures. Mais, comme le diviseur est 60,
ce calcul se réduit à multiplier l'arc par 4 et à changer les degrés en
minutes, les minutes en secondes, les secondes en tierces. Ainsi, pour
$82°18'15'',7$, je quadruple et je trouve

$$329'13''2''',8 = 5^h29^m13^s,05.$$

Réciproquement, pour traduire des heures en degrés, il faut diviser
par 4 et changer les minutes en degrés, les secondes en minutes, etc.
Ainsi, pour $5^h29^m13^s,05$, je prends le quart et j'ai $1^h22^m18^s,26$, que je
change en $82'18''15''',6$, puis en $82°18'15'',6$ (n° 379).

405. *Trouver l'heure par la hauteur absolue d'un astre.*

L'astre est en q (*fig.* 129), le pôle en p, le zénith en z, l'observateur en c;
mzp est le méridien du lieu, qp celui de l'astre q, l'angle horaire est zpq;
pb est la hauteur du pôle au-dessus de l'horizon ab, c'est-à-dire la latitude du lieu; qa est la hauteur de l'astre, et qz, complément de qa, sa
distance au zénith. L'observation donne l'arc qa ou qz, et il s'agit de tirer
du triangle sphérique pqz la valeur de l'angle horaire p.

Posons $pz = 90° - l =$ colatitude $= c$, $zq = z =$ distance zénithale,
$pq = d =$ distance polaire de l'astre, complément de sa déclinaison. En

résolvant ce triangle, on trouve l'angle horaire p par l'équation (n° 77)

$$2k = z + d + c,$$

$$(9) \qquad \sin^2 \frac{1}{2} p = \frac{\sin(k - c) \sin(k - d)}{\sin c \sin d}.$$

On mesure avec un instrument la hauteur ou la distance zénithale d'un astre; on corrige cet arc de *réfraction — parallaxe* (n° 381) et l'on a la valeur de z. Les Tables font connaître la déclinaison D de l'astre et, par suite, sa distance polaire d, qui en est le complément, $d = 90° - \text{D}$. Bien entendu que, s'il s'agit d'une étoile, l'arc D doit être pris en tenant compte de la précession, de la nutation et de l'aberration, corrections qui sont toutes faites dans la *Connaissance des Temps* pour le Soleil, la Lune et 310 étoiles fondamentales.

La formule fait alors connaître l'arc $\frac{1}{2} p$ en degrés; mais, comme il faut exprimer l'arc p en temps, on multiplie par 8, et l'on connaît l'angle horaire p. Il faut alors distinguer quatre cas, selon qu'on a observé le Soleil ou une étoile, et qu'on demande l'heure sidérale ou l'heure solaire :

1° Quand on a pris la hauteur du centre du Soleil (en mesurant tour à tour celle du bord supérieur et celle du bord inférieur, et prenant la moyenne) l'angle horaire p en temps est l'heure vraie quand l'astre est à l'ouest, ou le complément à 24 heures, s'il est à l'est. Et lorsqu'on veut l'heure moyenne, il faut ajouter l'équation du temps pour cet instant [équation (1), n° 388].

2° Mais si l'on demande l'heure sidérale, il faut ensuite traduire l'heure moyenne en sidérale par l'équation (4), n° 397.

3° Quand l'astre observé est une étoile, l'angle horaire donne immédiatement l'heure sidérale par l'équation (7), n° 402.

4° Et si, dans ce dernier cas, on veut avoir l'heure solaire, il reste à traduire cette heure sidérale en solaire par l'équation (5), n° 398, qui devient

$$\text{heure solaire} = \text{Æ} \star - \text{Æ} \odot \pm p,$$

+ si l'étoile est à l'ouest, — dans l'autre cas; lorsqu'il s'agit d'une circompolaire, on prend ces signes en sens contraire.

Le calcul est un peu plus simple pour le Soleil que pour une étoile, lorsqu'on ne trouve pas l'ascension droite et la déclinaison de l'étoile toute corrigée dans la *Connaissance des Temps* ou dans d'autres éphémérides et qu'on est obligé d'avoir égard, par un calcul spécial, à la précession, la nutation et l'aberration.

Lorsqu'on demande l'heure avec une grande précision, il faut mettre les calculs à l'abri d'une petite erreur due à l'instrument dont on se sert pour observer la distance zénithale de l'astre. C'est ce qu'on fait en recommençant l'opération, et observant un nouvel astre de l'autre côté du méridien, et à peu près à la même hauteur. La moyenne entre les deux déterminations n'est plus influencée par l'erreur dont il s'agit (*voir* ce qui sera exposé ci-après, n° 414).

406. Près de l'horizon les réfractions sont très-variables et n'offrent pas de résultats précis; vers le méridien les hauteurs varient trop lentement. Voilà pourquoi l'on préfère observer les astres près du premier vertical (plan vertical perpendiculaire au méridien), et vers 12 degrés d'élévation au moins. Et pour rendre l'opération indépendante des erreurs d'observation, on mesure 4 ou 6 distances au zénith, en notant avec soin l'heure de la pendule à l'instant où l'on prend chacune d'elles. On prend la moyenne entre ces heures, et on la regarde comme étant celle de la moyenne entre les hauteurs ou distances au zénith ; cette manière d'opérer est suffisamment exacte, même en ne prenant que 4 ou 6 hauteurs ou distances zénithales.

On suppose connues la longitude du lieu et sa latitude : celle-ci entre dans l'équation (9) par son complément $c = 90° - l$, et l'ascension droite du Soleil dépend de la première. Toutefois la longitude est inutile pour obtenir l'heure sidérale.

407. *Exemple I.* — Le 18 août 1877 à Berlin (longitude en temps $0^h 44^m 14^s$ est, latitude $52° 30' 17''$ nord, on a mesuré quatre distances zénithales d'Arcturus vers l'ouest. La moyenne, corrigée de la réfraction, est $z = 58° 28' 48''$, et l'heure du milieu était au chronomètre $8^h 35^m 14^s,20$; la *Connaissance des Temps* de 1877 donne pour le 18 août la position apparente de l'astre, savoir :

$$\text{Æ} \star = 14^h 10^m 4^s,96,$$
$$\text{D} \star = + 19° 49' 18'',0 ;$$

on en tire pour la distance polaire

$$d = 90° - 19°49'18'',0 = 70°10'42'',0.$$

On fera alors le calcul suivant :

$$z = 58°28'48'',0$$

$d =$	70.10.42,0	sin............	$\overline{1},9734754$
$c =$	37.29.43,0	sin............	$\overline{1},7844005$
$2k =$	166. 9.13,0	somme........	$\overline{1},7578759$
$k =$	83. 4.36,5	compl........	$0,2421241$
$k-d =$	12.53.54,5	sin...........	$\overline{1},3487412$
$k-c =$	45.34.53,5	sin...........	$\overline{1},8538484$
		$\sin^2 \frac{1}{2}p$.......	$\overline{1},4447137$
$\frac{1}{2}p =$	31.50.51,8	$\sin \frac{1}{2}p$.......	$\overline{1},7223569$

d'où angle horaire en temps, $p = 4^h14^m46^s,91$ vers l'ouest.

Calcul du temps moyen.

	h m s
P...	4.14.46,91
$\text{Æ} \star$	14.10. 4,96
Temps sidéral de l'observation.................	18.24.51,87
Temps sidéral à midi moyen à Paris, 18 août.....	9.47.47,60
Correction pour la longitude est, Table VI....... −	7,27
Temps sidéral à midi moyen à Berlin............	9.47.40,33
Temps sidéral de l'observation.................	18.24.51,87
Temps écoulé depuis midi moyen...............	8.37.11,54
Correction toujours soustractive, Table V........ −	1.24,73
Heure moyenne de l'observation...............	8.35.46,81
Heure du chronomètre........................	8.35.14,20
Retard sur le temps moyen.................... −	32,61

Exemple II. — Le 30 avril 1877, la moyenne de quatre observations des bords supérieurs et inférieurs du Soleil, à Paris, après avoir corrigé de la réfraction et de la parallaxe, a donné pour distance zénithale $z = 63°51'1'',8$ vers l'est, et l'heure du milieu était au chronomètre $19^h26^m33^s,0$; on trouve dans la *Connaissance des Temps* de 1877, pour la déclinaison du Soleil, le 30 avril à midi moyen, $D \odot = + 14°53'30'',0$; la valeur de cette coordonnée, interpolée au moyen de la variation horaire $+ 45'',75$, pour l'heure approchée de l'observation, sera $+ 15°8'14'',1$, d'où l'on conclura la distance polaire $d = 74°51'45'',9$; la latitude de Paris est $48°50'11''$ nord, d'où la colatitude $c = 41°9'49''$. On fera le calcul suivant :

$$
\begin{array}{lll}
z = & 63°.51'.\ 1'',8 & \\
d = & 74.51.45,9 & \sin\ldots\ldots\ldots\ldots\quad \bar{1},9846637 \\
c = & 41.\ 9.49,0 & \sin\ldots\ldots\ldots\ldots\quad \bar{1},8183655 \\
\hline
2k = & 179.52.36,7 & \text{somme}\ldots\ldots\ldots\quad \bar{1},8030292 \\
\hline
k = & 89.56.18,4 & \text{compl}\ldots\ldots\ldots\quad 0,1969708 \\
k - d = & 15.\ 4.32,5 & \sin\ldots\ldots\ldots\ldots\quad \bar{1},4151319 \\
k - c = & 48.46.29,4 & \sin\ldots\ldots\ldots\ldots\quad \bar{1},8762903 \\
& & \sin^2 \tfrac{1}{2}p\ldots\ldots\quad \bar{1},4883930 \\
\tfrac{1}{2}p = & 33.42.\ 8,0 & \sin \tfrac{1}{2}p\ldots\ldots\quad \bar{1},7441965 \\
\end{array}
$$

d'où angle horaire en temps, $p = 4^h29^m37^s,07$ vers l'est.

Calcul du temps moyen.

	h m s
p....................................	4.29.37,07
Compl. à 12^h, ou temps vrai de l'observation (heure civile).................	7.30.22,93 matin (1er mai).
Temps vrai astronomique, 30 avril......	19.30.22,93
Équation du temps calculée............	— 3. 1,99
Temps moyen astron. de l'observation...	19.27.20,94
Heure du chronomètre................	19.26.33,00
Retard sur le temps moyen............	— 47,94

L'observation étant faite le matin, le complément de p à 12 heures est l'heure vraie.

408. On a quelquefois besoin de connaître la hauteur d'un astre à une heure donnée ; voici comment on résoudra cette question, qui est l'inverse de la précédente.

Dans le triangle sphérique pqz (*fig.* 129) on connaît deux côtés et l'angle compris, savoir pq, distance polaire d de l'astre, pz colatitude c, et l'angle horaire p, et il s'agit de trouver le troisième côté, ou la distance zénithale $zq = z$. Les équations du troisième cas, n° 82, sont ici (1, 3 et 5),

$$\tan \varphi = \tan d \cos p, \quad \varphi' = c - \varphi, \quad \cos z = \frac{\cos d \cos \varphi'}{\cos \varphi}.$$

On peut encore se servir de l'équation (n° 78), troisième cas, qui est moins propre au calcul des logarithmes, et devient ici

$$\cos z = \cos c \cos d \,(1 + \tan c \tan d \cos p)$$
$$= \sin l \sin D \,(1 + \cot l \cot D \cos p).$$

Nous appliquerons cette double théorie à un exemple. Au reste, quand on a deux côtés et l'angle compris, le triangle sphérique peut être résolu comme n° 520.

Le 30 mai 1878, on demande la hauteur du Soleil (la longitude de la station d'observation est $0^h 34^m 47^s$ ouest, et sa latitude $43°23'14''$ nord), à $5^h 18^m 52^s$ temps vrai.

L'heure vraie correspondante de Paris est $5^h 53^m 39^s$, et elle répond à $5^h 50^m 56^s,54$ temps moyen. Avec cette heure moyenne et les données de la *Connaissance des Temps* pour 1878, on calcule la déclinaison du Soleil et l'on trouve $D \odot = + 21°50'3'',8$. Ainsi l'on a

$$p = 5^h 18^m 52^s = 79°43'0'', \quad d = 68°9'56'',2, \quad c = 46°36'46''.$$

Premier procédé :

$\tan d$......	0,3972155		
$\cos p$.......	$\overline{1},2516772$		
$\tan \varphi$......	$\overline{1},6488927$	$\cos d$........	$\overline{1},5704554$
φ..........	$24° 0'54'',6$	$\cos \varphi'$.......	$\overline{1},9653082$
c..........	$46.36.46,0$	$-\cos \varphi$........	$-\overline{1},9606790$
$c - \varphi$......	$22.35.51,4 = \varphi'$	$\cos z$........	$\overline{1},5750846$
		z..........	$67°55'9'',8$

Second procédé :

tang d......	$0,3972155$	cos d.........	$\overline{1},5704554$
cos p.......	$\overline{1},2516772$	cos c.........	$\overline{1},8369096$
tang c......	$0,0244622$	$1,4713624$...	$0,1677196$
	$\overline{1},6733549$	cos z.........	$\overline{1},5750846$
nombre....	$0,4713624$	z...........	$67°55'\ 9'',8$
		d'où hauteur demandée.......	$22.\ 4.50,2$

Ce résultat représente la hauteur vraie, telle que l'observateur la verrait du centre de la Terre; pour avoir la hauteur apparente, telle qu'on la verrait de la station, il faudrait corriger le résultat de l'effet de la parallaxe et de la réfraction, d'après la théorie développée précédemment.

409. Méthode des hauteurs correspondantes. — Une étoile ne changeant de place au ciel qu'en apparence, et par l'effet de la rotation diurne, n'est visiblement à la même hauteur vers l'est, puis vers l'ouest, qu'autant que les deux angles horaires sont égaux. On en conclut que, si l'on note les heures d'un chronomètre, quand l'étoile est à la même distance zénithale de part et d'autre, le milieu de la durée écoulée est celle du passage au méridien; prenant la moyenne entre ces heures, on a celle du chronomètre à l'instant de ce passage. Et comme cette heure, soit sidérale, soit moyenne, est connue d'avance (n° 401), il est clair qu'on sait ainsi quel est le retard ou l'avance de la pendule.

Soient donc t et t' les heures du chronomètre lorsqu'une étoile s'est trouvée à la même hauteur des deux côtés du méridien : l'heure marquée à l'instant du passage est $\frac{1}{2}(t + t')$, en supposant que la pendule a conservé une marche uniforme dans l'intervalle. Il faut que la 2ᵉ heure t' soit $> t$, en sorte que, si l'aiguille a passé sur 12 heures pendant la durée écoulée, au lieu de compter 1^h, 2^h,... après 12^h, il faut compter 13^h, 14^h, etc.

Pour affaiblir les erreurs, on répète les observations plusieurs fois consécutives : chacun de ces couples donne sa moyenne, et la moyenne entre tous les résultats est, avec plus de précision, l'heure qu'on demande.

L'astre doit être au moins à 2 heures de distance du méridien.

On est dans l'usage de fixer la lunette de l'instrument sur des graduations équidistantes du limbe, et d'attendre chaque fois que l'astre vienne se présenter au fil horizontal tendu au foyer. On remarquera qu'il n'est pas nécessaire d'avoir la hauteur de l'étoile, mais seulement que cette hauteur soit la même des deux côtés du méridien. Voici un exemple de ces calculs :

Hauteurs.	Est.	Ouest.	Sommes.	Moitiés.
° ′	h m s	h m s	h m s	h m s
19.50	8.11.26,4	15.25. 7,8	23.36.34,2	11.48.17,1
20. 0	12.37,6	nuages.	nuages.	nuages.
10	13.49,0	22.45,4	34,4	17,2
20	14.59,8	21.34,8	34,6	17,3
30	16.11,2	20.24,0	35,2	17,6
			Moyenne......	11.48.17,3

Ainsi, si l'astre observé est le Soleil, la pendule retarde sur le temps vrai de $11^m 42^s,7$, sauf une correction dont il va être question. On a noté 15 heures au lieu de 3 heures, dans la troisième colonne, pour que t' fût plus grand que t.

410. Cette théorie n'est vraie qu'autant que l'astre conserve la même déclinaison dans l'intervalle, ce qui a lieu pour les étoiles, mais non pas pour le Soleil. Que cet astre soit observé à l'est en A (*fig.* 125), et lorsqu'il atteint à l'ouest le cercle horaire PB faisant l'angle MPB = MPA avec le méridien PM, P étant le pôle et Z le zénith, le Soleil n'est point revenu en B sur le même cercle horizontal AB, parce que, s'étant rapproché du pôle au lieu d'être en B, il est en i. Il faut donc que le mouvement se continue encore quelque temps, pour que de i le Soleil retombe en C sur le cercle AC à même hauteur que A.

Mais alors l'angle CPM est $>$ APM, et le milieu de la durée écoulée n'est plus l'instant du passage au méridien. Faisons l'angle APM $= p =$ BPM, BPC $= dp$, APC $= 2p + dp$: la moyenne entre les heures écoulées t et t', ou $\frac{1}{2}(t' - t)$ est égale à $p + \frac{1}{2}dp$; ajoutant l'heure t de la première observation, il vient d'abord $p = \frac{1}{2}(t' - t - dp)$, puis l'heure de la pendule à l'instant du passage au méridien est

$$(1) \qquad T = \frac{1}{2}(t + t') - x,$$

en représentant $-\frac{1}{2}dp$ par x.

Ainsi, lorsqu'on aura pris des hauteurs correspondantes du Soleil, l'heure du milieu aura besoin de recevoir une correction $x = -\frac{1}{2}dp$, pour devenir celle du chronomètre à midi vrai, à raison du changement de déclinaison dans cette durée.

Il s'agit donc de calculer cette correction $x = -\frac{1}{2}dp$.

Soient z la distance zénithale du Soleil, l la latitude du lieu, complément de l'arc $PZ = 90° - l$, D la déclinaison de l'astre en A. Le triangle sphérique PZA donne [équation (3), n° 67]

$$(2) \qquad \cos z = \sin l \sin D + \cos l \cos D \cos p;$$

le triangle s'étant changé en PZC, la déclinaison D et l'angle horaire p ont seuls varié; différentions donc en prenant z et l constants :

$$(\sin l \cos D - \cos l \sin D \cos p) \, dD = \cos l \cos D \sin p \, dp;$$

dp et dD sont de fort petits arcs exprimés par la même unité, par exemple, en secondes de degré. Si v est la variation diurne de la déclinaison du Soleil, et que $2\theta = t' - t$ soit le temps écoulé, on a la partie de cette variation qui est produite dans cet intervalle, en posant

$$24^h : v :: 2\theta : dD = \frac{1}{12} v\theta;$$

ici θ est rapporté à l'heure, et v à la seconde de degré, ainsi que dp. du reste, v et θ sont connus. Tirons donc dp de notre équation, en y substituant cette valeur de dD, et changeons en outre dp en $15\,dp$, pour que *dp exprime des secondes de temps* (15 degrés valent 1 heure, n° 404) : on en tire

$$dp = \frac{\theta v}{180}\left(\frac{\tang l}{\sin p} - \tang D \cot p\right);$$

la correction $-\frac{1}{2}dp$ est donc, en secondes de temps,

$$(3) \qquad x = \frac{\theta v}{360}\left(\cot\theta \tang D - \frac{\tang l}{\sin\theta}\right).$$

Nous avons remplacé ici p par sa valeur θ, qui, sous les signes cot et sin, doit être exprimée en degrés.

411. 1° D est la déclinaison ⊙ à midi ; on prend D en —, quand le Soleil est dans les signes inférieurs : la latitude l est négative quand elle est australe.

2° v est la variation de la déclinaison D en vingt-quatre heures, exprimée en secondes de degré : ce nombre se tire de la *Connaissance des Temps,* en multipliant par 24 la différence pour une heure donnée dans la colonne à droite des déclinaisons. On doit prendre pour v la moyenne entre les deux variations des jours que le midi cherché sépare, et c'est précisément cette moyenne qui est fournie par la *Connaissance des Temps.* On donne à v le signe —, quand l'astre va en s'éloignant du pôle boréal.

3° $\theta = \frac{1}{2}(t' - t)$ est la demi-durée écoulée, exprimée en heures de temps vrai ; on la traduit en degrés sous les signes sinus et cotangentes.

4° Quand la première observation est faite le soir, et la seconde le lendemain matin, le calcul dont il s'agit détermine l'heure de la pendule à minuit. D est la déclinaison du ⊙ à cet instant, et il faut prendre le dernier terme de l'équation (3) avec le signe + au lieu de —.

Appliquons la formule (3) en supposant que l'on observe le Soleil le 2 octobre. On a

$$D = -3^{\circ}49'20'',4, \quad v = -1396'',6, \quad l = 48^{\circ}38'41'' \text{ nord,}$$

$$\theta = 3^{\text{h}}35^{\text{m}}33^{\text{s}} = 3^{\text{h}},5925 = 53^{\circ}53'15''.$$

Comp. 360.	$\overline{3}$,44370			
θ.........	0,55540	.... 1,14417 —		
v.........	3,14507 —			
		tang l..... 0,05540	moyenne...............	^{h} ^{m} ^{s} 11.48.17,30
cot θ......	$\overline{1}$,86305	comp. sin θ. 0,09266	correction............	+ 20,28
tang D.....	$\overline{2}$,82485 —	1,29223 —	heure du chr. à midi vrai.	11.48.37,58
+ 0^{s},68...	$\overline{1}$,83207 —	2e terme...+19^{s},60 1er terme..+ 0,68	temps moy. à midi vrai...	11.49.21,35
		Correction.....+20,28	retard sur temps moyen. —	43,77

Ce procédé est fort exact, et même le calcul est très-facile, parce qu'on peut réduire la formule (3) en Table, d'où l'on tire à vue la valeur de deux termes.

Mais on est fréquemment exposé à manquer le soir les observations correspondant à celles du matin, parce que le ciel se trouve voilé par des nuages. On comprend que, la correction étant en général fort petite, on a été en droit de substituer à D la déclinaison du Soleil à midi, dans l'équation (3), au lieu de la déclinaison en A. La hauteur de l'astre observé n'est, comme on le voit, nullement nécessaire à connaître.

Détermination de la latitude du lieu.

412. Par deux passages au méridien, l'un supérieur, l'autre inférieur. — On observe les deux hauteurs LD, LC (*fig.* 130) d'une étoile circompolaire, lorsque dans son cercle diurne CD, autour du pôle P, elle entre dans le plan du méridien, et l'on corrige de la réfraction. La demi-somme de ces résultats est la latitude cherchée $l =$ la hauteur LP du pôle : la demi-différence de ces deux arcs est la distance PD de l'étoile au pôle, complément de sa déclinaison.

Ainsi ce procédé est indépendant de cette déclinaison, et la fait même connaître. Il est extrêmement précis, mais rarement praticable. D'ailleurs il ne faut pas que l'étoile soit éloignée du pôle, parce qu'elle passerait en D trop près de l'horizon, où les réfractions sont incertaines, et en C trop près du zénith, où il est difficile d'observer. C'est la Polaire qui est ordinairement l'étoile qu'on préfère, ou quelque autre étoile de la Petite Ourse.

413. Par un passage au méridien. — Qu'on mesure avec soin la hauteur ds (*fig.* 132) d'un astre s, à l'instant où il est au méridien pzd; z est le zénith, p le pôle, cd l'horizon, ce l'équateur. Après avoir corrigé de *réfraction — parallaxe* cette hauteur ds (ou la distance zénithale sz), on a $ed = pz = 90° - l =$ hauteur de l'équateur ou colatitude du lieu. D'ailleurs $se = $ D est la déclinaison connue de l'astre, complément de sa distance au pôle sp. Ainsi $sd = ed + es$ donne, en faisant $h =$ hauteur sd, $z =$ distance zénithale sz (après la correction),

$$(1) \qquad l = z + D = 90° + D - h = 90° + z - d = 180° - (h + d).$$

Ces expressions conviennent aux cas où le *passage a lieu du côté du sud*.

On prend D négatif, quand l'astre est en s' sous l'équateur, c'est-à-dire quand sa déclinaison est australe.

Les circompolaires ont deux passages visibles du *côté du nord* (*fig.* 130); la formule doit être modifiée pour l'un et l'autre. En raisonnant comme on vient de le faire, on trouve :

Passage entre le pôle et le zénith :

$$(2) \qquad l = h - d = D - z = 90° - (z + d) = h + D - 90°.$$

Passage entre le pôle et l'horizon nord :

$$(3) \qquad l = h + d = 90° + d - z = 90° + h - D = 180° - (z + D).$$

Bien entendu que la déclinaison de l'étoile observée doit être corrigée de la précession, de la nutation et de l'aberration.

414. On a reconnu que les cercles répétiteurs à grands diamètres dont on se sert en Géodésie pour les observations astronomiques sont affectés d'une erreur qui leur est particulière; cette erreur, qui rend trop faibles les distances zénithales observées, provient en grande partie d'une flexion de la lunette supérieure, flexion qu'on attribue au poids de l'objectif.

L'erreur dont il s'agit est très-faible et varie avec les distances zénithales à peu près dans le rapport de leur sinus. Lorsque, dans une station et pendant la durée des observations, le cercle répétiteur n'éprouve aucun déplacement, on est certain qu'alors son erreur particulière est constante pour une même distance zénithale. Il n'en est pas de même lorsque cet instrument est transporté d'un lieu à un autre, du moins à de grandes distances : son erreur varie et atteint quelquefois le double de ce qu'elle était d'abord. De nombreuses observations attestent ce fait.

Il suit de là que, pour obtenir avec une précision rigoureuse la latitude d'un lieu, il faut observer des distances zénithales méridiennes de deux astres, l'un au nord, l'autre au sud, distances qui doivent être à peu près égales, autant que possible, afin que l'erreur de l'instrument soit la même et que celle de la réfraction soit dans le même cas. La moyenne entre les deux résultats donnera la latitude avec toute l'exactitude désirable. La demi-différence de ces résultats sera donc l'erreur particulière de l'instrument pour la hauteur observée.

Si l'on veut obtenir une seconde détermination de la latitude du même lieu par l'observation de deux autres astres soumis aux conditions énoncées, mais à des distances zénithales très-différentes des précédentes, on trouvera une latitude très-concordante avec la première, en admettant que chaque détermination ait été faite par des séries de 20 et 30 répétitions, afin de compenser les erreurs d'observation. Mais l'erreur particulière à l'instrument qu'on déduira de ces nouvelles distances zénithales ne sera pas la même que celle qui a été obtenue dans le premier cas. On verra si la variation de cette erreur est dans le rapport des sinus des distances zénithales; dans le cas contraire, on cherchera une formule empirique propre à exprimer approximativement la loi de cette variation.

Quand l'heure n'est connue que par des distances zénithales absolues (n° 405), il importe alors de connaître l'erreur particulière au cercle répétiteur dont on a fait usage, afin d'appliquer aux observations qui ne seraient faites que d'un seul côté du méridien une correction nécessaire à la précision. Si l'on a la précaution de déterminer le temps par des observations de distances zénithales absolues faites à l'est et à l'ouest, la moyenne entre les heures obtenues par ces deux déterminations sera dégagée de l'erreur du cercle. Mais il arrive souvent que, par un prompt changement dans l'état de l'atmosphère, une observation faite d'un côté du méridien ne peut plus être corrigée par celle de l'autre côté, parce que, le ciel s'étant couvert, cette dernière n'est pas possible. Il convient alors d'appliquer à cette détermination unique la correction due à l'erreur de l'instrument, afin de détruire l'influence qu'elle exerce sur le résultat.

Nous donnons ici un exemple de ces calculs, que M. Corabœuf a bien voulu nous communiquer. Ce savant faisait usage d'un cercle de Gambey de 33 centimètres de diamètre, et voulait obtenir la latitude d'Angers; il a trouvé :

Étoiles observées.	Dist. zénithale.	Latitude.	Erreur.
6 Petite Ourse...........	27.23	47.28.10″,95	4″,77
Arcturus...............	27.23	47.28. 1,41	
Moyenne.........		47.28. 6,18	
Polaire (pass. supér.).....	40.55	47.28.15,21	7,90
α Serpent...............	40.29	47.27.59,41	
Moyenne.........		47.28. 7,31	
1ᵉʳ résultat.......		47.28. 6,18	
Latitude définitive d'Angers........ .		47.28. 6,75	

Les remarques précédentes doivent être faites pour toutes les méthodes d'observation de temps, de latitudes, etc., lorsqu'on prend pour bases des calculs les distances zénithales des astres.

415. Par des hauteurs d'un astre observé près du méridien (*fig.* 131). — Les méthodes qu'on vient d'exposer ont l'inconvénient de ne pas se prêter à la répétition fréquente, pour affaiblir les erreurs d'observation en les multipliant; l'astre doit, en effet, être observé une seule fois à l'instant où il traverse le méridien. Le procédé suivant est dû à Delambre; il permet de réitérer les mesures un grand nombre de fois en peu de temps. C'est ainsi que ce savant a opéré dans la grande triangulation française.

p est le pôle, z le zénith, $pzmo$ le méridien, s un astre voisin de ce plan, ps son cercle horaire, m le point où l'astre passe au méridien, et, par conséquent, $ps = pm = d = 90° - $ D. Du zénith z pour centre traçons l'arc so, et nous aurons $zs = zo$, s et o de même niveau. Faisons le petit arc $mo = x$, et calculons-en la valeur. Dans le triangle sphérique pzs, on a [équation (15), n° 76]

$$\cos zs = \cos (ps - pz) - 2 \sin pz \sin ps \sin^2 \tfrac{1}{2} p;$$

or $sz = oz = zm + x$; le premier membre devient

$$\cos zm \cos x - \sin zm \sin x = \cos zm \left(1 - \tfrac{1}{2} x^2 \right) - x \sin zm;$$

car, x étant fort petit, on peut négliger les troisièmes puissances de cet arc, dans les développements de $\sin x$ et $\cos x$ [équations (16) et (17), n° 32].

Quant au second membre, comme $pz = 90° - l$, et $ps = 90° - D$, il devient

$$\cos(l - D) - 2 \cos l \cos D \sin^2 \tfrac{1}{2} p.$$

Donc, à cause de $zm = pm - pz = ps - pz = D - l$, on trouve

$$(A) \qquad \tfrac{1}{2} x^2 \cos(l - D) + x \sin(l - D) = 2 \cos l \cos D \sin^2 \tfrac{1}{2} p.$$

Telle est la relation qui est destinée à donner le petit arc x. Pour cela, on applique le procédé exposé dans la note du n° **217**, en y faisant

$$k = \frac{2 \cos l \cos D \sin^2 \tfrac{1}{2} p}{\sin(l - D)}, \quad h = \tfrac{1}{2} \cot(l - D) \quad \text{et} \quad \tang x = x.$$

416. Au reste, on parvient au même résultat par le moyen suivant, qui montre mieux comment l'approximation se développe et n'est au fond que le procédé de la note citée.

Négligeons le terme x^2, pour une première approximation, et changeons x en $x \sin 1''$, afin d'exprimer l'arc x en secondes de degré, nous avons

$$(B) \qquad x = k \times \frac{\cos l \cos D}{\sin(l - D)},$$

en posant

$$(C) \qquad k = \frac{2 \sin^2 \tfrac{1}{2} p}{\sin 1''}.$$

On a donc ainsi *le nombre x de secondes dont l'astre doit monter de s en m pour entrer au méridien,* dans le temps marqué par l'angle horaire p.

Soient H la hauteur de l'astre en s, Z sa distance zénithale (corrigée de réfraction — parallaxe), valeurs obtenues l'une ou l'autre d'après une observation; soient h et z les valeurs de ces arcs quand l'astre sera en m au méridien; d'où

$$(D) \qquad h = H + x, \quad z = Z - x.$$

Une fois qu'on a z ou h, l'équation (1), n° 413, fait ensuite connaître la latitude l, comme si l'astre eût été observé au méridien même.

Mais comme, dans tous les instants voisins, soit avant, soit après le passage, on peut obtenir différentes hauteurs ou distances zénithales successives, savoir H′, H″, ..., ou Z′, Z″, ..., en notant les heures p', p'', ... correspondantes, on obtient, pour chaque observation, une valeur de h ou de z. Toutes celles-ci devront être les mêmes, parce que les premières ont chacune leur correction propre x', x'', ..., et les petites différences des résultats devront être attribuées aux erreurs d'observation. Et, puisque ces erreurs se compensent par leur nombre, la moyenne donnera une latitude fort exacte. Tel est l'esprit de cette ingénieuse méthode, dont il nous reste à développer les conséquences.

417. Les hauteurs méridiennes sont H′ $+ x'$, H″ $+ x''$ ...; la moyenne entre n observations donne

$$\frac{\text{H}' + \text{H}'' + \dots}{n} + \frac{x' + x'' + \dots}{n}$$

égal à la moyenne H entre les hauteurs $+$ la moyenne x entre les corrections; de ces deux parties, la première H est celle qu'on lit sur l'instrument après toutes les observations dont il donne la somme, et qu'on divise par n; ensuite on corrige de la *réfraction — parallaxe*. Quant à la seconde x, comme dans l'équation (B), le facteur k varie seul avec p; il faudra prendre pour k la moyenne entre les nombres k', k'', ..., attendu que $\dfrac{\cos l \cos \text{D}}{\cos h}$ est un facteur constant.

418. En conséquence :

1° On mesurera diverses hauteurs successives d'un astre non loin du méridien, tant avant qu'après son passage, et l'on notera les heures de chaque observation.

2° On cherchera l'heure que doit marquer la pendule à l'instant du passage, et les différences entre ces heures et celles des observations, différences qui sont p', p'', ... en temps.

3° Chaque durée répond à une valeur de k qu'on calculera par l'équation (C), et, pour abréger ce travail, on formera une Table donnant les nombres k pour chaque angle horaire p', p'', ... C'est ce qu'on appelle des *réductions au méridien* (*voir* Table de l'*Astronomie pratique*); on a ainsi à vue les nombres k', k'', ...

4° On prendra la moyenne k entre tous ces résultats, et on l'introduira dans l'équation (B), qui donnera la correction x que H ou Z doit éprouver pour devenir h ou z [équation (D)].

5° On connaîtra donc la hauteur h de l'astre au méridien ou sa distance zénithale z, comme si elle eût été observée n fois et qu'on eût pris la moyenne de ces résultats. Enfin l'équation (1) donnera la latitude l avec une grande précision; mais auparavant il faudra corriger h ou z de *réfraction — parallaxe.*

Il faudra aussi corriger l'ascension droite et la déclinaison de l'astre des précession, nutation et aberration, s'il s'agit d'une étoile pour laquelle ce travail ne soit pas tout fait dans la *Connaissance des Temps.*

419. Ces calculs ont une exactitude suffisante; mais il faut se mettre en garde contre diverses causes d'erreur.

Il n'est pas indispensable que l'heure de la pendule soit très-exactement connue pour l'instant du passage, pourvu qu'on prenne autant de hauteurs avant qu'après cette heure supposée.

Si la marche de la pendule ne s'accordait pas avec celle de l'astre, avant d'entrer dans la Table des réductions au méridien, il faudrait corriger les distances horaires p', p'', ...; mais cette opération peut être très-simplifiée, comme on va le voir. En effet, désignons par a l'avance de la pendule, et par $-a$ le retard, en vingt-quatre heures, sur la durée de la révolution complète de l'astre; si a exprime des secondes de temps, et qu'on représente 86 400 secondes par A, on a la proportion :

Si $A + a$ doit être réduit à A, le temps p le sera à $\dfrac{Ap}{A + a}$; et, comme a est toujours fort petit par rapport à A, ce quatrième terme est

$$p\left(1 + \frac{a}{A}\right)^{-1} = p - \frac{ap}{A} = p - 0,0000116 . ap;$$

faisons donc $\gamma = 1 - 0,0000116 . a$, chaque durée écoulée p devra être changée en γp; $\sin^2 \frac{1}{2} p$ le sera en $\sin^2 \frac{1}{2} \gamma p$, ou, si l'on veut, en $\gamma^2 \sin^2 \frac{1}{2} p$, attendu que l'arc est fort petit. Et, comme ce facteur γ^2 est constant pour toutes les durées p', p'', ..., il suffira, pour tenir compte, dans le calcul, de l'avance diurne de a secondes de la pendule, d'introduire dans la formule (B) γ^2 pour facteur, ou

$$(E) \qquad \alpha = 1 - 0,000023.\,a;$$

donc

$$(F) \qquad x = \alpha k \times \frac{\cos l \cos \mathrm{D}}{\cos h}.$$

Cette correction est principalement utile quand la pendule marque le temps moyen et qu'on observe une étoile, ou, réciproquement, lorsque la pendule est sidérale et qu'on observe le Soleil. Dans le premier cas, la pendule retarde de $235^{s},909$ par jour (n° 391), ou $a = -235^{s},909$, et

$$\alpha = 1,005482, \quad \log \alpha = 0,0023746.$$

Dans le second cas, il y a une avance a, qui est la différence entre les deux ascensions droites $\odot$ consécutives de la *Connaissance des Temps*, prises à la date de l'observation.

Du reste, si la marche de la pendule s'écarte sensiblement du temps moyen ou sidéral, il faut calculer la valeur de α qui doit tenir lieu des précédentes d'après la grandeur de son avance diurne.

Après le passage au méridien, les angles horaires p sont négatifs; mais, comme les sinus sont au carré, aucun nombre k ne prend le signe $-$; tout se passe comme si les observations étaient faites d'un même côté du méridien.

420. Lorsqu'on prolonge les observations à plus de 6 ou 7 minutes de temps de méridien, il n'est plus possible de négliger le terme en x^2 dans l'équation (A). Changeons-y x en $x \sin 1''$, puis mettons dans le premier terme transposé le carré de la valeur (F) au lieu de x^2; il viendra cette équation, qui suffit à tous les cas :

$$(G) \qquad x = k\alpha \frac{\cos l \cos \mathrm{D}}{\sin(l-\mathrm{D})} - m \cot(l-\mathrm{D}) \left[\frac{\cos l \cos \mathrm{D}}{\sin(l-\mathrm{D})} \right]^2,$$

avec

$$k = \frac{2 \sin^2 \frac{1}{2} p}{\sin 1''}, \quad m = \frac{2 \sin^4 \frac{1}{2} p}{\sin 1''}.$$

On compose aussi une Table des valeurs de m (*voir* l'*Astronomie pratique*, p. 210).

421. Jusqu'ici nous avons supposé que l'astre passe au méridien du côté du sud; pour appliquer cette théorie aux étoiles de la Petite Ourse, pour lesquelles $D > l$, il faut modifier les résultats. La marche des circompolaires est si lente, qu'on peut prolonger les observations pendant une demi-heure à l'est, et autant à l'ouest du méridien, et par conséquent les rendre plus nombreuses; ce qui donne beaucoup d'utilité à la méthode.

Ainsi, quand l'astre est observé au nord :

Entre le pôle et le zénith, changez dans l'équation (G) $l - D$ en $D - l$;

Entre le pôle et l'horizon, remplacez $- D$ par $+ D$,

et, comme $l + D$ est $> 90°$, le dernier terme de l'équation (G) devient positif.

La correction x donne

$$h = H + x, \quad z = Z - x;$$

seulement, dans le premier cas, l'astre descend pour arriver au méridien, et il faut prendre x en signe contraire.

Les équations (2) et (3), n° 413, donnent enfin la latitude l.

422. *Exemple.* — Le 1er novembre 1877, six observations de α Verseau, près du méridien, ont donné une somme de distances zénithales dont la moyenne, corrigée de la réfraction, est $z = 49°37'53'',52$; la latitude approchée du lieu d'observation est $l = 48°40'$ nord; la pendule est réglée sur le temps moyen et avance de $8^s,75$ par jour; en sorte que le retard sur le mouvement sidéral est

$$- 234^s,06, \quad \text{d'où} \quad \alpha = 1,005383.$$

On trouve, dans la *Connaissance des Temps,* les coordonnées apparentes de l'étoile pour le jour de l'observation. On aura ainsi le calcul suivant :

Æ★	$21.59.31,35$
Temps sidéral à midi moyen...........	$14.43.29,16$
	$7.16. 2,19$
Correction. Table V................	$-1.11,43$
Heure moyenne du passage...........	$7.14.50,76$
Retard de la pendule sur le temps moyen.	$-13.45,50$
Heure de la pendule au passage........	$7. 1. 5,3$
D★	$- 0.54.40,5$
Latitude approchée l.	$+48.40. 0,0$
$l - $ D★	$+49.34.40,5$

Heure de l'observation.	Différence (temps moyen).	$k.$	$m.$
$6.48.46,0....$	$+12.19,3$	$298,03$	$0,22$
$6.54.16,5....$	$+ 6.48,8$	$91,14$	$0,02$
$7. 0.40,0....$	$+ 0.25,3$	$0,35$	$0,00$
$7. 4.38,1....$	$- 3.32,8$	$24,69$	$0,00$
$7.10.10,6....$	$- 9. 5,3$	$162,16$	$0,06$
$7.15.32,1....$	$-14.26,8$	$409,66$	$0,40$
Sommes......		$986,03$	$0,70$
Moyennes.....		$164,34$	$0,12$

$\log \alpha. \ldots\ldots \quad 0,0023315$

$\cos l \ldots\ldots \quad \overline{1},8198325$

$\cos D \ldots\ldots \quad \overline{1},9999451$

$\sin(l - D). \quad -\overline{1},8815492 \qquad \cot(l - D). \quad \overline{1},93030 \qquad z = 49.37.53,52$

$\qquad\qquad \overline{1},9405599 \qquad \text{double}.... \quad \overline{1},88112 \qquad \text{D}★ = -0.54.40,50$

$\log k \ldots\ldots \quad 2,2157433 \qquad \log(-m). \quad \overline{1},07918- \qquad -x = - \quad 2.23,24$

$\qquad\qquad 2,1563032 \qquad\qquad\qquad\quad \overline{2},89060- \qquad l = 48.40.49,78 \, \text{N.}$

Nombre... $\quad +143'',32 \qquad$ Nombre. . $\quad -0'',08 \qquad$ latitude demandée.

$\qquad\qquad - 0'',08$

$\qquad x = +143'',24 = 2'23'',24.$

423. Par des hauteurs de la Polaire observée à un instant quel-conque. — A (*fig.* 134) est la Polaire sur son cercle diurne AIA′, P le pôle dont on demande la hauteur l, Z le zénith, ZP $= 90° — l =$ colatitude; AP $= d$ la distance polaire, AZ $= 90° — h$ complément de la hauteur observée après la correction de réfraction : l'angle APO $= p$ est donné par l'heure correspondant à l'observation de h.

Du point A soit mené l'arc AO perpendiculaire à ZP; comme l'arc d n'est que d'environ 100 minutes, les arcs ZA, ZO sont presque égaux; leur différence x est très-petite, ZO $= 90° — h — x$.

Or on a

$$ZO + OP = ZP,$$

c'est-à-dire, en faisant OP $= y$,

$$90° — h — x + y = 90° — l,$$

d'où

(1) $$l = h + x — y.$$

Cette équation donnera l lorsque x et y seront connus. Le triangle sphérique rectangle AOP donne [équations (m) et (q), n° **71**]

(2) $$\sin AO = \sin d \sin p, \quad \tang y = \tang d \cos p.$$

Dans la première de ces équations les arcs AO et D sont très-petits, et leur rapport est égal à celui de leurs sinus; ainsi AO $= d \sin p$, comme si le triangle AOP eût été plan.

En outre, le triangle sphérique rectangle XAO donne [équation (m)]

$$\cos ZA = \cos ZO . \cos AO,$$

ou

$$\sin h = \sin(h + x) \cos(d \sin p).$$

Développons cette équation jusqu'au troisième ordre :

$$\cos(d \sin p) = 1 — \frac{1}{2} d^2 \sin^2 p, \quad \cos x = 1, \quad \sin x = x,$$

car on verra bientôt que x est du deuxième ordre; donc

$$\sin h = (\sin h + x \cos h)\left(1 + \frac{1}{2} d^2 \sin^2 p\right),$$

$$x = \frac{1}{2} d^2 \tang h \sin^2 p;$$

et exprimant d et x en secondes, c'est-à-dire changeant x en $x \sin 1''$ et d en $d \sin 1''$,

$$x = \frac{1}{2} d^2 \sin 1'' \, \mathrm{tang}\, h \sin^2 p;$$

d'ailleurs, $\mathrm{tang}\, d = d + \frac{1}{3} d^3$ donne, pour la deuxième équation (2),

$$\mathrm{tang}\, y = \left(d + \frac{1}{3} d^3\right) \cos p,$$

et, comme $y = \mathrm{tang}\, y - \frac{1}{3} \mathrm{tang}^3 y$, il vient

$$y = \left(d + \frac{1}{3} d^3\right) \cos p - \frac{1}{3} d^3 \cos^3 p,$$

$$y = d \cos p + \frac{1}{3} d^3 \sin^2 1'' \sin^2 p \, \cos p,$$

en exprimant d et y en secondes. Donc l'équation (1) donne

(M) $\quad l = h - d \cos p + \alpha (d \sin p)^2 \, \mathrm{tang}\, h - \mathrm{6}(d \cos p)(d \sin p)^2.$

Dans cette équation, d et *les trois derniers termes sont exprimés en secondes*, et l'on a

$$\alpha = \frac{1}{2} \sin 1'', \quad \log \alpha = \overline{6},3845449,$$

$$\mathrm{6} = \frac{1}{3} \sin^2 1'', \quad \log \mathrm{6} = \overline{12},89403.$$

On connaît, par les éphémérides, l'ascension droite et la déclinaison de la Polaire, corrigées de la précession, nutation et aberration; ainsi d est donné en secondes. On note l'heure sidérale ou de temps moyen à laquelle on a mesuré la hauteur h de l'étoile, et l'on en conclut son angle horaire p en degrés (n⁰ˢ 402 et 405)

$$p = \text{heure sidér.} - \text{Æ}\star = \text{heure solaire} - \text{Æ}\star + \text{Æ}\odot.$$

Si l'astre est à l'est du méridien, on prendra ici les seconds membres en signes contraires. Cette circonstance se reconnaît en remarquant que l'arc qui va de la Polaire à ε de la queue de la Grande Ourse passe sur le pôle. On doit surtout avoir égard au signe de $\cos p$; car, si ce cosinus est négatif, le deuxième et le quatrième terme de l'équation (M) changent de signe et prennent $+$ au lieu de $-$. Ainsi, lorsque l'astre est en A′, plus bas que le pôle, on a $p > 90°$, et l'équation reçoit d'elle-même la forme qui convient à cet état.

On ne se borne pas à prendre une seule hauteur h de la Polaire, mais on en prend quatre ou six, en notant les heures correspondantes, et l'on applique, comme ci-devant, la moyenne entre les hauteurs à la moyenne des heures. Cette méthode donne la latitude avec une extrême précision.

424. Le 10 octobre 1878 au soir, dans une station située sur le méridien de Paris, on observe quatre distances zénithales de la Polaire; la moyenne corrigée de la réfraction est $z = 40°47'23'',5$, et l'heure temps moyen correspondant à la moyenne des observations est $5^h 59^m 12^s,5$. Les coordonnées apparentes de la Polaire, données par la *Connaissance des Temps,* pour l'époque de l'observation, sont

$$\mathcal{R} \star = 1^h 15^m 1^s,56, \quad D \star = +88°39'52'',9,$$

d'où

$$d = 1°20'7'',1 = 4807'',1.$$

On calcule d'abord l'heure sidérale correspondant à la moyenne des observations, et l'angle horaire p de l'étoile :

Heure moyenne......................	$5.59.12,50$
Temps sidéral à midi moyen, 10 octobre.	$13.15.47,94$
Correction, Table VI.	$+0.59,01$
Temps sidéral de l'observation.........	$19.15.59,45$
$\mathcal{R} \star$	$1.15. 1,56$
Angle horaire p......................	$18. 0.57,89$
Et en arc............................	$270°14'28'',35$

(Heure moyenne, etc. en ^{h} ^{m} ^{s}.)

Appliquant la formule (M), on a le calcul suivant :

d.........	$3,6818832.$	....	$3,68188$
$-\cos p$....	$\overline{3},6242684-$	$\sin p$.......	$0,00000$
$-20'',24$...	$1,3061516-$		$3,68188$
	$7,36376$......	double.....	$7,36376$
$\mathcal{C}$.........	$\overline{12},89403$	$\tan g\,h$....	$0,06406$
$-0'',004$..	$\overline{3},56394-$	α.........	$\overline{6},38454$
		$+64'',92$...	$1,81236+$

$$
\begin{aligned}
z &\dots\dots\dots\dots\dots\dots\dots\dots\dots\dots &40.47.23{,}50 \\
h = 90^\circ - z &\dots\dots\dots\dots\dots\dots\dots\dots &49.12.36{,}50 \\
1^{er}\ \text{terme correctif} &\dots\dots\dots\dots\dots &-\ 0.20{,}24 \\
2^e\quad\ \text{»} &\dots\dots\dots\dots\dots\dots &+\ 1.\ 4{,}92 \\
3^e\quad\ \text{»} &\dots\dots\dots\dots\dots\dots &0{,}00 \\
\text{Latitude } l &\dots\dots\dots\dots\dots\dots\dots &49.13.21{,}18
\end{aligned}
$$

Détermination de la longitude du lieu.

425. Lorsqu'on ne peut faire usage de signaux de feu, comme il a été expliqué (n° 211), pour obtenir la longitude du lieu, il faut recourir aux observations astronomiques; mais, en Géodésie, on ne fait aucun cas des méthodes qui n'ont qu'une exactitude douteuse; aussi les éclipses de Lune et des satellites de Jupiter ne sont-elles d'aucun usage. Les distances de la Lune au Soleil ou aux étoiles ne fournissent pas des résultats assez sûrs, et l'on n'y a recours qu'en mer, comme nous le dirons plus tard.

Mais les éclipses de Soleil et d'étoiles par la Lune sont toujours préférées, parce qu'elles offrent une grande précision. Malheureusement elles ne sont pas fréquentes et exigent des calculs assez pénibles. Voici la marche des opérations. On observe l'heure exacte d'une phase de l'éclipse, et par le calcul on en déduit l'instant où la longitude des deux astres était la même, c'est-à-dire celui de leur *conjonction*. Supposez qu'on ait fait la même opération en un autre lieu et qu'on ait l'heure de ce méridien lors de la conjonction, la différence de ces heures, exprimée en temps sidéral, est celle des longitudes des stations; et si l'on n'a pas cette seconde observation du phénomène, comme l'heure de la conjonction est connue, par les Tables de la *Connaissance des Temps,* pour Paris, on a du moins la longitude demandée relativement à cette ville.

426. Développons ce procédé en commençant par *les éclipses de Soleil.*

On est censé connaître, à peu de chose près, la longitude demandée, et l'on se propose seulement de l'avoir avec plus de précision. Ainsi l'on connaît l'heure approchée de Paris, pour l'instant où, de sa station, on a observé l'éclipse; on tirera de la *Connaissance des Temps* les longitudes du Soleil et de la Lune; la latitude, la parallaxe horizontale équatoriale de la Lune; enfin les demi-diamètres et les mouvements horaires des deux astres (n° 381). Il faut dans ces calculs avoir égard aux différences secondes.

Avant tout, on doit chercher la latitude géocentrique l' du lieu (n° 178) et la parallaxe horizontale P de la Lune en cet endroit, c'est-à-dire en ayant égard à l'aplatissement terrestre μ [*voir* équation (5), n° 385, et les valeurs de i et l', n° 178],

$$P = H\left(1 - \mu \sin^2 l'\right).$$

De là on tire la parallaxe π de longitude L, et celle π' de latitude λ, à l'aide des équations ci-après.

427. On appelle *nonagésime* le point de l'écliptique qui est à 90 degrés des deux points où ce plan coupe l'horizon. Les équations suivantes font connaître la longitude N et la hauteur h de ce point, l' étant la latitude géocentrique, et s l'heure sidérale actuelle en degrés

$$\operatorname{tang}\varphi = \cot l' \sin s,$$
$$\operatorname{tang}N = \frac{\operatorname{tang}s \sin(\omega + \varphi)}{\cos\varphi},$$
$$\cos h = \frac{\sin l' \cos(\omega + \varphi)}{\cos\varphi},$$
$$\sin N = \cot h \operatorname{tang}(\omega + \varphi),$$
$$\cot h = \sin N \cot(\omega + \varphi).$$

ω est l'obliquité de l'écliptique, φ un arc auxiliaire que donne la première équation, et qu'on introduit avec son signe dans les suivantes, dont on choisit les plus commodes pour le calcul, selon les cas qui se présentent.

428. Une fois h et N connus, les équations suivantes donnent *les parallaxes* π de longitude L, et π' de latitude λ :

$$x = \frac{\sin P \sin h}{\cos \lambda},$$
$$\pi = \frac{x \sin(L - N)}{\sin 1''} + \frac{x^2 \sin 2(L - N)}{2 \sin 1''}, \ \cdots,$$

longitude apparente $L' =$ longitude vraie $L + \pi$,

$$\cot y = \frac{\cos(L - N - \tfrac{1}{2}\pi)\operatorname{tang} h}{\cos\tfrac{1}{2}\pi}, \quad v = \frac{\sin P \cos h}{\sin y},$$
$$\pi' = \frac{v \sin(y - \lambda)}{\sin 1''} + \frac{v^2 \sin 2(y - \lambda)}{2 \sin 1''}, \ \cdots,$$

latitude apparente $\lambda' =$ latitude vraie $\lambda - \pi'$.

x, y et v sont les arcs auxiliaires qui sont chacun donnés par une équation, et l'on en introduit les valeurs, avec leurs signes, dans les expressions de π et π'.

429. Il faut aussi trouver le demi-diamètre R' de la Lune, pour la hauteur inconnue où elle se trouve, connaissant le demi-diamètre R vu du centre de la Terre, tel qu'on le tire de la *Connaissance des Temps* : car on sait que, plus la Lune s'élève sur l'horizon, plus elle se rapproche de l'observateur, ce qui accroît les dimensions apparentes de cet astre (*voir* n° 386); on trouve, pour cet accroissement, en secondes,

$$x = R\,(\pi'\sin 1'')\cot(y - \lambda) - \frac{1}{2}R\,(\pi'\sin 1'')^2,$$
$$x = R' - R, \quad R' = R + x.$$

430. Pour avoir égard commodément à la parallaxe du Soleil, qui est à peine de 8 secondes à l'horizon, on la suppose nulle; mais on diminue, dans les calculs précédents, celle P de la Lune de la parallaxe solaire, qui d'ailleurs ne varie pas avec la station. On est de la sorte dispensé de calculer les parallaxes du Soleil en longitude et en latitude.

Nous renvoyons, pour les démonstrations, à l'*Astronomie pratique*, p. 130, pour ne pas nous écarter de notre but; une simple récapitulation de ces formules suffit à notre objet.

431. Supposons donc qu'on connaisse les longitudes vraie et apparente $\odot$ et $\odot'$ du Soleil, celles $\mathbb{C}$ et $\mathbb{C}'$ de la Lune, la parallaxe π de longitude lunaire, celle π' de latitude, les demi-diamètres apparents r et R' des deux astres.

On distingue, dans une éclipse de Soleil, deux phases principales, l'*immersion* et l'*émersion*, lorsque les bords opposés sont en contact extérieur avec la Lune. La première arrive au bord droit ou occidental du Soleil; la deuxième au bord gauche ou oriental; mais, en outre, il peut y avoir deux contacts du côté intérieur. Si le diamètre lunaire est plus grand que celui du Soleil, on a *une éclipse totale*, et, s'il est plus petit, *une éclipse annulaire*.

Les nombres de la *Connaissance des Temps* supposent le spectateur placé au centre de la Terre : les calculs préparatoires qui précèdent sont destinés à donner les déplacements apparents en longitude, latitude et demi-diamètres, qui résultent de la parallaxe, lorsque les deux astres sont observés de la surface de la Terre, en ayant égard au lieu de l'observateur, et même à l'aplatissement terrestre.

432. Soient donc P le pôle de l'écliptique, dont AB (*fig.* 135) est un arc apparent; A le centre du Soleil; C celui de la Lune; $\Delta = AC$ leur distance apparente, à l'instant d'un contact extérieur ou intérieur; BC est la latitude apparente λ' de la Lune; $AB = \alpha$ est la différence de leurs longitudes apparentes. Comme ces arcs sont fort petits, le triangle ABC peut être regardé comme plan et rectiligne, rectangle en B. On a donc

$$\Delta^2 = \alpha^2 + \lambda'^2,$$

d'où

$$(1) \qquad \alpha = \sqrt{(\Delta + \lambda')(\Delta - \lambda')}.$$

Or Δ est la somme ou la différence des demi-diamètres apparents, selon l'espèce de contact : en exprimant les arcs en secondes, le deuxième membre sera connu, et l'on trouvera α.

Pour l'entrée occidentale, ou premier contact extérieur, on a

$$\odot = \odot' - p, \quad \mathbb{C} = \mathbb{C}' - \pi, \quad \alpha = \odot' - \mathbb{C},$$

d'où

$$(2) \qquad \odot - \mathbb{C} = \alpha + (\pi - p),$$

pour le deuxième contact extérieur, ou la sortie, $\mathbb{C} > \odot$, et il faut prendre ici $\mathbb{C} - \odot$; l'expression est la même, en donnant le signe $-$ à $\pi - p$. Ainsi, pour les deux cas, Δ étant la somme des demi-diamètres apparents, on a

$$\text{Différence des longitudes vraies} = \alpha \pm (\pi - p) = k,$$

en prenant $+$ pour le commencement et $-$ pour la fin de l'éclipse.

Le même calcul convient aux contacts intérieurs; mais alors Δ représente la différence des demi-diamètres apparents.

433. On est en droit de regarder le Soleil comme immobile en un point

de l'écliptique, pendant la durée de l'éclipse, pourvu qu'on suppose qu'au lieu de son mouvement horaire M la Lune a la différence M — m des mouvements horaires des deux astres. Ainsi la marche de la Lune en longitude, ou dans le sens de l'écliptique, est M — m, en 1 heure ou 3600 secondes de temps vrai. On trouve le nombre T de secondes nécessaires pour parcourir l'arc k, distance des deux centres en longitude, en posant cette proportion.

Si M — m est décrit en 3600 secondes, l'arc k l'est en T secondes

$$(3) \qquad T = \frac{3600^s}{M - m} [\alpha \pm (\pi - p)].$$

Cette équation donne le temps écoulé entre la conjonction vraie (la *néoménie*) et celui de la phase d'éclipse observée, en prenant + quand il s'agit d'un contact du bord ouest du Soleil et — pour le bord oriental. Mais c'est le contraire quand les longitudes vraies du Soleil et de la Lune sont $<$ N, attendu que π et p sont alors négatifs.

Nous avons dit qu'il faut diminuer la parallaxe horizontale P de la Lune, pour le lieu d'observation, de celle 8″,8 du Soleil, et qu'ensuite on considère celle-ci comme nulle : mais alors la valeur π calculée tient lieu de $\pi - p$; ainsi l'équation (3) se réduit à

$$(4) \qquad T = \frac{3600^s}{M - m} (\alpha \pm \pi).$$

Si l'on appelle t l'heure de l'observation du contact, celle de la conjonction vraie est $t \pm$ T, en prenant + pour un contact occidental et — pour un oriental.

Nous ne ferons pas ici d'application numérique de ces équations. Ces calculs sont longs sans être difficiles. Mais il est évident que, si l'on observe le même contact en deux pays, les opérations donneront les heures de la conjonction vraie pour ces deux stations, et que la différence des heures est celle des longitudes en temps, lorsqu'on l'a exprimée en temps sidéral.

434. Quant aux *occultations d'étoiles par la Lune,* comme les étoiles n'ont ni diamètre apparent ni parallaxe, il suffit de supposer ces quantités nulles dans nos formules. Mais les étoiles ne sont pas sur l'écliptique comme le Soleil, et BC (*fig.* 135) est la différence entre la latitude v de l'étoile et la latitude apparente λ' de la Lune : AB n'est plus l'écliptique, mais lui est parallèle, et l'arc de ce grand cercle, compris entre les cercles PA, PB, est égal à $\alpha \cos v$. La distance AC, à l'instant d'un contact, est le demi-diamètre apparent R' de la Lune. Ainsi, faisant $\delta = v - \lambda'$, le triangle ABC donne

$$\alpha^2 \cos^2 v = R'^2 - \delta^2,$$

d'où

$$(5) \qquad \alpha = \frac{\sqrt{(R' + \delta)(R' - \delta)}}{\cos v};$$

et comme le mouvement propre de l'étoile est nul, $m = 0$; donc

$$(6) \qquad T = \frac{3600^s}{M}(\alpha \pm \pi),$$

en prenant $+$ pour l'immersion, et $-$ pour l'émersion.

435. Ainsi, après avoir noté l'heure exacte de l'occultation, on aura l'heure sidérale du lieu, puis l'heure vraie de Paris contemporaine. On tirera de la *Connaissance des Temps* les données lunaires qui sont nécessaires ; nos équations feront trouver la parallaxe horizontale P de la Lune, celle π de la longitude et π' de la latitude, après avoir calculé N et h, longitude et hauteur du nonagésime ; en sorte que l'on connaîtra la longitude, la latitude et le demi-diamètre apparent de la Lune, pour l'instant de l'immersion ou de l'émersion.

On cherchera ensuite la longitude et la latitude de l'étoile ; on entrera dans la formule (5) avec la différence δ des latitudes apparentes, et l'équation (6) donnera l'heure T, et par suite l'heure $t \pm$ T de la conjonction vraie.

Ces calculs étant effectués pour un autre lieu où la même phase a été observée, on aura l'heure de cet autre méridien où la conjonction arrive : la différence de ces heures est, en temps sidéral, celle des longitudes.

Et si l'observation conjuguée n'a pas été faite ailleurs, on calculera l'heure de la conjonction vraie pour Paris. Alors la longitude du lieu sera rapportée au méridien de Paris (*voir* l'*Astronomie pratique,* où l'on trouve des exemples où ce procédé est appliqué).

Il ne faut pas oublier que, lorsqu'un même phénomène instantané a été vu de deux stations et qu'on a noté les heures sidérales où il a existé, heures de ces méridiens respectifs, la différence de ces heures est celle des longitudes de ces stations; *le lieu le plus oriental compte toujours l'heure la plus avancée.*

436. Par les passages de la Lune au méridien observés aux deux stations. — Soit L la longitude de la station occidentale, par rapport à l'orientale. Si l'on observe en ces deux endroits le passage méridien d'une étoile quelconque, l'heure sidérale sera la même (n° 393); mais un temps physique L se sera réellement écoulé dans l'intervalle des deux observations.

S'il s'agit de la Lune, les choses se passeront autrement; car l'ascension droite va sans cesse en croissant, et de l'un de ces passages à l'autre il s'écoule un temps sidéral égal à L plus la marche de la Lune en ascension droite pendant ce temps. Soit donc φ cette dernière durée, différence connue entre les heures sidérales des deux observations : ainsi, en temps sidéral, il se sera écoulé $L + \varphi$ de l'une à l'autre.

Chaque heure sidérale, il passe au méridien un arc de 15 degrés de l'équateur; le temps φ répond à un arc de (15φ) degrés.

On tire de la *Connaissance des Temps* les mouvements horaires du Soleil et de la Lune en ascension droite (n° 379), c'est-à-dire le nombre de degrés d'équateur décrits de l'ouest à l'est, par ces astres, en une heure de temps vrai : soient m celui du Soleil en temps, d celui de la Lune en degrés. Une heure de temps vrai équivaut à $1^h + m$ de temps sidéral. Ainsi, dans le temps sidéral $1^h + m$, la Lune parcourt d degrés d'ascension droite, et dans le temps sidéral $L + \varphi$, elle décrit l'arc 15φ : de là cette proportion

$$1^h + m : d :: L + \varphi : 15\varphi,$$

et

$$(7) \qquad L = \frac{\varphi}{\frac{1}{15}d}\left(1^h + m - \frac{1}{15}d\right).$$

Ainsi, après avoir observé le passage au méridien d'un bord lunaire en deux stations et noté les heures, la différence entre ces heures, réduite, s'il est nécessaire, en temps sidéral, sera le nombre φ, en prenant l'heure pour unité. On tirera de la *Connaissance des Temps* : 1° le temps sidéral m, 24° de la différence entre deux ascensions droites consécutives du Soleil ; 2° le mouvement horaire d de la Lune en degrés ; et l'équation ci-dessus donnera la différence L des longitudes des deux stations.

Nous n'insisterons pas sur ce procédé, quoiqu'il soit très-exact; mais il suppose qu'on a une bonne lunette méridienne, bien orientée, ce qui arrive rarement aux observatoires mobiles et exposés, dont on se sert en Géodésie. Mais nous avons cité cette méthode comme servant d'élément à la suivante, qui suppose bien aussi qu'on dispose d'une lunette des passages, mais qui n'exige pas que l'instrument soit exactement dans le méridien.

D'ailleurs, un cercle répétiteur placé verticalement à fort peu près dans ce plan peut suffire. En outre, la méthode ci-dessus exige que la pendule soit parfaitement réglée, et le résultat est influencé par les erreurs des Tables, circonstances dont la suivante est indépendante.

437. Par les culminations d'une étoile et d'un bord de la Lune, observées aux deux stations. — On note les heures de la pendule aux instants des passages du bord de la Lune et de quelque étoile qui ait à peu près la même déclinaison, afin de ne pas être obligé de déplacer beaucoup la lunette : on dit de ces étoiles qu'elles sont de *culmination lunaire*. Désignons par A l'ascension droite de la Lune, par p son demi-diamètre, par τ l'erreur de la pendule et de la lunette, par α l'ascension droite de l'étoile : l'heure de la pendule à l'instant du passage du bord lunaire sera $\tau + A \pm p$; celle de l'étoile sera $\tau + \alpha$, et la différence de ces heures entre les passages

$$t = A \pm p - \alpha.$$

Nous supposons ici que l'étoile passe la première, ou que son ascension droite α est moindre que celle de la Lune; s'il en était autrement, t serait pris ci-après en signe contraire. Du reste, t doit être exprimé en temps sidéral, ou réduit à cette unité (Table V, à la fin de l'Ouvrage).

On fait les mêmes observations à la deuxième station, que nous supposerons ici être à l'occident. On aura pour l'heure de temps sidéral entre ces deux passages, à ce deuxième méridien,

$$t' = A' \pm p - \alpha;$$

nous conservons les mêmes valeurs de p et de α.

La différence entre ces deux résultats est $t - t' = A - A'$. Or il est

visible que ce nombre est précisément ce que nous avons appelé φ dans
l'équation (7), et qu'il est rendu de la sorte indépendant de τ, τ' et α,

$$(8) \qquad\qquad \varphi = t - t'.$$

Tout étant ainsi connu dans l'équation (7), le calcul fait connaître la
différence L des longitudes des stations, sans avoir besoin de connaître
avec précision les erreurs de la pendule et de la lunette, ni les ascensions
droites de la Lune et de l'étoile. On a seulement besoin des mouvements
horaires du Soleil et de la Lune, qu'on tire de la *Connaissance des Temps*.
Ainsi ce procédé est susceptible d'une grande précision.

438. Il y a deux causes d'erreur : 1° le demi-diamètre lunaire n'est pas
rigoureusement le même p aux deux méridiens, parce que, dans l'intervalle, la distance de la Lune à la Terre varie ; 2° le mouvement horaire de
cet astre change sensiblement dans cette durée. Mais, en calculant d pour
le temps du milieu entre les observations, dont l'heure $L + \varphi$ est d'ailleurs
à peu près connue, on n'aura à craindre aucune erreur sensible, quand
la différence des longitudes n'excédera pas 2 heures, ce qui suffit à tous
les besoins de la Géodésie. Nous jugeons donc inutile d'indiquer ici comment on peut donner à ce procédé une extrême précision, qui serait inutile
à nos recherches (*voir* l'*Astronomie pratique*, p. 271).

439. Le 3 mars 1822, on a observé à Dorpat et à Manheim les culminations du bord ouest de la Lune et de 309 Gémeaux ; cette étoile est
située à l'ouest : on a obtenu, pour différence des heures sidérales des
deux passages,

à Dorpat... $t = 10^m 17^s,56,$ \qquad à Manheim... $t' = 13^m 18^s,30$;

d'où

$$\varphi = 3^m 0^s,74 = 180^s,74.$$

On sait, d'après ce qu'on connaît d'ailleurs, que l'heure de Paris pour
le milieu des observations est $8^h 18^m$ du soir. On tire de la *Connaissance
des Temps* qu'à cette heure $d = 35'45'',0$, et en temps, $\frac{1}{15} d = 2^m 23^s,0$.
Le mouvement du Soleil en ascension droite pour vingt-quatre heures,
est $3^m 43^s,4$, et pour une heure vraie, $m = 9^s,31$.

$$\varphi \ldots\ldots\ldots\quad 2,2570543 \qquad 1^{h}+m\ldots\ldots\quad 60.\overset{m}{\;}\;9,\overset{s}{3}1$$

$$\text{facteur}\ldots\ldots\quad 3,5398674 \qquad \text{dénom.}\ \tfrac{1}{15}\,d..\quad -2.23,00$$

$$\text{dénom.}\ldots\ldots\quad -2,1553360 \qquad \text{facteur}\ldots\ldots\quad \overline{57.46,31}$$

$$\text{L}\ldots\ldots\ldots\quad \overline{3,6415857}$$

$$\text{L} = 1^{h}13^{m}1^{s},13,\ \text{longitude de Dorpat à l'est de Manheim.}$$

Quand les pendules sont réglées sur le temps moyen, il faut réduire la durée $t - t'$ en temps sidéral (Table V) pour avoir φ.

440. Par les chronomètres. — On détermine à l'une des stations, par des observations astronomiques (nᵒˢ 405 à 407), la marche de la montre, savoir : 1° son avance absolue A à une certaine époque; 2° son avance a de chaque jour, le tout réglé sur le temps moyen. On admet que la marche du chronomètre est uniforme dans l'intervalle de temps où on l'emploie à la détermination de la différence des longitudes des deux stations. Les données A et a suffisent pour assigner l'heure exacte H′ de temps moyen sous le premier méridien, quand la montre indique une heure quelconque h, le nombre j de jours après celui où l'avance absolue est A. Voici la formule :

$$\text{Heure de temps moyen}\ldots\ldots\quad \text{H}' = h - \text{A} - aj;$$

on prend en signe contraire celle des quantités A et a qui est un retard.

Cela fait, on se transporte à la deuxième station, et l'on y détermine, par des observations, l'heure H″ de temps moyen du lieu à un instant quelconque, et on lit sur le chronomètre l'heure h qu'il indique à cet instant. On calcule l'heure correspondante H′ de temps moyen sous le premier méridien, par la formule ci-dessus; et H′ — H″ est la différence des longitudes demandée [1].

On a reconnu, à la première station, que le 8 août 1877, à 6ʰ19ᵐ, le chronomètre avance de A = 3ᵐ17ˢ,5 sur le méridien du lieu, et que chaque

---

[1] On se sert indifféremment du temps moyen ou du temps sidéral pour trouver les longitudes, puisqu'en réduisant le premier temps au second, par l'équation (3), nᵒ 397, les heures H′ et H″ deviennent H′ $+ \mathbb{R}\odot$ et H″ $+ \mathbb{R}\odot$, qui ont encore H′ — H″ pour différence.

jour moyen il retarde de $a = -11^s,34$. Le 15 août suivant, à la deuxième station, on a vu que, le chronomètre marquant $h = 19^h 37^m 12^s$, il était alors, sous ce nouveau méridien, $H'' = 19^h 43^m 47^s$. Otant $6^h 19^m$ de h, on voit qu'il s'est écoulé depuis la première époque $7^j 13^h 18^m 12^s = 7^j,5543 = j$; donc

$$
\begin{array}{rl}
& \quad {}^h \quad {}^m \quad {}^s \\
h = & 19.37.12,0 \\
-A = & -\ 0.\ 3.17,5 \\
-aj = & +\ 0.\ 1.25,7 \\
\hline
H' = & 19.35.20,2 \\
H'' = & 19.43.47,0 \\
\hline
\end{array}
$$

Différ. des longitudes. — o. 8.26,8

Le signe — indique que la deuxième station est à l'orient de la première.

Après avoir retranché $6^h 19^m$ de h, on n'a pas le temps écoulé, parce que le retard diurne de la montre est alors négligé; ce qui est ici sans inconvénient, l'intervalle étant très-petit. Mais si l'on veut y avoir égard, il faut recommencer le calcul en tirant du premier résultat une valeur plus exacte de aj (n° 525).

Azimut d'un astre et d'un signal.

441. Connaissant l'heure et la latitude, trouver l'azimut d'un astre. — Le pôle est en p (*fig.* 129), le zénith en z, ab est l'horizon, pzm le méridien, q un astre, zq son vertical, aq sa hauteur, qz sa distance au zénith, pq son cercle horaire, déterminé par l'heure proposée (n° 402).

1° S'il s'agit du Soleil observé à l'ouest, l'angle p est l'heure vraie actuelle traduite en degrés : avant midi, cet angle est le complément de l'heure vraie à 12 heures.

2° Pour une étoile, on a

$$\pm p = \text{heure sidérale} - \text{Æ} \bigstar = \text{heure solaire} + \text{Æ} \odot - \text{Æ} \bigstar\ ;$$

on prend + quand l'astre est à l'ouest, — dans l'autre cas.

Cela posé, dans le triangle sphérique pzq, on connaît deux côtés et l'angle compris; car, outre l'angle, on a la colatitude du lieu $pz = cp$, et la distance polaire de l'astre $pq = d$, complément de sa déclinaison.

Résolvons ce triangle, pour en tirer l'angle $pzq = A$, *azimut de l'astre, compté du nord vers le sud.* Les deux dernières analogies de Neper, n° 85, deviennent ici

$$\operatorname{tang}\frac{1}{2}(A + q) = \cot\frac{1}{2}p \times \frac{\cos\frac{1}{2}(d - c)}{\cos\frac{1}{2}(d + c)},$$

$$\operatorname{tang}\frac{1}{2}(A - q) = \cot\frac{1}{2}p \times \frac{\sin\frac{1}{2}(d - c)}{\sin\frac{1}{2}(d + c)}.$$

Le calcul fait donc connaître les arcs $\frac{1}{2}(A + q)$ et $\frac{1}{2}(A - q)$, dont la somme est l'azimut cherché A : leur différence est q, ou ce qu'on appelle l'*angle de position*. Quand l'astre observé est une étoile, il faut en obtenir l'ascension droite et la déclinaison, en tenant compte des précession, nutation et aberration, ce qu'on trouve tout calculé, dans la *Connaissance des Temps,* pour les principales étoiles. La réfraction et la parallaxe s'exerçant en entier verticalement n'ont ici aucune influence; l'azimut n'en est pas altéré.

EXEMPLE I. — *On demande pour le 23 juillet 1878, à $9^h 48^m 5^s,80$ de temps moyen, l'azimut de γ Pégase, à Strasbourg (longitude en temps $0^h 21^m 39^s$ est, latitude $48°34'56''$ nord).*

	h m s
Temps moyen...........................	9.48. 5,80
Temps sidéral à midi moyen à Strasbourg, 23 juillet..............................	8. 4.16,56
Correction toujours additive, Table VI........	+ 1.36,61
Heure sidérale..........................	17.53.58,97
Æ $\star$.............................	0. 7. 0,27
Angle horaire p.......................	17.46.58,70
ou..................................	6.13. 1,30 vers l'est.
et en arc..............................	93° 15' 19'',50
$\frac{1}{2}p$.............................	46.37.39,75

$$D \star = + 14°30'35'',2,$$

d'où

$$d = 75°.29'.24'',8$$
$$c = 41.25.\ 4,0$$
$$d - c = 34.\ 4.20,8 \qquad \frac{1}{2}(d - c) = 17°.\ 2'.10'',4$$
$$d + c = 116.54.28,8 \qquad \frac{1}{2}(d + c) = 58.27.14,4$$

$$\cot \frac{1}{2}p \ldots\ldots\ldots\ldots\ \overline{1},9753109 \ldots\ldots\ldots\ldots\ldots\ldots\ \overline{1},9753109$$

$$\cos \frac{1}{2}(d - c) \ldots\ldots\ \overline{1},9805122 \qquad \sin \frac{1}{2}(d - c) \ldots\ldots\ \overline{1},4668323$$

$$\text{comp. } \cos \frac{1}{2}(d + c) \ldots\ 0,2813464 \qquad \text{comp. } \sin \frac{1}{2}(d + c) \ldots\ 0,0694481$$

$$\tan \frac{1}{2}(A + q) \ldots\ldots\ 0,2371695 \qquad \tan \frac{1}{2}(A - q) \ldots\ldots\ \overline{1},5115913$$

$$\frac{1}{2}(A + q) \ldots\ldots\ldots\ 59°.55'.13'',7 \qquad \frac{1}{2}(A - q) \ldots\ldots\ldots\ 17°59'34'',2$$

$$17.59.34,2$$

$$A \ldots\ldots\ldots\ldots\ 77.54.47,9 \quad \text{azimut compté du nord vers l'est.}$$

EXEMPLE II. — *On demande l'azimut du Soleil, le matin du 18 octobre 1878, à* $7^h 55^m 31^s,46$ *de temps vrai au Caire (longitude en temps* $1^h 55^m 41^s$ *est, latitude* 30° 2' 4'' *nord).*

L'angle horaire du Soleil est égal au complément du temps vrai à 12 heures, c'est-à-dire à $4^h 4^m 28^s,54$ vers l'est; en convertissant en arc, on a $\frac{1}{2}p = 30°33'34''$. On a ensuite

Temps vrai astronomique au Caire, le 17 octobre... $19.55.31,46$ (h m s)
Longitude orientale. . . . . $-1.55.41,00$
Temps vrai correspondant à Paris. . . . . $17.59.50,46$

La *Connaissance des Temps* fera trouver la déclinaison du Soleil pour cet instant, et l'on aura $D\odot = -9°34'53'',0$; il viendra donc :

$$d = 99°.34'.53''$$
$$c = 59.57.56$$

$$d - c = 39.36.57 \qquad \tfrac{1}{2}(d - c) = 19°.48'.28'',5$$

$$d + c = 159.32.49 \qquad \tfrac{1}{2}(d + c) = 79.46.24,5$$

$$\cot \tfrac{1}{2}p \ldots\ldots\ldots\ldots \quad 0,2288218 \ldots\ldots\ldots\ldots\ldots\ldots \quad 0,2288218$$

$$\cos \tfrac{1}{2}(d - c) \ldots\ldots\ldots \quad \overline{1},9735129 \qquad \sin \tfrac{1}{2}(d - c) \ldots\ldots\ldots \quad \overline{1},5300304$$

$$\text{comp. } \cos \tfrac{1}{2}(d + c) \ldots \quad 0,7507028 \qquad \text{comp. } \sin \tfrac{1}{2}(d + c) \ldots \quad 0,0069548$$

$$\tang \tfrac{1}{2}(A + q) \ldots\ldots \quad 0,9530375 \qquad \tang \tfrac{1}{2}(A - q) \ldots\ldots \quad \overline{1},7658070$$

$$\tfrac{1}{2}(A + q) \ldots\ldots\ldots \quad 83°.38'.32'',4 \qquad \tfrac{1}{2}(A - q) \ldots\ldots\ldots \quad 30°15'0'',5$$

$$30.15.\ 0,5$$

$$113.53.32,9, \text{ azimut} \odot \text{ compté du nord vers l'est.}$$

442. *Étant donnée la distance zénithale d'un astre trouver son azimut.* — Dans le triangle pqz (*fig.* 129), on connaît les trois côtés, savoir $pz = c = 90° - l$, $zq = z$, $pq = d$. On trouve l'*azimut* A *compté du nord* par l'équation (17) du n° 76, qui devient ici

$$\cos^2 \tfrac{1}{2}A = \frac{\sin k \sin (k - d)}{\sin z \sin c},$$
$$2k = z + d + c;$$

on corrigera la distance zénithale observée de *réfraction — parallaxe* pour avoir z; et cela pour que l'azimut A n'en soit pas influencé, attendu que ces effets dénaturent le triangle sphérique pzq.

Si l'astre observé est une étoile, on peut ne pas s'occuper de l'heure de l'observation, car la déclinaison apparente ne change pas sensiblement dans une journée; si l'on observe le Soleil, il faut connaître approximativement l'heure de l'observation, afin de calculer sa déclinaison pour cet instant.

Le 7 octobre 1877, dans le lieu de latitude $l = 48°\,40'\,50''$ nord, la moyenne, corrigée de la réfraction, de plusieurs observations d'Arcturus vers l'ouest a donné pour distance zénithale vraie $z = 65°\,58'37'',2$; on demande quel était l'azimut de l'astre.

On trouve dans la *Connaissance des Temps* la déclinaison apparente de l'étoile pour le 7 octobre 1877 :

$$D\star = + 19°49'12'',6,$$

d'où

$$d = 90° - D\star = 70°10'47'',4.$$

$$
\begin{array}{ll}
z = 65°.58'.37'',2 & \text{comp. } \sin z \ldots\ldots\ 0,0393475 \\
d = 70.10.47,4 & \\
c = 41.19.10,0 & \text{comp. } \sin c \ldots\ldots\ 0,1802873 \\
\hline
2k = 177.28.34,6 & \\
k = 88.44.17,3 & \sin k \ldots\ldots\ldots\ \overline{1},9998947 \\
k - d = 18.33.29,9 & \sin(k - d) \ldots\ldots\ \overline{1},5027951 \\
& \cos^2 \tfrac{1}{2}A \ldots\ldots\ \overline{1},7223246 \\
\tfrac{1}{2}A = 43.24.59,2 & \cos \tfrac{1}{2}A \ldots\ldots\ \overline{1},8611623
\end{array}
$$

$$A = 86.49.58,4, \text{ azimut compté du nord vers l'ouest.}$$

443. *Trouver l'azimut d'un astre à son lever et à son coucher, ou son amplitude ortive et occase qui en est le complément.* — Cette question est un cas particulier de la précédente. Quand l'astre paraît être à l'horizon, la réfraction et la parallaxe en changent le lieu réel : la distance zénithale, au lieu d'être de 90 degrés, est $90° + K$, en prenant :

$$K = \text{réfraction horiz.} - \text{parallaxe horiz.} = 33'45'' - \text{parallaxe horiz.}$$

Pour les étoiles, la parallaxe est nulle; elle est de $8'',8$ pour le Soleil, savoir $K = 33'36'',2$, $z = 90°33'36'',2$. Enfin, s'il s'agit de la Lune, on calculera la parallaxe équatoriale qui convient à l'heure du lever ou du coucher, qu'on évalue à peu près d'abord en prenant $z = 80°$; on cherchera ensuite cette parallaxe pour la latitude du lieu. Ces opérations étant semblables aux précédentes, nous n'en donnerons pas d'application, d'autant plus que, les réfractions étant incertaines près de l'horizon, les résultats sont peu sûrs.

444. *Trouver l'azimut d'un signal.* — Nous avons dit que cette mesure est une des plus importantes opérations de la Géodésie, puisqu'elle fait connaître les directions des côtés des triangles du réseau, et qu'une fois l'un de ces azimuts connu les autres s'en déduisent par de simples calculs, en procédant de station à station, sauf cependant les vérifications indispensables qui obligent à mesurer çà et là d'autres azimuts, pour les comparer aux résultats des calculs (n° 234).

Un observateur est placé au centre C de la sphère céleste (*fig.* 137), d'où il envoie des rayons visuels CM à tous les objets remarquables qui l'environnent. Il fait le *relèvement des signaux*, c'est-à-dire qu'il en trouve les azimuts, ou angles que font avec le méridien les plans verticaux passant par les objets M. Ainsi il s'agit de trouver l'angle du méridien de C avec le plan CZM passant par l'objet M et le zénith Z.

Soient S un astre quelconque en un point de son cours, CZS son vertical. La réfraction change les lieux apparents de M et de S, qui sont jugés en *m* et *s*, sur les mêmes verticaux ; et même, si S est le Soleil ou la Lune, la parallaxe abaisse ces points, en sorte que cependant celle-ci soit plus basse que son lieu réel, parce que la parallaxe lunaire surpasse toujours la réfraction. Ainsi l'on juge la Lune plus basse qu'elle ne le serait si on la voyait du centre de la Terre et qu'il n'y eût pas d'atmosphère.

On observe, à un instant quelconque, avec un instrument, la distance angulaire du signal *m* à l'astre *s*, ou l'arc $sm = \delta$; en même temps, on prend ici la distance zénithale de l'astre, et celle du signal, savoir $sZ = z$, $mZ = z'$. Ces distances sont apparentes, c'est-à-dire affectées par la réfraction et la parallaxe ; pendant qu'on mesure δ, une autre personne mesure z, pour que ces valeurs variables soient contemporaines. Quant à z', on prend cet arc à loisir, attendu qu'il ne change pas.

On pourrait d'ailleurs calculer la valeur de z (n° 408) d'après l'heure à laquelle on a pris l'arc δ ; mais il faudrait corriger cette distance zénithale vraie de la réfraction — parallaxe, en sens contraire de ce qu'on a dit, n° 381 à n° 385, afin de changer l'arc vrai en apparent.

445. Dans le triangle sphérique Z*sm* (*fig.* 137), on connaît les trois côtés $sZ = z$, $mZ = z'$, $sm = \delta$, et l'on en tirera l'angle $mZs = a$, angle qui est le même que SZM. Les équations du n° 76 deviennent

$$2k = z + z' + \delta,$$

$$\cos^2 \frac{1}{2} a = \frac{\sin k \sin (k - \delta)}{\sin z \sin z'}.$$

Or, l'heure de l'observation étant connue, il est facile d'en conclure l'azimut A, qui est l'angle que le méridien fait avec le vertical CSZ, et par suite l'azimut du signal

$$x = A + a.$$

446. Mais, dans cette équation, il faudra attribuer aux lettres des signes propres aux positions relatives de l'astre et du signal, d'après les règles ordinaires des signes en Géométrie. Les azimuts A et x sont des arcs de distance au méridien, comptés du nord ou du sud; ils ont des signes différents, quand ils sont de côtés opposés du méridien. L'arc a est positif lorsqu'il est situé au delà du méridien par rapport à A, et négatif quand au contraire il s'en trouve rapproché.

C ($fig.$ 138) est le lieu d'observation, CN la méridienne, S l'astre, M le signal, l'angle SCN $= A$, SCM $= a$, NCM $= x$. Tout est ici positif. Mais si le signal est en M', de l'autre côté de CS, a prend le signe —, $x = A - a$; et, si le signal est en M″ de l'autre côté du méridien, on a $a > A$, et $x = A - a$ donne x négatif, pour indiquer que cet arc est du côté opposé du méridien par rapport à A.

Du reste, les azimuts positifs peuvent être pris indifféremment vers l'est ou l'ouest, pourvu qu'on observe la règle ci-dessus.

447. Quand l'astre est le Soleil, la distance angulaire observée est celle de l'un des bords au signal, et pour avoir δ il faut y ajouter ou en retrancher le demi-diamètre solaire, selon le bord préféré. Mais on aime mieux prendre successivement les distances des deux bords au signal, puis la moyenne entre elles; et même, pour éviter les petites erreurs d'observation, on prend quatre ou six de ces distances; on note les heures vraies de chacune, et l'on regarde la moyenne entre les heures comme répondant à la moyenne entre les distances du centre au signal ; puis on calcule, pour cette heure du milieu, la distance zénithale apparente de l'astre (n° 408).

Pour l'exactitude des calculs, il convient que l'arc SM ($fig.$ 137) soit peu incliné; ainsi c'est un astre voisin de l'horizon qu'on doit observer. Il importe en outre que l'arc a ne s'écarte pas beaucoup de 90 degrés.

Le 30 mai 1877, à Dublin (longitude $0^h 34^m 43^s$ ouest, latitude 53°23′13″ nord), à $5^h 18^m 52^s$ temps vrai, on a mesuré les distances des deux bords du Soleil à un signal; la moyenne δ, qui est la distance du centre de l'astre au signal, a été trouvée égale à 103°39′7″,0. On a mesuré directement la distance zénithale apparente du signal, et l'on a trouvé $z' = 89°58'20'',2$. On a ensuite calculé les coordonnées azimutales (azimut et distance zénithale) du Soleil, au moyen de sa déclinaison interpolée pour l'instant de l'observation et de l'angle horaire ; ce calcul, effectué à l'aide des formules des n°s 408 et 442, a donné les résultats suivants :

$$\text{Distance zénithale vraie} \odot \ldots \ldots \quad 66.33'.34'',5$$
$$\text{Réfraction} \ldots \ldots \ldots \ldots \ldots \ldots \quad -\ 2.13,8$$
$$z = \text{Distance zénithale apparente} \odot .. \quad 66.31.20,7$$
$$A = 84°25'20'',2, \quad \text{azimut} \odot \text{ compté du nord vers l'ouest.}$$

On a ensuite les calculs suivants :

$$z = \ 66.31.20'',7 \qquad \text{comp. sin} \ldots \quad 0,0375284$$
$$z' = \ 89.58.20,2 \qquad \text{comp. sin} \ldots \quad 0,0000001$$
$$\delta = 103.39.\ 7,0$$
$$2k = 260.\ 8.47,9$$
$$k = 130.\ 4.24,0 \qquad \sin \ldots \ldots \quad \bar{1},8837869$$
$$k - \delta = \ 26.25.17,0 \qquad \sin \ldots \ldots \quad \bar{1},6483303$$
$$\cos^2 \tfrac{1}{2}a \ldots \ldots \quad \bar{1},5696457$$
$$\tfrac{1}{2}a = \ 52.27.43,0 \qquad \cos \tfrac{1}{2}a \ldots \ldots \quad \bar{1},7848229$$
$$a = 104.55.26,0, \text{ signal situé à gauche du Soleil,}$$
$$A = \ 84.25.20,2, \text{ azimut du Soleil, compté du nord vers l'ouest.}$$
$$x = 189.20.46,2, \text{ arc allant du nord au signal.}$$

448. Une partie des opérations dont on vient de parler, celle qui donne l'arc a, est inutile quand on se sert d'un théodolite, parce que cet instrument réduit à l'horizon l'angle $mZs = a$, sans aucun calcul ; et même on choisit l'instant où l'astre S est précisément au méridien, parce qu'on a tout de suite l'azimut du signal. Au reste, il suffit de faire l'observation quand l'astre est près du méridien, parce que alors son mouvement azimutal est proportionnel aux temps, et que le calcul se réduit à corriger la moyenne entre les distances a observées, mais réduites à l'horizon, d'après le rapport des vitesses horizontales de l'astre, telles que les don-

nent les observations mêmes. C'est une interpolation facile, dont l'objet est de ramener les mesures de l'arc a à ce qu'elles eussent été si on les eût prises, l'astre étant au méridien. On peut aussi se servir de la boussole comme approximation ($n° 534$).

449. *Relever un signal par les digressions de la Polaire.* — Cette étoile décrit, chaque jour, autour du pôle p, un petit cercle $n i n' i'$ (*fig.* 139). Sa marche est très-lente. Il est facile de trouver les instants où elle atteint le point i vers l'est, et le point i' vers l'ouest, où elle est à sa plus grande élongation. En effet, Z étant le zénith, l'angle pZi devient alors un *maximum*, et le triangle sphérique pZi est rectangle en i. On trouve l'angle horaire p, la distance zénithale z et l'azimut A de cette étoile, à cet instant, en résolvant ce triangle.

Faisons Yp colatitude $c = 90° - l$, pi distance polaire $d = 90° - D$, $Zi = $ distance zénithale z, l'angle $pZi = $ azimut A, l'angle $Zpi = $ angle horaire p de l'étoile. Les équations du $n° 70$ deviennent

$$\cos p = \tang d \cot c = \cot D \tang l,$$
$$\cos c = \sin l = \cos z \cos d = \cos z \sin D,$$
$$\cos l \sin A = \sin d = \cos D.$$

La première de ces équations donne l'angle horaire p de l'étoile à sa plus grande élongation, d'où résulte l'heure sidérale ou moyenne correspondante ($n° 402$); et selon qu'on prend p en $+$ ou en $-$, dans l'équation citée, on a l'heure de l'élongation à l'est ou à l'ouest.

La deuxième équation donne la distance zénithale vraie z de la Polaire; en retranchant la réfraction, on en tire la distance zénithale apparente.

Enfin la troisième équation donne l'azimut A contemporain.

450. A l'instant de l'élongation, le changement en hauteur est le plus rapide, et le mouvement azimutal nul; et dans les instants voisins, soit avant, soit après, ce mouvement est insensible, et il est permis de n'y avoir pas égard. On a donc le temps de mesurer l'arc $qi = \delta$, distance apparente du signal q à la Polaire. On prend pour δ la moyenne entre plusieurs mesures successives.

Les trois côtés du triangle qZi sont connus, savoir, $qi = \delta$, $Zi = z$,

$q\,Z = z' = $ distance apparente du signal au zénith. On trouvera donc l'angle $q\,Z\,i = a$ que font entre eux les verticaux du signal et de l'étoile, en se servant des équations qui précèdent (n° 445). Ensuite la formule $x = A + a$ donne l'azimut x du signal, en prenant A en $+$ ou en $-$, selon la règle prescrite n° 446.

Ce procédé est extrêmement usité, parce qu'il est d'un emploi facile et que les résultats en sont très-exacts.

Le 7 décembre 1876, on a pour coordonnées apparentes de la Polaire

$$\text{R} \star = 1^h 13^m 49^s,43, \qquad \text{D} \star = + 88^\circ 39' 32'',5.$$

On observe à Toulon, dont la latitude $l = 43^\circ 7' 20''$ nord, et l'on s'est préparé aux observations par le calcul suivant :

$$
\begin{aligned}
\text{tang}\,l &\dots\dots\dots\dots\dots \quad \overline{1},9715130 \\
\text{cot}\,\text{D} \star &\dots\dots\dots\dots \quad \overline{2},3693765 \\
\text{cos}\,p &\dots\dots\dots\dots\dots \quad \overline{2},3408895
\end{aligned}
$$

$$p = 88^\circ 44' 37'',8 \text{ à l'ouest.}$$

et en temps......	$5.54.58,52$	
R $\star$	$1.13.49,43$	
R $\star + p$.........	$7.\ 8.47,95$	temps sidéral à l'inst. de la digression.
	$-17.\ 6.22,20$	temps sidéral à midi moyen.
	$14.\ 2.25,75$	
Correct. (Table V).	$-\ 2.18,01$	
	$14.\ 0.\ 7,74$	heure moy. de la digression ouest.

$$
\begin{array}{llll}
\sin l \dots\dots\dots & \overline{1},8347747 & \cos \text{D} \star \dots & \overline{2},3692575 \\
\text{comp. } \sin \text{D} \star . & 0,0001190 & \text{comp. } \cos l. & 0,1367383 \\
\cos z \dots\dots\dots & \overline{1},8348937 & \sin \text{A} \dots\dots & \overline{2},5059958
\end{array}
$$

$$z = 46^\circ.51'.47'',1 \qquad \text{A} = 1^\circ 50' 14'',5, \text{ azimut à l'ouest.}$$

$$\text{Réfraction.} \qquad -\ 1.\ 2,2$$

$$46.50.44,9 \quad \text{distance zénithale apparente à l'instant de}$$
$$\text{la digression au nord-ouest.}$$

On observe la distance zénithale apparente z' d'un signal, et l'on trouve $z' = 89^\circ 17' 50'',5$; dans les environs de l'heure moyenne trouvée ci-dessus, on mesure plusieurs distances du signal à la Polaire, et l'on obtient la moyenne $\delta = 103° 18' 23'',0$; on a alors les éléments du calcul suivant :

$$
\begin{array}{lll}
z = 46°.50'.44'',9 & \text{comp. sin.}\,. & 0,1369654 \\
z' = 89.17.50,5 & \text{comp. sin.}\,. & 0,0000327 \\
\delta = 103.18.23,0 & & \\
\hline
2k = 239.26.58,4 & & \\
k = 119.43.29,2 & \text{sin.}\dots\dots & \overline{1},9387284 \\
k - \delta = 16.25.\ 6,2 & \text{sin.}\dots\dots & \overline{1},4512480 \\
\end{array}
$$

signal à gauche de A $\qquad \cos^2 \frac{1}{2} a \dots \quad \overline{1},5269745$

$a = 109°.\ 5'.16'',0 \qquad \cos \frac{1}{2} a \dots \quad \overline{1},7634873 \qquad \frac{1}{2} a = 54°32'38'',0$

$A = \quad 1.50.14,5$ étoile à l'ouest.

$x = 110.55.30,5$ azimut du signal du nord vers l'ouest.

451. *Trouver l'azimut de la Polaire à une heure quelconque donnée* P.

Le pôle est en P (*fig.* 134), la Polaire en A sur son cercle diurne; sa distance polaire est $AP = d$; l'angle horaire est connu $APZ = P$; le méridien est PZ; le zénith Z; on a

$$ZP = 90° - l.$$

ZA est la distance zénithale. Résolvons le triangle ZAP, où nous connaissons deux côtés d et $90° - l$, et l'angle compris P, afin de trouver l'angle $AZP = A$, qui est l'azimut demandé. Mais, comme cet angle et le côté opposé d sont fort petits, l'équation générale se simplifie en se réduisant en série. En effet, dans tout triangle sphérique ABC, l'équation (6), n° 69, donne

$$\cot A = \frac{\sin c \cot a - \cos c \cos B}{\sin B},$$

$$\tang A = \frac{\sin B \tang a}{\sin c - \cos c \cos B \tang a}.$$

Lorsque le côté a est fort petit, on peut poser, en se bornant au troisième ordre, $\tan a = a + \frac{1}{3} a^3$ [équation (19)], n° 32; ainsi

$$\tan A = \frac{\sin B}{\sin c} \times \frac{a + \frac{1}{3} a^3}{1 - \cot c \cos B (a + \frac{1}{3} a^3)}.$$

La puissance $- 1$ du dénominateur est, au troisième ordre près,

$$1 + a \cot c \cos B + a^2 \cot^2 c \cos^2 B,$$

d'où

$$\tan A = \frac{\sin B}{\sin c} \left(a + a^2 \cot c \cos B + a^3 \cot^2 c \cos^2 B + \frac{1}{3} a^3 \right).$$

Faisant [équation (20), n° 32]

$$A = \tan A - \frac{1}{3} \tan^2 A,$$

il vient

$$A = \frac{\sin B}{\sin c} \left[a + a^2 \cot c \cos B + \frac{1}{3} a^3 (1 + 3 \cot^2 c \cos^2 B) - \frac{1}{3} a^3 \frac{\sin^2 B}{\sin^2 c} \right];$$

on a, dans ce dernier terme, à cause de $\frac{1}{\sin^2} = \mathrm{coséc}^2 = 1 + \cot^2$,

$$\frac{\sin^2 B}{\sin^2 c} = (1 - \cos^2 B)(1 + \cot^2 c) = 1 - \cos^2 B + \cot^2 c - \cos^2 B \cot^2 c.$$

Ainsi, en réduisant, on trouve

$$A = \frac{\sin B}{\sin c} \left\{ a + a^2 \cot c \cos B + \frac{1}{3} a^3 [\cos^2 B (1 + 4 \cot^2 c) - \cot^2 c] \right\}.$$

Faisons l'application de cette formule générale au triangle ZAP (*fig.* 139), en prenant $a = d = AP$, $c = 90° - l = ZP$, enfin l'angle $B = P$, et il viendra

$$A = \frac{\sin P}{\cos l} \left\{ d + d^2 \cos P \tan l + \frac{1}{3} d^3 [\cos^2 P (1 + 4 \tan^2 l) - \tan^2 l] \right\},$$

et, comme les arcs A et d sont fort petits, on les réduira en secondes (n° 34) en les changeant en A sin 1″ et d sin 1″; d'où

$$A = \frac{\sin P}{\cos l} \left\{ d + d^2 \sin 1'' \cos P \, \tang l + \frac{1}{3} d^3 \sin^2 1'' \left[\cos^2 P \left(1 + \tang^2 l \right) - \tang^2 l \right] \right\}.$$

Par exemple, étant à Montjouy le 4 décembre 1793, Méchain a mesuré des distances de Matas à la Polaire, dont la distance polaire était alors $d = 1°47'41'',4$: il a trouvé, par le calcul de la distance moyenne entre quatre observations, que l'angle azimutal du signal à l'étoile était 30°3'22'',9 ; la latitude du lieu était $l = 41°21'44'',0$. On demande l'azimut du signal de Matas, sachant, par l'heure sidérale de la moyenne entre les observations, que l'angle horaire était P $= 86°28'17'',5$. Voici le calcul :

```
d³.........   7,6206532    d³......   11,4309798
sin 1″......  6̄,6855749    ½.... .   1̄,5228787
cos p.....   2̄,7891895    sin² 1″...  1̄1̄,3711498
tang l.....  1̄,9447035              ‾‾‾‾‾‾‾‾‾
           ‾‾‾‾‾‾‾‾‾                0,3250083        0,3250083 −
            1,0401211   4,100752...0,6128635  tang² l...  1̄,8894070
                                              ‾‾‾‾‾‾‾‾‾
2ᵉ terme...  + 10″,967   cos² P...  3̄,5783790            1,2144153 −
tang² l.....  1̄,8894070             ‾‾‾‾‾‾‾‾‾
4.........   0,6020600   2̄,5162508  4ᵉ terme.   −1,638
           ‾‾‾‾‾‾‾‾‾      3ᵉ terme.    0,0328
            0,4914670
            3,100752                  1ᵉʳ terme.......   1.47.41,4
1 + 4 tang² l = 4,100752              2ᵉ   »  .......      10,967
                                      3ᵉ   »  .......       0,033
sin P......  1̄,9991759               4ᵉ   »  .......     −1,638
                                                       ‾‾‾‾‾‾‾‾‾
            3,8109555.................................  1.47.50,762
                                                       ‾‾‾‾‾‾‾‾‾
cos l.......−1̄,8753779
           ‾‾‾‾‾‾‾‾‾
            3,9347535     A l'ouest.......  −2.23.25,1
Angle azimutal de Matas à la Polaire à l'est..........  30. 3.22,9
                                                       ‾‾‾‾‾‾‾‾‾
                          Azimut de Matas.  27.39.57,8
```

Ce procédé est surtout employé lorsque l'angle azimutal du signal à la Polaire est pris avec un théodolite, parce qu'on lit cet angle sur l'instrument même; il y est réduit à l'horizon. Ainsi, après avoir réglé le théodolite, on mesure l'arc de distance du signal à la Polaire, et l'on note l'heure de l'observation. On répète plusieurs fois cette mesure, et la moyenne des arcs répond à la moyenne des heures; l'arc ainsi obtenu est la mesure de l'angle dièdre formé par les deux plans verticaux de l'astre et du signal; bien entendu que celui-ci, pour être vu la nuit, doit être éclairé artificiellement. On se sert alors d'une lampe à réflecteur parabolique.

LIVRE III.

NAVIGATION.

CHAPITRE PREMIER.

DÉTERMINATION DE LA VITESSE ET DE LA DIRECTION DU NAVIRE.

La *navigation* est une science qui a pour objet de trouver la route que doit suivre un vaisseau pour atteindre un lieu déterminé, d'assigner le lieu de la mer où il est, enfin de rechercher toutes les circonstances de la route. Elle prend le nom d'*Astronomie nautique* lorsqu'elle emprunte le secours des observations célestes. Cette dernière partie sera traitée plus tard.

De l'estime, du loch, de la boussole.

452. Le plus souvent les marins déterminent leur position à la surface des mers par *estime*. Voici en quoi consiste cette opération :

Le *loch* (*fig.* 141) est une petite planchette de bois ayant la forme d'un triangle isoscèle ou d'un secteur circulaire CAB. On leste d'une lame de plomb le bord inférieur AB pour que la planchette se tienne verticalement quand on la jette à la mer et qu'il ne surnage que la pointe supérieure, afin que le vent n'ait pas de prise sur l'instrument. La hauteur et la base du loch ont 17 à 20 centimètres (7 à 8 pouces), plus ou moins. On a une cordelette, appelée *ligne*, enroulée sur un dévidoir, et qui a une longueur de 100 à 150 mètres; elle est attachée au loch en CDEF. Cet appareil sert à mesurer la vitesse du navire.

Chaque fois que le vent paraît changer de force ou de direction, on jette le loch à la mer, en laissant la ligne se dévider librement. Comme l'eau presse la surface de cette planchette, qui est à peu près verticale, la résistance l'arrête, et le loch ne tarde pas à se trouver assez éloigné du navire pour ne plus participer au mouvement qu'il imprime à l'eau, ni au *sillage* du navire, longue trace qu'il laisse sur la mer : le loch est donc alors stationnaire. On a déterminé d'avance, par des essais, la distance nécessaire pour que le loch reste en repos, distance qu'on évalue ordinairement à la longueur du navire. Un nœud de drap rouge attaché à la ligne avertit en passant qu'il faut commencer à compter les temps, pendant que la ligne continue de se dévider. L'officier en donne le signal en disant *vire*.

Les temps sont comptés, soit avec une *ampoulette,* petit sablier qui se vide en 38 secondes, soit mieux encore avec une montre à secondes. La longueur de ligne qui se déroule pendant cette durée de 30ˢ est l'espace parcouru par le navire dans cet intervalle. Quand ce temps est fini, ou que tout le sable est écoulé, le signal *stopp* avertit d'arrêter le dévidoir. On mesure alors la longueur de ligne qui a passé depuis le premier nœud de drap. La corde CED, qui s'attache au loch, n'est fixée en D que par une cheville, qu'on détache de son trou par une petite secousse. La planchette flotte alors à plat, et on la ramène aisément (*fig.* 142).

Pour mesurer commodément cette longueur de corde, on y fixe des nœuds de drap rouge espacés de 45 pieds les uns des autres, et voici comment on raisonne. Le mille marin a 951 ½ toises; c'est la minute de degré du méridien terrestre, parce que la lieue marine est de 20 au degré; ainsi une lieue vaut 3 minutes ou 3 milles. La 120ᵉ partie d'un mille est de 47 ½ pieds; si on laissait cette distance entre les nœuds de la ligne, autant il passerait de ces nœuds en 30ˢ, autant le navire ferait de milles à l'heure, s'il conservait une vitesse constante, parce que 30ˢ est la 120ᵉ partie de l'heure. Mais, comme le loch n'est pas rigoureusement stationnaire, l'expérience a montré qu'il ne faut écarter les nœuds que de 45 pieds, au lieu de 47 ½.

Outre les nombres entiers de nœuds écoulés, il y a encore un reste qu'on mesure en pieds, pour avoir les fractions du mille parcourues en 1 heure. Ainsi le navire qui fait 3 nœuds et 12 pieds parcourt 3 ¼ milles à l'heure, à moins que des *courants* n'agissent sur la mer.

On a soin de jeter le loch *sous le vent* (du côté opposé au vent), de vérifier de temps à autre l'ampoulette, la distance des nœuds, etc.

453. Il ne suffit pas de connaître la vitesse du navire, il faut encore en
avoir la direction ; c'est ce qu'on trouve avec une *boussole* ou *rose des
vents* (*fig.* 140). L'aiguille aimantée de celle dont les marins se servent
est logée dans un cercle très-mince de carton ou de talc, qui tourne sur
un pivot central. Ce cercle est divisé en quatre quarts, qui sont partagés
chacun en 90 degrés, en allant du nord et du sud, tant à l'est qu'à l'ouest,
points qui portent le n° 90. Comme le cercle tourne avec l'aiguille, qui
prend les directions diverses, selon les lieux et la direction du navire,
les divisions viennent se présenter à une étoile ou une fleur de lis, dans
une direction diamétrale marquée N. S. (n° 19).

La boussole est fixée dans l'*habitacle,* près du timonnier, et l'axe NS
est parallèle à la quille du navire, c'est-à-dire à son axe longitudinal. On
dirige la barre du gouvernail, de sorte que le cercle de carton présente à la ligne fixe celle des divisions qui a été déterminée par l'officier
pour la direction qu'il veut suivre. Chaque azimut est compté du nord,
quand la pointe de l'aiguille tombe dans la région qui va de l'est à l'ouest
par le nord ; il est compté du sud dans l'autre demi-circonférence.

La boussole est couverte d'une glace, et portée par une *suspension de
Cardan,* c'est-à-dire à deux axes rectangles, qui la font rester horizontale,
malgré les agitations du navire.

454. Les marins donnent le nom de *rumbs* ou *airs de vent* aux directions que prend le navire, ou l'aiguille de la boussole. Quelquefois on
désigne ces rumbs par les numéros de graduation du cercle : ce sont
les véritables azimuts ; mais plus ordinairement on partage le cercle en
32 arcs égaux, dont chacun porte un nom. Voici la série de ces noms,
tels qu'on les voit sur la *fig.* 140.

1° On marque les quatre points cardinaux N., E., S., O., qui signifient
nord, est, sud et *ouest.*

2° On divise par moitié chacun de ces quadrants, et le nom de ces
quatre divisions se forme de la réunion des deux noms entre lesquels chacune se trouve. Le milieu entre N. et E. s'appelle N.-E. ou *nord-est,*
entre S. et O., S.-O. ou *sud-ouest,* etc.

3° On coupe ces huit arcs par moitié, ou en arcs de 22° 3o′ chacun ; et les noms se forment encore en accolant les deux noms voisins ; le milieu entre N. et N.-E. est le N.-N.-E. ou *nord-nord-est*, entre S.-O., et S., est S.-S.-O. ou *sud-sud-ouest,* etc.

4° Enfin on partage encore par moitié chacun de ces 16 arcs, ce qui complète le système des 32 rumbs, dont les arcs sont de 11° 15′. Pour dénommer ces derniers, on accole les deux noms voisins, en les séparant par le mot *quart*, et énonçant d'abord celle des huit premières divisions qui est la plus proche. Entre N. et N.-O., il y a deux de ces subdivisions, l'une d'un côté du N.-N.-O., l'autre du côté opposé. Celle-ci est appelée N. $\frac{1}{4}$ N.-O., parce qu'elle est plus voisine du nord, l'autre N.-O. $\frac{1}{4}$ N., comme étant plus voisine du nord-ouest. Le premier énoncé signifie N *déviant d'une division vers le nord-ouest ;* le deuxième, N.-O., *déviant du côté du nord.* Par abréviation, on sous-entend une partie de cette locution, qu'on réduit aux termes essentiels ; S.-E. $\frac{1}{4}$ S. signifie le *sud-est, mais en déviant au sud.*

455. Pour les besoins de la navigation, ces 32 divisions ne suffiraient pas pour tous les azimuts qu'on veut courir ; la précision exige souvent qu'on ajoute quelques degrés aux rumbs ainsi dénommés, ou qu'on en retranche. S.-E. $\frac{1}{4}$ E., 4° 15′ sud, signifie un rumb qui est au S.-E. $\frac{1}{4}$ E., et qu'on fait dévier de 4° 15′ vers le sud. Voici comment on traduit ces locutions en degrés azimutaux.

L'intervalle d'un rumb au suivant est de 11° 15′ ; ainsi, pour avoir la graduation S.-E. $\frac{1}{4}$ E., qui est la cinquième division du quadrant, on répète 5 fois 11° 15′, et l'on aura pour équivalent 56° 15′ d'azimut du sud à l'est. Et dans la dénomination ci-dessus, il faudra retrancher 4° 15′ : ce qui ne fera que 52 degrés d'azimut. La Table suivante aide à trouver ces réductions :

ANGLES DES RUMBS AVEC LE MÉRIDIEN				
COMPTÉS DU NORD.			COMPTÉS DU SUD.	
Nord.	Nord	0°. 0′	Sud	Sud
N $\frac{1}{4}$ NE	N $\frac{1}{4}$ NO	11.15	S $\frac{1}{4}$ SE	S $\frac{1}{4}$ SO
NNE	NNO	22.30	SSE	SSO
NE $\frac{1}{4}$ N	NO $\frac{1}{4}$ N	33.45	SE $\frac{1}{4}$ S	SO $\frac{1}{4}$ S
NE	NO	45. 0	SE	SO
NE $\frac{1}{4}$ E	NO $\frac{1}{4}$ O	56.15	SE $\frac{1}{4}$ E	SO $\frac{1}{4}$ O
ENE	ONO	67.30	ESE	OSO
E $\frac{1}{4}$ NE	O $\frac{1}{4}$ NO	78.45	E $\frac{1}{4}$ SE	O $\frac{1}{4}$ SO
Est	Ouest	90. 0	Est	Ouest

436. Si l'aiguille aimantée se dirigeait dans le méridien du lieu, il serait bien aisé de trouver sur la boussole l'azimut que suit la route du navire; mais l'aiguille prend en chaque lieu une direction particulière, qui fait un angle avec le méridien. Cet angle est appelé *déclinaison* ou *variation de l'aiguille aimantée;* il varie avec les lieux, et même avec les temps, dans chaque localité, quoique très-lentement. Cette déclinaison se détermine par des observations astronomiques, ainsi qu'on le dira bientôt (n° 530); c'est donc un angle connu qu'on fait entrer en considération, lorsqu'on veut assigner le rumb suivant lequel on doit maintenir la quille du navire.

437. Mais cette direction n'est pas celle de la route du navire, à cause de la *dérive*. On donne ce nom à un effet par lequel le vaisseau est poussé dans le sens où le vent souffle, et qui varie avec la force du vent, la quantité de voiles et la qualité de la mer. Pour connaître la véritable route qu'on suit, à la surface de la mer, on se sert d'une autre boussole portative, appelée *compas de variation,* qui est armée de pinnules dans une ligne parallèle à celle de nord et sud de l'instrument. En visant la *houache,* longue trace que laisse le navire derrière lui sur les eaux, on obtient l'angle que fait cette trace avec l'axe du navire, qui est la ligne où l'on gouverne. Cet angle est la dérive.

L'azimut qu'on doit suivre est donné par le lieu où l'on est et celui où l'on veut arriver. Connaissant la déclinaison de l'aimant et la dérive, on corrige bientôt l'azimut de ces deux angles, et l'on en conclut la graduation, à partir du méridien magnétique, ou le rumb suivant lequel on doit gouverner; et alors le navire court la route voulue.

Problème des routes.

438. Lorsqu'on veut combiner ensemble la variation v de l'aimant, la dérive d et le rumb suivi r, afin d'en déduire la direction de la route, savoir l'angle x qu'elle fait avec le méridien vrai du lieu, on s'aide d'une figure pour indiquer les quatre directions proposées du méridien vrai, du méridien magnétique, de la dérive et de la route, en donnant à ces lignes les positions que leur assignent les valeurs angulaires données; et l'on reconnaît aisément quels sont les angles qu'on doit ajouter ou soustraire pour trouver x, qui est l'angle de la route avec le méridien vrai du lieu, ou l'azimut.

Par exemple, la déclinaison étant $v = 20°$ N.-E., un vaisseau court le rumb S.-E. $\frac{1}{4}$ S. (la Table indique que $r = 33°45'$, du sud magnétique vers l'est), et la dérive $d = 17°$ *babord*, c'est-à-dire portant le vaisseau du côté gauche : on demande l'azimut de la route.

Je mène les droites NS, ns (*fig.* 136) sous l'angle $v = 20°$: la première ligne figure le méridien vrai, la deuxième le méridien magnétique; S est le sud vrai, la région droite représente l'est. Je tire la droite CR faisant l'angle RC$s = r = 33°45'$ du côté du sud-est , et je vois que CR tombe au delà de CS, par rapport à Cs. Enfin, je tire au delà de CR la ligne CD, faisant l'angle RCD $= d = 17°$. CD est la route du navire et son azimut est l'angle

$$DCs = x = r + d - v = 30°45' \text{ du sud à l'est};$$

donc, en style de marin, le vaisseau court le S.-E. $\frac{1}{4}$ S. 3° S.

On voit que, dans tous les cas, on peut trouver la valeur de l'un des quatre angles r, d, v et x, quand on a les trois autres. C'est ainsi que l'officier fixe le rumb suivant lequel le navire doit gouverner.

459. Une fois connues la direction de la route et la vitesse du vaisseau, il est aisé de *faire le point*, c'est-à-dire de marquer sur une carte

marine la ligne parcourue en longueur et en direction : ainsi on trouve le point de la mer où l'on est actuellement. C'est ce que l'on comprendra parfaitement par la construction de ces cartes. On a de la sorte la longitude et la latitude du vaisseau, opération qu'on appelle l'*estime*. Sans doute ces résultats sont sujets à erreur, mais on les rectifie par des observations célestes.

460. Les observations de mer n'ont jamais assez de précision pour qu'on puisse y avoir égard à l'aplatissement terrestre; aussi notre globe est-il toujours regardé comme sphérique. Le chemin A, décrit en longitude sur un parallèle dont la latitude est l, répond à la route $\dfrac{A}{\cos l}$ parcourue sur l'équateur, c'est-à-dire que cette fraction est l'espace couru en longitude (n° 478).

461. Nous avons trouvé, n°ˢ 220 et 221, que la différence d des latitudes l et l' de deux stations voisines sur la sphère terrestre, et la différence P de leurs longitudes, sont données par les équations

$$d = a \cos z + \frac{1}{2} a^2 \tang l \sin^2 z, \quad d = l - l',$$

$$P = \frac{a \sin z}{\cos l} - \frac{1}{3} a^2 \sin 2z \, \frac{\tang l}{\cos l}.$$

Ici z est l'azimut de la route qui joint les stations, mesuré sur l'horizon de celle dont la latitude est l; l' est la latitude du point d'arrivée, a le petit arc décrit de l'une à l'autre, ou plutôt l'arc qui mesure cette valeur angulaire dans le cercle dont le rayon est 1; d est un arc de même nature.

462. Soient P (*fig.* 79) le pôle terrestre, M le lieu de départ, M' celui d'arrivée, PM, PM' leurs méridiens; on a

$$PM = 90° - l, \quad PM' = 90° - l';$$

C est le centre de la Terre supposée sphérique. L'angle MCM' est mesuré par l'arc a. Soit donc représentée par y la distance MM' en unités métriques, ou la distance itinéraire des deux stations; comme

$$1 : a :: R : y = aR,$$

R étant le rayon CM, on a

$$d = \frac{\gamma \cos z}{R} + \frac{\gamma^2 \sin^2 z \, \mathrm{tang}\, l}{2\,R^2},$$

$$P = \frac{\gamma \sin z}{R \cos l} - \frac{\gamma^2 \sin 2z}{2\,R^2}\frac{\mathrm{tang}\, l}{\cos l},$$

et comme d et P sont des longueurs d'arc de rayon 1, propres à mesurer des angles, on changera ces arcs en $d \sin 1'$, $P \sin 1'$, pour les exprimer en *minutes de degré*, et il viendra les équations

$$l' = l - \frac{\gamma \cos z}{R \sin 1'} - \frac{\gamma^2 \sin^2 z \, \mathrm{tang}\, l}{2\,R^2 \sin 1'},$$

$$P = \frac{\gamma \sin z}{R \sin 1' \cos l} - \frac{\gamma^2 \sin 2z \, \mathrm{tang}\, l}{2\,R^2 \sin 1' \cos l}.$$

Nous avons plusieurs fois fait usage de ces équations. On néglige le plus souvent le dernier terme. Ainsi, connaissant la distance parcourue γ en mètres et sa direction, ou son azimut z, ces équations font connaître la longitude et la latitude du point d'arrivée, quand on a celle du départ.

463. L'usage, en mer, est d'exprimer la route en lieues de 20 au degré, ou en milles de 60 au degré (c'est-à-dire en minutes); une lieue vaut 3 milles ou 3 minutes d'arc de méridien. Comme on néglige l'aplatissement, on fait le mille de 950 toises = 1850 mètres, et l'on exprime γ en milles ou minutes. Le calcul donne alors (^{1}), en négligeant le deuxième ordre, puis observant que l'arc de 1 degré est formé de 60 minutes, ou 60 milles, la circonférence $2\pi R = 360° \times 60'$, $R = \dfrac{10800'}{\pi} = \dfrac{1}{\sin 1'}$ (n° 34), $R \sin 1' = 1$,

$$l' = l - \gamma \cos z, \quad P = \gamma \frac{\sin z}{\cos l}.$$

$- \gamma \cos z$ est la correction de la latitude l, en minutes de degré de grand cercle, pour avoir l'; mais il faut que γ désigne des milles marins de 1'

(^{1}) **En termes de marine, la brasse vaut 5 pieds = 1^m,6242.**

La lieue marine de 20 au degré = 2850^t,411 = 5555^{m}⅚; log = 3,7447275.

Le mille marin en est le tiers = 950^t,137 = 1851^m,8518; log = 3,2676020.

Un nœud vaut 45 pieds = 14^m,61777; log = 1,1648812.

chacun. L'azimut z est ici compté du méridien sud, vers l'est ou vers l'ouest, indifféremment. Une figure, même grossière, suffit pour reconnaître si la route accroît ou diminue la longitude et la latitude.

On est parti à $46°22'17''$ lat. N., et $50°18'20''$ long. O.; on a parcouru 146 milles par l'azimut $z = 36°45'$ du sud à l'ouest; on demande la longitude et la latitude d'arrivée.

$$
\begin{array}{llll}
& & & l = \ \ 46°.22'.17''\,\mathrm{N.} \\
& & & \quad\ -1.57.\ \ 0 \\
& & & l' = \ \ \overline{44.25.17} \\
y = 146\ldots & 2,16435\ldots\ldots\ldots\ldots & 2,16435 & \quad\ \ 40.18.20 \\
\cos z\ldots\ldots & \overline{1},90377 & \sin z\ldots\ldots \quad \overline{1},77694 & \quad\ \ \ \ 2.\ \ 2.18 \\
& \overline{2,06812-,} & \cos l\ldots\ldots \quad -\overline{1},85384 & \mathrm{P} = \ \overline{42.20.38} \\
& -117',0 & 2,08745 & \quad\ \ 122',31
\end{array}
$$

464. Mais il ne faut pas oublier que nos formules supposent que l'arc terrestre décrit est de peu d'étendue, la route d'un jour par exemple. Lorsque la distance est un peu grande, le triangle PMM' (*fig.* 79) doit être traité selon les règles générales de la Trigonométrie sphérique (n° 82), pour en tirer $\mathrm{PM'} = 90° - l'$ et l'angle P, connaissant $\mathrm{PM} = 90° - l$, l'angle $\mathrm{M} = z$ et le côté $\mathrm{MM'} = a = \dfrac{y}{\mathrm{R}} = $ l'arc décrit, contenant y unités métriques, dans la direction azimutale z.

465. On peut aussi se donner les deux points M et M' de départ et d'arrivée, en longitudes et latitudes, et chercher la longueur y, ou le nombre de milles du côté MM' ainsi que la direction z de l'arc qui joint ces points. Ce problème apprend à trouver le rumb qu'on doit suivre, et la distance à parcourir pour aller de M en M'. Diverses autres combinaisons des données, dans le triangle PMM', peuvent encore être proposées; mais, sans nous y arrêter, tenons-nous-en aux procédés dont les marins se servent dans ces problèmes, qui reviennent fréquemment.

466. On a vu (n° 221) que l'azimut z change sans cesse quand on parcourt un arc MM' de grand cercle, parce que cet arc fait différents angles avec les méridiens successifs menés par chaque point de cet arc. Or les marins, ayant pour guide principal la boussole, ramènent perpétuellement, avec le gouvernail, cet angle azimutal de manière qu'il soit constant pendant un temps déterminé, quelquefois assez long. Il en résulte que la courbe décrite par un navire à la surface des mers n'est plus un arc de cercle, mais est *à double courbure :* on la nomme *loxodromie,* courbe qui fait un angle constant avec tous les méridiens.

Un navire qui suivrait cette courbe ferait donc le même angle avec tous les méridiens; il accomplirait une infinité de révolutions autour du pôle, sans y arriver jamais, à moins que cet angle ne fût nul, c'est-à-dire qu'il ne décrivît un des méridiens de la Terre.

Voici comment on opère le calcul des routes.

467. Dans tous les triangles sphériques formés par un arc de loxodromie et les méridiens de départ et d'arrivée, on a quatre éléments à considérer :

1° L'azimut constant appelé *rumb de vent;*

2° La différence des latitudes, ou l'espace décrit en latitude;

3° La différence des longitudes, ou l'espace en longitude;

4° Enfin la route parcourue exprimée en milles (ou minutes).

De ces quatre éléments, deux étant donnés, il s'agit de trouver les deux autres, ce qui comporte six problèmes à résoudre.

468. Soient A (*fig.* 149) le *point de partance* ou de départ, B celui d'arrivée, AB la route loxodromique, faisant le même angle avec tous les méridiens PK, Pg, Pf, PE, ... P est le pôle, EK l'équateur, AC, BD les parallèles extrêmes; on a

$$KA = l, \quad EB = l',$$

en désignant respectivement par l et l' les latitudes de départ et d'arrivée.

Considérons l'arc AB comme composé d'une infinité de petites lignes droites bout à bout, et $nq = \alpha$ l'une de ces parties. En formant le triangle rectangle infinitésimal nqm, dont l'angle q est l'azimut z, qui est constant tout le long de AB, on a

$$mq = \alpha \cos z, \quad nm = mq \tang z.$$

Or chaque petit arc nq fait partie d'un triangle de cette espèce, ce qui donne pour chacun de ces triangles deux équations de même genre. Ajoutons ensemble toutes les premières; la somme des côtés mq compose l'arc AD $= l - l'$, différence des latitudes de A et de B; $\cos z$ est facteur constant; la somme des quantités α est la route totale $AB = a$; ainsi l'on a, a exprimant des milles et $l - l'$ des minutes,

$$(1) \qquad l - l' = a \cos z = \text{chemin en latitude.}$$

469. D'un autre côté, les arcs fg et mn sont entre eux comme le rayon R de l'équateur est à celui du parallèle de mn, dont nous ferons la latitude égale à λ; $fg : mn :: R : R \cos\lambda$, d'où $mn = fg \cos\lambda$ (n° 460), ce qui change $mn = mq \, \mathrm{tang}\, z$ en $fg \cos\lambda = mq \, \mathrm{tang}\, z$. En ajoutant toutes les quantités fg, dont la somme est EK, on en est conduit à prendre la somme de toutes les fractions $\dfrac{mq}{\cos\lambda}$, parce que $\mathrm{tang}\, z$ est facteur constant. Or EK est la différence P des longitudes de A et B; appelant Λ la somme des fractions $\dfrac{mq}{\cos\lambda}$, on a

$$P = \Lambda \, \mathrm{tang}\, z.$$

On donne à la grandeur Λ le nom de *somme des parties méridionales* ou des *latitudes croissantes* : c'est l'intégrale $\displaystyle\int \dfrac{mq}{\cos\lambda}$ prise depuis A jusqu'en D, ou depuis K jusqu'en A, moins de K en D. Cherchons donc ces deux sommes que nous désignerons par Λ' et Λ'', savoir :

$$(2) \qquad P = (\Lambda' - \Lambda'') \, \mathrm{tang}\, z = \text{chemin en longitude.}$$

Cette différence devient une·somme quand l'équateur passe entre les points A et B, parce que Λ'' devient négatif.

On a construit une Table des valeurs de Λ·prises depuis l'équateur jusqu'aux diverses latitudes; cette Table donne à vue les nombres Λ' et Λ''. Comme ces quantités y sont exprimées en minutes, l'équation (2) donne le nombre de minutes dont la longitude a varié dans la route entière AB.

470. Voyons donc à calculer Λ. En faisant $\sin\lambda = x$, on a

$$\Lambda = \int \frac{mq}{\cos\lambda} = \int \frac{d\lambda}{\cos\lambda} = \int \frac{dx}{1 - x^2} = \frac{1}{2} \log\left(\frac{1+x}{1-x}\right)$$

$$= \log\sqrt{\frac{(1+x)^2}{1-x^2}} = \log \text{nép.}\left(\frac{1+\sin\lambda}{\cos\lambda}\right).$$

$$= \log \text{nép. tang}\left(45^\circ + \frac{1}{2}\lambda\right),$$

d'après l'équation (9), (n° 30). L'intégrale doit être prise depuis l'équateur, où $\lambda = 0$, jusqu'à la latitude quelconque l : donc

$$\Lambda = \log \text{nép. tang} \left(45° + \frac{1}{2} l \right)$$
$$= \frac{1}{M} \log \text{tabul. tang} \left(45° + \frac{1}{2} l \right).$$

Le chemin parcouru a, ainsi que l'angle P, sont ordinairement exprimés en minutes ou milles; il faut donc changer P en P $\sin 1'$, c'est-à-dire prendre M $\sin 1'$ pour dénominateur. On trouve

$$\frac{1}{M \sin 1'} = 7915',7046741, \quad \log = 3,89848\,95715,$$

$$(3) \qquad \Lambda = 7915',7046741 \times \log \text{tabul. tang} \left(45° + \frac{1}{2} l \right).$$

C'est sur cette formule que sont calculées les *Tables des latitudes croissantes* qu'on trouve dans les ouvrages de Mendoza, Guépratte, Bagay, etc. ([1]).

471. Une fois cette Table formée, voyons à appliquer les équations (1) et (2) à la résolution des problèmes des routes, savoir :

Étant donnés I. a et z,	*trouver*	$l - l'$ et P,
II. z et $l - l'$.	»	a et P,
III. a et $l - l'$.	»	z et P,
IV. P et $l - l'$.	»	a et z,
V. P et z.....	»	a et $l - l'$,
VI. P et a. ...	»	z et $l - l'$.

Comme on a deux équations et deux inconnues, le calcul est aisé, lorsqu'on a pris dans la Table les nombres Λ' et Λ'' qui répondent aux lati-

---

([1]) On calcule ainsi Λ' et Λ'', pour $45° + \frac{1}{2} l = 68° 15'$ et $65° 26' 45''$.

log tang..........	0,3990711	0,3402089
log const.........	3,8984896..........	3,8984896
log log tang.... ..	$\overline{1},6010503$	$\overline{1},5317456$
Λ'....	3,4995399	Λ''.... 3,4302352
	$\Lambda' = 3158',93$	$\Lambda'' = 2692',99$

tudes l et l'. C'est ce que l'on comprendra mieux par les exemples suivants, *où nous supposons toujours que le point de partance est donné* par sa longitude et sa latitude l.

472. I. *Étant donnés le chemin a et l'azimut z, trouver $l - l'$ et* P, *c'est-à-dire la longitude et la latitude du point d'arrivée.*

Un vaisseau est parti de 46°30′ latitude B. et 40° longitude O.; il a fait 420 milles au S.-O. ¼ S. 3° O. (azimut $z = 30°45′$ du sud à l'ouest (n° 455); quelles sont la longitude et la latitude d'arrivée?

$$
\begin{array}{llll}
\text{Départ...} & l = 46.\overset{\circ}{3}0.\overset{'}{0}\overset{''}{0}\,\text{N.} & a = 420.... & 2,623249 \\
& & \cos z .... & \overline{1},903770 \\
& -5.36.30 & 336',5 .... & 2,527019 \\
\text{Arrivée..} & l' = 40.53.30 & l \text{ donne } \Lambda' = 3158',93 \\
& & l' \text{ donne } \Lambda'' = 2692',99 \\
\tan g z .... & \overline{1},873167 & \Lambda' - \Lambda'' = 465',94 \\
465',94...... & 2,668330 \\
& 2,541497... & \text{P} = 347',93.... & 5°47'55'' \\
& & \text{longit. de départ.} & 40. 0. 0\ \text{O.} \\
& & \text{longit. d'arrivée.} & 45.47.55
\end{array}
$$

473. II. *Connaissant l'azimut z de la route et la latitude l' d'arrivée, trouver l'espace parcouru a et la longitude d'arrivée* P.

Un navire allant par le S.-E. ¼ E. ($z = 50°37′30''$ du sud à l'est) a passé de la latitude

$$
\begin{array}{llll}
l = 15°55'\ \text{S.} .... & \Lambda' = & 967',53 \\
\text{à } l' = 18.49\ \text{S.} .... & \Lambda'' = & 1149,86 \\
l - l' = 174' = 2.54 & \Lambda' - \Lambda'' = - & 182,33 \\
174' .... & 2,240549 & 182',33 ...... & 2,260858 \\
\cos z .... & -\overline{1},802359 & \tan g z .... & 0,085827 \\
a = 274',28.. & 2,438190 & \text{P} = 222',17.. & 2,346685
\end{array}
$$

Donc le vaisseau a parcouru $274^{\text{milles}},3$ ou $91\frac{1}{3}$ lieues au S.-E. ½ E., et sa longitude a diminué de 3°42′10″.

474. III. *Étant données les latitudes extrêmes l et l' et la route a, trouver l'azimut z de la route et la longitude d'arrivée.*

26.

On a fait 162 lieues, ou 486 milles, entre le N. et l'E. en partant de

$$l = 28°.20'\ \text{latitude N.}\ldots \quad \Lambda' = \quad 1773,85$$

arrivant à $l' = 32.17$ latitude N. .... $\Lambda'' = \quad 2048,46$

$$l'-l = \quad 3.57 = 237' \qquad \Lambda'-\Lambda'' = -\quad 274,61$$

$$237'\ldots\ldots\ldots \quad 2,374748 \qquad 274',61\ldots\ldots \quad 2,438716$$

$$486'\ldots\ldots\ldots -2,686636 \qquad \text{tang } z\ldots\ldots \quad 0,252928$$

$$\cos z\ldots\ldots \quad \overline{1},688112 \qquad \mathrm{P}\ldots\ldots\ldots \quad 2,691644$$

$$z = 60°48'50 \qquad\qquad \mathrm{P} = 491',64 = 8°11'38''$$

Le navire a couru au N.-E. $\frac{1}{4}$ E., 4°34' E. et sa longitude a diminué de 8°11'38''.

475. IV. *Connaissant les points de partance et d'arrivée (leurs longitudes et latitudes), savoir,* P *et* l — l', *trouver la route parcourue a et l'azimut* z.

On est parti de... 38°15' latit. N.   et   29° 0' longit. O.

On veut aller à... 32.32 latit. N.   et   19.38 longit. O.

Chemin en latit... $\quad 5.43 = l - l'$, en longit. $\quad 9.22 = \mathrm{P} = 562'$

$$38°15'\ldots \quad \Lambda' = 2487',33 \qquad 562'\ldots\ldots\ldots \quad 2,74974$$

$$32.32\ldots \quad \Lambda'' = 2066,23 \qquad 421,1\ldots\ldots\ldots -2,62439$$

$$\Lambda'-\Lambda'' = \quad 421,10 \qquad \text{tang } z\ldots\ldots \quad 0,12535$$

$$343\ldots\ldots\ldots \quad 2,53529 \qquad z = 53°9'22''$$

$$\cos z\ldots\ldots \quad -\overline{1},77789 \qquad = \text{S.-O.}\tfrac{1}{2}\text{O. } 2°32'\text{O.}$$

$$a\ldots\ldots\ldots \quad 2,75740\ldots \quad a = 572'.$$

476. V. *Étant donnés la différence* P *des longitudes extrêmes et l'azimut* z *de la route, trouver l'espace parcouru a et la différence* l — l' *des latitudes.*

L'équation (2) fait trouver $\Lambda' - \Lambda''$, et, comme on connaît le point de départ, on a Λ'; ainsi le calcul donne Λ''. On cherche ensuite à quelle latitude l' répond cette valeur de Λ'' dans la Table des latitudes croissantes, et l'on a la latitude l' d'arrivée. L'espace a est enfin donné par l'équation (1), comme dans le problème II.

On est parti de 45° de latitude N., et, se dirigeant entre le N. et l'O., on a suivi l'azimut $z = 67°39'$ O.-N.-O. La longitude s'est accrue de

$P = 2°45'36''$. Quelle est la latitude d'arrivée, et combien a-t-on couru de milles ?

$$
\begin{aligned}
&P = 165',6\ldots \quad 2,21906\\
&\tang z\ldots\ldots\ldots -0,38278 \quad \text{la latit. } 45° \text{ donne}\quad \Lambda'' = 3029',94\\
&\Lambda' - \Lambda''\ldots\ldots \overline{1,83628} \qquad\qquad » \qquad \Lambda' - \Lambda'' = \quad 68,59\\
&\qquad\qquad\qquad\qquad\qquad\qquad\qquad\qquad \Lambda'' = \overline{3098,53}
\end{aligned}
$$

$$l' = 45°48' \text{ N}, \qquad l - l' = 48'.$$

$$
\begin{aligned}
&48'\ldots\ldots\ldots\ldots\ldots\ldots\ldots 1,68124\\
&\cos z\ldots\ldots\ldots\ldots\ldots\ldots -\overline{1,58284}\\
&a = 125',43\ldots\ldots\ldots\ldots 2,09840
\end{aligned}
$$

On a couru $125^{\text{milles}},4 = 42$ lieues.

477. VI. Lorsqu'on connaît P et a, et qu'on demande z et $l - l'$, nos équations ne sont plus propres à donner la solution du problème, parce que, outre ces deux inconnues, Λ'' l'est aussi, et qu'on ne peut en tirer cette valeur. Mais lorsqu'on a sous les yeux la Table des valeurs de Λ, on a coutume d'y adjoindre une autre Table, dont les colonnes mettent en correspondance les valeurs simultanées de a, P, z et $l - l'$; ainsi l'on y cherchera le lieu où les valeurs de a et P données se trouvent sur une même ligne; celle de z et $l - l'$ s'y trouvent aussi dans leurs colonnes respectives. Renversant ensuite le problème, on vérifie le résultat en prenant ces nombres z et $l - l'$ pour données, et le calcul doit faire retrouver a et P.

478. Plus on est près de l'équateur, plus la circonférence des parallèles augmente : on conçoit qu'il n'y a que sur l'équateur, le méridien et les autres grands cercles de la sphère que le degré a 60 milles. Ainsi un navire qui court sur un parallèle de l'est à l'ouest ne décrit pas autant de fois 60 milles que de degrés de longitude, et il faut un calcul pour déterminer l'arc d'équateur compris entre les deux méridiens extrêmes de la route.

Les circonférences MO et AC (*fig.* 133) sont comme leurs rayons, et il en faut dire autant des arcs de même nombre de degrés; ainsi α degrés d'un parallèle répondent à α' degrés de l'équateur, et l'on a

$$\alpha : \alpha' :: \text{OM} : \text{CA}, \quad \text{ou} \quad :: \text{CA}\cos l : \text{CA} :: \cos l : 1,$$

attendu que, dans le triangle OCM, $OM = CA \cos l$. Ainsi

$$\alpha = \alpha' \cos l.$$

Cette équation sert à réduire en α' degrés de l'équateur l'espace α décrit sur un parallèle, ce que l'on appelle *réduire les lieues mineures en lieues majeures.*

Ainsi, lorsqu'on a couru 20 lieues dans le sens de l'est ou de l'ouest, on a décrit plus de 1 degré de longitude. A la latitude de 60 degrés, les degrés de longitude n'ont plus que 30 milles ; ils en ont moins encore par les latitudes plus élevées, et ces degrés sont extrêmement petits près du pôle.

479. Il se passe une chose analogue pour les routes obliques au méridien. Quand un navire parcourt un petit arc nq (*fig.* 149), il décrit qm dans le sens du méridien et mn dans le sens des parallèles. Pour une route totale AB, la somme des petits arcs qm donne un arc total $AD = l - l'$, différence des latitudes des extrémités de la route mesurée sur un méridien ; mais la somme des arcs mn est intermédiaire entre les arcs AC et BD des parallèles terminaux. Cette somme produit un arc de parallèle IJ.

480. Lorsque la route n'excède pas 200 lieues et que la latitude ne dépasse pas 60 degrés, le calcul des routes peut se faire d'une manière suffisamment approchée, sans se servir des latitudes croissantes Λ. Le triangle mqn donne

$$mn = nq \sin z = mq \tang z.$$

Ajoutant toutes les équations fournies par les éléments semblables, depuis le point de partance A jusqu'au point d'arrivée B, on suppose que la somme des parties mn est l'arc $\varepsilon = $ IJ du parallèle moyen, les points I et J étant au milieu des arcs AD, CB. C'est cette distance ε que les marins appellent le *chemin est et ouest,* et qu'ils prennent d'une longueur moyenne entre les arcs AC, DB.

On a donc

$$l - l' = a \cos z, \quad \varepsilon = a \sin z = (l - l') \tang z :$$

ainsi le chemin est et ouest ε et la marche en latitude $(l - l')$ sont

$$(4) \qquad \varepsilon = a \sin z, \quad (l - l') = \frac{\varepsilon}{\tang z},$$

et, pour tirer la marche P en longitude de la valeur de ε, il faut réduire cet arc ε à l'équateur en le divisant par $\cos\lambda$, λ étant la latitude moyenne $\frac{1}{2}(l + l')$, d'où

$$(5) \qquad\qquad EK = E = \frac{\varepsilon}{\cos\lambda} \cdot$$

Appliquons ces formules au problème I (n° 472).

$a = 420'\ldots\ldots$	$2,623249$	$l =$	$46°.30'.\ 0''$	$\varepsilon\ldots$	$2,400186$
$\sin z\ldots\ldots$	$\overline{1},776937$	$l - l' = -$	$5.36.30$	$\cos\lambda.\ -\overline{1},859149$	
$\varepsilon = 231',3\ldots$	$2,400186$	$l'' =$	$40.53.30$	$P\ldots$	$2,541037$
$\tan g\,z\ldots\ldots$	$-\overline{1},873167$	lat. moy. λ	$43.41.45$	$P = 347',5$	
$l - l' = 336',5.$	$2,527019$				

Ces résultats sont les mêmes que ceux que l'on a trouvés par des procédés rigoureux.

Supposons qu'un vaisseau ait parcouru $37^{\text{milles}},29$ au sud et $65^{\text{milles}},42$ à l'ouest; la latitude du lieu a bien diminué de $37'29''$ ou $37'17''$; mais la longitude n'est pas devenue plus grande seulement de $65'42'' = 1°5'25''$, mais bien de $1°35'$ sous la latitude moyenne de $46°30'$. C'est ce que montre le calcul de l'équation (5) :

$$\varepsilon = 65',42\ldots\ldots\ldots\ldots\ldots\ 1,81571$$
$$\cos \text{ latitude moyenne } \lambda.\ \ldots\ -\overline{1},83781$$
$$P = 95',04 = 1°35'.\ \ldots\ldots\ 1,97790$$

481. Comme sur mer on est exposé à changer souvent la direction de la route, au gré du caprice des vents, le chemin fait en un jour se compose de plusieurs routes, dont chacune a un petit nombre de milles formant une suite de lignes brisées, dont on a trouvé la direction avec la boussole et la longueur avec le loch. Voici le procédé dont on fait usage pour trouver *le point* final d'arrivée.

On inscrit dans une Table à neuf colonnes, semblable à celle de l'exemple que nous donnons plus loin :

1° La direction suivie, telle que la donne le rumb couru avec le méridien magnétique;

2° La déclinaison de l'aimant ou l'angle de l'aiguille avec le méridien vrai ;

3° La dérive ;

4° La route corrigée de ces deux influences ou l'azimut couru, angle de la *houache* ou de la route vraie, avec le méridien vrai ;

5° Les milles parcourus dans chaque ligne et le sens dans lesquels ils ont été décrits, rapportés aux quatre points cardinaux ;

6°, 7°, 8° et 9° Les composantes de ces espaces dans les directions principales du nord, sud, est et ouest, à l'aide des équations (4).

On en conclut, par des soustractions, les espaces finalement décrits dans les sens cardinaux et, par suite, le changement de latitude ; puis, par l'équation (5), le changement de longitude.

L'exemple suivant montre comment on gouverne ces opérations ; on a représenté, par la *fig.* 147, le résultat des marches supposées ; A est le point de départ, F celui d'arrivée, B, C, D, E sont les positions intermédiaires, telles qu'on les déduit des données.

Un vaisseau part de A, à 46°30′ latitude N. et 40° longitude O.

ROUTE DU COMPAS.	DÉCLIN.	DÉRIVE.	AZIM. VRAI.	CHEM.	N.	S.	E.	O.
22.30 = NNO		11.15 T	8.45 NE	15′	14,83	»	2,28	»
33.45 = SE $\frac{1}{4}$ S		17. 0 B	30.45 SE	25	»	21,49	12,78	»
45. 0 = SO	20° NE ou tribord.	15. 0 T	80. 0 SO	62	»	10,77	»	61,06
56.15 = NE $\frac{1}{4}$ E		18. 0 T	85.45 SE	54	»	4,00	53,85	»
67.30 = OSO		10. 0 B	77.30 SO	75	»	16,23	»	73,22
Somme.......					14,83	52,49	68,91	134,28
					—	14,83	—	68,91
Milles parcourus S. et O............						37,66		65,37

La première colonne contient les rumbs parcourus donnés par la boussole ; la deuxième la variation ou déclinaison de l'aimant ; la troisième la dérive ; on trouve, par les principes exposés (n° 458), quel est l'azimut vrai de la route et on l'inscrit dans la quatrième colonne ; la cinquième est l'espace décrit dans chaque direction. On calcule ensuite, par l'équation (4), l'espace composant décrit dans les directions cardinales, et l'on inscrit les résultats chacun dans la colonne qui lui est propre. Par exemple, pour la deuxième ligne du tableau, on a

$$
\begin{aligned}
25' & \dots\dots\quad 1,39794 \\
\sin z & \dots\dots\quad \overline{1},70867 \\
\varepsilon & \dots\dots\dots\quad 1,10661 \qquad \varepsilon = 12',78 \text{ dans le sens de l'est.} \\
\tan g\, z & \dots\dots\quad \overline{1},77447 \\
l - l' & \dots\dots\quad 1,33214 \qquad l - l' = 21',49 \text{ diff. des latit. vers le sud.}
\end{aligned}
$$

On fait la somme de chacune des quatre dernières colonnes et l'on retranche celles de N. et S., puis celles de E. et O.; il en résulte que l'on a réellement fait le même trajet que si l'on n'eût marché que dans une seule direction, qui aurait produit $37'66''$ au S. et $65'37''$ à l'O. Divisant $65'37''$ par le cosinus de la latitude moyenne $46°11'10''$ pour rapporter cet arc à l'équateur, on trouve que la longitude de 40 degrés est augmentée de $1°34'25''$. Ainsi la longitude d'arrivée est $41°34'25''$ O., et la latitude $45°52'20''$ N. Le vaisseau, par une marche directe de $75'44''$ sous l'azimut constant $60°3'13''$, aurait obtenu le même résultat, ainsi qu'on le reconnaît à l'aide du calcul des équations précédentes.

Des cartes marines.

482. Les marins préfèrent souvent les constructions aux calculs, pour ces routes de détail. Ce procédé est moins exact, mais plus facile, et ne donne pas lieu à des erreurs notables. D'ailleurs les approximations suffisent en pareil cas, parce qu'on corrige les résultats par les observations célestes, toutes les fois que cela se peut.

Il est donc nécessaire de construire des cartes, d'après les formules (1) et (2). Le commerce fournit ces cartes aux marins, qui s'en servent comme on va l'expliquer quand nous aurons exposé la manière de les tracer.

483. L'équateur et ses parallèles sont représentés par des droites parallèles convenablement espacées; les méridiens par des perpendiculaires aux premières, et celles-ci sont à distances égales les unes des autres, pour des degrés égaux de longitude ou d'équateur, en sorte que la carte est dessinée dans un réseau de rectangles dont la base est la même pour tous, mais dont la hauteur croît avec la latitude. Les distances entre les parallèles à l'équateur sont données par les valeurs de Λ, c'est-à-dire des latitudes croissantes, d'où dérive cette dénomination. Telle est la *carte réduite* ou *de Mercator*.

En voici la construction, appliquée à une carte qui s'étend à $11°\frac{1}{2}$ de longitude, et de $28°39'$ à $34°$ de latitude. Après avoir tiré une horizontale AB (*fig.* 146) sur laquelle on portera $11\frac{1}{2}$ parties égales quelconques, on élèvera une perpendiculaire à chaque point de division, pour représenter les méridiens de la carte. Les cercles parallèles à l'équateur sont figurés par des perpendiculaires à celles-ci, mais leurs intervalles croissent comme les valeurs de Λ qui répondent à $28°29'$, $29°$, $30°$, ..., $34°$. On prendra donc ces nombres dans la Table des latitudes croissantes, et leurs différences successives, différences qui seront les intervalles entre les parallèles, en prenant pour échelle l'espace d'un degré de longitude divisé en 60 parties égales. Ainsi l'on trouvera :

$28°39'$	$\Lambda = 1795',47$	différ.	$23',97 = \mathrm{A}b$
29	$1819,44$		$68,94 = bc$
30	$1888,38$		$69,63 = cd$
31	$1958,01$		$70,37 =$ etc.
32	$2028,38$		$71,15$
33	$2099,53$		$71,95$
34	$2171,48$		$72,81$

Ainsi, après avoir partagé la ligne horizontale AB en parties ou degrés de longitude, et chaque degré en 60 divisions égales pour représenter les minutes, cette échelle sera celle sur laquelle on devra prendre $23,97$ parties pour porter de A en b; $68,94$ de b en c, $69,63$ de e en d, etc., puis par les points b, c, d, ..., on mènera des perpendiculaires aux méridiens, lesquelles figureront les parallèles de $29°$, $30°$, ..., $34°$.

484. Mais, lorsqu'on veut faire usage de cette échelle AB sur le plan de la carte, il convient d'en analyser la construction.

NP (*fig.* 143) étant un méridien, tirons par un point N la droite NM qui fait avec NP un angle N = l'azimut z de la route; prenons $\mathrm{NM'} =$ le chemin a parcouru, en parties de l'échelle AB (*fig.* 146); abaissons de M' la perpendiculaire M'P' sur PN; le triangle rectangle NM'P' donne NP' $= a \cos z$, d'où, par l'équation (1), NP' $= l - l' =$ le chemin décrit en latitude. Mais M'P' n'est pas le chemin est et ouest.

Soit fait NP $= \Lambda' - \Lambda'' =$ différence des latitudes croissantes, et menons PM parallèle à P'M'. Le triangle NPM donne MP $= (\Lambda' - \Lambda'') \tan g z$, d'où, par l'équation (2), MP $= $ P $=$ différence des longitudes.

485. Ainsi, dans la carte que nous donnons (*fig.* 146), les méridiens sont des verticales équidistantes; les parallèles à l'équateur, des horizontales espacées de distances croissant de bas en haut, comme les nombres Λ : toute oblique mn fait des angles constants avec les méridiens, et est le développement d'une route loxodromique, qui fait avec ces cercles un angle azimutal constant $z = mnp$.

1° Si n est le point de départ et m le point d'arrivée, mp sera la différence des longitudes, np celle des latitudes.

2° nm mesuré sur l'échelle AB ne sera pas la longueur de la route en milles : pour obtenir cette distance, on prendra sur l'échelle AB une longueur d'autant de milles ou minutes qu'il y en a dans la graduation en latitude de la ligne np. On portera cette longueur de n en p', et l'on mènera l'horizontale $p'm'$; nm' évalué en minutes sur l'échelle AB donnera le nombre de milles parcourus suivant nm.

Cette construction très-simple présente de grands avantages, lorsque l'on considère que jamais on ne va directement du point n de partance au point m d'arrivée; on n'atteint le terme du voyage qu'en faisant une suite de lignes brisées dans des directions diverses que commandent les circonstances. Notre construction s'applique à chacune de ces lignes en particulier.

486. Voyons maintenant à résoudre graphiquement les six problèmes de la réduction des routes, sur la carte de Mercator (*fig.* 146).

I. *On donne le chemin a et l'azimut z*, et il faut trouver la différence des latitudes et celle des longitudes, $l - l'$ et P.

Après avoir marqué le point n de départ sur la carte, on tirera la droite indéfinie nm, faisant avec les méridiens l'angle $pnm = z$: on prendra sur AB une ouverture de compas d'autant de minutes que le chemin a

contient de milles, et on la portera de *n* en *m'* : on tirera *m'p'* parallèle à AB, et l'on aura le point *p'*; *np'* seront les milles parcourus en latitude. Prenant sur AB une ouverture d'autant de minutes, on la portera de *n* en *p*; on mènera l'horizontale *pm*, qui coupera *nm* au point *m* d'arrivée : *pm* sera la différence P des longitudes, et *np* ou *ci* sera celle *l* — *l'* des latitudes.

II. *On connaît l'azimut z et la différence l — l' des latitudes;* il faut trouver le chemin parcouru *a*, et la différence P des longitudes.

Marquez le point *n* de départ, et tirez la droite indéfinie *nm* faisant l'angle *z* avec les méridiens. La latitude d'arrivée *l* étant donnée, on connaitra le point *m* d'arrivée, qui est situé sur le parallèle *cmp*. La route parcourue *nm'* se trouve comme ci-dessus, en prenant *np'* d'autant de minutes de l'échelle AB que la différence des latitudes en contient, etc.

III. *On donne les latitudes l et l' des extrémités et le chemin a;* il 'agit de trouver l'azimut *z* et la différence P des longitudes.

Le point *n* de départ et le parallèle *cp* du point d'arrivée sont connus. On prendra sur l'échelle AB une ouverture d'autant de minutes qu'il y en a dans la différence des latitudes, et l'on portera cette distance de *n* en *p'*; puis on mènera l'horizontale indéfinie *p'm'*. Du centre *n*, avec un rayon d'autant de minutes de l'échelle AB que la route *a* contient de milles, on décrira une circonférence qui coupera *p'm'* en un point *m'*. Enfin, tirant la droite *nm'm*, on connaitra l'angle *n* qui est l'azimut *z*, et le point d'arrivée *m* qui est à l'intersection de *nm'* avec *pm*.

IV. *Connaissant les points de partance et d'arrivée n et m,* trouver le chemin parcouru *a* et son azimut *z*.

On tire la droite *nm*, et l'angle *n* = *z* est l'azimut. On prend sur l'échelle AB une ouverture d'autant de minutes qu'il y en a dans la différence des latitudes, et on la porte en *np'*; par *p'*, on mène l'horizontale *p'm'*; et *nm'*, mesuré sur AC, donne le nombre *a* de milles parcourus.

V. *On connaît la différence P des longitudes et l'azimut z;* pour trouver *a* et *l* — *l'*, comme la direction *mn* est donnée ainsi que le méridien 11 d'arrivée, le point *m* est connu, puis la longueur *ci*; et enfin on trouve *a*, comme dans le problème précédent.

VI. *Lorsque P et a sont donnés,* on peut trouver *z* et *l* — *l'* par une construction approchée, qui consiste à supposer que la longueur mn, mesurée sur la verticale ci, a autant de milles que a ou nm' mesuré sur AB. On connaît donc ainsi le point n et le méridien d'arrivée ii : du centre n, avec un rayon pris sur Ai, vers l'espace mn occupé par la route, on trace un arc de cercle qui coupe ce méridien ii au point m; on tire nm.

487. Nous avons dit que le défaut de précision des observations en mer conduisait à considérer la Terre comme sphérique. Mais rien n'oblige à se soumettre à cette condition, quand on construit les cartes marines. Voici comment on y a égard à l'aplatissement.

Soit s un arc de méridien terrestre compté depuis l'équateur jusqu'au point dont la latitude est l; s' l'arc qui le représente sur la carte. Comme, par les conditions prescrites, les degrés de longitude sont tous égaux, mais que ceux de latitude croissent en conservant avec les premiers les rapports vrais, deux éléments ds et ds' doivent être entre eux comme le rayon A de l'équateur est au rayon x' de parallèle,

$$x' : A :: ds : ds' = \frac{A\,ds}{x'}.$$

En substituant ici les valeurs (4) et (16), n°s 176 et 183, on a

$$ds' = \frac{A\,(1 - e^2)\,dl}{\cos l\,(1 - e^2 \sin^2 l)} = \frac{A\,dl}{\cos l} - A\,e\,\frac{d\,(e \sin l)}{1 - e^2 \sin^2 l},$$

en décomposant la fraction. Intégrons et remplaçons s' par Λ, qui est la somme des latitudes croissantes, dans le cas d'un sphéroïde aplati, et nous aurons

$$\Lambda = A\left[\log \tang\left(45° + \frac{1}{2} l\right) - \frac{1}{2} e \log\left(\frac{1 + e \sin l}{1 - e \sin l}\right)\right].$$

On n'ajoute pas ici de constante, parce que, Λ commençant à l'équateur, Λ et l sont nuls ensemble. Développons le dernier terme, par la formule (22), n° 32; puis divisons le premier terme par le module M, pour convertir les logarithmes népériens en tabulaires, il vient

$$\Lambda = A\left[\frac{\log \text{tab.} \tang\left(45° + \frac{1}{2} l\right)}{M} - e^2 \sin l - \frac{1}{3} e^4 \sin^3 l - \frac{1}{5} e^6 \sin^5 l \ldots\right].$$

Comme il convient d'exprimer Λ en minutes, ainsi qu'on l'a fait n° **470**, nous diviserons le second membre par sin 1'.

Observons d'abord que le premier terme du second membre de cette équation est indépendant de e, et est le même que lorsqu'on néglige l'aplatissement : les autres termes sont donc la correction relative à cette circonstance.

Le calcul donne enfin, pour la somme Λ des latitudes croissantes,

$$\Lambda = 7915',704674 \log \text{tabul. } \tan g\left(45° + \frac{1}{2}\,l\right)$$
$$- 20',5545 \sin l - 0',041 \sin^2 l - \dots,$$

en prenant $\frac{1}{334}$ pour valeur de l'aplatissement. C'est la formule de Delambre qu'on emploiera à la formation des Tables de Λ, au lieu de celle du n° **470**, et qui sert ensuite aux constructions des cartes marines. Les Tables des auteurs ne tiennent aucun compte de l'aplatissement.

Quelques instruments de calcul.

488. Comme les marins ne sont pas toujours très-habiles aux calculs logarithmiques, aux combinaisons des signes trigonométriques, etc., que d'ailleurs ils sont perpétuellement en lutte contre les éléments et que la fatigue prive souvent les plus instruits de l'attention nécessaire aux opérations, on conçoit qu'il ne faut pas dédaigner les procédés qui peuvent, jusqu'à un certain point, dispenser des calculs. Les constructions graphiques sont donc fort employées; mais on fait aussi souvent usage de deux instruments que nous allons décrire.

489. Les *règles logarithmiques*, nommées par les Anglais *sliding rules, règles à coulisse,* sont composées d'une règle en bois, où est pratiquée une coulisse longitudinale, dans laquelle on fait glisser une réglette. On divise chacune de ces deux règles, par des traits, en parties inégales déterminées par les logarithmes des nombres naturels. Ainsi, après avoir adopté une échelle de parties égales, on porte sur chaque règle, à partir d'un bout où est le zéro (log 1), des ouvertures de compas égales aux logarithmes des nombres 2, 3, 4, etc. Lorsqu'on veut le produit ou le quotient de deux grandeurs, au lieu d'en ajouter ou soustraire les logarithmes, on fait cette opération sur les longueurs qui les représentent, opération très-facile, puisqu'elle se réduit à mettre en coïncidence, en faisant saillir la réglette glissante dans sa coulisse, les traits qui portent pour indicateurs chiffrés les nombres proposés.

Ces règles donnent aussi les logarithmes des sinus, tangentes, etc., et se prêtent, par conséquent, aux opérations géométriques.

Les résultats donnés par ces règles ont peu de précision; mais on n'en tire pas moins un très-utile parti. Les marins anglais en font surtout beaucoup usage. Il existe une Instruction développée de M. Arthur, pour apprendre à s'en servir.

490. Voici la construction du *quartier de réduction* (*fig.* 150).

Après avoir tracé deux lignes AB, AC, à angle droit, on porte sur chacune des parties égales. Par les points de division, on mène des suites de parallèles et de perpendiculaires formant un réseau de carrés égaux, tous fort petits; car le degré d'approximation de cet appareil dépend surtout de cette condition. Du centre A, on trace des séries de quarts de cercle qui joignent les points de division de même rang pris sur AB et AC. Enfin on numérote ces points, et l'on marque sur le quadrant extérieur les 90 degrés.

A l'aide de cette construction, on peut trouver, sur la figure, l'une de ces quantités : *le rayon d'un arc, le sinus de cet arc, son cosinus, sa tangente, sa cotangente,* etc., quand l'une de ces grandeurs est connue. Si, par exemple, on demande ces lignes pour l'arc de 56 degrés dont le rayon est A20, on tracera le rayon du 56e degré, lequel coupera en un point q le cercle n° 20 : les deux perpendiculaires qi, qv sont l'une le cosinus, l'autre le sinus de 56 degrés, le rayon étant A20. Et comme ici le point q ne se trouve point situé juste sur l'un des angles de nos petits carrés, mais seulement fort près de l'un d'eux, le cosinus et le sinus diffèrent peu des lignes que la figure contient; on peut au reste tracer facilement ces cosinus et sinus.

Comme on est obligé de varier les directions du rayon selon les graduations proposées, on trouve commode de fixer au centre A une soie qu'on tend dans la direction voulue. La figure est construite sur une grande feuille, afin que les dimensions puissent conduire à des valeurs numériques assez approchées. Le commerce fournit de ces quartiers de réduction collés sur carton.

On est dans l'habitude d'y tracer les rayons selon les huit rumbs de vent de chaque quart, de $11°\frac{1}{4}$ en $11°\frac{1}{4}$ (n° 455).

491. Supposons qu'un navire soit parti d'un lieu à 23° 47′ de latitude N. et 117° 28′ de longitude E. de Paris, et qu'il ait couru 63 lieues dans la direction du N.-E. $\frac{1}{4}$ E 4° N. (ou 52° 15′ d'azimut du N. à l'E.) et qu'on demande quelle est la route parcourue dans le sens, tant du nord que de l'est. Je tire le rayon An qui va à 52° 15′, et je cherche celui des arcs qui porte le n° 63. Lorsque la figure a l'étendue convenable, ce quadrant s'y trouve; mais, la nôtre étant très-petite, je fais valoir 3 lieues à chaque division de AB, et je prends le quadrant n° 21, tiers de 63.

Du point n, où le rayon est coupé par l'arc 21ᵉ, je tire les deux perpendiculaires nm, ni, et je trouve que ces lignes vont couper AB et AC aux points m et i, répondant à peu près aux n°ˢ $12\frac{8}{9}$ et $16\frac{2}{3}$: ce qui m'apprend, en triplant ces nombres, que le navire a décrit $38\frac{2}{3}$ lieues vers le nord et 50 vers l'est. Pour réduire ces lieues en milles, je triple, et j'ai 116 milles ou 116′, et 150′ : savoir, en latitude 1° 56′, en sorte que la latitude est devenue 25° 43′.

Quant aux 150 milles décrits à l'est, il reste à trouver de combien la longitude a varié. Le parallèle moyen est à 24° 45′, et l'on veut connaître combien de degrés valent 150′ de ce parallèle. Le rayon dirigé à 24° 45 coupe la perpendiculaire n° 15 (nous supposons ici 10 parties dans chaque division de AB) en un point qui répond à l'arc n° $16\frac{1}{2}$: ainsi 165 milles de l'équateur ou 2° 45′ sont le changement en longitude. De 117° 28′ E. qu'était cette longitude, elle est donc devenue 120° 13′.

En effet, il est très-aisé de voir que le quartier de réduction sert à trouver toutes tracées les longueurs qui ont pour expression numérique $\alpha \cos l$, $\epsilon \tang l$, $\dfrac{\gamma}{\cos l}$ et autres de même nature, et que cet appareil est propre à résoudre tous les problèmes des routes. Il est même évident qu'on l'emploierait avec le même avantage à traiter tous les problèmes de Trigonométrie rectiligne qui ont pour solutions des valeurs de la forme ci-dessus [*voir* les équations (23) et (24), n°ˢ 37 et 38].

CHAPITRE II.

ASTRONOMIE NAUTIQUE.

492. Les marins n'ont pas une espèce d'astronomie qui leur soit particulière, et qui diffère de celle dont on fait usage à terre : les principes généraux, les méthodes, sont également applicables dans tous les cas. Cependant, d'une part, la mobilité de l'observatoire, l'impossibilité d'y employer le niveau ou le fil à plomb, obligent à se servir en mer d'instruments particuliers; d'une autre part, le peu d'avantages qu'on a de se livrer à de longs calculs, pour atteindre un degré de précision que les observations ne comportent pas, a conduit à préférer des méthodes plus simples et d'une exactitude moindre, mais suffisante à l'objet qu'on se propose.

C'est l'ensemble de ces observations et de ces théories simplifiées et appliquées au sol mobile du navire, dont la latitude et la longitude sont perpétuellement variables, qui constitue ce qu'on appelle l'*Astronomie nautique*.

Nous avons donné dans le Chapitre Ier les procédés de la science qui n'empruntent pas les secours des astres; mais, comme ces procédés n'y sont jamais susceptibles que d'une exactitude douteuse, et que les erreurs, en s'accumulant, deviennent énormes, il nous reste à indiquer comment on rectifie les résultats par les observations célestes, afin de trouver, avec certitude, le lieu du navire à la surface des mers, et la route qu'il doit suivre pour arriver à sa destination.

Nous décrirons d'abord le *sextant* et le *cercle de réflexion*, qui servent à mesurer les hauteurs et les distances des astres; puis nous indiquerons les procédés dont le marin se sert pour trouver l'heure, la latitude, la longitude du lieu où il est, la déclinaison de l'aimant, etc.

Sextant.

493. Cet instrument s'emploie pour mesurer des angles; il n'exige ni aide, ni pied qui le supporte; aussi utile aux marins qu'aux arpenteurs,

et même aux astronomes, on doit regretter qu'il ne soit pas d'un plus fréquent usage.

Le *sextant* tire son nom de ce que sa pièce principale est un arc de cercle d'environ 60 degrés, dont nous verrons qu'on peut se servir pour mesurer tous les angles qui ne dépassent pas 120 degrés, en vertu de cette propriété que les arcs de 30 minutes comptent pour un degré entier (*fig.* 152).

AB est l'arc sur lequel on lit la graduation déterminée par une alidade CD, mobile autour du centre C de cet arc, et qui, dans la fenêtre dont elle est percée, porte un vernier pour évaluer les minutes. Au lieu de graver sur les divisions de l'arc les chiffres 5, 10, 15,..., on marque les doubles 10, 20, 30,..., d'après la propriété qui vient d'être énoncée; en sorte que, les demi-degrés étant marqués comme des degrés, on n'est pas obligé de doubler les arcs observés. On dirige l'alidade CD comme il convient pour mesurer la distance angulaire entre deux objets; nous dirons bientôt comment il faut s'y prendre pour cela. Il y a sous la pièce D une vis de pression pour arrêter l'alidade sur le limbe, lorsqu'elle est amenée près du point qui lui convient; et la vis de rappel F qui sert aux petits mouvements, selon ce qu'on trouve dans tous les instruments de ce genre (n° 10), achève de produire la parfaite coïncidence.

On y adapte aussi une loupe M, qui grossit les objets; elle est mobile autour du centre H sur le bras de l'alidade, pour l'amener au-dessus des divisions qu'on veut lire; et elle peut basculer sur le support, pour l'éloigner du limbe au degré qu'exige l'œil de l'observateur, qui établit le verre à sa distance focale. Le manche de bois E sert à tenir l'instrument dans la main.

Le limbe gradué est en cuivre, argent ou platine; et même tout l'instrument est quelquefois en métal; cependant les grands sextants seraient trop lourds faits de cette matière; on les préfère en buis ou en ébène, avec un arc en ivoire qui porte les divisions. On fait des sextants qui ont jusqu'à 15 à 20 pouces de rayon; mais, depuis qu'on a trouvé plus de précision aux cercles entiers, on ne se sert plus guère que de sextants de 6 pouces de rayon au plus, pour les observations peu importantes, en réservant les cercles pour celles qui exigent une plus grande précision. Il y a même de petits sextants de 2 ½ pouces de rayon (5 centimètres), de la forme d'une tabatière, qui sont propres à l'arpentage, et qu'on porte dans la poche. Mais en mer cette dimension serait insuffisante.

O est le tube d'une lunette à deux verres convexes ayant même foyer (*voir* n° 103), par conséquent elle renverse les objets. A ce foyer commun, il y a un *réticule* à deux fils parallèles qui resserrent la partie du champ où l'on doit voir les objets. Le tube de cette lunette se tire à volonté, pour amener l'*oculaire* juste au point où son foyer se confond avec celui de l'*objectif,* point qui, comme on sait, change avec la distance des objets. Cette lunette est fixée par un anneau aux rayons qui composent la charpente de l'instrument.

494. Avant de dire comment on mesure un angle, expliquons un effet de la réflexion de la lumière, effet qui sert de fondement à la théorie du sextant. Il y a deux miroirs perpendiculaires au limbe; le *petit,* qui est fixé en N, a sa moitié supérieure transparente et sans étamage; le *grand miroir* LG est attaché sur l'alidade même, au-dessus de l'axe C de rotation, et tourne avec celle-ci.

Imaginons que l'alidade CB (*fig.* 151) aboutisse en B sur le zéro de la graduation de l'arc, et que le grand miroir LG soit fixé dans cette même direction sur cette alidade; qu'en outre le petit miroir FI soit exactement parallèle au grand. L'axe optique de la lunette O étant tourné vers un objet éloigné H, les rayons lumineux émanés de cet objet arriveront à l'œil dans la direction HO, à travers la partie non étamée du petit miroir FI. En même temps, d'autres rayons, tels que KC, parallèles aux premiers, à cause de la grande distance de l'objet, iront au grand miroir LG, s'y réfléchiront de nouveau sur la partie étamée du petit miroir, et viendront à l'œil selon NO. L'observateur verra ainsi deux images du même objet, l'une directe et vive, l'autre un peu affaiblie par la double réflexion.

Conformément aux lois de l'Optique, l'angle de réflexion est égal à celui d'incidence. Pour que l'effet dont on vient de parler se produise, et qu'on voie coïncider deux images du même objet, il faut donc que la position des deux miroirs soit telle, que les angles ONF, INC soient égaux; et, puisque d'ailleurs la direction KC est supposée parallèle à HO, il s'ensuit que IF est parallèle à LG; voilà pourquoi nous avons exigé que les miroirs fussent parallèles.

En effet, la somme des trois angles dont le sommet est en C, au devant

27.

de LG, est égale à la somme des trois angles en N, au devant de FI, savoir à 180 degrés. Retranchant de ces sommes égales les angles égaux KCN, CNO, il reste

$$KCL + NCG = CNI + ONF,$$

ou

$$2\,NCG = 2\,CNI, \quad NCG = CNI\,;$$

donc LG est parallèle à FI. Ainsi, de ce qu'on voit deux images du même objet en coïncidence, on en doit conclure que les miroirs sont parallèles ; et cette coïncidence est un moyen de vérifier le parallélisme.

495. Mais dès qu'on dérange l'alidade, comme le petit miroir FI est immobile et que le grand tourne avec l'alidade, ces miroirs ne sont plus parallèles, et l'on n'aperçoit l'objet H qu'une seule fois. C'est un autre objet qui se réfléchit sur le grand miroir, puis sur le petit, pour se présenter en coïncidence avec H.

Soient, par exemple, CD la position nouvelle que reçoit l'alidade, et lg celle du grand miroir ; un objet S situé au loin envoie le rayon SC qui se réfléchit sur le miroir lg, selon la ligne CN, pourvu que l'angle $l\mathrm{CS} = g\mathrm{CN}$. Ce rayon, arrivé selon CN au petit miroir, se réfléchit, comme ci-devant, selon NO, en sorte qu'on voit, à travers la lunette, outre l'objet direct H, un autre objet S, qui se présente en coïncidence après deux réflexions. On trouve qu'en tournant l'alidade de la quantité angulaire mesurée par l'arc BD, l'objet S qui vient coïncider avec H est distant de celui-ci (ou plutôt de K, à cause de l'éloignement) de la valeur angulaire SCK. Or cet angle SCK est toujours la moitié de l'angle BCD.

En effet, le rayon SC, réfléchi selon CN, fait l'angle $\mathrm{SC}l = \mathrm{NC}g$. Quand le miroir avait la position LG et l'alidade la position CB, le rayon SC se réfléchissait près de la direction CB et, n'arrivant pas au petit miroir FI, ne pouvait pas être vu en O par réflexion. Mais, quand l'alidade a tourné en lgD, les réflexions ont permis d'apercevoir S, si la déviation de LG en lg a été suffisante pour rendre l'angle $\mathrm{SC}l = \mathrm{NC}g$; car alors le rayon CN a dû se diriger à l'axe de la lunette selon NO, en faisant l'angle CNI = ONF. Or on a

$$\text{angle } KCN = 180° - 2\,NCG = 180° - 2\,NC g - 2 g\,CG,$$
$$\text{angle } SCN = 180° - 2\,SC l.$$

Retranchant, il vient

$$\text{angle SCK} = 2\,\text{NC}g - 2\,\text{SC}l + 2g\text{CG} = 2g\text{CG}.$$

Ainsi l'angle SCK = 2 BCD, et a pour mesure le double de l'arc BD, dont l'alidade et le grand miroir ont tourné.

496. Concluons de là que *l'angle formé par deux lignes menées du centre C à deux objets très-éloignés K et S, ou l'angle* SCK, *est double de l'angle* BCD *qu'a décrit l'alidade depuis la position où les deux miroirs sont parallèles, c'est-à-dire où l'objet direct* H *est vu double et en coïncidence avec lui-même, jusqu'à celle où il coïncide avec l'autre objet* S.

Voilà pourquoi, lorsqu'on a ainsi mis en coïncidence deux objets S et H, on lit leur distance angulaire sur l'arc BD en le doublant, ce qu'on fait en comptant les demi-degrés de cet arc pour des degrés, ainsi qu'on l'avait dit précédemment. Ce mode de numérotage dispense de doubler la graduation de cet arc.

497. Il est facile d'après cela de comprendre comment on mesure des angles avec le sextant (*fig.* 152), ou les arcs de distance entre les astres, par exemple la distance d'un bord du Soleil à un bord de la Lune. On amène le limbe dans le plan des deux objets, puis on regarde directement l'un des objets H par la partie non étamée du petit miroir; enfin on fait tourner l'alidade jusqu'à ce qu'on voie l'autre objet par réflexion en coïncidence avec le premier. Dans le cas des bords du Soleil et de la Lune, il faut que les disques paraissent se superposer ou se toucher extérieurement. En faisant balancer légèrement le sextant autour d'une ligne qui va de l'œil à l'objet direct H, on voit l'objet H se détacher, puis se confondre avec le premier.

Il arrive quelquefois que l'angle est à peu près connu d'avance; alors l'observation se fait en amenant d'abord l'alidade sur la graduation connue qui répond à cet arc; il ne reste plus qu'à faire prendre à l'alidade quelque petit mouvement, en visant l'objet direct H, pour amener l'autre objet S dans le champ de la lunette; puis de tourner la vis de rappel pour produire l'exacte coïncidence des deux objets. Mais, lorsque la distance angulaire est totalement inconnue, voici comment on opère.

On met l'alidade sur le zéro, et l'on vise l'objet de droite S, qu'on voit alors double : on tourne peu à peu l'alidade en dirigeant graduellement la vision directe à tous les objets situés vers la gauche, mais en conservant toujours la vue de l'objet S par réflexion. Cette image réfléchie semble ainsi se promener de droite à gauche, et se superposer à tous les corps qui sont sur son passage, et qu'on voit directement à travers la partie non étamée du petit miroir. On continue ces mouvements de l'alidade et du corps jusqu'à ce qu'on se trouve tourné en face de l'objet H, qu'on voit alors en même temps que S dans la lunette. On produit ensuite la coïncidence des deux objets, et il ne reste plus qu'à lire l'arc gradué.

Quelquefois on renverse le limbe de haut en bas, les miroirs et la graduation étant en dessous. Alors le mouvement de l'alidade promène au contraire l'image réfléchie de gauche à droite.

498. On mesure aussi la hauteur des astres en tenant le limbe vertical. On place devant soi un miroir parfaitement horizontal, qu'on appelle un *horizon artificiel;* et l'on se tourne de manière à y voir l'astre par réflexion. On amène en contact, avec le sextant, l'image de l'astre avec celle qui se peint sur cet horizon ; mais ce procédé ne pouvant être d'usage sur la mer, à cause de la mobilité du navire, nous ne nous arrêterons pas à démontrer que l'angle ainsi mesuré est double de celui qu'on cherche.

499. En mer, la distance qu'on observe au sextant est celle de l'astre avec la ligne où la limite de la mer se dessine au ciel. Par exemple, on amène le bord de l'image réfléchie du Soleil à être tangent avec cette ligne vue directement à travers la partie non étamée du petit miroir. L'arc ainsi obtenu est, il est vrai, plus grand que la hauteur de l'astre, ou sa distance au plan horizontal du lieu d'observation. L'excès, qu'on appelle *dépression de l'horizon,* doit donc être ensuite retranché de l'arc mesuré. Nous avons enseigné (n° 266) à calculer cette dépression, dont on compose une Table destinée à donner la quantité à soustraire, dépendant de l'élévation du pont du navire au-dessus du niveau de la mer.

500. Comme l'éclat du Soleil blesserait la vue, on affaiblit sa lumière par l'interposition de verres colorés. Le sextant (*fig.* 152) est muni en P

et Q, de plusieurs de ces verres sertis chacun dans un anneau de cuivre mobile autour d'une queue. En faisant tourner cet anneau, on amène les verres entre les deux miroirs, quand c'est l'image vue par double réflexion qu'on veut affaiblir, ou bien entre le petit miroir et l'objet direct, quand c'est l'éclat de celui-ci qu'on veut diminuer. On peut ainsi interposer un, deux ou trois verres colorés, selon les circonstances.

501. Nous avons dit que les miroirs devaient être exactement perpendiculaires au limbe : on s'assure aisément si cette condition est remplie. On place l'œil de manière à voir le limbe du sextant par réflexion dans le grand miroir : si celui-ci est en effet perpendiculaire, l'arc réfléchi fait exactement la continuation de l'arc qu'on aperçoit directement. Quand le grand miroir est oblique au limbe, ces deux arcs, l'un direct, l'autre réfléchi, ont une fracture apparente à leur jonction.

Et quant au petit miroir, on juge s'il est perpendiculaire au limbe, quand, l'alidade étant à zéro, on peut faire coïncider dans la lunette un objet avec sa propre image vue par double réflexion.

On a encore des *viseurs* en cuivre (*fig.* 155 et 156) : on les pose sur le limbe, et l'on fait en sorte que l'un cache à l'œil l'image de l'autre, vue par réflexion dans le miroir. Il faut que les arêtes du viseur vu réfléchi soient juste le prolongement de celles du viseur vu directement.

502. Des vis de rappel font légèrement basculer chaque miroir et donnent le moyen de mouvoir le petit plateau circulaire qui les porte, et d'amener, par ce mouvement, les miroirs à la perpendicularité. Il y a aussi une vis qui fait pirouetter le petit miroir sur un axe vertical, afin de le rendre parallèle au grand miroir, quand l'alidade est sur zéro. Nous avons dit qu'on reconnaît cette circonstance quand les deux images d'un même objet sont en parfaite coïncidence.

Quand cette dernière condition n'est pas remplie, on peut la produire en faisant pirouetter un peu le miroir. Mais le plus souvent on s'en dispense en prenant pour zéro de la graduation le point où il faut amener l'alidade pour que la coïncidence des deux images ait lieu. Alors il faut ajouter ou retrancher à tous les arcs qu'on lit sur le limbe la petite distance entre le zéro du limbe et le point qu'on doit prendre pour tel. C'est ce qu'on appelle l'*erreur de collimation* de l'instrument. On a soin de prolonger un peu les divisions de l'arc gradué en deçà du zéro, afin de pouvoir mesurer la collimation quand elle est additive.

Supposons que la coïncidence des deux images d'un même objet ait lieu quand l'alidade est sur 25 minutes en deçà du zéro : il faudra donc ajouter 25 minutes à tous les arcs d'observation qu'on lira sur le limbe, parce que le vrai zéro, origine des arcs, doit être porté à 25 minutes en arrière du zéro de la graduation.

503. Les surfaces opposées, tant des miroirs que des verres colorés qu'on interpose, doivent être exactement parallèles; sans cela, les réfractions étant obliques, les rayons, à leur sortie de chaque verre, ne seraient pas parallèles à ceux d'incidence et, se trouvant ainsi détournés de leur direction, l'instrument serait défectueux. La précision du sextant dépend principalement de l'exacte disposition des pièces et de leur construction. L'alidade doit être exactement centrée sur le point qui est le centre de l'arc gradué du limbe.

Il faut en outre que l'axe optique de la lunette soit bien parallèle au limbe. Des vis de rappel qui tiennent à son tube lui impriment les mouvements propres à produire ce résultat. On peut aussi élever plus ou moins la lunette au-dessus du limbe, pour accroître ou diminuer le nombre des rayons de lumière qui y entrent et modérer comme on veut l'éclat de la réflexion.

Cercle de réflexion.

504. On a réussi à attribuer au sextant les avantages du cercle répétiteur, en donnant au limbe l'étendue d'une circonférence entière et ajustant les miroirs, l'alidade et la lunette, ainsi que nous allons l'expliquer (*fig.* 153 et 154).

La circonférence entière est divisée en 720 parties égales; chacun de ces demi-degrés compte pour un degré, comme dans le cas du sextant, et les numéros de graduation sont conformes à cette condition. Deux règles OP et CB sont mobiles autour d'un axe C, qui est exactement centré. On peut faire tourner chaque règle seule et indépendamment de l'autre, et leurs mouvements ne se gênent pas mutuellement. Des vis de pression les arrêtent à volonté sur le limbe, et des vis de rappel leur impriment les petits mouvements.

L'une BC de ces règles est l'alidade et porte un vernier sur le bord de sa fenêtre. L'autre règle PO porte la lunette OO, qui a son réticule comme celle du sextant; des vis servent aussi à mettre cette lunette parallèle au limbe, à l'en écarter, etc. Le manche E vissé par-dessous sert à tenir l'instrument à la main pour faire les observations.

Il y a deux miroirs LG et N, qui sont pourvus de vis propres à les rendre perpendiculaires au limbe, ce dont on s'assure comme on l'a dit (n° 501). L'un de ces miroirs LG est fixé sur l'alidade, au-dessus du centre C de rotation, et se meut avec elle : c'est le grand miroir; l'autre N n'est étamé qu'à sa partie inférieure, et est arrêté vers le bout de la règle OP qui porte la lunette OO : il est mobile avec cette règle.

Il y a des verres colorés destinés à obscurcir les rayons solaires : les verres en H s'interposent dans le cours des rayons réfléchis; les autres en K se placent sur les rayons directs. On peut mettre à l'écart les uns et les autres ou ne conserver que ceux qui sont dans le cours des rayons solaires quand c'est le Soleil qu'on observe. On peut mettre ces verres doubles ou triples quand l'éclat est très-vif. Les deux faces de chaque verre sont exactement parallèles. Ils sont d'ailleurs inutiles quand on observe les étoiles ou les objets terrestres.

Cette description succincte, rapprochée de celle du sextant, suffit pour faire concevoir la construction du cercle de réflexion et comment les pièces doivent être ajustées pour jouer avec aisance. Il nous reste à expliquer l'usage de cet instrument.

505. Supposons qu'on ait fixé, par sa vis de pression, la règle de la lunette OO sur le limbe dans une direction quelconque; en visant un objet éloigné dans la direction CX, on l'apercevra à travers la partie non étamée du miroir N; si l'on tourne l'alidade BC jusqu'à ce que son miroir LG soit parallèle au petit miroir N, il suit de ce qui a été expliqué (n° 494) que l'image du même objet X sera réfléchie deux fois : d'abord selon CN sur le grand miroir LG, puis selon NO sur le petit miroir. Ainsi l'on verra dans la lunette cette image double en parfaite coïncidence, du moins si les conditions prescrites par une bonne construction sont remplies. Un léger balancement imprimé au limbe suffit pour s'assurer de cette coïncidence.

Maintenant, si l'on amène l'alidade dans une autre position, telle que BC, sans cesse de diriger la lunette sur l'objet X, qu'on voit par la partie non étamée du petit miroir, les deux miroirs n'étant plus parallèles, les objets M environnants enverront des rayons de lumière au grand miroir LG, qui les réfléchira en faisant l'angle de réflexion égal à celui d'incidence. Un spectateur placé en M pourrait voir, suivant MC, un de ces objets par réflexion. Or, parmi tous ces objets, il en est un Z dont les rayons se réfléchissent selon CN, et, par conséquent aussi, selon NO : cet objet Z est donc vu en coïncidence avec l'objet direct X. L'angle ZCX de distance de ces deux objets est le double de celui qu'a décrit l'alidade, à partir du point où les deux miroirs étaient parallèles. Si on lit les graduations des deux points d'arrêt de l'alidade, leur différence sera le nombre de degrés de l'angle de distance des deux signaux, puisque les demi-degrés sont comptés pour des degrés entiers sur le limbe.

On fixera d'abord l'alidade BC sur le zéro de la graduation, et l'on dirigera la règle OP en la faisant tourner sur son axe, de manière que les deux miroirs soient parallèles, c'est-à-dire qu'on voie en coïncidence les deux images d'un même objet éloigné. Détachant ensuite l'alidade BC, en laissant la règle OP fixée au limbe par sa vis de pression, on fera tourner cette alidade jusqu'à ce que l'image réfléchie d'un autre objet Z soit vue en coïncidence avec X. On lira sur le limbe l'arc correspondant, qui est la mesure de l'angle demandé ZCX, distance angulaire de deux signaux X et Z.

506. Jusqu'ici tout se passe comme avec le sextant; mais on peut recommencer la même manœuvre en prenant pour zéro de départ le point où l'alidade BC vient d'être arrêtée par sa vis de pression, ce qui doublera l'angle. Détachez donc la règle OP et tournez-la pour rendre les deux miroirs parallèles, ce que vous reconnaîtrez en voyant coïncider les deux images d'un même objet X; fixez alors la règle OP, puis détachez l'alidade et faites-la tourner jusqu'à ce que l'image de Z vienne par réflexion coïncider avec X, vu directement; l'arc du limbe sera la mesure de deux fois l'angle ZCX. Une troisième opération de cette nature donnera le triple de cet angle, et ainsi de suite.

Supposons qu'on ait répété dix fois cette manœuvre, l'arc du limbe sera décuple de celui qu'on cherche : ainsi, en divisant l'arc final par 10, on aura la mesure de l'angle ZCX, et les erreurs de pointé et de division du limbe seront affaiblies par cette répétition. Il est inutile de lire la graduation à chaque observation, puisqu'il suffit de connaître l'arc final et quel multiple il est de celui qu'on demande. Cependant, pour éviter les erreurs, il est bon de lire et de noter la graduation après la première observation.

507. Il est assez difficile d'amener en coïncidence les deux images, soit d'un même objet, soit de deux signaux différents. C'est ici comme pour le sextant, où l'on n'amène pas, sans quelque peine, les objets dans le champ de la lunette; mais, pour le cercle de réflexion, l'embarras n'existe que pour la première observation, car on connaît alors l'arc à fort peu près; on en forme les multiples par 2, 3, 4, ..., puis on porte successivement l'alidade sur les arcs ainsi déterminés, ce qui permet de suite d'en apercevoir les deux images dans la lunette. Un petit mouvement de la vis de rappel suffit pour amener exactement la coïncidence.

Au reste, on a pourvu l'instrument d'un appareil très-simple qui abrége beaucoup les recherches. On fixe à la règle OP une portion d'anneau VFH mince et concentrique au limbe, muni de deux petits curseurs D et F, qui se fixent à volonté sur l'anneau par une vis de pression; ces curseurs sont l'un d'un côté de l'alidade, l'autre du côté opposé. En voici l'usage :

On met d'abord l'alidade sur zéro, et l'on en approche le curseur N de manière presque à buter sur son bras; puis on tourne la règle OP, afin de rendre les deux miroirs parallèles, ainsi qu'il a été dit. Alors on fixe la règle OP et l'on détache l'alidade en la faisant tourner jusqu'à ce qu'on voie la coïncidence des deux images; enfin on approche le second curseur D contre le bras de l'alidade, qui, dans cette position, a été éloignée du premier curseur N. Jusqu'ici on n'a rien gagné en facilité d'opérer; on a manœuvré comme précédemment. Mais si, détachant la règle OP, on la fait tourner, elle emportera l'anneau et ses curseurs avec elle, et l'on amènera ainsi le curseur N tout contre l'alidade, en même temps que le curseur D s'en sera éloigné. Les deux miroirs seront alors à fort peu près parallèles, et il sera bien aisé de produire le parallélisme parfait en tournant la vis de rappel de la règle PO. Détachant ensuite l'alidade, on l'amènera presque au contact avec le curseur D, et elle sera très-près du point où les deux objets sont vus en coïncidence; et ainsi de toutes les répétitions. Les coïncidences s'obtiennent de la sorte, sans recherches ni difficultés.

Détermination de l'heure à bord.

508. Le premier besoin de l'officier de marine est d'avoir l'heure du lieu, puisque toutes les recherches astronomiques qu'il doit faire supposent cet élément connu. Si la marche du chronomètre était parfaitement régulière, on y trouverait d'abord l'heure de Paris, et à l'aide de la longitude du lieu on en conclurait l'heure sous le méridien où l'on est. Mais cette longitude est rarement bien connue, et l'*estime* n'a jamais assez de précision pour y pouvoir compter; d'ailleurs la longitude résulte elle-même d'opérations qui supposent qu'on a l'heure du lieu.

509. On obtient l'heure par des observations de la hauteur du Soleil à l'aide de la méthode exposée n°ˢ 405 à 407. Il est bien rare qu'on puisse se servir des étoiles, parce que la nuit l'horizon de la mer n'est pas visible. Du reste, il est plus commode de se servir de la hauteur h du Soleil que des distances zénithales employées dans l'équation (9) du n° 405. En désignant la latitude du lieu par l, cette même formule devient

$$\sin^2 \frac{1}{2}\, p = \frac{\cos m \sin(m - h)}{\cos l \sin d},$$

en faisant

$$2m = l + d + h.$$

Bien entendu que pour tirer de la *Connaissance des Temps* la distance polaire d, complément de la déclinaison de l'astre, il faut d'abord connaître l'heure contemporaine de Paris; mais, comme la déclinaison varie lentement, il suffit d'avoir cette heure à peu près; on l'obtiendra à l'aide du chronomètre réglé sur le temps moyen de Paris (n° 407, exemple II), ou au moyen de l'heure approchée du bord combinée avec la longitude estimée.

510. En outre, comme on mesure la distance du Soleil à l'horizon de la mer, pour en conclure la hauteur h, il faut corriger cette distance : 1° de la *dépression de l'horizon* (n° 266); 2° de la *réfraction — parallaxe;* 3° du demi-diamètre de l'astre, si l'on a mesuré la hauteur du bord supérieur ou inférieur, parce que c'est celle du centre qui est nécessaire. Il faut aussi avoir égard à l'*erreur de collimation* du sextant, s'il y a lieu (n° 502).

511. Par exemple, le 13 octobre 1877, à 5 heures du soir environ,

temps vrai du bord, étant par 25°40′ de latitude N. et $7^h 55^m$ de longitude O. estimée, on a trouvé que le bord inférieur du Soleil était à 10°1′30″ de hauteur apparente. Le chronomètre marquait alors $12^h 43^m 44^s$; l'œil était élevé au-dessus de la mer de 34 pieds ($11^m,05$); quelle est l'heure actuelle?

Heure approchée...	$5.\overset{h}{}0\overset{m}{}$ t. vrai.	Hauteur observée...	$10.\overset{o}{}1.\overset{\prime}{}30\overset{\prime\prime}{}$
Longit.O. en temps.	7.55	Dépression.........	— 5.54
Heure de Paris.....	12.55 t. vrai.	Réfr. — parall......	— 5.14
			9.50.22
Déclin. ⊙ $= -8.7.32$			
Dist. pol. $d = 98.7.32$		Demi-diam.⊙......	16. 5

Haut. vraie du centre, $h =$ 10. 6.27

$$h = 10.\ 6.27$$
$$l = 25.40.\ 0.... \quad C^t\cos... \quad 0,0451166$$
$$d = 98.\ 7.32.... \quad C^t\sin... \quad 0,0043820$$

$$2m = 133.53.59$$
$$m = 66.56.59,5.. \quad \cos..... \quad \overline{1},5927723$$
$$m - h = 56.50.32,5.. \quad \sin..... \quad \overline{1},9228131$$

$$\sin^2 \tfrac{1}{2}p...... \quad \overline{1},5650840$$

$$\sin \tfrac{1}{2}p...... \quad \overline{1},7825420.... \tfrac{1}{2}p = 37.18.28,1$$

$$p = 74.36.56,2$$

Angle horaire du Soleil vrai, ou temps vrai du bord........ $4.58.27,8$

Équation de temps calculée.............................. — 13.54,6

Heure moyenne du bord................................ 4.44.33,2

Heure du chronomètre................................ 12.43.44,0

Avance du chronomètre sur le temps moyen du bord....... 7.59.10,8

Cette différence entre l'heure lue au chronomètre et l'heure temps moyen du lieu considéré est ce que l'on nomme l'*état absolu du chronomètre sur le temps moyen du lieu.* Elle provient de l'agglomération de la marche diurne, d'une part, c'est-à-dire de son avance ou de son retard en vingt-quatre heures moyennes, et, d'autre part, de la longitude du lieu dans lequel on la détermine. Le problème précédent peut donc servir à déterminer cet état absolu.

512. Observez qu'on est parti de la supposition qu'il était 5 heures de temps vrai quand l'observation a été faite ; comme il n'était que $4^h58^m,5$, on pourrait, dans quelques cas, trouver une différence plus grande, ce qui ferait craindre qu'en négligeant la variation en déclinaison dans cette durée le résultat ne fût entaché d'un peu d'inexactitude. Pour éviter ce genre d'erreur, on recommencera le calcul en partant du résultat obtenu, comme hypothèse, ce qui n'exigera que la correction des derniers chiffres des logarithmes.

On a supposé ici que la latitude du lieu était connue ; si on ne l'avait qu'à peu près, le résultat pourrait encore être un peu inexact. Il en est de même de la supposition faite pour la longitude. Nous reviendrons plus tard sur ce sujet.

513. On se sert quelquefois en mer, pour trouver l'heure, de la *méthode des hauteurs correspondantes,* par des observations du Soleil faites matin et soir (n° 409) ; mais, outre que la déclinaison solaire rend le calcul un peu long, il faut que le navire n'ait pas changé de place dans l'intervalle, circonstance qui arrive rarement. Quand on n'a pas égard à ce déplacement, le résultat du calcul n'offre qu'une approximation douteuse.

514. On peut aussi se servir de l'observation du lever ou du coucher du Soleil, dont nous avons appris à calculer l'heure précise ; car le problème consiste à trouver l'angle horaire de l'astre quand son centre paraît dans l'horizon. Or alors sa distance zénithale z, en ayant égard à la réfraction moins la parallaxe, est $z = 90°33'36'',2$, ainsi qu'on l'a vu (n° 443). Il ne s'agit donc que de résoudre le triangle sphérique pzs (*fig.* 148), où l'on connaît les trois côtés z, d et c, c'est-à-dire d'appliquer l'équation (9), n° 405, à cette valeur de z ; ensuite on convertit l'angle horaire p en temps, pour avoir l'heure vraie du phénomène. Il faut que la latitude du lieu soit connue.

Mais l'incertitude des réfractions à l'horizon, et celle même des observations en mer, déterminent à ne pas tenir compte de la réfraction ni de la parallaxe dans la formule. Les marins supposent que le centre du Soleil est dans l'horizon quand le bord inférieur du disque paraît élevé au-dessus de l'horizon de la mer des deux tiers de son diamètre vertical. Alors on doit résoudre un triangle sphérique rectangle *spn* (*fig.* 148). Le pôle est en *p*, le zénith en *z*, l'horizon *nsa*, le méridien *pzn* ; le Soleil est en *s*, et, comme l'angle *n* est droit, on trouve les équations

$$\cos p = - \tang l \, \tang D,$$
$$\sin D = - \cos l \, \sin x,$$
$$\cot x = \sin l \, \tang p.$$

p est l'angle horaire au lever ou au coucher, qu'on appelle l'*arc semi-diurne* ; il est donné par la première équation quand on a la latitude *l* du lieu et la déclinaison de l'astre. L'une des deux autres fait connaître l'arc *x* ou *as*, complément de l'azimut *ns*, *a* étant le point d'orient ou d'occident, à 90 degrés de *n*. Ces équations servent à trouver la déclinaison de l'aimant.

Quant à la déclinaison D, pour la connaître, il faudrait savoir quelle est l'heure de Paris à l'instant du phénomène ; mais une approximation suffit à cet égard, parce que la déclinaison varie lentement. Au reste, on peut rectifier ensuite le premier calcul en le recommençant avec l'heure qu'il a donnée.

Exemple. — Le 11 novembre 1878, étant par 48° 30′ de latitude N. estimée et $2^h 15^m$ de longitude O. estimée, on relève le Soleil au moment de son lever vrai ; l'heure approchée du bord est 7 heures du matin, temps vrai. L'heure correspondante de Paris étant $9^h 15^m$ du matin, ou le 10 novembre à $21^h 15^m$, si l'on calcule la déclinaison du Soleil pour cet instant, on trouvera $D \odot = - 17° 26′ 41″,7$; on aura ensuite le calcul suivant :

$$
\begin{aligned}
- \tang l &\ldots\ldots\ldots\ldots\quad 0,0531916\ - \\
\tang D \odot &\ldots\ldots\ldots\quad \bar{1},4972644\ - \\[4pt]
\cos p &\ldots\ldots\ldots\ldots\quad \bar{1},5504560
\end{aligned}
$$

$$p = 69° 11′ 42″,5$$

Et en temps . . . . $= 4^h 36^m 46^s,8$
Comp. à 12^h . . . . $7^h 23^m 13^s,2$, heure vraie du lever vrai
Équat. de temps . . . $-15^m 51^s,1$

$7^h 7^m 22^s,1$, heure moyenne locale du lever vrai.

Ce résultat n'est qu'une première approximation ; on pourra, si l'on veut, obtenir une plus grande précision, recommencer le calcul, en déterminant la déclinaison du Soleil pour l'heure que l'on vient de trouver. La comparaison du dernier résultat obtenu avec l'heure qu'indiquait le chronomètre à l'instant de l'observation fera connaître comme ci-dessus l'état absolu de cet instrument.

Étant donnée l'heure vraie, trouver la hauteur du Soleil. Ce problème a été résolu n° 408.

515. Tout ce qui vient d'être dit du Soleil pour obtenir l'heure se rapporte aussi bien aux étoiles et à la Lune, ainsi qu'on l'a dit n° 405. Mais, d'une part, il est rare qu'on puisse voir à la fois, en mer, la limite de l'horizon et la lumière des étoiles, ce qui empêche d'en mesurer la hauteur ; et, d'un autre côté, la grande variabilité de la marche de la Lune exige des interpolations longues pour en trouver la déclinaison, l'ascension droite, etc., ce qui rend les calculs pénibles. Les marins évitent donc de recourir à cet astre pour obtenir l'heure.

De la latitude du lieu.

516. On observe la hauteur du Soleil m au méridien pm (*fig.* 131) ; cette hauteur, corrigée de *réfraction — parallaxe*, donne la hauteur vraie h, qui, introduite dans l'équation (1), n° 413, donne enfin la latitude l,

$$l = 90 + D - h.$$

La déclinaison D du Soleil est tirée de la *Connaissance des Temps*, à l'aide de l'heure de Paris contemporaine à celle du lieu, et cette heure est censée connue, à très-peu près, par la longitude estimée ou par des observations antérieures. D est négatif pour les déclinaisons australes.

517. On se sert aussi de la méthode des *hauteurs circumméridiennes* du Soleil, qu'on a donnée (n° 415) ; on se contente du premier terme de la série, c'est-à-dire de l'équation (B).

518. Mais, comme on est souvent exposé à avoir le ciel nébuleux, on en est réduit quelquefois à se servir du procédé suivant, qui n'a pas toute l'exactitude désirable, mais qui rend cependant de grands services aux marins.

Trouver la latitude par une hauteur absolue du Soleil. Dans le triangle

pqz (*fig.* 129) formé par le zénith z, le pôle p et l'astre q, on connaît deux côtés et un angle, $pq = 90° — D$, $zq = 90° — h$ et l'angle horaire p, parce qu'on suppose ici que l'heure vraie de l'observation de h est connue. On en tire (équations n° 82)

$$\operatorname{tang} \varphi = \cos p \cot D,$$
$$\sin(l + \varphi) = \frac{\sin h \cos \varphi}{\sin D}.$$

La première équation fait connaître l'arc auxiliaire φ, qui, introduit dans la seconde, avec le signe que lui attribue le calcul, donne l'arc $l + \varphi$; retranchant φ, on a enfin la latitude l. On prend D négatif quand la déclinaison du Soleil est australe.

Comme le sinus $(l + \varphi)$ répond à deux arcs supplémentaires, on trouve deux solutions ; mais on doit rejeter celle qui donne l négatif ou $> 90°$. Ce problème tombe dans les cas douteux prévus par les règles données n°⁵ 87 à 90 ; on n'a qu'une solution quand $h > D$, abstraction faite du signe de D, et aucune lorsque $h < D$ avec $p > 90$.

Ce procédé n'est exact qu'autant qu'on a l'heure avec précision ; il est bon d'observer l'astre près du méridien, parce qu'alors une petite erreur sur l'heure influe moins sur la valeur de l.

Le 6 octobre 1879, étant en mer par 45°10′ de longitude O. estimée, on observe le bord inférieur du Soleil à $1^h 14^m 11^s,6$, temps vrai du bord, et, toutes corrections faites, on trouve que la hauteur vraie du Soleil est $h = 37°36′48″,7$; trouver la latitude du lieu d'observation.

La déclinaison du Soleil, tirée de la *Connaissance des Temps* pour l'heure vraie de Paris correspondant à celle de l'observation, savoir $4^h 14^m 51^s,6$, est

$$D\odot = — 5°8′37″,5;$$

l'angle horaire du Soleil

$$p = 18°32′54″,0.$$

cot D......	1,0456739 —	comp. sin D.......	1,0474263 —
cos p......	$\overline{1},9768339$	sin h............	$\overline{1},7855663$
tang φ.....	1,0225078 —	cos φ............	$\overline{2},9755433$ —
$\varphi =$ 95°25′26″,2		sin $(l + \varphi)$........	$\overline{1},8085359$
$l + \varphi =$ 139.56.53,2			
$l =$ 44.31.27,0			

F. — *Géodésie.*   28

Il y a deux arcs qui ont le même sinus et qui sont les valeurs de $l + \varphi$; on prend celui qui est $> 90°$ pour pouvoir retrancher φ, qui est $> 90°$, attendu que sa tangente a le signe —.

519. Méthode de Douwes pour trouver à la fois l'heure et la latitude, ou du moins la latitude, sans connaître l'heure. — Les marins connaissent toujours la latitude approchée du lieu où ils se trouvent et ils n'ont besoin que de la corriger, sans connaître l'heure exactement. La méthode de Douwes n'a pas une grande précision ; mais elle suffit aux besoins de la navigation et n'exige que des calculs faciles, qu'on évite même en se servant de Tables construites sur les formules que nous allons exposer. On ne se sert de ce procédé qu'à défaut d'autre plus exact, lorsque l'heure est inconnue ; on a bien, il est vrai, des formules qui donnent exactement l'heure et la latitude à la fois, mais ces équations, qui résultent de la résolution de plusieurs triangles sphériques, sont assez compliquées, et l'on est exposé à des erreurs de calcul, surtout en considérant que le jeu des signes des lignes trigonométriques jette beaucoup d'embarras dans les opérations. Au reste, nous traiterons ce sujet plus loin.

On mesure deux hauteurs du Soleil et on les corrige de la *réfraction — parallaxe* pour avoir les hauteurs vraies h et h'. Il est bon que l'une soit près du méridien, l'autre près du premier vertical (5 à 7 heures avant ou après le passage). On prend pour déclinaison constante D de l'astre celle qu'il avait au milieu de la durée écoulée. Soient p et p' les deux angles horaires inconnus correspondants à h et h' ; prenons pour valeurs de h' et p' celles dont l'observation a été voisine du méridien ; h et p seront relatifs au cas où l'astre en serait éloigné ; le temps vrai t écoulé de l'une à l'autre est connu. L'équation (15), n° 76, s'applique aux deux triangles pzs, pzs' (*fig.*144), s et s' étant les deux places occupées par le Soleil, p le pôle, z le zénith, pzm le méridien ; et l'on a

$$\sin h = \cos(l - D) - 2\cos l \cos D \sin^2 \tfrac{1}{2}p,$$

$$\sin h' = \cos(l - D) - 2\cos l \cos D \sin^2 \tfrac{1}{2}p';$$

différence

$$\sin h' - \sin h = 2\cos l \cos D \left(\sin^2 \tfrac{1}{2}p - \sin^2 \tfrac{1}{2}p'\right).$$

Or posons

$$t = \frac{1}{2}(p - p') = \text{demi-temps vrai écoulé};$$

$$y = \frac{1}{2}(p + p'),$$

l'équation (13), n° 31, donne

$$\sin^2 \frac{1}{2} p - \sin^2 \frac{1}{2} p' = \sin y \sin t.$$

En faisant

$$(1) \qquad\qquad N = 2 \cos l \cos D,$$

il vient

$$(2) \qquad\qquad \sin y = \frac{\sin h' - \sin h}{N \sin t},$$

donc

$$(3) \qquad\qquad p' = y - t,$$

$$(4) \qquad \cos(l - D) = \sin h' + N \sin^2 \frac{1}{2} p'.$$

Ces équations font successivement connaître N, y, p' et l—D; d'où l'on tire l en ajoutant D. La déclinaison prend le signe — quand elle est australe.

Lorsque les observations sont faites des deux côtés du méridien, p' devient négatif par rapport à p, auquel on conserve le signe +, et l'on a $t > y$; mais $\sin^2 \frac{1}{2} p'$ reste positif : le calcul est le même. Quant à l'heure actuelle, on ne pourrait la tirer avec précision de la valeur de p', ni de celle de p, qui résultent de celles de y et t; mais on peut, lorsque la latitude l a été corrigée, se servir de la moindre hauteur h, pour obtenir l'angle horaire p, par la méthode des hauteurs absolues, n° 405 et suiv.

Comme on a pris, pour faire le calcul, une valeur approchée pour la latitude l, et que ces formules n'ont pour objet que de la rectifier, lorsque le résultat diffère notablement de la valeur supposée, il faut répéter le calcul en prenant pour élément l'arc l qu'on vient de trouver, ce qui n'exige qu'une simple correction aux derniers chiffres des logarithmes.

Le 7 mars 1879, étant en mer par $11^h 28^m$ de longitude O. estimée, et $48° 40'$ de latitude N. estimée, on prend deux hauteurs du Soleil, l'une le matin, l'autre après midi, qui sont, toutes corrections faites :

$$h' = 33^\circ.43'.46'',1 \qquad \sin h' = 0,5552724 \qquad \text{à}.... \quad 1^h.\;2^m.47^s,8\;\text{S. t. vr.}$$
$$h = 8.37.41,8 \qquad \sin h = 0,1500233 \qquad \text{à}.... \quad 7.\;5.49,0\;\text{M. »}$$
$$\log = \overline{1},6077220... \quad \text{diff.} = 0,4052491 \qquad 2t = 5.56.58,8$$
$$2..... \quad 0,3010300 \qquad t = 2.58.29,4$$
$$\overline{1},6077220 \quad \cos l. \;\; \overline{1},8198325 \qquad \qquad = 44^\circ 37'21'',0$$
$$\text{C'}\sin t.. \;\; 0,1533954 \quad \cos \text{D}. \;\; \overline{1},9982443$$
$$\text{C' N}... \;\; \overline{1},8808932... \quad \text{N}.... \;\; 0,1191068 \qquad \text{On calcule la déclin.} \odot \text{ pour}$$
$$\sin y... \;\; \overline{1},6420106 \qquad\qquad\qquad \text{l'heure du milieu } 10^h 4^m 18^s,4$$

$$\qquad\qquad\qquad\qquad\qquad\qquad\qquad\qquad \text{temps vrai du matin, et l'on}$$
$$y = 26^\circ.\;0'.39'',1 \qquad\qquad\qquad \text{trouve D} = -\,5^\circ 8' 54'',6.$$
$$t = 44.37.21,0$$
$$p' = -18.36.41,9 \qquad\qquad \text{N}.... \quad 0,1191068$$
$$\tfrac{1}{2}p' = -\,9.18.21,0....\sin^2.. \;\; \overline{2},4174432 \qquad\qquad \sin h' = 0,5552724$$
$$\text{D} = -\,5.\;8.54,6 \qquad\qquad \overline{2},5365500.....\text{nombre} = 0,0343993$$
$$l - \text{D} = 53.51.58,6.....\log. = \overline{1},7706103..\cos(l - \text{D}) = 0,5896717$$
$$l = 48.43.\;4,0$$

Ainsi le nombre supposé pour *l* est trop faible de $3'4''$, et il faudra corriger le calcul en prenant ce résultat pour hypothèse.

520. La méthode de Douwes n'est qu'approchée, et la précision n'en est pas toujours satisfaisante. La Trigonométrie sphérique donne des formules plus exactes, et qui ne sont guère plus compliquées.

Dans la *fig.* 144, *s* et *s'* sont deux positions du Soleil, dont l'observation a fait connaître les distances zénithales vraies $sz = z$, $s'z = z'$, corrigées de *réfraction* — *parallaxe*, demi-diamètre, etc. Le pôle étant en *p*, le méridien est *pm*, et l'on connaît, en outre, les distances polaires $sp = s'p = d$, complément de la déclinaison. Nous supposons ici que *d* est constant, ou plutôt nous prenons pour *d* la déclinaison qui a lieu dans l'instant du milieu entre les deux observations. Il est clair que, si l'on connaissait l'angle $zsp = u$, on aurait deux côtés *sz*, *sp* du triangle *zsp* et l'angle compris u, et qu'on pourrait calculer le côté $zp = c$, colatitude du lieu, ainsi que l'angle horaire $spz = p$, et le problème serait résolu.

Or, pour trouver cet angle u, il faut d'abord chercher les deux angles $s'sp = \psi$ et $s'sz = x$, dont u est la différence, ce qui conduit à résoudre les deux triangles $ss'p$ et $ss'z$; on a donc trois triangles sphériques à résoudre successivement. Voici comment on ordonne ces calculs.

D'abord l'angle $sps' = t$ est connu, puisqu'il est, en degrés, le temps solaire vrai écoulé entre les deux observations de hauteur, différence ou somme des deux angles horaires correspondants, selon que l'astre a été observé d'un même côté ou des deux côtés du méridien. Si la montre marche comme le temps moyen, il sera bien facile de réduire en degrés la durée écoulée : ce sera l'angle t.

1° Dans le triangle isocèle sps', on connaît deux côtés égaux $sp = s'p = d$ et l'angle compris t; on trouvera le troisième côté $ss' = \delta$ et l'angle $s'sp = \psi$, par les équations [(n) et (p), n° 86]

$$(a) \qquad \sin\frac{1}{2}\delta = \sin d \sin\frac{1}{2}t,$$

$$(b) \qquad \cot\psi = \cos d \, \operatorname{tang}\frac{1}{2}t.$$

2° On connaît maintenant les trois côtés du triangle szs', savoir $sz = z$, $s'z = z'$ et $ss' = \delta$; on trouve l'angle $s'sz = x$ par les équations (16), n° 76,

$$2k = z + z' + \delta,$$

$$(c) \qquad \sin^2\frac{1}{2}x = \frac{\sin(k-z)\sin(k-\delta)}{\sin z \sin\delta};$$

d'où

$$u = \psi \mp x,$$

en faisant l'angle $zsp = u$. Nous mettons ici $\mp$, parce que le double signe résulte de l'extraction de racine qui a donné l'arc x; mais on doit observer que c'est presque toujours le signe $-$ qu'il faut prendre, parce que le cas représenté par la *fig.* 144 est seul admissible, à moins que la déclinaison du Soleil et la latitude ne soient à peu près égales; car alors il faudrait calculer les deux solutions, sauf à choisir ensuite entre elles. Comme la latitude est toujours à peu près connue d'avance, l'incertitude est bientôt dissipée. D'ailleurs, s'il arrive que l'on reste dans le doute, il

suffira de mesurer une troisième hauteur de l'astre, et l'on fera de nouveau le calcul de la latitude, en comparant cette observation à l'une des
deux premières, et l'on s'arrêtera à celle des deux solutions qui sera commune aux deux opérations. Il est d'ailleurs rare qu'on soit réduit à user
de ce procédé.

3° Enfin, dans le triangle zps, on connaît deux côtés et l'angle compris, savoir $sz = z$, $sp = d$ et l'angle u qu'on vient de trouver. On pourra
donc calculer le côté $pz = c$, colatitude cherchée, et l'angle horaire
$spz = p$ de l'observation de l'astre quand il était en s. On pourra recourir
aux formules données (n° 83, 1°), ou (84, 4°). Mais les équations que
nous allons proposer sont d'un usage plus commode.

Si l'on connaît les côtés b et c du triangle ABC (*fig.* 52), et l'angle
compris A, pour trouver le troisième côté a, on prendra l'équation fondamentale

$$\cos a = \cos b \cos c + \sin b \sin c \cos A,$$

et on la rendra propre au calcul des logarithmes par l'artifice suivant.
D'après les équations (5) et (6), n° 30, on a

$$\cos A = 2 \cos^2 \tfrac{1}{2} A - 1, \quad \cos a = 1 - 2 \sin^2 \tfrac{1}{2} a;$$

ainsi

$$1 - 2 \sin^2 \tfrac{1}{2} a = \cos(b + c) + 2 \sin b \sin c \cos^2 \tfrac{1}{2} A$$
$$= 1 - 2 \sin^2 \tfrac{1}{2}(b + c) + 2 \sin b \sin c \cos^2 \tfrac{1}{2} A,$$
$$\sin^2 \tfrac{1}{2} a = \sin^2 \tfrac{1}{2}(b + c) - \sin b \sin c \cos^2 \tfrac{1}{2} A.$$

Prenons un arc auxiliaire v, tel que

$$\sin v = \cos \tfrac{1}{2} A \sqrt{\sin b \sin c},$$

et nous aurons

$$\sin^2 \tfrac{1}{2} a = \sin^2 \tfrac{1}{2}(b + c) - \sin^2 v$$
$$= \sin \tfrac{1}{2}(b + c + 2v) \sin \tfrac{1}{2}(b + c - 2v),$$

d'après l'équation (13), n° 31.

En appliquant ces formules à la *fig.* 144, on a

$$(d) \qquad \sin v = \cos \frac{1}{2} u \sqrt{\sin d \sin z},$$

$$(e) \qquad \sin^2 \frac{1}{2} c = \sin \frac{1}{2} (d + z + 2v) \sin \frac{1}{2} (d + z - 2v),$$

$$(f) \qquad \sin p = \frac{\sin z \sin u}{\sin c}.$$

Cette dernière équation est donnée par la règle des quatre sinus (n° 68).

La théorie qu'on vient de présenter exige l'emploi de dix-neuf logarithmes et l'addition de plusieurs arcs ; elle est beaucoup plus longue que celle de Douwes, mais elle a plus d'exactitude. On peut vérifier les calculs, en y remplaçant partout z par z' ; alors ψ désigne l'angle $zs's$ et u l'angle $zs'p$; c'est le triangle $zs'p$, qu'on résout par les équations (d), (e), (f), et l'on obtient de nouveau c ; on a, en outre, l'angle horaire $p' = zps'$, propre à l'observation de l'astre en s'.

Appliquons ces équations au cas où, par 42° de latitude nord estimée, et $1^h 10^m$ de longitude ouest, le 22 mai 1876, avant midi, on aurait mesuré deux hauteurs du bord inférieur du Soleil. Le chronomètre marquait :

$6.25.17$ M., 1re haut. obs. $35°.25'.52''..$ dist. zénith. vraie.. $z = 54°.24'. 6''$
$9. 9.53$ M., 2e » » $63. 1.57$ » » $z' = 26°.47.44$
$7.47.35$ h. du mil. ou $19^h 47^m 35^s$, le 21 mai,
$2.44.36 = t$, $20° 34' 30''$ demi-intervalle en arc.

Nous supposons ici que les distances zénithales observées ont été corrigées de la réfraction, de la parallaxe, du demi-diamètre et de la dépression de l'horizon. On présume que le chronomètre retarde de $1^h 30^m$ sur le temps moyen du lieu ; en ayant égard à la longitude estimée et au retard du chronomètre, on trouve que l'heure de Paris qui correspond au milieu de l'intervalle des observations est $22^h 27^m 35^s$, temps moyen, et l'on tire de la *Connaissance des Temps* la déclinaison du Soleil pour cet instant, savoir :

$$D = + 20° 29' 59'',1,$$

d'où l'on déduit la distance polaire

$$d = 69° 30' 0'',9.$$

Calcul de δ ($\acute{e}q.$ a).   *Calcul de ψ ($\acute{e}q.$ b).*   *Calcul de v ($\acute{e}q.$ d).*

$\sin d$ ...... $\overline{1},9715883$ $\cos d$ ... $\overline{1},5443202$ $\sin d$ ...... $\overline{1},9715883$

$\sin\frac{1}{2}t$ .... $\overline{1},5458428$ $\tan\frac{1}{2}t.$ $\overline{1},5744681$ $\sin z$ ...... $\overline{1},9101534$

$\sin\frac{1}{2}\delta$ .... $\overline{1},5174311$ $\cot\psi$ ... $\overline{1},1187883$ somme .... $\overline{1},8817417$

$\frac{1}{2}\delta$ .. $=$ $19°13'8'',1$ moitié .... $\overline{1},9408709$

δ .. $=$ $38.26.16,2$ $\therefore \psi = 82°30'39'',4$ $\cos\frac{1}{2}u$ .... $\overline{1},9531702$

    $v = 51.34.57,0$ $\sin v$ ...... $\overline{1},8940411$

Calcul de x ($\acute{e}q.$ c).

                                Calcul de c ($\acute{e}q.$ e).

$z' =$ $26°.47'.44''$

$z =$ $54.24.\ 6$ $C^t \sin$ .... $0,0898466$ $2v = \pm 103°.\ 9.54''$

$\delta =$ $38.26.16$ $C^t \sin$ ... $0,2064440$ $d =$ $69.30.\ 1$

$2k = 119.83.\ 6$ $z =$ $54.24.\ 6$

$k =$ $59.49.\ 3$ somme $=$ $227.\ 4.\ 1$

$k - z =$ $5.24.57$ $\sin$ ..... $\overline{2},9748958$ moit. $=$ $113.32.\ 0,5$

$k - \delta =$ $21.22.47$ $\sin$ ..... $\overline{1},5617539$ diff. $=$ $20.44.13$

                  $\sin^2\frac{1}{2}x.$ $\overline{2},8329403$ moit. $=$ $10.22.\ 6,5$

$\frac{1}{2}x =$ $15°.\ 7'.24'',0$ $\sin\frac{1}{2}x..$ $\overline{1},4164702$ $\sin\frac{1}{2}(d+z+2v).$ $\overline{1},9622873$

$x =$ $30.14.48,0$ $\sin\frac{1}{2}(d+z-2v).$ $\overline{1},2552192$

$\psi =$ $82.30.39,4$ $\sin^2\frac{1}{2}c$ .... $\overline{1},2175065$

$u =$ $52.15.51,4$ $\frac{1}{2}u = 26°\ 7'\ 55,7$ $\sin\frac{1}{2}c$ .... $\overline{1},6087533$

$90° - c = l =$ $42.\ 3.56,6$ $c = 47.56.\ 3,4$ ... $\frac{1}{2}c = 23°58'1'',7$

Calcul de p ($\acute{e}q.$ f).

$\sin z$ .... $\overline{1},9101534$

$\sin u$ .... $\overline{1},8980898$

$C^t \sin c$ ...... $0,1293756$

$\sin p$ .... $\overline{1},9376188$ .... $p = 60°1'12'',6 = 4^h.\ 0^m.\ 4^s,8$

1re observation, heure vraie du lieu .... 7.59.55,2 matin

Équation de temps à 21^h10^m, t. v. de Paris, 21 mai... — 3.33,5

Heure moyenne du lieu....................... 7.56.21,7

Heure du chronomètre........................ 6.25.17,0

Retard sur le temps moyen du lieu............. 1.31. 4,7

Lorsque l'heure qu'on avait d'abord supposée se trouve notablement différente de celle que le calcul donne, comme la déclinaison du Soleil à l'instant du milieu peut en être altérée, il faut corriger les données et refaire le calcul en partant de cette nouvelle supposition.

La méthode que nous venons d'exposer serait exacte si l'on avait observé une étoile à deux instants de son cours diurne; mais, comme la déclinaison du Soleil varie beaucoup, surtout vers les équinoxes, la latitude qu'on trouve est affectée de la supposition que cette déclinaison demeure constante. C'est surtout pour les observations de la Lune que cette remarque est importante. Si l'on veut donner à ce procédé toute la précision désirable, on ne doit donc pas considérer le triangle $ss'p$ comme isoscèle. En nommant d et d' les deux distances polaires, on résout ce triangle par la méthode que nous avons donnée ci-dessus, et l'on doit remplacer les équations (a) et (b) par

$$\sin \varphi = \cos \frac{1}{2}t \sqrt{\sin d \sin d'},$$
$$\sin^2 \frac{1}{2}\delta = \sin \frac{1}{2}(d + d' + 2\varphi).\sin \frac{1}{2}(d + d' - 2\varphi),$$
$$\sin \psi = \frac{\sin t \sin d'}{\sin \delta},$$

une fois qu'on a δ et ψ; le reste de l'opération est le même que ci-devant.

On peut même observer les hauteurs de deux étoiles différentes, dont d et d' sont les distances polaires; en faisant

$$t = \text{différ. des asc. dr.} \pm \text{temps écoulé},$$

les équations précédentes sont applicables. On prend le signe $+$ quand l'astre observé le premier est le plus oriental, celui dont l'ascension droite est la plus grande, et $-$ dans l'autre cas. Nous n'insisterons pas sur cette théorie, dont on trouvera une application dans notre *Astronomie pratique*, p. 226; les marins font rarement usage des observations de ce genre, parce qu'ils ne peuvent voir avec netteté les étoiles en même temps que l'horizon de la mer, et que leurs observations sont incertaines. Au reste, nos dernières équations étant de même forme que les équations (*d*), (*e*), (*f*), l'application ne peut offrir de difficulté. Nous n'avons pas parlé de cette méthode d'obtenir la latitude dans la Géomorphie astronomique, parce qu'on en a d'autres plus précises lorsqu'on réside dans un observatoire stable ; ce n'est qu'en mer que ce procédé peut avoir de l'utilité.

521. On rencontre une difficulté dans l'application des méthodes précédentes. Comme le vaisseau n'est pas stationnaire dans la durée t qui sépare les deux observations, les hauteurs h et h' ne sont pas mesurées au-dessus du même horizon. Ainsi, avant d'appliquer les formules, il faut ramener l'une des hauteurs à l'horizon de l'autre, par exemple chercher ce qu'eût été la petite hauteur au même instant si elle eût été immédiatement mesurée sur l'horizon de la grande (celle qui est la plus voisine du méridien) (*fig.* 145).

Ainsi l'astre est en S, le zénith en z, sz est le complément de h ; quand le Soleil est arrivé en I, le zénith s'est trouvé T et l'on veut avoir la hauteur que l'astre avait en S, mesurée sur le nouvel horizon ; on cherchera donc la distance zénithale TS. Soient $Sz = 90° — h$, $ST = 90° — \mathrm{II}$; on connaît h, et l'on demande II, la direction de la route et sa longueur étant données.

Le triangle STz, dont l'angle en S est très-petit, est précisément de même espèce que celui qu'on a considéré n° 217, où l'équation (A), p. 198, exprime la différence des deux côtés presque égaux Sz, ST. Il suffit donc d'y remplacer l et l' par h et II ; nous bornerons la série à son premier terme, qui a une précision suffisante :

$$\mathrm{II} = h + a \cos\varphi, \qquad \varphi = A — A',$$

A et A' sont les azimuts de l'astre et de la route, comptés du sud en allant vers le nord ou réciproquement. On prend A et A' en signes contraires, quand le méridien passe dans l'angle $\varphi = TzS =$ angle de la route avec le vertical du Soleil ; a est le chemin parcouru exprimé en milles ou minutes ; le terme $a \cos\varphi$ est, en minutes, la correction de h.

Appliquons ces équations à l'exemple du n° 519.

Le navire suivait l'azimut (compté du sud)..... $\mathrm{A}' =$ 28°47′3o″ O.

La hauteur h a été prise l'azimut étant........ $\mathrm{A} =$ 74. 7.26 E.

Et cette hauteur corrigée était $h = 8°37′41″,8\ldots$ $\varphi =$ 102.54.56

Le vaisseau faisant 8,1 milles à l'heure........ $\cos\varphi\ldots$ $\overline{1},34931-$

En $5^h56^m59^s$ il a décrit 48,2 milles............ $a=48,2$ 1,68305

1,03236—

On demande quelle était la hauteur II du Soleil

sur le premier horizon.................... nombre $= -10',77$

Comme il y a $-10',77$ de variation en hauteur, on trouve

$$II = 8°27′37″,2,$$

valeur qu'il faut adopter pour h dans les équations des n°⁵ 519 et 520.

Si la petite hauteur h a été observée la première (le matin), la réduction $a\cos\varphi$ doit être ajoutée à h quand l'arc $\varphi < 90°$, et retranchée de h dans le cas contraire. Mais on opérera en sens opposé lorsque la petite hauteur aura été prise le soir.

De la longitude du lieu.

522. Par les éclipses des satellites de Jupiter. — Il est rare qu'on puisse faire usage de ces éclipses en mer, parce qu'il faut se servir d'une lunette d'environ 4 pieds de distance focale, et que les mouvements du navire ne permettent pas de la diriger avec assez de stabilité pour permettre l'observation. Au reste, voici le calcul, qui est très-facile.

L'heure de Paris à laquelle ces éclipses arrivent est prédite dans la *Connaissance des Temps :* la place de chaque satellite et le sens de sa marche y sont indiqués par des *configurations,* afin de porter l'attention sur celui qui doit s'éclipser, ou reparaître après l'éclipse. On dirige la lunette quelque temps avant l'heure où l'on présume que l'éclipse doit arriver ; on a déjà obtenu l'heure du bord par d'autres observations. On note l'heure où le phénomène a eu lieu. Comparant cette heure à celle de Paris, qui est indiquée dans la *Connaissance des Temps,* la différence est la longitude du lieu rapportée au méridien de cette ville.

523. Par les distances lunaires. — Le procédé le plus usité en mer pour obtenir la longitude astronomiquement consiste à mesurer l'arc de distance entre les centres de la Lune et du Soleil, ou le centre de la Lune et une étoile ou une planète, ainsi que les hauteurs de ces deux astres. Voici la théorie de ces opérations.

L'astre le plus rapproché de la Terre étant la Lune, le point du ciel auquel on la rapporte est très-différent, selon les divers lieux d'où on l'observe. C'est cette *parallaxe* qui est ici mise à profit. Concevons que, d'un lieu quelconque, on ait mesuré l'arc $ls = \delta$ (*fig.* 157), de distance apparente entre les centres l de la Lune et s d'un autre astre, et les hauteurs h et h' *au même instant.* Trois personnes sont employées ensemble à ces observations; mais une seule peut y suffire, car elle mesure d'abord les deux hauteurs, puis la distance δ, et enfin, de nouveau, les deux hauteurs. Elle note les heures de ces cinq observations; puis, divisant les variations en hauteur proportionnellement aux temps écoulés, elle réduit, par le calcul, les hauteurs h et h' à être contemporaines avec δ. On peut encore, si l'on veut, au lieu de mesurer les hauteurs, les déterminer par le calcul, puisque l'on connaît, au moins approximativement, l'heure pour laquelle elles sont nécessaires (n° 405).

524. Les deux astres sont vus en des points du ciel différents de ceux où on les verrait du centre de la Terre, s'il n'y avait pas d'atmosphère ; et, de plus, comme la parallaxe lunaire abaisse l'astre et surpasse la réfraction qui l'élève, la Lune nous paraît en l plus basse qu'elle n'est pour un spectateur placé au centre de la Terre ; celui-ci la verrait en l'; mais le Soleil, au lieu d'être en s', lui paraîtrait plus haut, en s. Nous appelons *distance apparente* δ la distance des centres des deux astres, telle qu'on l'a mesurée actuellement ; et *distance vraie* Δ celle que trouverait un observateur situé au centre de la Terre, s'il n'y avait pas d'atmosphère. On entendra de même les expressions de *hauteurs apparentes* et *hauteurs vraies.*

Ainsi $l's' = \Delta$ est la *distance vraie* des deux astres. Les hauteurs vraies sont H et H', arcs connus, puisqu'ils sont h et h' corrigés de la réfraction et de la parallaxe. Or il est possible de calculer Δ, arc dont nous nous servirons bientôt pour trouver la longitude du lieu ; en sorte que le problème proposé se réduit à *connaître la distance vraie* Δ*, quand on a mesuré la distance apparente* δ.

Dans la *fig.* 157, z est le zénith, p le pôle, pzm le méridien ; les triangles sphériques zls, $zl's'$ donnent [équations (3), n° 67]

$$\cos lzs = \frac{\cos\delta - \sin h \sin h'}{\cos h \cos h'} = \frac{\cos\Delta - \sin H \sin H'}{\cos H \cos H'} ;$$

d'où, en ajoutant 1 aux deux derniers membres,

$$\frac{\cos\delta + \cos(h + h')}{\cos h \cos h'} = \frac{\cos\Delta + \cos(H + H')}{\cos H \cos H'} ;$$

mais le premier numérateur est [équation (11), n° 31]

$$2 \cos\tfrac{1}{2}(h + h' + \delta) \cos\tfrac{1}{2}(h + h' - \delta) = 2 \cos m \cos(m - \delta),$$

en faisant

$$(1) \qquad\qquad 2m = h + h' + \delta ;$$

le numérateur du second membre devient [équations (5) et (6), n° 30]

$$2 \cos^2\tfrac{1}{2}(H + H') - 2 \sin^2\tfrac{1}{2}\Delta ;$$

donc

$$\sin^2\tfrac{1}{2}\Delta = \cos^2\tfrac{1}{2}(H + H') - \frac{\cos H \cos H'}{\cos h \cos h'} \cos m \cos(m - \delta).$$

Pour rendre l'équation propre aux logarithmes, on pose

$$(2) \qquad \sin\varphi = \frac{\sqrt{\dfrac{\cos H \cos H'}{\cos h \cos h'} \cos m \cos(m - \delta)}}{\cos\tfrac{1}{2}(H + H')} ,$$

et l'on a enfin

$$(3) \qquad\qquad \sin\tfrac{1}{2}\Delta = \cos\tfrac{1}{2}(H + H') \cos\varphi.$$

Ainsi les équations (1) et (2) servent à trouver les arcs auxiliaires m et φ, et l'équation (3) donne ensuite Δ.

Maintenant que la distance vraie Δ est connue, c'est-à-dire la distance qu'on observerait du centre de la Terre, s'il n'y avait pas d'atmosphère, on recourt à la *Connaissance des Temps*, pour en tirer, à la date proposée, l'heure comptée à Paris lorsque cette distance vraie a lieu ; cet Ouvrage contient les distances vraies des deux astres de trois en trois heures ; et, par interpolation, il est aisé de trouver à quelle heure de Paris la distance est Δ. Cette interpolation est d'ailleurs facilitée dans la *Connaissance des Temps*, parce qu'on y trouve, à côté de chaque distance, le logarithme de l'intervalle 3 heures, divisé par la différence première entre cette distance et la suivante ; la caractéristique de ce logarithme est toujours zéro. On a donc l'heure de cette ville contemporaine à celle du lieu où l'on a mesuré δ ; ce sont les époques d'un même phénomène instantané ; la différence est donc celle des longitudes.

Nous allons donner un exemple complet d'une détermination de la longitude en mer par l'observation d'une distance lunaire.

Le 23 août 1878, à $10^h15^m0^s$ du matin, temps vrai du bord (ou le 22 août à $22^h15^m0^s$), le navire étant par $43°47'$ de latitude nord, et 9^h5^m de longitude ouest estimée, on suppose que l'on ait observé la distance des bords les plus voisins du Soleil et de la Lune, la hauteur du bord inférieur du Soleil et la hauteur du bord supérieur de la Lune ; l'œil était élevé de 3 mètres au-dessus de la mer, et l'erreur instrumentale du sextant était $+ 2'50''$; la distance du Soleil était orientale. La moyenne des observations a donné les résultats suivants :

Distance observée des bords ☾ et ☉............ $58°.46'.19''$
Hauteur observée du bord inférieur ☉........ $50. 9.57$
Hauteur observée du bord supérieur ☾........ $57.16.45$

Avec l'heure du lieu de l'observation et la longitude estimée, on cherche l'heure correspondante de Paris :

Temps vrai de l'observation, 22 août.............. 22.15 (^{h} ^{m})
Longitude ouest estimée...................... $9. 5$
Heure vraie de Paris correspondante, 23 août....... 7.20

A l'aide de la *Connaissance des Temps*, on calcule pour cette heure de Paris le demi-diamètre du Soleil, le demi-diamètre et la parallaxe horizontale équatoriale de la Lune ; on tient compte de l'augmentation du demi-diamètre de la Lune due à la hauteur, et de la diminution de la parallaxe correspondant à la latitude du lieu; on ajoute à la distance observée des bords l'erreur instrumentale et la somme des demi-diamètres du Soleil et de la Lune; les hauteurs observées des deux astres sont corrigées de l'erreur instrumentale, de la dépression de l'horizon et des demi-diamètres. Les résultats obtenus ainsi donnent lieu aux calculs suivants :

Calculs préparatoires.

Demi-diamètre ☉.	$15.51,6$
Demi-diamètre en hauteur ☾	$15.53,6$
Erreur instrumentale.	$+\ 2.50,0$
Distance observée des bords.	$58.46.19,0$
Distance apparente des centres, ∂.	$59.20.54,2$
Hauteur observée bord inférieur ☉.	$50.\ 9.57,0$
Erreur instrumentale.	$+\ 2.50,0$
Dépression de l'horizon.	$-\ 3.\ 2,1$
Demi-diamètre ☉.	$+\ 15.51,6$
Hauteur apparente centre ☉, h.	$50.25.36,5$
— (réfraction — parallaxe).	$-\ 42,4$
Hauteur vraie ☉, H.	$50.24.54,1$
Parallaxe horizontale équatoriale ☾.	$57.25,0$
Diminution relative à la latitude (n° 385).	$-\ 5,5$
Parallaxe horizontale ☾ dans le lieu, P.	$57.19,5$
Hauteur observée bord supérieur ☾	$57.16.45,0$
Erreur instrumentale.	$+\ 2.50,0$
Dépression de l'horizon.	$-\ 3.\ 2,1$
Demi-diamètre en hauteur ☾	$-\ 15.53,6$
Hauteur apparente centre ☾, h'.	$57.\ 0.39,3$
— (réfraction — parallaxe) ([1]).	$+\ 30.35,4$
Hauteur vraie ☾, H'.	$57.31.14,7$

([1]) Pour calculer avec plus de précision la parallaxe de hauteur de la Lune, on pourra employer ici la formule rigoureuse : sinus parall. de haut. ☾ $=\sin \mathrm{P} \cos h'$ [d'après l'équation (3), n° 385].

Calcul de la distance vraie Δ.

$$
\begin{aligned}
\delta &= 59^{\circ}.20'.54'',2 \\
h &= 50.25.36,5 & \text{comp. } \cos h &\ldots\ldots & 0,1958173 \\
h' &= 57.\ 0.39,3 & \text{comp. } \cos h' &\ldots\ldots & 0,2640187 \\[2pt]
\hline
2m &= 166.47.10,0 \\
m &= 83.23.35,0 & \cos m &\ldots\ldots & \overline{1},0609151 \\
m-\delta &= 24.\ 2.40,8 & \cos(m-\delta) &\ldots\ldots & \overline{1},9605792 \\
\text{H} &= 50.24.54,1 & \cos \text{H} &\ldots\ldots & \overline{1},8042907 \\
\text{H}' &= 57.31.14,7 & \cos \text{H}' &\ldots\ldots & \overline{1},7299695 \\
\text{H}+\text{H}' &= 107.56.\ 8,8 \\
\tfrac{1}{2}(\text{H}+\text{H}') &= 53.58.\ 4,4 & \text{somme} &\ldots\ldots & \overline{1},0155905 \\
& & \text{moitié} &\ldots\ldots & \overline{1},5077953
\end{aligned}
$$

$$\cos\tfrac{1}{2}(\text{H}+\text{H}').\quad \overline{1},7695535 \qquad \text{comp. } \cos\tfrac{1}{2}(\text{H}+\text{H}')\ldots\ 0,2304465$$

$$\cos\varphi\ldots\ldots\ \overline{1},9226855$$

$$\sin\varphi\ldots\ldots\ \overline{1},7382418$$

$$\sin\tfrac{1}{2}\Delta\ldots\ldots\ \overline{1},6922390 \qquad \varphi = 33^{\circ}.11'.0'',2$$

$$\tfrac{1}{2}\Delta = 29^{\circ},29'.33'',2 \qquad \text{distance vraie } \Delta = 58.59.6,4$$

Calcul de l'heure de Paris correspondante et de la longitude.

Il s'agit maintenant de trouver l'heure moyenne de Paris, le 23 août, à l'instant où la distance orientale vraie de la Lune au Soleil était $58^{\circ}59'6'',4$. Cette distance tombe, comme on le voit dans la *Connaissance des Temps* de 1878, p. 558, entre les distances du Soleil, le 23 août à 6 heures et à 9 heures ; il faut trouver l'intervalle x qu'on doit ajouter à 6 heures pour avoir l'heure de Paris correspondant à la distance vraie $58^{\circ}59'6'',4$ obtenue en mer. La proportion suivante résout la question :

Si, pour $-1^{\circ}32'27''$ de différence entre les distances à 6 heures et à 9 heures, il y a un intervalle de 3 heures, pour une différence de $-0^{\circ}42'21''$ entre la distance à 6 heures et la distance Δ, quel sera l'intervalle x :

$$x = \frac{3^{\text{h}} \times (0^{\circ}42'21'')}{1^{\circ}32'27''}.$$

Le $\log \dfrac{3^{\text{h}}}{1^{\circ}32'27''}$ est donné à droite de la distance à 6^{h}, c'est $0,2894$; il suffit donc d'y ajouter le logarithme de la différence $0^{\circ}42'21''$ pour avoir le logarithme de l'intervalle x; on a ainsi :

Distance à 6 heures.	$59.41.27$ (°. ′. ″)		$\log \dfrac{3^{\rm h}}{\text{diff.}}\cdot$	$0,2894$
Distance trouvée...	$58.59.\ 6$			
Différence........	$04.\ 2.21 = 2541''$	$.. \log.....$		$3,4050$
Intervalle x.......	$1^{\rm h}22^{\rm m}28^{\rm s}$	$.. \log x....$	3.6944	$x = 4948^{\rm s}$

Le logarithme 3,4050 de la différence $0°42'21'' = 2541''$ s'ajoute à 0,2894; la somme 3,6944 est le logarithme de $4948^{\rm s}$ ou de $1^{\rm h}22^{\rm m}28^{\rm s}$. Cet intervalle ajouté à 6 heures donne $7^{\rm h}22^{\rm m}28^{\rm s}$ pour l'heure moyenne cherchée.

Mais la valeur ainsi obtenue de l'intervalle x exige une correction pour les différences secondes des distances lunaires. Avec l'intervalle approché $1^{\rm h}22^{\rm m}28^{\rm s}$, et la différence 20 des logarithmes consécutifs $0,2894$ et $0,2874$, on trouve, dans la table XI de la *Connaissance des Temps*, la correction $+6^{\rm s}$; elle est additive, parce que les logarithmes vont en décroissant, ainsi qu'il est expliqué dans la note qui est à la fin de cette Table; donc $x = 1^{\rm h}22^{\rm m}34^{\rm s}$, et l'heure demandée est $7^{\rm h}22^{\rm m}34^{\rm s}$, 23 août.

Actuellement, pour avoir la longitude, il faut comparer ce dernier résultat avec l'heure moyenne du lieu correspondante. Dans notre exemple, l'heure vraie du bord est $22^{\rm h}15^{\rm m}0^{\rm s}$, 22 août; si nous interpolons l'équation de temps pour le 23 août à $7^{\rm h}22^{\rm m}34^{\rm s}$, temps moyen de Paris, nous trouvons $+2^{\rm m}23^{\rm s},6$; le temps moyen du bord, à l'instant de l'observation, est donc $22^{\rm h}17^{\rm m}23^{\rm s},6$. On a donc

		h. m. s	
Temps moyen de Paris........		$7.22.34$	23 août
Temps moyen du lieu........		$22.17.24$	22 août
Longitude ouest cherchée......		$9.\ 5.10$	

Cette longitude est occidentale, parce que l'heure de Paris est la plus avancée.

Si la longitude trouvée s'écartait par trop de la longitude estimée, on recommencerait l'opération en partant du résultat obtenu; en effet, les données, établies d'après une longitude supposée, pouvaient plus ou moins manquer d'exactitude. Pour plus de précision, il sera utile d'observer aussi le baromètre et le thermomètre au moment de l'observation, afin de pouvoir calculer les réfractions avec plus de rigueur, à l'aide des Tables I et II de la *Connaissance des Temps*.

F. — *Géodésie.*   29

La distance du Soleil à la Lune est plus facile à observer que celle de la Lune aux étoiles, parce qu'on doit, en outre, prendre les hauteurs des deux astres, et que, quand les étoiles sont très-visibles, l'horizon de la mer l'est bien peu. Mais, comme on peut aisément calculer la hauteur d'une étoile (n° 408) à un instant donné, on ne doit pas renoncer à se servir des étoiles pour trouver la longitude du lieu. C'est pour cela qu'on a indiqué, dans la *Connaissance des Temps,* les distances vraies des étoiles les plus brillantes à la Lune, et de trois en trois heures. Les planètes Vénus, Jupiter, Saturne et Mars sont tellement éclatantes, qu'on peut aussi se servir des observations de ces astres; leurs distances vraies sont pareillement indiquées dans la *Connaissance des Temps.*

Le calcul de la distance vraie est assez long, surtout lorsque, au lieu de mesurer en même temps les deux hauteurs, on veut les calculer; quand, au milieu des fatigues de la mer, on est dans la nécessité de faire ces opérations, il est bien avantageux d'en diminuer les difficultés. Dans tous les cas, on doit recommander de s'assurer avec beaucoup de soin de l'heure, du lieu, et de préférer mesurer les hauteurs plutôt que de les calculer, surtout celles de la Lune, afin de ne pas augmenter les chances d'erreur. Comme il est indispensable, pour avoir l'heure exactement, de prendre une hauteur, on peut faire servir à la détermination de l'heure l'heure qui est contemporaine à la distance δ qu'on a mesurée.

Les Tables IX et X de la *Connaissance des Temps,* calculées par Burkhardt, ont été construites dans le but de faciliter le calcul des distances vraies; elles donnent, sous le titre *différences logarithmiques à sept décimales,* pour le Soleil et les étoiles, les valeurs de $\log \dfrac{\cos \text{ hauteur vraie}}{\cos \text{ hauteur apparente}}$, qui entrent dans la formule (2) ci-dessus. L'explication qui est au bas de ces Tables indique comment on y introduit les corrections barométrique et thermométrique. Mendoza a aussi calculé, dans le même but, des Tables qui ont été revues et publiées par le capitaine Richard.

525. Par les chronomètres. — On a un chronomètre dont la marche est connue et parfaitement uniforme; on l'a réglé avec soin au port de départ; et, comme la *Connaissance des Temps* est composée pour le méridien de Paris, on trouve de l'avantage à prendre pour origine des heures le midi de temps moyen en cette ville. Voici comment on opère.

526. Avant de quitter le port, on a fait, pendant plusieurs jours, des observations astronomiques qui ont donné l'heure de temps moyen du lieu; d'où l'on a conclu l'avance diurne a du chronomètre, son avance absolue A, à un instant déterminé du jour. Comme la longitude L du lieu est connue par rapport au méridien de Paris, on sait que, quand il est l'heure H dans le lieu, il est à Paris H + L, et que le chronomètre avance alors de A sur le temps moyen du lieu. Il avance donc de A — L sur Paris; et comme, durant les H + L heures écoulées depuis midi moyen en cette ville, la montre a avancé de $\frac{1}{24}a(H+L)$, on voit qu'à ce midi elle n'avançait réellement que de

$$h = A - L - \frac{1}{24}a(H+L).$$

Telle est l'heure que marquait le chronomètre le jour indiqué, quand il était midi de temps moyen à Paris. Si A et a sont des retards, on les fait entrer négativement dans le calcul, ainsi que la longitude L si elle est orientale.

Exemple. — A $5^h 10^m 12^s =$ H de temps moyen à Brest, la montre retardait de

$$A = -2^m 17^s,5;$$

son retard diurne est

$$a = -52^s,80;$$

la différence des méridiens de Brest et de Paris est

$$L = 27^m 18^s \text{ Ouest}$$

en temps, et l'on a

$$\frac{1}{24}a = -2^s,20;$$

d'où

$$\begin{array}{rll} & & ^h^m^s \\ H = & & 5.10.12 \\ L = & & 27.18 \\ \hline 5^h,625 = H + L = & & 5.37.30 \\ \hline 5,625 \times 2^s,2 = -\frac{1}{24}a(H+L) = + & & 12,38 \\ A = - & & 2.17,50 \\ -L = - & & 27.18 \\ \hline \end{array}$$

Heure du chron. à midi moyen de Paris, $h = -29.23,12$

c'est-à-dire qu'il était alors au chronomètre $11^h 30^m 36^s,88$ matin.

29.

527. Voici maintenant comment on trouve, quelque temps après, l'heure θ de temps moyen à Paris, à une époque déterminée :

n jours après, le chronomètre devra marquer $h + an$, à midi moyen de Paris, ce jour-là ; et θ heures après, il indiquera

$$T = h + an + \theta + \frac{1}{24} a\theta.$$

Cette heure T est connue, et l'on a

$$\theta = T - h - an - \frac{1}{24} a\theta.$$

On trouve θ en négligeant d'abord le dernier terme qui est inconnu et en général très-petit ; on a d'abord l'heure de Paris, à très-peu près ; on substitue ensuite pour θ cette valeur dans le dernier terme, et l'on obtient l'heure actuelle θ de temps moyen à Paris quand le chronomètre marque T.

Mais les observations astronomiques faites sur le navire font connaître l'heure du temps moyen du lieu au même instant ; la différence de ces heures est la longitude du vaisseau, comptée du méridien de Paris.

Reprenons l'exemple qui précède, et supposons qu'au bout de trente jours après celui où l'heure h de Paris (à midi moyen) a été calculée, on ait trouvé $6^h 29^m 49^s,5$ pour l'heure moyenne du lieu, lorsque le chronomètre marque

	h m s
T.......................................	5.15.28,0
— h....................................	+29.23,12
— $an = + 52^s,8 \times 3$o jours	+26.24,0
Heure approchée θ........................	6.11.15,12
Or $- \frac{1}{24} a\theta = 2^s,2 \times 6^h,187$...............	+ 13,61
Valeur corrigée de θ......................	6.11.28,73
Heure contemporaine observée du navire.....	6.29.49,50
Longitude du lieu en temps................	0.18.20.77 E.

La longitude est orientale, parce que *le lieu le plus oriental compte toujours l'heure la plus avancée.*

528. On remarquera qu'on doit, dans ces formules, prendre négativement les quantités A et a, quand elles expriment des retards, et aussi L quand la longitude du lieu de départ est à l'est; n serait négatif, si les jours précédaient celui dont on a pris le midi pour origine.

Un navire en rade de Toulon avait son chronomètre en avance de $A = + 3^m 52^s$ sur le méridien de cette ville, à $5^h 7^m 8^s = H$, temps moyen de Toulon : avec un retard diurne $a = - 7^s,24$, d'où $\frac{1}{24} a = - 0^s,3017$.

Comme la longitude est $L = - 14^m 22^s$ à l'est de Paris, on trouve

$$A = +\ \overset{h\quad m\quad s}{3.52}$$
$$- L = + 14.22$$

$$H = \overset{h\ \ m\ \ s}{5.\ 7.\ 8} \qquad 0^s,3017 \times 4,88 = - \frac{1}{24} a(H + L). \qquad +\qquad 1,47$$
$$L = - 14.22$$

$$\overline{}$$

$4.52.46$ heure du chr. à midi de Paris $h = 0.18.15,47$
$= 4^h,88$

23 jours après, on est arrivé à Smyrne et le chronomètre marquait $4^h 22^m 43^s,2 = T$, lorsqu'on a pris hauteur pour avoir l'heure moyenne du lieu, qu'on a trouvée $5^h 46^m 21^s,54$. Ainsi l'on a

$$T = \overset{h\quad m\quad s}{4.22.43,2}$$
$$- h = - 18.15,47$$

$23 \times 7^s,24 = - an$...............	$+ 2.46,52$
Heure approchée θ............	$4.\ 7.14,25$
$0^s,3017 \times 4,121$..................	$+\qquad 1,24$
Heure actuelle de Paris............	$4.\ 7.15,49$
Heure de Smyrne............ ...	$5.46.21,54$

$$\text{Longitude de Smyrne} = 1.39.\ 6,05\ \text{E.}$$

529. Nous terminerons en recommandant de toujours faire les calculs de manière à ne commettre d'erreurs que celles qui portent à juger le navire trop près du rivage, de crainte de s'en trouver plus voisin qu'on ne croit, selon ce principe de navigation, qu'*un bon officier doit toujours être arrivé à la côte avant son navire.*

Azimut, déclinaison de l'aiguille aimantée.

530. Nous avons exposé (n° 441) les méthodes dont on se sert pour obtenir l'azimut d'un astre ou d'un signal quelconque, lorsqu'on en connaît la hauteur ou qu'on a l'heure. Les marins ne se servent guère que des observations du Soleil, et même ils préfèrent observer l'astre à son lever ou à son coucher, parce que les calculs sont plus simples. Ils attendent que le bord inférieur de l'astre soit élevé des $\frac{2}{3}$ de son diamètre au-dessus de l'horizon de la mer, afin d'avoir de la sorte égard à la réfraction qui fait paraître le Soleil plus élevé qu'il n'est réellement. Le centre est alors dans l'horizon : ils en visent successivement les deux bords avec les pinnules de la boussole, et lisent les indications correspondantes de l'aiguille aimantée. La moyenne entre ces deux arcs est l'*azimut magnétique* du centre de l'astre.

Nous avons démontré (n° 514) l'équation qui donne l'*amplitude vraie* φ, *ortive* ou *occase* de l'astre, complément de son azimut compté du sud; savoir, D étant la déclinaison et l la latitude du lieu,

$$\sin \varphi \cos l = -\sin D.$$

On a même composé des Tables qui donnent à vue toutes les valeurs de l'arc φ, pour chaque latitude et chaque déclinaison du Soleil. C'est le plus souvent ainsi que les marins trouvent la déclinaison de l'aimant, qui est leur guide à la surface des mers, lorsqu'ils ne peuvent voir le ciel.

531. Quand on n'a pu observer le Soleil à l'horizon, on peut souvent le voir un peu au-dessus de ce plan, et, quand la hauteur ne dépasse pas 12 à 15 degrés, on mesure l'azimut de chaque bord avec la boussole, et l'on note les heures et les indications de l'aiguille. La moyenne entre les heures répond à la moyenne de ces indications et est l'azimut magnétique du centre. On peut alors calculer l'azimut vrai de l'astre; on peut aussi avoir cet azimut en mesurant la hauteur (*voir* ce qui a été dit à ce sujet n° 441).

532. On connaît ainsi deux azimuts, savoir, celui A du Soleil, et celui a qu'indique l'aiguille aimantée. La déclinaison de l'aiguille est donc

$$x = A + a.$$

Mais ici, comme n° 446, on doit prendre les arcs chacun avec le signe $+$ ou $-$, selon sa position relative. Voici la règle :

L'azimut vrai A et la déclinaison x sont des arcs pris à partir du méridien et comptés du même point cardinal que la latitude nord ou sud ; ils ne sont positifs qu'autant qu'on les compte de droite à gauche. L'angle a que forme l'aiguille avec la direction de l'astre est compté à partir de cette direction, et positif quand il est pris aussi de droite à gauche. Ces arcs sont négatifs quand ils se trouvent situés en sens contraire de ceux qu'on vient d'indiquer.

Le 15 mai 1877, étant par $31°59'40''$ de latitude nord, on a relevé avec la boussole le centre du Soleil au moment de son lever vrai, et l'on a trouvé que l'aiguille indiquait $a = 78°44'30''$, azimut magnétique compté du Soleil situé à l'est en allant vers le nord ; la déclinaison de l'astre, tirée de la *Connaissance des Temps* pour l'heure de Paris qui correspond à celle du bord, est

$$D = + 19°2'45''.$$

$\sin D$	$\overline{1},513650$	$a = + 78.44.30$
$C^1 \cos l$	$0,071553$	$A = - 67.22.14$
$\sin \varphi$	$\overline{1},585203$	$x = + 11.22.16$ N.O.

Amplit. ortive... φ.. $= 22°37'46''$ au N.   déclinaison cherchée.

Le 18 octobre 1877, étant par $41°46'$ de latitude nord, et $9^h42^m0^s$ de longitude ouest, à $9^h41^m44^s$ temps vrai du bord, au matin, on a relevé le centre du Soleil au compas, et l'on a trouvé que l'aiguille indiquait $a = 98°15'$; on demande quelle est la déclinaison de l'aimant. On fera ici le calcul indiqué n° 441, pour déterminer l'azimut A du Soleil, connaissant sa déclinaison et son angle horaire, ainsi que la latitude du lieu. L'époque donnée correspond au 18 octobre à $7^h23^m44^s$ soir, temps vrai de Paris. On trouve, pour la déclinaison du Soleil à cet instant,

$$D = - 9°52'45'';$$

l'angle horaire $p = 12^h - 9^h41'44^s = 2^h18^m16^s = 34°34'0''$. Avec ces éléments, on trouvera

A................	$-140.5.25$
a................	$+98.15.0$
Déclin. demandée x..	$-41.50.25$ N.-E.

533. On trouve encore la déclinaison de l'aimant par la méthode des hauteurs correspondantes; mais, comme l'horizon du vaisseau change sans cesse, ce procédé trouve rarement son application. On relève à la boussole les bords opposés du Soleil à deux instants où l'astre est à même hauteur. La direction du milieu, ou la moyenne entre les graduations indiquées par l'aiguille, est celle du méridien du lieu. L'angle que fait cette ligne avec le méridien magnétique, ou la demi-différence des deux arcs, est l'azimut de l'aiguille, c'est-à-dire la déclinaison demandée.

Ainsi l'on a observé le Soleil à la même hauteur matin et soir, et l'aiguille s'est dirigée :

Sur......................... $53^\circ.20'$ du S. à l'E.

Et sur....................... 31.30 du S. à l'O.

Différence.................... 21.50

Déclinaison de l'aiguille = moitié = 10.55 N.-E.

534. Quant aux azimuts des signaux, ou ce qu'on appelle leurs *relèvements,* lorsqu'on les obtient par le secours des astres, on opère ainsi qu'il a été expliqué (n° 441). Mais le plus souvent, en mer, ces mesures se prennent avec la boussole. On s'est d'abord bien assuré de la déclinaison de l'aiguille aimantée, dont on a déjà l'azimut x. Visant ensuite le signal avec l'alidade ou la lunette de la boussole, appelée *compas,* on lit la graduation correspondante qui en est l'azimut magnétique a. On en tire l'azimut vrai de ce signal, $A = x - a$, toujours en donnant aux lettres les valeurs et les signes qui sont conformes à la règle ci-dessus.

Un marin peut, de la sorte, faire une carte des divers sommets et contours d'une côte qu'il aperçoit du navire. En effet, les azimuts A qu'il trouve ainsi pour chacun de ces signaux lui donnent une suite de lignes droites rayonnantes qui passent respectivement par ces différents objets. En répétant la même opération d'une autre station, il a encore des rayons partant de ce lieu et passant par les mêmes signaux ; et comme l'intervalle des deux stations est la route du vaisseau, qui est connue de grandeur et de direction, par rapport au méridien vrai, chaque signal est situé au sommet d'un triangle rectiligne dont la base est cette route, et dont les côtés adjacents sont de directions connues par leurs azimuts.

Ainsi il est aisé de tracer ces triangles qui ont une base commune, et d'avoir la place de chaque objet.

Cette opération a peu de précision, non-seulement à cause des irrégularités auxquelles la boussole est sujette, mais surtout par les agitations du navire. Mais les marins s'en contentent ordinairement, parce qu'une plus grande exactitude ne leur est pas nécessaire (*voir* l'*Astronomie pratique*, p. 350 et suiv.)

EXPLICATION ET USAGE DES TABLES.

La TABLE I est destinée à réduire à l'horizon les angles situés dans des angles peu inclinés, de $2°3o'$ au plus : elle donne les valeurs des logarithmes de la quantité $\left(\frac{1}{4}\sin 1''\right) \alpha^2$, pour toutes les valeurs de α secondes, et l'on a log $\left(\frac{1}{4}\sin 1''\right) = \overline{6},o8351488$. L'usage de cette Table a été exposé (n° 138).

La TABLE II donne les longueurs du degré de méridien et de parallèle sur toutes les latitudes, l'aplatissement étant $\frac{1}{3o9}$. On y trouve aussi les logarithmes des normales. Cette Table est extraite de la *Base du système métrique* (III, p. 286 et 290), et calculée sur les équations (6), n° 177, et (11), n° 183 (*voir* en outre le n° 251).

La TABLE III renferme toutes les valeurs relatives au système métrique français, calculées avec la plus grande précision.

La TABLE IV donne les mesures itinéraires des principales nations. Celles dont les marins font usage se trouvent à la fin de cette Table.

La TABLE V est destinée à donner la marche du Soleil moyen, et à convertir une durée de temps moyen en temps sidéral, et réciproquement. Pour en comprendre l'usage, consultez les n°ˢ 393 et suiv.

La TABLE VI donne les observations du pendule faites en divers lieux, par les plus habiles physiciens (*voir* ce qui a été dit n° 299, sur la construction et l'usage de cette Table).

TABLE I.

Pour réduire les angles à l'horizon.

ARCS.	LOGAR.	DIFF. p. 1″.
1000″	0.083515	867
02	.085250	864
08	.090436	859
14	.095591	854
1020	0.100715	849
26	.105810	844
32	.110874	839
38	.115910	834
44	.120916	830
1050	0.125894	825
56	.130843	820
62	.135764	816
68	.140657	811
74	.145524	806
1080	0.150362	802
86	.155175	798
92	.159960	793
98	.164720	789
1104	0.169453	785
10	.174161	780
16	.178843	776
22	.183501	772
28	.188133	768
34	.192741	764
1140	0.197325	760
46	.201884	756
52	.206420	752
58	.210932	748
64	.215421	744
1170	0.219887	741
76	.224330	737
82	.228750	733
88	.233148	729
94	.237524	726
1200	0.241877	722
06	.246210	718
12	.250520	715
18	.254810	711
24	.259078	708
1230	0.263325	705
36	.267552	701
42	.271758	698
48	.275944	694
54	.280110	691
1260	0.284256	

ARCS.	LOGAR.	DIFF. p. 1″.
1260″	0.284256	688
66	.288382	685
72	.292489	681
78	.296577	678
84	.300645	675
90	.304694	672
96	.308725	669
1302	0.312737	666
08	.316730	663
14	.320706	660
20	.324663	657
26	.328602	654
32	.332523	651
38	.336427	648
44	.340314	645
1350	0.344183	642
56	.348034	639
62	.351869	636
68	.355687	634
74	.359488	631
80	.363273	628
86	.367041	625
92	.370793	623
98	.371529	620
1404	0.378249	617
10	.381953	615
16	.385642	612
22	.389314	610
28	.392971	607
34	.396613	605
1440	0.400240	602
46	.403852	599
52	.407448	597
58	.411030	595
64	.414597	592
70	.418150	590
76	.421688	587
82	.425211	585
88	.428721	583
94	.432216	580
1500	0.435697	577
12	.442619	572
24	.449485	568
36	.456297	563
48	.463057	559
60	.469764	

ARCS.	LOGAR.	DIFF. p. 1″.
1560″	0.469764	555
72	.476420	550
84	.483025	546
96	.489581	542
1608	0.496087	538
20	.502545	534
32	.508955	530
44	.515319	526
56	.521636	523
68	.527907	519
80	.534134	515
92	.540316	512
1704	0.546454	508
16	.552550	504
28	.558602	501
40	.564613	498
52	.570583	494
64	.576512	491
76	.582401	487
88	.588250	484
1800	0.594060	480
20	.603658	475
40	.613151	470
60	.622541	465
80	.631831	460
1900	0.641022	455
20	.650117	451
40	.659118	445
60	.668027	440
80	.676845	437
2000	0.685575	432
20	.694218	428
40	.702775	424
60	.711249	421
80	.719642	416
2100	0.727954	411
30	.740274	405
60	.752422	399
90	.764403	394
2220	0.776221	389
50	.787880	384
80	.799385	379
2310	0.810739	374
40	.821947	369
70	.833012	364
2400	0.843937	

TABLE I (SUITE).

Pour réduire les angles à l'horizon.

ARCS.	LOGAR.	DIFF. p. 10″.	ARCS.	LOGAR.	DIFF. p. 10″.	ARCS.	LOGAR.	DIFF. p. 10″.
2400″	0.843937	3597	4800″	1.445997	1798	7440″	1.826661	1163
30	.854727	3553	4860	.456787	1776	7500	.833637	1154
60	.865385	3510	4920	.467445	1755	7560	.840559	1144
90	.875914	3467	4980	.477974	1734	7620	.847425	1135
2520	0.886316	3426	5040	.488376	1713	7680	.854237	1127
50	.896795	3386	5100	.498655	1693	7740	.860997	1118
80	.906754	3347	5160	1.508814	1674	7800	.867704	1109
2610	.916796	3309	5220	.518856	1655	7860	.874360	1101
40	.926723	3271	5280	.528783	1636	7920	.880965	1093
70	.936537	3235	5340	.538597	1618	7980	.887521	1084
2700	0.946242	3182	5400	.548302	1600	8040	.894027	1076
2760	0.965333	3112	5460	.557900	1582	8100	1.900485	1068
2820	0.984013	3048	5520	.567393	1565	8160	.906895	1061
2880	1.002300	2985	5580	.576783	1548	8220	.913259	1053
2940	.020210	2924	5640	1.586073	1532	8280	.919576	1045
3000	.037757	2867	5700	.595265	1516	8340	.925847	1038
3060	.054958	2811	5760	.604360	1500	8400	.932074	1030
3120	.071824	2757	5820	.613361	1485	8460	.938256	1023
3180	.088369	2706	5880	.622270	1470	8520	.944394	1016
3240	.104605	2656	5940	.631088	1455	8580	1.950490	1009
3300	.120543	2608	6000	1.639817	1440	8640	.956572	1002
3360	.136194	2562	6060	.648460	1426	8700	.962553	995
3420	1.151567	2518	6120	.657018	1412	8760	.968523	988
3480	.166673	2475	6180	.665492	1399	8820	.974452	982
3540	.181521	2433	6240	.673884	1385	8880	.980341	975
3600	.196120	2393	6300	.682196	1372	8940	.986190	968
3660	.210477	2354	6360	.690429	1359	9000	.992000	962
3720	.224601	2316	6420	.698585	1347	9060	.997771	956
3780	.238499	2280	6480	1.706665	1334	9120	2.003505	949
3840	.252177	2245	6540	.714670	1322	9180	.009200	943
3900	.265644	2210	6600	.722603	1310	9240	.014859	937
3960	.278905	2177	6660	.730463	1298	9300	.020481	931
4020	1.291967	2145	6720	.738253	1287	9360	.026067	925
4080	.304835	2113	6780	.745974	1276	9420	.031617	919
4140	.317516	2083	6840	.753627	1264	9480	.037132	913
4200	.330014	2053	6900	.761213	1253	9540	2.042612	908
4260	.342334	2025	6960	.768733	1243	9600	.048057	902
4320	.354482	1997	7020	.776189	1232	9660	.053469	896
4380	.366463	1970	7080	.783581	1222	9720	.058847	891
4440	.378281	1943	7140	.790911	1212	9780	.064193	885
4500	.389940	1917	7200	.798180	1201	9840	.069505	880
4560	1.401445	1892	7260	.805388	1192	9900	.074785	875
4620	.412799	1868	7320	1.812537	1182	9960	.080034	870
4680	.424007	1844	7380	.819628	1172	10000	2.083515	
4740	.435072	1821	7440	.826661				
4800	.445997							

Nota. — Si le nombre de secondes est exprimé

> par 5 chiffres entiers, *ajoutez*   2 à la caractéristique;
> par 3 chiffres entiers, *retranchez* 2 de la caractéristique;
> par 2 chiffres entiers, *retranchez* 4 de la caractéristique.

Pour trouver dans la Table I le logarithme qui répond à un arc donné, on réduira cet arc en *secondes*, et, s'il est nécessaire, on déplacera la virgule pour que le nombre des chiffres entiers qui expriment cet arc soit de *quatre*. On entrera dans la Table avec ce nombre, et l'on y trouvera le logarithme demandé, en interpolant, s'il le faut, à la manière ordinaire. Lorsqu'on aura été obligé de déplacer la virgule, on substituera à la caractéristique donnée dans la Table celle que détermine la règle qui est énoncée ci-dessus.

Ainsi, pour l'arc de 21′12″, ou 1272″, la Table donne directement 0,292489 : mais pour 3°32′, ou 12720″, on écrit 1272″,0, ce qui conduit au même logarithme; seulement il faut ajouter 2 à la caractéristique, et l'on a 2,292489. Pour l'arc de 127″,2, on écrirait 1272″, et l'on retrancherait au contraire 2 de la caractéristique, ce qui donnerait $\bar{2}$,292489. Enfin, s'il s'agit de 12″,72, on a $\bar{4}$,292489.

Quel est le logarithme répondant à 9′24″,75 = 564″,75? J'écris 5647,5 :

> La Table donne pour 5640.......................... 1,586073
> Si 10″ donnent 1532 de différ. combien 7″,5?........ 1149
> Retranchant 2 de la caractéristique, parce que l'arc
>   proposé n'a que 3 chiffres, j'ai.............. ...... $\bar{1}$,587222

On n'a pas fait varier les arcs de cette Table en progression arithmétique, on a préféré donner aux logarithmes une loi d'accroissement favorable aux interpolations.

TABLE II.

Longueurs des degrés ae méridiens, de parallèles et logarithmes des normales pour l'aplatissement 0,00324.

LATITUDE.	DEGRÉ du méridien.	DIFF.	DEGRÉ du parallèle.	DIFF.	LOGARITHMES des normales.	DIFF.
	m		m			
0°	110 571,4		111277,5		0.0000000	
1	572,1	0,7	111260,8	16,7	004	4
2	573,4	1,3	111210,3	50,5	017	13
3	575,4	2,0	111126,1	84,2	039	22
4	578,0	2,6	111008,2	117,9	068	29
5	581,2	3,2	110856,7	151,5	107	39
6	110 585,1	3,9	110671,9	184,8	0.0000154	47
7	589,6	4,5	110453,5	218,4	209	55
8	594,8	5,2	110201,7	251,8	272	63
9	600,6	5,8	109916,3	285,4	344	72
10	607,0	6,4	109597,8	318,5	424	80
11	110 614,0	7,0	109246,0	351,8	0.0000512	88
12	621,6	7,6	108861,1	384,9	607	95
13	629,9	8,3	108443,2	417,9	711	104
14	638,7	8,8	107992,6	450,6	822	111
15	648,0	9,3	107509,3	483,3	941	119
16	110 658,0	10,0	106993,2	516,1	0.0001068	127
17	668,4	10,4	106444,7	548,5	1201	133
18	679,5	11,1	105863,9	580,8	1342	141
19	691,0	11,5	105251,1	612,8	1490	148
20	703,1	12,1	104606,2	644,9	1644	154
21	110 715,6	12,5	103929,7	676,5	0.0001805	161
22	728,7	13,1	103221,6	708,1	1972	167
23	742,2	13,5	102482,1	739,5	2146	174
24	756,1	13,9	101711,5	770,6	2325	179
25	770,5	14,4	100910,0	801,5	2511	186
26	110 785,4	14,9	100077,9	832,1	0.0002701	190
27	800,6	15,2	99215,1	862,8	2897	196
28	816,1	15,5	98322,5	892,6	3099	202
29	832,0	15,9	97399,6	922,9	3304	205
30	848,3	16,3	96447,1	952,5	3515	211
31	110 864,9	16,6	95465,4	981,7	0.0003730	215
32	881,8	16,9	94454,6	1010,8	3949	219
33	899,0	17,2	93414,8	1039,8	4171	222
34	916,5	17,5	92346,7	1068,1	4397	226
35	934,2	17,7	91250,4	1096,3	4627	230
36	110 952,1	17,9	90126,2	1124,2	0.0004859	232
37	970,1	18,0	88974,5	1151,7	5094	235
38	988,5	18,4	87795,5	1179,0	5331	237
39	111 006,9	18,4	86589,9	1205,6	5571	240
40	111 025,5	18,6	85357,7	1232,2	5812	241
41	111 044,1	18,6	84099,4	1258,3	0.0006055	243
42	062,9	18,8	82815,4	1284,0	6299	244
43	081,7	18,8	81506,0	1309,4	6544	245
44	100,6	18,9	80171,7	1334,3	6790	246
45	111 119,4	18,9	78812,6	1359,1	0.0007036	246

TABLE II (SUITE).

*Longueurs des degrés de méridiens, de parallèles et logarithmes
des normales pour l'aplatissement 0,00324.*

LATITUDE.	DEGRÉ du méridien.	DIFF.	DEGRÉ du parallèle.	DIFF.	LOGARITHMES des normales.	DIFF.
	m		m			
45°	III 119,4	18,9	78812,6	1383,0	0.0007036	246
46	138,3	18,8	77429,6	1406,8	7282	245
47	157,1	18,9	76022,8	1430,2	7527	245
48	176,0	18,7	74592,6	1453,0	7772	245
49	194,7	18,6	73139,6	1475,5	8017	243
50	213,3	18,5	71664,1	1497,6	8260	241
51	III 231,8	18,3	70166,5	1519,1	0.0008501	240
52	250,1	18,2	68647,4	1540,3	8741	238
53	268,3	18,0	67107,1	1560,8	8979	235
54	286,3	17,8	65546,3	1581,0	9214	233
55	304,1	17,6	63965,3	1600,8	9447	230
56	III 321,7	17,3	62364,5	1620,0	0.0009677	227
57	339,0	17,0	60744,5	1638,8	9904	223
58	356,0	16,7	59105,7	1656,9	10127	219
59	372,7	16,5	57448,8	1674,6	10346	216
60	389,2	16,0	55774,2	1691,7	10562	211
61	III 405,2	15,8	54082,5	1708,5	0.0010773	207
62	421,0	15,3	52374,0	1724,7	10980	202
63	436,3	14,9	50649,3	1740,3	11182	196
64	451,2	14,6	48909,0	1755,6	11378	192
65	465,8	14,1	47153,4	1770,1	11570	186
66	III 479,9	13,7	45383,3	1783,9	0.0011756	180
67	493,6	13,1	43599,4	1797,6	11936	175
68	506,7	12,8	41801,8	1810,5	12111	168
69	519,5	12,2	39991,3	1822,9	12279	162
70	531,7	11,7	38168,4	1834,6	12441	155
71	III 543,4	11,1	36333,8	1846,0	0.0012596	148
72	554,5	10,6	34487,8	1856,6	12744	142
73	565,1	10,1	32631,2	1866,8	12886	134
74	575,2	9,5	30764,4	1876,1	13020	127
75	584,7	9,0	28888,3	1885,3	13147	120
76	III 593,7	8,3	27003,0	1893,7	0.0013267	112
77	602,0	7,7	25109,3	1901,5	13379	104
78	609,7	7,2	23207,8	1908,5	13483	97
79	616,9	6,5	21299,3	1915,3	13580	88
80	623,4	5,8	19384,0	1921,2	13668	80
81	III 629,2	5,3	17462,8	1926,6	0.0013748	72
82	634,5	4,6	15536,2	1931,5	13820	64
83	639,1	3,9	13604,7	1935,6	13884	56
84	643,0	3,3	11669,1	1939,3	13940	47
85	646,3	2,7	9729,8	1942,4	13987	38
86	III 649,0	2,0	7787,4	1944,8	0.0014025	30
87	651,0	1,3	5842,6	1946,5	14055	22
88	652,3	0,7	3896,1	1947,6	14077	13
89	653,0	0,3	1948,5	1948,5	14090	4
90	III 653,3		0000,0		0.0014094	

TABLE III. — DES MESURES FRANÇAISES.

D'après la longueur du mètre légal donnée n° 202.

Le mètre	$=443^{\text{li}},296\ldots\ldots$	en lignes,	$\log = 2,64659\ \ 38125\ \ 405582$
»	$=36^{\text{po}},9413333\ldots$	en pouces,	$\log = 1,56751\ \ 25664\ \ 929333$
»	$=3^{\text{pi}},0784444\ldots$	en pieds,	$\log = 0,48833\ \ 13204\ \ 453085$
»	$=0^{\text{t}},5130\ 74074$	en toises,	$\log = \overline{1},71018\ \ 00700\ \ 616649$
La toise	$=1^{\text{m}},94903\ 63098\ 245867,$		$\log = 0,28981\ \ 99299\ \ 383351$
Le pied	$=0^{\text{m}},32483\ 93849\ 707645,$		$\log = \overline{1},51166\ \ 86795\ \ 546915$
Le pouce	$=2^{\text{c}},7069\ 94874\ 7563705,$		$\log = 0,43248\ \ 74335\ \ 070667$

L'aune anc. $= 3^{\text{pi}}\,7^{\text{po}}\,10^{\text{li}}\,\tfrac{5}{6}$ à peu près $= 43^{\text{po}},857 = 1^{\text{m}},187694.$
L'aune nouv. $= 12$ décimètres.

Le mètre carré $=$	$0^{\text{tq}},26324\ 5005487,$	$\log = \overline{1},42036\ \ 01401\ \ 233298$
» $=$	$9^{\text{pi}},47682\ 019753,$	$\log = 0,97666\ \ 26408\ \ 906170$
Le pied carré $=$	$10^{\text{dd}},35206\ 2603,$	$\log = 1,02333\ \ 73591\ \ 093830$
La toise carrée $=$	$3^{\text{mq}},79874\ 2537,$	$\log = 0,57963\ \ 98598\ \ 766702$
L'are $=$	1 décam. carré $= 26^{\text{tq}},32450,$	$\log = 1,42036\ \ 01401\ \ 233298$
L'hectare $=$	$2,924944$ arpents,	$\log = 0,46611\ 76$

L'arpent de 900 toises carrées $=100$ perches de 18 pieds $= 34,1887$ ares.
Le pouce carré $= 7^{\text{cq}},327822,$ $\log = 0,86497\ \ 48670\ \ 141334$

Le mètre cube $=$	$0^{\text{tc}},13506\ 4187445,$	$\log = \overline{1},13054\ \ 02101\ \ 849947$
» $=$	$29^{\text{pic}},17386\ 448805,$	$\log = 1,46499\ \ 39613\ \ 359255$
La toise cube $=$	$7^{\text{mc}},40388\ 7136316,$	$\log = 0,86945\ \ 97898\ \ 150053$
Le pied cube $=$	$34^{\text{mc}},27725\ 656$ litres,	$\log = 1,53500\ \ 60386\ \ 640745$
» $=$	$36,80511$ pintes,	$\log = 1,56590\ 81$
Une pinte $=$	$46,95$ pouces cubes,	$\log = 1,67163\ 56$
» $=$	$0,9313$ litres ou déc. cub.,	$\log = \overline{1},96909\ 79$
Le litre ou	$= 1,07375$ pintes,	$\log = 0,03090\ 20$
décil. cub.	$= 50,41242$ pouces cubes,	$\log = 1,70253\ 76$

La corde de bois $=116$ pieds cubes $= 4$ pieds sur 8 et sur $3\tfrac{1}{2} = 3,8380$ stères.
Le litron $= 0^{\text{lit}},8125 = 40,960$ pouces cubes.
Le litre $= 1,244$ litrons.
Le décalitre $= 0,29174$ pieds cubes.
L'hectolitre $= 7,6874$ boisseaux. $\log = 0,8857794$
Le boisseau $= 1,3008$ décalitre; le nouveau est $\tfrac{1}{8}$ d'hectolitre.
Le setier $=7869,36$ pouces cubes $= 4,554$ pieds cubes $= 12$ boisseaux.
Le muid $= 298$ pintes $= 277^{\text{lit}},5.$
La velte était de 8 pintes $(= 7^{\text{lit}},45)$: dans le commerce on la fait de 7,61717 litres, et la pinte de $0^{\text{lit}},95.$

Le kilogram. $=18827,15$ grains,		$\log = 4,27478\ \ 458274$
» $= 2^{\text{liv}},04287\ 65191,$		$\log = 0,31024\ \ 211666$
La livre $= 4^{\text{hgr}},89505\ 8466,$		$\log = 0,68975\ \ 788334$
L'once $= 30^{\text{gr}},5941,$		$\log = 1,48563\ \ 790068$
L'hectogram. $= 3^{\text{on}},268602,$		$\log = 0,51436\ \ 209932$

Le pied cube d'eau à $+4°$ pèse 645343 grains $= 70^{\text{liv}}\,0^{\text{on}}\,3^{\text{gr}}\,7^{\text{gr}}.$
L'hectogram. $= 3^{\text{on}}\,2^{\text{gr}}\,10,715$ grains.
Le kilogram. $= 2^{\text{liv}}\,0^{\text{on}}\,5^{\text{gr}}\,33^{\text{gr}},15.$

Dimensions des mesures de capacité.

Pour les substances sèches, la hauteur du cylindre égale le diamètre de la base.

Hectolitre, diamètre et hauteur.	$503^{\text{mm}},1$	Décalitre............	$233^{\text{mm}},5$
Demi-hectolitre............	$399,3$	Litre............	$108,4$
Double-décalitre............	$294,2$		

Pour les liquides, le diamètre est la moitié de la hauteur.

Double litre, diamètre........	$108^{\text{mm}},4$	Hauteur............	$216^{\text{mm}},7$
Litre............	$86,0$	»	$172,0$
Demi-litre............	$68,3$	»	$136,6$

TABLE IV.

Mesures de longueur et mesures itinéraires des pays étrangers.

ÉTATS.		MESURES.	VALEUR en mètres.
			m
Allemagne.	Prusse.	1 elle (aune)......................	0,667
		1 meile...........................	7532,48
	Bavière.	1 elle (aune)......................	0,833
		1 meile...........................	7500,00
Autriche............		1 elle (aune)......................	0,779
		1 mille à 4000 klafter............	7856,45
Belgique............		1 kilomètre (système métrique)....	1000,00
Brésil..............		1 vara............................	1,09
Chine..............		1 covid...........................	0,3
		1 li (mille)......................	785,50
Danemark...........		1 elle (2 fuss)...................	0,627
Égypte.............		1 pik stambuli....................	0,687
Espagne............		1 metro...........................	1,00
		1 kilometro.......................	1000,00
		1 vara à 3 pies (ancienne mesure)...	0,835
États-Unis..........		1 yard à 3 feet...................	0,914
		1 statute mile...................	1609,40
Grande-Bretagne....		1 yard à 3 feet...................	0,914
		1 mile............................	1609,31
		1 acre............................	40,47
		1 guz (mesure de l'Inde)...........	0,914
Grèce..............		1 piki royal à 10 palmes..........	1,00
		1 stadion royal...................	1000,00
Hollande...........		1 mijl (système métrique).........	1000,00
Italie..............		1 mille métrique..................	1000,00
Japon..............		1 ken.............................	1,91
Maroc..............		1 ohra............................	0,571
Mexique............		1 vara............................	0,837
Perse..............		1 goeuss shah....................	1,006
Portugal		Système métrique..................	»
		1 vara à 5 palmos (ancienne mesure).	1,10
Roumanie...........		1 halibin (Valachie)..............	0,688
		1 endash (Moldavie)..............	0,637
Russie.............		1 archin à 16 vercheks............	0,711
		1 pied............................	0,304
		1 verst à 500 sagènes.............	1066,78
Serbie.............		1 archin..........................	0,711

TABLE IV (SUITE).

Mesures de longueur et mesures itinéraires des pays étrangers.

ÉTATS.	MESURES.	VALEUR en mètres.
		m
Suède et Norvége....	1 aln à 2 fot (Suède).............	0,594
	1 alen à 2 fad (Norvége)............	0,627
Suisse.............	1 elle à 2 pieds (ancienne mesure)...	0,593
	1 wegstunde à 16 000 pieds (lieue)..	4800,00
	1 pik ou draâ....................	0,685
Turquie.............	4 agatsh.....................	5001,00
	1 ziraï à chary................	1,00
	1 myli à chary................	1000,00
Uruguay...........	1 braza à varas................	1,73
	1 legua à 4 cuadras.............	5196,00

Brasses des cartes marines.

ÉTATS.	MESURES.	VALEUR en mètres.
Angleterre..........	Brasse (fathom).................	1,829
Danemark..........	» (favn).................	1,883
Espagne............	» (braza).................	1,672
Hollande...........	» (vadem).................	1,699
Russie.............	» (sagène).................	2,134
Suède.............	» (famn).................	1,781
	Brasse (5 pieds).................	1,624
France............	Nœud ($\frac{1}{120}$ du mille marin)........	15,432
	Encâblure de 100 toises...........	194,904
	Encâblure nouvelle..............	200,000

Lieues et milles.

		m
Mille géographique de 15 au degré de l'équateur...........		7420,00
Lieue de 18 au degré du méridien......................		6173,286
Lieue de 25 au degré du méridien......................		4444,766
Lieue marine ou géographique, de 20 au degré...........		5555,957
Mille marin de 60 au degré, ou arc du méridien d'une minute, ou tiers de lieue marine...................		1851,986
		kmq
Lieue marine carrée de 20 au degré....................		30,8642
Mille marin carré de 60 au degré....................		3,4293
Mille anglais carré..................................		2,5899
Kilomètre carré......	0,03240 lieue marine carrée.	
	0,29157 mille marin carré.	
	0,38612 mille anglais carré.	

TABLE V.

*Marche du Soleil moyen en ascension droite, en temps moyen
et en temps sidéral.*

HEURES.			MINUTES.						SECONDES.	
	Temps moyen.	Temps sidéral.		Temps moyen.	Temps sidéral.		Temps moyen.	Temps sidéral.		Temps moy. et sid.
h m s		m s	m	s	s	m	s	s	s	s
1	0. 9,83	0. 9,86	1	0,16	0,16	31	5,08	5,09	1	0,00
2	0.19,66	0.19,71	2	0,33	0,33	32	5,24	5,26	3	0,01
3	0.29,49	0.29,57	3	0,49	0,49	33	5,41	5,42	6	0,02
4	0.39,32	0.39,43	4	0,66	0,66	34	5,57	5,59	9	0,03
5	0.49,15	0.49,28	5	0,82	0,82	35	5,73	5,75	13	0,04
6	0.58,98	0.59,14	6	0,98	0,99	36	5,90	5,91	17	0,05
7	1. 8,81	1. 9,00	7	1,15	1,15	37	6,06	6,08	20	0,06
8	1.18,64	1.18,85	8	1,31	1,31	38	6,23	6,24	24	0,07
9	1.28,47	1.28,71	9	1,47	1,48	39	6,39	6,41	28	0,08
10	1.38,30	1.38,57	10	1,64	1,64	40	6,55	6,57	31	0,09
11	1.48,13	1.48,42	11	1,80	1,81	41	6,72	6,74	35	0,10
12	1.57,96	1.58,28	12	1,97	1,97	42	6,88	6,90	39	0,11
13	2. 7,78	2. 8,13	13	2,13	2,14	43	7,05	7,06	42	0,12
14	2.17,61	2.17,99	14	2,29	2,30	44	7,21	7,23	46	0,13
15	2.27,44	2.27,85	15	2,46	2,46	45	7,37	7,39	50	0,14
16	2.37,27	2.37,70	16	2,62	2,63	46	7,54	7,56	53	0,15
17	2.47,10	2.47,56	17	2,79	2,79	47	7,70	7,72	57	0,16
18	2.56,93	2.57,42	18	2,95	2,96	48	7,86	7,89	60	0,16
19	3. 6,76	3. 7,27	19	3,11	3,12	49	8,03	8,05		
20	3.16,59	3.17,13	20	3,28	3,29	50	8,19	8,21		
21	3.26,42	3.26,99	21	3,44	3,45	51	8,36	8,38		
22	3.36,25	3.36,84	22	3,60	3,61	52	8,52	8,54		
23	3.46,08	3.47,70	23	3,77	3,78	53	8,68	8,71		
24	3.55,91	3.56,56	24	3,93	3,94	54	8,85	8,87		
			25	4,10	4,11	55	9,01	9,04		
			26	4,26	4,27	56	9,17	9,20		
			27	4,42	4,44	57	9,34	9,36		
			28	4,59	4,60	58	9,50	9,53		
			29	4,75	4,76	59	9,67	9,69		
			30	4,92	4,93	60	9,83	9,86		

Une durée de temps sidéral s'exprime en temps moyen en *retranchant* les
nombres de la première colonne (*temps moyen*).

Une durée de temps moyen s'exprime en temps sidéral en *ajoutant* les
nombres de la deuxième colonne (*temps sidéral*).

30.

TABLE VI.

STATIONS.	ALTIT.	LATITUDES.	LONGITUDES.	OBSERVATEURS.
	m	48.5o.14 N	0. 0. 0	Borda.
Paris.........	70	»	»	Biot, Mathieu, Bouvard.
	70	»	»	Freycinet, Duperrey.
	72			
Unst.........	9	6o.45.25 N	3. 6.11 O	Biot.
	8,53	6o 45.28 N	3. 8.29 O	Kater.
Dunkerque....	4	5i. 2.1o N	0. 2.22 E	Biot, Mathieu.
Clermont.....	4o6	45.46.48 N	0.45. 2 E	
Bordeaux.....	17	45.5o.26 N	2.54.14 O	Biot, Mathieu.
Figeac........	223	44.36.45 N	0.18. 6 O	
Formentera...	2o3	38.39.56 N	0.5o. 0 O	Biot, Chaix, Arago.
Portsoy.......	28,65	57.4o 59 N	4.59.46 O	Kater.
Leith.........	20,7	55.5o.41 N	2.32. 5 O	Kater.
	21,0	55.58.37 N	»	Biot.
Clifton.......	1o3,3	53.27.43 N	»	Kater.
Arbury-Hill...	224,6	52.12.45 N	»	Kater.
Londres.......	28,2	51.31. 8 N	2.20.24 O	Kater, Sabine.
Shanklin......	73,7	5o.37.24 N	»	Kater.
Saint-Thomas..	6,4	0.24.41 N	4.24.2o E	
Maranham....	13,5	2.31.43 S	46.41.53 O	Sabine.
Ascension.....	5,2	7.55.48 S	16.44.11 O	
	5,0	7.55. 9 S	16.41. 0 O	Duperrey.
Sierra-Leone..	57,9	8.29.28 N	15 35.55 O	
Trinité.......	6,4	10.38.56 N	63.55.38 O	Sabine.
Bahia.........	84,9	12.59.21 S	4o.53.27 O	
Jamaïque.....	2,7	17.56. 7 N	79.14.27 O	
New-York.....	20,4	4o.42.43 N	76.23.51 O	
Drontheim....	36,8	63.25.54 N	8. 2.36 E	Sabine.
Hammerfest...	8,8	70.4o. 5 N	21.25.21 O	
Groënland....	7,6	74.32.19 N	21.10.21 O	
Spitzberg....	6,4	79.49.68 N	9.20. 6 E	
Ile Mowi.....	1,5	20.52. 7 N	159. 2. 3 O	
Ile Gouam....	2,0	13.27.51 N	142.37.25 E	Freycinet.
Ile Rawach..	1,5	0. 1.35 S	128.35. 5 E	
Ile Maurice....	15,5	20. 9.56 S	55. 8.26 E	
	4,98	20. 9.19 S	55. 8.15 E	Duperrey.
Rio-Janeiro ...	5,0	22.55.13 S	45.37.59 O	Freycinet.
Port-Jackson..	33,5	33.51.34 S	148.48. 0 E	
	6,08	33.51.39 S	148.5o. 0 E	Duperrey.
Cap. de B.-Esp.	15,0	33.55.15 S	16. 9.45 E	Freycinet.
Iles Malouines.	6,0	51.35.18 S	6o.26.53 O	
	5,0	51.31.44 S	6o.4o.51 O	Duperrey.
Toulon........	3,0	43. 7. 9 S	3.35.26 E	

TABLE VI (SUITE).

STATIONS.	PENDULE A SECONDES SEXAGÉSIMALES, oscillations infiniment petites dans le vide.			M.
	OBSERVÉ.	RÉDUIT au niveau des mers.	CALCULÉ.	
	mm	mm	mm	s
Paris.................	999,8267	993,8493	993,90017	— 2,30
	993,84474	993,86733	»	— 1,43
	993,84474	993,96733	»	— 1,42
Unst.................	994,943086	994,945903	994,88706	+ 2,56
	994,9366	994,9393	994,88712	+ 2,27
Dunkerque.	994,07914	994,08039	994,09189	— 0,50
Clermont.............	993,45554	993,58239	993,63055	— 2,09
Bordeaux.............	993,44757	993,45288	993,54740	— 4,11
Figeac...............	993,38828	993,45793	993,52721	— 3,01
Formentera.	992,91276	992,97612	993,00533	— 1,27
Portsoy...............	994,6821	994,6911	994,64791	+ 1,86
Leith.................	994,5289	994,5354	994,50969	+ 1,12
	994,524462	994,5307	994,50960	+ 0,92
Clifton...............	994,2694	994,3018	994,29972	+ 0,09
Arbury-Hill...........	994,1525	994,2228	994,19348	+ 1,26
Londres..............	994,1147	994,1236	994,13360	— 0,43
Shanklin.....	994,0243	994,0474	994,05610	— 0,37
Saint-Thomas..........	991,1076	991,1096	991,02583	+ 3,64
Maranham.............	990,8861	990,8934	990,03544	— 6,18
Ascension.	991,1932	991,1949	991,12211	+ 3,16
	991,18086	991,18242	991,12185	+ 2,63
Sierra-Leone..........	991,0784	991,0964	991,13615	— 1,73
Trinité...............	991,0594	991,0614	991,19876	— 5,98
Bahia................	991,1861	991,2064	991,28180	— 3,28
Jamaïque............. ..	991,4731	991,4739	991,50653	— 1,42
New-York.	993,1609	993,1689	993,18334	— 0,63
Drontheim............	995,0087	995,0203	995,08284	— 2,72
Hammerfest...........	995,5381	995,5409	995,54163	— 0,03
Groënland.............	995,7453	995,7484	995,73699	+ 0,50
Spitzberg.............	996,0339	996,0359	996,93941	+ 4,19
Ile Mowi.............	991,78519	991,78566	991,66918	+ 5,06
Ile Gouam............	991,45224	991,45286	991,30053	+ 6,63
Ile Rawack...........	990,95799	990,95837	990,02557	— 2,92
Ile Maurice.	991,79173	991,79956	991,62832	+ 7,45
	991,76664	991,76816	991,52773	+ 6,11
Rio-Janeiro...........	991,69220	991,69376	991,79483	— 4,39
Port-Jackson..........	992,61622	992,62653	992,60001	+ 1,15
	992,58604	992,58794	992,60012	— 0,53
Cap de Bonne-Espérance.	992,56378	992,56846	992,60504	— 1,59
Iles Malouines.........	994,06468	994,06655	994,13959	— 3,17
	994,12760	994,12947	994,13446	— 0,22
Toulon...............	993,38484	993,38598	993,39514	— 0,40

NOTES

sur

LA MESURE DES BASES,

Par M. P. HOSSARD,

Lieutenant-Colonel d'État-Major, Professeur d'Astronomie à l'École Polytechnique.

« Monsieur (¹),

» J'ai lu avec la plus grande attention, dans l'excellent *Traité de Géodésie* de M. Francœur, votre père, le paragraphe relatif à la *Mesure des bases*, afin de m'assurer, conformément à votre désir, si ce paragraphe était encore aujourd'hui au niveau des derniers progrès de la Science, et pouvait répondre à ce qu'a droit d'en attendre le lecteur qui vient y puiser des documents théoriques et pratiques suffisants pour le guider dans une opération que l'on doit regarder comme l'une des plus délicates de la Géodésie.

» J'ai retrouvé partout cette précision et cet esprit de méthode qui caractérisent les Ouvrages du même auteur. La description des instruments et l'exposé de leur usage sont suffisamment complets, et si quelques détails trop minutieux ont été omis, le lecteur intelligent y suppléera toujours sans difficulté, d'autant plus que son attention sera moins distraite du but principal auquel il se propose d'atteindre.

» L'auteur s'est attaché spécialement à décrire les procédés dont on a

---

(¹) A. M. Francœur, fils.

fait usage en France, et qui reposent sur l'emploi de la chaîne, des règles de sapin mises successivement en contact, ou, enfin, comme instrument de précision, des règles imaginées par Borda pour la mesure des bases de *Melun* et de *Perpignan* dans la détermination de la longueur du mètre, et qui, postérieurement, ont servi à mesurer celles d'*Ensisheim*, de *Brest*, de *Bordeaux*, de *Gourbera* et d'*Aix* de la nouvelle carte de France.

» Vous jugerez, Monsieur, si les Notes que j'ai l'honneur de vous sou-mettre, comme complément à l'excellent article de monsieur votre père, sont de nature à y ajouter quelque intérêt ; elles se résument dans les trois questions suivantes :

» 1° Quelques développements relatifs aux règles de Borda, pour lesquels M. Francœur avait cru devoir renvoyer à la *Base du système métrique* de Méchain et Delambre, et au *Traité de Géodésie* de Puissant ;

» 2° Un aperçu rapide des principales méthodes dont on a fait usage à l'étranger ;

» 3° La description d'un appareil imaginé et construit par M. le major piémontais Porro, dans lequel ce savant est entré dans une voie entièrement nouvelle, qui paraît devoir unir la simplicité des procédés à une extrême précision dans les résultats.

» Tel est l'ordre de l'exposé ci-dessous ; je m'estimerai heureux, Monsieur, s'il remplit vos intentions, en même temps qu'il me fournit l'occasion de vous assurer de ma profonde estime et de mon dévouement.

» P. Hossard. »

« I. **Règles de Borda** (*fig.* 1, *Pl. XI*). — Ces règles, au nombre de quatre, sont déposées à l'Observatoire. L'une d'elles, le n° 1, sert de module ; sa mesure est exactement de 2 toises à la température de 17°,6 C. Les trois autres sont rapportées à cette unité ; chacune d'elles se compose d'une règle proprement dite en platine servant à la mesure, et d'une règle en cuivre un peu plus courte, et superposée à celle-ci ; elle lui est invariablement fixée par son extrémité postérieure ou d'arrière.

La différence de dilatation des deux règles est donnée par des divisions tracées sur l'extrémité antérieure de la règle en cuivre, et par un vernier fixé sur celle de platine. Chaque division est un vingt-millième de longueur de la règle, et le vernier permet d'estimer les deux-cent-millièmes. On peut en déduire la température et la longueur de la règle en platine au moment de l'observation.

A l'extrémité de la règle en platine on a placé une languette en même métal, qui glisse à léger frottement dans une coulisse. La languette est divisée en vingt-millièmes de la longueur totale de la règle, et ces vingt-millièmes sont pareillement subdivisés par un vernier tracé sur la coulisse de la règle, ce qui permet de lire les deux-cent-millièmes et d'obtenir même les quatre-cent-millièmes par l'estime, ce qui revient à $\frac{1}{100}$ de millimètre, la longueur des règles étant d'environ 4 mètres. Quand le zéro de la languette correspond à celui du vernier, son extrémité doit se trouver exactement dans le plan de la section transversale qui limite la règle; il en résulte que si l'on pousse cette languette jusqu'au contact d'une règle placée à une petite distance, en avant et sur le prolongement de la première, la lecture fera connaître l'intervalle qui sépare les deux règles consécutives. On a adopté les languettes, afin d'éviter le contact des règles difficile à produire, et qui pourrait donner lieu à un choc et, par suite, à un recul de la première règle mise en place.

Les deux règles, *platine* et *cuivre,* sont portées sur un madrier en sapin, bien dressé et sensiblement inflexible, et y sont maintenues en ligne droite par de petites montures en cuivre, entre lesquelles elles peuvent glisser. Elles sont recouvertes par un toit plat en bois peint, qui les préserve des rayons solaires, tout en laissant circuler librement l'air autour de ces règles. Ces madriers, lorsqu'on opère, sont posés sur deux espèces de trépieds en fer en forme de T, ayant trois vis, qui servent à caler les règles et à les mettre à une hauteur convenable pour le jeu des languettes. Ces trépieds portent eux-mêmes sur des sols en bois, étendus sur le terrain et armés de fortes pointes en fer, que l'on enfonce dans le sol à coups de maillet. Enfin deux tiges ou pinnules, adaptées verticalement aux extrémités du toit, servent à amener la règle dans l'alignement de la base, jalonnée préalablement par les procédés ordinaires.

Pour déterminer les dilatations absolues des règles correspondantes aux températures des thermomètres métalliques, on avait placé dans un terrain libre et isolé deux fortes bornes à 48 pieds de distance l'une de l'autre, enfoncées de $4\frac{1}{2}$ pieds, et dont la base était un massif de maçonneric ; leur saillie hors de terre était d'environ 6 pouces. On avait ajusté les quatre règles les unes au bout des autres au moyen de petites emboîtures de cuivre qui les serraient fortement. Une des extrémités était fixée d'une manière invariable au centre d'une des bornes ; l'autre extrémité, qui portait une languette, se terminait à peu près au centre de l'autre borne, et sur ce second centre était ajusté un petit plan de cuivre exactement perpendiculaire à la direction des règles. Les règles étaient d'ailleurs portées sur les pièces de sapin dont il a été parlé, et posaient sur de petits rouleaux de cuivre.

Pour l'observation, on poussait la languette contre le petit plan, on en faisait la lecture, ainsi que celle des quatre thermomètres métalliques : d'abord dans un sens, puis en revenant en sens inverse, et l'on en prenait la moyenne. On tenait compte aussi du thermomètre à mercure, mais seulement pour connaître la température de l'air.

Les observations ont duré douze jours, pendant lesquels la température a varié de $3°,2$ à $24°,7$. En faisant subir au résultat la petite correction due à la dilatation des pièces de cuivre qui reliaient les règles, on a trouvé que, pour 1 degré du thermomètre métallique, les quatre règles s'étaient dilatées de $0,9245$ de partie, dont chacune est le deux-cent-millième de la longueur du module.

Ainsi le nombre $0,9245$ multiplié par l'excès de la température moyenne des quatre règles, exprimé en degrés des thermomètres métalliques, sur celle à laquelle le module est exactement égal à deux toises, donnerait la correction à faire pour ramener les quatre règles au module normal.

Le mode de détermination du coefficient de dilatation des règles qui vient d'être indiqué n'est pas irréprochable. On admet implicitement que la distance des centres des bornes est invariable pendant toute la durée des observations, qui a été de douze jours ; hypothèse qui n'est pas suffisamment justifiée.

Pour déterminer le terme de la glace fondante dans chacun des quatre thermomètres métalliques, et la marche de ces thermomètres comparés entre eux et au thermomètre à mercure, on a placé les quatre règles sur une large règle en cuivre de 13 pieds de longueur, soutenue elle-même bien horizontalement vers le milieu de la profondeur d'une auge en bois que l'on avait remplie d'abord d'eau et de glace pilée ; puis, dans une seconde série d'expériences, d'eau chaude à la température de 36°,4. Trois thermomètres centigrades à mercure étaient plongés dans le liquide. On en a déduit le nombre 383,8 parties pour l'indication moyenne des thermomètres métalliques correspondant à la glace fondante, et le chiffre 1,853 pour la valeur moyenne de 1 degré C. exprimée en parties des thermomètres métalliques.

La comparaison de la longueur des quatre règles a été faite à la température de la glace fondante. L'instrument ou comparateur dont on s'est servi se composait d'une large règle en cuivre de 13 pieds de longueur, à l'une des extrémités de laquelle était fixé solidement un petit cylindre exactement perpendiculaire sur le plan de la règle et servant de heurtoir aux mesures que l'on veut comparer. On fait cette comparaison à l'aide d'une petite règle mobile de 6 pouces de longueur, divisée en dix-millièmes de toises : cette petite règle ou curseur est portée sur un chariot qui la maintient au milieu du comparateur, et elle est amenée en contact d'une des extrémités de la mesure à comparer, dont l'autre extrémité est appuyée contre le heurtoir. Des verniers tracés sur la grande règle aux distances convenables permettent de comparer des mesures de 12, 6 et 3 pieds ; ces verniers permettent d'apprécier les cent-millièmes de toise, ce qui correspond à environ $\frac{1}{200}$ de millimètre.

La règle n° 1 ayant été prise pour module, les trois autres lui ont été comparées, et l'on a obtenu les relations suivantes :

$$N° 2 = n° 1 - 0,2 \text{ parties.}$$
$$N° 3 = n° 1 - 0,4 \quad \text{»}$$
$$N° 4 = n° 1 - 0,4 \quad \text{»}$$

Chaque règle étant mesurée entre ses sections extrêmes, on a dû s'assurer si les languettes marquaient exactement zéro lorsqu'elles étaient poussées contre un plan appuyé, bien perpendiculairement, à l'extrémité de la règle. Cette vérification a donné lieu à une correction qui s'est trouvée être de + 0,6 parties pour la somme des quatre règles.

Enfin on a dû comparer la règle n° 1 ou module avec la toise de fer de l'Académie qui a servi à la mesure des degrés terrestres sous l'équateur. La comparaison a été faite avec deux toises de fer qui avaient été comparées avec le plus grand soin à la toise de l'Académie dite du Pérou, et qui, prises ensemble, sont exactement égales à deux fois cette toise.

L'opération a eu lieu à deux températures différentes : d'abord à la glace fondante, puis à 12 degrés du thermomètre de Réaumur, et l'on s'est servi du comparateur décrit plus haut. On en a déduit les données suivantes :

La règle de Borda n° 1, ou le module à 17°,6 C., est exactement égale au double de la toise du Pérou à 16°,25, c'est-à-dire à 2 toises, puisque c'est à la température de 16°,25 (13 degrés Réaumur) que cette dernière mesure donne exactement la toise.

La valeur de la toise en mètre étant de $1^m,949036$, on en conclura que le module à 17°,6 est égal à $3^m,898072$: c'est donc à cette température 17°,6, qui correspond à 471,913 parties du thermomètre métallique moyen, que devront être définitivement ramenées toutes les règles dans le calcul.

L'étalonnage des règles et la détermination de leurs coefficients de dilatation sont les opérations les plus délicates de la mesure des bases et celles qui exigent le plus de précision, parce que les erreurs commises se trouvent multipliées dans le calcul de la base par le nombre des règles posées sur le terrain; mais ces opérations sont exécutées généralement dans des conditions très-favorables ; on peut les répéter un grand nombre de fois et obtenir ainsi une moyenne très-exacte.

Il a été dit que les règles posées sur les trépieds dans l'alignement de la base sont mises en contact par l'intermédiaire des languettes. On leur donne la plus faible inclinaison possible, soit qu'on exhausse les trépieds, soit qu'on opère des tranchées dans le terrain ; mais elles ne pourront qu'exceptionnellement être placées exactement horizontales.

L'inclinaison de chacune d'elles sera mesurée au moyen d'un niveau de maçon, dans lequel le fil à plomb a été remplacé par une alidade terminée par un vernier mobile sur un arc gradué, et munie d'un niveau à bulle d'air dont la bulle est amenée entre ses repères. On retourne et l'on fait une seconde lecture du vernier pour obtenir une moyenne indépendante de la ligne de foi. Pour les fins de journées ou les interruptions, on applique un fil à plomb sur le talon de la règle posée la dernière, on amène au contact de ce fil une réglette mobile sur un trépied en fer armé de trois fortes pointes, et qui a été assujetti dans le sol un peu en arrière de la dernière règle ; puis on arrête, avec une vis de pression appartenant au système, cette réglette dont l'extrémité antérieure sert alors de repère. En outre, la règle est laissée en place et est recouverte, ainsi que le trépied, d'un châssis tendu de toile cirée, destiné à préserver le repère et la règle des intempéries atmosphériques ou de tout accident. A la reprise de la mesure, si le fil à plomb n'a pas quitté le repère, on prend la règle laissée en place comme règle de départ ; dans le cas contraire, on déplace un peu cette règle pour rétablir le contact avec le fil.

Pendant la mesure, les observations qui consistent dans la lecture des languettes, des thermomètres métalliques et du niveau, sont faites séparément par deux observateurs et inscrites sur des registres qui portent les colonnes suivantes :

DATES.	Nos des règles.	THERM. métallique.	LECTURE des languettes.	NIVEAU vers le		INCLINAISON double.	RÉDUCTION à l'horizon.	dN +	dN —	SOMMES totales.
				sud ou est.	nord ou ouest.					

Au bas de chaque page on inscrit le nombre des règles, les sommes des thermomètres métalliques, des languettes, des réductions à l'horizon, des dN positifs et négatifs qui représentent la différence de niveau entre les deux extrémités des règles, et à la fin du registre les sommes totales.

Le résultat définitif s'obtiendra par le calcul des termes suivants :

Double du nombre des règles posées sur le terrain donnant le nombre de toises......... .... +

Somme des languettes ramenées à la température de 17°,6. +

Correction du zéro des languettes...................

Réduction à l'horizon..............................

    »   au niveau de la mer.....................

    »   au module.............................

    »   à la température de 17°,6 à laquelle le module

        est égal à la double toise du Pérou......... +

Base réduite en toises du Pérou.................... +

    »   en mètres.............................. +

Les réductions à l'horizon et au niveau de la mer se font à l'aide des formules données.

La réduction au module est calculée d'abord pour une portée, puis multipliée par le nombre des portées.

On donne le nom de *portée* à la réunion des quatre ou trois règles avec lesquelles on opère. Pour les bases de la carte de France, la portée se composait des règles 2, 3 et 4, le module restant à l'Observatoire.

Pour la réduction à 17°,6, on prend la différence entre la moyenne de toutes les observations des thermomètres métalliques et la valeur moyenne des thermomètres métalliques des règles de la portée supposées à la température 17°,6.

Les règles de Borda que l'on vient de décrire ont donné l'exemple d'un degré de précision dans la mesure des bases dont on n'avait point approché auparavant, soit en France, soit à l'étranger; mais on verra que plusieurs appareils imaginés et mis en usage depuis celui de Borda ne le cèdent en rien en exactitude à celui-ci.

II. **Appareils étrangers.** — En Angleterre, le capitaine Mudge a fait l'essai de fortes pièces en sapin pour tenir lieu de règles. Il avait pensé que ces pièces de bois n'éprouvaient pas de dilatation appréciable par suite des variations de température; mais il a dû renoncer à leur emploi après avoir reconnu qu'elles subissaient un allongement très-notable sous l'influence de l'humidité atmosphérique.

En conséquence, on substitua aux madriers de sapin des tubes de verre d'environ 20 pieds de longueur qui étaient mis successivement en contact. Le verre étant peu dilatable, les corrections dues aux variations de température étaient toujours faibles. Toutefois la propagation de la chaleur au travers du verre étant très-inégale, en raison du défaut d'homogénéité de cette substance, on pourrait craindre qu'il n'en résultât quelque inexactitude dans la valeur des termes de dilatation.

Enfin le major général Roy a opéré, en Angleterre, avec une chaîne en acier de 100 pieds de longueur, soumise à une tension constante à l'aide de poids, et dont les extrémités étaient amenées en contact avec les repères. Cette chaîne était supportée par une suite de caisses de 20 pieds de longueur ouvertes en dessus et à leurs extrémités, posant sur des trépieds à vis et calées sous une même inclinaison au moyen de niveaux à bulle d'air. On composait ainsi des portées de plusieurs centaines de mètres ; des thermomètres placés dans les caisses faisaient d'ailleurs connaître avec une approximation suffisante la température de la règle. Cet appareil, construit par Ramsden avec une extrême précision, a donné de bons résultats, néanmoins il a été abandonné. Peut-être n'inspirait-il pas une sécurité parfaite en ce qui tient à l'uniformité de tension dans toute la longueur de la chaîne et à la similitude des contacts des chaînons successifs qui, d'ailleurs, devaient s'altérer graduellement par suite d'usure.

Ces divers procédés, appliqués par des observateurs intelligents et soigneux, ont pu conduire à des mesures géodésiques suffisamment exactes ; toutefois ils sont loin d'offrir les mêmes garanties de précision que les règles de Borda ou les appareils plus modernes qui vont être décrits.

Le premier a été imaginé par le major général Colby pour la mesure d'une base en Irlande, exécutée en 1827 et 1828. Il a servi de modèle à un second appareil semblable, construit en Angleterre et envoyé dans l'Inde, où il a été employé par le colonel Everest à la mesure des bases de Calcutta.

L'appareil Colby (*fig.* 2) se compose de deux barres métalliques : l'une en fer doux forgé, l'autre en cuivre, d'un peu plus de 10 pieds de longueur, reliées l'une à l'autre vers leur milieu, de telle sorte que leurs dilatations se fassent librement dans les deux sens à partir de ce point. Aux deux extrémités, un petit levier transversal, fixé à articulation à chacune des barres, se prolonge du côté du métal le moins dilatable ; sa longueur est telle, que les distances comptées d'un point marqué comme repère vers l'extrémité du levier, jusqu'à l'axe de chacune des articulations, sont dans le rapport des coefficients de dilatation respectifs des deux métaux.

Il en résulte que ces deux points forment des nœuds invariables, et que leur distance, qui représente la longueur de la règle, reste sensiblement constante. On devait toutefois compter sur une petite variation de longueur due à des imperfections inévitables de construction ; elle a été déterminée par expérience en faisant varier la température, et l'on en a tenu compte.

Les deux barres sont enfermées dans une boîte de sapin et reposent sur deux rouleaux en cuivre dont les axes sont fixés à la boîte. Les points nodaux peuvent être démasqués à volonté. L'appareil est muni de deux niveaux : l'un plus grand, situé dans le sens des règles et destiné à les mettre horizontales, l'autre plus petit et transversal, servant à les maintenir dans la même position.

Pendant les opérations, la boîte est portée à $\frac{1}{4}$ et $\frac{3}{4}$ de sa longueur sur deux supports à trois vis appelés *chameaux,* reposant eux-mêmes sur un trépied. Le chameau d'arrière porte trois vis qui permettent de faire marcher la règle dans le sens de la base, latéralement, ou enfin dans le sens de la hauteur. Celui d'avant ne possède que deux vis; un rouleau sert au mouvement longitudinal.

Pour mettre les règles de niveau, on se sert d'un cercle horizontal placé latéralement à égale distance des points nodaux sur lesquels on pose deux petits cônes égaux. Le cercle a été mis à la hauteur qu'on veut donner aux règles; la ligne de foi du grand niveau est réglée lorsque les barres ont été amenées horizontales. Ce mode est long et compliqué : il eût été préférable de se servir d'un niveau à bulle d'air et à retournement.

Les boîtes portent des pinnules placées de telle façon que, lorsqu'elles ont été amenées dans le plan vertical de la base, au moyen d'une lunette d'alignement montée sur un axe horizontal, comme la lunette des passages, les deux points nodaux de la règle satisfont à la même condition.

Les boîtes ne se touchent pas, et doivent être séparées par une distance de 6 pouces, que l'on obtient exactement à l'aide de microscopes dont il va être parlé, et en se servant de la vis de rappel longitudinale du chameau d'arrière de la deuxième règle, celle qui la précède étant invariablement fixée.

Les parties les plus délicates de l'appareil sont :

1° Les deux petits leviers destinés à assurer l'invariabilité des points nodaux ;

2° Le système de microscopes servant à mesurer la distance de 6 pouces qui doit séparer les points nodaux de deux règles consécutives.

A cet effet, deux microscopes sont réunis par deux tiges, dont l'une près de l'oculaire est en cuivre, l'autre près de l'objectif est en fer doux, et calculées de telle manière que les distances des foyers aux points d'attache soient dans le rapport des dilatations des deux métaux. En supposant cette condition parfaitement établie, les deux foyers seront des points nodaux ou neutres dont la distance restera invariable, quelle que soit la température.

Les deux tiges de jonction sont percées à leur milieu, et une lunette servant d'axe de révolution au système passe au travers de ces deux tiges. Cette lunette centrale tourne dans un axe creux porté sur trois vis. Un niveau faisant corps avec le système sert à rendre l'axe de rotation vertical, et une lunette de direction à amener les axes des deux microscopes dans le plan de la base. Des vis de rappel sont destinées à effectuer ces différents mouvements.

Chaque règle reçoit, à l'avant de sa boîte, un système microscopique semblable à celui qui vient d'être décrit. La lunette de direction étant orientée et le point nodal étant sous le fil du premier microscope, le point nodal d'arrière de la règle suivante est amené sous le fil du deuxième microscope.

La lunette médiane est destinée à déterminer un point de repère sur la tête d'un piquet à la fin de la journée, ou entre deux portées consécutives. La distance de ce point à la lunette étant variable, l'objectif peut être changé; mais alors il faut centrer de nouveau l'axe optique de la lunette.

Chaque portée est de six règles et forme un tout indépendant. Toutes les portées, étant horizontales, sont disposées par gradins qui ont des points de repère communs. Pour éviter toute perte de temps et tout ébranlement du sol dans le voisinage des règles, il faut que les trépieds nécessaires pour la portée qui suit celle sur laquelle on opère soient alignés et nivelés le mieux possible à l'avance. Une chaîne de 63 pieds, portant à des distances convenables des triangles isoscèles indiquant la place des trépieds, est tendue sur l'alignement. Afin de pouvoir rendre les portées horizontales, on a des trépieds de hauteurs différentes, et l'on est obligé quelquefois de creuser le sol.

Comme le système compensateur des règles et des microscopes exige que les différentes parties aient la même température, il faut protéger tout l'appareil des rayons solaires, ce qui a lieu au moyen d'une tente composée de parties juxtaposées et portatives.

Les microscopes doivent être réglés de telle sorte que, lorsque l'axe de la lunette centrale est vertical, les axes des deux microscopes le soient aussi, du moins pour une température moyenne, et que leurs foyers soient exactement dans un même plan horizontal. Dans cet état, on mesure la distance des axes des microscopes sur une règle étalonnée. Cette règle a dû être comparée à l'étalon au moyen de deux microscopes fixés sur un support invariable, et dont l'un est muni d'une vis micrométrique.

Avec un appareil si compliqué, il faut procéder avec ordre et méthode, et disposer d'un personnel nombreux, composé, savoir d'environ vingt hommes de service, non compris sept observateurs, qui porteront eux-mêmes les microscopes dans les déplacements.

En Irlande ainsi que dans l'Inde, les bases avaient été divisées en plusieurs segments reliés entre eux par une chaîne de triangles dont les sommets étaient déterminés par des mires parfaitement centrées et d'un excellent pointé, et dont les angles étaient mesurés avec la dernière précision. On a pu s'assurer ainsi qu'il n'existait pas d'omission ou d'erreur grossière dans la mesure directe; de plus, les différences, toujours très-petites, entre les segments mesurés et leurs valeurs déduites du calcul, en prenant l'un d'eux pour base de départ, ont fait connaître le degré d'exactitude sur lequel on pouvait compter.

La plus grande discordance trouvée entre les deux valeurs d'un même segment pour la base d'Irlande n'a pas dépassé $\frac{1}{55000}$. Les autres erreurs étaient beaucoup moindres.

La méthode de Colby repose sur les procédés les plus précis d'observation puisés dans les propriétés optiques. S'il pouvait rester quelque incertitude sur l'extrême précision des résultats obtenus, on devrait en chercher la cause dans les articulations du levier à compensation et dans la fixité de distance entre les axes des microscopes.

De Zach et *Plana* ont mesuré les bases d'Aix et de Turin, en se servant de règles de sapin imprégnées d'huile et recouvertes d'un vernis. Ils ont pensé, sans doute, que cette préparation devait suffire pour les préserver des influences hygrométriques constatées par le capitaine Mudge, et qui avaient déterminé cet habile observateur à proscrire entièrement les règles de sapin de la mesure des bases. Toutefois, de Zach fondait son opinion sur ce fait remarquable, qu'ayant fait adapter à une pendule astronomique une verge de sapin huilée et vernie, et l'ayant comparée à une excellente pendule astronomique à balancier compensateur, les deux pendules marchaient avec la même régularité. De Zach laissait entre deux règles consécutives un intervalle de 1 à 2 pouces, qu'il mesurait avec une petite règle en cuivre divisée. Plana (*fig.* 4) approchait le talon de la seconde règle, jusqu'à ce qu'un point marqué latéralement sur la tête d'un clou enfoncé sur cette règle fût exactement bissecté par un fil de soie tendu dans un châssis fixé à l'avant de la première règle, et perpendiculairement à cette règle, qui était calée horizontalement.

En Russie on a mesuré dix bases avec des règles métalliques, sur un arc de méridien de plus de 26 degrés, qui s'étend de la mer Noire à la mer Glaciale. Pour trois d'entre elles on a déterminé l'intervalle des règles au moyen de languettes, d'après la méthode de Borda ; pour les autres on s'est servi d'un système imaginé par M. Struve, consistant en un levier coudé, dont le petit bras vient buter contre le talon de la règle suivante, tandis que le grand bras indique sur un cadran la distance des règles.

Aux États-Unis on a employé d'abord l'appareil à microscope de Colby, puis on y a substitué le levier coudé de M. Struve ; mais, afin que les deux règles eussent toujours la même température, on les a recouvertes d'un même vernis, et on leur a donné des dimensions transversales proportionnelles à la conductibilité de chacun des métaux dont elles sont formées. C'est une heureuse application d'un principe qui a été également utilisé pour maintenir l'égalité de température dans les verges des pendules compensateurs.

L'appareil de Bessel (*fig.* 3) a été employé par lui-même pour mesurer la base de Kœnigsberg en Prusse ; par Schumacher, en 1838, pour mesurer une base de vérification dans l'île d'Amayer en Danemark ; par le général Akrelle, en 1840, pour la mesure d'une base près d'Upsal ; en 1846 et 1847, par le général Baeyer, aux bases de Berlin et de Bonn en Prusse ; enfin, en 1853, par le colonel Nerenburger, pour la base d'Ostende en Belgique.

Les quatre règles qui constituent l'appareil du célèbre astronome sont en fer doux forgé. Leur longueur est de 2 toises, leur largeur de 12 lignes et leur épaisseur de 3. Chacune d'elles est recouverte par une règle en zinc un peu moins longue, de même épaisseur, mais moins large de moitié. Soudées et vissées par leur extrémité d'arrière, les deux règles sont libres sur tout le reste de leur longueur, et l'excès de la dilatation de celle de zinc sur celle de fer est destiné à faire connaître la température de l'appareil et la correction à appliquer pour ramener la longueur de la règle au terme de la glace fondante.

Aux deux bouts de la règle de zinc sont soudées deux pièces d'acier *a*,

31.

terminées en forme de coin à arête horizontale. Sur l'extrémité antérieure de la règle de fer on a soudé et vissé une pièce d'acier terminée par deux biseaux tranchants, dont les arêtes sont verticales. Il résulte de cette disposition que, lorsque deux règles consécutives sont en place, un biseau vertical est toujours opposé à un biseau horizontal. La plus courte distance entre leurs arêtes est mesurée avec des coins de verre gradués. Lorsqu'une des faces du coin a été glissée légèrement le long du biseau horizontal jusqu'au contact du biseau vertical, la division qui correspond à celui-ci donne ou bien l'intervalle des deux règles consécutives, ou bien la différence de dilatation des règles de zinc et de fer superposées ; on en déduit la dilatation de chacune d'elles. Cinq coins ont été extraits d'une même plaque de verre, usée de manière à obtenir deux faces planes non parallèles. La plus grande épaisseur du coin est d'un peu plus de 2 lignes et la plus petite d'un peu moins de $0^l, 8$. Entre les points correspondant à ces deux épaisseurs on a tracé, sur une des faces parallèles, 120 divisions également espacées et perpendiculaires à la bissectrice de l'angle du coin. Ces 120 traits embrassent une longueur de 41 lignes. Leur espacement est donc d'environ $\frac{1}{3}$ de ligne, et sur cet intervalle l'épaisseur du coin varie de $\frac{1}{100}$ de ligne, à très-peu près. On peut estimer environ $\frac{1}{5}$ de cette distance de $\frac{1}{3}$ de ligne, ce qui correspondrait à $\frac{2}{1000}$. La graduation a été étudiée, et l'on a construit une Table de correction.

Pour s'opposer à la flexion de la règle, on l'a fait reposer sur sept couples de galets, dont les axes traversent une barre de fer épaisse de 6 lignes et haute de 14, portant elle-même sur deux étriers en fer, de manière à être indépendante du jeu de la boîte en sapin, dans laquelle repose tout le système. Les diamètres des roulettes ont été calculés d'ailleurs de telle sorte, que la règle fût exactement droite lorsque la barre reposait sur ses deux appuis. La règle est mobile sur les galets, dans le sens de la longueur, au moyen d'une vis de rappel. La boîte de sapin laisse sortir les deux extrémités de la règle, et l'on a ménagé, dans sa face supérieure, deux ouvertures : l'une pour observer un niveau à bulle d'air, établi au milieu de la règle et servant à en faire connaître l'inclinaison ; l'autre pour lire les graduations d'un thermomètre à mercure, dont les indications toutefois n'entrent pour rien dans le calcul. On a reconnu que le thermomètre à mercure est toujours en avance sur le thermomètre métallique.

Voici comment on opère en Belgique :

La base est d'abord alignée par les procédés ordinaires et divisée en sections de 600 mètres, qui représentent une journée de travail de sept à huit heures, et dont chacune sera mesurée au moins deux fois avant que l'on passe à la section suivante. Pour l'alignement définitif, on emploie un théodolite de grande dimension avec lequel on détermine, par des observations très-précises, les angles que forment entre elles les sections consécutives, sans s'astreindre rigoureusement à la condition d'une rectitude parfaite d'une section à la suivante. La fin de chaque journée qui termine une section a été reconnue à l'avance et marquée par un massif de maçonnerie dans lequel on a scellé deux colonnes latérales en fonte, portant une tablette de même matière destinée à recevoir le théodolite d'alignement. Dans chaque section on a fait placer, de 200 mètres en 200 mètres, une tablette en fonte portée par deux poteaux solidement enfoncés dans le sol. A l'aide du théodolite situé à l'une des extrémités de la section, on a fait tracer sur les tablettes la direction de l'alignement ; enfin, au moyen d'un petit théodolite, on aligne les règles d'une tablette à l'autre, c'est-à-dire dans une longueur qui ne dépasse pas 200 mètres.

L'observateur chargé de cette opération, après avoir placé son théodolite sur la tablette d'avant et amené l'axe de sa lunette dans le plan de la base, indique dans quel sens doit être déplacé l'avant de la règle que l'on pose, pour établir la coïncidence du fil vertical de la lunette avec un trait vertical tracé sur un papier blanc collé sur la boîte de la règle, et qui correspond à l'axe de la règle en fer, tandis qu'un autre opérateur fait maintenir l'arrière de la règle dans le prolongement de celle qui précède.

Chaque règle est portée sur des chevalets dont les pieds reposent sur des plates-formes en fonte. Ces plates-formes sont portées elles-mêmes par trois piquets de chêne de 3 à 4 centimètres de côté, enfoncés dans le sol qu'ils dépassent de 1 à 2 pouces. Les chevalets sont des trépieds dont la tablette est un fort madrier en chêne qui se trouve transversalement à la base lorsque les pieds correspondent aux piquets. Le chevalet d'arrière porte à son milieu une tête en fer sur laquelle pose l'extrémité postérieure de la règle. La tablette du chevalet d'avant se compose de deux pièces, l'une fixe, l'autre susceptible de s'incliner plus ou moins sur celle-ci au moyen d'une charnière et d'une vis calante dont la tête est en dessous.

Un homme de service, au moyen d'un niveau portatif à bulle d'air, établit l'horizontalité de cette pièce mobile, qui est surmontée d'une nervure cylindrique destinée à supporter la règle. Deux petits coins en bois sont placés ensuite entre les deux tablettes du chevalet, afin d'assurer la stabilité de la tablette supérieure. Pendant la mesure, trois des règles doivent toujours rester en place. Celle d'arrière est transportée à l'avant, alignée et rapprochée avec précaution de la précédente, jusqu'à ce que la distance des deux biseaux en regard ne dépasse pas 2 lignes. On fait alors la lecture du niveau, celle du thermomètre, ainsi que la double observation avec les coins du verre. Toutes ces observations sont faites en double et inscrites sur deux registres. Si les lectures des coins de verre diffèrent de plus de 3 millièmes de ligne, elles sont recommencées.

Voici le dispositif qui sert à fixer avec une grande précision le point d'arrivée d'une section et celui de départ de la section suivante : il se compose de deux colonnes en fonte verticales, assujetties invariablement dans le massif de fin de journée ; ces colonnes portent une barre quadrangulaire d'acier placée horizontalement dans le plan de la base, à la hauteur des règles, et terminées comme celles-ci, c'est-à-dire par un biseau vertical à l'avant et un biseau horizontal à l'arrière. Cette barre est graduée, peut marcher horizontalement et être arrêtée lorsqu'une de ses divisions correspond exactement à un trait gravé sur la partie métallique qui la soutient, et destiné à servir de repère. Lorsque la dernière règle, celle de fin de journée, arrive à portée de cette barre, on approche celle-ci jusqu'à la distance de 2 lignes au plus, et, après avoir fortement serré les vis de pression, on mesure l'intervalle des deux biseaux avec les coins de verre. Les règles sont alors enlevées, et l'on couvre le système qui constitue le repère avec une cloche de zinc que l'on boulonne sur la maçonnerie. Les journées suivantes, on pourra recommencer la mesure de la même section ; enfin, après avoir répété au moins deux fois cette opération, on procédera à la mesure de la section suivante en prenant pour point de départ le biseau d'avant de la barre d'acier, dont la longueur a dû être étalonnée avec le plus grand soin.

Les deux termes de la base sont déterminés par un massif en maçonnerie dans lequel on a scellé un petit cube en cuivre dont l'une des faces sert de plan de départ ou d'arrivée. A cet effet, un fil à plomb s'appuyant sur le biseau horizontal de la première règle, ou sur celui de la barre d'acier de la dernière journée, doit être tangent à la face du cube destinée à limiter la base.

La méthode de Bessel, qui vient d'être exposée, est susceptible d'une extrême précision. Dans une base d'essai mesurée plusieurs fois, près de Bruxelles, l'erreur probable a été évaluée à environ $\frac{1}{800000}$ de la base.

Toutefois deux objections viennent se présenter à l'esprit ; l'une d'elles tient à l'emploi du zinc comme l'un des éléments du thermomètre métallique : ce métal jouit, il est vrai, de l'avantage d'être très-dilatable ; mais ne manque-t-il pas d'élasticité, et ne doit-on pas craindre qu'il ne revienne pas à sa longueur primitive après une forte dilatation ? La seconde objection est relative aux coins de verre qui doivent user le biseau vertical vers son milieu et s'user eux-mêmes, ce qui nécessiterait de fréquents étalonnages ?

III. **Appareil Porro.** — Depuis la construction des règles de Borda, tous les appareils de précision employés à la mesure des bases reposent sur les mêmes principes, à savoir, de laisser entre les règles consécutives un petit intervalle que l'on se propose de mesurer avec une extrême exactitude. M. Porro, ingénieur piémontais et habile constructeur établi à Paris, s'est jeté dans une voie entièrement nouvelle, unissant à une grande simplicité l'avantage de pouvoir atteindre aux dernières limites de précision que comportent les instruments modernes.

Cette méthode consiste essentiellement dans l'emploi de quatre ou cinq microscopes (*fig.* 5) que l'on pose successivement sur des supports solides dans la direction de la base, à des distances à peu près égales entre elles et à une règle divisée à ses deux extrémités et parfaitement étalonnée. Les axes des microscopes sont rendus verticaux à l'aide de niveaux, et leurs foyers forment autant de points de repère fixes dont on mesure la distance avec la règle dont il a été parlé. Un niveau placé sur cette règle donne son inclinaison, et une lunette de direction fait connaître la petite déviation du parallélisme à la base, si elle existe, d'où résultent deux corrections faciles à introduire dans le calcul.

Dans le premier appareil construit par M. Porro, la règle servant de mesure était une verge cylindrique en sapin verni, d'environ 7 millimètres de diamètre sur 3 mètres de longueur, soutenue par des diaphragmes dans un tube de cuivre, qui devenait exactement rectiligne en vertu de son propre poids et de celui de la verge, lorsqu'il était appuyé sur ses deux extrémités. Deux languettes en nickel de 5 millimètres chacune étaient appliquées et rivées solidement sur une surface plane résultant d'une section pratiquée dans le sens de l'axe de la verge. Cette languette, divisée en décimillimètres, donne, par l'estime des cinq fils des microscopes, la quantité à ajouter à la partie constante de la verge, à moins de o,oo5 de millimètre.

Dans cet appareil, la verge et le tube se démontent en trois parties, ce qui contribue à le rendre très-portatif. En outre, la verge en sapin, du moins d'après l'opinion de l'inventeur, fondée sur les expériences de de Zach, aurait l'avantage d'être sensiblement indépendante des variations thermométriques et hygrométriques.

Au Dépôt de la Guerre, où l'on a fait construire un appareil destiné à mesurer des bases en Algérie, on a pensé que l'invariabilité des verges de sapin n'était point suffisamment démontrée pour des opérations d'une grande précision, et l'on a adopté de préférence une double verge, acier et cuivre, chacune d'une seule pièce. La lecture de ces deux verges fait connaître, pour une même distance mesurée entre les foyers des microscopes, la différence de leurs dilatations, d'où l'on peut déduire la température au moment de l'observation et la correction qu'on doit leur appliquer pour les ramener à leur longueur à zéro, température de l'étalonnage.

Le R. P. Secchi, directeur de l'observatoire du Collége romain, a fait construire un appareil semblable, à quelques dispositions près, à celui du Dépôt de la Guerre, pour effectuer sur la *via Appia* un nouveau mesurage de la base du P. Boscowich, dont les termes ont été détruits. Le fer forgé a été substitué à l'acier adopté par le Dépôt de la Guerre comme métal moins dilatable. Sans doute le savant astronome romain s'est appuyé sur des expériences de MM. Biot et Arago, qui tendraient à prouver que la dilatation de l'acier est moins régulière que celle du fer doux ; toutefois ces irrégularités ne se sont pas manifestées dans des expériences de dilatation, faites au Dépôt de la Guerre, sur la verge d'acier construite pour cet établissement.

Dans l'appareil bimétallique du Dépôt de la Guerre, les deux verges sont reliées vers leur milieu par un anneau, et se dilatent librement à partir de ce point jusqu'à leurs extrémités. Ces deux verges, enfermées dans une boîte de sapin, sont posées sur des traverses formant cloisons. Les flancs de la boîte, solidement maintenus par ces traverses et relevés en arc vers leur partie moyenne, servent d'armature et s'opposent efficacement à la flexion. Toutefois, si cette flexion venait à se produire, on la reconnaîtrait et l'on en mesurerait la flèche au moyen d'un fil de soie fortement tendu, dont le milieu correspond à une lame de verre divisée en millimètres. Le même fil, observé par des ouvertures ménagées en dessus de la boîte, permet de s'assurer de la rectitude des verges dans le sens latéral.

Dans l'appareil romain, la flexion verticale est déterminée ainsi qu'il suit : Un objectif dont la distance focale est égale au quart de la longueur des verges est fixé transversalement sur leur milieu ; deux verres plans sont placés parallèlement à l'objectif, à leurs extrémités. L'un de ces verres porte une échelle verticale en millimètres, l'autre un simple trait horizontal sur lequel vient se peindre, pour un observateur placé en arrière, le point de l'échelle qui se trouve en ligne droite avec le centre optique de l'objectif. On conçoit que, si l'on a noté le point de l'échelle qui correspondait au trait au moment de l'étalonnage des verges, on pourra connaître la variation de flexion qui s'est produite depuis l'étalonnage, et en tenir compte pour calculer un terme de correction.

Le tube des microscopes est armé d'un niveau et est susceptible de retournement dans deux collets qui sont portés en saillie par deux tiges horizontales. Ces tiges sont reliées par une colonne verticale creuse, reposant elle-même sur un pied triangulaire muni de trois vis qui servent à rendre le tube du microscope vertical. Du côté opposé au microscope, la colonne porte une pièce massive en fonte qui forme contre-poids, et qui, de plus, a pour destination de servir de support aux deux tourillons d'une lunette d'alignement. Cette lunette porte à l'intérieur, et un peu en arrière de l'objectif, une lentille de petit diamètre, mobile dans le sens de l'axe de la lunette, et qui est réglée de telle sorte que sa combinaison avec le grand objectif donne lieu à la production, sur les réticules, de l'image d'une réglette en ivoire graduée, placée sur les supports du contre-poids suivant, c'est-à-dire à la distance d'une longueur de règle. Cette image est superposée à celle d'une mire verticale placée à 2 ou 300 mètres dans la direction de la base, mais un peu en dehors de cette direction. Ce déplacement latéral de la mire doit être égal à la distance de l'axe du microscope à l'axe de la lunette d'alignement. Le fil vertical de la lunette d'alignement étant amené sur le centre de la mire par un mouvement azimutal que peut exécuter le contre-poids, ou support de la lunette autour de la colonne centrale, on pourra lire, sur la réglette d'ivoire dont il a été parlé, la division de cette réglette qui correspond à la mire. Si c'est le point milieu de la réglette, on en conclura que les axes des microscopes sont dans le plan d'alignement; si cette condition n'est pas remplie, on lira le nombre de divisions dont le point milieu de la réglette est dévié; ce nombre, inscrit sur les registres d'observations, servira à calculer le terme de correction provenant de la déviation latérale de la verge. La lunette de direction se place sur le microscope d'arrière après l'enlèvement de la règle. Un des opérateurs est spécialement chargé de placer la lunette et de faire l'observation.

Pour les repos ou fins de journée, on projette sur la tête d'un piquet enfoncé dans le sol l'axe optique du dernier microscope. A cet effet, l'objectif à court foyer du microscope est collé au centre d'un objectif d'un diamètre beaucoup plus grand, et tel qu'il puisse donner une image distincte sur les réticules d'un objet situé au niveau du sol, c'est-à-dire à une distance d'un peu plus d'un mètre. Lorsqu'on se sert du microscope pour observer les languettes des règles, l'objectif est recouvert d'un obturateur au centre duquel on a ménagé une ouverture ayant même diamètre que l'objectif à court foyer; tandis que, pour l'observation du repère au niveau du sol, le grand objectif est entièrement démasqué par l'enlèvement de l'obturateur. Dans l'observation du dernier microscope, on doit s'attacher à rendre son axe optique parfaitement vertical. On réglera l'oculaire relativement à la tête du piquet; on remettra l'obturateur pour faire la lecture des languettes, et enfin on l'enlèvera de nouveau pour la lecture du repère. L'observation du dernier microscope doit être faite en double par retournement, soit sur la languette, soit sur le repère, afin que ces observations soient dégagées de la décentration de l'axe optique. Le repère est un petit trou circulaire percé au centre d'une rondelle en cuivre fixée à l'aide de trois vis sur la tête du piquet. Ce trou est destiné à recevoir une goupille presque de même diamètre, ajustée perpendiculairement à une réglette en ivoire divisée en demi-millimètres, et que l'on dirige dans le sens de la base. Le zéro correspond à l'une des extrémités de l'échelle. Après avoir fait une première lecture, on retourne la réglette et on lit de nouveau.

La moitié de l'excès de l'une des lectures sur l'autre donnera la distance de la goupille ou du repère, à l'axe du dernier microscope prolongé; le signe dépendra de la position du zéro. Aux deux termes de la base, l'axe du premier ou du dernier microscope sera rattaché au repère par la même méthode; toutefois, pour arriver sur le dernier repère, on se servira, s'il est nécessaire, d'une mesure plus courte que la règle ordinaire, sauf à l'étalonner avec le mètre, qui doit faire partie de l'appareil.

Tous les appareils de M. Porro sont accompagnés d'un mètre étalon; celui du Dépôt de la Guerre est bimétallique comme les règles, et porte à ses extrémités des languettes en argent divisées. Ce mètre servira à étalonner les règles au commencement et à la fin de la mesure de la base, et l'opération s'exécutera absolument par la même méthode : on placera quatre microscopes à environ 1 mètre de distance, et l'on mesurera la distance des microscopes extrêmes, soit d'une seule fois avec les verges, soit en trois portées avec le mètre étalon.

Pour compléter la description des éléments essentiels de l'appareil, il reste à parler des trépieds des microscopes et des règles. Les premiers doivent être massifs et armés de fortes pointes en fer que l'on enfonce dans le sol à coups de maillet. Il serait bon, en outre, pour assurer la stabilité de ces trépieds, de charger leur traverse inférieure d'un poids de 25 à 30 kilogrammes. Les trépieds des règles sont plus légers, et seulement au nombre de trois. Ils doivent avoir un pied articulé et être munis d'une vis calante permettant d'élever ou d'abaisser à volonté une tablette supérieure. Enfin une demi-tente portative ou une toile verticale soutenue par des lances, destinée à préserver les microscopes des rayons solaires, au moins sur une longueur de deux portées, est indispensable. Si le vent devenait trop violent, il faudrait ou suspendre l'opération, ou en préserver les règles et les microscopes par un abri.

Les détails qui précèdent suffiront pour faire comprendre la série des opérations à exécuter; on peut toutefois les résumer ainsi :

Jalonner la base : pour cette opération, on se sert d'un théodolite de grande dimension, et l'on commence à la diviser en segments par la détermination de plusieurs points intermédiaires entre les mires des deux termes extrêmes. Chaque segment est ensuite tracé séparément par cheminement, et l'on fait enfoncer, de 200 mètres en 200 mètres, des piquets sur la tête dequels un clou indique le passage de la ligne. A partir du premier terme de la base, espacer et aligner les trépieds massifs qui doivent être en nombre au moins double des microscopes, afin de ne pas ébranler le sol dans le voisinage de ceux-ci en les enfonçant. Poser les microscopes sur leurs trépieds et les aligner avec le plus grand soin entre les mires d'avant et d'arrière placées sur les piquets voisins. La distance des microscopes est donnée par une mesure ou une baguette, dont la longueur est égale à la distance du milieu des languettes des verges. Caler dans la position verticale les tubes des microscopes à l'aide de leurs niveaux. Mettre en place les trépieds de la règle et poser celle-ci·sous les deux premiers microscopes. Régler les oculaires et les réticules des microscopes, et amener les divisions de languettes au foyer, soit avec les vis qui font monter ou descendre les tubes des microscopes, soit avec les vis calantes de trépieds. Faire la lecture aux cinq fils des languettes, cuivre et acier, la lecture du premier microscope correspondant au repère, devant être en double, par retournement. Lire la position de la bulle sur le niveau des règles, dont la collimation a dû être déterminée préalablement par la méthode des retournements. Transporter la règle entre les deuxième et troisième microscopes. Placer la réglette sur le repère du premier terme de la base, et lire les divisions par double retournement du microscope et de la réglette. Cette lecture faite, poser la lunette d'alignement sur le premier microscope, et déterminer la déviation latérale de la règle dans sa première position. Faire toutes les observations en double et les inscrire sur deux registres, continuer le cheminement en faisant transporter les trépieds et les microscopes de l'arrière à l'avant, au fur à mesure qu'ils deviennent libres. Enfin, projeter sur un repère au niveau du sol, par les procédés qui ont été indiqués, l'axe du dernier microscope des fins de journée.

Dans le calcul définitif de la base, on attribue à toutes les règles posées sur le terrain la longueur qu'elles auraient eue à la température zéro, les languettes non comprises (on admet que l'étalonnage est rapporté à la glace fondante; il aurait pu l'être, comme pour les règles de Borda, à la température à laquelle la règle serait un multiple exact de l'étalon). En outre, on les suppose parfaitement horizontales, exactement rectilignes, dirigées dans le plan vertical de la base, et situées à l'altitude zéro, c'est-à-dire sur la surface de niveau de l'Océan moyen prolongée.

Ces hypothèses nécessitent l'addition de certains termes de correction représentant :

1° La somme des languettes réduites à la température zéro ; la réduction se prend à vue dans une Table ;

2° Le produit du nombre des règles posées sur le terrain, par la dilatation que subit la règle dont on s'est servi en passant du terme de la glace fondante à la moyenne de toutes les températures observées pendant la mesure. Cette correction est positive ;

3° La somme des corrections négatives dues à l'inclinaison de chaque règle.

Ces corrections sont prises dans une Table construite avec la formule

$$C = -2L\sin^2\frac{1}{2}\theta,$$

ou, si l'angle est très-petit,

$$C = -\frac{1}{2}L\theta^2\sin^2 1'',$$

dans laquelle C représente la correction, L la longueur de la règle, et θ son inclinaison.

4° La somme des corrections négatives dues à la flexion dont on a a observé la flèche f.

La Table sera calculée par la formule

$$C = -\frac{7}{3}\frac{f}{L}f.$$

5° La somme des corrections négatives résultant de la déviation latérale d ; on aura

$$C = -\frac{1}{2}\frac{d^2}{L},$$

valeur qui sera prise dans une Table.

6° Enfin la réduction au niveau de la mer, correction également négative, qu'il suffira d'effectuer sur la longueur totale de la base B et avec la moyenne h des altitudes des termes extrêmes.

En représentant le rayon de la Terre par R, on aura

$$C = -B\left(\frac{h}{R} - \frac{h^2}{R^2} + \cdots\right).$$

Les formules précédentes sont toutes démontrées dans le paragraphe relatif à la *mesure des bases,* excepté celles des numéros 4° et 5° (n°s 121 et suivants).

Pour la flexion, nous remarquerons que, la verge étant enfermée dans une enveloppe formant armature et garnie de cloisons, il serait impossible de mettre cette flexion en équation : tout ce que l'on peut admettre, c'est que la courbure est plus prononcée vers le milieu de la verge que vers les extrémités sur lesquelles elle pose, et qu'ainsi la flexion est un état intermédiaire entre le cas d'une rupture au milieu de sa longueur et celui d'une courbure en arc de cercle.

Dans le cas de rupture, soient f la flèche, a la longueur de la demi-verge, b la demi-corde de flexion, on aura

$$\frac{1}{2}C = (a - b) = \frac{f^2}{a+b},$$

ou sensiblement

$$\frac{1}{2}C = \frac{1}{2}\frac{f^2}{a}.$$

Dans le cas de courbure en arc de cercle, on aura

$$b = r\sin\frac{a}{r} = a - \frac{1}{6}\frac{a^2}{r^2}a + \frac{1}{120}\frac{a^4}{r^4}a - \cdots,$$

$$f = r\left(1 - \cos\frac{a}{r}\right) = r\left(\frac{1}{2}\frac{a^2}{r^2} - \frac{1}{24}\frac{a^4}{r^4} + \cdots\right).$$

Négligeant les troisièmes puissances de $\frac{a}{r}$, on pourra écrire

$$a - b = \frac{1}{6}\frac{a^2}{r^2}a \quad \text{et} \quad 4\frac{f^2}{a^2} = \frac{a^2}{r^2},$$

d'où

$$a - b = \frac{2}{3}\frac{f^2}{a} = \frac{1}{2}C,$$

et pour la moyenne de ces deux valeurs

$$\frac{1}{2}C = \frac{7}{12}\frac{f^2}{a} = \frac{7}{6}\frac{f^2}{L},$$

en remarquant que $L = 2a$, et enfin

$$C = \frac{7}{3}\frac{f^2}{L}.$$

Cette correction est négligeable tant que la flèche ne dépassera pas
1 millimètre.

Pour une flèche de 1 millimètre, une règle de 3 mètres et une base de
12 000 mètres, l'erreur totale serait d'environ 3 millimètres sur la base
totale. Si la flèche était de 2 millimètres, l'erreur serait d'environ
$12^{mm},5$.

Pour la déviation latérale, L étant la longueur de la règle, L' sa projection sur la direction de la base, d la déviation d'une de ses extrémités,
on aura

$$C = L - L' = \frac{d'^2}{L + L'},$$

et avec une approximation suffisante

$$C = \frac{1}{2}\frac{d'^3}{L}.$$

Trois erreurs indépendantes entre elles affectent en général la détermination de la longueur d'une base, savoir :

1° Les erreurs provenant de la comparaison des règles avec l'étalon ;

2° Les erreurs qui résultent de la détermination des coefficients de
dilatation ;

3° Enfin les erreurs commises dans le mesurage même de la base.

Ces dernières sont susceptibles de compensations, et l'erreur moyenne
pour une portée est multipliée seulement par la racine carrée du nombre
des règles posées sur le terrain pour constituer l'erreur probable définitive ; tandis que les erreurs d'étalonnage et de détermination du coefficient de la dilatation sont répétées dans le résultat définitif autant de fois
qu'il y a d'observations sans compensations possibles. Il est donc de la
plus haute importance que ces dernières opérations soient exécutées avec
une extrême précision.

L'étalonnage des verges du Dépôt de la Guerre a été fait à l'Observatoire ainsi qu'il suit :

Trois des règles de Borda ont été mises en ligne de manière à conserver aux deux extrémités le côté des languettes, tandis que la règle du
milieu était mise en contact avec les deux autres règles, d'un côté par le
talon, de l'autre au moyen de la languette de cette règle. Cette longueur,
d'environ 6 toises et dont on a pu avoir exactement la longueur en

mètres, était mesurée avec la règle à étalonner, ajoutée trois fois à elle-même, par le procédé de la mesure des bases de M. Porro qui vient d'être décrit. A cet effet, cinq dés en pierre avaient été scellés sur les dalles de la salle de la Méridienne où sont déposées les règles de Borda, et cinq microscopes avaient été calés sur ces pierres à la distance d'un peu moins de 3 mètres l'un de l'autre. Ces quatre microscopes servaient à effectuer les quatre portées de la règle à expérimenter, tandis que la distance des deux microscopes extrêmes représentait la longueur des trois règles de Borda, dont on avait lu les languettes et les thermomètres métalliques. On avait eu soin d'observer les niveaux des deux systèmes de règles, les thermomètres métalliques des règles et deux thermomètres à mercure.

Pour déterminer les coefficients de dilatation des verges d'acier et de cuivre, on a opéré ainsi :

Quatre microscopes avaient été calés sur des dés en pierre scellés à la distance de 1 mètre sur les dalles d'un rez-de-chaussée du Dépôt de la Guerre. Les deux microscopes extrêmes ont servi à lire les languettes de la verge en acier qui était placée dans une auge en bois remplie de glace fondante ; ces languettes sortaient par des trous pratiqués aux extrémités de l'auge et qui étaient garnis de diaphragmes en caoutchouc. Cette règle devait servir de module pour s'assurer de la fixité des microscopes ; à la verge d'acier dans la glace on a substitué la verge de cuivre qui a été apportée sous les microscopes, d'abord dans la glace fondante, ensuite dans l'eau chaude à différentes températures comprises entre 5o et 12 degrés centigrades. Entre chaque nouvelle opération, on s'est assuré de l'invariabilité des microscopes, en faisant une nouvelle lecture du module. Ce module dans la glace a été ensuite comparé à un mètre étalon dans la glace, qui, depuis, a été comparé lui-même aux trois mètres de l'Observatoire à l'aide du comparateur de Gambey. Enfin on a mis les deux verges, acier et cuivre, dans l'eau chaude, et l'on a observé à différentes températures la longueur de chacune d'elles. Les auges renfermant les verges ou le mètre étalon étaient portées sur de petits chevalets à vis calantes, et étaient mises horizontales à l'aide d'un niveau à bulle d'air. Des thermomètres à mercure bien étalonnés, placés dans les auges et dans l'air libre, étaient observés à chaque lecture des languettes.

On conçoit que l'allongement de la verge en cuivre, pour passer de zéro aux températures successives auxquelles on l'a observée, a fait

connaître son coefficient de dilatation. La comparaison de la règle d'acier
à celle de cuivre, à différentes températures, a permis de déduire ensuite
le coefficient de la dilatation de la verge d'acier. Enfin chacune des règles
s'est trouvée recevoir un nouvel étalonnage par sa comparaison avec le
mètre étalon posé dans la glace fondante.

Dans ce qui précède, afin de ne pas détourner l'attention du lecteur du
but principal, on n'a pas cru devoir citer les sources où chaque document
a été puisé. Il suffira d'ajouter ici que les principaux extraits ont été pris
dans la *Base du système métrique,* dans l'ouvrage anglais du colonel
Everest sur les opérations géodésiques de l'Inde ; que l'on a consulté
aussi avec fruit la *Géodésie* du colonel Puissant ; le Rapport si précis et
si clair fait à l'Institut, en 1850, par M. Largeteau, sur l'appareil Porro ;
ainsi que l'article sur la *Mesure des bases,* inséré dans le IXe volume du
Mémorial du Dépôt de la Guerre, par le colonel Peytier ; enfin que c'est
à l'obligeance du colonel Nerenburger et de M. Liagre, officier du génie
belge, connu par son excellent *Traité du Calcul des probabilités,* que l'on
doit les principaux renseignements sur les règles de Bessel (¹).

(¹) Voir le Tome X du *Mémorial du Dépôt de la Guerre* (1er fascicule, *Mesure des bases algériennes*) et l'ouvrage du colonel Ibañez *Sur la mesure de la
base de Madrilejos en Espagne* (publication de l'*Institut géographique de
Madrid*).

NOTE

SUR

LA MÉTHODE ET LES INSTRUMENTS

D'OBSERVATION

EMPLOYÉS DANS LES GRANDES OPÉRATIONS GÉODÉSIQUES

AYANT POUR BUT

LA MESURE DES ARCS DE MÉRIDIEN ET DE PARALLÈLE TERRESTRE;

Par M. PERRIER,

Chef d'escadron d'État-Major, Membre du Bureau des Longitudes.

32.

NOTE

SUR

LA MÉTHODE ET LES INSTRUMENTS

D'OBSERVATION

EMPLOYÉS DANS LES GRANDES OPÉRATIONS GÉODÉSIQUES

AYANT POUR BUT

LA MESURE DES ARCS DE MÉRIDIEN ET DE PARALLÈLE TERRESTRE.

I. — MÉTHODE DE LA RÉITÉRATION.

Les avantages de la méthode de répétition des angles sont incontestables, lorsqu'on emploie des instruments mal divisés et des moyens de lecture insuffisants. On démontre, en effet, que, si l'on appelle α et β les erreurs moyennes d'un pointé et d'une lecture, l'erreur moyenne d'un angle obtenu par n répétitions et par les deux lectures extrêmes est égale à

$$\varepsilon = \pm \sqrt{\frac{2\alpha^2 + \frac{2}{n}\beta^2}{n}} \quad (^1),$$

et que l'erreur moyenne du même angle obtenu par n observations indépendantes est

$$\varepsilon' = \pm \sqrt{\frac{2\alpha^2 + 2\beta^2}{n}}.$$

(¹) *Voir* LIAGRE, *Calcul des probabilités*, p. 287.

L'avantage de la première méthode sur la seconde serait donc mesuré par la différence

$$\varepsilon' - \varepsilon = \frac{\left(\dfrac{n-1}{n}\right)\beta^2 \sqrt{\dfrac{2}{n}}}{\sqrt{\alpha^2 + \beta^2} + \sqrt{\alpha^2 + \dfrac{\beta^2}{n}}},$$

qui est toujours une quantité positive et croît avec β, c'est-à-dire avec l'erreur moyenne d'une lecture. Il est, par conséquent, d'autant plus grand que la graduation du limbe est plus imparfaite et que la lecture est moins rigoureuse.

Le calcul précédent suppose que la mesure d'un angle n'est sujette qu'à deux causes d'erreur : celle de la lecture, comprenant l'erreur de la division, et celle du pointé ; et c'est cette hypothèse qui donnerait à la répétition un réel avantage, mais elle n'est pas fondée dans la pratique.

On admet, en effet, dans la répétition des angles, que le point de départ de chaque mesure sur le limbe est précisément le point d'arrivée de la mesure précédente ; or il y a une certaine manœuvre à effectuer entre la fin d'une duplication et le commencement de la duplication suivante, manœuvre qui consiste à faire tourner d'un mouvement général, autour d'un même axe, le cercle limbe, le cercle alidade et les deux lunettes, jusqu'à ce que l'une d'elles soit pointée de nouveau sur l'un des deux objets. On admet ainsi que le système est complétement rigide et invariable, et que, malgré le déplacement de l'appareil, les verniers ne cessent pas de correspondre à la même division, et les lunettes de faire entre elles le même angle ; mais le jeu des axes, jeu nécessaire sans lequel aucun mouvement ne serait possible, contredit cette supposition. En fait, la lunette, l'alidade et les verniers sont toujours déplacés d'un petit angle.

Cette cause d'erreur et d'autres causes analogues, telles que la flexion de la lunette et l'usure des centres, expliquent comment il se fait que la répétition donne toujours des distances zénithales trop petites, d'une quantité à peu près proportionnelle au sinus de la distance mesurée et variable d'un instrument à l'autre ; pourquoi certains cercles répétiteurs donnent des mesures affectées d'une erreur constante notable, tandis que d'autres ont la singulière propriété de faire obtenir, pour un même angle, des valeurs croissantes ou décroissantes, à mesure qu'on augmente le nombre des répétitions.

Enfin, les cercles répétiteurs sont des instruments dont la construction est rendue difficile, aussi bien que la manœuvre, par la multiplicité des axes et par la complication qu'entraînent les retournements du limbe et les mouvements généraux ou particuliers du limbe et des deux lunettes.

La méthode de la mesure simple des angles, ou de la *réitération,* outre qu'elle comporte une plus grande simplicité dans la construction et la manœuvre des instruments, et qu'elle permet à l'observateur de mieux contrôler ses mesures et de donner à chacune d'elles son poids, possède le précieux avantage d'éliminer rapidement, par compensation, les erreurs systématiques de la division, et d'être indépendante des erreurs constantes qui rendent la méthode de répétition moins sûre et moins précise qu'on ne l'a cru pendant longtemps; c'est cette méthode qui est aujourd'hui employée exclusivement dans les observations géodésiques de haute précision.

Erreurs de division. — Quel que soit le système employé pour diviser un cercle, il y a toujours lieu de partager les erreurs de la division en deux classes :

1° Les erreurs accidentelles, qui ne suivent aucune loi, qui sont indifféremment positives ou négatives, et dont la probabilité décroît rapidement à mesure qu'elles se rapprochent d'une certaine limite; ces erreurs peuvent être comprises dans l'erreur de lecture et sont atténuées ou compensées par un grand nombre d'observations.

2° Les erreurs systématiques ou régulières, qui dépendent d'un vice quelconque et dont l'influence se fait toujours sentir : par exemple, l'excentricité et l'inclinaison du limbe à diviser, lorsqu'il est placé sur la plateforme de la machine, par rapport au centre et au plan du grand cercle de la machine à diviser.

La loi de la première de ces erreurs est facile à trouver ; son expression en série est, en prenant le rayon pour unité,

$$e \sin(u - \alpha) + \frac{1}{2} e^2 \sin 2 (u - \alpha) + \frac{1}{3} e^3 \sin 3 (u - \alpha) + \ldots,$$

dans laquelle e désigne le rapport de l'excentricité au rayon du limbe, u la division considérée et α la division qui répond au rayon sur lequel sont situés les deux centres.

La loi de la deuxième erreur systématique est donnée par la formule

$$\tan x = \tan y \cos \omega,$$

dans laquelle ω désigne l'inclinaison des deux cercles, x la distance angulaire d'une division de la machine au point d'intersection des deux cercles, y la distance de la division correspondante sur le limbe qu'on veut diviser, division qui s'obtient au moyen d'un tracelet perpendiculaire au plan de la machine.

En développant en série la valeur $x - y$, on trouve

$$x - y = - \tan^2 \left(\frac{1}{2} \omega \right) \sin 2y$$
$$+ \frac{1}{2} \tan^4 \left(\frac{1}{2} \omega \right) \sin 4y - \frac{1}{3} \tan^6 \left(\frac{1}{2} \omega \right) \sin 6y + \dots.$$

On peut, en général, représenter les erreurs systématiques de la division par une série convergente de la forme

$$A_1 \sin (u - \alpha_1) + A_2 \sin 2 (u - \alpha_2) + A_3 \sin 3 (u - \alpha_3) + \dots,$$

dans laquelle la variable u désigne la division considérée; A_1, A_2, A_3 étant des constantes numériques, et α_1, α_2, α_3, ... des constantes angulaires, le rayon étant pris pour unité. Les premiers termes de cette série ont seuls une valeur sensible; les termes plus éloignés, dont l'indice dépasse un petit nombre d'unités, sont négligeables, si la division est bien faite.

Il est facile de voir que, si l'on a n verniers équidistants répartis sur le tour entier du limbe, et si l'on fait la moyenne des n lectures, les termes de la série dont l'indice n'est pas divisible par n, et notamment les $(n - 1)$ premiers termes, disparaissent; de sorte que la présence de n verniers équidistants n'élimine pas seulement l'erreur d'excentricité de l'alidade, mais encore elle annule les $(n - 1)$ premiers termes de la série qui représente les erreurs de division. Elle laisse subsister seulement les termes dont l'indice est un multiple de n, et notamment le $n^{\text{ième}}$ terme qui est suivi de $(n - 1)$ termes nuls et qui, si n est grand, peut être considéré comme étant, à très-peu près, l'expression de l'erreur systématique persistante de la division pour le trait u.

En se servant toujours de la même région du limbe et des mêmes traits, dans toutes les mesures partielles, on retomberait toujours sur les mêmes erreurs de la division, et, par la moyenne d'un certain nombre d'observations, on n'atténuerait que les erreurs de pointé et de lecture. Mais, si l'on recommence la lecture d'un angle en prenant successivement pour origines sur le limbe des traits équidistants répartis sur tout le pourtour, on élimine ainsi presque entièrement les erreurs de la division.

Si n est le nombre des verniers et N le nombre des mesures qu'on se propose de faire, on prendra successivement pour origines

$$0^G, \quad \frac{400^G}{Nn}, \quad 2\frac{400^G}{Nn}, \quad \ldots, \quad (n-1)\frac{400^G}{Nn}, \quad \ldots,$$

et, dans ce cas, la moyenne de toutes les mesures individuelles sera indépendante des $Nn-1$ premiers termes de la série des erreurs systématiques. Tous les termes qui contiennent des sinus disparaissent, en effet, jusqu'au terme d'indice $Nn-1$, parce que, d'après un théorème connu, la somme algébrique des sinus d'arcs croissant en progression arithmétique de zéro à 400^G est nulle.

Ainsi, par 20 mesures simples faites à 4 verniers équidistants, les 79 premiers termes de la série n'ont aucune influence sur la moyenne des résultats, et il faudrait qu'un cercle fût bien mal divisé, pour que les termes suivants eussent une valeur appréciable.

Des microscopes à micromètres. — Dans les instruments réitérateurs employés aux opérations géodésiques du premier ordre, les verniers sont remplacés par des microscopes à micromètre et la précision de la lecture en est considérablement augmentée.

Un microscope se compose d'un objectif à court foyer et d'un oculaire monté dans un tube dont l'axe est normal à la surface du limbe divisé ; quand il est réglé, l'image des traits doit se produire dans le plan même des fils du réticule tendus à l'intérieur du tube, et l'oculaire est placé de manière que l'observateur voie, *sans parallaxe,* dans le même plan focal, les images des traits et celles des fils.

Le réticule est formé de trois fils, dont l'un est perpendiculaire et les deux autres parallèles aux traits de la graduation, l'écartement des fils parallèles étant réglé de manière qu'ils puissent déborder légèrement de chaque côté les traits noirs du limbe intercalés entre eux et laisser

voir deux petites bandes lumineuses d'égale largeur (*fig.* 1, 2); il est
porté par un châssis rectangulaire, percé d'une ouverture ronde, sur laquelle vient affleurer une réglette dentelée ou peigne, visible dans le
champ de l'oculaire et susceptible de recevoir de petits déplacements

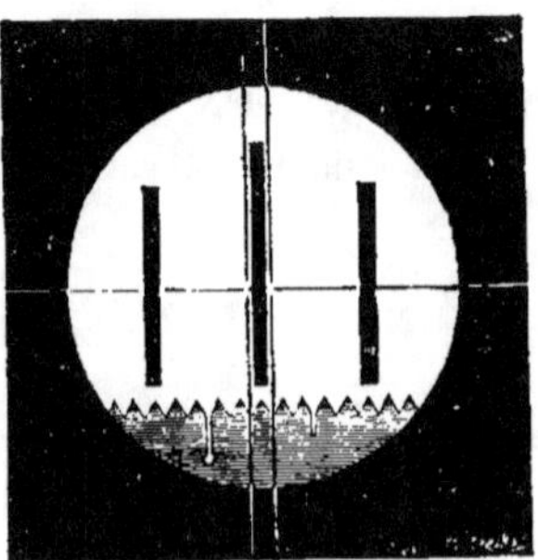

Fig. 1. — Réticule.

longitudinaux au moyen d'une vis V. L'intervalle des dentelures du peigne
correspond à un déplacement d'un tour de la vis; les dents sont divisées
en groupes de cinq au moyen d'entailles rectangulaires pratiquées dans

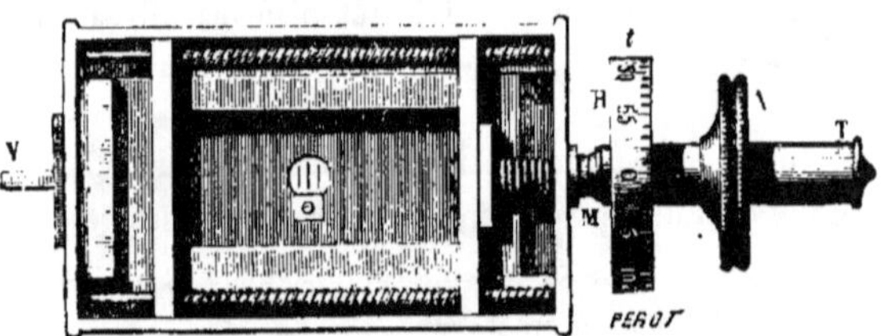

Fig. 2. — Micromètre.

la plaque, et l'une d'elles se termine par un cercle à jour dont le centre
est pris pour le zéro du microscope. Le réticule peut se mouvoir au
moyen d'une vis micrométrique M, qui en mesure le déplacement dans
un plan parallèle au plan du limbe; sur la tête T de cette vis est monté,
à frottement doux, un tambour circulaire *t*, divisé en 100 parties; un
index de repère est tracé sur un petit doigt argenté porté par la boîte
micrométrique. Par construction, les lectures du tambour vont en croissant, quand la vis porte le fil d'un trait de la graduation sur le trait im-

médiatement inférieur, et ce mouvement indique un déplacement du fil dirigé du zéro vers la tête de la vis, qui est d'ordinaire placée à la droite de l'observateur.

On dispose toujours le système de manière que la distance apparente de deux traits consécutifs corresponde à un nombre simple de tours de la vis. Ainsi, dans le cercle géodésique que nous décrirons plus loin, la chiffraison est centigrade et marche de droite à gauche pour un observateur placé au centre du cercle; ce cercle est divisé de 10 en 10 minutes, et l'intervalle de deux traits est équivalent à deux tours et demi de la vis ou 250 divisions du tambour : chaque tour de la vis vaut donc 4 minutes et chaque division du tambour 4 secondes centésimales d'arc. Il suffit, pour atteindre ce résultat, d'éloigner ou de rapprocher convenablement l'objectif du microscope de son oculaire, en approchant ou éloignant du cercle le microscope tout entier pour rétablir la netteté de la vision.

Imaginons maintenant une alidade qui porte quatre microscopes et un index muni d'une petite loupe pour l'origine des lectures. Pointons le trait de l'index sur le zéro de la graduation, de manière que les deux traits soient exactement sur le prolongement l'un de l'autre. Pour que les quatre microscopes soient réglés et disposés pour l'observation, il faut et il suffit que les fils réticulaires amenés au zéro du peigne soient pointés sur des traits distants entre eux de 100 grades, les tambours micrométriques marquant alors zéro. On réalise ces conditions en pointant d'abord les fils sur les quatre traits équidistants repérés d'une manière sûre et ramenant le zéro du tambour micrométrique en face de l'index, puis agissant sur la vis V pour placer le zéro des peignes en face des fils.

Cela étant, déplaçons l'alidade et fixons-la dans une position quelconque; l'index fera connaître les grades et les dizaines de minutes, et c'est à l'aide des microscopes qu'on appréciera la fraction de division à ajouter pour obtenir la lecture complète. La chiffraison du limbe croissant de droite à gauche, de *a* en *b*, comme le microscope renverse les objets, c'est le trait *a* qui paraîtra à gauche et le trait *b* à droite; *m* étant la position des fils du réticule, c'est l'intervalle *am* qu'il faudra apprécier, c'est-à-dire l'intervalle entre le zéro et le trait le plus voisin situé du côté de la tête de vis. Il suffira pour cela de tourner la vis dans le sens de la graduation du tambour, de pointer le trait inférieur *a*, de faire la lecture du tambour, et de convertir ensuite cette lecture en minutes et secondes d'arc.

Exemple. — Le 1ᵉʳ juin, au cercle azimutal du Dépôt de la Guerre, on a fait les lectures suivantes :

Index : 120^G 10ˈ.

		ˈ	ᵖ
Microscopes A		2.27	5
»	B	2.25	4
»	C	2.25	8
»	D	2.27	6

Puisque chaque tour vaut 4 minutes d'arc et chaque partie du tambour 4 secondes, il suffira d'ajouter les quatre lectures des microscopes pour obtenir les minutes, les secondes et les fractions de seconde de la lecture complémentaire; on obtiendra ainsi pour la lecture finale 120^G 1906ˈˈ,3.

Tare des microscopes. — Ce mode de conversion en arc suppose que la relation indiquée plus haut entre la distance de deux traits du limbe et le tour de la vis reste invariable; mais il n'en est jamais ainsi, à cause des petites variations qui se produisent dans la distance du microscope au cercle et dans les diverses parties du système. Il est donc nécessaire de déterminer de temps en temps l'erreur des tours, ou, comme on dit, de *tarer* les microscopes, afin de pouvoir corriger ensuite les lectures faites.

Pour cela, on mesure avec les quatre microscopes un grand nombre d'intervalles de traits consécutifs, dans différentes régions de la graduation, et, comme on peut admettre que les erreurs des divisions, tantôt positives, tantôt négatives, se compensent en prenant la moyenne de toutes les mesures faites, on obtient, pour l'intervalle de deux traits, un résultat définitif qu'on peut regarder comme représentant, en parties de la vis du microscope moyen, la valeur exacte d'un intervalle de 10 minutes. Si l'on trouve, par exemple, 250 ± x pour cette moyenne, x ne dépassant jamais une ou deux unités, la correction à faire subir aux lectures angulaires calculées, comme on l'a vu plus haut, sera égale à ∓ 4x pour 10 minutes d'arc, et l'on construira une Table donnant à vue la correction correspondant à une lecture quelconque de zéro à 10 minutes d'angle.

Degré de précision des lectures avec les microscopes à micromètre. — Lorsque les traits du limbe se détachent nettement sur le fond blanc argenté, le pointé d'un trait, effectué avec les fils mobiles d'un mi-

croscope, est réalisé sans peine, même par un observateur peu expéri-
menté, à moins d'un tiers de division du tambour, et l'on peut admettre
que l'erreur moyenne d'une lecture simple ne dépasse pas $\frac{1}{3}$ de seconde;
d'où il résulte, d'après le Calcul des probabilités, que la moyenne des lectures faites à quatre microscopes équidistants, affranchie d'ailleurs de l'erreur d'excentricité et des trois premiers termes de la série des erreurs
systématiques de la division, n'est plus affectée que d'une erreur égale à

$$\frac{\frac{1}{3}4''}{\sqrt{4}} = \pm \frac{2}{3} \text{ de seconde d'arc} = \pm o'',67.$$

II. — DESCRIPTION DU CERCLE AZIMUTAL RÉITÉRATEUR
DU DÉPOT DE LA GUERRE DE FRANCE.

Le cercle azimutal, qui a été construit, sur mes indications, par
M. Brunner, et qui est actuellement employé pour la nouvelle mesure de
la méridienne de France, est un instrument d'une simplicité extrême, uniquement disposé pour la mesure des angles horizontaux ou différences
d'azimut, et débarrassé de la complication d'axes, de vis et de pinces, de
mouvements généraux ou particuliers, qui rendaient si défectueux les
cercles répétiteurs (*fig.* 3 et 4).

Réduit à ses éléments essentiels, il se compose d'un limbe gradué LL
et d'une alidade A', montés autour d'un axe commun A; cet axe, de section tronconique, est en acier et fait corps avec le pied de l'instrument,
qui est formé d'une masse centrale pourvue de trois bras reposant sur
trois vis calantes v. Chacun des bras porte un appendice vertical u, sur
lequel est vissé fortement un anneau circulaire cc, de o^m,45 de diamètre,
qui entoure et protége le limbe.

§ 1. — DU CERCLE.

Cercle. — Le cercle divisé, dont la couche argentée est disposée suivant
une surface conique, est porté par huit rayons faisant corps avec un plateau central qui repose sur une sorte de socle annulaire SS, vissé sur la
masse centrale du pied; il est monté sur l'axe et est emboîté entre le socle
et une rondelle de cuivre RR, contre laquelle il peut être pressé au moyen

de grosses vis butantes *vv*. Lorsque ces vis sont serrées, le limbe est absolument indépendant de l'alidade mobile et assujetti dans une position in-

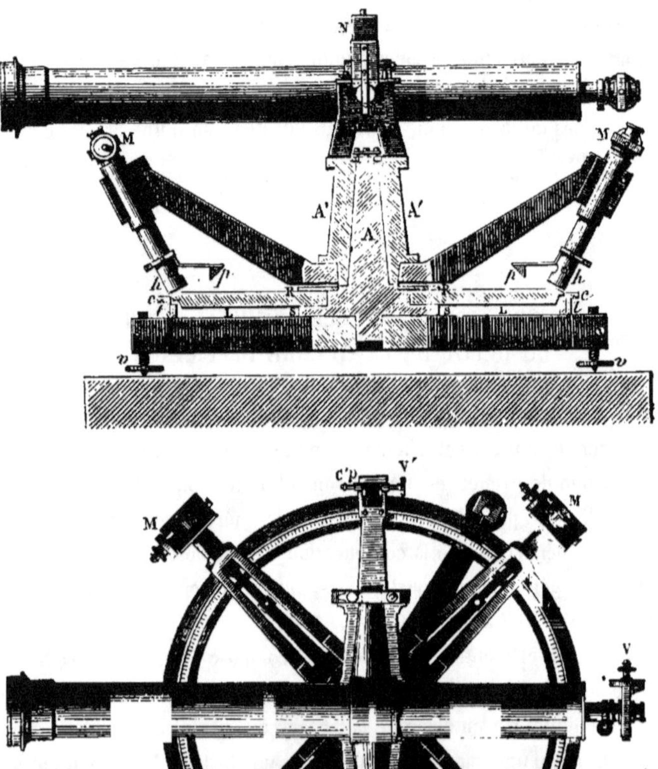

Fig. 3 et 4. — Cercle azimutal.

variable, et il n'y a pas lieu de craindre des effets d'entraînement; si elles sont desserrées et si l'on agit sur deux rayons opposés, il peut tourner librement autour de son axe à frottement doux. C'est grâce à cette disposition qu'on peut déplacer à volonté l'origine des lectures.

Le diamètre du limbe divisé est de $0^m,42$; il porte une graduation centi-grade de 10 en 10 minutes, chaque division occupant environ $\frac{1}{3}$ de milli-mètre; la chiffraison est faite de 2 en 2 grades, et court de droite à gauche.

Alidade. — L'alidade emboîte, comme un manchon et à frottement doux, l'axe vertical de l'instrument; à la partie supérieure, elle s'élargit suivant une large règle qui porte les deux montants verticaux sur lesquels sont rivés les coussinets en forme de V qui reçoivent les tourillons de la lunette; une petite plaque en bronze, qui repose sur la pointe de l'axe, porte trois vis dont le jeu combiné permet d'élever ou d'abaisser l'ali-dade, de manière à lui donner un mouvement doux autour de l'axe.

Lunette. — La lunette a un objectif achromatique de 53 millimètres d'ouverture libre et une distance focale principale de 62 centimètres; avec les trois oculaires employés, le grossissement est de 25, 30, 40 fois.

Réticule à fil mobile. — Le réticule est formé de quatre fils se cou-pant à angles droits suivant un carré dont le côté correspond à une am-plitude angulaire de 90^u; le châssis qui porte ces fils, au lieu d'être fixe, est mobile perpendiculairement à l'axe de la lunette, au moyen d'une vis micrométrique V, dont le tambour est divisé en 100 parties, la valeur angulaire de chaque partie étant de $5^u,26$. Un peigne intérieur, dont chaque dent correspond à un tour de la vis, permet de compter les tours à partir d'une origine indiquée par une échancrure ronde ou zéro; le tambour sert à apprécier les fractions centésimales de tour.

Une pareille disposition présente de grands avantages; elle permet, en effet, de déterminer très-exactement la position V_0 de la vis pour laquelle la collimation de l'axe optique est nulle et de pointer plusieurs fois un objet pour une seule lecture du limbe, de manière à atténuer autant que possible l'erreur de pointé, qui, grâce à la précision des méthodes mo-dernes et à l'exactitude des divisions, est la seule erreur redoutable dans les observations azimutales.

Niveau. — Un niveau à bulle d'air N sert à déterminer l'inclinaison de l'axe de rotation de la lunette; il est divisé en 60 parties de 2 millimètres de longueur, le zéro étant situé à l'une des extrémités du tube, du côté de la vis de réglage; la valeur angulaire de chaque division est voisine de 30^u.

Microscopes. — L'alidade porte, en outre, une petite loupe *l* et un index pour la lecture des grades et dizaines de minutes, et quatre microscopes M à micromètre équidistants, montés sur des bras inclinés à 45 degrés et dont les axes sont normaux à la surface conique de la graduation; les réticules sont semblables à celui que nous avons décrit plus haut; les tambours micrométriques sont divisés en 100 parties; un peigne permet de compter les tours. Deux tours et demi de la vis ou 250 parties du tambour correspondent à l'intervalle de deux traits ou 1000 secondes. Chaque tour de la vis vaut 4' et chaque division du tambour 4''.

Éclairage des divisions. — Le mode d'éclairage des divisions du limbe est très-ingénieux; à cet effet, le tube de chaque microscope porte, vers sa partie inférieure, un miroir parabolique argenté, mobile autour d'un axe horizontal *h*, et percé à son sommet d'une ouverture suffisante pour laisser passer les rayons réfléchis par le limbe. Ce miroir, convenablement placé, renvoie sur la graduation les rayons sortis normalement de l'une des petites faces d'un prisme à angle droit, dont l'hypoténuse, située du côté opposé au microscope, est inclinée à 50 grades sur chacune de ses faces et sur l'horizon. C'est donc la lumière zénithale qui éclaire le limbe, et, de la sorte, il n'y a pas à craindre, dans le pointé des traits, de phases résultant d'incidences lumineuses variables.

Pince et vis de rappel. — L'alidade se prolonge suivant un châssis C' à fenêtre rectangulaire, qui embrasse la pince ajustée sur l'anneau circulaire du pied de l'instrument; une vis de rappel V', dont le châssis est l'écrou, vient buter par sa pointe contre une face verticale de la mâchoire supérieure de cette pince, contre laquelle vient buter aussi, du côté opposé, un ressort à boudin *p* fixé au châssis. La vis de la pince étant serrée, le cercle non gradué et l'alidade sont solidaires; en tournant la vis de rappel, le châssis se déplace, et par suite l'alidade, et le ressort est comprimé ou allongé, suivant le sens du mouvement imprimé à la vis; mais, à chaque instant de son action, il maintient la pointe de la vis contre la pince. On n'a donc pas à craindre, comme avec les vis de rappel de Gambey, qu'il se produise, après les pointés, des ressauts brusques provenant des temps morts des pas de vis ou des jeux des boulets et des calottes sphériques.

La description de l'instrument sera complète, si nous ajoutons que, lorsqu'il est en station, il repose par ses trois vis calantes sur le fond de rainures longitudinales en forme de V, pratiquées dans des galets en acier fondu, dirigées vers le centre du cercle et dans lesquelles on verse du suif fondu pour empêcher l'oxydation des pointes.

§ 2. — Détermination des constantes instrumentales.

Ces constantes sont :

1° Valeur angulaire des divisions du niveau;

2° Valeur angulaire du pas de la vis micrométrique de l'oculaire.

1° *Valeur angulaire des divisions du niveau.*

Pour déterminer le nombre de secondes d'arc correspondant à chaque division linéaire d'un niveau à bulle d'air, on emploie un petit appareil représenté dans les *fig.* 5, 6 et 7, et appelé *éprouvette à niveau.* Il se compose de deux larges règles en sapin verni R, R', réunies à l'une de leurs extrémités par un axe A autour duquel tourne la règle supérieure, quand on fait mouvoir une vis micrométrique V qui la traverse et qui s'appuie sur la règle inférieure. Deux petits coussinets C, C, taillés en forme de V, peuvent glisser sur la règle supérieure et servent à supporter le niveau N maintenu dans sa monture métallique. Si l'on désigne par W le pas de la vis micrométrique et par d sa distance à l'axe de rotation, la tangente de l'angle correspondant à un pas de la vis sera égale à $\dfrac{W}{d}$, et cet angle sera exprimé en secondes par le terme $\dfrac{W}{d}\,\dfrac{1}{\sin 1''}$. Si T est le nombre des divisions du tambour de la vis, chacune d'elles vaudra, en secondes,

$$\frac{W}{d}\,\frac{1}{\sin 1''}\,\frac{1}{T},$$

et si, par expérience, on trouve que n divisions du niveau correspondent à t divisions du tambour, la valeur angulaire d'une division du niveau sera donnée par l'expression

$$\alpha'' = \frac{W}{d}\,\frac{1}{\sin 1''}\,\frac{1}{T}\,\frac{t}{n}.$$

Dans la pratique, on opère comme il suit : l'appareil étant placé sur un pilier bien solide, dans une chambre de température constante et abritée des courants d'air, on assujettit le niveau sur la règle supérieure, parallèlement à l'axe, et l'on amène la bulle vers l'une des extrémités du tube, en agissant sur la vis micrométrique ; lorsque la bulle est stationnaire, on fait les lectures du tambour et des deux extrémités de la bulle. On fait ensuite tourner la vis d'un nombre déterminé de parties, et l'on répète la même opération ; on continue ensuite en faisant tourner la vis de quantités égales, jusqu'à ce que la bulle soit parvenue vers l'extrémité opposée du tube. On fait ensuite une autre série de mesures en opérant en sens inverse, et l'on recommence plusieurs fois la même opération, autant que possible à des jours différents.

La marche des observations montre si le niveau est bien gradué dans

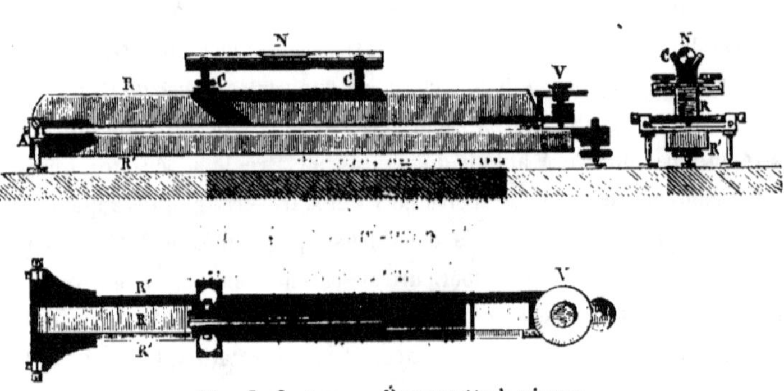

Fig. 5, 6 et 7. — Éprouvette à niveau.

ses différentes parties et si sa courbure est uniforme. En les considérant dans leur ensemble et traitant les résultats obtenus par la méthode des moindres carrés, on obtient, pour la région utile de la fiole, le nombre le plus probable de divisions du niveau correspondant à un nombre déterminé de divisions du tambour, d'où l'on déduit, par la formule précédente, la valeur angulaire cherchée.

Mesure de l'inclinaison d'un axe. — Cette valeur connue, on peut déterminer par le niveau l'inclinaison de l'axe de rotation de la lunette.

Supposons que le zéro de la graduation soit au centre, et soient D, G les lectures faites aux extrémités de droite et de gauche de la bulle, le niveau étant posé sur l'axe dans la position *tête de vis à droite*.

Retournons le niveau, et soient D′, G′ les lectures de droite et de gauche dans la nouvelle position. En désignant par 2B la longueur de la bulle supposée constante, par y l'inclinaison de l'axe, supposée positive quand le tourillon de droite est plus élevé, par x l'erreur du niveau, on aura

$$D = B + y + x,$$
$$G = B - y - x,$$

et

$$D' = B + y - x,$$
$$G' = B - y + x;$$

d'où l'on déduit, en parties du niveau,

$$y = \frac{1}{4}\left(\overline{D + D'} - \overline{G + G'}\right),$$
$$x = \frac{1}{4}\left(\overline{D - G} - \overline{D' - G'}\right).$$

Ainsi, deux couples de lectures faites dans les deux positions directe et inverse du niveau suffisent pour donner à la fois l'inclinaison de l'axe et l'erreur du niveau.

Si la graduation va en croissant d'une extrémité à l'autre, de zéro à 2M, et c'est le cas de notre niveau, il est facile de voir qu'on aura, en secondes d'arc,

$$y_1 = \frac{1}{4}\left(\overline{D - D'} - \overline{G - G'}\right)\alpha'',$$
$$x_1 = \left\{ M - \frac{1}{4}\left[(D + D') + (G + G')\right] \right\}\alpha''.$$

Dans la valeur de y_1, les différences $D - D'$ et $G - G'$ sont toujours prises positivement.

2° *Valeur angulaire du pas de la vis micrométrique de l'oculaire.*

Pour la déterminer, on mesure d'abord, avec une très-grande précision, à l'aide du cercle azimutal, un petit angle compris entre deux signaux bien nets et très-éloignés, et, cela fait, on mesure de nouveau cet angle au moyen de la vis micrométrique, en pointant les deux signaux un grand nombre de fois et opérant successivement dans différentes régions de la vis, et surtout dans la partie moyenne qui est le plus fréquemment em-

33.

ployée. Si l'on désigne par A l'angle mesuré exprimé en secondes centésimales, par N le nombre de tours et de fractions centésimales de tour, on obtiendra, pour la valeur d'un tour de la vis, $\frac{A}{N}$, et la valeur angulaire d'une partie du tambour, d'ordinaire désignée par la lettre K, sera égale à

$$K = \left(\frac{A}{100\,N}\right)''.$$

Méthode d'observation. — L'instrument est réglé et calé comme un théodolite ordinaire ; l'index azimutal marquant α et le niveau étant placé sur l'axe parallèlement à deux vis calantes du pied, on amène la bulle entre ses repères, au moyen de ces deux vis. On retourne ensuite le niveau sur l'axe et l'on ramène la bulle, en agissant moitié avec les vis calantes, moitié avec la vis de réglage du niveau. Cela fait, on déplace l'alidade de 100 grades, de manière que la lecture de l'index soit $100 + \alpha$, et, en agissant sur la troisième vis calante, on ramène encore la bulle au centre de la fiole.

L'axe de l'instrument est alors situé dans deux plans verticaux, et, par suite, est vertical. Par construction, l'axe de rotation de la lunette est parallèle au plan du limbe qui est perpendiculaire à l'axe vertical, et l'on peut s'assurer que cette condition est très-près d'être satisfaite, en portant l'alidade à 200 grades de sa position primitive et observant le niveau.

Les tambours des microscopes étant réglés, comme on l'a indiqué plus haut, et la lunette étant mise au point, l'observateur détermine le V_0, c'est-à-dire la position de la vis pour laquelle le centre du carré des fils forme avec le centre optique de l'objectif une direction perpendiculaire à l'axe de rotation de la lunette.

Détermination du point V_0 de la vis. — A cet effet, l'alidade étant fixée dans une position invariable, on pointe, vingt fois par exemple, avec la vis oculaire, l'image d'un objet bien défini, et l'on fait les lectures de la vis. Soit V_1 la moyenne de ces lectures. On retourne ensuite la lunette dans ses collets, et l'on pointe de nouveau le même objet un même nombre de fois, en lisant le tambour de la vis à chaque pointé ; soit V_2 la moyenne de ces vingt pointés. La position du V_0 sera donnée par l'expression

$$\frac{1}{2}(V_1 + V_2).$$

Les deux positions de la lunette sont désignées par les positions correspondantes du tambour : première position ou tambour à droite; seconde position ou tambour à gauche.

Comme on le voit, ce que nous appelons V_0 désigne la lecture de la vis, pour laquelle les fils ont la position qu'ils devraient avoir si le réticule était fixe.

La position du V_0 peut être déterminée avec une extrême exactitude ; elle varie très-peu d'un jour à l'autre et pendant toute la durée d'une station ; pour des séries comprises entre deux mesures du V_0 peu différentes entre elles, on peut prendre soit la moyenne des deux mesures, soit des valeurs calculées par interpolation, en supposant la variation de V_0 proportionnelle au temps.

Tours d'horizon ou séries. — A chaque station, on procède par tours d'horizon ou séries; toutes les directions observées sont rapportées à une direction initiale qui est une des directions du réseau géodésique et qui tient lieu du point auxiliaire que les Anglais appellent *refering point* ou *point de référence*.

Chaque tour d'horizon, commençant par un pointé sur la direction initiale, est suivi de pointés sur les autres directions et se termine par un pointé nouveau sur la première direction, afin de vérifier qu'il n'y a pas eu d'entraînement du limbe. On retourne ensuite la lunette et l'on recommence la même série en déplaçant l'alidade en sens inverse. L'ensemble de ces deux groupes d'observations, *tête de vis à droite,* sens direct, et *tête de vis à gauche,* sens inverse, constitue une série complète, correspondant à une origine donnée du limbe.

Pour chaque direction, on lit le niveau dans les deux positions directe et inverse ; la vis étant au V_0 et l'objet étant pointé une première fois avec la vis de rappel de l'alidade au centre du carré des fils, on effectue les lectures de l'index et des quatre microscopes, puis on pointe l'objet avec la vis micrométrique de l'oculaire un certain nombre de fois, 10 fois par exemple, et en lisant chaque fois le tambour; le pointé s'effectue soit en amenant l'objet au centre du carré des fils, soit en le bissectant alternativement par les deux fils verticaux; la moyenne générale des lectures de la vis donne la position V des fils pointés sur l'objet, correspondant à la lecture unique faite sur le limbe.

La première série terminée et la lunette restant pointée sur l'objet initial, on desserre les vis qui fixent le limbe et on le fait tourner de l'angle voulu, 5 grades par exemple, si l'on veut obtenir vingt séries, de manière à avoir successivement des origines équidistantes. On serre ensuite les vis butantes du limbe, ainsi que la pince de l'alidade, et l'on peut alors commencer la deuxième série.

Les observations sont présentées sous forme de tableau, que chaque observateur peut disposer à sa façon et qui comprennent le détail des lectures et toutes les circonstances particulières qui méritent d'être notées.

En principe, toutes les observations sont considérées comme ayant le même poids, à moins qu'une remarque de l'observateur sur une observation en particulier ne la condamne à être rejetée. Sans contredit, les observations faites dans des circonstances favorables ont plus de valeur que d'autres observations prises dans de moins bonnes conditions, mais chercher à leur assigner des poids relatifs est un problème qui n'est pas susceptible d'être résolu. Le meilleur parti à prendre est de n'opérer que dans des circonstances favorables.

§ 3. — Réduction des observations.

1° *Réduction relative à l'inclinaison de l'axe de rotation.*

Soit HH′ l'axe optique de collimation nulle, lorsqu'il est horizontal ; si l'axe de rotation de la lunette est horizontal, l'axe optique décrit un plan vertical qui coupe la sphère suivant un grand cercle ZHNH′ ; si l'axe de rotation s'incline d'un angle i, l'axe optique décrira un plan H Z_1 H′, faisant avec le premier un angle égal à i. Dans ce dernier cas, soient E le point visé et ZCN (*fig.* 8) la trace, sur le plan de la figure, du plan mené perpendiculairement au diamètre HH′. Z étant le zénith de la station, en menant l'arc de grand cercle ZEE′, on obtient sur le limbe horizontal en E′ le point qui donne la direction CE′ ou l'azimut vrai du point E ; et, comme la lecture s'opère suivant le rayon CH, l'erreur commise sur la lecture du limbe est égale à l'arc HE′.

Or, dans le triangle HEE′, rectangle en E′, on a

$$\cos(90 - i) = \frac{\tang HE'}{\tang EE'} ,$$

d'où

$$\tan x = \sin i \cot Z,$$

et, comme x et i sont de petits angles, la correction due à l'inclinaison sera donnée en secondes, sans erreur appréciable, par l'expression

$$x'' = i'' \cot Z.$$

Le signe de x varie évidemment avec le sens de la graduation du cercle.

Fig. 8.

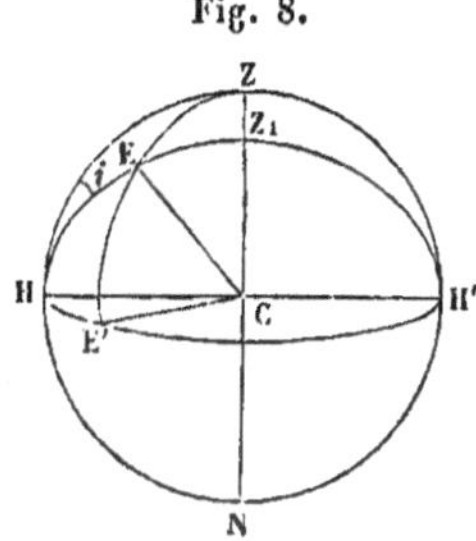

La formule précédente convient à tous les cas pour le cercle que nous avons décrit en considérant l'inclinaison de l'axe de rotation comme positive, lorsque le tourillon de droite est le plus élevé, et calculant l'inclinaison, en grandeur et en signe, par l'expression donnée plus haut.

2° *Réduction relative aux pointés faits avec la vis micrométrique ou correction de collimation.*

Soient V_0 le point de collimation nulle et V le point de la vis auquel on a effectué le pointé au fil mobile, c'est-à-dire la moyenne des lectures de la vis pour les pointés successifs sur un signal E.

Par l'axe optique de la lunette (*fig.* 9), imaginons un plan perpendiculaire à l'axe de rotation supposé horizontal et coupant la sphère suivant un grand cercle vertical ZHN, et soit CE la direction de l'objet visé en E, au point V de la vis. Si par le zénith Z nous menons l'arc de grand cercle ZE, qui coupe l'horizon en e, l'arc He, qui mesure l'angle en Z, est évidemment la correction cherchée, ou la quantité dont il faut corriger la lecture faite sur le limbe pour la ramener à ce qu'elle eût été, si l'objet avait été pointé au point V_0 de la vis. Pour trouver cette correction, abaissons du point E l'arc de grand cercle EE′ perpendiculaire sur HZ : cet arc mesure évidemment l'erreur de collimation et a pour expression en secondes le produit $K(V - V_0)$. En appelant z la distance zénithale ZE, le triangle ZEE′ donne

$$\sin EZE' = \frac{\sin EE'}{\sin ZE},$$

ou bien

$$\sin x = \frac{\sin K(V - V_0)}{\sin z};$$

d'où l'on tire, sans erreur appréciable, la valeur de x en secondes

$$x'' = \frac{K(V - V_0)}{\sin z}.$$

Il reste maintenant à déterminer le signe de la correction.

Avec l'instrument que nous avons décrit, lorsque le tambour micrométrique est à droite, les lectures augmentent à mesure que le fil se rap-

Fig. 9.

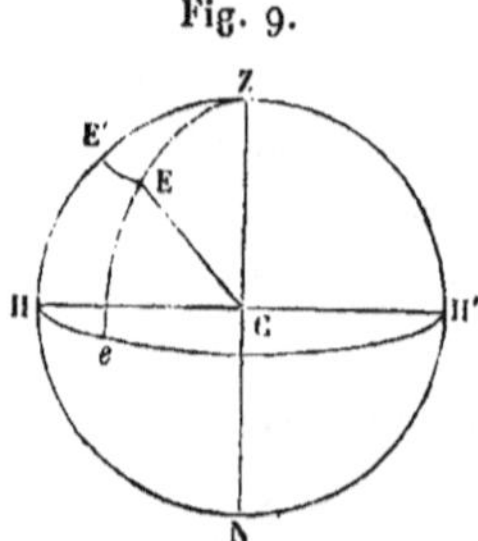

proche du tambour. Si donc $V > V_0$, l'axe optique correspondant à V dévie à gauche ; pour pointer l'objet au point V_0 de la vis, il faudrait faire tourner la lunette de la quantité x'' et dans le sens même des divisions ; la correction est donc, dans ce cas, positive. Elle serait négative si le tambour était à gauche, comme cela a lieu dans la position inverse de la lunette. En considérant de même le cas où $V < V_0$, on verra facilement que le signe *plus,* dans la formule qui donne la valeur de x, s'applique encore pour la position du tambour à droite et le signe *moins* dans la position du tambour à gauche.

La correction cherchée est donc donnée, en grandeur et en signe, par l'expression

$$\pm \frac{K}{\sin z} (V - V_0)' \quad \left\{ \begin{array}{l} \text{tambour à droite,} \\ \text{tambour à gauche.} \end{array} \right.$$

Le terme $\dfrac{1}{\sin z}$ est généralement négligeable en Géodésie, et, comme le terme $V - V_0$ ne dépasse jamais une ou deux parties du tambour, on peut calculer une Table donnant les valeurs du terme $K(V - V_0)$, de manière à obtenir directement la correction cherchée.

3° *Correction des microscopes.*

Cette correction, que nous désignerons par C, est calculée comme il a été dit plus haut, d'après les résultats fournis par la tare des microscopes.

En résumé, si, pour une direction déterminée, L est la lecture sur le limbe, la lecture réduite sera égale à

$$L + i'' \cot z \pm K'' (V - V_0) + C \quad \left\{ \begin{array}{l} \text{tambour à droite,} \\ \text{tambour à gauche.} \end{array} \right.$$

Les réductions faites, afin de mieux mettre en évidence la marche des résultats, on ramène toutes les lectures à ce qu'elles seraient, si la lecture correspondant à l'objet initial était à l'origine zéro du limbe, ce qui s'obtient, pour chaque série, en retranchant de la lecture de chaque direction la lecture sur l'objet initial, et l'on forme alors un tableau général des directions observées. En prenant la moyenne des vingt résultats pour chaque direction, on obtient enfin les directions les plus probables correspondant à chaque objet visé, qu'on présente de la manière suivante.

Exemple tiré de la nouvelle méridienne de France.

		G	"
	Puy de Gué.......	0.0000,00	
	Meymac..........	32.1774,79	
Station de Bort.....	Aubassin..........	121.1762,85	
	Bastide...........	146.5806,82	
	Puy Violent.......	193.4725,49	
	Puy de Gué.......	399.9999,80	

Erreur moyenne d'une direction. — On démontre, par le Calcul des probabilités, que si l'on désigne par n le nombre des séries, par $\Sigma \varepsilon^2$ la somme des carrés des écarts de chaque valeur individuelle autour de la moyenne générale, l'erreur moyenne d'une direction isolée, ou d'une mesure simple, est représentée par l'expression

$$E = \pm \sqrt{\frac{\Sigma \varepsilon^2}{n-1}},$$

et que l'erreur moyenne de la moyenne des n observations est égale à

$$l = \pm \frac{E}{\sqrt{n}} = \pm \sqrt{\frac{\Sigma \varepsilon^2}{n(n-1)}},$$

L'erreur moyenne E donne la mesure du degré de précision des observations ; dans les opérations relatives à la nouvelle méridienne de France, cette erreur est réduite à $1'',5$, ou $\frac{1}{3}$ environ de seconde de degré.

Les méthodes qu'on emploie actuellement pour le calcul d'une triangulation et la compensation d'un réseau géodésique font intervenir les directions et non les angles géodésiques ; ces méthodes sont exposées dans les Mémoires de l'Association géodésique internationale, auxquels nous renvoyons nos lecteurs.

Si l'on se contente des méthodes plus simples exposées dans l'Ouvrage de M. Francœur, les tableaux semblables au précédent font connaître, par de simples différences, toutes les combinaisons possibles des directions, c'est-à-dire tous les angles qui peuvent entrer dans les calculs.

III. — DES SIGNAUX SOLAIRES ET DES SIGNAUX DE NUIT.

Les signaux en maçonnerie ou en charpente, autrefois employés dans les opérations géodésiques du premier ordre, présentent des inconvénients notables :

1° Pour qu'ils soient bien visibles aux distances géodésiques, il est nécessaire de leur donner de grandes dimensions, ce qui entraîne parfois des difficultés et souvent des dépenses considérables.

2° Il est rare d'obtenir des signaux bien réguliers et de réaliser d'une manière parfaite la coïncidence du centre de la station avec la projection du centre de la mire.

3° Le pointé des signaux éloignés laisse toujours quelque indécision, provenant de ce que les images sont d'un gris d'autant plus pâle que les signaux sont plus éloignés, et la teinte noire du fil du réticule les affaiblit encore par un effet de contraste.

4° Enfin les effets dus aux phases de ces signaux ne peuvent guère se calculer d'une manière bien précise.

C'est pour affranchir les observations du premier ordre des erreurs résultant des imperfections des signaux ordinaires et pour pouvoir observer à des distances quelconques, que Gauss introduisit dans la pratique de la Géodésie l'usage des signaux solaires.

Le principe des signaux solaires est extrêmement simple (*fig.* 10).

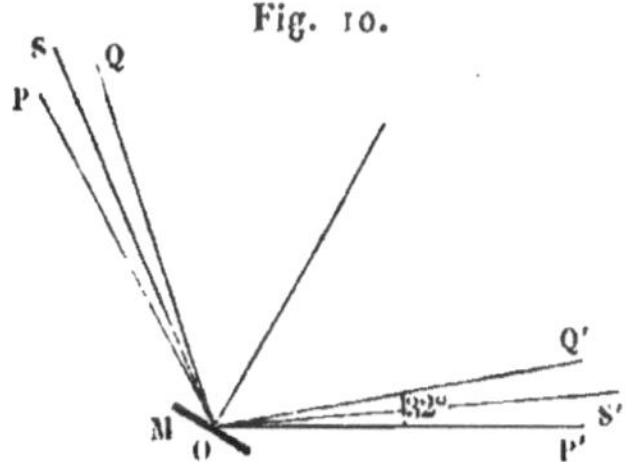

Fig. 10.

Imaginons qu'on expose aux rayons du Soleil une glace plane M argentée sur l'une de ses faces; les rayons incidents en un point quelconque O forment un cône droit dont l'axe est la ligne qui joint le point O au centre S du Soleil et dont l'angle au sommet POQ est égal au diamètre apparent de l'astre, soit 32′ de degré environ. Les rayons formeront, après leur réflexion sur la glace, un cône droit de même amplitude que le premier et dont l'axe sera le rayon réfléchi OS′, correspondant au rayon incident OS.

Ce que nous venons de dire pour le point O s'applique à tous les autres points de la glace, qui devient aussi le lieu des sommets d'une infinité de cônes lumineux tous d'égale amplitude, de même orientation et superposant leurs effets pour éclairer une certaine région de l'espace, qu'on peut, dans la pratique, et à une grande distance, considérer comme se confondant avec l'un quelconque des cônes réfléchis.

Tous les points de l'espace compris à l'intérieur du faisceau réfléchi verront le Soleil, dans la direction de la glace réfléchissante, sous la forme d'une étoile brillante, et l'effet lumineux sera sensiblement le même pour l'observateur que s'il regardait directement une portion du Soleil sous-tendant un angle égal au diamètre apparent du miroir.

Si, en outre, la glace est ajustée de manière à pouvoir prendre une position quelconque autour de son centre supposé fixe, on pourra, en lui imprimant des déplacements convenables, diriger le faisceau lumineux dans une direction constante et illuminer ainsi sans interruption toute une région de l'espace. Les instruments construits à cet effet portent le nom d'*héliostats* ou d'*héliotropes*. Nous décrirons d'abord l'héliotrope imaginé par Gauss.

Héliotrope de Gauss. — Cet instrument repose sur l'emploi de deux miroirs perpendiculaires l'un à l'autre et réfléchissant la lumière du Soleil dans deux directions opposées.

Soient, en effet, M et N ces deux miroirs, SA un rayon lumineux venant d'un point très-éloigné et tombant normalement sur l'arête A (*fig.* 11);

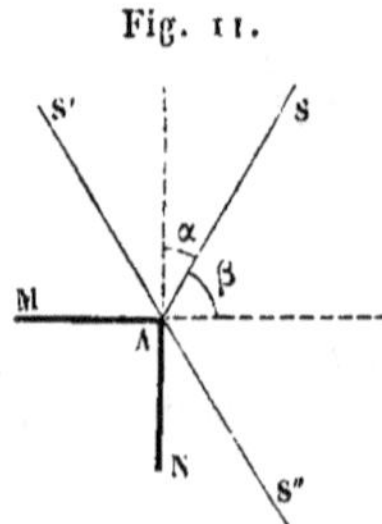

Fig. 11.

ce rayon se réfléchira sur M suivant AS′ et sur N suivant AS″, et, comme $\alpha + \beta = 100^G$, on voit aisément, par l'égalité des angles d'incidence et de réflexion, que $S'AS'' = 2^{dr}$, c'est-à-dire que les trois points S′AS″ sont en ligne droite.

Si donc on suppose le Soleil en S, deux observateurs placés en S′ et S″ verront son image suivant les deux directions S″, S′, qui sont en ligne droite avec le point A.

La direction AS′ étant donnée par une lunette braquée au point S″ sur le point S′, en inclinant le système des miroirs de manière à percevoir l'image du Soleil produite par le miroir N au centre du réticule, on sera assuré que les rayons réfléchis par le miroir M iront éclairer le point S′.

L'héliotrope du système de Gauss, perfectionné par M. Brunner (*fig.* 12

et 13), se compose d'une lunette de 4 centimètres d'ouverture, et de 0^m,50 de distance focale, portée par deux collets qui s'élèvent aux extrémités d'une règle horizontale HHH et qui peut tourner dans des coussinets, soit rapidement si l'on enlève une chape qui peut pivoter autour du point n, soit lentement au moyen d'une vis sans fin V, fixée à la chape et qui engrène avec les dents d'un disque fixé au tube de la lunette, lorsqu'on serre la pince P et qu'un ressort à boudin disposé à cet effet peut exercer son action.

Au-devant de l'objectif s'avancent deux bras B, B fortement vissés à la monture, qui soutiennent le système des deux miroirs M et N disposés à angle droit et mobiles autour de l'axe A au moyen d'un pignon H qui engrène avec un quadrant denté DD.

Toute la partie supérieure de l'instrument peut tourner rapidement à la main, quand la pince P′ est desserrée, ou lentement quand on arrête le cercle CC avec cette pince et qu'on agit sur la vis de rappel V′. Trois vis calantes permettent de diriger l'axe optique de la lunette sur les directions à illuminer, qui sont d'ordinaire peu inclinées sur l'horizon.

Pour mettre l'instrument en station, on desserre la pince P′ et l'on amène la lunette à peu près dans la direction du point à éclairer : la pince étant serrée, au moyen de la vis de rappel V′, on pointe exactement l'objet à la croisée des fils du réticule. En faisant tourner la lunette dans ses collets, rapidement d'abord par le soulèvement de la chape, puis lentement au moyen de la vis sans fin V, et combinant ces deux mouvements avec le mouvement des miroirs par le pignon H, on amène l'image du Soleil réfléchie par le miroir N et observée à travers un verre coloré, à coïncider avec la croisée des fils.

Pour que le miroir brille sans interruption, l'aide chargé de la manœuvre de l'héliotrope doit suivre le mouvement du Soleil et ramener constamment son image à la croisée des fils, en agissant simultanément sur la vis V et sur le pignon H.

Remarquons que le miroir tourné vers l'objectif ne réfléchissant la lumière qu'à une courte distance, on se contente, pour ne pas fatiguer outre mesure l'œil de l'observateur, de noircir ou de polir mat la face postérieure de la glace, au lieu de la recouvrir d'étain.

Pour que l'héliotrope fonctionne bien, il faut et il suffit :

1° Que l'axe optique de la lunette coïncide avec son axe de figure ;

2° Que cet axe soit perpendiculaire à l'axe commun aux deux miroirs ;

3° Que les faces réfléchissantes soient planes et normales entre elles.

Des vis de rectification permettent de réaliser ces trois conditions.

D'autres héliotropes ont été imaginés par Baeyer, par Steinheil; nous nous contentons de décrire le plus simple de tous, celui que nous avons fait

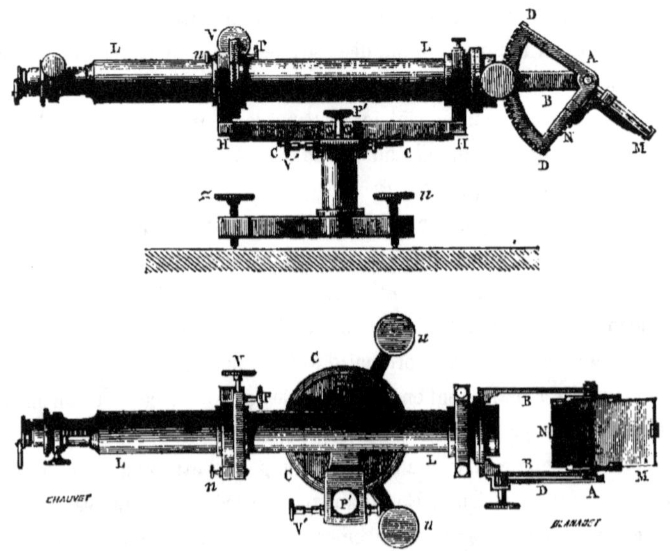

Fig. 12 et 13. — Héliotrope de Gauss.

construire par M. Brunner pour les opérations de la nouvelle méridienne de France.

Héliotrope simple. — Ce petit appareil est représenté *fig.* 14. Il se compose d'un miroir argenté, ajusté dans un cadre métallique porté par un axe horizontal; cet axe est monté sur une large fourchette dont la règle horizontale fait corps avec un axe vertical engagé dans une forte colonne creuse qui s'élargit à la base en un plateau circulaire épais, pourvu de trois vis de support.

Par construction, le point d'intersection des deux axes de rotation du petit système coïncide avec le centre de la surface réfléchissante du miroir, et l'axe vertical prolongé rencontre le plan de support au centre du cercle déterminé par les pointes des trois vis.

Des obturateurs de diverses dimensions permettent de réduire la surface
du miroir ; une petite ouverture ronde de 2 millimètres de diamètre est

Fig. 14. — Héliotrope simple.

pratiquée au centre de la glace et se prolonge à travers le cadre métallique.

Fig. 15.

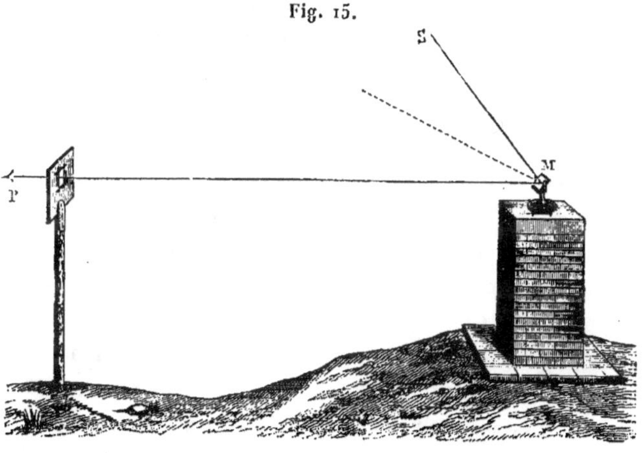

En chaque point géodésique, l'appareil est installé au centre même de
la station sur un support fixe, et deux aides sont chargés de l'orienter et

de le diriger, de manière à éclairer constamment la station où se trouve l'observateur. A cet effet, l'un d'eux, ramenant la glace verticalement en face du point à illuminer, place son œil en arrière de la petite ouverture et indique à son camarade, à une distance de 5 à 6 mètres, le point de passage de la ligne qui va vers l'observateur ; à ce point, on enfonce dans le sol un fort poteau sur lequel on visse une planchette percée d'une ouverture ronde de 12 centimètres de diamètre, dans une position telle que la ligne, allant du centre du miroir au centre de l'ouverture repérée par un carré de fils en cuivre, aille rencontrer le mouvement de terrain sur lequel l'observateur est en station (*fig.* 15).

Les deux aides n'ont plus qu'à se préoccuper de maintenir l'image lumineuse au centre du trou de la planchette qui est peinte en noir et à vérifier de temps en temps, surtout après les grands vents, si la planchette n'est pas dérangée.

Apparence des signaux solaires. — Les signaux héliotropiques produits par une glace ayant 1 décimètre carré de surface seulement apparaissent comme des étoiles parfois très-éclatantes et sont visibles à des distances énormes ; on les aperçoit sans peine, à l'œil nu, même par un soleil presque voilé, jusqu'à 30 ou 40 kilomètres.

Vus à travers une lunette, les signaux solaires donnent, aux heures favorables de la journée, des images lumineuses arrondies, petites et fixes, qui offrent un pointé facile et sûr, d'une précision comparable à celle que fournissent les étoiles.

Mais il arrive, comme avec les signaux ordinaires, que tous les instants de la journée ne sont pas également propices aux observations. Habituellement, il se produit dans une même journée deux périodes où les images sont calmes et réduites, et une période intermédiaire où elles sont au contraire fortement agitées, colorées et trop agrandies pour être pointées sûrement. La première période de calme, généralement assez courte, se produit vers le matin, après le lever du Soleil, au moment où les couches d'air sont superposées par ordre de densité et en état d'équilibre stable ; mais, à mesure que le Soleil s'élève au-dessus de l'horizon, il se développe dans l'atmosphère des courants ascendants et descendants qui font dévier la trajectoire des rayons lumineux ; les images commencent bientôt à osciller en tous sens, à se dilater en prenant des formes bizarres, et il est alors impossible de les pointer sûrement ; dans les heures voisines de midi, elles sont comme affolées, et la dispersion de la lumière est souvent telle, qu'on a peine à découvrir une apparence lumineuse.

Un peu plus tard, apparaissent des images grosses, arrondies et mates, qui deviennent de plus en plus brillantes, diminuent d'étendue et prennent peu à peu la forme d'un disque de 40" à 50" de diamètre, dont le mouvement ondulatoire devient si faible qu'on peut le pointer avec exactitude. Cette période de calme se produit à des heures variables, mais généralement après l'instant de maximum de température, vers 4 ou 5 heures en été, sous l'influence d'un nouvel état d'équilibre de l'atmosphère, et elle dure jusqu'au coucher du Soleil.

Observations et signaux de nuit. — La condition d'équilibre des couches superposées de l'atmosphère, nécessaire à la production d'images fixes et réduites, étant plus souvent réalisée pendant la nuit que pendant le jour, nous avons été, dans ces derniers temps, conduit à supposer que les observations de nuit, réputées jusqu'alors peu précises, méritaient de fixer l'attention du géodésien. Nous avons fait à ce sujet, en collaboration avec M. le capitaine Bassot, des observations absolument concluantes, qui prouvent que la précision des observations de nuit est égale, sinon supérieure, à celle des observations de jour.

Pour produire les signaux de nuit, nous employons de petits appareils, dont la première idée est due à M. Maurat et connus sous le nom de *collimateurs optiques*, et du modèle imaginé par le commandant Mangin pour les besoins de la télégraphie optique.

Collimateurs optiques. — Ces appareils sont représentés *fig.* 16. Supposons-les d'abord réduits à leurs éléments essentiels ; MN est une lunette plan-convexe montée sur l'une des petites faces verticales d'une boîte prismatique en tôle. F est le foyer principal de cette lentille, situé sur la face opposée de la boîte, au centre d'une ouverture ronde. Si l'on dirige la lentille vers un point lumineux situé à l'infini, les rayons réfractés par MN viendront former leur foyer en F et divergeront ensuite. Si l'on interpose sur le trajet de ces rayons, en arrière du point F, en O, une petite lentille biconvexe *mn*, ou un système convergent approprié, ils viendront de nouveau converger en un point S dont la distance au

F. — *Géodésie.*   34

point O sera donnée par la relation connue des foyers conjugués

$$\frac{1}{FO} + \frac{1}{SO} = \frac{1}{f}.$$

Inversement, si, au point S, on suppose placé un point lumineux, les rayons émanés de ce point viendront former leur foyer en F, qui devient ainsi un centre de rayonnement, traverseront ensuite la lentille et en sortiront dans des directions parallèles à l'axe.

Tel est le principe des collimateurs optiques. Dans l'appareil du commandant Mangin, employé au Dépôt de la Guerre, l'objectif plan-convexe

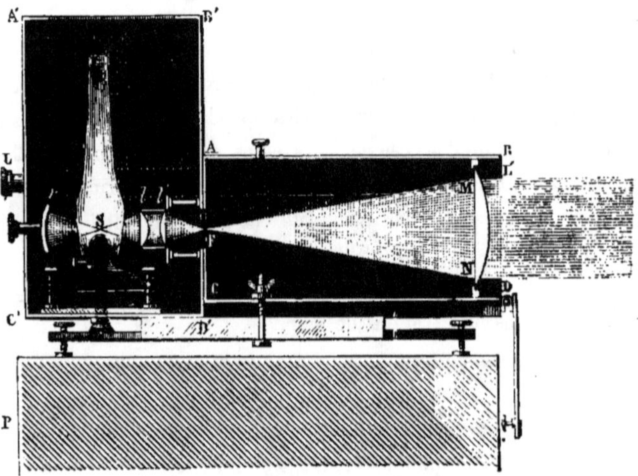

Fig. 16. — Collimateur optique.

a 20 centimètres d'ouverture libre et 60 centimètres de distance focale; l'ouverture ronde focale, dont le point F est le centre, est de $0^m,006$. La petite lentille biconvexe *mn* est remplacée par un système optique convergent formé de deux lentilles l, l' plan-convexes, se présentant mutuellement leurs convexités, système qui fonctionne d'ailleurs comme une lentille unique, mais est plus favorable à la netteté des images et n'entraîne aucune diffusion de lumière. La source lumineuse est une lampe à pétrole à mèche plate; dans ce cas, le foyer lumineux, au lieu d'être un point unique, est l'ouverture focale même, dont chaque point illuminé produit un faisceau lumineux cylindrique parallèle à la ligne qui joint ce point au centre optique de l'objectif; l'ensemble de tous ces faisceaux constitue au loin un faisceau conique dont l'ouverture qui constitue le champ d'émission de l'appareil est évidemment égale à $\dfrac{0^m,006}{0,60}$ = environ un demi-degré.

L'appareil se décompose en deux boîtes, dont l'une ABCD porte les appareils optiques et en arrière de laquelle on accroche l'autre boîte A′B′C′D′ qui contient la lampe et la préserve de l'action du vent.

La boîte antérieure porte, en outre, une lunette terrestre appelée *lunette de réception,* qu'on peut régler au moyen de trois vis butantes, de manière à rendre son axe optique parallèle à l'axe du collimateur.

Enfin, à l'arrière de la source lumineuse S, est disposé un petit miroir sphérique *rr* ayant son centre de courbure au point S, au centre même de la flamme. Dans ces conditions, les rayons incidents sur le miroir *rr*, coïncidant avec les normales au miroir, sont réfléchis sur eux-mêmes pour repasser par la source et viennent renforcer le cône de lumière émis directement vers le système optique convergent.

Ajoutons que l'appareil est complété par un trépied muni de trois vis calantes, qui porte, en son centre, une forte vis verticale. Cette vis peut s'engager dans une ouverture pratiquée au centre de la face inférieure de la boîte ABCD. L'appareil ainsi centré peut tourner librement sur le trépied ou bien être fixé dans une position invariable au moyen d'un écrou.

Le réglage et la manœuvre de l'appareil sont très-simples et ne nécessitent aucune explication nouvelle.

Les images fournies par les collimateurs optiques se présentent dans d'excellentes conditions, la plupart du temps colorées en rouge, mais rondes, de teinte uniforme, ayant l'apparence de globes lumineux à contours bien limités et offrant une bissection sûre. Une période de trouble se manifeste après le coucher du Soleil et l'on voit alors se reproduire les phénomènes de dilatation et de sautillement des images; peu à peu cependant, les images se fixent, leur diamètre apparent se réduit à des proportions convenables et l'on entre bientôt dans la période de calme, qui se prolonge fort avant dans la nuit.

Visibilité. — On démontre facilement que, si l'on fait abstraction de l'atmosphère, l'amplification lumineuse due à l'objectif d'émission est

35.

égale au rapport $\dfrac{S}{s}$ de la surface de l'objectif à la surface de la flamme supposée circulaire; l'effet produit, pour un spectateur placé à une distance L, est le même que si l'on observait, à la même distance, une source lumineuse de même intensité spécifique i et d'une surface indéfinie placée en arrière d'un diaphragme circulaire de surface S.

On démontre aussi que, si l'on regarde l'objectif illuminé, à la distance L, avec une lunette dont l'objectif a une surface S′ et dont l'anneau oculaire est d'un diamètre inférieur à celui de la pupille de l'œil de l'observateur, le pouvoir amplificateur définitif est égal à $p = \dfrac{S}{s} \times \dfrac{S'}{\Sigma}$, Σ étant la surface de la pupille.

Pour donner une idée de l'amplification définitive obtenue, supposons que les objectifs d'émission et de réception aient respectivement $0^m,20$ et $0^m,053$ de diamètre, que le diamètre de la pupille soit de $0^m,004$ et que la flamme de la lampe à pétrole à mèche plate, vue de tranche, présente $0^m,002$ de largeur sur $0^m,03$ de hauteur.

On aura alors, en millimètres carrés,

$$S = 31416,$$
$$s = 60,$$
$$S' = 2122,$$
$$\Sigma = 12,6,$$

d'où
$$\frac{S}{s} = 523, \quad \frac{S'}{\Sigma} = 177,$$

d'où enfin
$$p = 523 \times 177 = 92571,$$

c'est-à-dire que l'on obtiendra le même effet que si l'on observait à l'œil nu à la même distance un disque de $1^m,30$ de diamètre, illuminé en tous ses points d'une lumière intense, comme celle que présente la flamme de la lampe à pétrole à mèche plate vue de tranche; mais, dans les calculs précédents, on a fait abstraction de l'atmosphère, qui réduit considérablement la portée des signaux de nuit et les empêche parfois d'être perceptibles, même à de petites distances.

Par les temps favorables, les signaux lumineux, obtenus avec l'appareil que nous avons décrit, sont visibles la nuit à l'œil nu, jusqu'à 50, 60 et même 80 kilomètres, c'est-à-dire aux plus grandes distances que comportent les triangulations terrestres ordinaires.

Station géodésique normale. — Nous désignons sous ce nom toute station où le rocher affleure, où le sol est résistant et d'où l'on découvre tous les points à viser, sans être obligé de s'élever au-dessus des objets environnants. A toute station de cette nature, on procède comme il suit :

Le centre de la station est repéré par un cylindre en cuivre c (*fig.* 17), scellé dans une borne de pierre de taille encastrée dans le rocher ou noyée dans des fondations larges et profondes, en maçonnerie de mortier et de moellons ; ce cylindre en cuivre porte gravés sur sa face supérieure, qui affleure celle de la borne, deux traits rectangulaires dont l'intersection est le centre de la station (*fig.* 18 et 19).

Au-dessus des fondations, on élève un pilier en pierres taillées ou en briques, ou bien on dresse un monolithe, de $1^m,15$ de hauteur au-dessus de son socle et de $0^m,60$ de côté, et l'on détermine avec la plus grande précision, par les moyens qu'on peut imaginer, le point où la verticale du repère coupe la surface supérieure du pilier. Autour de ce point comme centre, on décrit d'abord une circonférence de $0^m,08$ de rayon, sur laquelle viendront plus tard se poser les trois pointes de l'héliotrope, ensuite une deuxième circonférence de $0^m,28$ de rayon, qui détermine la position des vis calantes du cercle azimutal et de celles des collimateurs optiques. De la sorte on évite toute erreur de centre et toute réduction au centre de la station.

Pendant la période des observations, on fait dresser au-dessus du pilier une cabane portative à montants et traverses en bois, avec panneaux mobiles en toile pour préserver l'observateur et l'instrument des rayons du Soleil ; cette cabane est pourvue d'un plancher, afin d'empêcher tout ébranlement du sol dans le voisinage du pilier.

Pour obtenir, pendant le jour, l'éclairage zénithal des divisions du limbe, la cabane est fermée à la partie centrale du toit par une large glace dépolie, montée sur un cadre qu'on peut démonter à volonté. Pour les observations de nuit, la glace est enlevée et remplacée par un châssis au centre duquel est appendue une lampe ordinaire, surmontée d'un large réflecteur en porcelaine blanche qui projette la lumière, dans toutes les positions de l'alidade, à la fois sur les prismes à réflexion des microscopes et sur un petit miroir placé au-devant du centre de l'objectif, qui les renvoie dans l'intérieur de la lunette pour l'illumination du plan focal.

Parfois cependant, dans les pays plats et boisés, l'installation normale

que nous venons de décrire ne suffit pas. Il est nécessaire alors de faire
construire des signaux élevés pour assurer la visibilité d'une station à
l'autre; mais, même dans ces cas difficiles, c'est toujours un miroir qu'on
doit employer comme point de mire; les deux charpentes indépendantes

Fig. 17. — Pilier avec borne et repère.

dont se compose un signal servent alors à supporter, l'une l'observateur
et la baraque-abri; l'autre le cercle azimutal, le miroir ou le collimateur
optique.

Pour terminer ce qui concerne les opérations géodésiques du premier
ordre, disons que, grâce à la méthode et aux instruments employés,
elles ont acquis en France, dans ces dernières années, un très-haut degré
de précision. On peut, en effet, considérer comme réduite à une très-
petite fraction de seconde la partie non éliminée des erreurs de la lecture
et de la division; il en est de même de l'erreur du pointé. Aucune erreur

de centre ou de calcul de réduction au centre n'est à craindre. Toute cause d'erreur constante est détruite et il ne semble guère possible que l'exactitude des mesures actuelles puisse être beaucoup dépassée.

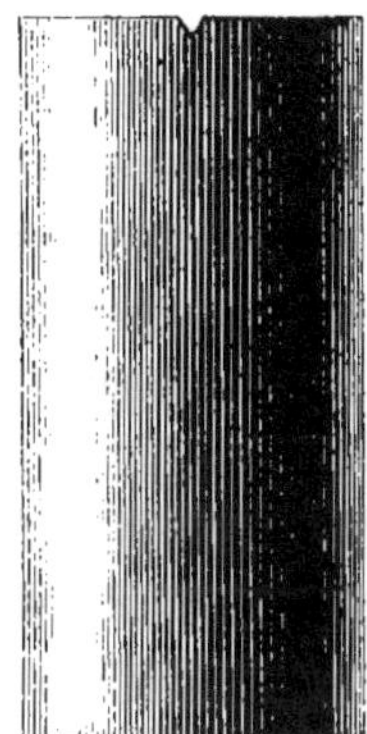

Fig. 18. — Repère en cuivre.

Des erreurs cependant, petites il est vrai, mais notablement supérieures à celles qu'on devrait attendre, erreurs que mettent en évidence les con-

Fig. 19.

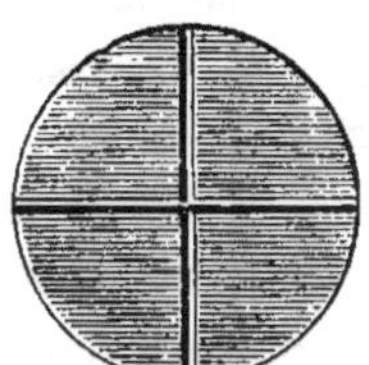

ditions géométriques auxquelles doit satisfaire une triangulation, subsistent encore dans les résultats. D'où proviennent-elles? Uniquement de la présence de l'atmosphère qui est le siége de mouvements incessants et au sein de laquelle les rayons lumineux subissent parfois des déviations latérales non définies. C'est en observant le jour et la nuit, en multipliant les pointés et les mesures dans des conditions favorables et variées, à des jours différents, en évitant les rayons rasants, que le géodésien doit chercher, à force de patience et d'habileté, à atténuer les effets perturbateurs de l'atmosphère.

V. — THÉODOLITE RÉITÉRATEUR EMPLOYÉ DANS LES OBSER-VATIONS GÉODÉSIQUES DU SECOND ORDRE.

Le théodolite réitérateur de Brunner, employé au Dépôt de la Guerre pour les opérations du second ordre, est représenté dans les *fig.* 20 et 21.

L'axe vertical de l'instrument est en acier et fait corps avec un pied en bronze muni de trois vis calantes c, c, c. Sur cet axe est monté à frottement doux un cercle AA, plein, divisé de 10 en 10 minutes, de $0^m,20$ de diamètre, qui peut être assujetti dans une position invariable ou rendu mobile autour de l'axe, au moyen des deux vis opposées V, V qui servent à serrer ou à desserrer les deux pinces P, P. Cette disposition permet de déplacer l'origine des divisions successives, d'effectuer les lectures dans les diverses régions du limbe et d'éliminer ainsi les erreurs systéma-tiques de la division.

Autour de l'axe est ajustée une colonne creuse C, en bronze, qui porte à la partie inférieure, sous forme de plateau plein affleurant le limbe, une alidade pourvue de quatre verniers équidistants, donnant chacun les 10 se-condes centésimales.

Le cercle porte, en outre, une pince P' avec vis de rappel ; en desser-rant cette pince, on peut faire tourner rapidement à la main la colonne creuse et toute la partie supérieure de l'instrument ; pour obtenir des mouvements plus doux, il suffit de serrer la pince et d'agir sur la vis de rappel semblable à celle qu'on a décrite plus haut.

La colonne creuse s'élargit vers le haut en un large plateau SS sur lequel est montée la partie supérieure de l'instrument comprenant un axe de rotation horizontal EE, autour duquel peuvent tourner la lunette L, le cercle des hauteurs ZZ et son alidade, ainsi qu'un niveau latéral N.

La lunette est munie d'un objectif achromatique de 40 millimètres d'ou-verture libre et 40 centimètres de distance focale ; avec l'oculaire employé, on obtient un grossissement de 30 ; le réticule est formé de deux fils en croix fixés sur un châssis commandé par une petite vis à tête carrée ; une crémaillère permet de mettre la lunette au point.

Le cercle vertical est plein et a $0^m,20$ de diamètre ; il peut tourner librement autour de l'axe et être ensuite fixé dans une position quelconque au moyen des fortes vis TT qu'on peut serrer ou desserrer à volonté. On peut ainsi déplacer, comme pour le cercle azimutal, l'origine des duplications successives dans la mesure des distances zénithales. La graduation est gravée de 10 en 10 minutes.

L'alidade qui porte la lunette et les quatre verniers est pleine aussi ; elle tourne librement autour de l'axe et peut être fixée par une pince R avec vis de rappel r.

En arrière du cercle vertical, une deuxième alidade mobile autour de l'axe porte d'un côté le niveau N et, du côté opposé, une pince R' avec vis de rappel ; la pince R' est ajustée sur le limbe.

Sur l'axe horizontal s'adapte un deuxième niveau N', perpendiculaire au premier.

Une disposition, analogue à celle que nous avons décrite pour l'instrument azimutal, permet d'élever ou d'abaisser à volonté la colonne creuse et l'alidade, de manière à régler le jeu de l'alidade sur son axe.

Enfin deux vis K, l, engagées dans le plateau SS, dont l'une est une vis de support et l'autre une vis butante, permettent de régler l'axe horizontal ; le plateau SS qui le porte est terminé du côté opposé au cercle par une masse M servant de contre-poids.

Pour que le théodolite soit bien réglé, il est nécessaire :

1° Que l'axe de l'instrument soit vertical ;
2° Que l'axe de rotation de la lunette soit horizontal ;
3° Que l'axe optique soit perpendiculaire à l'axe de rotation de la lunette ;
4° Enfin, les deux fils du réticule étant, par construction, perpendiculaires entre eux, que le fil des hauteurs soit horizontal dans toutes les positions de la lunette.

Lorsque ces quatre conditions ont été successivement réalisées comme pour un théodolite répétiteur, l'instrument peut servir à la mesure des angles horizontaux ou différences d'azimuts des directions observées, ainsi qu'à l'observation des distances zénithales.

Dans la pratique, voici comment on opère pour observer les azimuts. Toutes les pinces étant desserrées, pointez à très-peu près l'objet initial A dans la position directe ou *cercle vertical à droite,* amenez le zéro du cercle azimutal en face d'un des zéros des verniers de l'alidade ; serrez toutes les pinces, ramenez la bulle du niveau NN entre ses repères et pointez définitivement le signal A au moyen des deux vis de rappel p et r ;

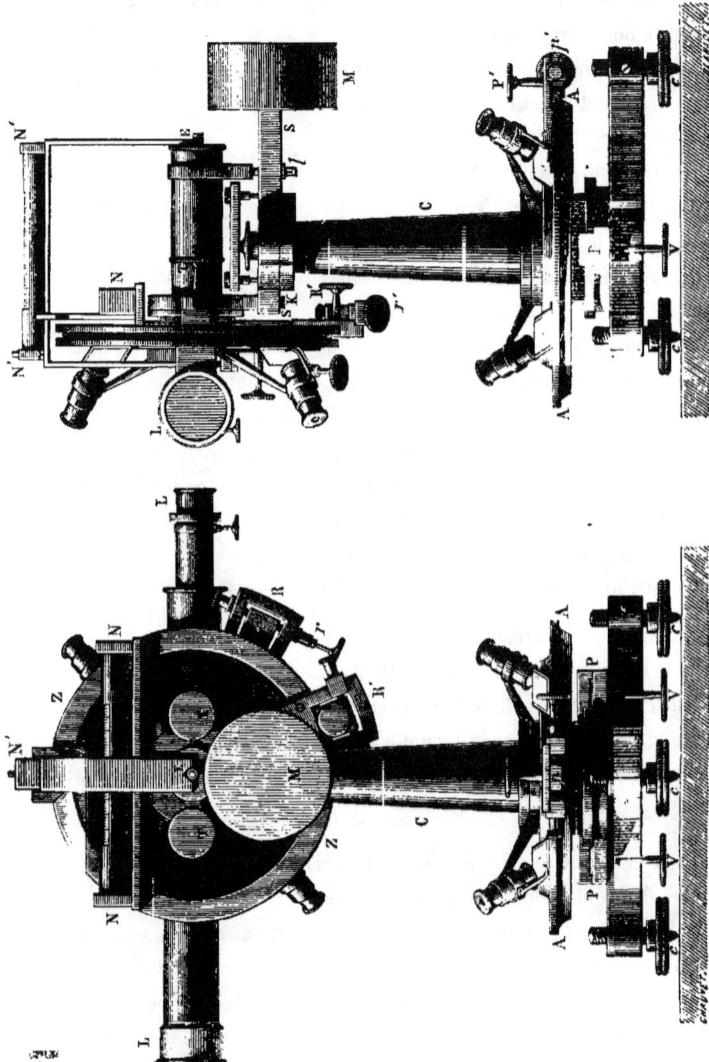

Fig. 20 et 21. — Théodolite réitérateur.

puis effectuez les lectures des quatre verniers du limbe horizontal et celle du niveau N.

Cela fait, desserrez les pinces des deux alidades, sans toucher aux vis VV qui assujettissent le cercle azimutal, faites tourner l'instrument autour de son axe vertical dans le sens des divisions ou sens direct, soit de droite à gauche, et pointez le signal B ; effectuez de même les lectures des verniers et celle du niveau NN. Continuez de même pour les signaux suivants C, D, ..., L, M et terminez ce premier tour d'horizon par un nouveau pointé sur le point initial A, afin de vérifier qu'il n'y a pas eu d'entraînement du limbe pendant le déplacement de l'alidade.

Cette première observation terminée, desserrez les pinces P' et R, placez le cercle vertical dans la position *cercle à gauche* ou position inverse et ramenez la lunette sur le point initial A ; puis faites un deuxième tour d'horizon semblable au premier, mais en déplaçant l'alidade en sens inverse des divisions, c'est-à-dire de gauche à droite, et pointez successivement les signaux M, L, ..., D, C, B, en terminant encore par le signal A.

L'ensemble de ces deux tours d'horizon constitue une série complète, correspondant à l'origine zéro du cercle (en réalité, aux origines o^G et 200^G) et indépendante de l'erreur d'excentricité de la lunette par rapport au centre du limbe.

Soient, en effet (*fig.* 22), C le centre du limbe, AM, AM' les traces du cercle vertical sur le plan de ce limbe, dans les deux positions, directe et inverse, lorsque la lunette est pointée sur le signal A, le sens de la graduation étant indiqué par la flèche F. Si, par le point C, on mène des parallèles aux directions MA, M'A, on obtiendra en a et a' les points de la graduation correspondant à ces directions, la vraie direction CA correspondant au point c.

C'est la lecture c qu'on ferait sur le limbe, si la lunette était au centre ; dans la position directe, la lecture a est trop forte de l'angle $a\,C\,c$ et dans la position inverse la lecture a' trop faible de l'angle $c\,C\,a'$; or ces deux angles sont égaux, puisqu'ils sont égaux aux deux angles en A (V', V') qui sont évidemment égaux entre eux.

L'expression de la correction V qu'il faudrait apporter à une direction isolée est facile à trouver. On a en effet, dans le triangle ACM,

$$CM = r = AC \sin V' = l' \sin V' ;$$

d'où l'on tire

$$\sin V' = \frac{r}{l'},$$

et, comme l'angle V' est très-petit, en développant le sinus en série, et ne

Fig. 22.

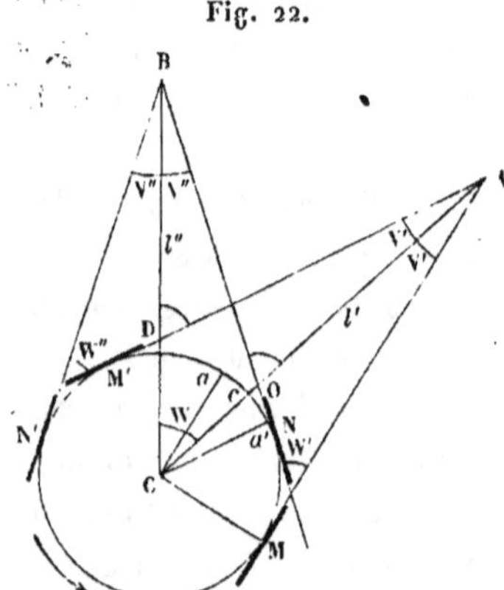

conservant que le premier terme du développement, il vient pour l'angle V' exprimé en secondes d'arc

$$V' = \frac{r}{l'\sin 1''};$$

la correction serait donc

$$V' = \mp \frac{r}{l\sin 1''} \quad \left\{ \begin{array}{l} \text{position directe,} \\ \text{position inverse.} \end{array} \right.$$

Si, au lieu de considérer les directions, on mesure directement les angles, la moyenne des deux résultats obtenus W', W'', dans les deux positions de l'instrument, sera affranchie de l'erreur d'excentricité. On a, en effet,

$$\text{BOA} = \widehat{\text{o}} = W + V'' = V' + W,$$

d'où

$$W = W' + (V' - V'');$$

de même

$$\text{BDA} = \widehat{\text{D}} = W + V' = V'' + W'',$$

d'où

$$W = W' + (V'' - V')$$

et enfin

$$W = \frac{1}{2}(W' + W'').$$

Pour les points du second ordre, on réduit à cinq le nombre des séries complètes, comprenant 10 tours d'horizon, correspondant deux à deux à des origines équidistantes sur le limbe ; et, comme pour les directions du premier ordre, on résume les résultats sous forme de tableaux, en ramenant à zéro, pour chaque tour d'horizon, la lecture faite sur le point initial on prend ensuite la moyenne pour chaque direction ; et l'on forme un tableau final, semblable à celui de la page 521, des directions les plus probables ; d'où l'on peut extraire, par voie de différences, les angles de la triangulation secondaire.

Réduction au centre. — Il arrive souvent, dans la géodésie du second ordre, qu'on est obligé de s'installer en dehors du centre d'un édifice ; dans ce cas, les directions observées doivent être réduites du centre de l'instrument au centre de la station.

Soient C le centre de la station, S le centre du limbe, $CS = r$, SA une

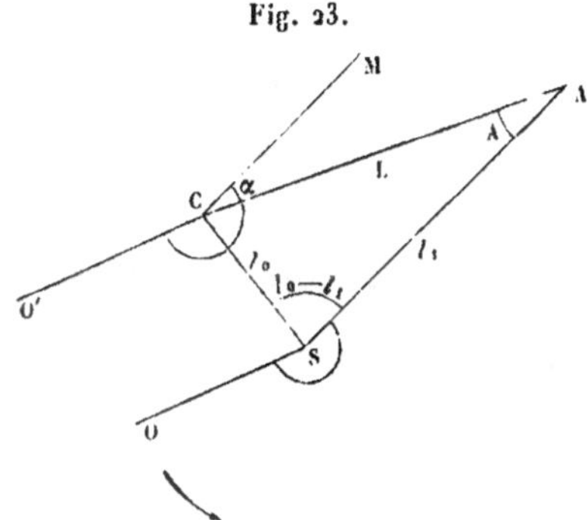

Fig. 23.

direction observée, l_1 la lecture correspondant à cette direction ; l_0 la lecture obtenue lorsque la lunette est pointée dans la direction SC.

La question à résoudre consiste à calculer quelle serait la lecture sur le limbe pour la direction A, si ce limbe était transporté parallèlement à lui-même de S en C_1 la ligne SO du zéro de la graduation venant de SO en CO'.

Par le point C (*fig.* 23) menons CM parallèle à SA et supposons que la graduation croisse de droite à gauche dans le sens indiqué par la flèche.

La lecture en S, pour la direction A, est l'angle $OSA = l_1$; la lecture en C ou la lecture corrigée serait $O'CA = O'CM - MCA = l_1 - A$.

Or le triangle ACS donne

$$\frac{\sin A}{\sin CSA} = \frac{r}{CA} = \frac{r}{L};$$

d'où

$$\sin A = \frac{r}{L} \sin CSA = \frac{r}{L} \sin(l_0 - l_1),$$

et en secondes d'arc, avec une approximation suffisante,

$$A'' = \frac{r}{L \sin 1''} \sin(l_0 - l_1),$$

et enfin, lecture corrigée,

$$l_1 + \frac{r}{L \sin 1''} \sin(l_1 - l_0).$$

Le second terme du second membre exprime la correction à apporter à la lecture faite en S pour la ramener à ce qu'elle serait au point C; il donne, *dans tous les cas, en grandeur et en signe,* la valeur de la correction, *quel que soit le sens de la graduation et la position du zéro, ainsi que celle du point* C *par rapport au point* S.

V. — MESURE DES DISTANCES ZÉNITHALES.

Pour obtenir les distances zénithales des sommets de la triangulation, on opère suivant la méthode indiquée dans l'Ouvrage de M. Francœur; seulement chaque duplication est considérée comme une mesure complète donnant deux fois la valeur de la distance zénithale du signal visé et l'on effectue pour chaque point un certain nombre de duplications successives, correspondant à des origines réparties d'une manière équidistante sur tout le pourtour du cercle vertical. C'est donc encore la méthode de la réitération qu'on substitue, pour la mesure des distances zénithales, à la méthode ancienne de la répétition.

Pour les points principaux d'une grande triangulation, on fait dix duplications, aux heures favorables de la journée. Cinq duplications suffisent pour les points du second ordre et l'on se contente habituellement de deux duplications pour les points du troisième ordre.

Dans les mesures d'arcs de méridiens et de parallèles qui sont en cours d'exécution en France, et pour lesquelles il n'est pas utile de s'occuper du nivellement géodésique, les distances zénithales des sommets visés n'interviennent que dans le calcul de la correction résultant de l'inclinaison de l'axe de rotation de la lunette du cercle azimutal. Il suffit, pour que le calcul de cette correction soit exact, d'obtenir les distances zénithales à moins d'une minute, et un petit instrument portatif, en une seule duplication, permet aisément d'obtenir ce résultat.

Mais, dans les pays nouveaux qui n'ont pas encore été triangulés et nivelés, en Algérie par exemple, il est nécessaire de mesurer avec le plus grand soin les distances zénithales, et il importe, pour cela, de se rendre compte de l'effet produit sur les résultats par les erreurs instrumentales.

Influence des erreurs instrumentales sur la mesure des distances zénithales. — Un théodolite serait parfaitement réglé si, dans les deux positions du limbe vertical (cercle à droite et cercle à gauche), le plan du limbe était rigoureusement vertical, si l'axe optique de la lunette était parallèle au plan du limbe et si la bulle du niveau ne se déplaçait pas en passant d'une position du cercle à l'autre position.

La différence des lectures faites au commencement et à la fin de l'opération donnerait le double de la distance zénithale cherchée.

Mais généralement ces trois conditions ne sont satisfaites que d'une manière approchée : aussi est-il nécessaire d'étudier la nature et la grandeur des erreurs commises par le défaut de réglage de l'instrument.

1° *Erreurs résultant du déplacement de la bulle.*

Supposons que, dans la position du cercle à gauche, la demi-somme des lectures de la bulle du niveau soit L, le zéro de la graduation du niveau étant du côté de l'oculaire. Soit L′ la demi-somme des mêmes lectures après le retournement et supposons L′ > L. Il en résulte que le plan du limbe s'est déplacé autour de son axe d'un angle représenté par L′ — L et que la lunette s'est relevée vers le zénith de la quantité angulaire L′ — L. Lors donc qu'on pointera le signal dans la deuxième position, la lunette ne parcourra pas un axe égal à deux fois la distance zénithale, mais seulement l'arc $2\,Z - (L' - L)$, et il faudra augmenter le Z observé d'un angle égal à $+\dfrac{1}{2}(L' - L)$.

Si $L' < L$, la correction sera négative et égale aussi à $+\dfrac{1}{2}(L' - L)$. Dans les deux cas qui peuvent se produire, la correction est donnée en grandeur et en signe, par le terme $\dfrac{1}{2}(L' - L)\,\alpha''$, dans lequel α'' représente la valeur en secondes d'arc d'une division du niveau.

2° *Erreur due à l'inclinaison i du plan du cercle des hauteurs.*

Par la verticale du centre du limbe divisé et par l'axe de rotation sup-

Fig. 24.

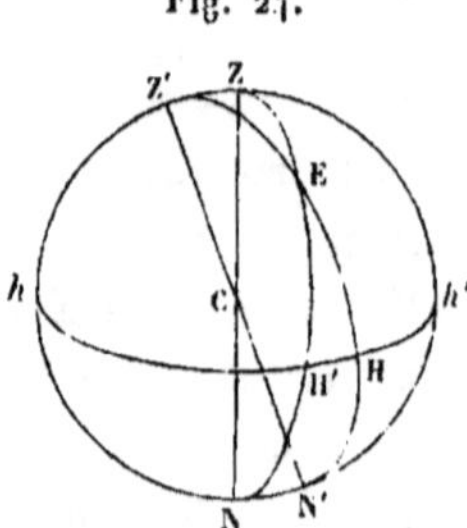

posé perpendiculaire au plan du limbe, menons un plan qui coupe la sphère suivant un grand cercle $Z\,h\,N\,h'$ (*fig.* 24) et soient CH le diamètre horizontal du limbe, Z′EH le plan du limbe et ZEH′ le vertical du point visé E. La distance zénithale mesurée est Z′E au lieu de ZE ; la correction c due à l'inclinaison du plan du limbe est donc égale à

$$ZE - Z'E = Z' - Z = c.$$

Or le triangle EH′H, rectangle en H′ et dont l'angle en H est égal à

$$100^G - i,$$

i étant l'inclinaison du plan du limbe, donne

$$\frac{1}{\cos i} = \frac{\sin EH}{\sin EH'},$$

d'où l'on tire

$$\cos Z' = \cos Z \cos i.$$

On a, du reste,

$$\cos Z' = \cos(Z + c),$$

d'où

$$\cos(Z + c) = \cos Z \cos i;$$

développant, il vient successivement

$$\cos Z \cos c - \sin Z \sin c = \cos Z \left(1 - 2 \sin^2 \frac{1}{2}i \right),$$

$$\cos Z \left(1 - 2 \sin^2 \frac{1}{2}c \right) - \sin Z \sin c = \cos Z - 2 \cos Z \sin^2 \frac{1}{2}i,$$

$$2 \cos Z \sin^2 \frac{1}{2}c + \sin Z \sin c = 2 \cos Z \sin^2 \frac{1}{2} i;$$

et, comme c et i sont de très-petites quantités,

$$2 \frac{c^2}{4} \cos Z + c \sin Z = 2 \frac{i^2}{4} \cos Z,$$

$$\frac{1}{2} c^2 \sin 1'' \cos Z + c \sin Z = \frac{1}{2} i^2 \cos Z \sin 1'';$$

d'où

$$c = \frac{i^2 \sin 1'' \cos Z}{2 \sin Z + c \cos Z \sin 1''}.$$

Tant que Z est voisin de 100 grades, le terme $c \cos Z \sin 1''$ du dénominateur est négligeable et l'on peut calculer la correction par l'expression simplifiée

$$c = \frac{1}{2} i^2 \sin 1'' \cot Z.$$

En faisant dans cette expression $i = 200$ et $Z = 50^G$, on trouve

$$c < 0'',03.$$

La correction est évidemment négligeable pour tous les cas qui se présentent en Géodésie, car il est toujours facile de niveler l'axe du cercle à 1 minute près, et les distances zénithales sont toujours voisines de 100 grades.

3° *Erreur provenant de la collimation de l'axe optique.*

Si l'axe optique de la lunette n'est pas parallèle au plan du limbe supposé vertical et perpendiculaire, par construction, à son axe de rota-

F. — *Géodésie.*   35

tion, il décrira dans l'espace une surface conique et interceptera sur la sphère un petit cercle E e. La distance zénithale mesurée sera alors celle du pied de la perpendiculaire abaissée du centre optique de l'objectif sur le plan du limbe. Soit E le point visé, $ZE = Z'$ la distance zénithale vraie. Si, du point E, on amène un arc de grand cercle EE' perpendiculaire

Fig. 25.

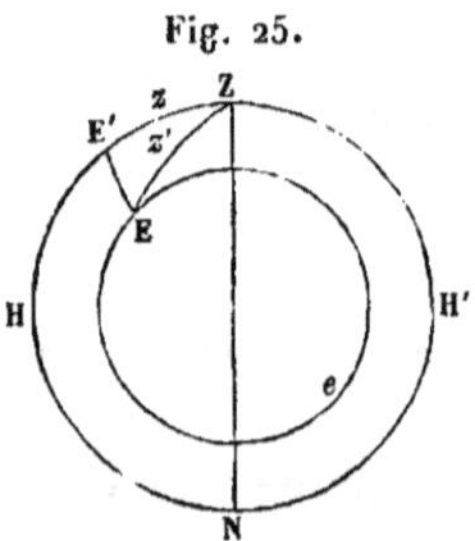

à l'arc ZE'H, ZE' est la distance zénithale observée Z, et l'arc EE' mesure l'angle de collimation a. Or, dans le triangle ZEE', on a

$$\cos Z' = \cos Z \cos a,$$

et il vient, en posant $Z' - Z = m$ et opérant comme précédemment, pour la valeur de la correction,

$$m = \frac{a^2 \sin 1'' \cos Z}{2 \sin Z + m \sin 1'' \cos Z};$$

pour $Z = 100^G$, $m = 0$.

Pour Z voisin 100^G, le terme $m \sin 1'' \cos Z$ est négligeable, et la correction peut se calculer par l'expression

$$m = \frac{1}{2} a^2 \sin 1'' \cot Z.$$

Au zénith, $m = C$.

La collimation produit donc un effet analogue à celui de l'inclinaison du limbe et négligeable dans tous les cas qui se présentent en Géodésie, avec un instrument convenablement réglé.

TABLE DES MATIÈRES.

LIVRE PREMIER.

TOPOGRAPHIE.

CHAPITRE PREMIER. — Levé des plans.

CHAPITRE II. — Trigonométrie rectiligne.

CHAPITRE III. — Nivellement topographique.

LIVRE II.

GÉOMORPHIE.

CHAPITRE PREMIER. — TRIGONOMÉTRIE SPHÉRIQUE.

CHAPITRE II. — CERCLE ET THÉODOLITE RÉPÉTITEUR.

CHAPITRE III. — GÉOMORPHIE TERRESTRE.

CHAPITRE IV. — LONGITUDES ET LATITUDES DES STATIONS.

CHAPITRE V. — NIVELLEMENT.

CHAPITRE VI. — DU PENDULE.

CHAPITRE VII. — CARTES GÉOGRAPHIQUES.

CHAPITRE VIII. — GÉOMORPHIE ASTRONOMIQUE.

LIVRE III.

NAVIGATION.

CHAPITRE PREMIER. — Vitesse et direction du navire.

CHAPITRE II. — Astronomie nautique.

TABLES.

En outre, on trouve d'autres Tables en divers endroits du texte, savoir :

NOTES

SUR LA MESURE DES BASES;

Par M. HOSSARD.

NOTE

SUR LA MÉTHODE ET LES INSTRUMENTS D'OBSERVATION

EMPLOYÉS DANS LES GRANDES OPÉRATIONS GÉODÉSIQUES AYANT POUR BUT LA MESURE DES ARCS DE MÉRIDIEN ET DE PARALLÈLE TERRESTRE.

Par M. PERRIER.

ERRATA.

Page 361, ligne 3 en remontant. Le deuxième terme de la formule (G) doit être multiplié par le facteur α^2.

FIN DE LA TABLE DES MATIÈRES.

3522   Paris. — Imprimerie de GAUTHIER-VILLARS, quai des Augustins, 55.

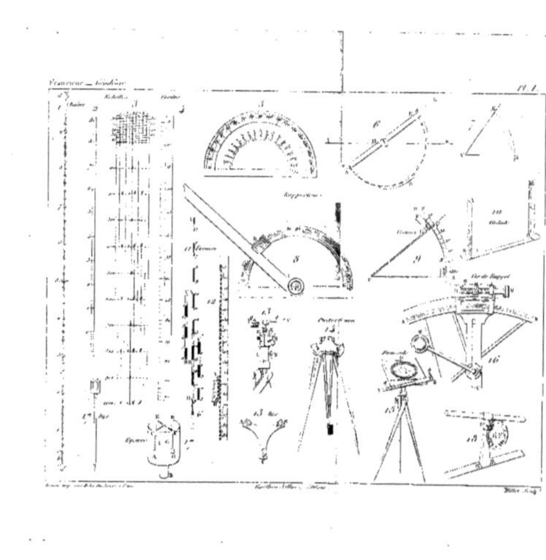

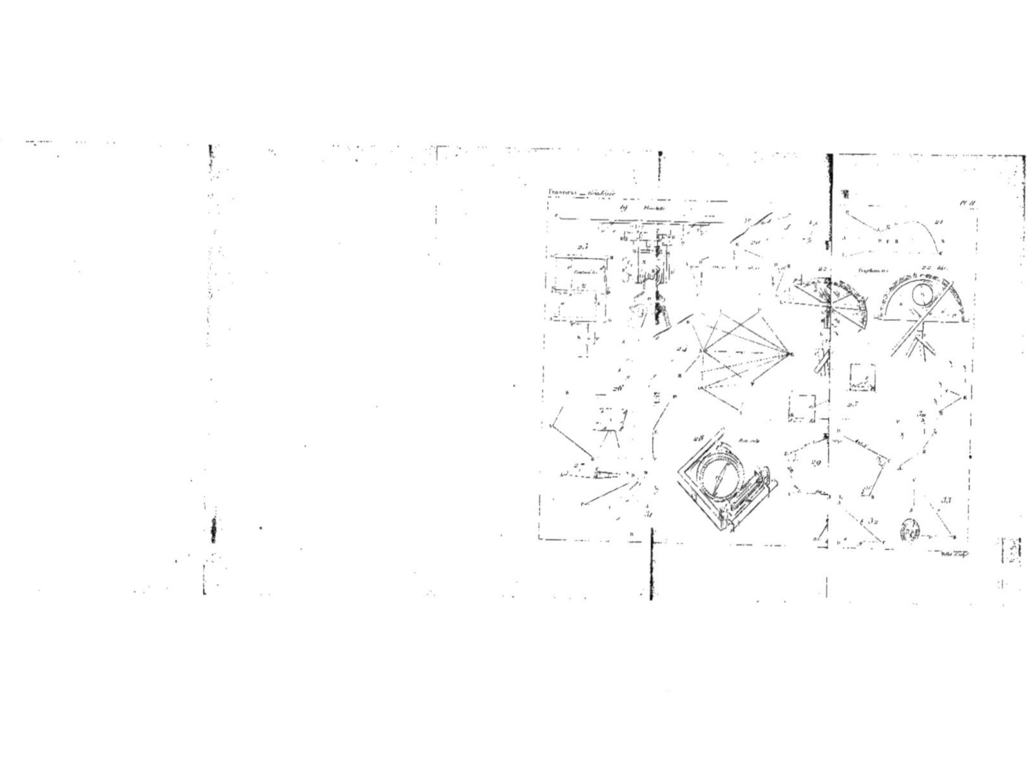

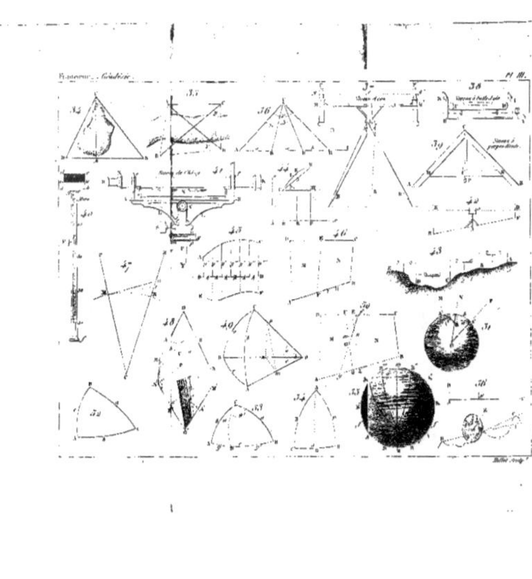

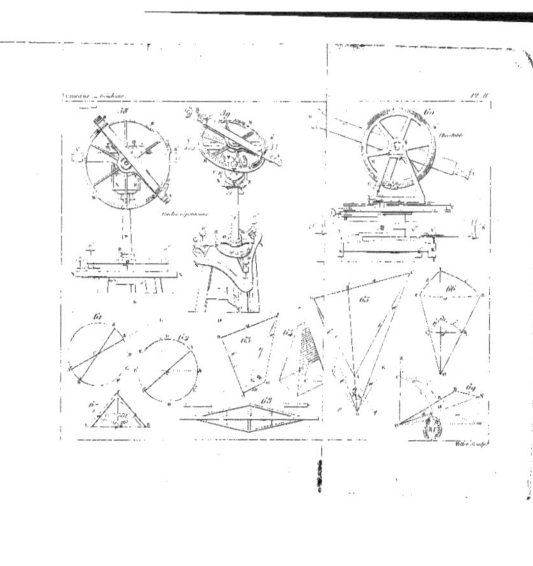

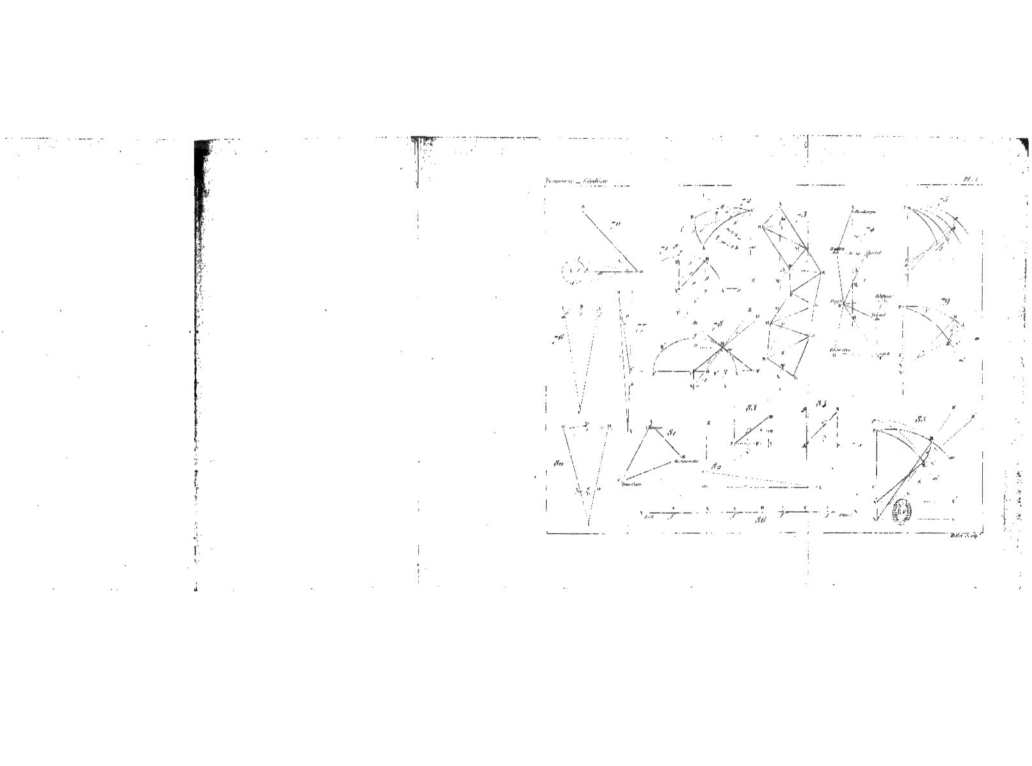

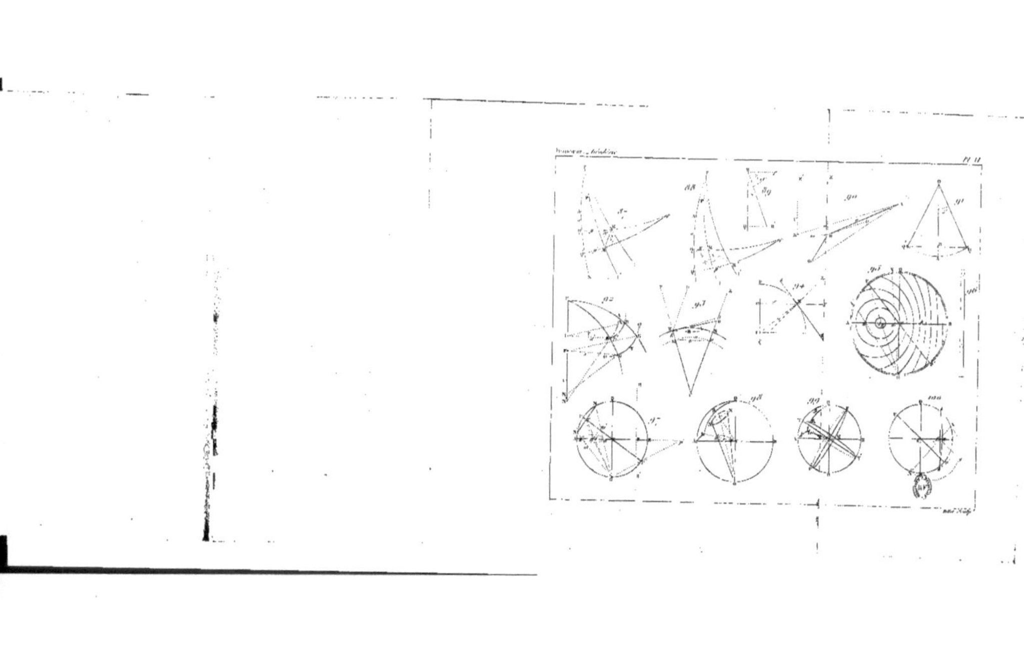

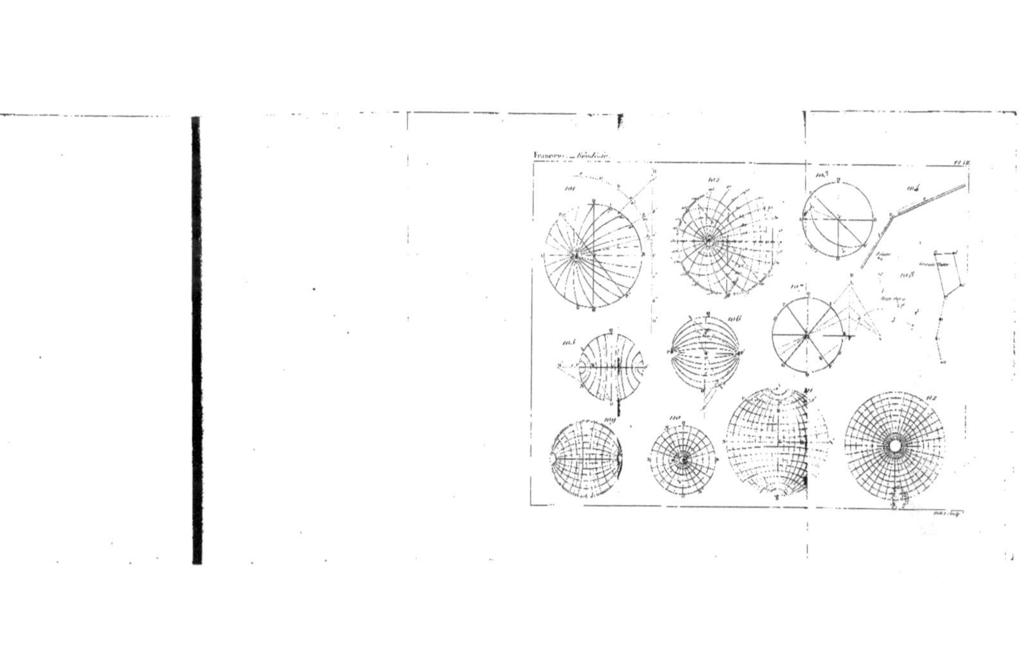

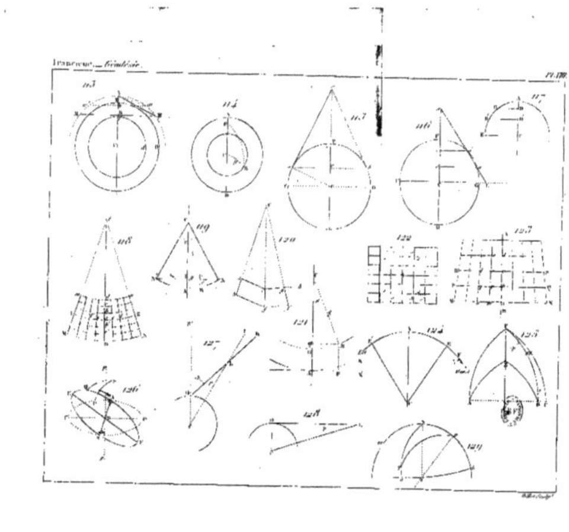

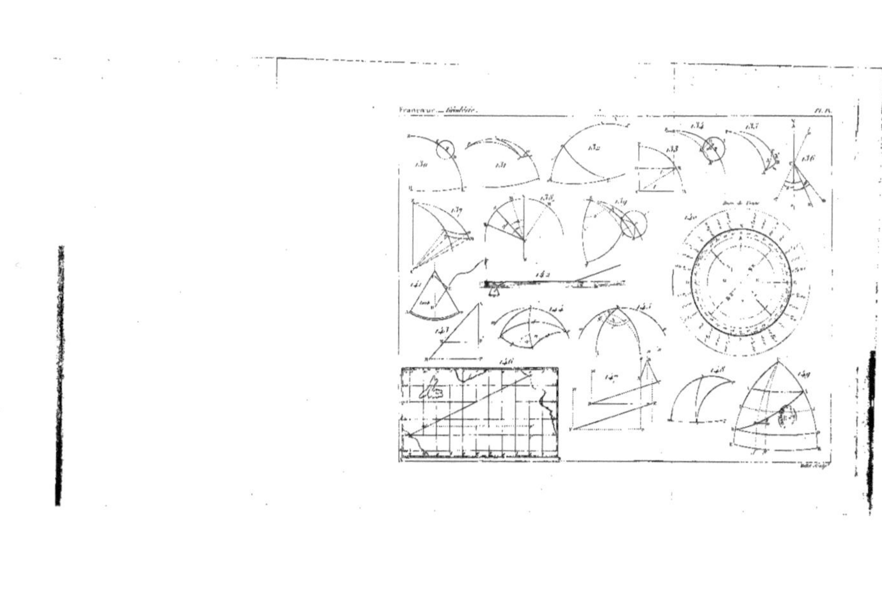

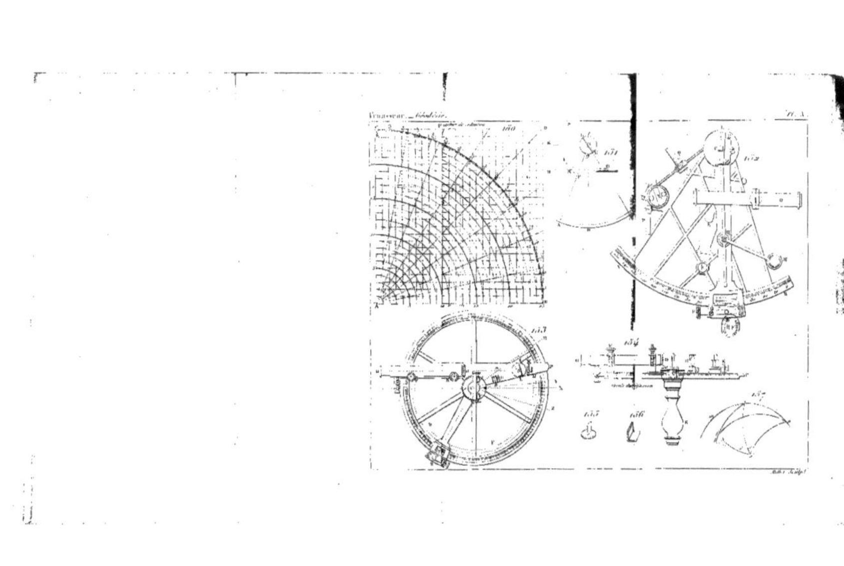

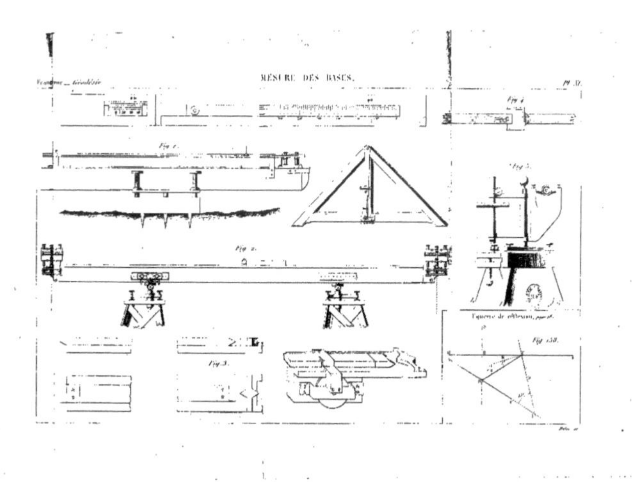
Géodésie
MÉSURE DES BASES.
Pl. XI.
Fig. 1.
Fig. 2.
Fig. 3.
Fig. 4.
Fig. 5.
Fig. 6.
Fig. 7.

LIBRAIRIE DE GAUTHIER-VILLARS,

QUAI DES AUGUSTINS, 55, A PARIS.

BABINET, de l'Institut (Académie des Sciences). — **Études et Lectures sur les sciences d'observation et leurs applications pratiques**. Tomes I, II, III, IV, V, VI, VII, VIII. In-12 sur carré fin.
Chaque volume se vend séparément................ 2 fr. 50 c.

BIOT, Membre de l'Académie des Sciences et de l'Académie française. — **Traité élémentaire d'Astronomie physique**. 3ᵉ édit., corrigée et augmentée. 5 vol. in-8, avec 94 planches; 1857............... 40 fr.

FLAMMARION (Camille).— **Études et Lectures sur l'Astronomie**. In-12, tomes I, II, III, IV, V, VI, VII et VIII, avec figures dans le texte et cartes; 1867-1869-1872-1873-1874-1875-1876-1877.
Chaque volume se vend séparément.................. 2 fr. 50 c.
Le tome IX est sous presse.

FLAMMARION (Camille), Astronome. — **Catalogue des Étoiles doubles et multiples en mouvement relatif certain**, comprenant *toutes les observations* faites sur chaque couple depuis sa découverte et les *résultats conclus* de l'étude des mouvements. Grand in-8; 1878............ 8 fr.

FOURNIER (F.-E.), lieutenant de vaisseau. — **Détermination immédiate de la déviation du compas par la nouvelle méthode des compas conjugués**. Grand in-8, avec figures; 1878 .... 3 fr.

FRANCŒUR (L.-B.). — **Uranographie**, ou **Traité élémentaire d'Astronomie**, à l'usage des personnes peu versées dans les Mathématiques, des Géographes, des Marins, des Ingénieurs, accompagnée de Planisphères. 6ᵉ édition, revue, corrigée et augmentée d'une **Notice sur la Vie et les Ouvrages de l'Auteur**, par M. *Francœur* fils, professeur de Mathématiques spéciales au collége Chaptal et à l'École des Beaux-Arts. (Dédiée à M. *F. Arago*). 1 volume in-8, avec planches; 1853................. 10 fr.

SECCHI (le P. A.), Directeur de l'Observatoire du Collége Romain, Correspondant de l'Institut de France. — **Le Soleil**. 2ᵉ édition. PREMIÈRE ET SECONDE PARTIE. Deux beaux volumes grand in-8, avec Atlas; 1875-1877.
Prix des deux volumes pris ensemble..................... 30 fr.

On vend séparément :

Iʳᵉ **Partie**. Un volume grand in-8, avec 150 figures dans le texte et un Atlas comprenant 6 grandes Planches gravées sur acier (I. *Spectre ordinaire du Soleil et Spectre d'absorption atmosphérique.*— II. *Spectre de diffraction*, d'après la photographie de M. HENRY DRAPER. — III, IV, V et VI. *Spectre normal du Soleil*, d'après ANGSTRÖM, et *Spectre normal du Soleil, portion ultra-violette*, par M. A. CORNU); 1875..................... 18 fr.

IIᵉ **Partie**. Un volume grand in-8, avec nombreuses figures dans le texte, et 13 Planches dont 12 en couleur. (I à VIII. *Protubérances solaires*. — IX. *Type de tache du Soleil*. — X et XI. *Nébuleuses*, etc. — XII et XIII. *Spectres stellaires*); 1877..................... 18 fr.

VIDAL (l'Abbé), curé de Châteaudouble, ancien professeur de Mathématiques. — **L'Art de tracer les cadrans solaires par le calcul, et le mètre à la main**, mis à la portée des ouvriers et de ceux qui ne savent faire que l'addition et la soustraction. In-8, avec 2 planches; 1875...... 2 fr. 50

4796   Paris. — Imprimerie de GAUTHIER-VILLARS, quai des Augustins, 55.